Cepheid

세페이드
3F 물리학(상) 개정2판

사람은 누구나 창의적이랍니다.
창의력 과학의 세계로 오심을 환영합니다!

★ ★ ★ ★ ★

세페이드  시리즈의 구성

이제 편안하게 과학공부를 즐길 수 있습니다.

1F 중등과학 기초

2F 중등과학 완성

3F 고등과학 Ⅰ

4F 고등과학 Ⅱ

5F 실전 문제 풀이

세페이드 모의고사

세페이드 고등 통합과학

세페이드 고등학교 물리학 Ⅰ

http://cafe.naver.com/creativeini

창의력과학의 대표 브랜드

과학 학습의 지평을 넓히다!
특목고 | 영재학교 대비
창의력과학 세페이드 시리즈!

imagine

Infinite!

무한 상상하는 법

1. 고개를 숙인다.
2. 고개를 든다.
3. 뛰어간다.
4. 무한상상한다.

창의력과학
세페이드

3F. 물리학(상)
개정2판

단원별 내용 구성

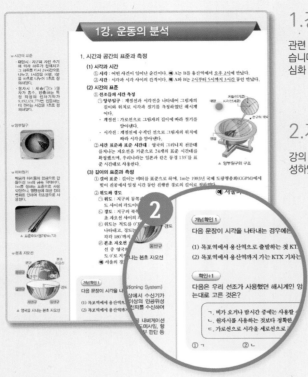

1.강의

관련 소단원 내용을 4~6편으로 나누어 강의용/학습용으로 구성했습니다. 개념에 대한 이해를 돕기 위해 보조단에는 풍부한 자료와 심화 내용을 수록했습니다.

2.개념확인, 확인+,

강의 내용을 이용하여 쉽게 풀고 내용을 정리할 수 있는 문제로 구성하였습니다.

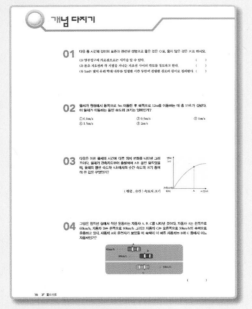

3.개념 다지기

관련 소단원 내용을 전반적으로 이해하고 있는지 테스트합니다. 내용에 국한하여 쉽게 해결할 수 있는 문제로 구성하였습니다.

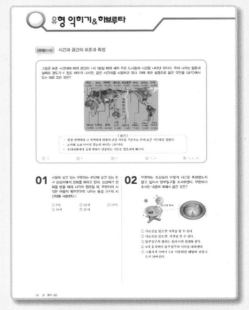

4. 유형 익히기 & 하브루타

관련 소단원 내용을 유형별로 나누어서 각 유형에 따른 대표 문제를 구성하였고, 연습문제를 제시하였습니다.

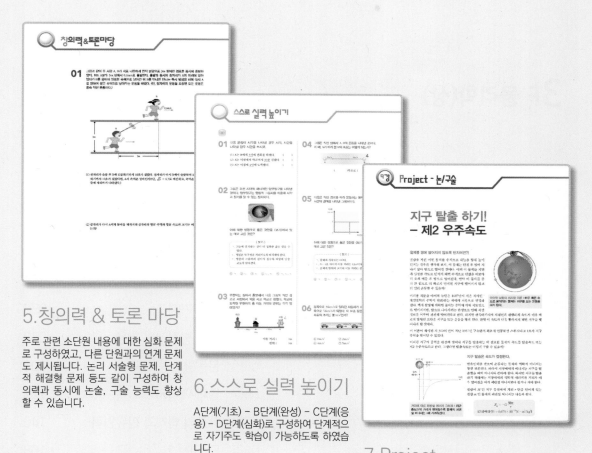

5. 창의력 & 토론 마당

주로 관련 소단원 내용에 대한 심화 문제로 구성하였고, 다른 단원과의 연계 문제도 제시됩니다. 논리 서술형 문제, 단계적 해결형 문제 등도 같이 구성하여 창의력과 동시에 논술, 구술 능력도 향상할 수 있습니다.

6. 스스로 실력 높이기

A단계(기초) – B단계(완성) – C단계(응용) – D단계(심화)로 구성하여 단계적으로 자기주도 학습이 가능하도록 하였습니다.

7. Project

대단원이 마무리될 때마다 읽기 자료, 실험 자료 등을 제시하여 서술형/논술형 답안을 작성하도록 하였고, 단원의 주요 실험을 자기주도 적으로 실시하여 실험보고서 작성을 할 수 있도록 하였습니다.

〈온라인 문제풀이〉

「스스로 실력 높이기」는
동영상 문제풀이를 합니다.
http://cafe.naver.com/creativeini

배너 아무 곳이나 클릭하세요.

CONTENTS | 목차

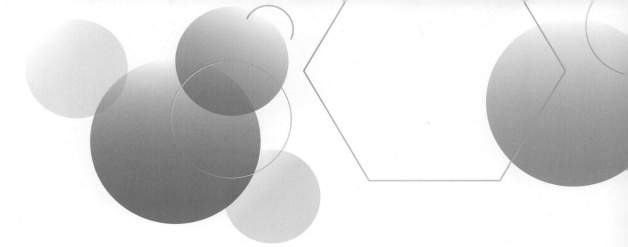

3F 물리학(하)

03

정보와 통신

04

에너지

01

시공간과 우주

우주에서의 운동도 지구에서의 운동 법칙으로 설명할 수 있을까?

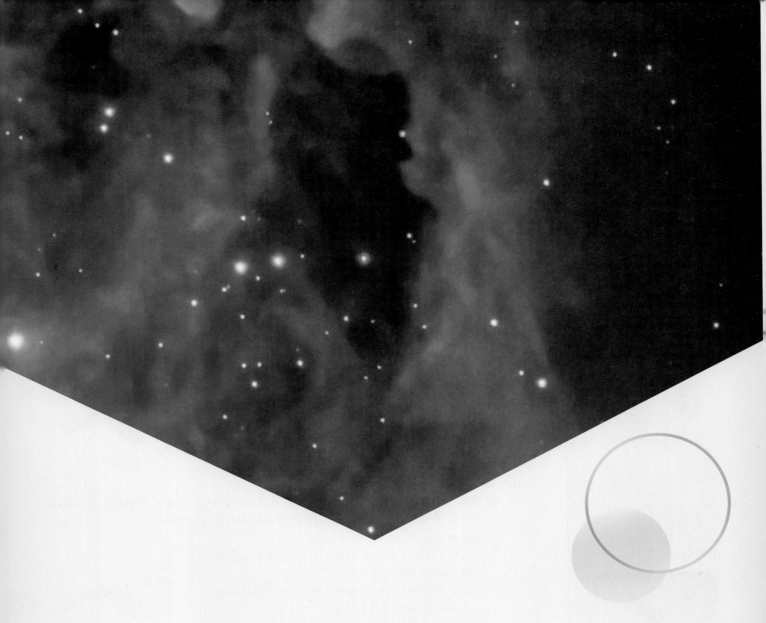

1강. 운동의 분석

1. 시간과 공간의 표준과 측정

(1) 시각과 시간

① **시각** : 어떤 사건이 일어난 순간이다. **(예)** A는 B를 용산역에서 <u>오후 2시</u>에 만났다.

② **시간** : 시각과 시각 사이의 간격이다. **(예)** A와 B는 <u>2시부터 5시까지 3시간</u> 동안 만났다.

(2) 시간의 표준

① **선조들의 시간 측정**

ㄱ **앙부일구** : 계절선과 시각선을 나타내어 그림자의 길이와 위치로 시각과 절기를 측정하였던 해시계이다.

· 계절선 : 가로선으로 그림자의 길이에 따라 절기를 알아낸다.

· 시각선 : 계절선에 수직인 선으로 그림자의 위치에 따라 시각을 알아낸다.

② **시간 표준과 표준 시간대** : 영국의 그리니치 천문대를 지나는 자오선을 기준으로 24개의 표준 시간대를 확정했으며, 우리나라는 일본과 같은 동경 135°를 표준 시간대로 사용한다.

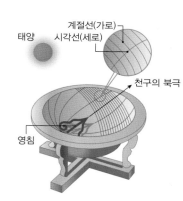

▲ 앙부일구의 구조

(3) 길이의 표준과 측정

① **길이 표준** : 길이는 미터를 표준으로 하며, 1m는 1983년 국제 도량형총회(CGPM)에서 빛이 진공에서 일정 시간 동안 진행한 경로의 길이로 정하였다.

② **위도와 경도**

ㄱ **위도** : 지구의 동쪽과 서쪽을 잇는 선인 위선과 적도 사이의 각도이다.

ㄴ **경도** : 지구의 북쪽과 남쪽을 잇는 선인 경선과 본초 자오선 사이의 각도이다.

ㄷ 위도는 적도를 0°로 하여 남북으로 각각 90°까지 나타내고, 경도는 본초 자오선을 0°로 하여 동서로 각각 180°까지 나타낸다.

ㄹ **본초 자오선** : 천구의 북극과 남극을 지나는 자오선 중 영국의 그리니치 천문대를 지나며, 이를 경도 0°로 지정하여 경도의 기준으로 한다.

(예) 서울의 경도는 동경 126°, 서울의 위도는 북위 37°이다.

▲ 경도와 위도

왼쪽 여백

· **시간의 표준**

· 태양시 : 지구의 자전 주기에 따라 하루가 정해지고 그 하루를 다시 24시간으로 나누고, 1시간을 60분, 1분을 60초로 나누어 1초로 정의하였다.

· 원자시 : 세슘($^{155}_{55}Cs$)원자가 흡수, 방출하는 특정 파장의 전자기파가 9,192,631,770번 진동하는 데 걸리는 시간을 1초로 정의하였다.

· **앙부일구**

· **미터원기**

백금과 이리듐의 합금으로 만들어진 1m의 금속 막대이다. 1m를 정하는 표준으로 사용되었으나, 열팽창에 의한 길이 변화로 인하여 참조용으로 사용된다.

▲ 표준미터원기(No.72)

· **본초 자오선**

런던   본초 자오선
북반구   서경   동경
남반구   경도
서반구   동반구

▲ 영국을 지나는 본초 자오선

· **GPS**
(Global Positioning System)

· 원리 : 지상에서 수신기가 최소 3대 이상의 인공위성에서 보낸 전파를 수신하여 거리를 측정

· 이용 : 자동차용 내비게이션이나 군사용 유도미사일, 항공기 항로이탈 여부 판단 등

2. 속도와 속력

(1) 이동 거리와 변위
① **이동 거리**(s) : 실제로 이동한 경로의 길이이다. 크기만 갖는 양이다.
② **변위**(s) : 위치의 변화량이다. 출발점과 도착점을 직선의 화살표로 이어서 나타낸다. 크기와 방향을 갖는다.

(2) 속력과 속도
① **속력**(v) : 물체의 빠르기를 나타내는 물리량이다.
② **속도**(v) : 물체의 운동 방향과 빠르기를 함께 나타내는 물리량이다.

$$v(\text{속력}) = \frac{s\,(\text{이동 거리})}{t\,(\text{시간})}, \quad v(\text{속도}) = \frac{s\,(\text{변위})}{t\,(\text{시간})}$$

(3) 평균 속도와 순간 속도
① **평균 속도** : 단위 시간 동안의 변위를 말한다. ($= \dfrac{\text{총 변위}}{\text{총 시간}}$)
② **순간 속도** : 어느 시점에서의 속도를 말한다.
③ **변위−시간 그래프 해석**
· $t_1 \sim t_2$ 동안 평균 속도 : P점과 Q점을 잇는 직선의 기울기이다. ($= \dfrac{x_2 - x_1}{t_2 - t_1}$)
· Q점에서의 순간 속도 : Q점에서의 접선(직선 l)의 기울기이다.

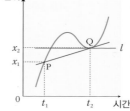

(4) 상대 속도 : 상대 속도는 관찰자의 입장에서 관찰되는 물체의 속도이다.

$$\text{A가 본 B의 상대 속도} = \text{B의 속도} - \text{A의 속도} \quad\rightarrow\quad v_{AB} = v_B - v_A$$

(5) 등속 직선 운동 : 힘을 받지 않는 물체의 운동이다.
① 물체의 속도(속력과 방향)가 일정한 운동이다.
② 등속 직선 운동의 그래프

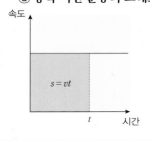

t초 동안 변위는 그래프 아래의 넓이와 같다.

$s = vt$

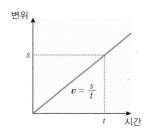

그래프의 기울기는 속도이다.

$v = \dfrac{s}{t}$

 정답 및 해설 02쪽

무한이는 그림과 같이 원점에서 출발하여 A점을 거쳐 B점으로 이동하는데 5시간이 걸렸다. 무한이의 평균 속도의 크기(㉠)와 평균 속력(㉡)을 각각 쓰시오. (단, 한 칸의 길이는 1km이다.)

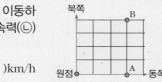

㉠ ( )km/h, ㉡ ( )km/h

자동차와 트럭이 움직이고 있을 때, 자동차가 바라본 트럭의 속도는 어떻게 되는가?

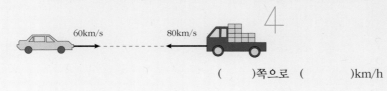

( )쪽으로 ( )km/h

위치, 변위, 속도, 평균 속도, 가속도, 힘 등 크기와 방향을 동시에 표시해야 하므로 화살표로 나타내거나 굵게 나타낸다. 일반적으로 오른쪽을 (+)로 표시한다.

○ 이동 거리와 변위
경로 1로 이동할 때와 경로 2로 이동할 때 이동 거리는 1m 차이 나지만, 변위는 같다.

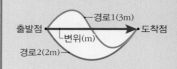

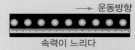

○ 등속 직선 운동의 기록

운동방향
속력이 느리다

속력이 빠르다

· 다중 섬광 장치 : 운동하는 물체를 일정한 시간 간격으로 사진을 찍어 운동 상태를 나타내는 장치
· 시간 기록계 : 운동하는 물체에 종이 테이프를 연결하여 테이프에 타점을 찍어서 운동을 나타내는 장치

운동방향
속력이 느리다

속력이 빠르다

○ 등속 직선 운동의 예

무빙 워크 　 스키 리프트

컨베이어 벨트 　 에어 트랙

○ 피타고라스의 정리
직각삼각형의 빗변의 길이의 제곱은 나머지 두 변의 제곱의 합과 같다.

$$a^2 + b^2 = c^2$$

1강 운동의 분석 **13**

왼쪽 여백 내용

⊿ 델타 (변화량)

변위, 속도 등의 변화량을 나타내기 위해서 사용한다.

가속도의 방향

가속도의 방향은 물체에 작용하는 알짜힘의 방향과 같다.

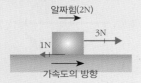

평균 가속도와 순간 가속도

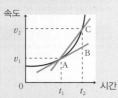

$t_1 \sim t_2$ 일 때 :
a(평균 가속도) = $\overline{AC}$의 기울기
$= \dfrac{v_2 - v_1}{t_2 - t_1}$

t_1일 때 순간 가속도
$= \overline{AB}$ 의 기울기
= A에서의 접선의 기울기

등가속도 직선 운동하는 물체의 평균 속도

처음 속도와 나중 속도의 중간값과 같다.

· 평균 속도
$= \dfrac{처음 속도 + 나중 속도}{2}$

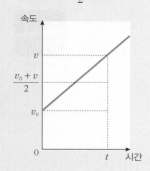

본문

3. 가속도

(1) 가속도

① 가속도(a) : 물체의 속도 변화량을 걸린 시간으로 나누어 구하며, 단위는 m/s²이다.

$$a (가속도) = \dfrac{\Delta v(나중 속도 - 처음 속도)}{\Delta t(걸린 시간)}$$

② 속도가 일정하게 증가하거나 감소하는 경우의 가속도

㉠ 속도가 일정하게 증가한 경우 : 가속도의 방향과 운동 방향이 같다.

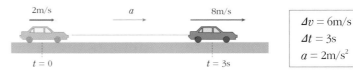

$\Delta v = 6\text{m/s}$
$\Delta t = 3\text{s}$
$a = 2\text{m/s}^2$

㉡ 속도가 일정하게 감소한 경우 : 가속도의 방향과 운동 방향이 반대이다.

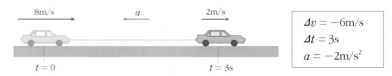

$\Delta v = -6\text{m/s}$
$\Delta t = 3\text{s}$
$a = -2\text{m/s}^2$

③ 방향이 변하는 운동의 가속도

→ 평행사변형법이나 삼각형법으로 속도의 변화량을 구한 후 시간으로 나눈다.

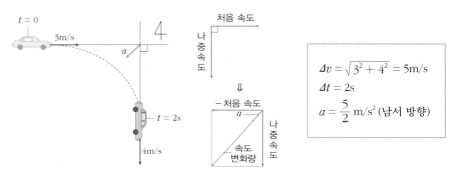

$\Delta v = \sqrt{3^2 + 4^2} = 5\text{m/s}$
$\Delta t = 2\text{s}$
$a = \dfrac{5}{2} \text{m/s}^2$ (남서 방향)

개념확인 3

A점에서 B점까지 직선 상에서 운동하는 물체의 속도를 시간에 따라 나타낸 것이다. 속도가 증가하는데 3초가 걸렸다면, 이 물체의 평균 가속도는 얼마인가?

( )m/s²

확인+3

직선 운동하는 물체의 위치를 시간에 따라 나타낸 것이다. 출발한 순간부터 2초까지 이 물체의 평균 가속도의 크기를 구하시오.

( )m/s²

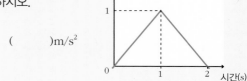

4. 등가속도 직선 운동

(1) **등가속도 직선 운동** : 방향이 변하지 않고 속도가 일정하게 증가하거나 감소하는 운동이다.

(2) **등가속도 직선 운동의 식**

$$v = v_0 + at, \qquad s = v_0 t + \frac{1}{2}at^2, \qquad 2as = v^2 - v_0^2$$
$$(v : 나중\ 속도, \quad v_0 : 처음\ 속도, \quad a : 가속도, \quad t : 시간)$$

(3) **등가속도 직선 운동의 그래프**

① 속도−시간($v-t$) 그래프

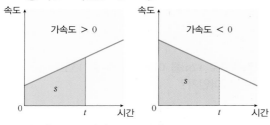

· 변위(s) : 그래프와 x축이 이루는 면적의 넓이이다.
· 가속도의 부호에 따라 속도가 일정하게 증가하거나 감소한다.
· 가속도(a) : 그래프의 기울기이다.

② 가속도−시간($a-t$)그래프

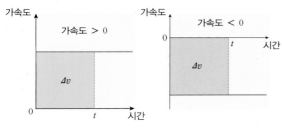

· 속도의 변화량(Δv) : 그래프와 x축이 이루는 면적의 넓이이다.
· 가속도는 일정하다.
· 변위(s) $= v_0 t + \frac{1}{2}at^2$

③ 변위−시간($s-t$)그래프

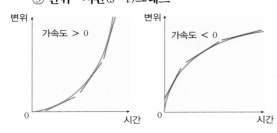

· 접선의 기울기는 그 지점의 순간 속도이다.
· $a > 0$인 경우 시간이 지남에 따라 순간 속도가 증가한다.
· $a < 0$인 경우 시간이 지남에 따라 순간 속도가 감소한다.

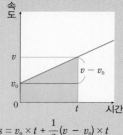

◔ 등가속도 직선 운동의 식 유도
· 변위는 $v-t$ 그래프의 아래 면적과 같다.

$$s = v_0 \times t + \frac{1}{2}(v - v_0) \times t$$
$$= v_0 \times t + \frac{1}{2}at \times t$$
$$= v_0 t + \frac{1}{2}at^2$$

◔ 시간이 포함되지 않은 공식

$s = v_0 t + \frac{1}{2}at^2$ 이고
$t = \dfrac{v - v_0}{a}$ 이므로

$$s = v_0\left(\frac{v - v_0}{a}\right) + \frac{1}{2}a\left(\frac{v - v_0}{a}\right)^2$$
$$= \frac{v^2 - v_0^2}{2a}$$
$$\rightarrow 2as = v^2 - v_0^2$$

개념확인 4

정답 및 해설 02쪽

정지해 있던 물체가 직선 상으로 움직일 때 물체의 가속도를 시간에 따라 나타낸 것이다. 출발 후 3초 동안 물체의 변위를 구하시오.

(   )m

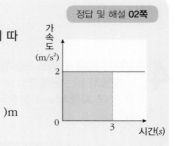

확인+4

직선 운동하는 물체의 속도를 시간에 따라 나타낸 것이다. 출발 후 4초인 지점에서 물체의 변위와 가속도를 구하시오.

변위 (   )m, 가속도 (   )m/s²

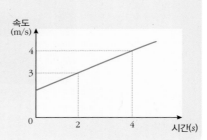

01 시간과 길이의 표준과 관련된 설명으로 옳은 것은 ○표, 옳지 않은 것은 ×표 하시오.

(1) 앙부일구의 가로선으로는 시각을 알 수 있다.   (   )

(2) 본초 자오선과 각 지점을 지나는 자오선 사이의 각도를 경도라고 한다.   (   )

(3) 1m는 빛이 유리 막대 내부를 일정한 시간 동안 진행한 경로의 길이로 정의한다.   (   )

02 물체가 원점에서 동쪽으로 5m 이동한 후 북쪽으로 12m를 이동하는 데 총 13초가 걸렸다. 이 물체가 이동하는 동안 평균 속도의 크기는 얼마인가?

① 0.1m/s   ② 0.5m/s   ③ 1m/s
④ 1.5m/s   ⑤ 2m/s

03 어떤 물체의 시간에 따른 위치 변화를 나타낸 그래프이다. 물체가 관측자로부터 출발하여 A초 동안 움직였을 때, 물체의 평균 속도와 A초에서의 순간 속도의 크기 중에 더 큰 값은 무엇인가?

(평균 , 순간) 속도의 크기

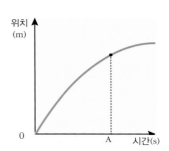

04 일직선 상에서 직선 운동하는 자동차 A, B, C를 나타낸 것이다. 자동차 A는 왼쪽으로 60km/h, 자동차 B는 왼쪽으로 80km/h 그리고 자동차 C는 오른쪽으로 50km/h의 속력으로 운동하고 있다. 자동차 A의 운전자가 보았을 때 속력이 더 빠른 자동차는 B와 C 중에서 어느 것인가?

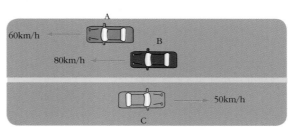

(   )

05 직선 운동을 하는 어떤 물체가 3m/s의 속도로 출발하여 4초 동안 $1m/s^2$의 등가속도 운동을 하였다. 4초 후 이 물체의 속도의 크기는 얼마인가?

① 6m/s   ② 7m/s   ③ 8m/s
④ 9m/s   ⑤ 10m/s

06 직선 운동을 하는 어떤 물체가 오른쪽으로 1m/s의 속도로 출발하여 5초 동안 반대 방향인 왼쪽으로 $2m/s^2$의 등가속도 운동을 하였다. 그동안 이 물체의 변위는 얼마인가?

① 0   ② 왼쪽으로 10m   ③ 왼쪽으로 20m
④ 오른쪽으로 10m   ⑤ 오른쪽으로 20m

07 직선 운동을 하는 어떤 물체가 2m/s의 속도로 출발하여 6초 후에 11m/s의 속도가 되었다. 0 ~ 6초 간 이 물체의 평균 가속도의 크기는 몇 m/s^2인가?

① $1m/s^2$ ② $1.5m/s^2$ ③ $2m/s^2$
④ $2.5m/s^2$ ⑤ $3m/s^2$

08 일정한 가속도로 직선 운동을 하는 물체를 원점에서 관측자가 관찰하고 있다. 이 물체의 시간에 따른 위치가 오른쪽 그림과 같을 때, 이에 대한 설명으로 옳은 것만을 〈보기〉에서 있는 대로 고른 것은?

〈 보기 〉

ㄱ. 물체의 운동 방향과 가속도의 방향이 같다.
ㄴ. 물체는 시간이 지날수록 관측자에게서 더 멀어진다.
ㄷ. 물체의 속도는 시간이 지남에 따라 증가한다.

① ㄱ   ② ㄴ   ③ ㄷ   ④ ㄴ, ㄷ   ⑤ ㄱ, ㄴ, ㄷ

[유형1-1] 시간과 공간의 표준과 측정

표준 시간대에 따라 런던이 1시 5분일 때의 세계 주요 도시들의 시간을 나타낸 것이다. 우리나라는 일본과 실제로 경도가 8° 정도 차이가 나지만, 같은 시간대를 사용하고 있다. 이에 대한 설명으로 옳은 것만을 〈보기〉에서 있는 대로 고른 것은?

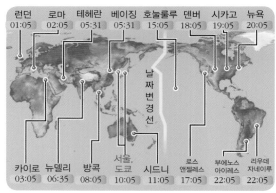

〈 보기 〉
ㄱ. 일정 지역마다 그 지역에서 태양의 남중 시각을 기준으로 하여 표준 시간대를 정한다.
ㄴ. 로마와 도쿄 사이의 경도의 차이는 120°이다.
ㄷ. 우리나라에서 실제 태양이 남중하는 시간은 일본보다 빠르다.

① ㄱ   ② ㄴ   ③ ㄷ   ④ ㄱ, ㄴ   ⑤ ㄱ, ㄴ, ㄷ

01

서울에 살고 있는 무한이는 런던에 살고 있는 친구 상상이에게 전화를 하려고 한다. 상상이가 전화를 받을 때의 시각이 정오일 때, 무한이의 시각은 어떻게 될까?(우리 나라는 동경 135°의 시간대를 사용한다.)

① 9시   ② 12시   ③ 15시
④ 18시   ⑤ 21시

02

무한이는 조상들이 어떻게 시간을 측정했는지 알고 싶어서 앙부일구를 조사하였다. 무한이가 조사한 내용에 대해서 옳은 것은?

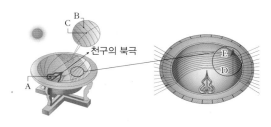

① 가로선을 읽으면 시각을 알 수 있다.
② 세로선을 읽으면 계절을 알 수 있다.
③ 앙부일구의 원리는 원자시의 원리와 같다.
④ A가 움직여서 앙부일구의 시각을 나타낸다.
⑤ 그림자가 D에서 E로 이동하면 태양의 남중고도가 낮아진다.

정답 및 해설 03쪽

[유형1-2] 속도와 속력

같은 출발점에서 동시에 출발하여 직선상으로 운동하는 물체 A와 B의 속도를 시간에 따라 나타낸 그래프이다. 두 물체의 운동에 대한 설명으로 옳은 것만을 〈보기〉에서 있는 대로 고른 것은?

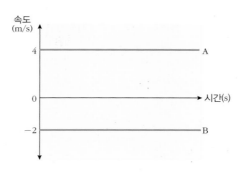

〈 보기 〉

ㄱ. 출발 후 2초 동안 물체 A의 이동 거리는 4m이다.
ㄴ. 시간이 지날수록 물체 B의 이동 거리는 감소한다.
ㄷ. 출발 후 2초 때의 A와 B 사이의 거리와 3초 때의 A와 B 사이의 거리의 차이는 6m이다.

① ㄱ   ② ㄴ   ③ ㄷ   ④ ㄱ, ㄴ   ⑤ ㄱ, ㄴ, ㄷ

03 25m/s의 속도로 운동하는 빨간 기차가 신호등을 지난 시간이 3시였다. 그 뒤를 따라 30m/s의 속도로 운동하는 파란 기차가 신호등을 3시 10초에 지나갔다. 파란 기차가 신호등을 지나고 몇 초 후에 빨간 기차를 추월할 수 있을까? (단, 두 기차는 나란하게 직선 경로를 이동한다.)

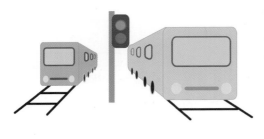

① 20초   ② 30초   ③ 40초
④ 50초   ⑤ 60초

04 A는 직선 경로를 따라 속도가 4m/s인 무빙워크 위에 선 채로 240m를 이동하였고, 무빙워크에서 내린 후 300m는 1m/s의 속도로 걸어서 이동하였다. A가 이동하는데 걸린 총 시간은?

① 6분   ② 7분   ③ 8분
④ 9분   ⑤ 10분

[유형1-3] 가속도

여러 가지 물체의 가속도의 크기에 대해서 나타낸 표이다. 이에 대한 설명으로 옳은 것만을 〈보기〉에서 있는 대로 고른 것은? (단, 저항과 마찰은 무시하며, 모든 운동은 등가속도 운동이다.)

물체	가속도(m/s²)
기차	0.2
달에서 낙하	1.7
지구에서 낙하	9.8
자동차	5.2

〈 보기 〉

ㄱ. 지구에서 쇠구슬이 10초 동안 자유 낙하한 거리는 달에서의 약 6배이다.
ㄴ. 달에서 5초 동안 자유 낙하한 쇠구슬의 속도는 8.5m/s이다.
ㄷ. 동일한 출발선에서 같은 방향으로 기차가 3시에 출발하고 자동차가 3시 15초에 출발하였을 때, 3시 20초에 자동차가 기차보다 25m 앞서 있다.

① ㄱ   ② ㄴ   ③ ㄷ   ④ ㄱ, ㄴ   ⑤ ㄱ, ㄴ, ㄷ

05 직선 상에서 운동하는 물체의 속도를 시간에 따라 나타낸 것이다. 이 물체의 운동에 대한 설명으로 옳은 것만을 〈보기〉에서 있는 대로 고른 것은? 단, 시간 간격은 일정하며, t_2 는 $2t_1$ 이다.

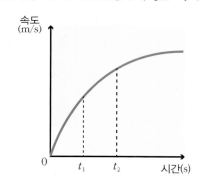

〈 보기 〉

ㄱ. t_1보다 t_2에서 속력이 작다.
ㄴ. t_1보다 t_2에서 순간 가속도의 크기가 작다.
ㄷ. 0에서 t_1까지의 변위가 t_1에서 t_2까지의 변위보다 크다.

① ㄱ ② ㄴ ③ ㄷ ④ ㄱ, ㄴ ⑤ ㄱ, ㄴ, ㄷ

06 직선 경로에서 A가 기준선을 2m/s로 통과하는 순간, B가 출발하여 운동하였다. 5초 후 A와 B의 속력이 같아졌으며, A와 B는 속력이 증가하는 등가속도 운동을 하고 있다. (단, B의 가속도는 A의 5배이다.)

기준선

이에 대한 설명으로 옳은 것만을 〈보기〉에서 있는 대로 고른 것은?

〈 보기 〉

ㄱ. A의 가속도의 크기는 0.1m/s²이다.
ㄴ. B에 작용하는 힘의 방향은 오른쪽이다.
ㄷ. 6초에서 A와 B 사이의 거리는 5.2 m이다 .

① ㄱ ② ㄴ ③ ㄷ ④ ㄱ, ㄴ ⑤ ㄱ, ㄴ, ㄷ

[유형1-4] 등가속도 직선 운동

직선 운동을 하고 있는 어떤 물체의 시간에 따른 가속도를 나타낸 그래프이다. 이 물체의 처음 속도가 4m/s일 때, 이에 대한 설명으로 옳은 것만을 〈보기〉에서 있는 대로 고른 것은?

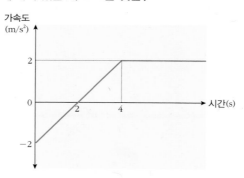

─〈 보기 〉─
ㄱ. 0 ~ 4초 사이에 물체의 운동 방향은 바뀐다.
ㄴ. 0 ~ 4초에서 물체의 변위는 0 이다.
ㄷ. 4 ~ 10초에서 물체의 변위의 크기는 60m이다.

① ㄱ   ② ㄴ   ③ ㄷ   ④ ㄱ, ㄴ   ⑤ ㄱ, ㄴ, ㄷ

07

직선 운동을 하는 물체의 시간에 따른 가속도를 나타낸 그래프이다. 물체의 처음 속도가 4m/s일 때, 이 물체의 운동에 대한 설명으로 옳은 것만을 〈보기〉에서 있는 대로 고른 것은?

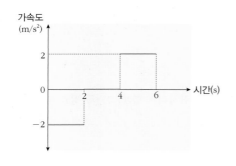

─〈 보기 〉─
ㄱ. 0초에서 2초까지 속력은 감소한다.
ㄴ. 2초에서 4초까지 이동 거리는 0이다 .
ㄷ. 0초에서 6초까지 변위의 크기는 8m이다.

① ㄱ   ② ㄴ   ③ ㄷ   ④ ㄱ, ㄴ   ⑤ ㄱ, ㄴ, ㄷ

08

직선 경로에서 움직이는 두 물체 A, B의 시간에 따른 속도를 나타낸 그래프이다.

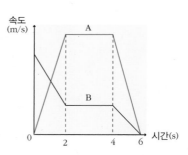

이에 대한 설명으로 옳은 것만을 〈보기〉에서 있는 대로 고른 것은?

─〈 보기 〉─
ㄱ. 물체 B의 가속도의 방향은 두 번 바뀐다.
ㄴ. 0 ~ 2초 동안 가속도의 크기는 A가 B보다 크다.
ㄷ. 0 ~ 6초 동안 평균 속도의 크기는 A가 B보다 크다.

① ㄱ   ② ㄴ   ③ ㄷ   ④ ㄴ, ㄷ   ⑤ ㄱ, ㄴ, ㄷ

01 두 사람 A, B가 서로 나란하게 연직 방향으로 3m 떨어진 경로를 동시에 출발하였다. B는 A
보다 3m 앞에서 0.1m/s로 출발한다. 출발과 동시에 잠자리가 A의 머리에 앉아 있다가 B를
향하여 일정한 속력으로 날아간 뒤 B를 만나면 만나는 즉시 방향을 바꿔 다시 A를 향하여 같
은 속력으로 날아가는 운동을 하였다. (단, 잠자리의 운동을 포함한 모든 운동은 등속 직선 운
동이다.)

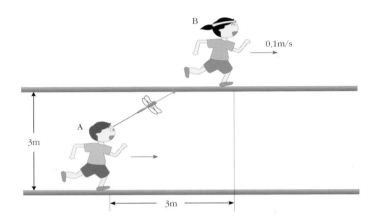

(1) 잠자리가 출발 후 B에 도달하기까지 10초가 걸렸다. 잠자리가 다시 B에서 출발하여 A에 도착
하기까지 12초가 걸렸다면, A의 속력은 얼마인가?(단, $\sqrt{3}$ = 1.7로 계산한다.)

(2) 잠자리가 다시 A에게 돌아올 때까지의 잠자리의 평균 속력과 평균 속도의 크기는 어떻게 되
는가?

02 아프리카 평원에 사는 치타는 빠른 속력을 이용하여 가젤을 사냥한다. 치타는 최대 속력 108km/h로 달릴 수 있고 출발 후 3초 만에 최대 속력에 도달한다. 하지만 치타는 출발한 후, 10초가 지나면 몸에 무리가 오기 때문에 더 이상 달리지 못한다. 반면 가젤은 오랜 시간 동안 꾸준하게 최대 속력 81km/h로 달릴 수 있고 출발 후 5초 만에 최대 속력에 도달한다. (단, 치타와 가젤, 토끼는 모두 직선 경로를 운동한다.)

치타

가젤

(1) 치타가 가젤을 사냥하려면 가젤과의 거리가 최대 몇 m가 될 때까지 접근한 후 출발해야 할까?

(2) 토끼는 1초 만에 최대 속력 54km/h에 도달하여 꾸준히 달릴 수 있다. 치타가 가젤과 토끼 중에 사냥하기 더 쉬운 동물은 무엇일까?

03 무한이와 상상이가 그림과 같이 10m 만큼 떨어져 있다가 무한이는 동쪽으로 3m/s 의 일정한 속력으로 출발하고, 동시에 상상이는 북쪽으로 4m/s 의 일정한 속력으로 출발하였다. 무한이와 상상이의 최단 거리는 몇 m인가?

04 2m/s의 속력으로 흐르는 강물에 배가 강물과 같이 운동하고 있다. 이 배를 기관사가 하류 방향으로 0.1m/s²의 일정한 가속도로 운동시킨 후 배의 속력이 정지한 사람에 대하여 6m/s가 되었을 때, 상류 방향으로 0.5m/s²의 일정한 가속도로 운동을 시켰다. 이 배가 다시 출발점으로 돌아왔을 때 정지한 사람에 대한 배의 속도는 얼마인가?

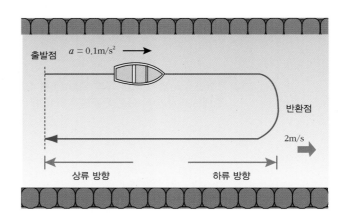

05

곡률 반지름(굽은 곳을 원의 일부라고 했을 때의 원의 반지름)이 r로 같은 서로 다른 경로의 철로 A, B가 있다. 기차가 화살표 방향으로 운동을 시작하여 각 철로의 굽은 곳이 시작되는 지점 P, Q를 각각 같은 속력 v로 통과하였다.(단, 철로 A, B로 운동하는 기차의 속력은 v로 일정하다.)

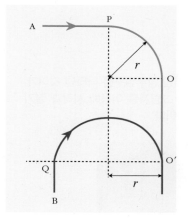

(1) 기차가 철로 A의 PO 구간을 통과하는 동안 평균 속도의 크기 v_A를 구하시오.

(2) 기차가 철로 B의 QO′ 구간을 통과하는 동안 평균 속도의 크기 v_B를 구하시오.

(3) 기차가 철로 A의 PO 구간을 통과하는 동안 평균 가속도의 크기 a_A를 구하시오.

(4) 기차가 철로 B의 QO′ 구간을 통과하는 동안 평균 가속도의 크기 a_B를 구하시오.

01 시각을 나타낼 경우 시각, 시간을 나타낼 경우 시간을 쓰시오.

(1) A는 B에게 <u>3시</u>에 전화를 하였다. (   )

(2) A는 서점에서 학교까지 <u>30분</u> 걸렸다. (   )

(3) A는 서점에 <u>4시</u>에 도착했다. (   )

02 조선 시대의 해시계인 앙부일구를 나타낸 것이다. 앙부일구는 영침의 그림자를 이용해 시각과 절기를 알 수 있는 장치이다.

이에 대한 설명으로 옳은 것만을 〈보기〉에서 있는 대로 고른 것은?

〈 보기 〉
ㄱ. 그늘에 설치하는 것이 더 정확한 값을 얻을 수 있다.
ㄴ. 영침은 북극성을 가리키도록 배치해야 한다.
ㄷ. 영침의 그림자의 길이가 길수록 태양의 남중 고도가 낮아진다.

① ㄱ　② ㄴ　③ ㄷ　④ ㄴ, ㄷ　⑤ ㄱ, ㄴ, ㄷ

03 무한이는 집에서 출발해서 다음 그림의 직선 경로로 서점에서 책을 사고 학교로 향했다. 학교에 도착한 무한이의 총 이동 거리와 변위는 각각 얼마인가?

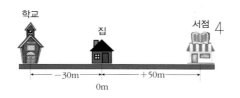

이동 거리 (   )m
변위 (   )m

04 직선 상에서 A, B의 운동을 나타낸 것이다. 이 때, A가 바라 본 B의 속도는 얼마인가?

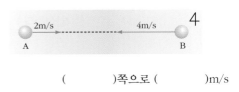

(   )쪽으로 (   )m/s

05 직선 경로를 따라 운동하는 물체의 속력과 시간의 관계를 나타낸 그래프이다.

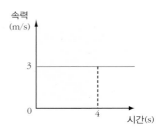

이에 대한 설명으로 옳은 것만을 〈보기〉에서 있는 대로 고른 것은?

〈 보기 〉
ㄱ. 물체의 가속도는 0이다.
ㄴ. 0 ~ 4초 사이의 이동 거리는 12m이다.
ㄷ. 물체의 변위의 크기와 이동 거리는 같다.

① ㄱ　② ㄴ　③ ㄷ　④ ㄱ, ㄴ　⑤ ㄱ, ㄴ, ㄷ

06 동쪽으로 36km/h로 달리던 자동차가 10초 후에 동쪽으로 72km/h가 되었다. 이 10초 동안의 평균 가속도의 크기는 몇 m/s^2인가?

(   )m/s^2

07 직선 경로에서 24m/s로 달리던 자동차 A와 20m/s로 달리던 자동차 B가 동시에 브레이크를 밟아 일정하게 감속하여 정지하기까지 자동차 A는 4초, 자동차 B는 5초가 걸렸다. 다음 그래프는 브레이크를 건 순간부터 자동차 A와 B의 속도–시간 그래프이다.

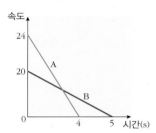

이에 대한 설명으로 옳은 것만을 〈보기〉에서 있는 대로 고른 것은?

─── 〈 보기 〉 ───
ㄱ. 자동차 A와 B의 가속도 크기의 차이는 2m/s² 이다.
ㄴ. 정지할 때까지 A가 B보다 2m 더 많이 이동했다.
ㄷ. 두 차의 속도가 같아지는 때는 브레이크를 건 후 2초 후이다.

① ㄱ   ② ㄴ   ③ ㄷ
④ ㄱ, ㄷ   ⑤ ㄱ, ㄴ, ㄷ

08 정지한 물체가 출발하여 마찰이 없는 수평면 위에서 10초 동안 2m/s²의 등가속도 직선 운동을 하고 있다. 이에 대한 설명으로 옳은 것만을 〈보기〉에서 있는 대로 고른 것은?

─── 〈 보기 〉 ───
ㄱ. 10초 후 물체의 속력은 20m/s이다.
ㄴ. 출발 후 10초 동안 이동한 거리는 200m이다.
ㄷ. 물체가 1m 진행했을 때의 속력은 4m/s이다.

① ㄱ   ② ㄴ   ③ ㄷ
④ ㄱ, ㄴ   ⑤ ㄱ, ㄴ, ㄷ

09 직선 경로를 따라 운동하는 물체의 위치와 시간의 관계를 나타낸 그래프이다. 이에 대한 설명으로 옳은 것만을 〈보기〉에서 있는 대로 고른 것은?

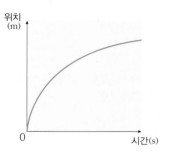

─── 〈 보기 〉 ───
ㄱ. 가속도의 방향과 물체의 이동 방향이 같다.
ㄴ. 시간이 지날수록 가속도의 크기는 감소한다.
ㄷ. 물체의 순간 속도는 점차 감소한다.

① ㄱ   ② ㄴ   ③ ㄷ
④ ㄱ, ㄷ   ⑤ ㄱ, ㄴ, ㄷ

10 질량 1kg의 동일한 공을 지구와 달에서 각각 자유 낙하 운동을 시켰다. 처음 2초 동안 낙하한 거리가 바르게 짝지어진 것은? (단, 지구의 중력 가속도는 9.8m/s²이고 달의 중력 가속도는 1.7m/s²이며 자유 낙하하는 도중 공기의 저항은 무시한다.)

	지구	달
①	9.8m	1.6m
②	9.8m	3.4m
③	19.6m	1.6m
④	19.6m	3.4m
⑤	19.6m	4.8m

11 지구의 위선과 경선을 나타낸 것이다.

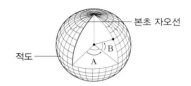

이에 대한 설명으로 옳은 것만을 〈보기〉에서 있는 대로 고른 것은?

〈 보기 〉

ㄱ. A가 15°인 곳은 75°인 곳보다 해가 먼저 뜬다.
ㄴ. A가 15°인 곳은 75°인 곳보다 영국과의 시각 차이가 작다.
ㄷ. A가 같을 때 B가 클수록 같은 절기에 태양의 남중 고도는 높아진다.

① ㄱ   ② ㄴ   ③ ㄷ   ④ ㄱ, ㄴ   ⑤ ㄱ, ㄴ, ㄷ

12 남태평양의 노픽섬 주변에서 배 A와 B가 직선 운동을 하고 있다. 배 A는 노픽섬과 필립섬을 잇는 선에 수직한 방향으로 3m/s의 속력으로 일정하게 운동하고 있고, 배 B는 노픽섬과 필립선을 잇는 선과 나란하게 노픽섬 쪽으로 4m/s의 일정한 속력으로 운동하고 있다.

이에 대한 설명으로 옳은 것만을 〈보기〉에서 있는 대로 고른 것은? (단, 물의 흐름은 무시한다.)

〈 보기 〉

ㄱ. A가 관찰한 B는 북동쪽 방향으로 움직인다.
ㄴ. A가 관찰한 B는 실제 속력보다 더 빠르게 움직인다.
ㄷ. B가 관찰한 A는 남동쪽으로 운동한다.

① ㄱ   ② ㄴ   ③ ㄷ   ④ ㄴ, ㄷ   ⑤ ㄱ, ㄴ, ㄷ

13 육상 경기 600m 트랙이다. 200m 경기에서는 직선 트랙만을 달려도 되지만 300m 경기에서는 직선 트랙과 원형 트랙을 모두 달려야 한다.

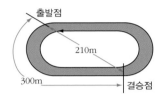

위와 같은 300m 트랙에서 출발점과 결승선까지의 직선 거리는 210m이다. 한 선수의 300m 기록이 30초로 측정되었을 때 이 선수의 평균 속력과 평균 속도의 크기를 바르게 짝지은 것은?

	평균 속력	평균 속도의 크기
①	7m/s	7m/s
②	7m/s	10m/s
③	10m/s	7m/s
④	10m/s	10m/s
⑤	10m/s	14m/s

14 야구공을 지면에서 10m/s의 속력으로 연직 상방으로 던져 올렸다. 야구공의 운동 방향이 바뀌는 순간은 언제인가? (공기의 저항은 무시하고, 중력가속도는 10m/s²으로 한다.)

(   )초

15 뷰렛에서 일정한 시간 간격으로 물방울이 떨어지도록 장치하였다. 뷰렛의 밸브를 조절하여 물 한 방울이 페트리 접시에 부딪히는 순간 다음 물방울이 낙하를 시작하도록 하였다. 현재 물방울의 낙하 거리가 1m이고, 40방울이 낙하하는데 18초가 걸린다. 이에 대한 설명으로 옳은 것만을 〈보기〉에서 있는 대로 고른 것은? (단, 일정 부피의 수은의 무게는 물의 무게보다 크다.)

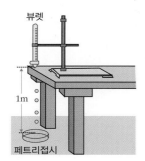

뷰렛
1m
페트리접시

― 〈 보기 〉 ―
ㄱ. 물방울의 낙하 가속도의 크기는 약 9.9m/s²이다.
ㄴ. 물방울의 낙하 거리를 0.5m로 바꾼다면 물 40방울이 낙하하는데 걸리는 시간은 9초가 된다.
ㄷ. 같은 조건에서 수은으로 실험할 경우 낙하 거리가 증가한다.

① ㄱ　　　　　② ㄴ　　　　　③ ㄷ
④ ㄴ, ㄷ　　　　⑤ ㄱ, ㄴ, ㄷ

16 10m/s의 속도로 달리던 자동차가 일정한 가속도로 감속되어 멈추는데 5m의 거리가 필요하다고 한다. 이 자동차가 20m/s로 달리다가 같은 가속도로 감속하여 멈출 때까지 몇 m가 필요하겠는가?

(　　　　　)m

17 정지 상태에서 출발하여 직선 운동하는 어떤 물체의 가속도-시간 그래프이다. 그래프를 해석한 내용으로 옳은 것만을 〈보기〉에서 있는 대로 고른 것은?

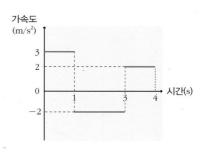

가속도 (m/s²)

― 〈 보기 〉 ―
ㄱ. 출발 후 2초가 되는 순간 물체의 운동 방향이 바뀌었다.
ㄴ. 출발 후 4초 동안 물체의 총 변위는 5m이다.
ㄷ. 출발점 외에 물체의 속도가 0인 구간은 두 번 나타난다.

① ㄱ　　　　　② ㄴ　　　　　③ ㄷ
④ ㄴ, ㄷ　　　　⑤ ㄱ, ㄴ, ㄷ

18 신경 반응 속도에 관한 실험이다. A점 부근에 손가락을 가까이 가져간 상태에서 종이가 낙하하는 것을 보고 최대한 빠른 시간에 종이를 잡는다. (낙하하기 전에 예상하여 미리 반응하면 안된다.) 잡은 위치 B를 표시하여 A ~ B의 거리 s 를 측정한다. 이 s 의 값은 사람마다 다르다. 만약 s 가 20cm인 경우 반응 시간은 몇 초인가? (중력 가속도 g = 10m/s²으로 한다.)

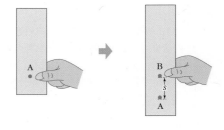

(　　　　　)초

19 직선 도로 위에서 자동차 A가 자동차 B 위치를 지나는 순간 정지해 있던 자동차 B가 같은 방향으로 출발한 후 자동차 A, B는 다음과 같은 운동을 하였다. 이에 대한 설명으로 옳은 것만을 〈보기〉에서있는 대로 고른 것은?

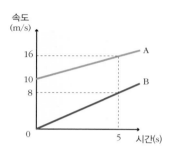

〈 보기 〉
ㄱ. B가 A를 추월하려면 75초가 걸린다.
ㄴ. A와 B의 속도가 같아지는 시간은 25초이다.
ㄷ. 0초에서 5초까지 A가 본 B의 속력은 점점 빨라진다.

① ㄱ   ② ㄴ   ③ ㄷ
④ ㄱ, ㄴ   ⑤ ㄱ, ㄴ, ㄷ

20 직선 상에서 정지해 있던 자동차가 출발하고 난 뒤 가속도를 시간에 따라 나타낸 것이다. 이 물체의 운동에 대한 설명으로 옳은 것만을 〈보기〉에서 있는 대로 고른 것은?

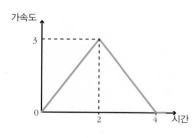

〈 보기 〉
ㄱ. 4초에서의 자동차의 속도의 크기는 6m/s이다.
ㄴ. 출발 후 4초까지의 평균 가속도의 크기는 1.5m/s² 이다.
ㄷ. 4초 이후 자동차는 등속 직선 운동을 한다.

① ㄱ   ② ㄴ   ③ ㄷ
④ ㄴ, ㄷ   ⑤ ㄱ, ㄴ, ㄷ

21 직선 도로에서 자동차 A가 속력 20 m/s으로 기준선 P 를 통과하는 순간 기준선 Q 에 정지해 있던 자동차 B 가 출발한다. 자동차 A, B 는 각각 P, Q 에서부터 크기가 같은 가속도 a 로 서로를 향해 등가속도 운동하여 같은 속력으로 스쳐 지나간다. P에서 Q 까지의 거리는 100m 이다. 이때 가속도의 크기 a 는?(단, 자동차 A, B 자체의 길이는 무시한다.)

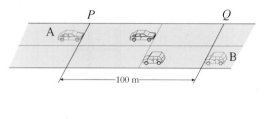

(   )m/s²

22 직선 운동하는 물체의 기준점으로 부터 시간에 따라 움직인 위치를 나타낸 것이다. 이 물체의 운동에 대한 설명으로 옳은 것만을 〈보기〉에서 있는 대로 고른 것은?

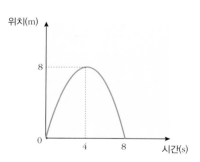

〈 보기 〉
ㄱ. 4초일 때 물체의 순간 속도는 2m/s이다.
ㄴ. 출발 후 4초까지 순간 속도의 크기는 감소한다.
ㄷ. 4초부터 8초까지 속력은 감소한다.

① ㄱ   ② ㄴ   ③ ㄷ
④ ㄴ, ㄷ   ⑤ ㄱ, ㄴ, ㄷ

심화

23 10m/s의 속도로 동풍이 불고 있는 바다 위를 배가 10m/s의 속도로 남쪽을 향하여 가고 있다. 배의 연통에서 나온 연기는 배 위에서 보았을 때 어느 방향으로 굽어져 뻗어나가겠는가?

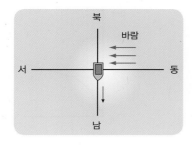

① 서쪽   ② 북서쪽   ③ 북쪽
④ 북동쪽   ⑤ 동쪽

24 물체가 직선 경로를 따라 운동할 때 시간에 따른 속도 변화를 나타낸 그래프이다. 이 물체의 운동에 대한 설명으로 옳은 것만을 〈보기〉에서 있는 대로 고른 것은?

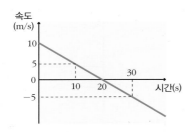

〈 보기 〉

ㄱ. 물체가 운동하는 동안 가속도의 크기는 $0.5m/s^2$ 이다.
ㄴ. 출발 후 30초 동안 이 물체의 변위는 125m이다.
ㄷ. 물체의 처음 운동 방향과 가속도의 방향이 반대이다.

① ㄱ   ② ㄴ   ③ ㄷ
④ ㄱ, ㄷ   ⑤ ㄱ, ㄴ, ㄷ

25 연직으로 7m/s의 속력으로 떨어지는 빗방울을 24m/s의 속도로 달리는 기차 안에서 보았다.

이에 대한 설명으로 옳은 것만을 〈보기〉에서 있는 대로 고른 것은?

〈 보기 〉

ㄱ. 기차 안 사람이 관찰한 물방울의 속력은 기차의 속력보다 1m/s 빠르다.
ㄴ. 기차는 오른쪽으로 움직이고 있다.
ㄷ. 기차가 5초만에 정지하였다면 5초 동안 관찰자가 봤을 때, 빗방울의 평균 가속도의 크기는 $5m/s^2$이다.

① ㄱ   ② ㄴ   ③ ㄷ
④ ㄱ, ㄴ   ⑤ ㄱ, ㄴ, ㄷ

26 직선 운동을 하는 물체의 시간에 따른 속도의 그래프이다. 이 물체의 운동을 위치─시간 (s─t)그래프로 바르게 나타낸 것은?

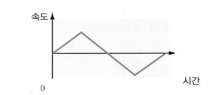

①    ②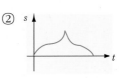

③ 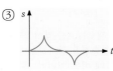   ④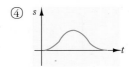

⑤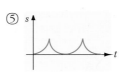

27 직선 상에서 운동하는 자동차의 속도와 시간의 관계를 나타낸 것이다. 이에 대한 설명으로 옳은 것만을 〈보기〉에서 있는 대로 고른 것은?

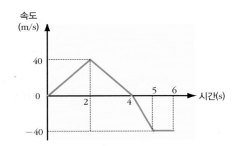

─── 〈 보기 〉 ───
ㄱ. 이 자동차의 출발부터 4초까지의 평균 가속도의 크기는 80m/s²이다.
ㄴ. 자동차가 3초인 순간 가속도의 크기는 20m/s² 이다.
ㄷ. 이 자동차의 출발부터 6초까지의 평균 가속도의 크기는 $\frac{20}{3}$m/s²이다.

① ㄱ   ② ㄴ   ③ ㄷ
④ ㄴ, ㄷ   ⑤ ㄱ, ㄴ, ㄷ

28 오래 달리기를 하는 세 친구 A, B, C의 가속도를 시간에 따라 나타낸 것이다. 코스를 완주한 B의 기록이 1시간이었을 때, 이에 대한 설명으로 옳은 것만을 〈보기〉에서 있는 대로 고른 것은? (단, A, B, C는 정지 상태에서 출발하여 직선 운동을 하며, 20분 이후에 각각의 가속도는 일정하다.)

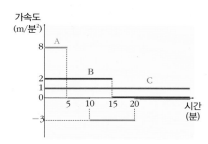

─── 〈 보기 〉 ───
ㄱ. 출발 후 40분일 때 C는 A를 앞서 있다.
ㄴ. B가 가장 먼저 결승점을 통과하였다.
ㄷ. 출발 후 30분일 때 이동 거리가 가장 작은 사람은 A이다.

① ㄱ   ② ㄴ   ③ ㄷ
④ ㄴ, ㄷ   ⑤ ㄱ, ㄴ, ㄷ

29 직선 운동하는 물체의 시간에 따른 위치를 나타낸 그래프이다. 물체의 운동에 대한 설명으로 옳은 것만을 〈보기〉에서 있는 대로 고른 것은? (5초부터 10초 구간의 그래프는 직선이다.)

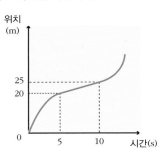

─── 〈 보기 〉 ───
ㄱ. 0초에서 5초 동안 평균 속력은 5초에서 순간 속력보다 크다.
ㄴ. 물체가 운동하는 동안 가속도의 방향은 변하지 않는다.
ㄷ. 0초부터 5초까지의 평균 속도의 크기보다 0초에서 10초까지의 평균 속도의 크기가 더 크다.

① ㄱ   ② ㄴ   ③ ㄷ
④ ㄴ, ㄷ   ⑤ ㄱ, ㄴ, ㄷ

30 직선 상에서 3m/s의 일정한 속도로 운동하고 있던 물체가 관측자를 스치고 지나간 순간부터 가속도 운동을 시작하였다. 그림은 물체의 가속도를 시간에 따라 나타낸 것이다.

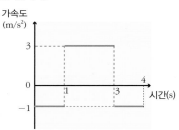

이 물체의 운동에 대한 설명으로 옳은 것만을 〈보기〉에서 있는 대로 고른 것은?

─── 〈 보기 〉 ───
ㄱ. 물체의 운동 방향은 변하지 않는다.
ㄴ. 0초부터 4초까지 평균 가속도는 1m/s²이다.
ㄷ. 0초에서 3초까지의 평균 가속도가 1초에서 4초까지의 평균 가속도보다 크다.

① ㄱ   ② ㄴ   ③ ㄷ
④ ㄱ, ㄴ   ⑤ ㄱ, ㄴ, ㄷ

31 직선 경로를 따라 운동하던 물체 A가 점 P를 12m/s 의 속력으로 지나가는 순간, 점 P에서 96m 떨어진 점 Q에서 물체 B를 왼쪽으로 출발시켰다. A와 B는 B가 출발한 순간부터 등가속도 운동을 하여 8초 후에 만난다. A와 B가 만나는 순간 B의 속력은 8m/s이다.

이에 대한 설명으로 옳은 것만을 〈보기〉에서 있는 대로 고른 것은?

───── 〈 보기 〉 ─────
ㄱ. A의 가속도의 방향은 왼쪽이다.
ㄴ. A와 B의 가속도의 크기는 같다.
ㄷ. 두 물체가 만날 때까지 A의 이동 거리가 B의 이동 거리보다 작다.

① ㄱ   ② ㄴ   ③ ㄷ
④ ㄱ, ㄴ   ⑤ ㄱ, ㄴ, ㄷ

32 정지 상태에서 출발하여 직선 운동하는 물체의 가속도-시간 그래프이다. 물체의 운동에 대한 설명 중 옳은 것은?

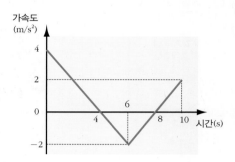

① 4초 때와 10초 때의 속력이 같다.
② 6초 때 물체의 속력이 가장 작다.
③ 4초부터 물체의 운동 방향이 바뀌었다.
④ 처음 4초 동안 물체의 속력이 감소하였다.
⑤ 4초부터 물체의 속력이 감소하기 시작했다.

2강. 운동의 법칙

1. 운동 제1법칙(관성 법칙) Ⅰ

(1) 관성 : 물체에 힘이 작용하지 않으면 현재의 운동 상태를 계속 유지하려는 성질을 말한다.

　① **관성과 질량의 관계** : 질량이 클수록 관성이 커진다.

　② **관성의 예**

정지 상태를 유지하려는 관성(정지 관성)		운동 상태를 유지하려는 관성(운동 관성)	
자동차가 갑자기 출발하면 몸이 뒤로 쏠린다. → 자동차는 이동하는데 몸은 계속 제자리에 있으려 한다.	널어 놓은 이불을 두드리면 먼지가 떨어진다. → 이불이 움직일 때 먼지는 제자리에 계속 정지해 있으려 한다.	자동차가 갑자기 멈추면 몸이 앞으로 쏠린다. → 자동차는 멈추는데 몸은 계속해서 움직이려고 한다.	자루를 바닥에 치면 헐거워진 망치 머리가 고정된다. → 망치를 거꾸로 내리치면 자루는 정지하나, 망치 머리는 계속 운동하려고 한다.

(2) 운동 제1법칙(관성 법칙) : 힘이 작용하지 않는 경우의 운동 법칙이다. 운동하는 물체는 외부의 힘이 작용하지 않는 한, 자신의 운동 상태를 지속한다. 즉, 정지한 물체는 계속 정지해 있으려고 하며, 운동하는 물체는 계속 등속 직선 운동을 하려고 한다.

(3) 관성력 : 가속도 운동을 하는 물체가 느끼는 쏠리는 힘이다.

　① **관성력 방향** : 그림처럼 버스가 오른쪽으로 가속도 a 의 운동을 하는 경우 버스 내부의 질량 m인 물체가 받는 관성력의 방향은 버스의 가속도의 방향과 반대 방향이다.

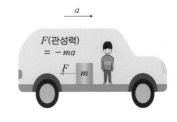

　② **관성력의 크기** : 질량 m인 물체가 가속도 a로 운동하는 경우 물체가 받는 관성력의 크기 F는 다음과 같다.

$$F = -ma$$

개념확인 1

괄호 안에 알맞은 것을 각각 고르시오.

> 물체에 힘이 작용하지 않으면 현재의 운동 상태를 계속 유지하려는 성질을 관성이라고 한다. 즉, 정지한 물체는 계속 (㉠ 정지, ㉡ 운동) 하려고 하며, 운동하는 물체는 계속하여 (㉠ 정지, ㉡ 운동) 하려고 한다.

확인 +1

길을 달리다가 돌부리에 걸려 넘어진 것과 가장 유사한 원리로 설명할 수 있는 현상은?

① 후추통을 툭툭 흔들어 후추를 뿌린다. 　　　② 물이 높은 곳에서 낮은 곳으로 흘러간다.
③ 정지해 있던 축구공을 발로 차면 빠른 속도로 날아간다.
④ 달리던 기차가 브레이크를 밟으면 속도가 줄어들어 정지한다.

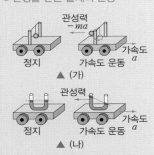
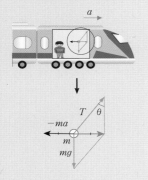

2. 운동 제1법칙(관성 법칙) Ⅱ

(1) 원운동에서의 관성력 : 수평면 상에서 원운동하는 물체는 관성력을 느낀다.

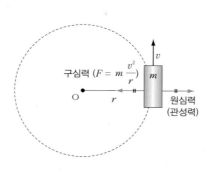

① **밖에서 관찰하는 경우** : 원운동하는 물체는 원의 중심 방향으로 구심력($F = m\dfrac{v^2}{r}$)을 받는다.

② **질량 m의 입장에서 본 경우**(원운동하고 있는 물체가 느끼는 경우) : 원의 중심에서 멀어지는 방향으로 쏠리는 힘인 원심력($F = -m\dfrac{v^2}{r}$)을 느낀다.

③ **원심력** : 원운동하는 물체가 느끼는 관성력(쏠리는 힘)이며 가상적인 힘이다.

(2) 엘리베이터에서의 관성력 : 엘리베이터의 움직임에 따라 엘리베이터에 탄 사람의 발 밑에 있는 저울의 눈금은 관성력에 의해 달라진다.

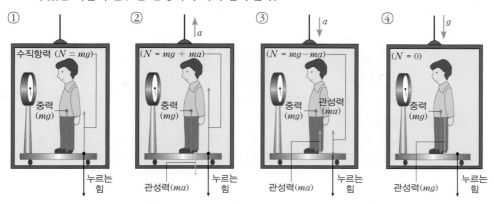

① **엘리베이터가 정지해 있을 때** : 저울의 눈금(N)은 mg를 나타낸다.

② **엘리베이터가 가속도 a로 상승할 때** : 저울의 눈금(N)은 몸무게 mg와 사람의 관성력 ma가 합쳐져 $mg + ma$를 나타낸다.

③ **엘리베이터가 가속도 a로 하강할 때** : 사람의 관성력은 윗방향으로 ma가 되므로 저울의 눈금(N)은 $mg - ma$가 된다.

④ **엘리베이터의 줄이 끊어졌을 때** : 엘리베이터는 가속도 g로 하강하게 되므로 사람의 관성력은 윗방향으로 mg가 되고 사람에게 작용하는 중력 + 관성력 = 0이 되어 저울의 눈금(N)도 0이 된다. 이때 사람은 무중력 상태가 된다.

개념확인2

정답 및 해설 **09쪽**

수평면 상에서 원운동하는 물체가 받는 관성력의 방향을 고르시오.

(㉠ 원의 중심 방향, ㉡ 원의 중심에서 멀어지는 방향)

확인+2

오른쪽 그림은 수평면에서 정지해 있는 수레 위에 물이 들어 있는 비커가 놓여있는 모습이다. 수레가 오른쪽으로 등가속도 운동을 시작하면 비커에 있는 물은 어떤 모양일지 고르시오. (단, $a > 0$)

①   ②   ③   ④   ⑤

3. 운동 제2법칙(가속도 법칙)

(1) 가속도의 크기

① **힘과 가속도** : 물체에 작용하는 힘의 크기가 클수록 가속도의 크기는 커지며, 가속도의 방향은 힘의 방향과 같다.

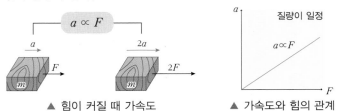

▲ 힘이 커질 때 가속도   ▲ 가속도와 힘의 관계

② **질량과 가속도** : 같은 크기의 힘을 가할 때 질량이 클수록 가속도의 크기는 작아진다.

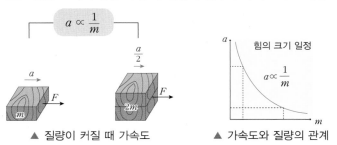

▲ 질량이 커질 때 가속도   ▲ 가속도와 질량의 관계

(2) 운동 제2법칙(가속도 법칙)

① **운동 제2법칙(가속도 법칙)** : 물체에 힘이 작용하면 가속도 운동을 한다. 이때 가속도의 크기는 힘의 크기에 비례하고, 물체의 질량에 반비례한다. 이를 운동 제2법칙 또는 가속도 법칙이라고 한다.

② 질량이 m 인 물체에 힘 F 가 작용할 때 생기는 가속도를 a 라고 할 때 다음의 관계가 성립한다.

$$a \propto \frac{F}{m} \quad \rightarrow \quad a = k\frac{F}{m} \; (k : \text{비례 상수})$$

③ **힘의 단위** : N(뉴턴)을 사용한다.

· 질량이 1kg인 물체에 1N의 힘이 작용하면 힘의 방향으로 $1m/s^2$의 가속도가 발생한다고 정의하면, 비례 상수 k 는 1이 된다. 따라서 운동 제2법칙은 다음과 같이 나타낼 수 있다.

$$F = ma$$

개념확인 3

옳은 것은 O표, 옳지 않은 것은 X표 하시오.

(1) 힘이 작용하지 않는 물체의 가속도는 0이다.   (   )

(2) 일정한 힘이 가해지는 경우 물체의 질량이 작을수록 가속도의 크기도 작아진다.   (   )

(3) 물체에 작용하는 힘과 가속도의 방향은 같다.   (   )

확인+3

마찰이 없는 수평면에 놓여있는 1kg의 물체에 왼쪽으로 3N의 힘을 작용하였다. 이 물체의 가속도는 어떻게 되는가?

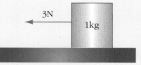

(   ) 쪽으로 (   )m/s²

● 물체의 무게

물체에 작용하는 중력의 크기이다. 중력은 물체와 지구 사이의 만유인력이기 때문에 장소에 따라 크기가 변하므로 무게도 장소에 따라 변한다. 질량이 m인 물체에 작용하는 중력 F는 다음과 같다.

$F = mg$ (g : 중력 가속도)

● 힘이 작용하는 운동의 예

① **등가속도 직선 운동** : 운동 방향 또는 운동 방향과 반대 방향으로 힘이 작용한다.

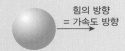

힘의 방향 = 가속도 방향

오른쪽으로 힘을 가하면 물체는 오른쪽방향의 가속도 운동을 한다.

② **원운동** : 운동 방향과 수직으로 힘이 작용한다.

구심력 (힘의 방향)   운동 방향

물체가 받는 힘(구심력)의 방향과 운동 방향이 수직인 운동이다.

③ **포물선 운동** : 운동 방향과 비스듬히 힘이 작용한다.

운동 방향   힘의 방향

힘의 방향이 운동 방향과 다르기 때문에 물체의 속력과 방향이 계속 변한다.

4. 운동 제3법칙(작용 반작용 법칙)

(1) 운동 제3법칙(작용 반작용 법칙) : 물체 A가 다른 물체 B에게 힘(F_{AB})을 가하면 물체 B도 물체 A에게 크기가 같고 방향은 반대인 힘(F_{BA})을 동시에 가한다. 이를 작용 반작용 법칙이라고 한다.

$$F_{AB} = -F_{BA}$$

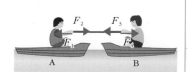

F_1 : A가 줄을 잡아당기는 힘 F_4 : B가 줄을 잡아당기는 힘
F_2 : 줄이 A를 잡아당기는 힘 F_3 : 줄이 B를 잡아당기는 힘
→ 작용 반작용 관계인 두 힘 : F_1과 F_2
→ 힘의 평형 관계인 두 힘 : F_1과 F_4 (끈에 작용하는 두 힘)

① **작용 반작용의 특성** : 질량이 큰 물체가 질량이 작은 물체를 당겨도 두 물체가 받는 힘의 크기는 작용 반작용 법칙에 따라 서로 같다.

② **작용 반작용의 예**

예			
작용	로켓이 기체를 밀어내는 힘	사람이 땅을 미는 힘	S극이 N극을 당기는 힘
반작용	기체가 로켓을 밀어내는 힘	땅이 사람을 미는 힘	N극이 S극을 당기는 힘

③ **두 힘의 평형과 작용 반작용의 비교**

구분	힘의 평형	작용 반작용
공통점	두 힘은 방향이 반대이고 크기가 같으며 동일 작용선 상에 있다.	
특징	한 물체에 작용하는 두 힘으로 알짜힘이 0이다.	물체끼리 서로 주고 받는 한 쌍의 힘이다.
예	· F_1 : 책상이 물체 A에 작용하는 수직항력 · F_2 : 물체 A가 책상을 누르는 힘 · F_3 : 물체 A가 지구로 부터 받는 중력 · F_4 : 물체 A가 지구를 잡아 당기는 힘 힘의 평형을 이루는 두 힘 : F_1, F_3 ($F_1 + F_3 = 0$) 작용 반작용인 힘 : F_1과 F_2, F_3과 F_4	

운동 제3법칙의 적용

사람이 벽을 밀었더니 오히려 사람이 움직인다.

사람이 벽을 30N의 힘으로 밀었을 때(작용), 사람은 벽의 반작용으로 30N의 힘을 받아 $0.5 m/s^2$ 크기의 가속도 운동을 한다.

작용과 반작용에 의한 몸무게의 변화

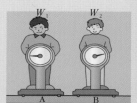
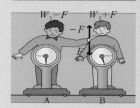

A에게 $-F$의 반작용을 한다.

· A가 올라선 체중계의 눈금은 A의 몸무게보다 A가 가한 힘 F만큼 줄어들어 $W_1 - F$가 측정된다.

· B가 올라선 체중계의 눈금은 B의 몸무게보다 B가 받은 힘 F만큼 늘어나서 $W_2 + F$가 측정된다.

개념확인 4

정답 및 해설 **09쪽**

작용 반작용에 대한 설명 중 옳은 것은 ○표, 옳지 않은 것은 ×표 하시오.

(1) 작용 반작용은 동일 작용선 상에서 작용한다. ( )
(2) 작용 반작용은 크기는 같고 방향이 서로 반대이다. ( )
(3) 두 자석 사이에 서로 끌어당기는 인력은 작용과 반작용으로 설명할 수 없다. ( )

확인+4

질량이 60kg인 스케이트 보드를 탄 사람이 마찰이 없는 수평면 상에서 18N의 힘으로 벽을 밀었다. 스케이트 보드를 탄 사람의 가속도의 크기는 어떻게 되는가?

( ) m/s^2

01 관성에 대한 설명 중 옳은 것은 ○표, 옳지 않은 것은 ×표 하시오.

(1) 질량이 큰 물체는 질량이 작은 물체보다 관성이 크다. ( )

(2) 운동하는 물체에 작용하는 힘의 크기가 0이면 등가속도 직선 운동을 한다. ( )

(3) 질량이 같을 때 속력이 클수록 관성이 커진다. ( )

02 버스가 오른쪽으로 10m/s²의 가속도로 갑자기 출발했을 때, 버스 안에 정지해 있던 5kg인 물체 A의 관성력의 크기는 얼마인가?

① 5N   ② 10N   ③ 25N   ④ 50N   ⑤ 100N

03 오른쪽으로 v 의 속도로 움직이는 버스가 가속도 운동을 시작하는 순간 손잡이가 다음 그림과 같이 앞으로 기울어졌다. 이러한 결과를 설명할 수 있는 버스의 운동 상태로 옳은 것만을 〈보기〉에서 있는 대로 고른 것은?

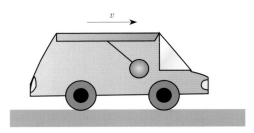

〈 보기 〉

ㄱ. 버스의 가속도 방향은 버스의 운동 방향과 같다.
ㄴ. 손잡이의 관성력의 방향과 버스의 운동 방향은 같다.
ㄷ. 달리던 사람이 돌부리에 걸려 넘어지는 것과 같은 원리이다.

① ㄱ   ② ㄴ   ③ ㄷ   ④ ㄴ, ㄷ   ⑤ ㄱ, ㄴ, ㄷ

04 수평면 상에서 오른쪽으로 6m/s의 속력으로 운동하던 2kg인 공이 일정한 힘을 받아 3초 후 운동 방향이 바뀌었다. 이 공이 받고 있는 힘의 크기는 얼마인가?

① 2N   ② 3N   ③ 4N   ④ 5N   ⑤ 6N

05 매끄러운 면에 정지해 있던 1kg의 물체에 2초 동안 2N의 일정한 힘을 가하였다. 이 물체가 이동한 거리는 총 몇 m 인가?

① 2m   ② 3m   ③ 4m   ④ 5m   ⑤ 6m

06 오른쪽으로 2m/s의 일정한 속도로 직선 상에서 운동하던 물체에 3N의 일정한 힘을 3초 동안 가하였더니 오른쪽으로 11m/s인 속도가 되었다. 이 물체의 질량은 얼마이겠는가?

① 1kg   ② 1.5kg   ③ 2kg   ④ 2.5kg   ⑤ 3kg

07 호수 위에 떠 있는 두 배 위에 각각 사람 A와 B가 타고 있다. B가 A에게 100N의 힘을 가했을 때, B의 가속도는 어떻게 되는가? (단, 물과 배의 마찰은 무시한다.)

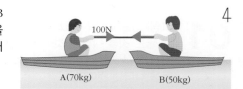

① 2m/s²   ② 3m/s²   ③ 4m/s²   ④ 5m/s²   ⑤ 6m/s²

08 무게가 60kgf인 A가 50kgf인 B를 10N의 힘으로 누르고 있다. 이때 A의 체중계에 표시된 값으로 옳은 것은? (단, 중력 가속도 $g = 10m/s^2$이다.)

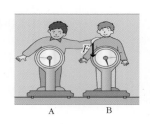

① 59kgf   ② 60kgf   ③ 61kgf   ④ 62kgf   ⑤ 63kgf

유형 익히기 & 하브루타

운전자가 자동차를 운전하다가 가속도 운동을 시작한 순간을 나타낸 것이다. 이때 운전자는 의자에 머리 뒤쪽을 부딪쳤다. 이 상황에 대한 설명으로 옳은 것만을 〈보기〉에서 있는 대로 고른 것은? (단, 왼쪽을 운전자의 정면 방향으로 한다.)

〈 보기 〉

ㄱ. 운전자는 오른쪽 방향으로 관성력을 받는다.
ㄴ. 자동차의 가속도의 방향은 오른쪽이다.
ㄷ. 사람의 무게가 클수록 더 센 힘으로 부딪친다.

① ㄱ   ② ㄴ   ③ ㄷ   ④ ㄱ, ㄷ   ⑤ ㄱ, ㄴ, ㄷ

01

그림(가)는 컵 위에 있는 카드에 10원짜리 동전을 놓은 것을 나타낸 것이고, 그림 (나)는 카드를 갑자기 치웠을 때 카드 위의 10원짜리 동전의 운동을 나타낸 것이다.

(가)   (나)

이 현상에 대한 설명으로 옳은 것만을 〈보기〉에서 있는 대로 고른 것은?

〈 보기 〉

ㄱ. 동전을 500원 짜리로 바꾸면 이 현상을 관찰하기 쉽다.
ㄴ. 막대기로 이불을 치면 먼지가 떨어지는 것과 같은 원리이다.
ㄷ. 카드를 컵에서 치울 때 걸리는 시간이 증가하면 현상을 관찰하기 더 쉬워진다.

① ㄱ ② ㄴ ③ ㄷ ④ ㄱ, ㄴ ⑤ ㄱ, ㄴ, ㄷ

02

천장에 가는 실을 이용하여 쇠공을 움직이지 않도록 연결해 놓았다.

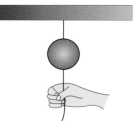

그림과 같이 실을 잡아당겼을 때, 이에 대한 설명으로 옳은 것만을 〈보기〉에서 있는 대로 고른 것은?

〈 보기 〉

ㄱ. 쇠공은 중력을 받아 아래쪽으로 운동하려고 한다.
ㄴ. 실을 빠르게 잡아당기면 아래쪽 실이 끊어진다.
ㄷ. 실을 천천히 당기면 추의 무게 때문에 아래쪽 실이 끊어진다.

① ㄱ ② ㄴ ③ ㄷ ④ ㄱ, ㄷ ⑤ ㄱ, ㄴ, ㄷ

[유형2-2] **운동 제 1법칙(관성 법칙)Ⅱ**

그림 (가)와 같이 A가 엘리베이터를 타고 올라가고 있다. 엘리베이터가 정지해 있을 때 A가 체중계로 측정한 몸무게가 60kgf이고, 엘리베이터가 출발한 후 시간에 따른 속도 변화가 그래프 (나)와 같을 때, 이에 대한 설명으로 옳은 것만을 있는 대로 고른 것은? (단, 중력 가속도 $g = 10$ m/s^{2}이다.)

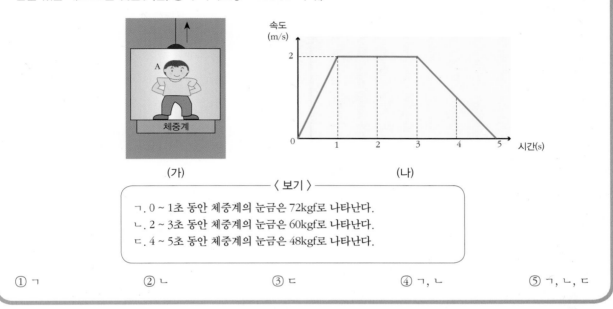

(가) (나)

〈 보기 〉
ㄱ. 0 ~ 1초 동안 체중계의 눈금은 72kgf로 나타난다.
ㄴ. 2 ~ 3초 동안 체중계의 눈금은 60kgf로 나타난다.
ㄷ. 4 ~ 5초 동안 체중계의 눈금은 48kgf로 나타난다.

① ㄱ ② ㄴ ③ ㄷ ④ ㄱ, ㄴ ⑤ ㄱ, ㄴ, ㄷ

03 수평면 상에서 속도 v로 원운동하는 물체를 나타낸 것이다.

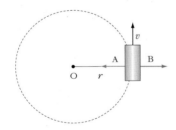

이에 대한 설명으로 옳은 것만을 〈보기〉에서 있는 대로 고른 것은? (단, 원의 반지름은 r로 일정하다.)

〈 보기 〉
ㄱ. 물체의 속력이 빨라지면 힘 A와 힘 B의 크기는 모두 커진다.
ㄴ. 물체가 원운동하도록 만드는 힘은 A이다.
ㄷ. B힘으로 회전 세탁기의 빨래들이 원통 벽면으로 치우치는 현상을 설명할 수 있다.

① ㄱ ② ㄴ ③ ㄷ ④ ㄱ, ㄷ ⑤ ㄱ, ㄴ, ㄷ

04 버스 안에 정지해 있는 무한이와 물체 A를 나타낸 것이다. 무한이의 질량은 50kg이고, A의 질량은 2kg이다. 이때 버스가 갑자기 2m/s^{2}의 가속도로 오른쪽으로 출발하였다. 이에 대한 설명으로 옳은 것만을 〈보기〉에서 있는 대로 고른 것은? (단, 버스의 바닥은 마찰이 없는 매끄러운 면이다.)

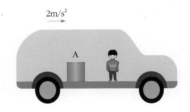

〈 보기 〉
ㄱ. 무한이는 왼쪽으로 4N의 관성력을 느낀다.
ㄴ. 버스 밖에 서 있는 사람이 본 물체 A는 정지해 있다.
ㄷ. 무한이가 본 A는 2m/s^{2}의 가속도로 왼쪽으로 움직인다.

① ㄱ ② ㄴ ③ ㄷ ④ ㄴ, ㄷ ⑤ ㄱ, ㄴ, ㄷ

[유형2-3] 운동 제2법칙(힘과 가속도 법칙)

질량이 10kg의 물체를 200N의 일정한 크기의 힘으로 위로 끌어올렸다. 위로 끌어 올리는 동안 물체의 가속도는 얼마 인가? (단, 중력 가속도 $g = 9.8m/s^2$이다.)

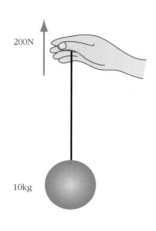

① $9.8m/s^2$　　② $10m/s^2$　　③ $10.2m/s^2$　　④ $20m/s^2$　　⑤ $29.8m/s^2$

05 질량 1kg의 물체 B가 마찰이 없는 평면 위에서 4m/s의 속도로 등속 직선 운동을 하고 있다. 이 물체가 점 P를 통과하는 순간 21m 뒤에서 정지 하고 있던 질량 2kg의 물체 A가 일정한 힘 F를 받아 B를 향하여 등가속도 운동을 시작하였고, 7 초 후 A가 B를 스쳐 지나갔다. 이에 대한 설명으 로 옳은 것만을 〈보기〉에서 있는 대로 고른 것 은?

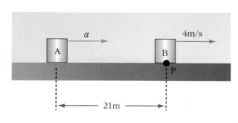

─── 〈 보기 〉 ───
ㄱ. 두 물체가 만날 때의 A의 속력은 14m/s이다.
ㄴ. A에 작용한 힘의 크기는 4N이다.
ㄷ. A를 질량이 1kg인 C로 바꾸고 같은 힘 F를 가하여 동일한 조건으로 출발시킨다면 4초인 순간에 C가 B를 앞서 있다.

① ㄱ　② ㄴ　③ ㄷ　④ ㄱ, ㄴ　⑤ ㄱ, ㄴ, ㄷ

06 무한이가 지구가 아닌 행성에서 연직 방향으로 질량이 500g인 공을 16m/s의 속력으로 던졌더 니, 공이 다시 바닥에 떨어질 때까지 4초가 걸렸 다. 이 행성에서 체중계 위에 공을 올려놓았을 경우 눈금이 가리키는 값은 얼마인가? (단, 공기 의 저항이나 마찰은 무시한다.)

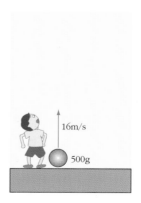

① 2N　　② 4N　　③ 6N
④ 8N　　⑤ 10N

[유형2-4]
[유형2-4] 운동 제3법칙(작용 반작용 법칙)

몸무게가 60kg인 A와 몸무게가 50kg인 B가 서로 다른 층에서 딱딱한 막대기로 서로 미는 모습을 나타낸 것이다. A가 막대기를 통해 B를 수평면과 60°를 이루는 방향으로 180N의 힘으로 밀자 A는 B로부터 힘을 받아 가속도 운동을 시작하였다. A가 미는 힘의 방향이 일정하다면 A의 가속도의 크기는 얼마인가? (단, A, B가 움직이는 각각의 면의 마찰은 무시한다.)

① 1m/s²   ② 1.5m/s²   ③ 2m/s²   ④ 2.5m/s²   ⑤ 3m/s²

07 그림 (가), (나)는 마찰이 없는 도르래를 이용하여 용수철 저울과 10N짜리 추를 각각 연결한 모습을 나타낸 것이다.

(가)   (나)

그림 (가)와 (나)에서 각 용수철 저울이 나타내는 힘의 크기를 옳게 짝지은 것은?(단, 중력 가속도는 10m/s²이고, 도르래와 줄 사이의 마찰력은 무시한다.)

	(가)	(나)		(가)	(나)
①	10N	0N	②	10N	10N
③	20N	0N	④	20N	20N
⑤	10N	20N			

08 마찰이 없는 얼음판 위에서 무한이와 상상이가 마주 보고 서 있다가 서로 미는 것을 나타낸 것이다. 서로 미는 동안 무한이가 이동한 거리가 상상이가 이동한 거리의 2배일 때, 무한이의 질량은 상상이의 질량의 몇 배인가?

① 0.25배   ② 0.5배   ③ 1배
④ 2배   ⑤ 4배

01 액체를 반 정도 채운 U자 관을 수레 위에 부착하고 다음과 같이 운동시켰다.

(1) 수평면에서 수레를 등가속도 운동시켰다. 이때 아래 그림처럼 U자 관의 폭 L 이 증가하면 양쪽 관의 액체의 높이 차 h 가 증가할지 아니면 감소할지 이유와 함께 답하시오.

(2) 이 수레를 경사각이 θ 인 빗면 위에 놓았을 때, 다음 각 경우에 대하여 액체의 수면의 높이를 설명해 보시오.

① 빗면과 수레 바퀴 사이의 마찰을 무시할 때

② 수레를 빗면 위에서 등속 운동시킬 때

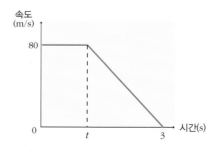

02 질량이 1500kg 인 자동차 속에서 질량이 60kg 인 운전자가 동쪽으로 80m/s 의 속도로 운전하고 있다. 운전자가 길을 건너는 사람을 보고 브레이크 페달을 밟은 후 3초 만에 정지하였다. 이때 브레이크를 밟는 순간부터 자동차가 진행한 거리는 140m 였고, 이를 속도−시간 그래프로 나타내었다. (단, 브레이크 페달을 밟기 전까지는 등속, 밟는 순간부터는 일정한 비율로 감속된다. 반응 시간 때문에 운전자가 사람을 본 즉시 브레이크를 밟으려 해도 실제로 t 초 후에 브레이크 페달을 밟게 된다.)

(1) 자동차가 감속되는 동안 자동차가 받은 힘의 크기는 얼마인가?

(2) 자동차가 감속되는 동안 운전자가 받는 관성력의 크기와 방향을 쓰시오.

03 질량 5kg의 물체가 실로 천장에 고정되어 있는 엘리베이터가 $\frac{4}{5}g$ 의 일정한 가속도로 하강하고 있다. (단, $g = 10\text{m/s}^2$이다.)

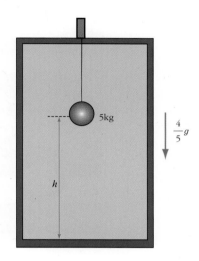

(1) 엘리베이터가 운행하는 동안 추를 매단 실의 장력은 얼마인가?

(2) 엘리베이터가 정지하고 있을 때 실을 끊어 추가 바닥에 낙하하는 시간(t_1)과 운동 중에 실을 끊었을 때 추가 바닥에 낙하하는 시간(t_2)을 비교하시오.

04 그림과 같이 3m/s²의 일정한 가속도로 운동을 하고 있는 전동차 안에서 12m/s의 속력으로 축구공을 굴렸다. 굴리는 순간 전동차의 속도는 오른쪽으로 20m/s 였다. (단, 사람은 전동차와 같이 운동하며, 축구공과 바닥의 마찰은 무시한다.)

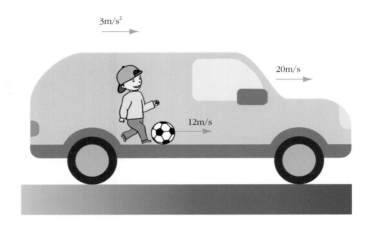

(1) 자동차 안에서 볼 때 축구공은 몇 초 후에 정지하는가?

(2) 자동차 안에서 볼 때 축구공이 사람에게 되돌아오기까지 몇 초가 걸리는가?

(3) 자동차 밖에서 보았을 때, 축구공이 사람에게 되돌아오기까지 축구공의 이동 거리와 전동차의 이동 거리를 각각 구하시오.

05 다음은 '말과 마차의 역설' 이다. 다음 내용 중 옳지 않은 부분을 찾고, 그 이유를 설명하시오.

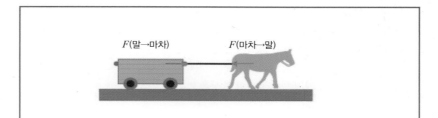

말이 마차를 끌면 작용 반작용에 의해 마차도 말을 잡아당긴다. 작용 반작용의 두 힘은 방향이 반대이고 크기가 같으므로 힘의 평형 상태이고 알짜힘이 0이 되어 마차는 앞으로 나갈 수 없다.

06 그림 (A)와 같이 추, 쇠공, 물이 든 비커가 평형을 유지하고 있는 장치가 있다. 만일 무게를 무시할 수 있는 실에 이 쇠공을 매단 후 그림 (B)와 같이 공이 물속에 완전히 잠기게 했을 때, 저울의 평형이 어떻게 되는지에 대해 설명하시오.

01 관성에 대한 설명 중 옳은 것은 ○표, 옳지 않은 것은 ×표 하시오.

(1) 물체가 느끼는 관성의 크기는 가속도의 크기에 비례한다 .　　　　　　　　　　　(　　　)

(2) 마찰이 없는 면에서 가속도 운동하던 물체에 외부에서 작용하는 힘이 없어지면 등속 직선 운동을 한다.　　　　　　　　　　(　　　)

(3) 물체의 질량이 커질수록 물체의 관성은 커진다.　　　　　　　　　　　　　　(　　　)

02 무한이가 요리에 후추를 뿌리는 모습을 나타낸 것이다. 이에 대한 설명으로 옳은 것만을 〈보기〉에서 있는 대로 고른 것은?

──── 〈 보기 〉 ────

ㄱ. 후추는 계속 멈춰 있으려고 한다.

ㄴ. 통을 흔드는 힘을 약하게 하면 후추가 더 잘 나오지 않는다.

ㄷ. 달리던 사람이 돌부리에 걸려 넘어지는 것과 같은 원리이다.

① ㄱ　　　　　② ㄴ　　　　　③ ㄷ
④ ㄴ, ㄷ　　　　⑤ ㄱ, ㄴ, ㄷ

03 정지해 있던 질량이 M인 자동차와 그 안에 놓인 질량이 m인 물체를 나타낸 것이다. 이 자동차가 a의 가속도로 급격히 왼쪽으로 출발했다. 자동차 안에 정지해 있던 공에 작용하는 관성력의 크기와 방향은 얼마인가? (단, 오른쪽 방향을 (+)로 정한다.)

질량이 M인 자동차

질량이 m인 공

① $-ma$　　　　　② $+ma$　　　　　③ 0
④ $-(M+m)a$　　　⑤ $+(M+m)a$

04 무한이가 수평면에 정지해 있던 2kg인 물체를 4N의 힘으로 오른쪽으로 밀었다. 물체의 가속도는 얼마인가? (단, 면의 마찰은 무시한다.)

(　　　　　　　)m/s^2

05 물체에 힘을 가했을 때, 가속도의 크기가 두 번째로 큰 것은?

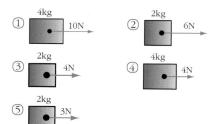

① 4kg 10N
② 2kg 6N
③ 2kg 4N
④ 4kg 4N
⑤ 2kg 3N

06 수평면에 정지해 있던 3kg인 물체가 일정한 힘을 받아 출발하여 4초 동안 이동한 거리가 8m였다. 이 물체가 받은 힘의 크기는 얼마인가?

(   )N

07 마찰이 없는 수평면에 정지해 있는 질량 3kg의 물체에 6N의 힘을 수평 방향으로 5초 동안 작용하면 5초 후 물체의 속도는?

(   )m/s

08 10kg의 물체를 매끄러운 면에서 힘 F 로 끌었더니 $2m/s^2$의 가속도 운동을 하였다. 만약 20kg의 물체를 같은 면에서 힘 $2F$로 끌면 물체의 가속도는 얼마인가?

(   )m/s²

09 무한이가 5kg인 스케이트보드에 타고 벽을 A방향으로 600N의 힘으로 미는 모습이다. 무한이는 벽을 민 직후 운동을 시작하였는데 그때의 가속도의 크기가 $10m/s^2$였다면, 무한이의 질량은 얼마인가?

① 50kg   ② 55kg   ③ 60kg
④ 65kg   ⑤ 70kg

10 몸무게가 500N인 무한이가 물속에 들어간 후 몸무게를 쟀더니 200N이었다. 무한이가 물에 가한 힘은 얼마인가?

(   )N

Ⓑ

11 물체가 관성을 가지기 때문에 나타나는 현상들이다. 운동 관성에 관련된 현상을 고르시오.

① 이불을 두드리면 먼지가 떨어진다.
② 삽으로 흙을 파서 던지면 흙이 멀리 날라간다.
③ 버스가 갑자기 출발하면 반대 방향으로 사람이 쏠린다.
④ 식탁보를 재빨리 당기면 식탁 위의 물건은 딸려 오지 않는다.
⑤ 나무도막을 쌓아 놓고 가운데를 갑자기 치면 가운데 나무 도막만 빠져나간다.

12 엘리베이터는 상승 또는 하강 시 $3m/s^2$의 크기의 일정한 가속도로 움직인다. 몸무게가 50kgf 인 사람이 이 엘리베이터를 타고 올라갈 때와 내려갈 때 몸무게를 쟀다면 몸무게의 차이는 얼마이겠는가? (단, 중력 가속도 $g = 10m/s^2$이다.)

(   )kgf

13 질량이 1kg인 물체 A가 질량이 3kg인 정지한 수레 위에 놓여있다. 수레가 8N의 일정한 힘을 받아 원점 O에서 출발하여 남쪽으로 직선 운동하여 P점에 도착하는데 2초 걸렸다. P점을 지날 때 동쪽으로 방향만 바꾸고 속력은 일정하게 직선 운동하여 Q점에 도착하는데 3초가 걸렸다. 물체 A의 운동에 대한 설명으로 옳은 것만을 〈보기〉에서 있는 대로 고른 것은?(단, 힘은 O에서부터 P점까지만 작용하고, 물체와 수레는 같이 운동하며 마찰은 무시한다.)

┌─────────── 〈 보기 〉 ───────────┐
ㄱ. 출발 후 1초가 된 순간 물체 A가 느끼는 관성력의 크기는 2N이다.
ㄴ. 출발 후 1초가 된 순간보다 출발 후 4초가 된 순간 물체 A가 느끼는 관성력의 크기가 더 크다.
ㄷ. 수레의 이동 거리가 3m일 때, A에 작용하는 관성력의 방향은 북쪽이다.
└─────────────────────────────┘

① ㄱ   ② ㄴ   ③ ㄷ
④ ㄱ, ㄷ   ⑤ ㄱ, ㄴ, ㄷ

14 그림 (가)는 마찰이 없는 수평면에서 질량 m인 물체에 크기가 6N인 힘이 수평 방향으로 작용하는 모습을, (나)는 이 물체의 속도를 시간에 따라 나타낸 것이다. 물체의 질량 m은 얼마인가?

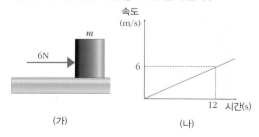

(가)   (나)

① 3kg   ② 6kg   ③ 9kg
④ 12kg   ⑤ 15kg

15 원형 고리 자석을 막대에 끼워서 놓아두었더니 두 자석의 반발력으로 그림과 같이 한 자석이 뜬 상태로 유지되었다. 자석이 끼워지지 않은 상태에서 막대 장치의 질량은 200g이고 자석 1개의 질량은 100g이며 두 자석의 질량은 동일하다. 그림과 같이 장치를 저울 위로 올려 질량을 재면 질량은 얼마이겠는가?

막대
자석
나무판

(   )g

16 아주 힘이 센 어떤 사람이 그림과 같이 세 가지 상황에서 각각 움직이지 않고 버티고 서 있다. 이에 대한 설명으로 옳은 것만을 〈보기〉에서 있는 대로 고른 것은? (단, 각각의 말이 끄는 힘의 세기가 같다고 가정한다.)

[창의력 대회 기출 유형]

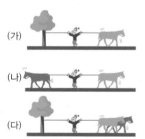

(가)
(나)
(다)

┌─────────── 〈 보기 〉 ───────────┐
ㄱ. (가)의 경우에 이 사람의 양쪽 팔이 받는 힘의 세기는 같다.
ㄴ. (나)와 (다)의 경우에서 이 사람의 왼쪽 팔이 받는 힘의 세기는 각각 같다.
ㄷ. (나)의 경우가 (다)의 경우보다 이 사람이 받는 힘의 세기가 더 크다.
└─────────────────────────────┘

① ㄱ   ② ㄴ   ③ ㄷ
④ ㄴ, ㄷ   ⑤ ㄱ, ㄴ, ㄷ

17 그림 (가)는 철수가 수영 중에 수영장 벽을 발로 미는 모습을, 그림 (나)는 책상 위에 책이 놓여 있는 모습을, 그림 (다)는 영희가 야구 방망이로 공을 치는 모습을 각각 나타낸 것이다.

[수능 기출 유형]

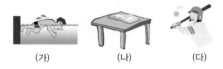

(가)   (나)   (다)

작용 반작용의 관계에 있는 힘으로 옳은 것만을 〈보기〉에서 있는 대로 고른 것은?

─── 〈 보기 〉───
ㄱ. 철수가 벽을 미는 힘과 벽이 철수를 미는 힘
ㄴ. 지구가 책을 당기는 힘과 책상이 책을 떠받치는 힘
ㄷ. 영희가 야구방망이를 잡는 힘과 야구방망이가 공을 미는 힘

① ㄱ   ② ㄴ   ③ ㄷ
④ ㄴ, ㄷ   ⑤ ㄱ, ㄴ, ㄷ

18 동일한 용수철 저울 2개를 그림과 같이 연결하고 10N의 추를 매달았을 때 각 용수철 저울이 가리키는 눈금을 바르게 짝지은 것은? (단, 용수철 저울 자체의 무게는 무시한다.)

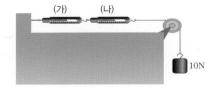

	(가)	(나)		(가)	(나)
①	6N	4N	②	5N	5N
③	4N	6N	④	5N	10N
⑤	10N	10N			

19 직선 상에서 움직이는 어떤 물체의 위치를 시간에 따라 나타낸 것이다. 물체가 느끼는 관성력의 방향과 물체의 운동 방향이 반대인 구간은 어디인가?

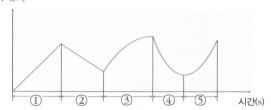

20 자동차가 수평면에서 등가속도 운동을 하고 있다. 이 자동차 안에 매달린 추가 그림처럼 기울어져 있다가 실이 끊어져서 추가 낙하하기 시작했다. 차 내부에 있는 사람이 보면 추는 어떤 궤도로 낙하하는가?

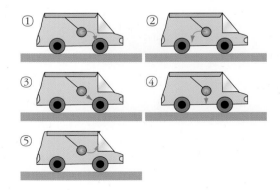

21 무한이는 높이가 h 인 건물의 옥상에 정지해 있는 질량이 1kg인 물체 A를 P점에 도달할 때까지 2N의 일정한 힘으로 밀었다. 물체 A는 P에서부터 포물선 운동을 시작하여 Q 점에서 땅에 부딪혔다. 출발점에서 P까지의 거리가 9m이고, 건물에서 Q 점까지의 거리가 12m일 때 이에 대한 설명으로 옳은 것만을 〈보기〉에서 있는 대로 고른 것은? (단, A~P의 면의 마찰은 무시할 수 있으며, 중력 가속도 = 10m/s²이다.)

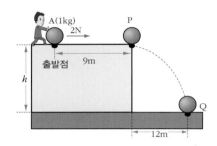

────〈 보기 〉────
ㄱ. 건물의 높이 h는 20m이다.
ㄴ. 출발하고 3초에서 5초사이에 물체에 작용하는 힘의 방향이 바뀐다.
ㄷ. P에서 Q 점까지의 운동에서 운동 방향과 물체에 작용하는 힘의 방향은 수직이다.

① ㄱ   ② ㄴ   ③ ㄷ
④ ㄱ, ㄴ   ⑤ ㄱ, ㄴ, ㄷ

22 몸무게 60kgf인 무한이가 1층에서 엘리베이터를 타고 올라가고 있다. 그림은 정지 상태에서 출발한 엘리베이터의 운동을 시간에 따라 나타낸 것이다. (단, 한 층의 높이는 3m이고, 지구의 중력 가속도 g = 10m/s²이다.)

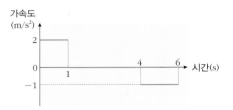

이에 대한 설명으로 옳은 것만을 〈보기〉에서 있는 대로 고른 것은?

────〈 보기 〉────
ㄱ. 5초가 되는 순간 무한이의 몸무게는 54kgf이다.
ㄴ. 엘리베이터는 3층에서 멈추었다.
ㄷ. 엘리베이터가 2층을 지날 때 무한이가 느끼는 관성력은 0이다.

① ㄱ   ② ㄴ   ③ ㄷ
④ ㄱ, ㄷ   ⑤ ㄱ, ㄴ, ㄷ

23 직선 상의 경로로 이동하는 물체의 시간에 따른 변위를 나타낸 그래프이다. 이 물체의 운동에 대한 설명으로 옳은 것만을 〈보기〉에서 있는 대로 고른 것은?

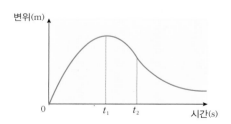

────〈 보기 〉────
ㄱ. 출발 후 t_1 동안 운동 방향과 같은 방향으로 물체에 힘이 작용한다.
ㄴ. t_1에서 t_2 동안 운동 방향과 같은 방향으로 물체에 힘이 작용한다.
ㄷ. t_2 이후부터 운동 방향과 같은 방향으로 외력이 작용한다.

① ㄱ   ② ㄴ   ③ ㄷ
④ ㄴ, ㄷ   ⑤ ㄱ, ㄴ, ㄷ

24 영희가 지면에 서서 철봉을 일정한 힘 W로 당기고 있는 것과 철수가 무게 W인 역기를 들어올려 정지시킨 모습을 나타낸 것이다. 영희와 철수의 질량은 같다. 이에 대한 설명으로 옳은 것만을 〈보기〉에서 있는 대로 고른 것은?

[수능 기출 유형]

―――〈 보기 〉―――
ㄱ. 철봉이 영희를 당기는 힘의 크기와 철수가 역기를 받치는 힘의 크기는 같다.
ㄴ. 지면이 영희를 떠받치는 힘의 크기는 지면이 철수를 떠받치는 힘의 크기와 같다.
ㄷ. 지면이 철수를 떠받치는 힘과 역기가 철수를 누르는 힘은 작용 반작용의 관계이다.

① ㄱ   ② ㄴ   ③ ㄷ
④ ㄱ, ㄴ   ⑤ ㄱ, ㄴ, ㄷ

[심화]

25 자동차 바닥에 수소 기체가 든 고무풍선을 가벼운 실로 매달고 자동차가 출발하여 오른쪽으로 (+)의 가속도 운동을 하고 있다. 이 자동차 안에 있는 관측자가 본 고무 풍선의 운동에 대한 설명으로 옳은 것만을 〈보기〉에서 있는 대로 고른 것은? (단, 수소 기체의 밀도 < 공기의 밀도 < 크립톤의 밀도이다.)

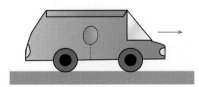

―――〈 보기 〉―――
ㄱ. 실이 끊어지면 풍선은 오른쪽 위로 운동한다.
ㄴ. 풍선은 오른쪽으로 쏠린다.
ㄷ. 풍선 안을 크립톤 기체로 채우면 풍선은 왼쪽으로 쏠린다.

① ㄱ   ② ㄴ   ③ ㄷ   ④ ㄱ, ㄴ   ⑤ ㄱ, ㄴ, ㄷ

26 정지하고 있던 버스가 5초 동안 등가속도 운동하는 동안 버스 안에 매달린 추가 연직 방향과 45°각도를 유지하고 있는 것을 나타낸 것이다. 5초 동안 버스가 이동한 거리는 얼마인가? (단, 중력 가속도 $g = 10\text{m/s}^2$이다.)

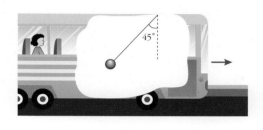

(   )m

27 기름을 채운 'ㄷ'자 모양의 관을 역학 수레 위에 올려놓았다. 역학 수레가 운동하는 동안에 관의 기름면이 그림과 같이 되었다면, 현상태에서 역학 수레의 운동에 대해 옳은 설명만을 있는 대로 고르시오.

[한국과학창의력대회]

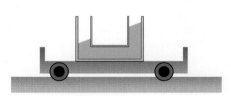

① 역학 수레는 일정한 속력으로 운동하고 있다.
② 역학 수레는 정지 상태로부터 서서히 출발하고 있다.
③ 역학 수레는 서서히 속도를 줄이면서 정지하고 있다.
④ 역학 수레는 경사진 면을 일정한 속도로 올라가고 있다.
⑤ 역학 수레는 경사진 면을 중력만으로 자연스럽게 굴러 내려오고 있다.

28 수평면에 정지해 있는 2kg인 물체 A에 작용하는 힘의 크기를 시간에 따라 나타낸 그래프이다. 이 물체의 운동에 대해 옳은 것만을 〈보기〉에서 있는 대로 고른 것은? (단, 마찰은 무시하고 오른쪽 방향을 +로 정한다.)

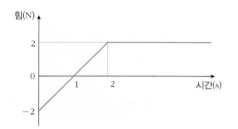

〈 보기 〉

ㄱ. 출발 후 2초가 되는 순간 속도는 0이다.
ㄴ. 출발 후 2초가 되는 순간 왼쪽으로의 이동 거리가 가장 크다.
ㄷ. 출발 후 1.5초가 되는 순간 운동 방향과 관성력의 방향이 같다.

① ㄱ   ② ㄴ   ③ ㄷ
④ ㄱ, ㄷ   ⑤ ㄱ, ㄴ, ㄷ

29 엘리베이터 차체와 사람의 질량을 합한 질량의 총합이 120kg 이다. 승강기가 처음에 $10\,\text{m/s}$ 의 속력으로 내려가다가 일정하게 감속을 하면서 50m의 거리를 더 내려간 후 정지하였다. 감속하고 있을 때 승강기를 지지하는 케이블에 걸리는 장력은 얼마인가? (단, 중력 가속도 $g = 10\text{m/s}^2$ 이다.)

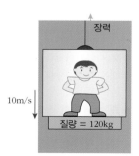

(   )kgf

30 오른쪽으로 운동하는 질량이 같은 두 물체 A, B의 시간에 따른 속도를 나타낸 것이다. 두 물체의 출발점이 같고 각각 직선 운동을 할 때, 두 물체의 운동에 대한 설명으로 옳은 것만을 〈보기〉에서 있는 대로 고른 것은?

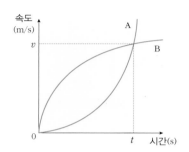

〈 보기 〉

ㄱ. 출발 후 t 초 동안 물체 A와 B의 평균 속도는 같다.
ㄴ. t 초를 지나는 순간 물체 A에 작용하는 힘의 크기가 물체 B에 작용하는 힘의 크기보다 작다.
ㄷ. 0 ~ t 초 동안 물체 B가 느끼는 관성력의 방향은 왼쪽이다.

① ㄱ   ② ㄴ   ③ ㄷ
④ ㄱ, ㄷ   ⑤ ㄱ, ㄴ, ㄷ

31 그림 (가)는 매끄러운 얼음판 위에서 무한이와 상상이가 0.3초 동안 물체에 동시에 힘을 가하고 있는 것을 나타낸 것이다. 그림 (나)는 무한이와 상상이가 각각 물체와 줄에 힘을 작용하는 순간부터 각각의 속력을 시간에 따라 나타낸 것이다. 0 ~ 0.3초 동안 무한, 상상, 물체에 대한 설명으로 옳은 것만을 〈보기〉에서 있는 대로 고른 것은? (단, 무한이와 상상이, 물체의 질량은 각각 55kg, 50kg, 80kg이며, 줄의 질량과 모든 마찰은 무시한다.)

[수능 모의 평가 기출 유형]

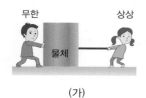

(가)

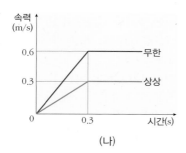

(나)

〈 보기 〉

ㄱ. 무한이의 운동 방향과 물체의 운동 방향은 같다.
ㄴ. 줄이 상상이를 당기는 힘의 크기는 50N이다.
ㄷ. 무한이의 가속도의 크기와 물체의 가속도의 크기는 같다.

① ㄱ   ② ㄴ   ③ ㄷ
④ ㄴ, ㄷ   ⑤ ㄱ, ㄴ, ㄷ

32 잔잔한 호수 위에 정지한 배 위에서 무한이가 낚시를 하고 있는 것을 나타낸 것이다. 이에 대한 설명으로 옳은 것만을 〈보기〉에서 있는 대로 고른 것은?

[수능 예비 평가 기출 유형]

〈 보기 〉

ㄱ. 무한이가 배를 누르는 힘과 물이 배에 작용하는 부력은 작용 반작용 관계이다.
ㄴ. 무한이와 배에 작용하는 중력의 크기의 합과 물이 배에 작용하는 부력의 크기는 서로 같다.
ㄷ. 무한이와 배에 작용하는 중력의 크기의 합과 부력은 서로 힘의 평형 관계이다.

① ㄱ   ② ㄴ   ③ ㄷ
④ ㄴ, ㄷ   ⑤ ㄱ, ㄴ, ㄷ

3강. 여러 가지 힘

1. 접촉하지 않아도 작용하는 힘

(1) 중력 : 지구 상의 물체가 지구에 의하여 받는 인력(=무게)을 말한다.

① **만유인력** : 질량을 가진 모든 물체 사이에 작용하는 서로 잡아당기는 힘이다. m_1, m_2의 질량을 갖는 두 물체 사이에는 질량의 곱에 비례하고, 거리의 제곱에 반비례하는 크기의 서로 잡아당기는 힘이 존재한다.

$$F_1 = F_2 = G\frac{m_1 m_2}{r^2} \text{ (N)}$$

〈 물체가 지구 표면에 있을 때 〉

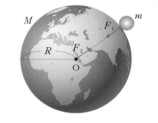

F_1 : 질량이 m인 물체에 작용하는 만유인력
F_2 : 질량이 m인 물체가 지구를 당기는 힘
→ F_1의 크기 = F_2의 크기

$$F_1 = G\frac{Mm}{R^2} = mg \text{ (질량이 } m\text{인 물체의 중력의 크기)}$$

$$g = \frac{GM}{R^2} \text{ (지구를 비롯한 행성에서의 중력 가속도)}$$

② **중력의 방향** : 지구 중심을 향하는 방향(연직 방향)이다.
③ 지구 표면에서 질량 1kg의 물체가 받는 중력의 크기를 1kgf(킬로그램 힘)이라고 한다.
④ **중력에 의한 현상** : 낙하 현상, 물이 아래로 흐르는 현상, 비나 눈이 오는 현상 등

(2) 전자기력 : 전하 사이에 작용하는 힘이다.

① 전자기력은 중력과 마찬가지로 먼 거리까지 영향을 미친다.
② **쿨롱의 법칙** : 두 전하 사이의 전기력은 각 전하량의 곱에 비례하고 거리의 제곱에 반비례하며, 두 전하를 잇는 직선 상에서 작용한다.
③ 거리 r만큼 떨어져 있는 전하량 q_1, q_2인 두 대전체 사이에 작용하는 전기력 F는 다음과 같다.

$$F = k\frac{q_1 q_2}{r^2} \text{ (N) (쿨롱의 힘)}$$

구분	전기력	자기력
정의	전기를 띤 물체 사이에 작용하는 힘	자석과 쇠붙이 또는 자석과 자석사이에 작용하는 힘
방향	다른 종류 사이에서 인력, 같은 종류 사이에서 척력이 작용하며 두 힘은 서로 작용 반작용의 관계이다.	

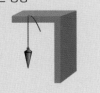
개념확인 1

중력에 대한 설명 중 옳은 것은 ○표, 옳지 않은 것은 ×표 하시오.

(1) 만유인력의 한 종류로 인력과 척력이 있다. ( )
(2) 지표면에서 높이 올라갈수록 중력은 커진다. ( )

확인+1

거리가 r만큼 떨어진 두 전하를 나타낸 것이다. 이때 전하 사이의 전기력이 F일 때, 두 전하 사이의 거리가 2배로 멀어지면 전기력의 크기는 어떻게 되는가?

2. 수직 항력과 부력

(1) 수직 항력

① **수직 항력**(N) : 물체와 접촉한 면이 면에 수직인 방향으로 물체를 떠받치는 힘이다.

② 접촉해 있던 물체가 떨어지면 수직 항력은 0이 된다.

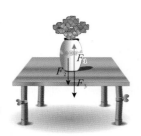

- F_1 : 책상 면이 꽃병을 수직 위로 떠받치는 수직 항력(N)
- F_2 : 지구가 꽃병을 잡아당기는 중력
- F_3 : 꽃병이 책상 면을 누르는 힘
- 꽃병은 힘 F_1과 힘 F_2를 받아 책상 위에서 정지해 있으므로 두 힘의 합력은 0 → F_1와 F_2는 힘의 평형 관계
- F_1과 F_3은 작용 반작용의 관계

③ **마찰이 없는 빗면에서 물체가 받는 힘**

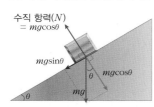

- 빗면에 있는 질량이 m인 물체에 작용하는 수직 항력의 크기는 $mg\cos\theta$이고, 빗면에 수직인 방향이다.
- 빗면에 있는 물체에는 빗면 아래 방향으로 크기 $mg\sin\theta$의 힘이 작용한다.

(2) 부력 : 물(액체)이나 공기 중의 물체를 뜨게 하는 힘이다.

① **물(액체, 공기)속의 물체가 받는 부력의 크기** : 물체가 물(액체, 공기)속에 있으면 물체의 부피만큼 물(액체, 공기)을 밀어낸다. 물체는 밀어낸 물(액체, 공기)의 무게만큼 부력을 받는다.

② **부력의 방향** : 물체가 뜨는 방향(중력과 반대 방향)이 부력의 방향이 된다.

물속의 물체는 중력과 부력을 받고 있으며 두 힘 중 큰 쪽으로 물체는 뜨거나 가라앉는다.

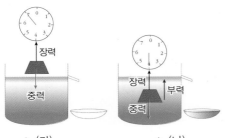

▲ (가)
장력 = 중력

▲ (나)
장력 + 부력 = 중력

- 그림 (가) : 물체는 중력만 받고 있다. 이때 저울의 눈금은 7을 가리키고 있다.
- 그림 (나) : 물체는 중력과 부력을 받고 있으며 저울의 눈금은 4를 가리키고 있다.
- 이때 옆으로 흘러넘친 물의 부피와 물체의 부피는 같다. 부력의 크기는 흘러넘친 물의 무게와 같은 3이다.

○ 직각 삼각형에서 세변의 길이 사이의 관계

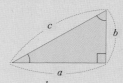

$$\cdot \sin\theta = \frac{b}{c}, \quad \cdot \cos\theta = \frac{a}{c}$$

θ	$\sin\theta$	$\cos\theta$
30	$\dfrac{1}{2}$	$\dfrac{\sqrt{3}}{2}$
45	$\dfrac{\sqrt{2}}{2}$	$\dfrac{\sqrt{2}}{2}$
60	$\dfrac{\sqrt{3}}{2}$	$\dfrac{1}{2}$

○ 아르키메데스의 원리(부력의 원리)

물체가 밀어낸 물의 무게만큼 뜨는 힘(부력)을 받는다.

○ 물속의 물체가 받는 부력과 중력

부력과 중력 중 큰 쪽으로 뜨거나 가라앉는다.(운동한다)

물체가 액체(공기) 위에 떠 있거나 액체(공기) 중에 정지해 있을 때에는 부력과 중력의 크기가 같다.(방향은 서로 반대)

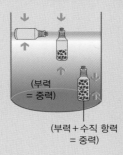

(부력 = 중력)

(부력 + 수직 항력 = 중력)

개념확인 2

정답 및 해설 **16쪽**

물체가 면 위에 놓여있을 때 면에 수직인 방향으로 물체를 떠받치는 힘은 무엇인가?

(   )

확인+2

경사각이 30°인 빗면에 2kg인 물체가 놓여있다. 이 물체가 받고 있는 수직 항력의 크기는 얼마인가?(단, 중력 가속도 $g = 10\text{m/s}^2$이다.)

(   )N

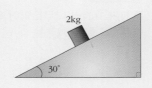

○ **미니사전**

장력 [張 어떤 일을 벌이다 力 힘] 실이 잡아당기는 힘

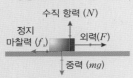
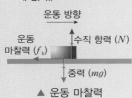
3. 마찰력

(1) 마찰력 : 면과 물체 사이에서 작용하여 물체의 운동을 방해하는 힘이다.
　① **정지 마찰력** : 물체가 정지해 있을 때 작용하는 마찰력이다.
　　· 크기는 외력과 같고, 외력과 반대 방향이다.(외력은 외부에서 작용하는 힘이다.)
　　· **최대 정지 마찰력**(f_s) : 정지해 있는 물체가 움직이기 직전의 마찰력으로 정지 마찰력 중 가장 크다.
　② **운동 마찰력**(f_k) : 물체가 움직이는 동안 작용하는 마찰력으로 방향은 운동 방향과 반대이다.

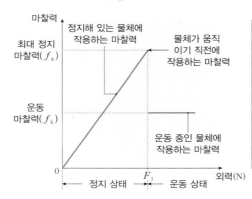

· 정지 마찰력의 크기는 외력의 크기와 같다. (외력이 점점 증가하면 마찰력도 증가)

· 〈최대 정지 마찰력 = 외력〉일 때 물체가 움직이기 시작한다.

· 물체가 움직이면 운동 마찰력이 작용한다.

· 운동 상태에서는 외력이 증가하여 속력이 커져도 운동 마찰력의 크기는 일정하다.

　③ **마찰력의 크기**
　　· **최대 정지 마찰력**(f_s)**의 크기** : 수직 항력 N에 비례하며, 접촉면의 넓이와 관계 없다.

$$f_s = \mu_s N \quad [\mu_s : 정지\ 마찰\ 계수]$$

　　· **운동 마찰력**(f_k)**의 크기** : 수직 항력 N에 비례하며, 접촉면의 넓이 및 속도가 변해도 크기가 변하지 않는다.

$$f_k = \mu_k N \quad [\mu_k : 운동\ 마찰\ 계수]$$

(※물체는 움직이기 직전 상태임)

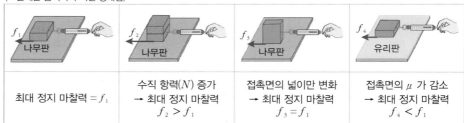

f_1 나무판	f_2 나무판	f_3 나무판	f_4 유리판
최대 정지 마찰력 = f_1	수직 항력(N) 증가 → 최대 정지 마찰력 $f_2 > f_1$	접촉면의 넓이만 변화 → 최대 정지 마찰력 $f_3 = f_1$	접촉면의 μ 가 감소 → 최대 정지 마찰력 $f_4 < f_1$

▲ 여러 상황에서의 최대 정지 마찰력(물체가 움직이기 직전의 마찰력)의 크기

(개념확인3)

운동 마찰 계수가 0.5인 고무판 위에서 질량 1kg의 공을 12N의 힘을 가하면서 수평 방향으로 운동시켰을 때 공의 가속도의 크기는 얼마인가? (단, 중력 가속도 g = 10m/s^{2}이다.)

(　　　　　　　　)m/s^2

(확인+3)

무게가 10N인 나무토막이 마찰 계수를 알 수 없는 수평한 고무판 위에 정지해 있다. 나무토막에 4N의 힘을 가했을 때 움직이기 시작했다면, 이 물체의 정지 마찰 계수(μ_s)는?

μ_s (　　　　　　　)

4. 탄성력

(1) 탄성력 : 탄성체가 변형되었을 때 원래의 상태로 되돌아가려는 힘으로 복원력이라고 한다.

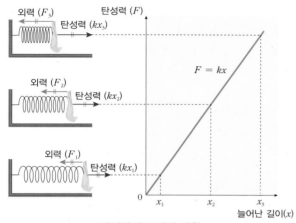

$$F = kx$$
F : 탄성력(N)
k : 용수철 상수(N/m)
x : 변형된 길이(m)

▲ 탄성력의 크기와 방향

① **탄성력의 크기와 방향** : 탄성력의 크기는 탄성체의 변형된 정도와 용수철 상수에 비례하고 탄성력의 방향은 외력의 방향과 반대 방향이다.
② **용수철 상수**(탄성계수) : 용수철의 재질이나 굵기, 길이에 따라 결정된다. (단위 N/m)

(2) 용수철의 연결 방법에 따른 용수철 상수

	용수철의 직렬 연결	용수철의 병렬 연결
연결 방법	(그림)	(그림)
용수철에 걸리는 힘 (F)	각 용수철의 탄성력은 당긴 힘과 같다. → $F = F_A = F_B$ (작용 반작용)	두 용수철의 탄성력의 합과 당긴 힘의 크기가 같다. → $F = F_A + F_B$
용수철의 늘어난 길이	전체 늘어난 길이는 각각의 용수철이 늘어난 길이를 합한 것과 같다. → $x = x_A + x_B$	각각의 용수철의 늘어난 길이는 전체 늘어난 길이와 같다. → $x = x_A = x_B$
용수철 상수	$\dfrac{F}{k} = \dfrac{F}{k_A} + \dfrac{F}{k_B}$ → $\dfrac{1}{k} = \dfrac{1}{k_A} + \dfrac{1}{k_B}$	$kx = k_A x + k_B x$ → $k = k_A + k_B$

개념확인 4   정답 및 해설 **16쪽**

용수철 상수가 10N/m인 용수철이 10cm 늘어났을 때. 이 용수철의 탄성력의 크기는 얼마인가?

(   )N

확인+4

어떤 고무줄에 1kg의 추를 매달면 10cm가 늘어난다. 만일 이 고무줄을 반으로 접어서 두 겹으로 되게 한 다음 1kg의 추를 매달면 늘어난 길이는 얼마가 되겠는가?

(   )

탄성 한계

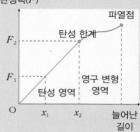

용수철이 변형되었다가 원래의 상태로 되돌아갈 수 있는 한계로, 탄성 한계를 넘어서면 탄성체가 원래의 상태로 되돌아가지 못한다. (소성이 나타난다.)

미니사전

소성 [塑 고정되다 性 성질] 물질에 힘을 가하여 변형시킬 때, 영구 변형을 일으키는 물질의 특성

01 중력에 대한 설명 중 옳은 것은 ○표, 옳지 않은 것은 ×표 하시오.

(1) 물체에 작용하는 중력의 크기는 그 물체의 무게와 같다. ( )

(2) 적도 지방으로 갈수록 중력 가속도의 크기는 커진다. ( )

(3) 지표면 근처에서 자유 낙하하는 물체의 중력 가속도는 물체의 질량에 관계없이 일정하다.
( )

02 어떤 행성 A의 질량은 지구의 4배이고 반지름은 지구의 2배일 때, 이 행성의 표면 중력 가속도는 지구의 몇 배인가?(단, 지구와 A는 구형이다.)

( )배

03 대전체 A, B, C가 띠고 있는 전하량이 (+)로 모두 같다. 이때 A가 B에 작용하는 전기력이 4N이라면, B가 A와 C로 부터 받는 전기력의 합력의 방향과 크기는?

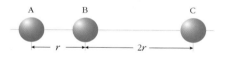

(,)

04 면 위에 책상이 놓여 있고, 그 위에 질량이 5kg인 물체가 놓여 있을 때 물체가 책상면으로부터 받는 수직 항력은 얼마인가? (단, 중력 가속도 $g = 9.8m/s^2$이다.)

( )N

05 마찰력에 대한 설명 중 옳은 것은 ○표, 옳지 않은 것은 ×표 하시오.

(1) 운동 마찰력은 최대 정지 마찰력보다 항상 크다.   (   )

(2) 마찰 계수는 접촉면의 넓이에 비례한다.   (   )

(3) 마찰력의 크기는 물체에 작용하는 수직 항력에 비례한다.   (   )

06 무게가 10N인 물체에 수평 방향으로 힘을 가하여 서서히 잡아당겼더니 힘의 크기가 6N이 되었을 때 물체가 움직이기 시작하였다. 물체와 면 사이의 정지 마찰 계수는 얼마인가?

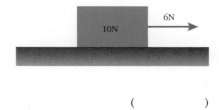

(   )

07 몸무게가 500N인 무한이가 물이 가득 찬 욕조에 들어가 몸을 물속에 완전히 담갔더니 400N의 물이 욕조에서 흘러넘쳤다. 이때 물속에서 무한이의 몸무게를 재면 몇 N일까?

(   )N

08 용수철 상수가 200N/m인 용수철에 질량이 1kg인 물체가 연결되어 마찰이 없는 수평면 위에 정지해 있다. 이때 용수철의 한쪽 끝을 잡아당겼다가 놓은 순간의 가속도가 $2m/s^2$이 되었다면 이때 용수철을 잡아당긴 길이는 몇 cm인가?

① 1cm   ② 2cm   ③ 3cm   ④ 4cm   ⑤ 5cm

유형 익히기 & 하브루타

접촉하지 않아도 작용하는 힘

다음 자료는 우주 상에 있는 세 천체 A, B, C의 질량과 거리의 비율을 나타낸 것이다. A, B, C에 대한 설명으로 옳은 것만을 〈보기〉에서 있는 대로 고른 것은? (단, 천체의 반지름과 다른 천체로부터의 영향은 무시한다.)

	A	B	C
질량 비율	2,000,000	300,000	1
B로 부터의 거리	50	·	1

〈 보기 〉

ㄱ. B의 가속도 방향은 A쪽이다.
ㄴ. A의 가속도의 크기가 C의 가속도의 크기보다 크다.
ㄷ. B가 C에게 작용하는 힘의 크기는 A가 C에게 작용하는 힘의 크기보다 크다.

① ㄱ   ② ㄴ   ③ ㄷ   ④ ㄱ, ㄷ   ⑤ ㄱ, ㄴ, ㄷ

01

질량이 각각 m, $2m$ 인 두 공 A, B 를 동일한 높이 h 에서 자유 낙하시켰다. 두 공의 운동에 대한 설명으로 옳은 것만을 〈보기〉에서 있는 대로 고른 것은? (단, 공기의 저항은 무시한다.)

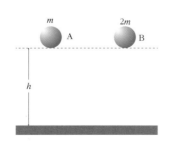

〈 보기 〉

ㄱ. A와 B의 가속도는 같다.
ㄴ. 1초 후 A의 속도와 B의 속도는 같다.
ㄷ. A와 B는 동시에 지표면에 떨어진다.

① ㄱ   ② ㄴ   ③ ㄷ
④ ㄱ, ㄷ   ⑤ ㄱ, ㄴ, ㄷ

02

(+)로 대전된 도체구 A에 (−)로 대전된 대전체 B를 가까이 가져간 모습을 나타낸 것이다.

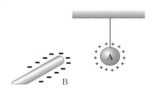

이에 대한 설명으로 옳은 것만을 〈보기〉에서 있는 대로 고른 것은?

〈 보기 〉

ㄱ. 도체구 A에 손가락을 살짝 접촉시키면 도체 구 A의 전하가 모두 사라진다.
ㄴ. A와 B가 가까워질수록 서로 잡아당기는 힘이 세진다.
ㄷ. 도체구 A의 전하량이 2배로 늘어나고, 대전체 B와의 거리가 2배가 되면, A와 B 사이의 전기력의 크기는 작아진다.

① ㄱ   ② ㄴ   ③ ㄷ
④ ㄱ, ㄷ   ⑤ ㄴ, ㄷ

[유형3-2] 수직 항력과 부력

그림 (가)는 빗면에서 두 물체 P와 Q가 가벼운 실에 연결되어 정지해 있는 것을 나타낸 것이고, 그림 (나)는 두 물체 P와 Q의 위치를 바꾸어 연결한 것을 나타낸 것이다. 빗면과 도르래의 마찰이 없다고 가정하고 P의 질량은 2kg이라고 할 때 이에 대한 설명으로 옳은 것만을 〈보기〉에서 있는 대로 고른 것은? (단, 중력 가속도 $g = 10\text{m/s}^2$이다.)

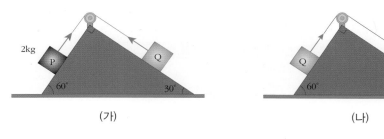

(가)   (나)

〈 보기 〉

ㄱ. (가)에서 Q가 받는 수직 항력은 $10\sqrt{3}$ N이다.
ㄴ. (나)에서 P는 빗면 위로 올라가는 가속도 운동을 한다.
ㄷ. (나)에서 P와 Q에 각각 작용하는 수직 항력의 크기는 같다.

① ㄱ   ② ㄴ   ③ ㄷ   ④ ㄴ, ㄷ   ⑤ ㄱ, ㄴ, ㄷ

---

03 가로, 세로, 높이가 각각 2m이고 질량이 10톤인 정육면체 모양의 물체를 잔잔한 강물 속에 넣고 무게를 측정하는 실험을 하였다. 부피 1m³의 물의 질량은 1톤이다. 물 위에서 물체의 무게를 재는 저울의 눈금은 얼마일까? (단, 1톤은 1,000kg이다.)

① 2,000kgf   ② 4,000kgf   ③ 6,000kgf
④ 8,000kgf   ⑤ 10,000kgf

04 마찰이 없는 빗면에서 질량이 2kg인 물체 A를 16N의 일정한 힘으로 빗면 방향으로 당기고 있을 때 물체가 정지해 있는 모습을 나타낸 것이다. 물체가 받는 수직 항력의 크기는 얼마인가? (단, 중력 가속도 $g = 10\text{m/s}^2$이다.)

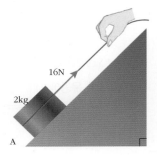

① 12N   ② 14N   ③ 16N
④ 18N   ⑤ 20N

[유형3-3] 마찰력

수평한 유리판 위에 질량이 각각 m, 3m인 두 자석 A, B가 N극과 S극이 마주한 채로 정지해 있는 것을 나타낸 것이다. 이에 대한 설명으로 옳은 것만을 〈보기〉에서 있는 대로 고른 것은?

─〈 보기 〉─

ㄱ. A가 B를 당기는 자기력의 크기는 B가 A를 당기는 자기력의 크기와 같다.
ㄴ. A에 작용하는 마찰력의 크기는 B에 작용하는 마찰력의 크기와 같다.
ㄷ. 자석의 거리를 점점 가깝게 하면 A가 먼저 움직이기 시작한다.

① ㄱ   ② ㄴ   ③ ㄷ   ④ ㄱ, ㄴ   ⑤ ㄱ, ㄴ, ㄷ

---

05 빗면에 놓여 있는 나무토막이 $5m/s^2$의 가속도로 빗면 아래 방향으로 운동하고 있는 것을 나타낸 것이다. 나무토막의 질량은 2kg이고, $\cos\theta = \dfrac{3}{5}$이다.

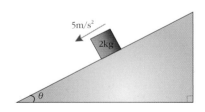

이 물체의 운동에 대한 설명으로 옳은 것만을 〈보기〉에서 있는 대로 고른 것은? (단, 중력 가속도 $g = 10m/s^2$이다.)

─〈 보기 〉─

ㄱ. 빗면의 운동 마찰 계수는 0.5이다.
ㄴ. θ가 90°가 되면 운동 마찰력은 0이다.
ㄷ. 나무도막의 질량이 커져도 나무도막의 가속도의 크기는 $5m/s^2$이다.

① ㄱ ② ㄴ ③ ㄷ ④ ㄱ, ㄷ ⑤ ㄱ, ㄴ, ㄷ

---

06 유리판 위에 정지해 있는 질량이 2kg인 쇠구슬에 외력을 수평 방향으로 점점 크게 가했을 때의 마찰력의 크기 변화를 나타낸 그래프이다.

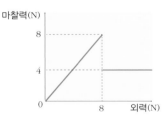

이에 대한 설명으로 옳은 것만을 〈보기〉에서 있는 대로 고른 것은? (단, 중력 가속도 $g = 10m/s^2$이다.)

─〈 보기 〉─

ㄱ. 정지한 쇠구슬에 7N의 외력을 작용하면 마찰력의 크기는 7N이다.
ㄴ. 쇠구슬에 10N의 외력을 작용하면 출발 후 4초 동안 이동 거리는 8m이다.
ㄷ. 유리판을 고무판으로 바꾸면 쇠구슬의 최대 정지 마찰력은 증가한다.

① ㄱ ② ㄴ ③ ㄷ ④ ㄱ, ㄷ ⑤ ㄱ, ㄴ, ㄷ

[유형3-4] 탄성력

그림 (가)는 유리판 위에 놓인 질량 2kg인 물체에 용수철 상수가 200 N/m인 용수철을 연결하여 일정한 힘 F로 당겼더니 용수철이 10cm가 늘어난 것을 나타낸 것이고, 이때 물체의 시간에 따른 속도의 변화를 나타낸 것이 그림 (나)이다. 이에 대한 설명으로 옳은 것만을 〈보기〉에서 있는 대로 고른 것은? (단, 중력 가속도 $g = 10\text{m/s}^2$이고, 용수철의 질량은 무시한다.)

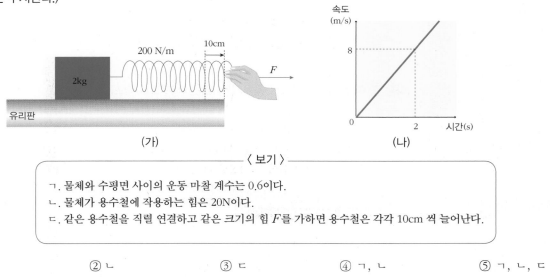

(가)　　　　　　　　　　　　　　　(나)

〈 보기 〉
ㄱ. 물체와 수평면 사이의 운동 마찰 계수는 0.6이다.
ㄴ. 물체가 용수철에 작용하는 힘은 20N이다.
ㄷ. 같은 용수철을 직렬 연결하고 같은 크기의 힘 F를 가하면 용수철은 각각 10cm 씩 늘어난다.

① ㄱ　　　② ㄴ　　　③ ㄷ　　　④ ㄱ, ㄴ　　　⑤ ㄱ, ㄴ, ㄷ

07 그림 (가)는 길이가 10cm인 용수철에 힘을 가하면서 늘어난 길이를 측정했을 때의 그래프이다. 이 용수철 2개를 그림 (나)처럼 질량이 2kg인 추에 연결하였을 때, 용수철이 늘어난 길이는 몇 cm인가? (단, 중력 가속도 $g = 10\text{m/s}^2$이다.)

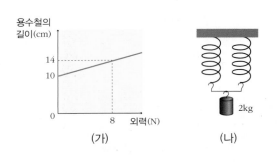

(가)　　　　　　(나)

① 2cm　　　② 5cm　　　③ 10cm
④ 8m　　　⑤ 10m

08 질량 5kg인 물체를 도르래를 이용하여 용수철 상수가 100N/m이고 탄성 한계가 60N인 용수철과 연결한 것을 나타낸 것이다. 이에 대한 설명 중 옳은 것만을 〈보기〉에서 있는 대로 고른 것은? (단, 중력 가속도 $g = 10\text{m/s}^2$이며, 도르래의 마찰은 무시한다.)

〈 보기 〉
ㄱ. 물체가 정지해 있다면 용수철은 50cm 늘어난다.
ㄴ. 용수철의 탄성력과 물체의 중력은 크기가 같다.
ㄷ. 7kg인 물체를 매달면 용수철은 소성을 나타낸다.

① ㄱ　② ㄴ　③ ㄷ　④ ㄱ, ㄷ　⑤ ㄱ, ㄴ, ㄷ

01 마찰이 없는 수평면에 있는 수레 위에 물체 A 와 B 를 올려 놓고 수레에 오른쪽 방향으로 5N 의 힘을 가하고 있는 모습이다. 이때 물체 A 는 늘어나지 않는 끈으로 벽과 연결되어 있고, 물체 B 는 미끄러지지 않고 수레와 같이 오른쪽 방향으로 등속 운동하였다.

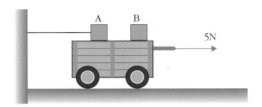

다음 중 이에 대한 설명으로 옳은 것을 있는 대로 고르시오.

> ㄱ. A와 B가 받는 마찰력의 방향은 같다.
> ㄴ. A를 연결한 끈의 장력은 5N이다.
> ㄷ. 어느 순간 B를 살짝 들어올리면 수레의 운동은 가속도 운동으로 바뀐다.

02 그림 (가)의 A 물체는 속이 비어 있는 구를 나타낸다. 물체 A의 비어 있는 부분은 물체 C의 크기와 정확히 같다. 그림 (가)처럼 속이 비어 있는 구가 물체 B에 작용하는 만유 인력과 그림 (나)와 같이 속이 비어 있지 않은 A 물체와 C 물체를 양쪽에 두었을 때 물체 B에 작용하는 만유인력을 비교하여 설명하시오.

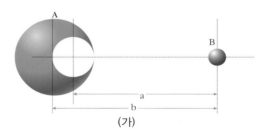

(가)

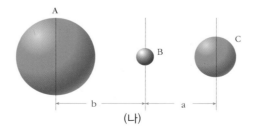

(나)

03

천장에 매달린 10kg의 추가 진자 운동을 하는 중에 진폭이 가장 큰 순간 연직선과 60°를 이루고 있는 모습이다. 이 상태는 추의 운동 방향이 바뀌기 직전 상태이며 추는 정지 상태에 있게 된다. (단, 중력 가속도 $g = 10m/s^2$이다.)

(1) 그림처럼 추가 정지한 상태에서 추에 작용하는 힘에 대해 설명하시오.

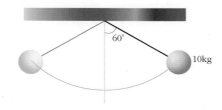

(2) 추를 수평 방향의 힘 F를 가하여 계속 멈춰 있게 할 때, 힘 F의 크기를 구하시오.

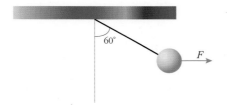

04 경사각이 30°로 같고 재질은 다른 빗면에서 물체가 움직이는 것을 나타낸 것이다.

(1) 무게 50N의 물체가 일정한 속도로 미끄러져 내려가고 있다. 이 물체를 같은 빗면에서 등속도로 밀어 올리기 위해 필요한 힘은 얼마인가?

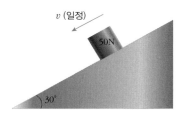

(2) 경사각 30°인 빗면을 따라 정지해 있던 무게 100N의 물체를 밀어올려 움직이기 시작할 때 120N의 힘이 필요했다. 그렇다면 정지해 있던 물체를 빗면을 따라 밀어내릴 때 필요한 최소한의 힘은 얼마인가?

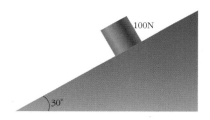

05 용수철의 원래 길이가 20cm이고, 1kg의 물체를 매달았을 때 6cm가 늘어나는 동일한 매우 가벼운 용수철 3개가 있다. 이 용수철을 연직선 상으로 장치하고 전체 길이를 40cm로 유지한 후, 그림처럼 중간에 2kg의 물체를 매달았을 때 물체가 정지하는 지점은 아래 지면으로부터 몇 cm 높이 이겠는가? (단, 중력 가속도 $g = 10m/s^2$이고, 물체 자체의 높이는 무시한다.)

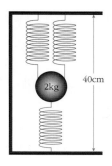

06 원래 길이가 20cm인 용수철에 2kg의 추를 매달면 10cm가 늘어난다. 이 용수철에 5kg의 추를 매달아 저울 위의 물속에 담갔더니 저울의 눈금이 2kgf 증가했다. (단, 중력 가속도 $g = 9.8m/s^2$이고, 물의 밀도는 $1000kg/m^3$이다.)

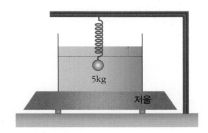

(1) 용수철이 늘어난 길이는?

(2) 물체가 받는 부력의 크기는 얼마인가?

(3) 추의 부피는 얼마인가?

01 전기력에 대한 설명 중 옳은 것은 ○표, 옳지 않은 것은 ×표 하시오.

(1) 전기를 띤 두 물체 사이의 거리가 가까울수록 전기력이 커진다. ( )

(2) 전기를 띤 두 물체 사이의 전기력은 두 전하량의 곱에 비례한다. ( )

(3) 전기를 띤 두 물체 사이의 전기력은 두 전하를 잇는 직선 상으로 작용한다. ( )

02 중력과 관련된 설명으로 옳은 것은?

① 만유인력의 한 종류이다.
② 중력에는 인력과 척력이 있다.
③ 질량이 클수록 중력 가속도가 크다.
④ 지표면에서 높이 올라갈수록 커진다.
⑤ 지구의 극지방보다 적도에서 더 크다.

03 무게가 5N인 쇠구슬을 용수철 저울에 매달고, 쇠구슬에 자석을 가까이 했더니 평형이 된 상태에서 용수철 저울의 눈금이 15N을 가리켰다. 쇠구슬과 자석 사이에 작용하는 자기력은 몇 N인가?

무게 5N

( )N

04 정지 마찰 계수가 0.8인 빗면에 놓여있는 질량이 1kg인 물체를 나타낸 것이다. 이 물체의 운동에 대한 설명으로 옳은 것만을 〈보기〉에서 있는 대로 고른 것은? (단, 중력 가속도 $g = 10\text{m/s}^2$ 이고, $\cos\theta = \dfrac{4}{5}$ 이다.)

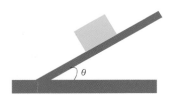

―〈 보기 〉―

ㄱ. 물체에 작용하는 최대 정지 마찰력은 6.4N이다.
ㄴ. 물체는 정지한 상태를 유지한다.
ㄷ. 빗면을 정지 마찰 계수가 0.5인 유리판으로 바꾸면 물체는 가속도 운동을 시작한다.

① ㄱ   ② ㄴ   ③ ㄷ
④ ㄱ, ㄴ   ⑤ ㄱ, ㄴ, ㄷ

05 물이 가득 찬 비커에 물체 A와 B를 담그는 실험을 하였다. 물체 A를 담갔더니 비커에서 물이 30cm^3 넘쳤고, 물체 B를 담갔더니 비커에서 물이 20cm^3 만큼 넘쳤다. 물속에서 물체 A, B가 받는 부력의 비를 구하시오.

A가 받는 부력 : B가 받는 부력 = (:)

06 무게가 30N인 물체에 수평 방향으로 힘을 가하여 서서히 잡아당겼더니 힘의 크기가 12N이 되었을 때 물체가 움직이기 시작하였다. 물체와 면 사이의 정지 마찰 계수는 얼마인가?

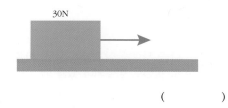

( )

07 수평면 상에 무게가 20N인 물체가 놓여 있다. 이 물체에 수평으로 15N의 힘을 가하였더니 물체가 움직이기 시작하였고, 16N의 힘을 가하였더니 $2m/s^2$ 크기를 가지는 가속도 운동을 시작하였다. 정지 마찰계수에서 운동 마찰 계수를 뺀 값은 얼마인가? (단, 중력 가속도는 $g = 10m/s^2$이다.)

( )

08 수평면과 각 θ 를 이루는 빗면에 질량이 2kg인 물체가 정지해 있다. 이 물체에 작용하고 있는 마찰력은 얼마인가? (단, 중력 가속도 $g = 10m/s^2$이고, $\cos\theta = \dfrac{4}{5}$이다.)

( )N

09 원래 길이가 10cm인 용수철 A가 있다. 용수철 A에 물체를 매달았더니 용수철의 길이가 14cm로 늘어났다. 무게가 1.5배인 물체를 매달면 용수철의 길이는 몇 cm로 되겠는가?

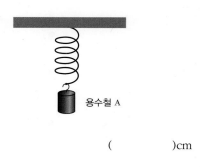

용수철 A

( )cm

10 무한이와 상상이가 수평면에서 무게가 50N인 물체를 잡아당기고 있다. 무한이는 60N의 힘으로 상상이는 50N의 힘으로 당겼다. 물체가 정지해 있을 때 정지 마찰력은 얼마인가?

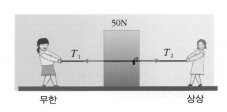

무한 상상

( )N

11 진공 중에서는 질량이 서로 다른 쇠구슬과 깃털이 동시에 떨어진다. 그 이유에 대한 설명 중 옳은 것만을 〈보기〉에서 있는 대로 고른 것은?

진공 중   공기 중

─────── 〈 보기 〉 ───────
ㄱ. 공기 중에서 쇠구슬과 깃털이 받는 중력은 같다.
ㄴ. 진공 중에서 쇠구슬과 깃털의 가속도의 크기는 같다.
ㄷ. 공기 중에서는 공기 저항력을 받는데 진공 중에서는 공기 저항력을 받지 않는다.

① ㄱ   ② ㄴ   ③ ㄷ
④ ㄴ, ㄷ   ⑤ ㄱ, ㄴ, ㄷ

12 어떤 행성의 질량은 지구의 4배이고, 반지름은 지구의 0.5배이다. 이 행성의 표면 중력 가속도는 지구의 몇 배인가?

(   )배

13 태양을 중심으로 공전하는 행성들의 질량과 태양으로부터의 거리를 나타낸 표이다.

	태양으로부터의 거리	질량
지구	1 AU	$6.0 \times 10^{24} kg$
화성	1.5 AU	$6.4 \times 10^{23} kg$
토성	10 AU	$6.0 \times 10^{26} kg$

다음 자료를 참고하여 지구, 화성, 토성이 순서대로 일렬로 정렬되어 있을 때, 이와 관련된 설명으로 옳은 것만을 〈보기〉에서 있는 대로 고른 것은? (단, 태양의 질량은 $2.0 \times 10^{30} kg$이고, 1AU는 지구와 태양 사이의 거리를 1로 기준한 값이다.)

─────── 〈 보기 〉 ───────
ㄱ. 지구가 태양에 작용하는 힘과 토성이 태양에 작용하는 힘의 크기는 같다.
ㄴ. 화성이 지구에 작용하는 힘은 화성이 토성에 작용하는 힘보다 크다.
ㄷ. 토성은 화성에 비해 위성을 가지기 쉽다.

① ㄱ   ② ㄴ   ③ ㄷ
④ ㄱ, ㄴ   ⑤ ㄱ, ㄴ, ㄷ

14 수평면 위에 놓여있는 무게가 20N인 물체를 수평 방향으로 10N의 힘으로 당겼으나 물체가 움직이지 않았다. 이에 대한 설명으로 옳은 것만을 〈보기〉에서 있는 대로 고른 것은? (단, 중력 가속도 $g =$ 10m/s^{2}이다.)

─────── 〈 보기 〉 ───────
ㄱ. 물체에 작용하는 알짜힘은 0이다.
ㄴ. 물체에 작용하는 마찰력은 10N이다.
ㄷ. 12N의 힘으로 당기면 물체는 1m/s^{2}의 가속도로 운동한다.

① ㄱ   ② ㄴ   ③ ㄷ
④ ㄱ, ㄴ   ⑤ ㄱ, ㄴ, ㄷ

15 수평면 위에 놓여 있는 질량이 4kg인 물체에 10N의 힘을 가하였더니 물체가 움직이기 시작하였다. 운동을 시작한 후 같은 힘을 가했을 때, 물체의 가속도가 $1m/s^2$이라면 이에 대한 설명으로 옳은 것만을 〈보기〉에서 있는 대로 고른 것은? (단, 중력 가속도 $g = 10m/s^2$이다.)

─── 〈 보기 〉 ───

ㄱ. 운동 마찰 계수는 0.15이다.
ㄴ. 질량은 일정한 상태에서 접촉 면적을 늘리면 운동 마찰력이 커진다.
ㄷ. 최대 정지 마찰력의 크기는 6N보다 작다.

① ㄱ　　　　　② ㄴ　　　　　③ ㄷ
④ ㄱ, ㄴ　　　　⑤ ㄱ, ㄴ, ㄷ

16 수평면 상에 놓인 수레를 무한이와 상상이가 서로 반대 방향으로 잡아당기고 있지만 수레와 사람들 모두 움직이지 않았다. 무한이와 상상이는 각각 30N, 40N 크기의 힘으로 잡아당기고 있다. 이에 대한 설명으로 옳은 것만을 〈보기〉에서 있는 대로 고른 것은?

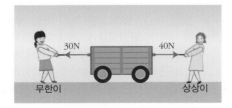

─── 〈 보기 〉 ───

ㄱ. 무한이에게 작용하는 마찰력은 30N이다.
ㄴ. 상상이에게 작용하는 마찰력은 30N이다.
ㄷ. 수레에 작용하는 마찰력은 상상이에게 작용하는 마찰력과 방향이 같다.

① ㄱ　　　　　② ㄴ　　　　　③ ㄷ
④ ㄱ, ㄷ　　　　⑤ ㄱ, ㄴ, ㄷ

17 어떤 고무줄에 1kg의 추를 매달면 10cm가 늘어난다. 만일 이 고무줄을 반으로 접어서 두 겹으로 되게 한 다음 2kg의 추를 매달면 늘어난 길이는 얼마가 되겠는가?

(　　　　　　)cm

18 무한이는 어떤 용수철에 1kg짜리 추를 달았더니 10cm가 늘어났다. 이 용수철에 계속해서 추를 추가하여 추의 무게가 총 10kg이 되었더니 용수철이 다시 줄어들지 않았다. 이 용수철에 대한 설명으로 옳은 것만을 〈보기〉에서 있는 대로 고른 것은? (단, 중력 가속도 $g = 10m/s^2$이다.)

─── 〈 보기 〉 ───

ㄱ. 용수철 상수값은 100N/m이다.
ㄴ. 용수철에 5kg짜리 추를 달면 50cm가 늘어난다.
ㄷ. 용수철을 110N으로 잡아당기면 용수철의 탄성은 사라진다.

① ㄱ　　　　　② ㄴ　　　　　③ ㄷ
④ ㄱ, ㄷ　　　　⑤ ㄱ, ㄴ, ㄷ

19 그림 (가)는 지구를 관통하는 구멍을 뚫어 구멍 표면에서 물체를 자유 낙하시킨 것을 나타낸 것이다.

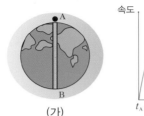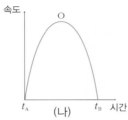

(가) (나)

그래프 (나)는 A점에서 작은 물체를 가만히 놓아 자유 낙하시킬 때의 속도 – 시간 그래프이다. 이에 대한 설명으로 옳은 것은?

① B점에서 가장 속도가 크다.
② 중력의 크기는 O점에서 가장 크다.
③ 중력 가속도가 가장 큰 곳은 O점이다.
④ O점에서 가속도의 방향이 반대로 된다.
⑤ 물체는 지구를 관통하여 B점을 지나 계속 아래로 운동한다.

20 우주선이 발사대에 정지해 있을 때에는 우주선에 작용하는 중력이 매우 크다. 그렇다면 우주선이 지구 표면으로부터 200km 상공을 비행하고 있을 때에 우주선에 작용하는 중력의 크기를 가장 잘 나타낸 것은? (단, 우주선이 운동하는데 소모된 연료의 무게 변화는 무시하며, 지구의 반지름은 6400km이다.)

[창의력 대회 기출유형]

① 중력은 0에 가깝다.
② 중력은 정확히 0이 된다.
③ 중력은 우주선이 발사대에 정지해 있을 때와 같다.
④ 중력은 우주선이 발사대에 정지해 있을 때의 약 절반이 된다.
⑤ 중력은 우주선이 발사대에 정지해 있을 때와 차이가 10% 이내이다.

21 질량이 각각 m, 2m, 3m인 물체 A, B, C가 일직선상에서 각각 같은 거리만큼 떨어져 있다. 각 물체에 작용하는 만유 인력의 합력의 크기를 F_A, F_B, F_C라 할 때 $F_A : F_B : F_C$를 구하시오.

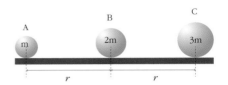

	F_A	F_B	F_C
①	3	8	24
②	3	8	27
③	11	8	27
④	11	16	24
⑤	11	16	27

22 질량 1kg인 물체 A를 정지 마찰 계수가 0.1인 벽에 수직한 방향으로 밀어서 미끄러져 내려오지 않도록 하고자 한다. 물체 A가 미끄러져 내려오지 않으려면 벽에 수직한 방향으로 얼마의 힘을 작용해야 하는가? (단, 중력 가속도 $g = 9.8m/s^2$이다.)

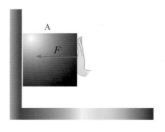

( )N

23 기울기와 높이가 같고 마찰이 있는 빗면을 따라 질량 1kg인 공 A와 2kg인 공 B가 미끄러져 내려가고 있다. 두 공을 동시에 놓았다면 두 공의 운동에 대한 설명으로 옳은 것만을 〈보기〉에서 있는 대로 고른 것은? (단, 두 빗면은 같은 재질로 되어 있다.)

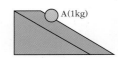 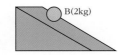

─── 〈 보기 〉───

ㄱ. 공 A의 가속도의 크기가 공 B의 가속도의 크기보다 크다.
ㄴ. 공 A에 작용하는 운동 마찰력의 크기가 공 B에 작용하는 운동 마찰력의 크기보다 작다.
ㄷ. 두 공은 동시에 바닥에 도달한다.

① ㄱ   ② ㄴ   ③ ㄷ
④ ㄴ, ㄷ   ⑤ ㄱ, ㄴ, ㄷ

24 용수철 A는 1kgf 인 물체를 달았을 때 2cm가 늘어나고, 용수철 B는 4cm가 늘어난다. 다음 그림과 같이 용수철 A에 5kg, 용수철 B에 3kg의 물체를 매달았을 때, 늘어나는 전체 길이는 몇 cm인가? (단, 중력 가속도 $g = 10\text{m/s}^2$이고, 용수철의 무게는 무시한다.)

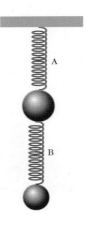

(   )cm

심화

25 그림 (가)는 비커 바닥에 용수철을 연결하여 나무 도막을 물속에 띄운 것이고, 그림 (나)는 물 위에 얼음이 떠 있는 것을 나타낸 것이다.

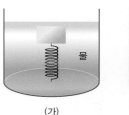 

(가)   (나)

이에 대한 설명으로 옳은 것만을 〈보기〉에서 있는 대로 고른 것은? (단, 지구의 중력 가속도는 달의 중력 가속도의 6배이고, 달에서는 물이 증발하지 않는 것으로 가정한다.)

─── 〈 보기 〉───

ㄱ. (가) 비커를 달 표면으로 가져가면 용수철이 늘어나는 길이가 지구 표면에서 용수철이 늘어나는 길이의 6배이다.
ㄴ. (나)비커를 달 표면으로 가져가면 얼음이 잠기는 수위가 지구 상에서 얼음이 잠기는 수위보다 깊어진다.
ㄷ. (나)에서 얼음이 녹아도 비커의 수위는 일정하다.

① ㄱ   ② ㄴ   ③ ㄷ
④ ㄱ, ㄷ   ⑤ ㄱ, ㄴ, ㄷ

26 질량 2kg인 물체를 수평면에 놓고 수평면과 θ 되는 방향으로 힘을 작용하고 있다. 물체와 수평면 사이의 정지 마찰 계수를 0.1 이라고 할 때 물체를 움직일 수 있는 최소한의 힘 F는 얼마인가? (단, 중력 가속도 $g = 10\text{m/s}^2$이고, $\cos\theta = \frac{4}{5}$ 이다.)

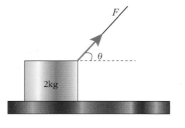

① $\frac{20}{43}$ N   ② $\frac{40}{43}$ N   ③ $\frac{60}{43}$ N

④ $\frac{80}{43}$ N   ⑤ $\frac{100}{43}$ N

27 수평면에 정지해 있는 질량이 1kg인 공에 힘을 작용할 때 힘의 크기에 따른 공의 가속도를 나타낸 그래프이다.

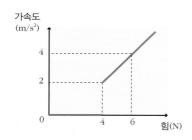

공의 운동에 대한 설명으로 옳은 것만을 〈보기〉에서 있는 대로 고른 것은? (단, 중력 가속도 $g = 10\text{m/s}^2$이다.)

─────〈 보기 〉─────
ㄱ. 공의 운동 마찰 계수는 0.2이다.
ㄴ. 외력이 6N인 순간은 외력이 3N인 순간에 비해 공에 작용하는 마찰력의 크기가 작다.
ㄷ. 같은 재질로 만들어진 2kg인 공을 같은 평면에서 외력을 작용할 때 최대 정지 마찰력은 8N이다.

① ㄱ   ② ㄴ   ③ ㄷ
④ ㄱ, ㄷ   ⑤ ㄱ, ㄴ, ㄷ

28 경사각이 30°인 빗면 상에서 무한이가 질량이 1kg인 공을 빗면 방향으로 10N의 힘으로 당기자 힘을 받은 공이 빗면 위쪽 방향으로 미끄러지기 시작했다. 이에 대한 설명으로 옳은 것만을 〈보기〉에서 있는 대로 고른 것은? (단, 중력 가속도 $g = 10\text{m/s}^2$이다.)

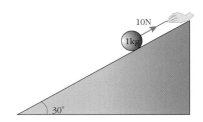

─────〈 보기 〉─────
ㄱ. 공에 작용하는 정지 마찰 계수는 $\sqrt{3}$ 이다.
ㄴ. 공에 계속해서 10N의 힘을 가하면 등속 직선 운동을 한다.
ㄷ. 공을 4N의 힘으로 빗면 윗 방향으로 당기면 마찰력의 방향과 무한이가 공을 당기는 방향은 같다.

① ㄱ   ② ㄴ   ③ ㄷ
④ ㄱ, ㄷ   ⑤ ㄱ, ㄴ, ㄷ

29 마찰이 없는 수평면 위에 있는 질량 25kg인 수레 위에 5kg인 물체 A가 놓여 있다. 수레에 오른쪽 방향으로 힘 F를 가하여 가속도 운동을 시작하였을 때 A가 수레 위에서 미끄러지기 위한 F의 최소값은 얼마인가?(단, 중력 가속도 $g = 10\text{m/s}^2$이고, 수레와 물체 A 사이의 정지 마찰 계수는 0.4, 운동 마찰 계수는 0.3이다.)

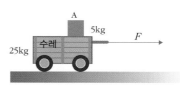

(   )N

30 물체 A와 B가 질량을 무시할 수 있는 줄에 연결되어 평형 상태에 있다. 물체 A, B의 질량은 각각 50kg, 10kg이고, 물체 A와 탁자 사이의 정지 마찰 계수는 0.6, 벽과 매듭을 연결하는 줄이 수평 방향과 이루는 각도는 30°이다. 이에 대한 설명으로 옳은 것만을 〈보기〉에서 있는 대로 고른 것은? (단, 중력 가속도 $g = 10\text{m/s}^2$이다.)

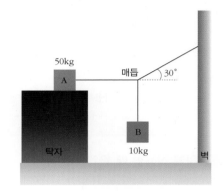

── 〈 보기 〉 ──
ㄱ. 매듭과 벽을 연결하는 줄의 장력은 200N 이다.
ㄴ. 물체 A와 탁자 사이의 마찰력은 100N이다.
ㄷ. 평형 상태를 유지할 수 있는 물체 B의 질량의 최대값은 $10\sqrt{3}$ kg이다.

① ㄱ   ② ㄴ   ③ ㄷ
④ ㄱ, ㄷ   ⑤ ㄱ, ㄴ, ㄷ

31 수평면 위에 놓여 있는 용수철 상수가 50N/m인 가벼운 용수철의 양 끝에 질량 2kg의 물체 A와 질량 1.5kg의 물체 B를 연결하고 두 손으로 당겨서 10cm 늘인 다음 가만히 놓았더니 용수철 길이가 점점 줄어들었다. 이에 대한 설명으로 옳은 것만을 〈보기〉에서 있는 대로 고른 것은? (단, 중력 가속도 $g = 10\text{m/s}^2$이고, 물체 A, B와 수평면 사이의 정지 마찰 계수는 0.3이고, 운동 마찰 계수는 0.2이다.)

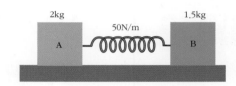

── 〈 보기 〉 ──
ㄱ. 용수철의 길이가 줄어들기 시작할 때 물체 A는 정지해 있다.
ㄴ. 용수철의 길이가 줄어들고 있을 때 물체 B에 작용하는 마찰력은 3N이다.
ㄷ. 용수철을 8cm만큼 늘리면 용수철의 길이가 줄어들지 않는다.

① ㄱ   ② ㄴ   ③ ㄷ
④ ㄱ, ㄷ   ⑤ ㄱ, ㄴ, ㄷ

32 50N의 힘으로 늘리면 1cm 늘어나는 길이 2cm인 용수철 4개가 있다. 이 용수철을 그림과 같이 연결하여 AB 사이의 거리를 10cm로 하였을 때, 연결점 P의 위치는 A면에서 몇 cm 떨어져 있는가?

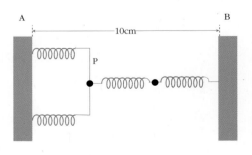

(   )cm

1. 운동 방정식의 활용 Ⅰ

(1) 마찰이 있는 평면에서 물체의 운동

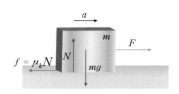

- F : 물체를 끄는 힘
- m : 물체의 질량   · a : 물체의 가속도
- f : 운동 마찰력   · N : 수직 항력
- g : 중력 가속도   · μ_k : 운동 마찰 계수

$$\text{물체에 작용하는 알짜힘} = ma = F - f = F - \mu_k N = F - \mu_k mg$$

(예) 운동 마찰력이 1N인 면 위에 놓인 질량이 2kg인 물체를 4N의 힘으로 끌 때 운동 방정식

$F(\text{알짜힘}) = \text{작용한 힘} - \text{운동 마찰력} = ma$
$\therefore F = 4N - 1N = 2kg \times a \rightarrow a = 1.5m/s^2$

(2) 마찰이 있는 평면에서 힘이 비스듬하게 작용할 때 물체의 운동

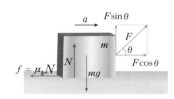

- F : 물체에 작용하는 힘
- θ : F와 수평면이 이루는 각도
- m : 물체의 질량   · a : 물체의 가속도
- f : 운동 마찰력   · N : 수직 항력
- g : 중력 가속도   · μ_k : 운동 마찰 계수

$$\text{수평 방향 알짜힘} = F\cos\theta - \mu_k(mg - F\sin\theta) = F(\cos\theta + \mu_k\sin\theta) - \mu_k mg$$

(예) 운동 마찰력이 1N인 면 위에 놓인 질량이 2kg인 물체를 지면과 60°를 이루며 6N의 힘으로 끌 때 운동 방정식

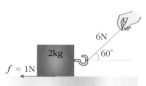

$F(\text{알짜힘}) = \text{수평 방향으로 작용한 힘} - \text{운동 마찰력}$
$= ma$
$\therefore F = 6N \times \cos 60° - 1N = 2kg \times a$
$\rightarrow a = 1m/s^2$

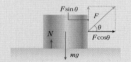
<개념확인 1>

운동 마찰 계수가 0.1인 유리판 위에 있는 질량 1kg인 나무토막에 3N의 힘을 수평 방향으로 작용하고 있는 모습이다. 나무토막의 가속도의 크기는 얼마인가? (단, 중력 가속도 = 10m/s²이다.

(   ) m/s²

<확인+1>

마찰이 없는 평면 위에 정지해 있는 질량이 1kg인 물체에 수평면과 30°의 각도를 유지하며 $2\sqrt{3}$ N의 힘을 가하고 있는 모습이다. 이 물체의 수평 방향의 가속도는 얼마인가?

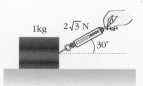

(   ) m/s²

2. 운동 방정식의 활용 II

(1) 마찰이 없는 수평면에서 연결된 두 물체를 오른쪽에서 끌 때의 운동

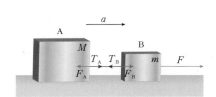

· F : 물체를 끄는 힘　　· a : 물체의 가속도
· T : 실의 장력
· 물체 A, B의 질량 : M, m
· 물체 A에 작용하는 알짜힘 : T_A
· 물체 B에 작용하는 알짜힘 : $F - T_B$

· 물체 A의 운동 방정식 : $T_A = Ma$　　· 물체 B의 운동 방정식 : $F - T_B = ma$

(예) 마찰이 없는 수평면 위에서 질량이 2kg, 1kg인 두 물체를 줄에 연결하여 6N의 힘으로 끌 때

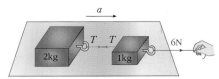

① 2kg 물체에 의한 식 : $T = 2kg \times a$
② 1kg 물체에 의한 식 : $6N - T = 1kg \times a$
$$\therefore a = 2m/s^2, \ T = 4N$$

(2) 마찰이 없는 수평면에서 접촉한 두 물체를 왼쪽에서 밀 때의 운동

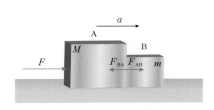

· F : 물체 A를 오른쪽에서 미는 힘
· a : 물체의 가속도
· 물체 A, B의 질량 : M, m
· 물체 A에 작용하는 알짜힘 : $F - F_{BA}$
· 물체 B에 작용하는 알짜힘 : F_{AB}

· 물체 A의 운동 방정식 : $F - F_{BA} = Ma$　　· 물체 B의 운동 방정식 : $F_{AB} = ma$

(예) 마찰이 없는 수평면 위에서 질량이 각각 1kg, 3kg인 두 물체를 접촉시키고 왼쪽에서 4N의 힘으로 밀 때

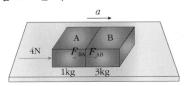

① 물체 A에 의한 식 : $4N - F_{BA} = 1kg \times a$
② 물체 B에 의한 식 : $F_{AB} = 3kg \times a \ (F_{AB} = F_{BA})$
$$\therefore a = 1m/s^2, \ F_{AB} = F_{BA} = 3N(크기)$$

개념확인2

정답 및 해설 23쪽

마찰이 없는 수평면 위에 정지해 있는 질량이 1kg인 물체 A 와 질량이 2kg 인 물체 B 두 개를 끈으로 연결하여 6N의 힘으로 당기고 있는 모습이다. A 물체가 B 물체를 끄는 힘의 크기는 몇 N 인가?

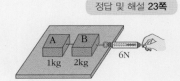

(　　　　　) N

확인+2

마찰이 없는 평면 위에 정지해 있는 질량이 2kg인 물체 두 개를 접촉시킨 상태에서 오른쪽에서 4N의 힘을 작용하고 있는 것이다. 물체의 가속도는 얼마인가?

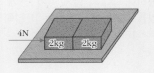

(　　　　　)m/s^2

마찰이 없는 수평면에서 연결된 두 물체에 작용하는 힘들의 관계

· T_A : 줄이 물체 A를 오른쪽으로 끄는 힘
· F_A : 물체 A가 줄을 왼쪽으로 끄는 힘으로 끈이 받는 힘
→ T_A와 F_A는 작용 반작용 관계이다.
· T_B : 줄이 물체 B를 왼쪽으로 끄는 힘
· F_B : 물체 B가 줄을 오른쪽으로 끄는 힘으로 끈이 받는 힘
→ T_B와 F_B는 작용 반작용 관계이다.
→ 한 줄에 연결되어 줄이 양쪽을 잡아당기는 것이므로 T_A와 T_B의 크기는 같다.

접촉면에서 주고 받는 힘

접촉면에서 서로 주고받는 힘은 작용 반작용 관계이다.
· F_{AB} : 물체 A가 물체 B에 작용하는 힘
· F_{BA} : 물체 B가 물체 A에 작용하는 힘
(두 힘의 크기는 같고, 방향은 반대이다.)

마찰이 없는 수평면에서의 수직 항력

마찰이 없는 면에서도 수직 항력과 중력 등이 작용하지만 마찰력이 발생하지 않아 물체의 운동에 영향을 미치지 않는다.

마찰이 없는 책상 면 위의 물체와 중력을 받는 물체가 실로 연결되었을 때 물체에 작용하는 힘들의 관계

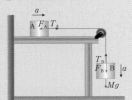

· T_A : 줄이 물체 A를 오른쪽으로 끄는 힘
· F_A : 물체 A가 줄을 왼쪽으로 끄는 힘
→ T_A와 F_A는 작용 반작용 관계이다.
· T_B : 줄이 물체 B를 위쪽으로 끄는 힘
· F_B : 물체 B가 줄을 아래쪽으로 끄는 힘으로 끈이 받는 힘
→ T_B와 F_B는 작용 반작용 관계이다.
→ 한 줄에 연결되어 줄이 양쪽을 잡아당기는 것이므로 T_A와 T_B의 크기는 같다.

마찰이 없는 책상 면 위의 물체와 중력을 받는 물체가 실로 연결되어 있을 때의 예

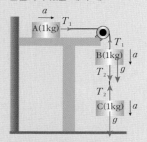

(중력 가속도 $g = 10\text{m/s}^2$, 도르래와 실의 마찰은 무시한다.)
가속도는 그림과 같이 생기고, 중력을 고려하면,
A : $T_1 = 1\text{kg} \times a$
B : $(T_2 + 1g) - T_1 = a$
C : $1g - T_2 = a$

3. 운동 방정식의 활용 Ⅲ

(1) 마찰이 없는 책상 면 위의 물체와 중력을 받는 물체가 실로 연결된 두 물체의 운동

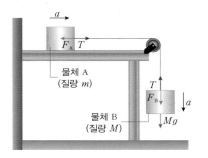

· g : 중력 가속도　　　　· a : 물체의 가속도
· 물체 A, B의 질량 : m, M
· 물체 A에 작용하는 알짜힘 : T
· 물체 B에 작용하는 알짜힘 : $Mg - T$

· 물체 A의 운동 방정식 : $T = ma$　　· 물체 B의 운동 방정식 : $Mg - T = Ma$

⑩ 그림과 같이 질량이 1kg인 물체 A, 질량이 2kg인 물체 B, 질량이 3kg인 물체 C가 연결되어 있을 때 가속도(a), 장력(T_1, T_2) 구하기(중력 가속도 $g = 10\text{m/s}^2$)

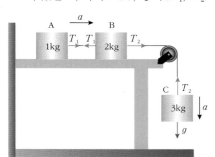

① 물체 A의 운동 방정식 : $T_1 = 1\text{kg} \times a$
② 물체 B의 운동 방정식 : $T_2 - T_1 = 2\text{kg} \times a$
③ 물체 C의 운동 방정식 : $(3\text{kg} \times g) - T_2 = 3\text{kg} \times a$

$\therefore a = \dfrac{g}{2} = 5\text{m/s}^2$, $T_1 = 5\text{N}$, $T_2 = 15\text{N}$

개념확인 3

마찰이 없는 면에 3kg의 물체 A가 놓여 있고, 마찰을 무시할 수 있는 도르래를 통하여 2kg의 물체 B가 끈에 의해서 매달려 있다. A의 가속도는 얼마인가? (단, 중력 가속도 $g = 10\text{m/s}^2$이다.)

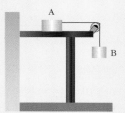

(　　　　　　) m/s^2

확인+3

탁자에 2kg의 물체 A가 놓여 있고, 마찰을 무시할 수 있는 도르래를 통하여 2kg의 물체 B가 끈에 의해서 매달려 있다. 두 물체가 정지해 있을 때 A에 작용하는 마찰력의 크기는 얼마인가? (단, 중력 가속도 $g = 10\text{m/s}^2$이다.)

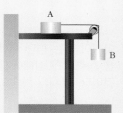

(　　　　　　) N

4. 운동 방정식의 활용 Ⅳ

(1) 도르래에 매달린 두 물체의 운동

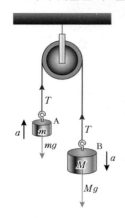

- g : 중력 가속도
- a : 물체의 가속도
- m, M : 물체 A, B의 질량

물체 A의 운동 방정식 : $T - mg = ma$
물체 B의 운동 방정식 : $Mg - T = Ma$

$$\rightarrow \quad a = \frac{M - m}{M + m} g, \quad T = \frac{2Mm}{M + m} g$$

(2) 복합 도르래에 매달린 두 물체의 운동

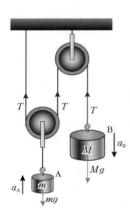

- a_A : 물체 A의 가속도
- a_B : 물체 B의 가속도($a_B = 2a_A$)
- m, M : 물체 A, B의 질량
- g : 중력 가속도

물체 A의 운동 방정식 : $2T - mg = ma_A$
물체 B의 운동 방정식 : $Mg - T = Ma_B = 2Ma_A$

$$\rightarrow \quad a_A = \frac{2M - m}{4M + m} g, \quad T = \frac{3Mm}{4M + m} g$$

개념확인 4

정답 및 해설 **23쪽**

마찰을 무시할 수 있는 도르래에 2kg인 추와 3kg 추를 도르래를 통하여 매달았다. 3kg 추의 가속도의 크기는 얼마인가? (단, $g = 10\text{m/s}^2$이다.)

(   ) m/s²

확인+4

마찰을 무시할 수 있는 도르래에 3kg인 추 A와 A보다 질량이 가벼운 추 B를 매달았다. 추 A의 가속도의 크기가 5m/s²일 때, 추 B의 질량은 얼마인가? (단, 중력 가속도 $g = 10\text{m/s}^2$이다.)

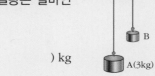

(   ) kg

● 고정 도르래와 움직 도르래

- 고정 도르래 : 힘의 이득은 없으나 힘의 방향을 바꿀 수 있다.

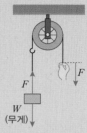

- 움직 도르래 : 힘이 $\frac{1}{2}$ 배로 줄어든다.

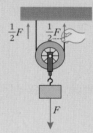

● 도르래에 매달린 두 물체의 예

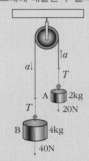

2kg의 추가 4kg의 추와 고정 도르래를 통해 연결되어 있을 때, (중력 가속도 $g = 10\text{m/s}^2$, 도르래와 실의 무게는 무시한다.)

A : $T - 20\text{N} = 2\text{kg} \times a$
B : $40\text{N} - T = 4\text{kg} \times a$

$$\therefore a = \frac{10}{3}\text{m/s}^2, \quad T = \frac{80}{3}\text{N}$$

01 수평면 위에 놓인 물체에 오른쪽으로 20N의 힘을 가해서 운동을 시키고 있다. 이 때 수평면으로부터 5N의 마찰력이 작용하고 있다면 물체의 가속도를 현재의 2배로 하기 위해서 얼마의 힘이 더 필요한가?

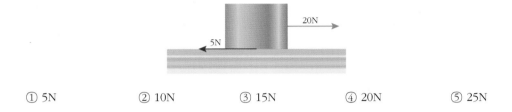

① 5N   ② 10N   ③ 15N   ④ 20N   ⑤ 25N

02 마찰이 없는 수평면에 놓인 3kg의 물체에 60°로 비스듬하게 6N의 힘을 가한 것을 나타낸 것이다. 물체의 가속도의 크기는 얼마인가?

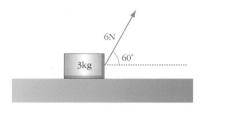

(   )m/s^2

03 마찰이 없는 수평면 위에 놓인 질량이 각각 2kg, 3kg인 물체를 가벼운 끈으로 연결하여 왼쪽으로 20N의 힘을 작용하여 끌고 있다. 이때 두 물체 사이에 연결된 끈에 작용하는 장력은 몇 N인가?

(   )N

04 3kg의 물체와 1kg의 물체를 접촉시키고 왼쪽에서 8N의 힘을 가해서 밀었을 때 접촉면에서 서로 작용하는 힘 (F_1과 F_2)의 크기는 각각 몇 N인가?(단, 접촉면과의 마찰은 무시한다.)

F_1 (   )N
F_2 (   )N

정답 및 해설 **23**쪽

05 마찰이 없는 책상에서 두 물체를 가벼운 끈으로 연결하였더니 물체 A가 미끄러지면서 운동을 시작했다. A, B의 질량을 각각 1kg, 4kg이라고 할 때 두 물체의 가속도의 크기는 얼마인가? (단, 중력 가속도 $g = 10\text{m/s}^2$이다.)

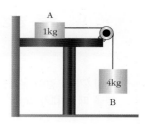

① 2m/s^2 ② 4m/s^2 ③ 6m/s^2 ④ 8m/s^2 ⑤ 10m/s^2

06 마찰이 없는 책상에서 세 물체를 가벼운 실로 연결하였더니 물체 A가 미끄러지면서 운동을 시작했다. A와 B는 1kg, C를 3kg 이라고 할 때 물체 A가 실에게 작용하는 힘의 크기는 얼마인가? (단, 중력 가속도 $g = 10\text{m/s}^2$이다.)

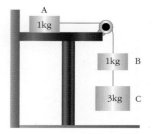

① 2N   ② 4N   ③ 6N   ④ 8N   ⑤ 10N

07 두 물체를 가벼운 끈으로 연결하였다. A, B의 질량을 각각 1kg, 4kg이라고 할 때 물체 A의 가속도의 크기는 얼마인가? (단, 중력 가속도 $g = 10\text{m/s}^2$이고, 도르래와의 마찰은 무시한다.)

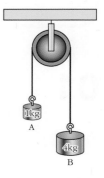

① 2m/s^2 ② 4m/s^2 ③ 6m/s^2 ④ 8m/s^2 ⑤ 10m/s^2

08 두 물체를 가벼운 끈으로 연결하였다. A의 질량이 m, B의 질량이 4kg일 때 6m/s^2의 가속도로 운동하였다. 물체 A의 질량이 B보다 작을 때 m은 얼마인가?(단, 중력 가속도 $g = 10\text{m/s}^2$이고, 도르래와의 마찰은 무시한다.)

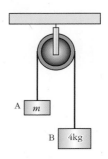

① 1kg   ② 2kg   ③ 3kg   ④ 4kg   ⑤ 5kg

[유형4-1] 운동 방정식의 활용 Ⅰ

그림 (가)와 같이 유리판 위에 놓여 있던 질량 2kg의 물체에 오른쪽 방향으로 10N, 왼쪽 방향으로 4N의 힘을 작용시켰을 때 물체가 2m/s²의 가속도로 운동하였다. 이때 그림 (나)와 같이 동일한 물체를 올려놓고 오른쪽으로 10N, 왼쪽 방향으로 4N의 힘을 작용하였을 때 물체의 가속도의 크기는 얼마인가? (단, $g = 10$m/s²이다.)

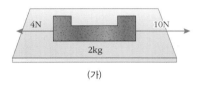

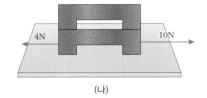

(가)   (나)

① 0.25m/s²   ② 0.5m/s²   ③ 1m/s²   ④ 1.5m/s²   ⑤ 2m/s²

01 수평면에서 질량이 2kg인 물체 A에 6N의 힘을 작용하여 그림과 같이 오른쪽으로 끌었다. 이때 물체의 가속도가 1m/s²이었다면, 마찰력의 크기는 몇 N인가?

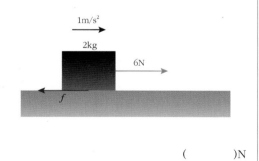

(   )N

02 마찰이 없는 수평면에 놓여 있는 2kg의 물체에 60°의 각도로 8N의 힘을 가하였다. 이때 물체의 가속도의 크기는 얼마인가?

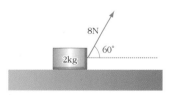

① 2m/s²   ② 2.5m/s²   ③ 3m/s²
④ 3.5m/s²   ⑤ 4m/s²

[유형4-2] 운동 방정식의 활용 II

질량이 각각 m, $2m$인 두 물체 A, B를 가벼운 실로 연결하여 마찰이 없는 수평면에서 일정한 힘 F로 끌었다. 이에 대한 설명으로 옳은 것만을 〈보기〉에서 있는 대로 고른 것은?

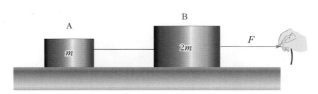

〈 보기 〉

ㄱ. 물체 A에 작용하는 알짜힘의 크기는 $\dfrac{F}{3}$ 이다.

ㄴ. 물체 B의 가속도의 크기는 $\dfrac{F}{3m}$ 이다.

ㄷ. A와 B를 연결한 실의 장력은 $\dfrac{F}{3}$ 이다.

① ㄱ   ② ㄴ   ③ ㄷ   ④ ㄱ, ㄴ   ⑤ ㄱ, ㄴ, ㄷ

03 재질이 동일한 물체 A, B, C를 줄로 연결하여 6N의 힘으로 끌고 있는 것을 나타낸 것이다. 물체 A, B, C의 질량이 각각 2kg, 4kg, m 이고 물체 A의 가속도는 0.5m/s² 일 때, 물체 C의 질량 m 은 얼마인가?(단, 모든 마찰은 무시한다.)

① 2kg   ② 4kg   ③ 6kg
④ 8kg   ⑤ 10kg

04 운동 마찰 계수가 0.1인 평면 위에 질량이 $2m$, m, $3m$인 물체 세 개가 접촉해 있는 것을 나타낸 것이다. 이 물체를 6N의 힘으로 밀었더니 가속도가 1.5m/s²으로 운동하였다. m은 얼마인가?(단, 중력 가속도 $g = 10$m/s²이고, 세 물체의 재질은 동일하다.)

① $\dfrac{1}{5}$kg   ② $\dfrac{2}{5}$kg   ③ $\dfrac{3}{5}$kg

④ $\dfrac{4}{5}$kg   ⑤ $\dfrac{2}{3}$kg

유형 익히기&하브루타

[유형4-3] 운동 방정식의 활용 Ⅲ

질량이 각각 2kg인 물체 A, B를 그림과 같이 가벼운 끈으로 연결하여 놓았더니 물체의 가속도가 2.5m/s²이었다. 이때 물체들의 운동에 대하여 다음 물음에 답하시오.(단, 중력 가속도 $g = 10\text{m/s}^2$이다.)

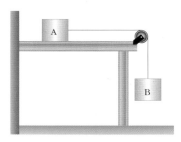

(1) 책상 면의 마찰 계수를 구하시오.

(   )

(2) 실의 장력의 크기를 구하시오.

(   )N

05 책상 면에 물체 B가 놓여 있고, 그 양쪽으로 도르래를 통하여 물체 A와 C가 매달려 있다. 물체 A, B, C의 질량은 각각 1kg, 2kg, 3kg이고, 물체 A의 가속도의 크기가 3m/s²이라면 책상면의 운동 마찰 계수는 얼마인가? (단, 책상과 도르래의 마찰은 무시하고 끈은 충분히 가벼우며, 중력 가속도 $g = 10\text{m/s}^2$이다.)

① 0.1   ② 0.2   ③ 0.3
④ 0.4   ⑤ 0.5

06 책상면 위에 물체 A를 올려놓고 가벼운 끈으로 도르래를 통해 물체 B와 연결하였다. 마찰을 무시할 때 다음 〈보기〉에 대한 설명으로 옳은 것만을 있는 대로 고른 것은?

[창의력 대회 기출 유형]

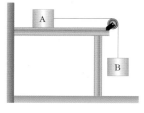

─〈 보기 〉─

ㄱ. B의 질량을 2배로 하면 물체 A의 가속도가 2배로 된다.
ㄴ. A와 B의 질량을 모두 2배로 하면 운동 가속도는 변함이 없다.
ㄷ. A와 B의 질량을 모두 2배로 하면 끈에 작용하는 힘도 2배가 된다.

① ㄱ   ② ㄴ   ③ ㄷ   ④ ㄴ, ㄷ   ⑤ ㄱ, ㄴ, ㄷ

[유형4-4] **운동 방정식의 활용** Ⅳ

마찰이 없는 가벼운 도르래를 이용하여 질량이 2kg으로 같은 추 A와 B를 연결하여 정지 상태에서 운동시키는 모습을 나타낸 것이다. (단, 중력 가속도 $g = 10m/s^2$이다.)

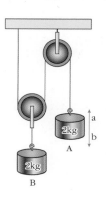

(1) 추 A의 이동 방향과 가속도의 크기를 쓰시오.

이동 방향(a , b) , 가속도의 크기 (   )m/s^2

(2) 실의 장력의 크기를 구하시오.

(   )N

07 마찰이 없는 도르래에 질량 1kg의 물체 A와 질량 4kg의 물체 B가 연결되어 있다. 장력 T 의 크기는 얼마인가?(단, 중력 가속도 $g = 10m/s^2$이다.)

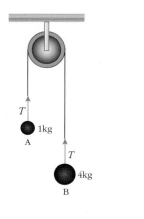

(   )N

08 마찰이 없는 가벼운 도르래 양쪽에 1kg인 추와 3kg인 추를 연결한 것을 나타낸 것이다. 이에 대한 설명으로 옳은 것만을 〈보기〉에서 있는 대로 고른 것은?(단, 중력 가속도 $g = 10m/s^2$이다.)

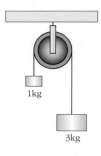

〈 보기 〉

ㄱ. 물체의 가속도는 5m/s^{2}이다.
ㄴ. 줄의 장력은 15N이다.
ㄷ. 추와 도르래를 연결하고 운동을 시작한 후 3초가 지나면 3kg인 추의 속도는 15m/s가 된다.

① ㄱ ② ㄴ ③ ㄷ ④ ㄱ, ㄴ ⑤ ㄱ, ㄴ, ㄷ

01 질량이 각각 1kg, 2kg인 물체 A와 B가 도르래를 통해 늘어나지 않는 실에 연결되어 정지 상태로 있다. 이때 물체 A가 놓인 빗면의 경사면의 각도는 30°이며, 물체 A와 경사면 사이의 정지 및 운동 마찰 계수는 각각 μ_s, μ_k이다. (단, 도르래와 실의 질량, 도르래와의 마찰, 공기 저항은 모두 무시하고, 중력 가속도 $g = 10\,\text{m/s}^2$이다.)

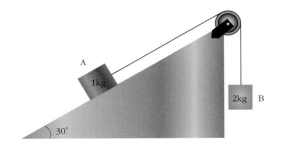

(1) $\mu_s = \mu_k = 0$ 일 때, 물체 B의 가속도의 크기를 구하시오.

(2) $\mu_s = \mu_k = 0$ 일 때, 실에 작용하는 장력의 크기를 구하시오.

(3) $\mu_s = 0.2$, $\mu_k = 0.1$ 일 때, 물체 B의 가속도의 크기를 구하시오. (단, $\sqrt{3} = 1.7$로 계산하고, 소수점 둘째 자리에서 반올림한다.)

(4) 물체가 계속 정지해 있기 위한 정지 마찰 계수 μ_s의 최솟값을 구하시오.

02 마찰이 없는 수평면에 질량 $2m$인 물체 A를 놓고, 그 위에 질량 m인 물체를 놓은 후 수평 방향의 힘 F 를 작용하여 오른쪽으로 끌고 있는 상황이다. 수평 방향의 힘 F를 작용했을 때 두 물체가 한 덩어리가 되어 일정한 가속도로 운동하였다.

[특목고 기출 유형]

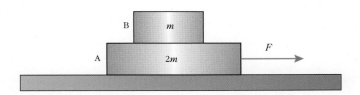

(1) 두 물체가 한 덩어리로 운동하고 있을 때 물체 A와 B 사이에 작용하는 마찰력의 크기는 얼마인가?

(2) 물체 A에 작용하는 알짜힘과 물체 B에 작용하는 알짜힘의 크기를 각각 구하시오.

03 천장에 붙어있는 용수철 상수가 200N/m로 동일한 용수철 A와 B를 각각 1cm, 5cm만큼 잡아 당긴 뒤 질량이 1kg인 물체를 연결하고 손으로 물체를 잡아 정지하도록 하였다. 물체를 잡고 있는 손을 뗀 순간 물체의 가속도의 크기를 구하고 가속도의 방향을 아래 그림에 표시하시오. (단, 중력 가속도 $g = 10\text{m/s}^2$ 이고, 물체를 잡고 있을 때 물체에 작용하는 중력의 방향과 용수 철 A, B의 방향은 각각 120°를 이룬다.)

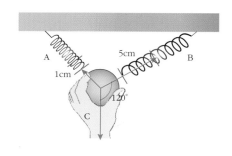

04 질량이 1kg인 물체 A와 질량이 2kg인 물체 B가 그림과 같이 수평면을 따라 오른쪽으로 운동 하고 있다. 물체 A와 B사이의 정지 마찰 계수가 0.5일 때, 물체 A가 미끄러져 내려오지 않기 위해 물체 A에 가해야 할 힘 F 의 최소 크기는 얼마인가? (단, 수평면과 물체 B 사이의 마찰 은 무시하며, 중력 가속도 $g = 10\text{m/s}^2$이다.)

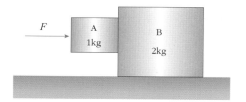

05 수평면 위에 질량 8kg의 물체 B 위에 질량 4kg인 물체 A를 올려 놓았다. (단, 물체 B와 수평면, A와 B 사이의 정지 마찰 계수는 모두 0.1, 중력 가속도 $g = 10m/s^2$이다.)

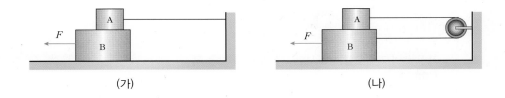

(가)   (나)

(1) 그림 (가)와 같이 물체 A를 벽에 가벼운 끈으로 연결할 경우 물체 B를 왼쪽으로 움직이게 하기 위한 최소의 힘 F 는 얼마인가?

(2) 그림 (나)와 같이 물체 A를 마찰이 없는 도르래를 통해 연결한 경우, 물체 B를 움직이게 하는 최소의 힘 F 는 얼마인가?

06 질량 10kg의 원숭이가 마찰이 없는 나무 가지에 걸려 있는 가벼운 줄을 타고 오르고 있고 줄의 반대편 끝에는 질량 20kg의 상자가 묶여져 지면에 놓여 있다. 상자를 지면으로부터 끌어 올리려면 원숭이는 최소한 얼마만큼의 힘을 줄에 가해야 하는지 구하시오. (단, 중력 가속도 g = $10m/s^2$이다.)

스스로 실력 높이기

01 정지 상태에서 질량이 3kg인 물체에 오른쪽으로 15N, 왼쪽으로 6N의 두 힘이 작용하고 있는 모습이다.

이 물체의 가속도를 구하시오. (단, 모든 마찰은 무시한다.)

방향(　　　), 크기(　　　　)m/s²

02 정지해 있는 질량이 $2\sqrt{2}$ kg인 물체에 지표면과 45°의 각도로 2N의 힘을 가하였다. 이 물체의 수평 방향 가속도의 크기는 얼마인가? (단, 모든 마찰은 무시한다.)

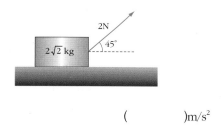

(　　　　)m/s²

03 마찰이 없는 수평면에 정지해 있던 물체 A, B를 가벼운 끈으로 연결하여 6N의 힘으로 오른쪽 방향으로 끌었다. A의 질량은 2kg이고, B의 질량이 1kg일 때, 물체 A의 가속도의 크기는 얼마인가?

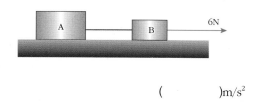

(　　　　)m/s²

04 마찰이 없는 수평면에 정지해 있던 물체 A, B를 가벼운 실로 연결하여 4N의 힘으로 끌었다. A의 질량은 3kg이고, B의 질량이 1kg일 때, 물체 사이의 실이 작용하는 장력은 얼마인가?

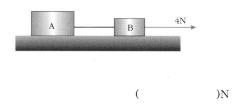

(　　　　　)N

05 수평면에 정지해 있던 물체 A, B를 왼쪽에서 8N의 힘으로 밀었다. A의 질량은 3kg이고, B의 질량이 1kg일 때, 물체들의 가속도의 크기는 얼마인가? (단, 마찰은 무시한다.)

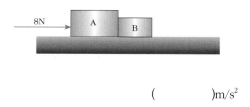

(　　　　)m/s²

06 무게가 3kg로 같은 물체 A, B에 9N의 힘을 가한 것이다. A가 B에게 가하는 힘은 얼마인가? (단, 마찰은 무시한다.)

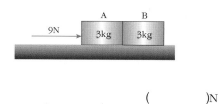

(　　　　)N

07 1kg인 물체 2개를 도르래를 통해 연결한 것을 나타낸 것이다. 이 물체들이 정지해 있을 때, 물체와 책상 사이의 마찰력의 크기는 얼마인가? (단, 중력 가속도 $g = 10m/s^2$이다.)

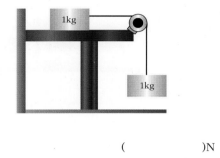

(   )N

08 그림과 같이 질량이 각각 2kg인 A와 B가 가벼운 끈으로 마찰이 없는 도르레를 통해 연결되어 있다. 빗면의 경사각이 30°일 때 A의 가속도는 얼마인가? (단, 마찰은 무시하고 중력 가속도 $g = 10m/s^2$이다.)

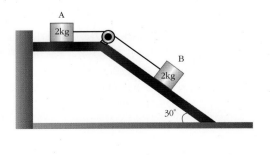

(   )m/s²

[09-10] 마찰을 무시할 수 있는 도르래에 각각 질량이 2kg, 3kg인 추를 매달았다. (단, 중력 가속도 $g = 10m/s^2$이다.)

09 2kg인 추의 가속도의 크기는 얼마인가?

① 2m/s²   ② 2.5m/s²   ③ 3m/s²
④ 3.5m/s²   ⑤ 4m/s²

10 3kg인 추에 작용하는 장력의 크기는 얼마인가?

① 12N   ② 16N   ③ 20N
④ 24N   ⑤ 28N

11 미끄러운 수평면 위에서 물체 A에 일정한 힘 F를 가했더니 가속도가 3m/s²이었고, 물체 B에 같은 힘을 가했더니 가속도가 6m/s²이었다. 물체 A와 B를 묶어서 같은 힘(F)을 가했을 때 가속도는 얼마인가?

[창의력대회 기출 유형]

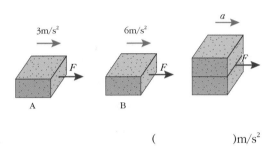

( )m/s²

12 매끄러운 얼음판 위에 정지해 있던 40kg인 물체를 무한이와 상상이가 중심선에 대해서 60°의 각도를 이루는 방향으로 각각 80N의 힘으로 당기고 있는 것을 나타낸 것이다. 출발 후 3초 동안 물체의 이동 거리는 얼마인가?

( )m

13 1kg과 2kg의 물체를 용수철로 연결하고 6N의 힘을 오른쪽으로 작용하였다. 용수철의 용수철 상수는 100N/m이고, 지면과 물체 사이의 마찰은 없다. 이때 용수철이 늘어난 길이는 얼마인가?

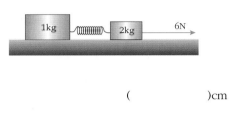

( )cm

14 질량이 1kg인 자석 A에 용수철 상수가 100N/m인 용수철을 연결하여 자석 B를 가까이 하는 모습이다. 자석 B가 자석 A로부터 일정한 거리 r 만큼 떨어져서 정지했을 때 용수철은 4cm만큼 압축된 상태를 유지하였다. 이에 대한 설명으로 옳은 것만을 〈보기〉에서 있는 대로 고른 것은?(단, 마찰은 무시한다.)

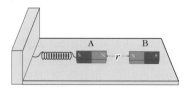

〈 보기 〉

ㄱ. B를 치운 순간 A의 가속도의 크기는 4m/s²이다.
ㄴ. A위에 1kg인 물체를 올려놓고, B를 치우면 가속도의 크기는 2m/s²이다.
ㄷ. 자석 B를 A로부터 거리를 $2r$ 로 한 순간 A의 가속도의 크기는 3m/s²이다.

① ㄱ   ② ㄴ   ③ ㄷ
④ ㄱ, ㄴ   ⑤ ㄱ, ㄴ, ㄷ

15 질량이 각각 1kg, 2kg, 4kg인 물체 A, B, C가 용수철 상수 100N/m인 용수철로 A와 B를 연결하고 용수철 상수 200N/m인 용수철로 B와 C를 연결하여 수평면 위에 놓았다. 물체 C에 수평 방향으로 14N의 힘을 가하였을 때, 각 용수철의 늘어난 길이는 얼마인가? (단, 용수철의 질량과 수평면과의 마찰은 무시한다.)

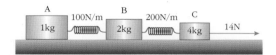

A와 B 사이의 용수철이 늘어난 길이 (   )cm
B와 C 사이의 용수철이 늘어난 길이 (   )cm

16 마찰이 없는 평면에 질량이 2kg인 물체 B를 놓고 그 위에 질량 1kg인 물체 A를 놓은 후, 물체 B에 수평 방향으로 6N의 힘을 작용하여 오른쪽으로 밀고 있는 상황을 나타낸 것이다. 물체 A와 B가 한 덩어리가 되어 운동할 때, A와 B 사이의 마찰력의 크기는 얼마인가?

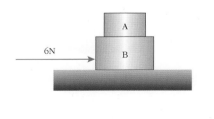

(   )N

17 그림 (가)는 2kg인 물체 A와 4kg인 물체 B를 접촉시켜서 수평 방향으로 왼쪽에서 밀고, 그림 (나)는 같은 힘으로 오른쪽에서 민 것을 나타낸 것이다. 이에 대한 설명으로 옳은 것만을 〈보기〉에서 있는 대로 고른 것은? (단, 바닥과의 마찰은 무시한다.)

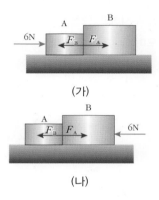

(가)

(나)

〈 보기 〉
ㄱ. 물체의 가속도는 (가), (나) 모두 $1m/s^2$이다.
ㄴ. (가)에서 F_A는 (나)에서 F_B보다 작다.
ㄷ. (나)에서 물체 B는 A를 4N의 힘으로 밀고 있다.

① ㄱ   ② ㄴ   ③ ㄷ
④ ㄱ, ㄴ   ⑤ ㄱ, ㄴ, ㄷ

18 질량을 무시할 수 있는 고정 도르래와 움직 도르래에 물체 A, B를 매단 후 정지한 상태에서 가만히 놓았다. 물체 A를 3kg, 물체 B를 6kg이라 할 때 A의 가속도는 얼마인가? (단, 중력 가속도 $g = 10m/s^2$이다.)

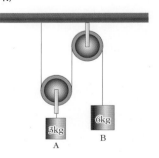

① $2m/s^2$ ② $\dfrac{5}{3}m/s^2$ ③ $\dfrac{10}{3}m/s^2$
④ $\dfrac{10}{9}m/s^2$ ⑤ $10m/s^2$

19 어떤 행성 A에서 정지해 있던 질량이 2kg인 물체에 θ의 각을 이루는 방향으로 10N의 힘을 가했을 때의 물체의 시간과 수평면 방향으로의 속도를 나타낸 것이다. 행성 표면과 물체의 운동 마찰 계수가 0.4일 때, 이에 대한 설명으로 옳은 것만을 〈보기〉에서 있는 대로 고른 것은? (단, 공기와의 마찰은 무시하고, 행성 A와 지구의 부피는 같으며, $\cos\theta = \dfrac{4}{5}$ 이다.)

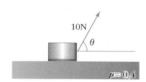

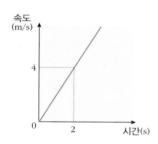

───〈 보기 〉───

ㄱ. 이 행성에서 중력 가속도는 5m/s^2이다.

ㄴ. 지구의 질량은 행성 A의 약 2배이다.

ㄷ. 행성 A에서 물체를 16m 높이에서 자유낙하시키면 2초 만에 바닥에 도착한다.

① ㄱ ② ㄴ ③ ㄷ
④ ㄱ, ㄴ ⑤ ㄱ, ㄴ, ㄷ

20 정지 마찰 계수는 0.1이고 운동 마찰 계수는 0.05인 평면 위에 정지해 있는 질량이 2kg인 물체에 θ의 각을 이루도록 용수철 상수가 100N/m인 용수철을 연결하여 끄는 것을 나타낸 것이다. 용수철이 일정하게 5cm만큼 늘어났을 때 이에 대한 설명으로 옳은 것만을 〈보기〉에서 있는 대로 고른 것은? (단, 중력 가속도 $g = 10\text{m/s}^2$이고, $\cos\theta = \dfrac{3}{5}$ 이며, 운동하는 동안 탄성력의 방향은 변하지 않는다.)

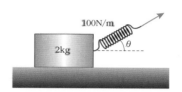

───〈 보기 〉───

ㄱ. 물체의 가속도는 $2\ \text{m/s}^2$이다.

ㄴ. 출발 후 4초 동안 이동 거리는 10 m이다.

ㄷ. 물체 위에 1.6kg의 물체를 올려놓으면 용수철이 5cm 늘어났을 때 물체는 움직이지 않는다.

① ㄱ ② ㄴ ③ ㄷ
④ ㄱ, ㄴ ⑤ ㄱ, ㄴ, ㄷ

21 수평면에 정지해 있는 질량이 2kg인 물체를 8N의 일정한 힘으로 3초 동안 밀어서 9m 이동한 것을 나타낸 것이다. 이때 수평면의 운동 마찰 계수는 얼마인가? ($g = 10\text{m/s}^2$이다.)

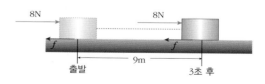

① 0.1 ② 0.2 ③ 0.3
④ 0.4 ⑤ 0.5

22 각각의 질량이 0.1kg인 다섯 개의 고리로 된 쇠사슬이 있다. 다섯 개의 사슬이 연직 위로 $2m/s^2$의 등가속도 운동을 할 때 사슬을 들어올리는 힘 F는 얼마인가? ($g = 10m/s^2$)

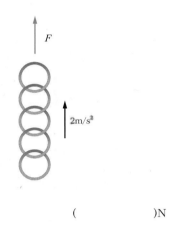

(   )N

24 어떤 사람이 도르래를 이용하여 자신이 탄 바구니를 끌어 올리고 있는 것을 나타낸 것이다. 사람과 바구니를 합한 질량은 100kg이고, $1m/s^2$의 가속도로 상승하고 있을 때, 연직 아래로 잡아당기는 힘 F는 얼마인가? (단, 중력 가속도 $g = 10m/s^2$이다.)

① $\dfrac{1000}{3}$N   ② $\dfrac{1100}{3}$N   ③ 400N

④ $\dfrac{1300}{3}$N   ⑤ $\dfrac{1400}{3}$N

23 두 물체가 끈으로 연결되어서 수평면과 경사면에 걸쳐서 놓여있다. 정지 상태에서 출발한 후 물체가 지면에 닿기 전까지 물체의 속도-시간($v-t$)그래프로 맞는 것은? (단, 마찰은 고려하지 않는다.)

[한국물리올림피아드 기출 유형]

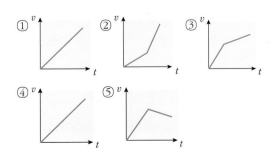

심화

25 3개의 모형 차를 설치하였다. A의 질량은 1kg, B의 질량이 4kg, C의 질량이 15kg일 때, C에 수평 방향으로 힘 F를 가하였더니 모형 차 A와 B가 C에 대하여 정지하였다. 힘 F와 실의 장력은 얼마인가? (단, 중력 가속도 $g = 10m/s^2$이고, 모든 경우의 마찰 및 도르래와 바퀴의 회전에 의한 영향은 무시한다.)

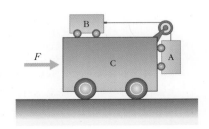

F : (   )N

T : (   )N

26 늘어나지 않는 줄 A, B, C 와 용수철 상수가 100N/m인 용수철을 연결한 후 줄 B 에 질량이 1kg인 물체를 매달아 평형 상태를 유지하였다. 줄 A와 수평 방향이 이루는 각이 45° 일 때, 용수철이 늘어난 길이는 얼마인가? (단, 중력 가속도 $g = 10\text{m/s}^2$ 이다.)

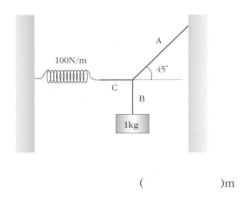

( )m

27 질량이 1kg인 물체 A가 P점을 통과하면서 경사각이 θ인 빗면을 따라 올라가는 것을 나타낸 것이다. A가 P점을 통과하는 순간 빗면 방향으로 속력이 16m/s이었으며, P점을 통과하고 2초 후에 운동 방향이 바뀌었다. 이 물체의 운동에 대한 설명으로 옳은 것만을 〈보기〉에서 있는 대로 고른 것은? (단, 중력 가속도 $g = 10\text{m/s}^2$ 이고, $\sin\theta = \frac{3}{5}$ 이다.)

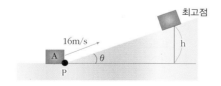

─── 〈 보기 〉 ───
ㄱ. 빗면의 운동 마찰 계수는 0.25이다.
ㄴ. A가 가장 높게 올라간 높이 h는 9.6m이다.
ㄷ. 최고점에서 다시 P점으로 돌아오는데 걸리는 시간은 $2\sqrt{2}$ 초이다.

① ㄱ   ② ㄴ   ③ ㄷ
④ ㄱ, ㄴ   ⑤ ㄱ, ㄴ, ㄷ

28 마찰계수 μ 인 책상 위에 질량 m_1의 물체를 놓고 마찰이 없는 도르래를 통하여 질량 m_2인 물체를 매우 가벼운 끈으로 연결하니 운동을 시작하였다. 질량 m_1과 끈의 장력 T의 관계를 바르게 나타낸 그래프는?

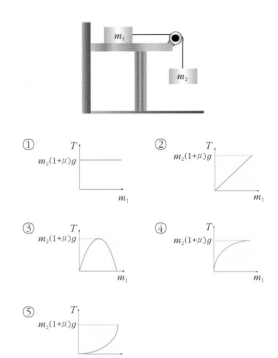

29 재질이 같은 세 물체 A, B, C가 그림과 같이 질량을 무시할 수 있는 줄에 연결되어 정지해 있다. 물체 A와 B의 질량은 2kg, 물체 C의 질량은 1kg이다. 물체 C를 15N의 힘으로 잡아당겨 출발시킨 후 4초가 지난 순간 A와 B 사이의 줄을 끊었다. 줄이 끊어지고 A가 정지할 때까지 몇 초가 걸리는가? (단, 중력 가속도 $g = 10\text{m/s}^2$이고, 운동 마찰 계수 = 0.1이다.)

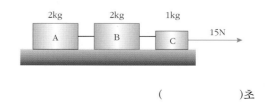

( )초

30 정지해 있는 두 개의 물통이 도르래를 통해 연결되어 있다. 위쪽 물통에 들어있는 물의 질량을 m이라 할 때, 위쪽 물통에 구멍을 내어 아래쪽 빈 통으로 물이 들어가게 하였다. 위쪽 물통과 바닥 사이의 정지 마찰 계수가 0.4라면, 물의 전체 질량 중 얼마가 빠져나가 아래쪽 빈통을 채웠을 때 두 물통이 움직이기 시작할까? (단, 두 물통의 무게는 무시하고, 물줄기의 질량은 아주 작다고 가정한다.)

① $\dfrac{m}{7}$ ② $\dfrac{2m}{7}$ ③ $\dfrac{3m}{7}$ ④ $\dfrac{4m}{7}$ ⑤ $\dfrac{5m}{7}$

31 물체 A, B, C가 도르래를 통해 실 p, q로 연결된 상태에서 정지해 있다. 물체 A, C의 질량은 각각 m, $5m$일 때, 이에 대한 설명으로 옳은 것만을 〈보기〉에서 있는 대로 고른 것은? (단, 중력 가속도는 g이고 모든 마찰은 무시한다.)

[수능 평가원 기출 유형]

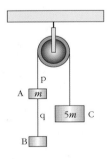

───── 〈 보기 〉 ─────

ㄱ. p가 A를 당기는 힘과 q가 A를 당기는 힘은 크기가 같다

ㄴ. q가 B를 당기는 힘의 크기는 $4mg$이다.

ㄷ. A와 B의 위치를 바꾸면 실 P의 장력의 크기는 작아진다.

① ㄱ   ② ㄴ   ③ ㄷ
④ ㄱ, ㄴ   ⑤ ㄱ, ㄴ, ㄷ

32 그림의 (가)는 2kg, 3kg의 두 물체를 용수철 저울이 연결된 가벼운 고정도르래를 통해 연결하여 운동시키는 것이고, 그림 (나)는 같은 같은 장치에 1kg, 4kg의 물체를 연결하여 운동을 시키고 있는 것이다. (가), (나)의 용수철 저울의 눈금은 몇 N인가? (단, 도르래의 무게 및 마찰은 무시하고 중력 가속도 $g = 10\text{m/s}^2$이다.)

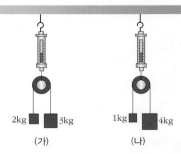

(가) 용수철 저울 : (   )N
(나) 용수철 저울 : (   )N

1. 운동량과 충격량

(1) **운동량**(p) : 물체가 운동하고 있을 때 운동의 효과를 나타내는 양으로 크기와 방향이 있다.
  ① **운동량의 방향** : 속도의 방향과 같다.
  ② **운동량의 크기** : 속도의 크기에 질량을 곱한 값이다.

$$p = mv$$
$$m : 질량(kg), \ v : 속도(m/s)$$

  ③ **운동량과 힘의 관계** : 운동량의 시간에 대한 변화율이 힘으로 나타난다.

$$F = ma = m \times \frac{\Delta v}{\Delta t} = \frac{\Delta mv}{\Delta t} = \frac{\Delta p}{\Delta t}$$

(2) **충격량**(I) : 물체가 충격을 받으면 운동량이 변한다. 운동량의 변화는 충격이 원인이므로 충격량은 운동량의 변화량과 같고, 충격력에 작용한 시간을 곱한 것과 같다.

$$I(충격량) = Ft = mv - mv_0$$
$$F : 충격력(N), \quad m : 질량(kg), \quad v_0 : 처음 속도(m/s) \quad v : t초 후 속도(m/s)$$

  ① **충격량의 방향** : 나중 운동량에서 처음 운동량을 뺄 때 나타나는 방향이다.
  ② **충격력** : 물체의 운동량이 변할 때 물체에 작용하는 힘이다.
  ③ **물체에 작용하는 힘 − 시간 그래프** : 그래프의 넓이가 충격량이다.

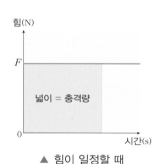
▲ 힘이 일정할 때

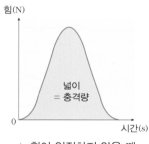
▲ 힘이 일정하지 않을 때

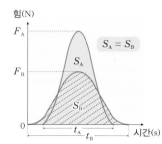
▲ 충격량이 같을 때 시간이 짧으면 충격력이 크다.

개념확인 1

2kg인 물체가 오른쪽 방향으로 2m/s의 속력으로 운동하고 있다. 이 물체의 운동량은 얼마인가?

(   )kg · m/s

확인+1

1kg인 물체가 오른쪽으로 3m/s의 속도로 운동하다가 벽과 충돌한 뒤 왼쪽으로 1m/s의 속도로 움직였다면, 이 물체가 벽으로부터 받은 충격량은 얼마인가? (단, 오른쪽 방향을 +로 한다.)

(   ) N · s

Δ(델타)

그리스 문자 Δ(델타)를 사용하여 변수의 변화량을 나타낸다.

예 Δt = 시간의 변화량
Δv = 속도의 변화량
Δp = 운동량의 변화량

운동량

· 야구 경기에서 포수가 투수의 공을 받을 때 야구공의 속도가 클수록 운동의 양을 더 크게 느낄 것이다.

· 같은 속도라고 하더라도 공의 질량이 더 크다면 포수는 공의 운동의 양을 더 크게 느낄 것이다.

▲ 야구공을 던지는 투수

운동량과 충격량의 단위

운동량의 단위
→ 질량 × 속도 : [kg · m/s]
충격량의 단위
→ 힘 × 시간 : [N · s, kg · m/s]

방향이 다른 두 운동량의 합성

운동량은 벡터값이므로 평행사변형 법이나 삼각형법으로 합성할 수 있다.

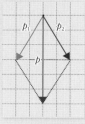

$p = p_1 + p_2$

2. 운동량과 충격량의 적용

(1) 운동량의 적용

① 물체가 정지 상태에서 속도 v로 증가하였을 때

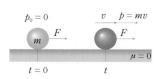

정지 상태의 질량 m인 물체가 시간 t 동안 일정한 힘 F를 받아 속도가 v가 되었다면,

$$a = \frac{v}{t} \text{ (등가속도 운동)}, \quad F = ma = \frac{mv}{t}$$

$$\therefore Ft = mv \text{ (충격량만큼 운동량 발생)}$$

② 물체의 속도가 $v_0 \to v$로 증가하였을 때

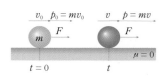

v_0의 속도로 운동하고 있는 질량 m인 물체가 시간 t 동안 일정한 힘 F를 받아 속도가 v가 되었다면,

$$a = \frac{v - v_0}{t} \text{ (등가속도 운동)}, \quad F = ma = \frac{mv - mv_0}{t}$$

$$\therefore Ft = mv - mv_0 \text{ (충격량 = 운동량의 변화량)}$$

(2) 충격량의 적용

① 충격량(I)이 일정할 때 : 충돌 시간 Δt가 길어지면 충격력 F는 작아진다.

질량 m인 운전자가 v의 속도로 운동하다가 정지할 때 ($\Delta p = I$ 일정) 에어백에 의해 운전자가 충돌하는 시간(Δt)이 증가하면 충격력 (F)이 작아지므로 피해가 줄어든다.

② 충격력(F)이 일정할 때 : 충돌 시간 Δt가 길어지면 충격량 I는 커진다.

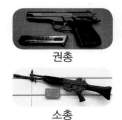

권총

소총

총알을 발사할 때 권총보다 소총의 경우 총알이 더 멀리 나간다. 총열의 길이가 길수록 총알이 떠날 때까지 힘을 받는 시간이 길어져 충격량이 커지기 때문이다.

유리잔이 콘크리트 위에 떨어지는 경우와 쿠션 위로 떨어지는 경우 비교

두 경우 모두 멈추게 되므로 유리잔이 바닥에 닿아서 멈출 때까지 충격량은 같다. 그러나 콘크리트 바닥에서는 힘을 받는 시간이 짧기 때문에 충격력이 커서 유리잔이 깨지는 것이다.

⌣ 충격량을 이용한 예
충돌 시간을 증가시켜 충격력을 약화시키는 또다른 예

▲ 공을 잡을 때(손을 뒤로 빼면서 잡는다.)

충격력이 일정할 때 충돌 시간을 길게 하여 운동량의 변화량이 커지는 또다른 예

▲ 골프채를 끝까지 휘둘러 주어야 공이 멀리 간다.

개념확인 2

정답 및 해설 30쪽

정지해 있던 물체가 오른쪽 방향으로 일정한 크기의 힘 2N을 2초 동안 받았다. 출발하고 2초 후 물체의 운동량은 얼마인가? (단, 마찰은 무시한다.)

( )kg·m/s

확인+2

높은 곳에서 떨어지는 유리컵은 시멘트 바닥에 떨어지면 깨지지만 두꺼운 이불 위에 떨어지면 잘 깨지지 않는다. 이와 같은 원리로 설명이 가능하지 않은 것은?

① 비오는 날에는 차가 많이 미끄러진다.
② 야구공을 받을 때 손을 약간 뒤로 빼면서 받는다.
③ 권투경기를 할 때 두꺼운 글러브를 끼면 충격을 덜 받는다.
④ 축구 경기에서 골기퍼가 날아오는 공을 몸을 뒤로 빼면서 받는다.

3. 운동량 보존 법칙

(1) 두 물체의 충돌 순간 (오른쪽 방향을 +로 정한다.)

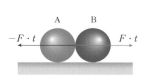

충돌 시간 : t → A, B 같다.
주고 받는 힘 : F(B가 받는 충격력), $-F$(A가 받는 충격력)
→ 작용과 반작용
A가 받는 충격량 : $-F \cdot t$,   B가 받는 충격량 : $F \cdot t$

(2) 운동량 보존 법칙 : 충돌 전후의 운동량의 합은 같다.(운동량은 소멸되지 않는다.)

① 물체 A, B는 충돌에 의해서 운동량이 변한다.
② 물체 A의 운동량의 변화량(충격량) : $m_1 v_1' - m_1 v_1 = -F \cdot t$ ········ ❶
③ 물체 B의 운동량의 변화량(충격량) : $m_2 v_2' - m_2 v_2 = F \cdot t$ ········ ❷
❶+❷를 하면 $m_1 v_1' - m_1 v_1 + m_2 v_2' - m_2 v_2 = 0$ → $m_1 v_1 + m_2 v_2 = m_1 v_1' + m_2 v_2'$

충돌 전의 총 운동량 합 = 충돌 후의 총 운동량 합
$$m_1 v_1 + m_2 v_2 = m_1 v_1' + m_2 v_2'$$

예 마주 보고 운동하는 물체의 충돌

〈충돌 전〉	〈충돌 후〉
A : 질량이 2kg이고 3m/s로 운동	A : 질량이 2kg이고 -1m/s로 운동
B : 질량이 2kg이고 -2m/s로 운동	B : 질량이 2kg이고 v로 운동

운동량 보존 법칙에 의해 충돌 전 운동량 = 충돌 후 운동량이므로, 충돌 후 B의 속도 는 다음과 같다.
$$2 \times 3 + 2 \times (-2) = 2 \times (-1) + 2 \times v \ , \ \therefore v = 2\text{m/s}$$

개념확인 3

마찰이 없는 면에 4kg의 물체 A가 2m/s로 운동하다가 정지해 있던 물체 B와 충돌하였다. 충돌 후 A는 정지하고 B는 1m/s의 속도로 운동할 때, B의 질량은 얼마인가?

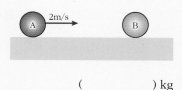

(   ) kg

확인+3

마찰이 없는 면에 2kg의 물체 A가 4m/s로 운동하다가 1m/s로 움직이는 2kg의 물체 B와 충돌하였다. 충돌 후 B가 5m/s의 속도로 운동했다면, 충돌 후 A의 속도는 얼마인가? (단, 모든 운동은 직선 운동이다.)

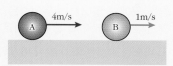

(   ) m/s

4. 충돌의 종류

(1) 반발계수 : 두 물체의 충돌 전후 속도차의 비율을 나타내는 값이다.

〈충돌 직전〉　　　　　〈충돌 직후〉

$$반발 계수 = -\frac{v_1' - v_2'}{v_1 - v_2}, \quad (0 \leq 반발 계수 \leq 1)$$

(2) 충돌

① **탄성 충돌** : 충돌 전후 운동량과 운동 에너지가 모두 보존된다. 반발 계수는 1이다.

　⑩ 1kg인 물체 A의 처음 속도가 2m/s, 2kg인 물체 B의 처음 속도가 -1m/s 일 때, 두 물체
　가 탄성 충돌 후 물체 A의 속도가 -2m/s가 되었다면 물체 B의 속도 v 는 다음과 같다.

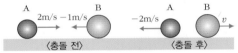

〈충돌 전〉　　　　〈충돌 후〉

$$반발계수 = -\frac{-2 - v}{2 - (-1)} = 1, \quad v = 1\text{m/s}$$

처음 운동량의 합 = 나중 운동량의 합
처음 운동 에너지의 합 = 나중 운동 에너지의 합

② **비탄성 충돌** : 충돌 전과 후의 운동량은 보존되지만 운동 에너지는 보존되지 않는 충돌로
　대부분의 충돌은 비탄성 충돌이다. 반발 계수는 0에서 1사이의 값을 가진다.

③ **완전 비탄성 충돌** : 충돌 후 한 덩어리가 되는 충돌이다. 운동량은 보존되지만 운동 에너
　지는 보존되지 않는다. 반발 계수는 0이다.

　⑩ 1kg인 물체 A의 처음 속도가 2m/s, 2kg인 물체의 처음 속도가 1m/s 일 때, 두 물체가 충
　돌 후 한 덩어리가 되어 운동하였다면 두 물체의 나중 속도 v 는 다음과 같다.

〈충돌 전〉　　　　〈충돌 후〉

운동량 보존 법칙 :
$$2 \times 1 + 1 \times 1 = (2 + 1) \times v, \quad v = 1\text{m/s}$$
$$반발계수 = -\frac{1 - 1}{2 - 1} = 0$$

처음 운동량의 합 = 나중 운동량의 합

정답 및 해설 **30쪽**

개념확인 4

마찰을 무시할 수 있는 면에 6kg의 물체가 1m/s로 운동하다가 폭발하여 같은 질량으로 쪼
개졌다. 오른쪽 파편의 속도가 6m/s일 때, 왼쪽 파편의 속력 v 는 얼마인가? (단, 각 물체는
직선상에서 운동하고 오른쪽 방향을 $+$로 정한다.)

(　　　　　) m/s

확인+4

마찰을 무시할 수 있는 면에 1kg의 물체 A가 3m/s의 속도로 운동하다가 정지해 있던 2kg인
물체 B와 충돌하여 한 덩어리가 되어 운동하였다. 반발 계수는 얼마인가?

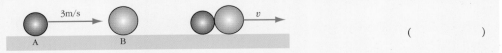

(　　　　)

운동 에너지

운동하는 물체가 갖는 에너지
로 다음과 같은 관계가 있다.

$$E_k(운동 에너지) = \frac{1}{2}mv^2$$

탄성 충돌 후 운동량 보존 법칙에 의한 속도 계산

1kg인 물체 A의 처음 속도가
2m/s, 2kg인 물체의 처음 속
도가 -1m/s 일 때, 두 물체가
탄성 충돌 후 물체 A의 속도
가 -2m/s가 되었다면 물체 B
의 속도 v 는 다음과 같다.

$$\rightarrow 1 \times 2 + 2 \times (-1)$$
$$= 1 \times (-2) + 2 \times v$$
$$\therefore v = 1\text{m/s}$$

탄성 충돌의 예

탄성 충돌은 운동 에너지가
다른 형태의 에너지(마찰에
의한 열에너지 등)로 바뀌지
않을 때 일어난다. 원자간의
충돌이나 당구공간의 충돌이
탄성 충돌이다.

▲ Ar 원자들의 충돌

▲ 당구공의 충돌

01 운동량에 대한 설명 중 옳은 것은 ○표, 옳지 않은 것은 ×표 하시오.

(1) 속도와 운동량은 방향이 서로 반대이다.   (   )

(2) 운동량의 단위는 kg · m/s이다.   (   )

(3) 운동량의 변화량을 충격량이라고 한다.   (   )

02 질량이 300g인 야구공이 투수에 의해 던져져 속력 40m/s로 날아가고 있다. 이 야구공의 운동량의 크기는 얼마인가?

(   )kg · m/s

03 정지해 있는 120g의 골프 공을 골프채로 쳐서 50m/s의 속도로 날아가게 하였다. 골프공이 받은 충격량의 크기는 얼마인가?

(   )N · s

04 마찰이 없는 수평면에서 오른쪽으로 속력 2m/s로 운동하고 있는 질량 0.3kg의 물체에 일정한 힘을 5초 동안 작용하였더니 운동 방향은 변하지 않고 속력이 5m/s가 되었다. 이 물체가 받은 충격력의 크기는 얼마인가?

(   )N

05 질량 2kg의 물체 A와 3kg 의 물체 B의 운동 상태가 충돌 전후에 그림과 같이 변하였다면 충돌 후 물체 B의 속도의 크기는 얼마인가?

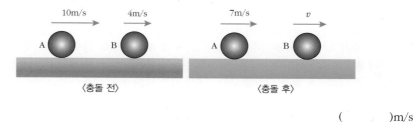

( )m/s

06 정지하고 있던 질량 0.5kg의 공이 자유 낙하하기 시작하여 2초가 된 순간 운동량의 크기는 얼마인가? (단, 중력 가속도 $g = 10m/s^2$이고, 마찰은 무시한다.)

① 10kg · m/s ② 20kg · m/s ③ 40kg · m/s ④ 60kg · m/s ⑤ 80kg · m/s

07 마찰이 없는 수평면 상에서 질량 m의 물체가 속력 v로 운동하다가 정지해 있는 질량 $2m$의 물체와 충돌한 후 한 덩어리가 되어 운동하였다. 충돌 후 속력은 얼마인가?

① $\frac{1}{3}v$ ② $\frac{1}{2}v$ ③ v ④ $2v$ ⑤ $3v$

08 마찰이 없는 수평면 상에서 4m/s의 속도로 운동하던 질량 1kg의 물체 A가 정지해 있는 질량 2kg의 물체 B에 충돌하였다. 충돌 후 물체 A는 처음 운동 방향과 반대 방향으로 속력 1m/s로, 물체 B는 처음 운동 방향과 같은 방향으로 2.5m/s로 운동하였다. 이 충돌에 있어서 반발 계수는?

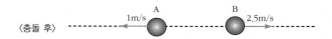

① $\frac{1}{5}$ ② $\frac{1}{4}$ ③ $\frac{1}{2}$ ④ $\frac{5}{8}$ ⑤ $\frac{7}{8}$

유형 익히기&하브루타

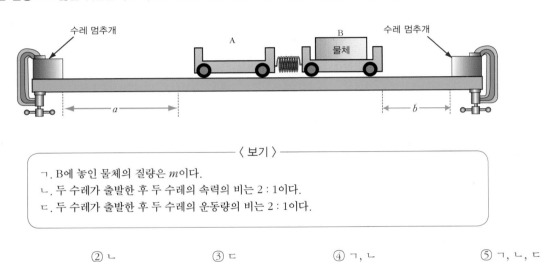

[유형5-1] 운동량과 충격량

두 물체의 운동량을 비교하기 위하여 질량이 각각 m으로 같은 두 실험용 수레 A, B를 준비하고 수레 B 위에 물체를 놓고, 수레 A, B 사이에 용수철을 놓았다. 수레 A, B 사이에 용수철을 압축시켰다가 놓았더니 두 실험용 수레는 서로 반대 방향으로 운동하여 동시에 수레 멈추개에 충돌하였다. 두 수레가 이동한 거리의 비 $a : b = 2 : 1$ 이었을 때 이에 대한 설명으로 옳은 것만을 〈보기〉에서 있는 대로 고른 것은? (단, 마찰은 무시한다.)

〈 보기 〉

ㄱ. B에 놓인 물체의 질량은 m이다.
ㄴ. 두 수레가 출발한 후 두 수레의 속력의 비는 2 : 1이다.
ㄷ. 두 수레가 출발한 후 두 수레의 운동량의 비는 2 : 1이다.

① ㄱ   ② ㄴ   ③ ㄷ   ④ ㄱ, ㄴ   ⑤ ㄱ, ㄴ, ㄷ

01
질량이 같은 두 유리컵을 같은 높이에서 시멘트 바닥에 떨어뜨렸을 때(A)와 두꺼운 이불 위에 떨어졌을 때(B)의 유리컵이 받는 힘과 시간과의 관계이다. 이 그래프에 대한 설명으로 옳지 않은 것은?

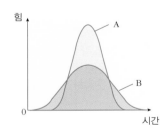

① A보다 B가 깨지기 쉽다.
② A와 B의 운동량 변화량은 같다.
③ A와 B의 그래프 아래 면적은 같다.
④ A의 충격력이 B의 충격력보다 크다.
⑤ A보다 B가 힘이 작용한 시간이 길다.

02
질량이 m인 물체를 속력 v_0로 연직 위로 던져서 다시 제자리로 돌아올 때까지 물체가 받은 충격량의 크기는 얼마인가? (단, 중력 가속도는 g이다.)

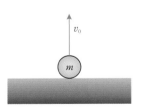

① $2mv_0$ ② mg ③ $\dfrac{2v_0}{g}$

④ $\dfrac{v_0^{\,2}}{g}$ ⑤ $\dfrac{v_0^{\,2}}{2g}$

[유형5-2] 운동량과 충격량의 적용

사람이 높은 계단에서 뛰어내릴 때 바닥에 닿는 순간 무릎을 구부려야 몸이 받는 충격을 줄일 수 있다. 같은 사람이 같은 높이의 계단에서 뛰어내릴 때 무릎을 굽히는 것과 굽히지 않는 것의 차이에 대한 설명으로 옳은 것만을 〈보기〉에서 있는 대로 고른 것은?

― 〈 보기 〉 ―
ㄱ. 바닥으로부터 사람이 받는 충격력은 무릎을 구부리지 않을 때 더 크다.
ㄴ. 바닥으로부터 사람이 받는 충격량은 무릎을 구부리지 않을 때 더 크다.
ㄷ. 바닥에 닿기 직전 사람의 운동량은 무릎을 구부리지 않을 때 더 크다.

① ㄱ   ② ㄴ   ③ ㄷ   ④ ㄴ, ㄷ   ⑤ ㄱ, ㄴ, ㄷ

03

마찰이 없는 수평면에서 속도 5m/s로 운동하는 질량 60kg의 물체가 5초 후의 속도가 15m/s가 되었다. 5초 동안 물체에 작용한 평균 힘은 얼마인가?

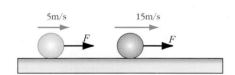

① 100N   ② 120N   ③ 300N
④ 600N   ⑤ 900N

04

자동차에 탄 운전자를 보호하기 위하여 에어백을 설치한다. 에어백이 운전자를 보호하는 것과 같은 원리로 설명되는 현상으로 옳은 것만을 〈보기〉에서 있는 대로 고른 것은?

― 〈 보기 〉 ―
ㄱ. 야구에서 홈런을 치기 위해서는 방망이를 크게 휘둘러야 한다.
ㄴ. 자동차 경주장의 보호벽을 타이어로 만든다.
ㄷ. 번지 점프에 사용하는 줄은 탄성이 좋아서 잘 늘어나는 것을 사용한다.

① ㄱ   ② ㄴ   ③ ㄷ
④ ㄴ, ㄷ   ⑤ ㄱ, ㄴ, ㄷ

[유형5-3] 운동량 보존 법칙

마찰이 없는 얼음판 위에서 5m/s로 운동하던 질량 60kg인 무한이가 정지해 있던 질량 50kg의 상상이와 충돌하였다.

(1) 충돌 후 무한이는 정지하였다면 상상이의 속력은 얼마인가?

(   )m/s

(2) 무한이가 받은 충격량의 크기는 얼마인가?

(   )N·s

05 같은 종류의 충돌구 3개와 2개가 서로 반대쪽으로 움직이고 있다. 이들이 충돌하여 튕겨나간 직후 충돌구의 모습으로 옳은 것은?

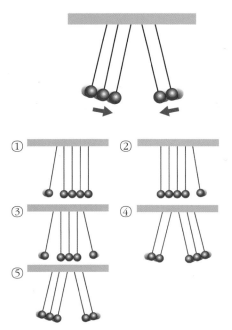

06 마찰이 없는 수평면 위에 정지해 있던 질량 4kg인 물체에 가해지는 힘의 크기를 시간에 따라 나타낸 그래프이다. 4초 후 물체의 속력은 얼마인가?

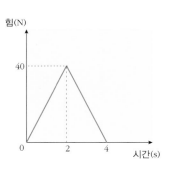

① 20m/s   ② 30m/s   ③ 40m/s
④ 50m/s   ⑤ 60m/s

[유형5-4] 충돌의 종류

마찰이 없는 수평면 상에서 질량 m의 물체 A가 속력 v로 운동하다가 정지해 있는 질량 $2m$의 물체 B와 충돌하였다. 이 충돌에서 반발계수가 0일 때 다음 물음에 답하시오. (단, 오른쪽 방향을 +로 정한다.)

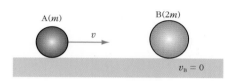

(1) 충돌한 후 물체 A의 속력은 얼마인가?

(   )

(2) A가 받은 충격량의 크기는 얼마인가?

(   )

07 정지해 있던 질량 5kg의 물체가 폭발하여 3kg인 물체 A와 2kg인 물체 B로 쪼개어 졌다. 물체 A의 속력이 24m/s였다면 물체 B의 속력은 얼마인가?

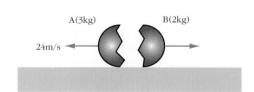

① 12m/s   ② 16m/s   ③ 24m/s
④ 36m/s   ⑤ 48m/s

08 마찰이 없는 수평면에서 질량이 같은 두 물체가 충돌하기 전후의 속도를 나타낸 것이다. 세 경우 중에서 실제 일어날 수 있는 경우 만을 〈보기〉에서 있는 대로 고른 것은?

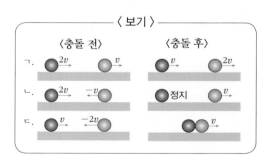

① ㄱ   ② ㄴ   ③ ㄷ
④ ㄱ, ㄴ   ⑤ ㄱ, ㄴ, ㄷ

01 5m/s 의 일정한 속력으로 움직이던 공 A가 정지해 있던 같은 질량의 공 B와 충돌한 후 원래 움직이던 방향과 60° 각도로 진행 방향이 바뀌었다. 충돌 후 공 A의 속력이 4.3m/s 라면, 충돌 후 공 B의 속력 v_B 은 얼마인가? (단, 소수점 둘째 자리에서 반올림한다.)

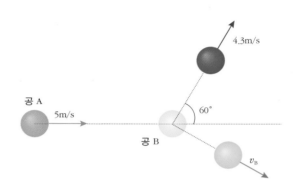

02 질량이 0.1kg 인 공이 10m/s 의 속력으로 운동하다가, 지표면과 30° 각도로 충돌한 후, 30° 각도로 튕겨졌다. 튕겨진 후의 공의 속력도 10m/s 였다면, 이때 지표면이 공에 준 충격량의 크기를 구하시오. (단, 공의 속력은 일정하다.)

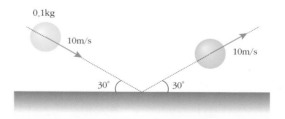

03 매끄러운 수평면 위에 질량이 4kg, 안쪽의 폭이 9m이고, 아래면이 뚫린 상자가 정지해 있다. 상자 속에는 질량 1kg이고 길이가 1m인 물체 A가 상자의 오른쪽 면에 접촉해 있다. 정지 상태에 있는 상자에 수평 방향으로 힘 25N을 가해서 오른쪽으로 운동시킨 후 A가 P면에 완전 비탄성 충돌을 했다면, 충돌 직후 상자의 속도를 구하시오. (단, 중력 가속도 $g = 10m/s^2$이고, 모든 마찰은 무시한다.)

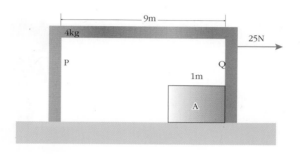

04 마찰이 없는 수평면 위에 정지해 있던 질량이 3.8kg인 물체가 폭발하여 120°의 각도를 이루는 세 조각 A, B, C로 쪼개져 마루 위에서 서로 밀려나는 것을 나타낸 것이다. A의 질량은 2kg, B의 질량은 0.6kg, C의 질량이 1.2kg이다. 조각 C의 나중 속력은 5m/s이다. 이때 조각 A와 B의 나중 속도의 크기를 구하시오.

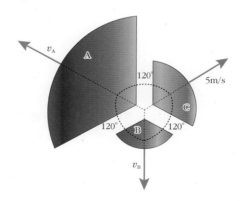

05 질량이 50kg인 무한이가 마찰이 없는 수평한 얼음판 위에 서 있다. 무한이는 질량이 2kg인 눈뭉치 2개를 가지고 있다. 마찰이 없으므로 걸어서 얼음판을 벗어날 수는 없고, 이 눈뭉치를 던져 그 반작용으로 얼음판을 벗어나려고 한다. 무한이는 눈뭉치의 질량과 관계없이 자신에 대한 눈뭉치의 상대속도가 10m/s가 되도록 눈뭉치를 던진다.(단, 눈뭉치의 운동 방향을 +로 정한다.)

(1) 눈뭉치 2개를 한꺼번에 던질 때 무한이의 속도를 구하시오.

(2) 눈뭉치 1개씩 같은 방향으로 차례로 던질 때 무한이의 속도를 구하시오.

(3) 위의 두 결과가 차이가 난다면 차이가 나는 이유를 설명해 보시오.

06 3개의 구 A, B, C가 마찰이 없는 수평면 위에 일직선으로 놓여 있다. A의 질량은 4kg, B, C의 질량은 각각 1kg이다. 최초에 A와 B는 정지 상태였으나 C가 왼쪽으로 운동하여 B와 정면 충돌한 후 이 구들은 연쇄적으로 충돌하였다. (단, 모든 충돌은 일직선 상에서의 탄성 충돌이고, 구의 회전 운동과 마찰은 무시한다.)

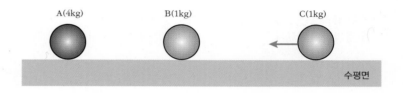

(1) B와 C가 처음 충돌한 뒤 B와 C는 어떻게 운동하는가?

(2) 최종적으로 충돌이 몇 번 일어나는가?

(3) 최종적으로 A, B, C는 어떻게 운동하는가?

01 운동량과 충격량에 대한 설명 중 옳은 것은 ○표, 옳지 않은 것은 ×표 하시오.

(1) 운동량의 변화량은 충격량의 크기와 같다.
( )

(2) 야구공을 잡을 때 앞으로 전진하면서 공을 잡으면 충격력이 작아진다. ( )

(3) 권투 글러브는 충돌 시간을 증가시켜서 충격량을 증가하게 만든다. ( )

02 어떤 물체에 40N의 힘을 0.2초간 작용하였다. 이 물체에 가해진 충격량의 크기는 얼마인가?

( )N · s

03 마찰이 없는 수평면에서 4m/s의 속력으로 운동하던 질량이 1kg인 물체가 벽에 충돌한 뒤 반대 방향으로 2m/s의 속력으로 운동하였다. 이 물체가 받은 충격량의 크기는 얼마인가? (단, 물체는 직선 운동을 한다.)

( )N · s

04 마찰이 없는 수평면에서 오른쪽으로 2m/s로 운동하던 질량이 2kg인 물체에 왼쪽으로 4N의 힘을 2초동안 가하였다. 힘을 가한 후 물체의 속력은 얼마인가? (단, 물체는 직선 운동을 한다.)

( )m/s

05 마찰이 없는 수평면에서 2m/s의 속도로 운동하는 질량 4kg의 물체에 운동 방향으로 3N의 힘을 4초간 작용하였다. 힘을 작용한 후, 물체의 운동량의 크기는 얼마로 되는가?

( )kg · m/s

06 질량 200g의 공이 30m/s로 운동하여 벽에 충돌한 후 20m/s로 튀어나왔다. 공이 벽으로부터 받은 충격량의 크기는 얼마인가?

(   )N · s

07 마찰이 없는 수평면에서 질량 500g인 공 A가 20m/s로 운동하다가 정지해 있던 질량 200g의 공 B에 충돌하였다. 충돌 후 A의 속도가 10m/s가 되었을 때, 충돌 후 B의 속도는 얼마인가? (단, 오른쪽 방향을 +로 정한다.)

(   )m/s

08 마찰이 없는 수평면에서 질량 1kg인 물체 A가 10m/s의 속도로 운동하다가 질량 2kg인 물체 B와 충돌하였다. 충돌하기 전에 물체 B의 속도가 −3m/s이었고, 충돌 후 B의 속도가 1.5m/s일 때 충돌 후 A의 속도는 얼마인가? (단, 충돌은 모두 직선상에서 일어나며, 오른쪽 방향을 +로 정한다.)

① −2m/s   ② −1m/s   ③ 0m/s
④ 1m/s   ⑤ 2m/s

09 마찰이 없는 수평면에서 2m/s의 속도로 운동하던 질량 6kg의 물체가 폭발하여 2kg인 물체 A와 4kg인 물체 B로 쪼개어 졌다. 물체 A의 속도가 12m/s였다면 물체 B의 속도는 얼마인가?(단, 오른쪽 방향을 +로 정하며 모든 물체는 직선 상에서 움직인다.)

① −6m/s   ② −3m/s   ③ 0m/s
④ 3m/s   ⑤ 6m/s

10 마찰이 없는 수평면에서 6m/s의 속도로 운동하던 질량 3kg의 찰흙 공이 1m/s의 속도로 운동하던 질량 2kg인 찰흙 공과 충돌하여 한 덩어리가 되어 운동하였다. 충돌 후 찰흙 공의 속도는 얼마인가? (단, 오른쪽 방향을 +로 정한다.)

① 1m/s   ② 2m/s   ③ 3m/s
④ 4m/s   ⑤ 5m/s

[11-13] 마찰을 무시할 수 있는 수평면 위에 정지해 있던 질량 2kg의 물체에 그림과 같은 힘을 한 방향으로 작용하였다.

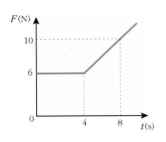

11 4초일 때 이 물체의 운동량은 얼마인가?

① 6kg · m/s ② 12kg · m/s ③ 18kg · m/s
④ 24kg · m/s ⑤ 30kg · m/s

12 이 물체가 4 ~ 8초 사이에 받은 충격량은 얼마인가?

① 8N · s ② 16N · s ③ 24N · s
④ 32N · s ⑤ 40N · s

13 운동을 시작하고 8초 후 이 물체의 속력은?

① 14m/s ② 21m/s ③ 28m/s
④ 35m/s ⑤ 42m/s

14 달리던 버스가 신호를 보지 못하고 앞에서 정지해 있던 승용차의 뒷부분에 충돌하였다. 충돌 과정에 관한 설명 중 옳은 것만을 〈보기〉에서 있는 대로 고른 것은?

[창의력 대회 기출 유형]

〈 보기 〉

ㄱ. 버스 운전자와 승용차 운전자 모두 앞으로 쏠린다.
ㄴ. 안전 벨트를 착용하지 않으면 승용차 운전자가 버스 운전자보다 더 위험하다.
ㄷ. 버스와 승용차가 서로 튕기는 경우보다 함께 밀려가는 경우에 운전자가 받는 충격이 적다.

① ㄱ ② ㄴ ③ ㄷ
④ ㄴ, ㄷ ⑤ ㄱ, ㄴ, ㄷ

15 수평면 상에서 2kg의 물체 A를 5m/s로 운동시켜 정지해 있는 3kg의 물체 B와 충돌시킬 때 두 물체 사이에 그림처럼 용수철이 있다면 용수철이 가장 많이 압축되는 순간의 물체 B의 속력은 얼마인가?

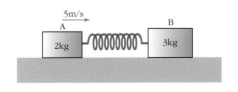

( )m/s

16 질량이 같은 유리컵 두 개를 시멘트 바닥과 이불에 떨어뜨리고, 유리컵이 바닥에 충돌하여 정지하는 동안 유리컵에 작용하는 힘을 시간에 따라 나타낸 것이다. 이에 대한 설명으로 옳은 것만을 〈보기〉에서 있는 대로 고른 것은? (단, 유리컵이 떨어진 높이는 같다.)

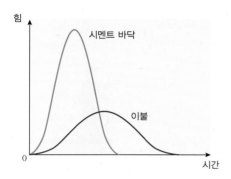

〈 보기 〉

ㄱ. 바닥에 충돌 직전 운동량은 두 경우에 서로 같다.
ㄴ. 바닥에 충돌하는 동안 유리컵이 받은 충격량은 두 경우에 서로 같다.
ㄷ. 바닥에 충돌하는 동안 유리컵이 받은 충격력은 두 경우에 서로 같다.

① ㄱ   ② ㄴ   ③ ㄷ
④ ㄱ, ㄴ   ⑤ ㄱ, ㄴ, ㄷ

17 질량이 m으로 같은 두 물체 A, B가 A는 4m/s, B는 2m/s의 속력으로 직선 운동하다가, 물체 A와 B가 충돌한 후 A의 속력이 3m/s로 줄었다. 이에 대한 설명으로 옳은 것만을 〈보기〉에서 있는 대로 고른 것은? (단, 마찰은 무시한다.)

〈 보기 〉

ㄱ. 충돌 후 B의 속력은 3m/s이다.
ㄴ. 두 물체는 탄성 충돌을 한다.
ㄷ. A의 운동량은 보존된다.

① ㄱ   ② ㄴ   ③ ㄷ
④ ㄱ, ㄴ   ⑤ ㄱ, ㄴ, ㄷ

18 컨베이어 벨트가 0.1m/s로 등속 운동하고 있고, 그 위에 과자가 1분당 600개가 떨어진다. 컨베이어 벨트는 0.01N의 힘을 받아 움직이고 있다고 할 때 과자 1개의 질량은 얼마인가?

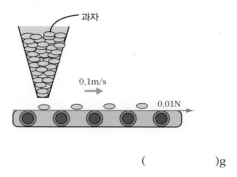

(   )g

C

19 수평한 지면에서 질량 2kg의 물체를 40m/s의 속도로 수평면과 30°의 각도를 이루도록 던졌다. 물체가 던져진 후로부터 땅에 다시 도달할 때까지 받은 충격량은 얼마인가? (단, 중력 가속도 g = 10m/s²이다.)

(   )N · s

20 질량과 속력이 같은 두 물체 A, B가 완전 비탄성 충돌을 한 후에 속력이 $\frac{1}{2}$ 배가 되어 직선 운동하였다. 충돌하고 난 후의 속도와 A, B의 속도 사이의 각도가 각각 θ일 때, 충돌하기 전 두 물체의 속도 사이의 각도(= 2θ)는 얼마인가?

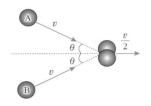

① 30°　　　　② 60°　　　　③ 90°
④ 120°　　　⑤ 150°

21 그림 (가)와 같이 매우 미끄러운 수평면에서 등속도 v로 운동하는 수레 바로 위에서 수직으로 모래주머니를 떨어뜨려 그림 (나)와 같이 수레와 함께 운동하게 하였다.

(가)　　　　　(나)

모래주머니가 수레 위에 떨어지기 전후에 수레의 운동에 대한 설명으로 옳은 것만을 〈보기〉에서 있는 대로 고른 것은? (단, 수레와 모래주머니의 질량은 같으며, 수레와 바닥 사이의 마찰은 무시한다.)

─────〈 보기 〉─────

ㄱ. 그림 (나)에서 수레의 속도 V는 $\frac{v}{2}$이다.

ㄴ. 그림 (가)에서의 수레의 운동량과 그림 (나)에서의 (수레+모래주머니)의 운동량은 서로 같다.

ㄷ. 모래주머니가 수레에 접촉하는 순간부터 수레 위에 완전히 놓일 때까지 수레에 작용하는 모든 힘의 합력은 0이다.

① ㄱ　　　　② ㄴ　　　　③ ㄷ
④ ㄱ, ㄴ　　⑤ ㄱ, ㄴ, ㄷ

22 수평면에 대해 일정한 속도 2m/s로 운동하는 수레 위에 질량이 2kg인 물체를 들고 서 있는 무한이가 있다. 무한이는 물체를 스스로에 대해서 수레의 운동 반대 방향으로 5m/s의 속력으로 던졌다. 이때 물체를 제외한 수레와 사람의 질량의 합이 100kg이었다면 물체를 던진 후 수평면에 대한 수레의 속력은 얼마인가? (단, 수레와 지면의 마찰은 무시한다.)

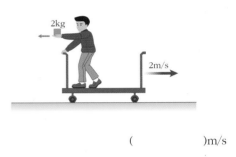

(　　　　　)m/s

23 접시 모양의 터빈 날개에 물줄기가 부딪쳐 물줄기의 압력으로 터빈에 동력이 공급된다. 물은 터빈 날개에 v의 속력으로 부딪친 후 같은 속력으로 되돌아 나온다. 1초 당 날개에 부딪치는 물의 질량은 m으로 일정하다면 물이 터빈 날개에 작용하는 힘은 얼마인가?

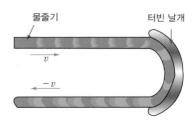

① mv　　　　② $2mv$　　　　③ $3mv$
④ $4mv$　　　⑤ $5mv$

24 물체 A가 상자 속으로 들어가면 상자 뚜껑이 닫혀서 A는 빠져나가지 못하게 된다. A가 상자 안에서 계속 탄성 충돌을 한다고 할 때, 시간에 따른 A의 속력 그래프로 옳은 것을 고르시오. (단, 물체 A의 질량은 m, 상자의 질량은 뚜껑을 합쳐서 m이며, 수평면과의 마찰은 없다고 가정한다.)

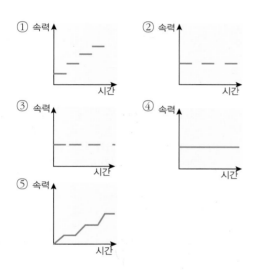

25 200g의 총알이 연직 위로 날아가다가 4kg인 물체와 충돌한 후 관통하였다. 총알이 물체와 충돌하기 직전의 속력은 1000m/s이고, 총알이 물체를 순간적으로 관통한 후 총알의 속력은 400m/s일 때, 물체가 원래 위치에서 올라간 최대 높이는 얼마인가? (단, 중력 가속도 $g = 10m/s^2$이며, 총알이 물체를 뚫고 나가도 질량 변화는 없다.)

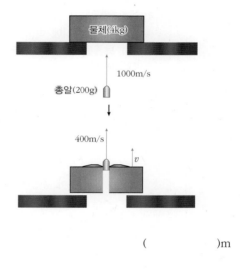

(   )m

26 수평면 상에서 벽에 충돌하는 질량이 2kg인 물체를 나타낸 것이다. 충돌 직전 물체는 8m/s의 속력으로 벽과 30°를 이루는 방향으로 운동하고 있었고, 충돌 직후 $2\sqrt{3}$ m/s의 속력으로 벽과 60°를 이루며 움직인다. 이때 충돌로 인해 물체에 가해지는 충격량의 제곱 (I^2)은 얼마인가?(단, 단위는 생략한다.)

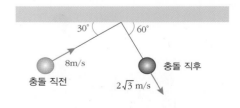

① 296   ② 298   ③ 300
④ 302   ⑤ 304

27 다음은 총알의 속력을 측정하는 실험 과정이다.

- 질량을 알고 있는 수레와 모래주머니를 준비한다.
- 수레를 수평면에 놓은 후, 수레 위에 모래주머니를 올려 놓고 고정시킨다.
- 총을 모래주머니에 쏘아 총알이 모래주머니에 박힌 채 함께 움직이게 하여 속력을 측정한다.
- 총알이 모래주머니에 박히기 전후에 운동량이 보존된다는 사실로부터 총알의 속력을 계산한다.

이에 대한 설명으로 옳은 것만을 〈보기〉에서 있는 대로 고른 것은? (단, 모든 마찰은 무시한다.)

〈 보기 〉

ㄱ. 총알의 질량을 알아야 총알의 속도를 측정할 수 있다.
ㄴ. 모래주머니보다 충돌 시간이 짧은 고무판을 사용하면 더 정확한 값을 얻을 수 있다.
ㄷ. 같은 조건에서 모래주머니 대신 반발계수가 0.6인 금속판을 사용하여도 총알의 속도를 정할 수 있다.

① ㄱ   ② ㄴ   ③ ㄷ
④ ㄴ, ㄷ   ⑤ ㄱ, ㄴ, ㄷ

[28-29] 매끄러운 수평면 바닥에 질량이 10kg이고 길이가 4m인 막대 AB가 놓여 있다. 이 막대 위에 질량이 50kg인 사람이 서 있다. (오른쪽 방향으로 운동하는 것을 (+)로 정한다.)

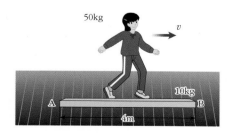

28 사람이 막대에 대하여 0.1m/s의 속도로 막대 위 A에서 B를 향하여 움직일 때 마루 바닥에 대한 막대의 속도는 몇 m/s인가?

(   )m/s

29 사람이 B점에 정지해 있다가 막대에 대하여 0.2m/s의 수평 방향 속도로 바닥 쪽으로 뛰면 수평면 바닥에 대한 막대의 속도는 얼마인가?

(   )m/s

30 그림 (가)는 질량이 같은 물체 A, B가 벽을 향해 속도 $3v$로 각각 등속도 운동 하는 모습을 나타낸 것이고, 그림 (나)는 A, B가 벽에 충돌하는 과정에서 A, B의 속도 변화를 시간에 따라 나타낸 것이다.

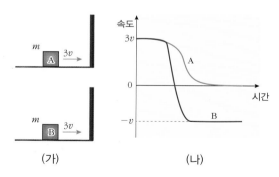

이에 대한 설명으로 옳은 것만을 〈보기〉에서 있는 대로 고른 것은?

[수능 모의 평가 기출 유형]

〈 보기 〉

ㄱ. A가 벽에 작용하는 충격량의 크기와 벽이 A에 작용하는 충격량의 크기는 서로 같다.
ㄴ. 충돌 전후 운동량의 변화량의 크기는 B가 A보다 크다.
ㄷ. 충돌하는 동안 벽에 작용하는 평균 힘의 크기는 B가 A보다 작다.

① ㄱ   ② ㄴ   ③ ㄷ
④ ㄱ, ㄴ   ⑤ ㄱ, ㄴ, ㄷ

31 그림 (가)는 동일 직선 상에서 같은 방향으로 운동하던 물체 A, B가 충돌하기 전과 후의 모습을 나타낸 것이고, 그래프 (나)는 A, B의 위치를 시간에 따라 나타낸 것이다. 이때 A의 질량은 B의 2배이다.

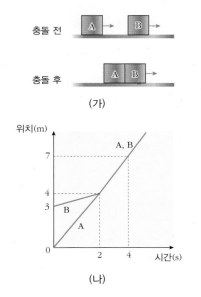

(가)

(나)

이에 대한 설명으로 옳은 것만을 〈보기〉에서 있는 대로 고른 것은?(단, 물체의 크기는 무시한다.)

[수능 모의 평가 기출 유형]

〈 보기 〉

ㄱ. 충돌 전 운동량의 크기는 A가 B의 8배이다.
ㄴ. 충돌하는 동안 속도 변화량의 크기는 B가 A의 2배이다.
ㄷ. 충돌하는 동안 A가 받은 충격량의 크기는 B가 받은 충격량의 크기와 같다.

① ㄱ   ② ㄴ   ③ ㄷ
④ ㄱ, ㄷ   ⑤ ㄱ, ㄴ, ㄷ

32 그림 (가)는 수평면에 정지해 있는 동전 B를 향해 손가락으로 동전 A를 튕기는 모습을 나타낸 것이다. B는 A와 충돌한 후 정지해 있던 동전 C와 충돌한다. 그림 (나)는 이 과정에서 A, B, C의 운동량을 시간에 따라 나타낸 것이다. A와 B의 충돌 시간은 $2t$이고, B와 C의 충돌 시간은 t이며, B의 질량이 C의 2배이다.

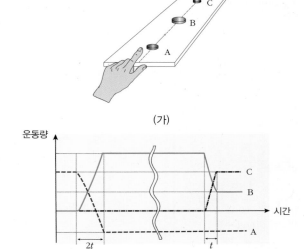

(가)

(나)

이에 대한 설명으로 옳은 것만을 〈보기〉에서 있는 대로 고른 것은? (단, A~C는 동일 직선 상에서 운동한다.)

[수능 기출 유형]

〈 보기 〉

ㄱ. A는 B와 충돌 후 충돌 전과 같은 방향으로 움직인다.
ㄴ. B가 C와 충돌한 후, C의 속력은 B의 속력의 4배이다.
ㄷ. B가 받은 평균 힘의 크기는 C와 충돌하는 동안보다 A와 충돌하는 동안이 더 크다.

① ㄱ   ② ㄴ   ③ ㄷ
④ ㄱ, ㄷ   ⑤ ㄱ, ㄴ, ㄷ

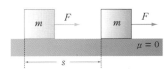
1. 일과 일률

(1) 일 : 물체에 힘이 작용하여 일어나는 에너지의 변화 과정이다[단위 : J(줄)].

① **크기가 일정하고 운동 방향과 나란한 힘(F)이 해준 일**

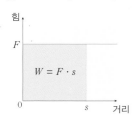

$$W = F \cdot s$$
$[W : 일(J), F : 물체에 가한 힘(N), s : 이동 거리(m)]$

② **$F-s$ 그래프** : 그래프 아래 면적이 힘이 한 일이다.

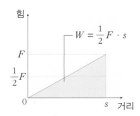
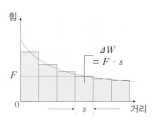

▲ 힘이 일정한 경우   ▲ 힘이 일정하게 증가 하는 경우 (탄성력)   ▲ 힘이 변하는 경우

③ **운동 방향에 비스듬하게 작용하여 수평면으로 운동할 때 힘(F)이 해준 일**

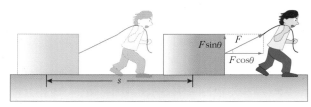

$$W = F \cdot s \cos\theta$$

(2) 일률 : 단위 시간 동안에 한 일의 양을 일률이라고 한다.

① **일률** : 일의 양을 일을 한 시간으로 나누어 구한다.

$$P = \frac{W}{t}$$
$[P : 일률(W), W : 일(J), t : 일을 한 시간(s)]$

② 물체가 등속 운동(속도 v)하고 있을 때의 일률

$$P = \frac{F \cdot s}{t} = F \cdot \frac{s}{t} = F \cdot v$$

개념확인 1

물체를 수평 방향으로 20N의 힘을 주면서 3m 이동시켰을 때 물체에 한 일의 양은 얼마인가?

(   ) J

확인+1

무게가 50N인 물체를 기중기로 4m 높이까지 일정한 속도로 들어 올리는데 5초가 걸렸다면 기중기의 일률은 얼마인가?

(   ) W

일과 일률의 계산

· 일 : $1J = 1N \times 1m$

· 일률 : $1W = 1W = \dfrac{1J}{1s}$

일, 에너지와 방향

일과 에너지는 모두 방향에 관계하지 않는 스칼라 값이지만, (+)값과 (−)값을 모두 갖는다. 에너지를 증가시키면 일을 (+)로 했다고 하고, 에너지를 감소시키면 일을 (−)로 했다고 한다.

물체에 해준 일이 0 인 경우

① 이동 거리가 0 :

사람이 물체에 밀어도 물체가 움직이지 않기 때문에 사람이 물체에게 한 일은 0이다.

② 힘과 이동 방향이 수직 :

짐을 들고 수평방향으로 등속 운동하는 사람은 물체에 주는 힘은 연직 방향이고 이동 방향은 수평 방향이므로 사람이 물체에 한 일은 0이다.

일률의 크기

말은 사람에 비해 같은 시간 동안에 더 많은 일을 할 수 있다. 따라서 말의 일률이 사람의 일률보다 크다.

2. 운동 에너지와 퍼텐셜 에너지

(1) 운동 에너지(E_k) : 운동하는 물체가 갖는 에너지이다.

$$E_k = \frac{1}{2}mv^2 \quad [E_k : \text{운동 에너지(J)}, \, v : \text{속력(m/s)}, \, m : \text{질량(kg)}]$$

(2) 일 – 운동 에너지 정리 : 외부에서 작용한 알짜힘이 한 일은 운동 에너지의 변화량과 같다.

· v_0 의 속도로 운동하고 있던 질량이 m 인 수레에
알짜힘 F 를 작용하여 거리 s 만큼 이동시켰을
때, 수레의 속도가 v 가 되었을 경우 알짜힘은 다
음과 같다.

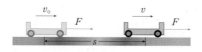

$$W = F \cdot s = \frac{1}{2}mv^2 - \frac{1}{2}mv_0^2 = \Delta E_k$$

(ΔE_k : 운동 에너지의 변화량, W : 수레에 한 일)

(3) 퍼텐셜 에너지(E_p) : 물체의 위치에 따라 달리 나타나는 에너지이다.

① **중력에 의한 퍼텐셜 에너지(중력 퍼텐셜 에너지)** : 물체가 기준면(보통 지표면)에서의
높이에 따라 다르게 갖게 되는 에너지이다.

$$E_p = mgh \quad (h : \text{높이}, \, m : \text{질량}, \, g : \text{중력 가속도})$$

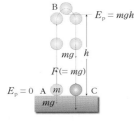

· 일의 퍼텐셜 에너지 전환 : 물체에 한 일만큼 퍼텐셜 에너지가 증
가한다.
· 물체가 B → C로 자유 낙하할 때 중력이 물체에 하는 일 : mgh
· C지점에서 물체의 운동 에너지(E_k) : $mgh(= \frac{1}{2}mv^2)$

② **탄성력에 의한 퍼텐셜 에너지(E_p)** : 해준 일만큼 탄성 퍼텐셜 에너지가 늘어난다.

$$E_p = \frac{1}{2}kx^2 \quad (k : \text{탄성 계수}, \, x : \text{탄성체의 변화한 길이})$$

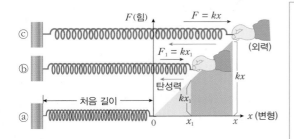

· ⓐ → ⓑ로 늘릴 때 한 일
  일(노란색 넓이) $= \frac{1}{2} \times x_1 \times kx_1 = \frac{1}{2}kx_1^2$
· ⓑ → ⓒ로 늘릴 때 한 일
  일(붉은색 넓이) $= \frac{1}{2}kx^2 - \frac{1}{2}kx_1^2$
· ⓒ에서 탄성 퍼텐셜 에너지(E_p) $= \frac{1}{2}kx^2$

개념확인 2

정답 및 해설 37쪽

질량이 2kg의 물체가 속력 3m/s로 운동하고 있다. 이 물체의 운동 에너지 E_k는 몇 J인가?

(   ) J

확인+2

탄성 계수 50N/m의 용수철이 있다. 이 용수철이 0.1m 늘어났을 때 이 용수철이 갖는 탄성 퍼
텐셜 에너지는 몇 J인가?

(   ) J

일–에너지 정리

물체가 외부로부터 일을 받으
면 그만큼 에너지가 증가하
고, 반대로 물체가 외부에 일
을 해주면 그만큼 물체가 가
진 에너지는 감소한다.

일 – 운동 에너지 정리

v_0의 속도로 운동하고 있던 질
량이 m인 수레에 알짜힘 F
를 작용하여 거리 s만큼 이동
시켰을 때, 수레의 속도가 v가
되었을 경우 해준 일(W)은 운
동에너지 변화량(ΔE_k)과 같다.

$$W = F \cdot s = mas$$
$$= m \times \frac{1}{2} \times (v^2 - v_0^2)$$
$$(\because 2as = v^2 - v_0^2)$$
$$= \frac{1}{2}mv^2 - \frac{1}{2}mv_0^2 = \Delta E_k$$

중력에 의한 퍼텐셜 에너지의 이용

높은 댐 위에 있는 물은 중력
에 의한 퍼텐셜 에너지를 지
닌다.

운동 에너지의 이용

운동하는 보트는 운동 에너지
를 가진다.

탄성 퍼텐셜 에너지의 이용

정지   당기기

활을 잡아당기면 탄성 퍼텐셜
에너지를 갖게 되고 놓으면 화
살에 일을 하여 화살의 에너지
가 증가하여 날아가게 된다.

3.역학적 에너지 보존 법칙 Ⅰ

한 물체가 가지는 운동 에너지와 퍼텐셜 에너지의 관계

퍼텐셜 에너지가 감소하면 운동 에너지가 증가하고, 퍼텐셜 에너지가 증가하면 운동에너지가 감소하여 에너지의 전환이 이루어진다.

(1) 역학적 에너지의 보존

① 역학적 에너지(E) : 물체가 가지는 운동 에너지(E_k)와 퍼텐셜 에너지(E_p)의 합이다.

$$E(역학적\ 에너지) = E_k + E_p$$

② **외부에서 해준 일이 0일 때** : 물체의 역학적 에너지는 보존된다.
③ **외부에서 해준 일이 0이 아닐 때** : 외부에서 해준 일의 양만큼 역학적 에너지가 변화한다.

(2) 마찰이 없는 빗면에서 운동

A점의 역학적 에너지 = B점에서의 역학적 에너지

$$\frac{1}{2}mv_1^2 + mgh_1 = \frac{1}{2}mv_2^2 + mgh_2$$

높이가 높아지면 퍼텐셜 에너지 증가, 운동 에너지 감소
속력이 증가하면 퍼텐셜 에너지 감소, 운동 에너지 증가

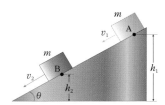

(3) 중력장 내의 운동

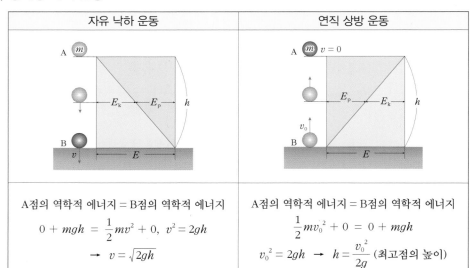

자유 낙하 운동	연직 상방 운동
A점의 역학적 에너지 = B점의 역학적 에너지 $$0 + mgh = \frac{1}{2}mv^2 + 0,\ v^2 = 2gh$$ $$\rightarrow v = \sqrt{2gh}$$	A점의 역학적 에너지 = B점의 역학적 에너지 $$\frac{1}{2}mv_0^2 + 0 = 0 + mgh$$ $$v_0^2 = 2gh \rightarrow h = \frac{v_0^2}{2g}\ (최고점의\ 높이)$$

자유 낙하 운동의 에너지–시간 그래프

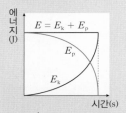

$E_k = \frac{1}{2}mv^2$, $v = gt$ 이므로

$E_k = \frac{1}{2}m(gt)^2$이다.

> **개념확인 3**
>
> 높이 5m에서 자유 낙하시킨 물체의 운동 에너지와 퍼텐셜 에너지가 같게 될 때의 높이는 얼마인가? (단, 공기와의 마찰은 무시한다.)
>
> (   ) m

> **확인+3**
>
> 마찰이 없는 면위에서 움직이는 물체가 있다. A점에서 정지 상태에서 출발한 질량 1kg의 물체는 B점에 도달하였을 때 얼마의 속력을 갖는가? (단, 중력 가속도 $g = 9.8m/s^2$이다.)

> (   ) m/s

(4) 수평으로 던진 물체의 운동 : 높이 h 인 곳에서 질량이 m 인 물체를 수평 방향으로 v_0 의 속력으로 던졌다.

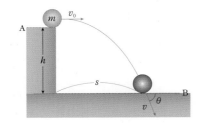

A점의 역학적 에너지 = B점의 역학적 에너지
$\frac{1}{2}mv_0^2 + mgh = \frac{1}{2}mv^2$
$v_0^2 + 2gh = v^2,\ v = \sqrt{v_0^2 + 2gh}$

● 수평으로 던진 물체의 운동

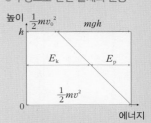

높이에 따른 운동 에너지와 퍼텐셜 에너지의 그래프

(5) 비스듬히 던진 물체의 운동 : 질량이 m인 물체를 처음 속도 v_0로 지면과 θ의 각으로 비스듬히 던져 올렸다.

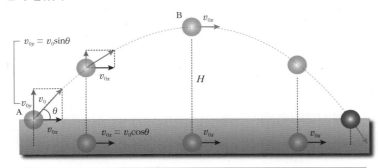

A점의 역학적 에너지 = B점의 역학적 에너지
$\frac{1}{2}mv_0^2 = \frac{1}{2}mv_{0x}^2 + mgH$
$\therefore 2gH = v_0^2 - v_{0x}^2 = v_{0y}^2 \rightarrow H = \frac{v_{0y}^2}{2g}$ (최고점의 높이)

● 역학적 에너지 보존의 예

롤러코스터는 중력에 의한 퍼텐셜 에너지가 운동 에너지로 바뀌고 운동 에너지가 중력에 의한 퍼텐셜 에너지로 바뀌는 과정이 반복된다.

① **수평 방향 운동** : $v_{0x} = v_0\cos\theta$의 등속 운동이다.
② **연직 방향 운동** : $v_{0y} = v_0\sin\theta$로 연직 위로 던진 물체의 운동이다.
③ **수평 방향의 속도** : 물체에 작용하는 힘은 연직 방향의 중력만 있기 때문에 수평 방향의 속도는 변하지 않으므로 최고점에서의 속도는 수평 방향으로 $v_{0x} = v_0\cos\theta$ 이다.

개념확인 4

정답 및 해설 37쪽

높이 10m의 절벽에서 수평 방향으로 5m/s로 던진 물체가 지면에 닿는 순간의 속력은 얼마인가? ($g = 10\text{m/s}^2$)

(   ) m/s

확인+4

지면과 30°의 각도로 6m/s의 속력으로 던진 물체의 최고점 높이 H는 얼마인가? ($g = 10\text{m/s}^2$)

(   ) m

4.역학적 에너지 보존 법칙 II

(1) 단진자에서의 역학적 에너지 보존

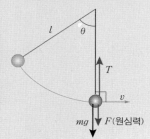

추의 입장에서 작용하는 힘은 실의 장력(T), 중력(mg), 원심력($\frac{mv^2}{l}$)이 있다.

$$\rightarrow T = mg + \frac{mv^2}{l}$$

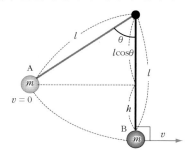

단진자에서의 최고점에서 최하점까지의 연직 거리
$$h = l - l\cos\theta = l(1 - \cos\theta)$$
A점의 역학적 에너지 = B점의 역학적 에너지
$$0 + mgh = \frac{1}{2}mv^2 + 0, \quad 2gh = v^2, \quad v = \sqrt{2gh}$$

(2) 탄성력이 작용할 때의 역학적 에너지 보존

① **수평면 상에서 진동할 때의 역학적 에너지 보존** : 용수철에 물체를 매달아 운동을 시키면 운동 과정에서 용수철의 탄성 퍼텐셜 에너지와 물체의 운동 에너지의 합이 일정하게 유지된다.

수평면 상에서 운동할 때 용수철이 늘어난 길이(x)에 따른 에너지의 관계

E_p : 탄성 퍼텐셜 에너지
E_k : 매달린 물체의 운동 에너지

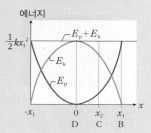

B : 용수철의 늘어난 길이는 x_1으로 최대이고 물체의 운동 에너지는 0 이다.
C : B에서 줄어든 탄성 퍼텐셜 에너지만큼 물체는 운동 에너지를 가진다.
D : 용수철의 늘어난 길이가 0 인 지점으로 역학적 에너지양과 물체의 운동 에너지양이 같다.

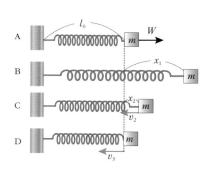

A : 처음 길이 l_0이고 탄성 계수 k 인 용수철에 힘을 가하여 용수철을 늘리는 일을 한다.
B : 용수철이 x_1만큼 늘어난 상태에서 정지해 있다가 물체를 놓아 운동시킨다.
C : 용수철이 줄어들어 늘어난 길이가 x_2로 되었고, 물체의 속력이 v_2가 되었다.
D : 용수철의 늘어난 길이는 0이 되었지만 물체의 속력은 v_3로 최대이다.

㉠ B상태 : 용수철의 퍼텐셜 에너지 $= \frac{1}{2}kx_1^2$, 물체의 운동에너지 $= 0$

㉡ C상태 : 용수철의 퍼텐셜 에너지 $= \frac{1}{2}kx_2^2$, 물체의 운동 에너지 $= \frac{1}{2}mv_2^2$

㉢ D상태 : 용수철의 퍼텐셜 에너지 $= 0$, 물체의 운동 에너지 $= \frac{1}{2}mv_3^2$

$$\frac{1}{2}kx_1^2 = \frac{1}{2}kx_2^2 + \frac{1}{2}mv_2^2 = \frac{1}{2}mv_3^2 \quad \text{(역학적 에너지 보존)}$$

개념확인 5

최고점과 최하점의 높이 차이가 5m인 단진자가 있다. 이 단진자의 최하점에서의 속력은 얼마인가? ($g = 10\text{m/s}^2$)

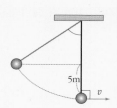

(   ) m/s

확인+5

용수철 상수가 100N/m인 용수철에 질량 1kg의 물체를 매달고 마찰이 없는 수평면 상에서 0.2m 잡아 당겼다가 놓았다. 이 물체의 최대 속력은 얼마인가?

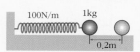

(   ) m/s

② **연직면 상에서 진동할 때의 역학적 에너지 보존** : 용수철의 탄성 퍼텐셜 에너지, 물체의 운동 에너지와 중력에 의한 퍼텐셜 에너지를 고려해야 한다.

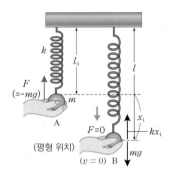

> · A : 용수철(탄성 계수 k)이 늘어나지 않게 손으로 받치고 있다.
> · A → B : 물체에 위 방향으로 힘을 가하며 평형 위치까지 천천히 내린다. 물체의 운동 에너지가 발생하지 않는다.
> · B : 용수철이 x_1만큼 늘어나서 정지하였다.(평형 위치)
>
> (힘의 평형) $mg = kx_1$, $x_1 = \dfrac{mg}{k}$
>
> 〈평형 위치까지 한 일〉: 손이 한 일 + 중력이 한 일
>
> A~B에서 물체에 한 일 $= -\dfrac{1}{2}mgx_1 + mgx_1 = \dfrac{1}{2}kx_1{}^2$
>
> (= 평형 위치에서 용수철의 탄성 퍼텐셜 에너지)

❶ **용수철의 평형 위치** : 물체의 무게 때문에 용수철이 늘어나서 한 점에서 정지하게 되는데 이 점을 평형 위치라고 한다.

❷ **용수철을 평형 위치에서 아래로 A만큼 잡아당겼다 놓을 때의 운동** : 역학적 에너지는 용수철의 탄성 퍼텐셜 에너지+물체의 중력 퍼텐셜 에너지+물체의 운동 에너지이며 모든 지점에서 같은 양으로 유지된다.

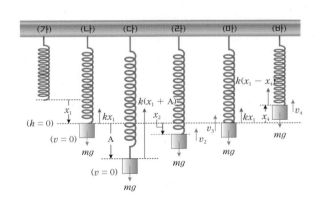

〈각 위치에서의 역학적 에너지〉

(나)→(다) : 물체에 일을 해줌

(다) : $\dfrac{1}{2}kA^2$

(라) : $\dfrac{1}{2}kx_2{}^2 + \dfrac{1}{2}mv_2{}^2$

(마) : $\dfrac{1}{2}mv_3{}^2$

(바) : $\dfrac{1}{2}kx_4{}^2 + \dfrac{1}{2}mv_4{}^2$

(다) = (라) = (마) = (바)

· 용수철의 **평형 위치**를 중심으로 진동하며, 이때 중력의 영향을 받지 않는 것처럼 용수철의 탄성 퍼텐셜 에너지+물체의 운동 에너지가 일정하게 유지된다.

🔵 연직면 상에서 운동할 때 평형 위치까지 물체에 한 일

· 손이 물체에 한 일

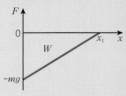

물체에 작용하는 힘의 크기는 일정하게 줄어들어 평형 위치에서 0이 된다. 물체의 이동 방향과 반대 방향으로 힘을 가하므로 (−) 일이다.

$$W = -\dfrac{1}{2}mgx_1$$

· 중력이 물체에 한 일

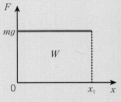

중력이 한 일 : 넓이
$$W = mgx_1$$

【개념확인 6】   정답 및 해설 **37쪽**

용수철에 1kg의 추를 매달았더니 용수철이 10cm만큼 늘어나서 정지하였다. 이때 용수철의 탄성 퍼텐셜 에너지는 얼마인가? ($g = 10\text{m/s}^2$)

(   ) J

【확인+6】

용수철 상수가 100N/m인 가벼운 용수철을 매달고 아래에 질량 1kg의 물체를 매달았더니 A점에서 멈추었다. 이 상태에서 물체를 아래로 0.1m 잡아당겼다가 놓았을 때 물체가 다시 A점을 지나게 되었다. A점을 지날 때 추의 속력은?

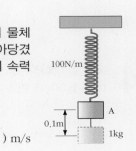

(   ) m/s

01 일과 에너지의 특성에 대한 설명 중 옳은 것은 ○표, 옳지 않은 것은 ×표 하시오.

(1) 물체에 해준 일은 에너지의 변화량과 같다. ( )

(2) 대기 중에서 물체가 자유낙하하는 경우 역학적 에너지는 보존된다. ( )

(3) 일률이 큰 기계일수록 짧은 시간 동안 많은 일을 한다. ( )

02 질량 20 kg 의 물체를 바닥에서 선반으로 올려 놓는 데 392 J 의 일을 하였다. 질량 1 kg 의 물체에 작용하는 중력은 9.8 N 이라고 할 때 선반의 높이는 얼마인가?

① 1m   ② 2m   ③ 3m   ④ 4m   ⑤ 5m

03 마찰이 없는 수평면에 정지 상태로 놓여 있는 질량 2kg의 물체에 작용한 힘과 거리의 그래프이다. 이 물체가 5m 이동하였을 때 속력은 몇 m/s인가?

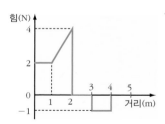

① 1m/s   ② 2m/s   ③ 3m/s   ④ 4m/s   ⑤ 5m/s

04 처음 길이에서 0.2m 늘이는 데 6N의 힘이 필요한 용수철이 있다. 이 용수철을 수평 방향으로 0.6m 늘어나게 했을 때 이 용수철에 한 일은 얼마인가?

① 5.1 J   ② 5.4 J   ③ 5.7 J   ④ 6 J   ⑤ 6.3 J

정답 및 해설 38쪽

05 수평면에서 속력 10m/s로 공을 위로 던졌다. 이 공의 속력이 4m/s가 되는 곳은 지면에서 높이가 얼마나 되는 곳인가? (단, $g = 10$m/s²이고, 공기와의 마찰은 무시한다.)

① 4m　　　　② 4.1m　　　　③ 4.2m　　　　④ 4.3m　　　　⑤ 4.4m

06 마찰이 없는 반지름 10cm의 반구 모양의 용기의 꼭대기에서 물체를 미끄러뜨렸다. 이 물체가 용기의 가장 밑바닥을 지날 때의 속력은 몇 m/s인가? ($g = 9.8$m/s²)

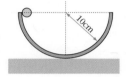

① 1m/s　　　　② 1.4m/s　　　　③ 1.96m/s　　　　④ 2.8m/s　　　　⑤ 3.92m/s

07 질량이 0.5kg인 추가 달린 길이 2m인 단진자를 그림처럼 연직선과 60°의 각도를 이루게 하여 추를 정지 상태에서 잡고 있다가 놓았다. 이에 대한 설명으로 옳은 것만을 〈보기〉에서 있는 대로 고른 것은? ($g = 10$m/s²)

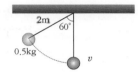

〈 보기 〉

ㄱ. 추가 운동할 때 최고점과 최하점 사이의 연직 높이는 1m이다.
ㄴ. 최하점의 높이를 기준으로 최고점에서 갖는 추의 퍼텐셜 에너지는 5J이다.
ㄷ. 추가 최하점을 지나는 순간의 속력은 $\sqrt{5}$ m/s이다.

① ㄱ　　　② ㄴ　　　③ ㄷ　　　④ ㄱ, ㄴ　　　⑤ ㄱ, ㄴ, ㄷ

08 마찰이 없는 수평면에 용수철 상수 k인 용수철에 질량 m의 추가 매달려 평형 상태에 있다. 용수철을 A만큼 잡아당겼다가 놓았다. 추가 평형 위치로부터 $\frac{1}{2}$A인 지점을 지날 때 추의 운동 에너지는 얼마인가?

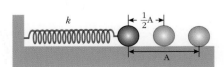

(　　　　　　)

[유형6-1] 일과 일률

수평면에서 정지해 있는 물체에 오른쪽 방향으로 10N, 왼쪽 방향으로 4N의 힘을 작용하면서 2m 이동시켰다. 물체가 이동하는 중 마찰력이 1N 작용하였다.

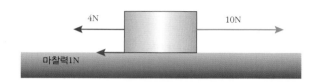

(1) 10 N 의 힘이 한 일은 얼마인가?

① 5 J   ② 10 J   ③ 15 J   ④ 20 J   ⑤ 25 J

(2) 마찰력이 물체에 해준 일은 얼마인가?

① 1 J   ② −1 J   ③ 2 J   ④ −2 J   ⑤ 10 J

(3) 합력이 물체에 한 일은 얼마인가?

① 5 J   ② 10 J   ③ 15 J   ④ 20 J   ⑤ 25 J

01 마찰이 없는 수평면 위에 놓인 나무도막에 수평 방향과 $60°$의 방향으로 힘 F를 작용하여 10m 이동하였다. 이때 한 일이 50J이었다면 작용한 힘 F는 얼마인가?

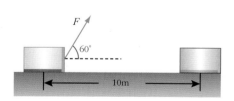

① 5N   ② 10N   ③ 15N
④ 20N   ⑤ 25N

02 최대 출력 500W인 전동기로 20kg의 물체 10개를 5m 높이까지 들어올리려고 한다. 물체를 들어올리는데 걸리는 최소 시간은 얼마인가? ($g = 10m/s^2$)

① 2초   ② 20초   ③ 200초
④ 2시간   ⑤ 20시간

[유형6-2] **운동 에너지와 퍼텐셜 에너지**

마찰이 없는 수평면에서 5m/s의 속력으로 운동하고 있는 질량 4kg의 물체가 있다. 이 물체가 7.5m 진행하는 동안 물체에 20N의 힘을 운동 방향으로 작용하였다.

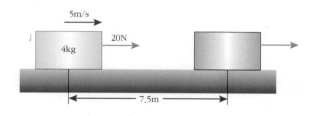

(1) 물체의 운동 에너지는 몇 J 증가하였는가?

① 100J   ② 120J   ③ 150J   ④ 250J   ⑤ 500J

(2) 물체의 나중 속력은 얼마로 되었는가?

① 7.5m/s   ② 10m/s   ③ 20m/s   ④ 36m/s   ⑤ 75m/s

03 지면으로부터 10m 높이에 있는 1kg의 공을 자유 낙하시켰더니 지면과 충돌한 후 8m 높이까지 튀어 올랐다. 공이 잃은 에너지는 얼마인가? (단, 중력 가속도 $g = 9.8$m/s²이다.)

① 9.8J   ② 19.6J   ③ 39.2J
④ 78.4J   ⑤ 98J

04 용수철에 작용하는 힘과 늘어난 길이와의 관계를 나타낸 그래프이다. 이 용수철이 10cm 늘어났을 때 갖게 되는 탄성 퍼텐셜 에너지는 얼마인가?

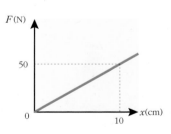

① 2.5J   ② 5J   ③ 10J
④ 12.5J   ⑤ 15J

[유형6-3] 역학적 에너지 보존 법칙 Ⅰ

질량 1kg인 공을 수평면에 대하여 θ의 각을 이루도록 5m/s로 던졌다. 공이 최고점에 도달했을 때 운동 에너지는 얼마인가? (단, $g = 10\text{m/s}^2$이고, 공기의 저항은 무시하며 $\cos\theta = \dfrac{4}{5}$이다.)

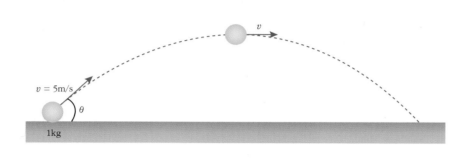

① 6J   ② 7J   ③ 8J   ④ 9J   ⑤ 10J

05 마찰이 없는 언덕길에서 썰매가 눈 위로 미끄러져 내려온다. A점을 통과할 때의 속력은 4m/s였다. 높이가 5.8m인 다른 언덕 꼭대기 B점에서의 속력은 얼마이겠는가? ($g = 10\text{m/s}^2$)

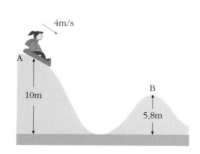

① 2m/s   ② 4m/s   ③ 6m/s
④ 8m/s   ⑤ 10m/s

06 높이 3m의 건물에서 수평 방향으로 2m/s로 등속 운동하던 질량이 2kg인 물체가 건물 끝에서 떨어지기 시작하였다. 이 물체가 지면에 닿는 순간의 속력은 얼마인가? ($g = 10\text{m/s}^2$)

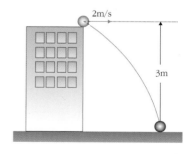

① 8m/s   ② 9m/s   ③ 10m/s
④ 11m/s   ⑤ 12m/s

[유형6-4] **역학적 에너지 보존 법칙 II**

탄성 계수가 50N/m인 매우 가벼운 용수철이 천정에 매달려 있다. 이 용수철에 500g의 추를 매달자 h 만큼 늘어나서 추가 정지하였다. (단, 중력 가속도 $g = 10\text{m/s}^2$이다.)

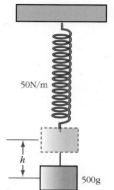
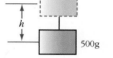

(1) 평형 위치에서 용수철에 의한 탄성 퍼텐셜 에너지는 얼마인가?

① 0.25J   ② 0.5J   ③ 0.1J   ④ 2.5J   ⑤ 25J

(2) 용수철의 평형 위치에서 추를 아래로 0.1m 잡아당겼다가 놓았다. 용수철이 평형 위치를 지날 때 운동에너지는 얼마인가?

① 0.25J   ② 0.5J   ③ 0.1J   ④ 2.5J   ⑤ 25J

07 무한이는 A지점의 질량 0.5kg인 추를 연직 방향과 $60°$ 되는 위치 B로 끌어올려 실이 팽팽한 상태로 붙잡고 있다가 놓았다. 실의 길이는 2m라고 할 때 이에 대한 설명으로 옳은 것만을 〈보기〉에서 있는 대로 고른 것은? ($g = 10\text{m/s}^2$)

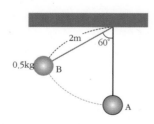

─────〈 보기 〉─────
ㄱ. 최하점을 기준으로 최고점이 갖는 퍼텐셜 에너지는 4 J이다.
ㄴ. 추가 최하점을 지나는 순간 속력은 $2\sqrt{5}$ m/s 이다.
ㄷ. 무한이가 물체에 한 일은 4 J이다.

① ㄱ   ② ㄴ   ③ ㄷ
④ ㄱ, ㄷ   ⑤ ㄱ, ㄴ, ㄷ

08 용수철에 물체를 매달았더니 평형 위치에서 물체가 정지하였다. 이때 물체를 연직 아래로 잡아 당겨 용수철이 평형 위치로부터 0.2m 늘어났을 때 용수철의 탄성 퍼텐셜 에너지를 E라고 하면, 이 물체를 놓아 평형 위치로부터 용수철의 늘어난 길이가 0.1m가 되었을 때 물체가 가지는 운동 에너지는 얼마인가?

① 0.25E ② 0.5E ③ 0.75E
④ E ⑤ 2E

01

총알의 속력을 구하기 위한 간단한 장치이다. 만약 50g의 총알이 길이 2m의 끈에 매달려 있는 450g의 나무 도막에 박히고 총알이 박힌 나무 도막이 반대 방향으로 올라가서 정지한 높이에서 연결된 끈이 연직선과 이루는 각이 60°이다. (단, 중력 가속도 $g = 10m/s^2$이다.)

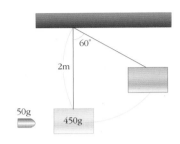

(1) 총알의 속력을 v 라고 하면 총알이 박힌 직후 나무 도막의 속력은 얼마인가?

(2) 총알이 박히는 과정에서 손실된 에너지는 얼마인가?(단, 답안에 총알의 속력 v 를 포함시키시오.)

(3) 총알이 박힌 나무 도막이 정지할 때까지 올라간 높이는 얼마인가?

(4) 총알의 속력은 얼마인가?

정답 및 해설 40쪽

02 바닥면으로부터 질량이 1kg인 물체를 수평면과 θ의 각도를 이루는 빗면을 따라 처음 속력 10m/s로 밀어 올렸다. 이 물체는 빗면을 따라 5m 올라간 후 순간적으로 멈추었다가 방향을 바꿔서 밑바닥으로 미끄러져 내려왔다. (단, 중력 가속도 $g = 10\text{m/s}^2$ 이고, $\sin\theta = \dfrac{4}{5}$ 이다.)

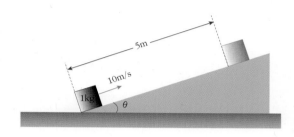

(1) 처음 위치와 최고점에서의 역학적 에너지는 각각 얼마인가?

(2) 물체가 빗면을 따라 올라가는 동안 마찰력의 크기와 마찰력이 한 일은 얼마인가?

(3) 물체가 다시 출발점에 돌아왔을 때의 속력은 얼마인가?

03 질량이 서로 같은 물체 A, B가 있다. 마찰이 없는 수평면에서 물체 A는 정지해 있는 물체 B 를 향해 속도 v로 다가오고 있고, 물체 B에는 A의 방향으로 용수철 상수 k인 가벼운 용수철 이 고정되어 있다. (단, 용수철이 압축되거나 늘어나는 과정에서 용수철에서 발생하는 열이나 소모되는 에너지는 없다.)

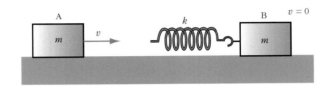

(1) 물체 A가 용수철에 닿으면서 물체 B의 운동이 시작되는데, 이때 용수철이 가장 많이 압축되 었을 때 압축된 길이는 얼마인가?

(2) 충돌 후 두 물체가 다시 떨어지게 되는데 떨어진 후의 물체 A, B의 속력은 각각 얼마인가?

정답 및 해설 40쪽

04 매끄러운 수평면 위에 나무 도막을 놓고 총을 쏘아 총알이 박히는 상황을 생각하였다. 나무 도막은 재질이 균일하며 질량은 M이고 길이는 L이다. 나무 도막 속에서 총알이 받는 마찰력은 일종의 운동 마찰력이므로 총알의 속도에 관계없이 일정하다. 총알의 질량은 m, 처음 속도는 v 이다. 다음 물음에 답하시오.

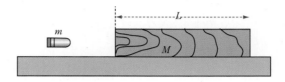

(1) 나무 도막을 수평면에 고정하고 나무 도막을 향하여 총을 쏘면 총알은 $\dfrac{L}{2}$의 깊이만큼 박힌다. 총알에 미치는 마찰력의 크기 f를 구하시오.

(2) (1)의 조건에서 나무 도막을 수평면에 고정시키고 총을 쏘았을 때 나무 도막을 관통하는 총알의 최소 속력 v_1을 구하시오.

(3) 나무 도막을 수평면에 고정시키고 총알의 속력을 $2v_1$으로 하면 총알은 나무 도막을 관통한다. 나무 도막을 관통하는데 필요한 시간 T와 관통 후의 총알의 속력 v_2를 구하시오.

(4) 나무 도막을 고정시키지 않고 마찰이 없는 수평면에 놓은 상태에서 총알의 속력을 v_1(고정시켰을 때 관통하는 속력)으로 하여 총을 쏘면 총알은 나무 도막에 박히고 총알이 박힌 나무 도막은 속력 v_3로 운동한다.

① v_3를 구하시오.

② 총알이 박힌 깊이는 얼마인가?

01 과학적인 일을 하는 경우는?

① 물건을 들고 등속으로 걸어갔다.
② 원운동하는 물체에 구심력이 작용한다.
③ 자유 낙하하는 물체에 중력이 작용한다.
④ 질량 5kg인 물체를 1시간 동안 들고 서 있었다.
⑤ 마찰이 없는 수평면 위에서 물체가 등속 운동하고 있다.

02 지면에 놓여 있는 물체에 5N의 일정한 힘을 가하여 4m 이동시켰다. 물체와 지면 사이의 마찰력이 3N일 때, 물체에 작용하는 알짜힘이 한 일은 얼마인가?

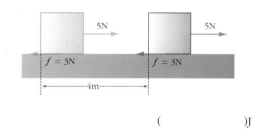

(   )J

03 무게가 50N인 물체를 기중기로 4m 높이까지 일정한 속도로 들어 올리는데 5초가 걸렸다면 기중기의 일률은 얼마인가?

(   )W

[04-05] 용수철을 잡아당겼을 때 늘어난 길이와 작용한 힘과의 관계를 나타낸 것이다.

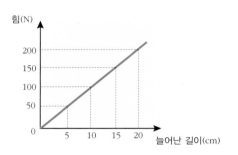

04 용수철에 무게 100N의 물체를 매달았을 때 용수철의 탄성 퍼텐셜 에너지는 몇J인가?

① 1J   ② 2J   ③ 3J
④ 4J   ⑤ 5J

05 용수철을 20cm 늘어나게 했을 때 탄성 위치 에너지는 얼마인가?

① 10J   ② 20J   ③ 30J
④ 40J   ⑤ 50J

06 부피를 무시할 수 있는 질량이 1kg인 물체 A가 수평면에서 10m 높이에 있던 열기구에서부터 자유 낙하하였다. 지표면에 도착하기 직전 물체 A의 운동 에너지는 얼마인가? (단, $g = 10m/s^2$이고, 공기의 저항은 무시한다.)

(   )J

정답 및 해설 41쪽

07 수평면에서 비스듬히 속력 6m/s로 공을 던졌다. 이 공의 속력이 2m/s가 되는 곳의 수평면에서의 높이는 얼마인가? (단, 중력 가속도 $g = 10m/s^2$이다.)

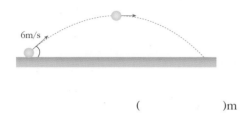

( )m

08 모터를 돌려 두레박으로 5m 깊이에 있는 물을 퍼 내려하고 있다. 물이 담긴 두레박의 무게는 800N 이고 2m/s의 일정한 속력으로 두레박을 끌어올릴 때 전동기의 일률은 몇 W인가?

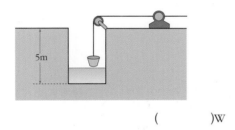

( )W

09 지면으로부터 5m 높이에서 질량이 8kg인 물체를 가만히 놓아 낙하시켰다. 이에 대한 설명으로 옳은 것만을 〈보기〉에서 있는 대로 고른 것은? (단, 공기 저항은 무시하고, $g = 10m/s^2$이다.)

─── 〈 보기 〉 ───

ㄱ. 낙하하는 순간 물체의 역학적 에너지는 400J이다.
ㄴ. 지면으로부터 2.5m 높이에 도달했을 때 물체의 운동 에너지는 100J이다.
ㄷ. 지면에 도달하는 순간 물체의 속력은 10m/s이다.

① ㄱ ② ㄴ ③ ㄷ
④ ㄱ, ㄷ ⑤ ㄱ, ㄴ, ㄷ

10 용수철 상수가 200N/m인 용수철에 질량이 2kg인 물체를 매달고, 마찰이 없는 수평면에서 0.1m만큼 잡아당겼다가 놓았다. 이 물체의 최대 속력은 몇 m/s인가?

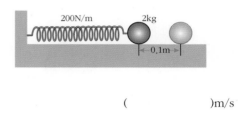

( )m/s

11 마찰이 없는 수평면 상에서 질량 30kg의 물체 A와 질량 20kg의 물체 B가 질량을 무시할 수 있는 끈 으로 연결된 상태에서 50N으로 잡아당기고 있다. 이 상태로 10m 이동하였을 때 물체 A에 해준 일은 얼마인가?

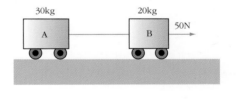

( )J

12 물체를 얼음판 위에서 처음 속력 2m/s로 밀었다. 물체와 얼음판 사이의 운동 마찰 계수(μ)가 0.1일 때 물체는 얼음판 위에서 얼마나 미끄러진 후 정지하겠는가? (단, 중력 가속도 $g = 10m/s^2$이다.)

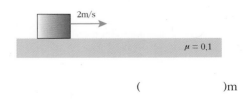

( )m

13 질량 4kg인 물체가 기구에 매달려 2m/s로 상승하다가 높이 5m인 지점에서 끈이 끊어진 후 땅에 떨어졌다. 이 물체는 끈이 끊어지는 순간 연직 상방 운동을 하게 된다. 이 물체가 땅에 떨어지는 순간 가지게 되는 운동 에너지는 얼마인가? ($g = 9.8$m/s^2)

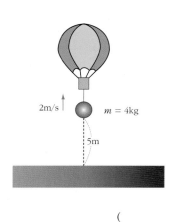

( )J

14 마찰이 없는 반원형으로 튀어나온 경로와 반원형으로 움푹 패인 경로를 따라 물체 A와 B가 각각 일정한 속도 v로 동시에 출발하였다. 물체 A가 P점에 도달하는 시간과 물체 B가 Q점에 도달하는 시간을 비교하면 어느 것이 빠른가?

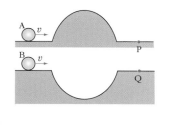

( )

15 질량 2kg의 물체가 마찰이 없는 면에서 10m/s로 진행하여 용수철 상수 5000N/m인 용수철에 부딪쳤다. 이 용수철이 최대로 압축된 길이는 얼마인가? (단, 모든 마찰은 무시한다.)

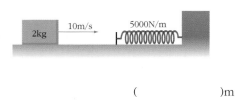

( )m

16 질량이 같은 3개의 물체 A, B, C를 같은 높이에서 같은 속력으로 방향을 달리하여 던졌을 때 물체가 날아가는 경로를 나타낸 것이다. B가 날아간 거리를 s로, A와 B의 경로가 만나는 위치를 P로 표시하였다. 이에 대한 설명으로 옳은 것만을 〈보기〉에서 있는 대로 고른 것은? (단, 공기 저항은 무시한다.)

[경시대회 기출 유형]

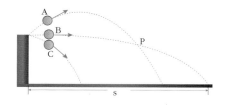

〈 보기 〉

ㄱ. P점에서 A의 속력이 B의 속력보다 크다.
ㄴ. 질량이 증가해도 s는 일정하다.
ㄷ. P점에서 A의 운동 에너지가 B의 운동 에너지보다 크다.

① ㄱ   ② ㄴ   ③ ㄷ
④ ㄱ, ㄴ   ⑤ ㄱ, ㄴ, ㄷ

17 질량 m인 물체가 속력 v로 직선 운동하다가 깊이 h인 곡면을 따라 운동한 후 C 점을 지나는 것을 나타낸 것이다. 모든 면은 마찰이 없다.

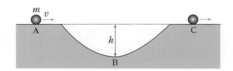

이에 대한 설명으로 옳은 것만을 〈보기〉에서 있는 대로 고른 것은? (단, 물체의 크기는 높이 h에 비해서 무시할 수 있을 만큼 작고, 중력 가속도는 g로 한다.)

[수능 기출 유형]

〈 보기 〉

ㄱ. B점과 C점에서의 물체의 운동 에너지는 같다.
ㄴ. A점에서 B점까지 운동하는 동안 중력이 물체에 한 일의 양은 mgh이다.
ㄷ. C점에서 물체의 속력은 v이다.

① ㄱ   ② ㄴ   ③ ㄷ
④ ㄴ, ㄷ   ⑤ ㄱ, ㄴ, ㄷ

18 경사 각이 30°인 마찰이 없는 빗면에서 질량 1kg인 물체가 정지 상태에서 미끄러져 내려오다가 그림처럼 장치되어 있는 용수철에 부딪쳐서 용수철이 최대 0.4m 압축되었다. 용수철 상수를 100N/m라고 할 때 물체가 미끄러져 내려온 거리는 몇 m인가? ($g = 10\text{m/s}^2$)

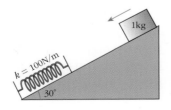

(   )m

19 질량이 서로 다른 물체 A, B가 실로 연결되어 각각 경사각이 θ_A, θ_B인 경사면에 정지해 있다. A를 가만히 놓았더니 A가 경사면을 따라 등가속도 운동을 하며 내려갔다. A가 s만큼 이동했을 때, 이에 대한 설명으로 옳은 것만을 〈보기〉에서 있는 대로 고른 것은? (단, θ_A는 θ_B보다 작고, 모든 마찰은 무시한다.)

[수능 모의 평가 기출 유형]

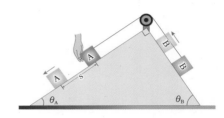

〈 보기 〉

ㄱ. A의 운동량의 크기는 B의 운동량의 크기보다 크다.
ㄴ. B의 역학적 에너지 증가량은 A의 역학적 에너지 감소량과 같다.
ㄷ. A의 중력에 의한 퍼텐셜 에너지 감소량은 B의 중력에 의한 퍼텐셜 에너지 증가량과 같다.

① ㄱ   ② ㄴ   ③ ㄷ
④ ㄱ, ㄴ   ⑤ ㄱ, ㄴ, ㄷ

20 A점에서 가만히 놓은 질량 1kg인 물체가 낙하하는 모습을 나타낸 것이다. A점과 C점 사이에서 중력에 의한 퍼텐셜 에너지 차는 40 J이고, B점과 D점 사이에서는 50 J이다. 또, C에서의 속력은 B에서의 2배이다. 이에 대한 설명으로 옳은 것만을 〈보기〉에서 있는 대로 고른 것은? (단, $g = 10m/s^2$이고, 공기의 저항은 무시한다.)

[수능 모의 평가 기출 유형]

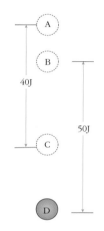

─── 〈 보기 〉 ───
ㄱ. A와 B 사이의 거리는 1.5m이다.
ㄴ. C와 D사이에서 중력이 물체에 한 일은 18J이다.
ㄷ. D에서 물체의 속력은 $2\sqrt{30}$ m/s이다.

① ㄱ   ② ㄴ   ③ ㄷ
④ ㄱ, ㄴ   ⑤ ㄱ, ㄴ, ㄷ

21 질량 1kg인 물체가 마찰이 없는 빗면의 점 A를 지나 점 C를 통과하여 최고점 B에 도달한 후, 다시 C를 지나는 순간의 모습을 나타낸 것이다. 물체가 A에서 B를 거쳐 C에 도달하는 데 걸린 시간은 3초이고, A에서 물체의 속력은 10m/s이며, C에서 물체의 중력에 의한 퍼텐셜 에너지는 운동 에너지의 3배이다.

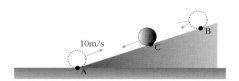

이에 대한 설명으로 옳은 것만을 〈보기〉에서 있는 대로 고른 것은? (단, A에서 중력에 의한 퍼텐셜 에너지는 0 이며, 공기 저항과 물체의 크기는 무시한다.)

─── 〈 보기 〉 ───
ㄱ. C에서 물체의 속력은 5m/s이다.
ㄴ. B에서 물체의 가속도의 크기는 5m/s²이다.
ㄷ. A와 C사이의 거리는 7m이다.

① ㄱ   ② ㄷ   ③ ㄱ, ㄴ
④ ㄴ, ㄷ   ⑤ ㄱ, ㄴ, ㄷ

22 수평면으로부터 4m의 높이에서 공을 8m/s의 속력으로 연직 아래 방향으로 던졌다. 공과 바닥 사이의 반발 계수가 0.5일 때, 공이 지면과 충돌한 후 올라가는 최대 높이는 몇 m인가? ($g = 10m/s^2$)

(   )m

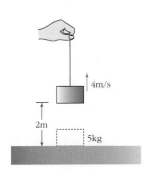

창/의/력/과/학
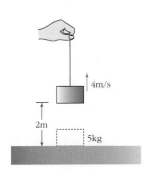
세페이드

정답 및 해설 41쪽

[23-24] 수평면 위에 질량 5kg의 물체를 놓아두었다가 실로 묶어 연직 위 방향으로 잡아당겼더니 물체가 위로 끌려감에 따라 속력이 증가하여 높이 2m 되는 지점에서 물체의 속력이 4m/s였다. ($g = 9.8\text{m/s}^2$)

23 물체가 출발하여 높이 2m 되는 지점까지 물체에 작용한 평균 외력은 몇 N인가?

① 67N   ② 68N   ③ 69N
④ 70N   ⑤ 71N

24 이와 같은 현상에 대한 설명으로 옳은 것은?

① 물체가 얻은 역학적 에너지는 98J이다.
② 물체가 올라가는 과정에서 중력이 한 일은 없다.
③ 물체가 가지는 역학적 에너지는 변하지 않고 일정하다.
④ 물체를 끌어올리기 위해서 외부에서 해준 일은 138J이다.
⑤ 물체가 위로 올라가는 과정에서 외부에서 236J의 일을 하였고 중력은 물체에 −98J의 일을 하였다.

심화

25 그림 (가)는 정지해 있던 질량이 5kg인 물체를 수평면 위에서 끌어당기는 것을 나타낸 것이고, 그림 (나)는 물체가 이동하는 동안 물체를 끌어당기는 힘을 시간에 따라 나타낸 것이다.

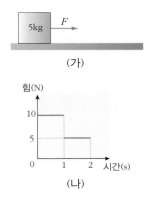

이에 대한 설명으로 옳은 것만을 〈보기〉에서 있는 대로 고른 것은? (단, 모든 마찰은 무시한다.)

───〈 보기 〉───
ㄱ. 출발 후 1초인 지점에서 물체의 운동 에너지는 10J이다.
ㄴ. 출발 후 2초가 되는 순간 물체의 속력은 3m/s이다.
ㄷ. 출발 후 2초까지 물체를 끌어당기는 힘이 한 일은 22.5J이다.

① ㄱ   ② ㄴ   ③ ㄷ
④ ㄱ, ㄷ   ⑤ ㄱ, ㄴ, ㄷ

26 수평면 위에 정지해 있는 질량 4kg인 물체 B에 질량 1kg인 물체 A가 완전 비탄성 충돌하여 10m 만큼 이동한 후 정지하였다. 물체와 면 사이의 운동 마찰 계수가 0.1일 때, 충돌 직후 B의 속도는 얼마인가? ($g = 10\text{m/s}^2$)

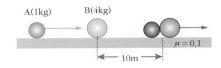

① 2m/s   ② 4m/s   ③ $2\sqrt{5}$ m/s
④ 6m/s   ⑤ $3\sqrt{5}$ m/s

27 마찰 계수 0.1인 책상면에 길이 4m, 질량 4kg의 밧줄의 절반이 책상 위에 있도록 걸쳐져 있다. 이 밧줄을 책상 위에서 수평 방향의 힘을 가하여 천천히 책상 면 위로 끌어올렸다. 이에 대한 설명으로 옳은 것만을 〈보기〉에서 있는 대로 고른 것은? (단, 밧줄은 밀도와 굵기가 균일하고, $g = 10m/s^2$이다.)

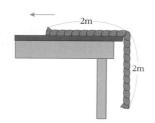

〈 보기 〉

ㄱ. 밧줄이 책상 위로 모두 끌려올 때까지 마찰력에 대해서 한 일은 6J이다.

ㄴ. 밧줄이 책상 위로 모두 끌려올 때까지 중력에 대해서 한 일은 10J이다.

ㄷ. 밧줄을 책상 위로 모두 끌어올리는데 필요한 일은 16J이다.

① ㄱ   ② ㄴ   ③ ㄷ
④ ㄱ, ㄴ   ⑤ ㄱ, ㄴ, ㄷ

28 P점에서 질량 m의 물체가 마찰이 없는 곡면을 타고 미끄러져 내려와서 마찰이 없는 지면의 작은 원을 따라 운동한다. 중력 가속도를 g라고 할 때 물체가 지면의 작은 원에 도달했을 때 궤도에서 이탈하지 않으려면 물체가 운동을 시작하는 곳(P점)의 높이는 최소한 얼마가 되어야 하는가?

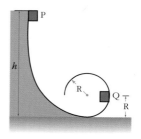

① R   ② 1.5R   ③ 2R
④ 2.5R   ⑤ 3R

29 길이가 l 로 동일하고 추의 질량이 1kg으로 같은 두 진자가 그림과 같은 상태에 있다. 진자 A는 진자 B로부터 연직으로 높이 2m의 위치에 있다. 이 때 진자 A를 운동시켜 진자 B와 완전 비탄성 충돌을 한다. 두 진자는 충돌 후 현재 진자 B의 위치로부터 연직으로 얼마나 올라가겠는가?

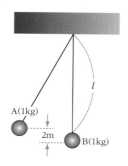

(   )m

정답 및 해설 **41쪽**

30 길이 25m인 늘어나지 않는 끈에 0.5kg의 공을 매달아 그림처럼 단진동 운동을 시킨다. 추를 높이 10m인 A점에서 끈이 팽팽해 진 상태로 잡고 있다가 놓았더니 최저점인 B점을 거쳐 높이 5m인 C점까지 운동하였다. 이에 대한 설명으로 옳은 것만을 〈보기〉에서 있는 대로 고른 것은? (단, 공기의 저항과 끈의 무게는 무시할 수 있을 정도로 작다.) ($g = 10\text{m/s}^2$) [특목고 기출 유형]

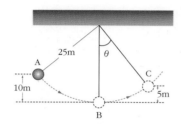

┌─────── 〈 보기 〉 ───────
│ ㄱ. B점에서 물체의 가속도의 크기는 8m/s^2이다.
│ ㄴ. C점에서의 속력은 10m/s이다.
│ ㄷ. C점에서 끈의 장력은 6N이다.
└─────────────────────────

① ㄱ   ② ㄴ   ③ ㄷ
④ ㄱ, ㄴ   ⑤ ㄱ, ㄴ, ㄷ

31 높이 5m 의 매끄러운 곡면 위에서 질량 1kg의 물체가 곡면 구간 A ~ E를 내려오다가 일정한 마찰력이 작용하는 수평 구간 E~F를 지나는 그림이다. 이 물체는 E점을 지나면서 속도가 일정하게 줄어들어 5초 후에 F점에서 정지한다. 이에 대한 설명으로 옳은 것만을 〈보기〉에서 있는 대로 고른 것은? ($g = 10\text{m/s}^2$) [특목고 기출 유형]

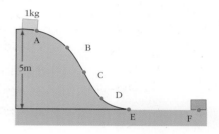

┌─────── 〈 보기 〉 ───────
│ ㄱ. E ~ F 구간에서 마찰력의 크기는 2N이다.
│ ㄴ. 마찰력에 의한 평균 일률은 10W이다.
│ ㄷ. E ~ F 구간의 거리는 20m이다.
└─────────────────────────

① ㄱ   ② ㄴ   ③ ㄷ
④ ㄱ, ㄴ   ⑤ ㄱ, ㄴ, ㄷ

32 높이 h의 A점에 놓여 있던 물체가 곡면을 미끄러져 내려와 C점에서 용수철과 부딪혀 용수철을 최대로 L만큼 압축시킨 모습을 나타낸 그림이다.

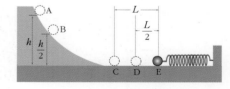

이에 대한 설명으로 옳은 것만을 〈보기〉에서 있는 대로 고른것은? (단, 모든 마찰과 공기 저항을 무시하고, 충돌 시 에너지 손실은 없다.) [수능 기출 유형]

┌─────── 〈 보기 〉 ───────
│ ㄱ. C점에서 물체의 속력은 B점의 2배이다.
│ ㄴ. D점에서 물체의 운동 에너지와 탄성력에 의한
│   퍼텐셜 에너지는 같다.
│ ㄷ. A점에서의 물체의 중력 퍼텐셜 에너지와 E점에
│   서 용수철의 탄성 퍼텐셜 에너지는 같다.
└─────────────────────────

① ㄱ   ② ㄷ   ③ ㄱ, ㄴ
④ ㄴ, ㄷ   ⑤ ㄱ, ㄴ, ㄷ

케플러(1571~1630)

독일의 천문학자인 케플러는 티코 브라헤가 남긴 화성 위치 변화의 관측 자료를 분석하여 화성의 궤도가 태양을 하나의 초점으로 하는 타원이라는 사실을 발견하였다.

천문 단위 (AU, Astronomical Unit)

지구와 태양의 평균 거리인 약 1억 5000만 km를 1천문 단위(1AU)로 한다.

행성 궤도 반지름에 따른 공전 속력

물체들의 외부에서 힘이 작용하지 않는 한, 회전하는 물체의 각운동량(물체의 질량 × 속력 × 반지름)은 변하지 않는다. 즉, 행성의 질량은 변하지 않으므로 행성 궤도의 반지름이 클수록 속력은 느려진다.

반지름이 커지면 회전 속도가 느려진다.　반지름이 작아지면 회전 속도가 빨라진다.

태양계 행성의 공전궤도 장반경과 공전 주기와의 관계

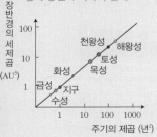

▲ $T^2 \propto a^3$
T : 공전 주기
a : 궤도 장반경

미니 사전

공전 주기 [公 공평하다 轉 회전하다 —주기] 한 천체(天體)가 다른 천체의 둘레를 한 바퀴 도는 데 걸리는 시간

---

1. 케플러 법칙

(1) 케플러 제1법칙(타원 궤도 법칙) : 행성들의 궤도는 태양을 한 초점으로 하는 타원이다.

① 행성이 태양으로부터 가장 가까이 있을 때가 근일점, 행성이 태양으로부터 가장 멀리 있을 때가 원일점이다.

② **행성의 공전 궤도** : 행성의 공전 궤도는 거의 식별할 수 없을 정도로 원에 가까운 타원 궤도이다. 왜소 행성이나 혜성 중에는 긴 타원형의 공전 궤도를 가지는 것도 있다.

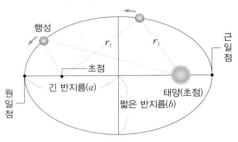

▲ 행성의 타원 궤도
궤도 상의 모든 점에서 $r_1 + r_2 = 2a$ 로 일정하다.

(2) 케플러 제2법칙(면적 속도 일정 법칙) : 행성이 태양 주위를 돌 때 행성과 태양을 잇는 선은 같은 시간에 같은 면적을 휩쓸고 지나간다.

① 태양에 가까워지면 행성의 속력이 빨라지고 태양에서 멀어지면 속력이 느려진다.(태양과 행성 사이의 거리를 r 이라 하고, 그 지점에서 행성의 속력을 v 라고 한다면 $r \times v$는 일정하기 때문이다.)

② 행성의 속력은 근일점에서 가장 빠르고, 원일점에서 가장 느리다.

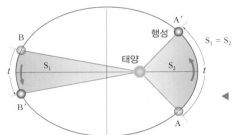

◀ 면적 속도 일정 법칙($S_1 = S_2$)
공전 궤도 상에서 같은 시간 동안 태양-행성을 잇는 직선이 휩쓸고 지나간 면적은 같다.

(3) 케플러 제3법칙(조화 법칙)

① 행성의 공전 주기의 제곱은 공전 궤도의 긴 반지름(a)의 세제곱에 비례한다.

$$\left(\frac{a^3}{T^2}\right)_{수성} = \left(\frac{a^3}{T^2}\right)_{금성} = \cdots \left(\frac{a^3}{T^2}\right)_{해왕성} = k \,(일정) \quad [T(년), a\,(천문 \ 단위:AU)]$$

② 태양으로부터 먼 행성일수록 공전 주기가 길어지고, 공전 속도가 느려진다.

개념확인 1

빈칸에 알맞은 말을 각각 쓰시오.

> 모든 행성은 태양을 한 (　　　)으로 하는 (　　　) 궤도를 따라 운동한다. 한 궤도 내에서 태양에 가까워지면 행성의 속력이 (　　　) 지고, 태양에서 멀어지면 행성의 속력이 (　　　) 진다. 또한, 행성의 (　　　)의 제곱은 공전 궤도의 긴 반지름의 세제곱에 비례한다.

확인+1

어떤 행성의 공전 궤도의 긴 반지름이 현재의 4배가 되었을 때에도 계속 태양 주위를 공전한다면 이 행성의 공전 주기는 현재의 몇 배가 되겠는가?

(　　　　　)배

2. 만유인력 법칙

(1) 만유인력 : 질량을 가진 모든 물체 사이에 작용하는 힘으로 서로 잡아당기는 힘(인력)이다. 태양과 행성 사이에도 만유인력이 작용한다.

(2) 만유인력 법칙

① **만유인력의 크기** : 서로 잡아당기는 두 물체의 질량의 곱($M \times m$)에 비례하고 두 물체 사이의 거리의 제곱(r^2)에 반비례한다.

② **만유인력의 방향** : M과 m이 서로 만유인력을 작용하고 있다면, M에 작용하는 만유인력의 방향은 m쪽을 향하고, m에 작용하는 만유인력은 M쪽을 향한다.(작용 반작용)

$$F_1 = F_2 = G\frac{mM}{r^2}$$

③ **지구 상에서 중력과 만유인력과의 관계** : 지구 상에서 물체가 받는 중력은 지구가 물체에 작용하는 만유인력이다.

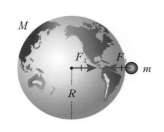

〈 물체가 지구의 표면에 있을 때 〉

· 물체에 작용하는 만유인력 : F_1

$F_1 = G\dfrac{mM}{R^2}$ ($G = 6.67 \times 10^{-11}\,\mathrm{N \cdot m^2/kg^2}$: 만유인력 상수)

$= mg$ (물체에 작용하는 중력)

$g = \dfrac{GM}{R^2}$ (지구를 비롯한 행성에서의 중력 가속도)

· 지구 표면에서의 중력 가속도 $g = 9.8\,\mathrm{m/s^2}$

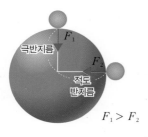

〈 지표면에서 극지방과 적도 지방의 만유인력 비교 〉

지구는 적도 반지름이 극반지름보다 크므로 극지방에서 적도 지방으로 갈수록 중력(만유인력)의 크기가 작아진다. 지구 상에서 만유인력의 방향은 어디서나 지구 중심을 향한다.

● 물체의 질량과 무게

질량을 m 이라 할 때 질량 m 의 물체가 받는 중력(무게)은 mg 가 된다. 질량은 장소에 따라 변하지 않는 고유의 양이다.

· 질량 1kg인 물체의 무게
= $1 \times 9.8 = 9.8$N
= 1kgf(킬로그램 힘)

〔개념확인 2〕   정답 및 해설 **45**쪽

두 물체 사이의 거리가 3배로 될 때 두 물체 사이에 작용하는 만유인력의 크기는 몇 배가 되는지 쓰시오.

(   )배

〔확인+2〕

태양과 행성 간에 작용하는 만유인력에 대한 설명으로 옳지 <u>않은</u> 것은?

① 태양-행성 간 거리가 가까울수록 크다.
② 행성이 태양 둘레를 공전하는 원동력이 된다.
③ 지구상의 물체에 작용하는 중력은 만유인력이다.
④ 행성의 질량이 작아져도 만유인력의 크기는 일정하다.
⑤ 행성은 태양뿐만 아니라 다른 행성으로부터의 만유인력도 받는다.

미니 사전

만유인력 [萬 매우 많은 물 체 有 있다 引 끌다 力 힘]
만물 사이에 존재하는 서로 잡아당기는 힘

그림에서 1위치와 2위치에서의 속력은 각각 v 로 같지만 방향은 다르다. 1위치에서 2위치까지 걸린 시간은 $\frac{T}{4}$ 이다.

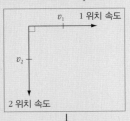

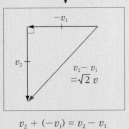

$$v_2 + (-v_1) = v_2 - v_1$$

$$\therefore a\,(\text{크기}) = \frac{v_2 - v_1}{T/4}$$

$$= \frac{\sqrt{2}\,v}{T/4} = \frac{4\sqrt{2}\,v}{T} \quad (\text{남동쪽})$$

● 물체의 원운동 조건

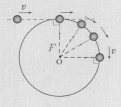

물체에 힘이 작용하지 않으면 계속 등속 운동할 것이다. 이 때 운동 방향에 수직인 힘이 작용하여 물체는 원운동을 하게 된다. 이 힘이 구심력(F)이다.

3. 등속 원운동과 구심 가속도

(1) 등속 원운동

① 물체가 받는 힘(구심력)의 방향과 운동 방향이 수직인 운동이다.

② 원운동하는 물체의 속력(빠르기)이 일정하다.

③ 등속 원운동하는 물체의 운동 방향(속도의 방향)은 원의 접선 방향이다.

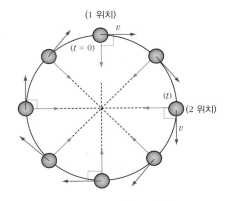

(2) 구심 가속도 : 등속 원운동하는 물체의 가속도이다.

① 원운동하는 물체의 속력

$$v = \frac{\text{이동한 거리}(s)}{\text{걸린 시간}(t)} = \frac{2\pi r}{T} = 2\pi r f$$

r : 반지름 [m]

T : 주기(한바퀴 도는데 걸린 시간) [s], $\quad f$: 진동수(1초 동안 회전 수) $= \frac{1}{T}$ [s^{-1}][Hz]

② 등속 원운동하는 물체가 받는 힘 : 구심력

$$F(\text{구심력의 크기}) = ma = \frac{mv^2}{r}, \quad a(\text{구심 가속도}) = \frac{v^2}{r} \quad (\text{중심 방향})$$

(3) 케플러 법칙과 만유인력 법칙 : 만유인력 법칙으로 케플러 법칙을 유도할 수 있다.

태양과 지구 사이의 만유인력은 원운동의 구심력 역할을 한다.

$$F = \frac{GMm}{r^2} = \frac{mv^2}{r} \rightarrow v = \sqrt{\frac{GM}{r}}$$

$$T(\text{주기}) = \frac{2\pi r}{v} = 2\pi r \sqrt{\frac{r}{GM}}$$

양변을 제곱하여 나타내면

$$T^2 = \frac{4\pi^2 r^3}{GM}, \quad \text{그러므로} \ T^2 \propto r^3 \text{이다.}$$

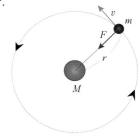

▲ 원운동하는 물체가 받는 힘

개념확인 3

질량이 2kg인 물체가 반경 10m인 원 둘레를 5m/s의 속력으로 등속 원운동하고 있다. 이때 구심가속도의 크기(㉠)와 방향(㉡)을 구하시오.

㉠ ( )m/s², ㉡ ( )방향

확인+3

행성이 태양 주위를 공전하고 있다. 이에 대한 다음 설명의 빈 칸에 알맞은 말을 각각 쓰시오.

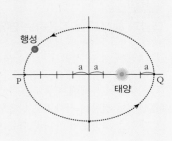

Q점에서 행성에 작용하는 만유인력의 크기는 P점에서 작용하는 만유인력의 크기의 ㉠( )배이다. 또, Q점에서 행성에 작용하는 구심력의 크기는 P점에서 작용하는 구심력의 크기의 ㉡( )배이다.

4. 인공위성

(1) **인공위성** : 인공적으로 만들어 지구나 행성 주위를 공전하도록 만든 물체

(2) **인공위성의 운동에 관련된 힘**

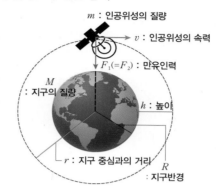

m : 인공위성의 질량
v : 인공위성의 속력
$F_1(=F_2)$: 만유인력
M : 지구의 질량
h : 높이
r : 지구 중심과의 거리
R : 지구반경

① **만유인력**(F_1) : 지구나 행성이 인공위성을 잡아당기는 힘

$$F_1 = \frac{GMm}{r^2}$$

② **구심력**(F_2) : 원운동시키기 위해 물체를 중심 방향으로 잡아당기는 힘

$$F_2 = \frac{mv^2}{r}$$

(3) **인공위성의 속력** : 인공위성의 질량과 관계없으며, 궤도 반지름의 제곱근에 반비례한다.

$$F_1 = F_2, \ \frac{GMm}{r^2} = \frac{mv^2}{r} \rightarrow v = \sqrt{\frac{GM}{r}}$$

$$v(\text{인공위성}) = \sqrt{\frac{GM}{r}}$$

(4) **인공위성의 주기** : 인공위성의 주기의 제곱은 궤도 반지름의 세제곱에 비례한다.

$$T(\text{주기}) = \frac{2\pi r}{v} = 2\pi r \sqrt{\frac{r}{GM}} = 2\pi \sqrt{\frac{r^3}{GM}}$$

(5) **뉴턴의 대포** : 지구는 지표면에 수평하게 8km 진행할 때마다 5m씩 낙하하는 구형이므로 대포를 수평 방향으로 8km/s로 쏜다면 지표면에 닿지 않고 지구 주위를 계속 원운동할 수 있다고 뉴턴은 생각하였다.

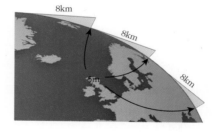

8km

▲ 대포를 수평 방향으로 8km/s로 쏘면, 대포 알은 1초에 5m씩 낙하하면서 운동하므로 지구 주위를 계속 원운동 할 수 있다.

▲ 지표면에서 낙하하는 물체는 1초에 5m씩 낙하한다. 지표면은 수평 방향으로 8km당 5m씩 낙하한다.

개념확인 4

정답 및 해설 **45쪽**

빈칸에 알맞은 말을 각각 쓰시오.

· 지구 주위를 도는 인공위성의 속력은 인공위성의 (   )(이)과 관계가 없으며, (   )의 제곱근에 반비례한다.
· 지구는 수평 방향으로 8km 진행할 때 (   )씩 낙하하는 구형이다.

확인+4

질량이 같은 두 인공위성 A, B가 지구 주위를 공전하고 있다. 두 인공위성의 궤도 반지름은 각각 r, $4r$ 이다.

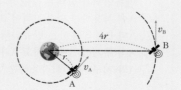

$4r$
v_B
B
r
v_A
A

(1) 인공위성 A, B의 속력의 비 $v_A : v_B$는?   (   )
(2) 인공위성 A, B의 공전 주기의 비 $T_A : T_B$는?   (   )

개념 다지기

01 케플러 법칙과 관련된 설명으로 옳은 것만을 〈보기〉에서 있는 대로 고른 것은?

〈 보기 〉

ㄱ. 행성은 태양을 한 초점으로 하는 타원 궤도를 돈다.
ㄴ. 행성은 태양으로부터 먼 곳에서 보다 가까운 곳에서 속력이 더 빠르다.
ㄷ. 태양에서 먼 곳에 있는 행성일수록 태양과 행성을 잇는 직선이 같은 시간 동안 휩쓸고 지나간 면적이 크다.

① ㄱ   ② ㄴ   ③ ㄱ, ㄴ   ④ ㄴ, ㄷ   ⑤ ㄱ, ㄴ, ㄷ

02 어떤 행성이 태양 주위의 타원 궤도를 공전하는 모습을 나타낸 것이다. 이 행성의 공전 주기는 300일이다. 행성이 전체 공전 궤도 면적의 $\frac{1}{4}$ 을 지나는 시간 t 는 얼마인가?

(   )일

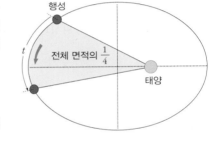

행성
t
전체 면적의 $\frac{1}{4}$
태양

03 만유인력에 대한 설명으로 맞으면 ○표, 틀리면 ×표 하시오.

(1) 케플러 법칙과 만유인력은 무관하다.   (   )
(2) 만유인력은 두 물체가 서로 밀어내는 힘이다.   (   )
(3) 만유인력은 두 물체의 거리가 가까울수록, 물체의 질량이 클수록 크다.   (   )
(4) 질량이 서로 다른 두 물체가 지구로부터 각각 같은 거리만큼 떨어져 있을 때, 두 물체가 받는 만유인력의 크기는 같다.   (   )

04 A는 극지방에서 B는 적도 지방에서 각각 지구로부터 만유인력을 받고 있다. A와 B의 질량이 같을 때 이에 대한 설명으로 옳은 것을 <u>모두</u> 고르시오.

① 만유인력과 중력은 무관하다.
② A에 작용하는 만유인력이 B보다 크다.
③ A와 B에 작용하는 만유인력 크기는 같다.
④ A의 무게가 B보다 커도 A와 B의 중력 가속도는 같다.
⑤ A와 지구 사이에 작용하는 만유인력은 작용·반작용 관계이다.

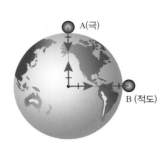

A(극)
B (적도)

05 등속 원운동에 대한 설명이다. 빈칸에 들어갈 말을 바르게 짝지은 것은?

> 등속 원운동은 물체가 받는 힘(구심력)의 방향과 운동 방향이 (㉠)인 운동이며, 등속 원운동하는 물체의 (㉡)은 일정하고 운동 방향은 원의 (㉢) 방향이다.

	㉠	㉡	㉢		㉠	㉡	㉢
①	평행	속력	접선	②	평행	속도	수직
③	수직	속력	접선	④	수직	속력	수직
⑤	수직	속도	접선				

06 질량이 2kg인 물체가 반경 5m인 원 둘레를 30m/s의 속력으로 등속 원운동하고 있는 것을 나타낸 것이다. 이때 1초당 회전수를 구하시오. (단, π의 값은 3으로 계산하시오.)

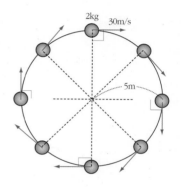

( )s^{-1}

07 지구 주위를 공전하는 인공위성에 대한 설명으로 맞으면 ○표, 틀리면 ✕표 하시오.

(1) 인공위성의 속력은 인공위성의 질량이 클수록 빠르다. ( )
(2) 인공위성의 속력은 궤도 반지름의 제곱근에 비례한다. ( )
(3) 인공위성의 주기는 궤도 반지름의 세제곱에 비례한다. ( )
(4) 인공위성의 주기는 지구 질량의 제곱근에 반비례한다. ( )

08 지구 주위를 공전하는 인공위성 모형을 나타낸 것이다. 인공위성 모형의 질량은 2kg이고 궤도 반지름은 4m일 때, 인공위성의 주기를 구하시오. (단, $\pi = 3$, $GM = 1$로 계산하시오.)

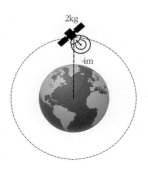

( )s

[유형7-1] 케플러 법칙

어떤 행성이 태양 주위를 공전하고 있다. A, B는 그 위치에서의 행성을 각각 나타낸 것이다. 다음 표에 행성의 위치가 A와 B에 있을 때 물리량을 등호 또는 부등호(=, <, >)로 비교하시오. (단, t_1과 t_2는 같고, v_A, v_B는 두 행성의 속력, a_A, a_B는 두 행성의 가속도, F_A, F_B는 두 행성의 만유인력, $E_{k,A}$, $E_{k,B}$는 두 행성의 운동 에너지, E_A, E_B는 두 행성의 역학적 에너지, $E_{p,A}$, $E_{p,B}$는 두 행성의 퍼텐셜 에너지이다.)

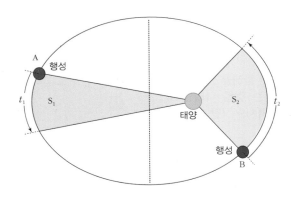

	물리량 비교
면적	$S_1($ $)S_2$
속력	$v_A($ $)v_B$
가속도	$a_A($ $)a_B$
만유인력	$F_A($ $)F_B$
운동에너지	$E_{k,A}($ $)E_{k,B}$
역학적 에너지	$E_A($ $)E_B$
퍼텐셜 에너지	$E_{p,A}($ $)E_{p,B}$

01 어떤 행성이 태양을 한 초점으로 타원 운동하는 것을 나타낸 것이다. 행성과 두 초점 사이의 거리가 각각 3 km, 2 km라고 할 때, 타원 궤도의 긴 반지름은 얼마인지 고르시오.

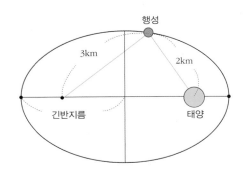

① 2.5 km   ② 3 km   ③ 3.5 km
④ 10 km   ⑤ 12 km

02 어떤 행성을 한 초점으로 타원 궤도를 따라 운동하는 위성 A, B를 나타낸 것이다. B의 긴 반지름이 A의 4배이면 B의 주기는 A의 몇 배인지 고르시오.

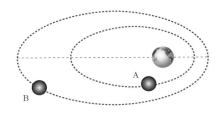

① 2배   ② 4배   ③ 8배
④ 10배   ⑤ 12배

[유형7-2] **만유인력 법칙**

질량을 가진 두 물체 사이에 작용하는 힘을 나타낸 것이다.

(1) F_1과 F_2의 힘의 크기를 부등호를 이용하여 비교하시오.

$$F_1 (\qquad) F_2$$

(2) 질량 m이 1kg, 질량 M이 4kg이고 두 물체 사이의 거리가 2m 일 때, 만유인력의 크기는 얼마인지 쓰시오.
(단, $G = 1$ N·m²/kg² 으로 계산하시오.)

$(\qquad)$N

03 지구 표면에 있는 물체 A와 지구보다 질량과 반지름이 각각 0.5배인 어느 행성의 표면에 있는 물체 B를 나타낸 것이다. 물체 B의 중력 가속도는 물체 A의 중력 가속도의 몇 배인가? (단, 물체 A와 물체 B는 같은 물체이다.)

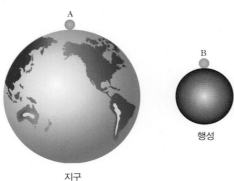

① 2배   ② 4배   ③ 8배
④ 10배   ⑤ 12배

04 질량이 m, $4m$인 두 위성이 지구의 중심으로부터 각각 r, $2r$ 만큼 떨어져 있는 모습을 나타낸 것이다. 질량 m인 위성이 받는 만유인력이 F 일 때, 질량 $4m$인 위성이 받는 만유인력의 크기는 얼마인가?

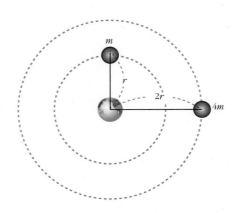

① $1F$ ② $2F$ ③ $3F$
④ $4F$ ⑤ $5F$

유형 익히기&하브루타

등속 원운동하는 물체가 있다. 이에 대한 설명으로 옳은 것은?

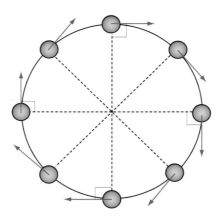

① 속력이 빨라지면 주기가 늘어난다.
② 구심력의 크기는 속력에 비례한다.
③ 원운동하는 물체의 속도는 일정하다.
④ 물체가 받는 구심력의 방향은 중심 방향이다.
⑤ 물체가 받는 구심력의 방향과 운동 방향은 평행하다.

05 질량이 각각 m, $2m$인 물체 A, B가 같은 속력으로 원운동하는 것을 나타낸 것이다. 이에 대한 설명으로 옳은 것만을 〈보기〉에서 있는 대로 고른 것은? (단, R_A와 R_B는 A, B 각각의 회전 반경이며, $R_A > R_B$이다.)

─────〈 보기 〉─────
ㄱ. 회전 진동수는 A가 B보다 작다.
ㄴ. 운동에너지는 A가 B보다 크다.
ㄷ. 구심력은 A가 B보다 크다.

① ㄱ   ② ㄴ   ③ ㄷ
④ ㄱ, ㄴ   ⑤ ㄴ, ㄷ

06 질량이 각각 $2m$, m 인 위성 A, B가 행성 주위를 원운동하는 것을 나타낸 것이다. 이에 대한 설명으로 옳은 것만을 〈보기〉에서 있는 대로 고른 것은?(단, A와 B에 작용하는 구심력의 크기는 같다.)

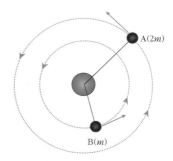

─────〈 보기 〉─────
ㄱ. A의 주기가 B보다 길다.
ㄴ. A와 B의 구심 가속도는 같다.
ㄷ. A와 B의 만유인력은 같다.

① ㄱ   ② ㄱ, ㄴ   ③ ㄱ, ㄷ
④ ㄴ, ㄷ   ⑤ ㄱ, ㄴ, ㄷ

[유형7-4] 인공위성

인공위성이 원궤도를 따라 행성 주위를 등속 원운동하고 있다. 인공위성의 주기에 영향을 주는 요인만을 〈보기〉에서 있는 대로 고르시오.

〈 보기 〉

ㄱ. 행성의 질량
ㄴ. 행성의 부피
ㄷ. 인공위성의 질량
ㄹ. 인공위성의 부피
ㅁ. 행성 중심에서 인공위성까지의 거리

(   )

07 그림 (가)는 질량이 M인 지구 주위를 질량이 m인 인공 위성 A가 궤도 반지름 r로 등속 원운동을 하는 모습을 나타낸 것이고, 그림 (나)는 질량이 $2M$인 행성 주위를 질량이 m인 인공 위성 B가 궤도 반지름 $2r$로 등속 원운동하는 모습을 나타낸 것이다. 이에 대한 설명으로 옳은 것만을 〈보기〉에서 있는 대로 고른 것은?

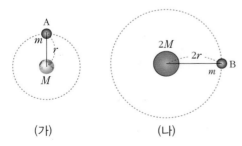

(가)   (나)

〈 보기 〉

ㄱ. B의 공전 주기는 A의 2배이다.
ㄴ. A, B에 작용하는 만유인력은 같다.
ㄷ. A와 B의 구심 가속도의 크기는 같다.

① ㄱ   ② ㄱ, ㄴ   ③ ㄱ, ㄷ
④ ㄴ, ㄷ   ⑤ ㄱ, ㄴ, ㄷ

08 어떤 행성 주위를 인공위성이 등속 원운동하고 있는 것을 나타낸 것이다. 행성의 반지름은 일정하고, 질량만 $\frac{1}{2}$으로 줄어들 때 인공위성의 물리량에 대한 설명으로 옳은 것만을 〈보기〉에서 있는 대로 고른 것은? (단, 인공위성의 원궤도 반지름은 일정하다.)

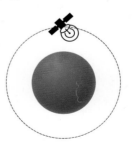

〈 보기 〉

ㄱ. 인공위성의 가속도는 커진다.
ㄴ. 인공위성의 속력은 작아진다.
ㄷ. 인공위성의 주기는 커진다.

① ㄱ   ② ㄴ   ③ ㄷ
④ ㄱ, ㄴ   ⑤ ㄴ, ㄷ

01 어느 혜성이 타원 궤도를 그리며 태양 주변을 공전하는 모습과 지구의 공전 궤도를 간단히 나타낸 것이다. 이 혜성의 공전 주기는 27년이며 근일점에서 태양과의 거리는 0.6 AU이다. 이 혜성 궤도에 있어서 태양과 원일점 사이의 거리는 몇 AU인가?(단, $T^2 = kr^3$이고 k = 1로 하며, 1AU(태양-지구간 거리) = 1억 5000만 km이다.)

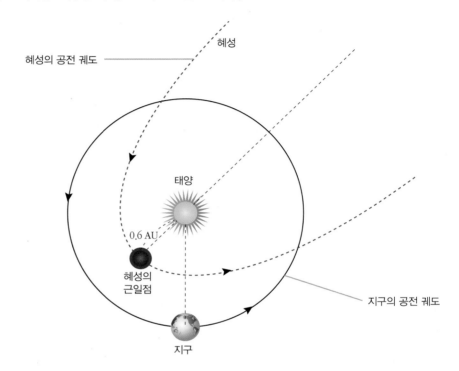

정답 및 해설 47쪽

02

지구 주위를 원운동하는 인공위성을 나타낸 것이다. 자료를 참고하여 다음 물음에 답하시오.

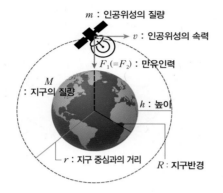

m : 인공위성의 질량
v : 인공위성의 속력
$F_1(=F_2)$: 만유인력
M : 지구의 질량
h : 높이
r : 지구 중심과의 거리
R : 지구반경

〈 조건 〉

– 만유인력 상수 $G = 6.67 \times 10^{-11}$ N · m²/kg²
– 지구 반경 $R = 6400$ km
– 지구 질량 $M = 6.0 \times 10^{24}$ kg

〈 자료 〉

1. 물체가 운동할 때 역학적 에너지(E)(운동 에너지(E_k) + 퍼텐셜 에너지(E_p))는 보존된다. 즉, 물체가 운동하고 있을 때는 역학적 에너지(E) 는 어디에서나 같은 값으로 유지된다.

2. 질량 m인 물체가 속도 v로 운동할 때의 운동 에너지(E_k)는 $\frac{1}{2}mv^2$ 이다.

3. 지표면에서 높이 h 인 곳에 질량 m 인 물체가 있을 때 퍼텐셜 에너지는 mgh 이나, 지구로부터 멀어져 가는 우주선이나 인공 위성 문제인 경우 만유인력에 의한 퍼텐셜 에너지를 고려해야 정확한 계산을 할 수가 있다. 지구 중심으로부터 거리 r 만큼 떨어져 있는 질량 m인 물체가 갖는 만유 인력에 의한 퍼텐셜 에너지
   (E_p)는 $-\frac{GMm}{r}$ (음의 값)이다.

4. 반지름 r 의 원 궤도를 돌고 있는 질량 m 의 물체가 받는 구심력은 $\frac{mv^2}{r}$ 이다. 물체가 원운동하려면 반드시 구심력을 받아야 한다.

5. 지표면 가까이에서 원운동하는 인공위성의 속도를 제1 우주 속도라고하고 탈출 속도를 제2 우주 속도라고 한다.

위치에너지

0 ------ r ------ 거리

$-\frac{GMm}{r}$

▲ 거리에 따른 인공위성의 퍼텐셜 에너지

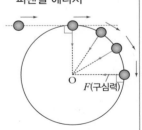

O
F(구심력)

(1) 제 1 우주 속도(인공위성의 속도)를 구하시오.

(2) 제 2 우주 속도(탈출 속도)를 구하시오.

(3) 탈출 속도는 인공위성의 속도의 몇 배인지 구하시오.

(4) 인공 위성의 속도에 따른 궤도 유형을 그려보시오.

03

행성이 태양을 하나의 초점으로 운동을 하는 타원 궤도를 나타낸 것이다. 다음 내용을 참고하여 다음 물음에 답하시오.

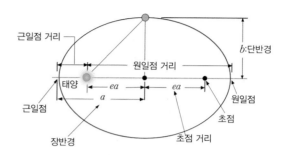

1. 이심률(e) : 타원의 장반경을 a 라고 했을 때 ae 는 타원의 중심과 초점까지의 거리이다. 이심률(e)은 원의 초점과 타원의 중심이 어긋나는 정도를 표현하는 값이다($0 \le e < 1$). 이심률이 작을수록 원에 가까운 타원이 된다.
2. 타원의 면적 : 반지름이 1인 원의 면적은 $\pi \cdot 1^2$ 이고, 타원은 이 원을 가로로 a배, 세로로 b배 늘렸다고 생각할 수 있다.
3. 타원은 두 초점에서 나온 끈을 당기면서 선을 그릴 때 나오는 도형이다. 즉, 타원 상의 한 점에서 두 초점까지의 거리의 합은 타원 상의 모든 점에서 같다.

(1) 타원의 이심률 e를 장반경 a, 단반경 b로 표시해 보시오.

(2) 타원의 면적을 장반경 a, 단반경 b 으로 표시해 보시오.

(3) 근일점 거리를 장반경 a, 이심률 e로 표시해 보시오.

(4) 원일점 거리를 장반경 a, 이심률 e로 표시해 보시오.

(5) 단반경의 거리 b 를 장반경 a, 이심률 e로 표시해 보시오.

04 뉴턴의 대포를 나타낸 것이다. 만약 지구의 질량이 2배가 되면 대포는 몇 km/s로 발사해야 하고 초당 몇 m 씩 낙하하는지 구하시오. (단, $\sqrt{2} = 1.414$ 이고, 반경은 일정하다.)

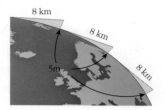

〈 조건 〉
- 만유인력 상수 $G = 6.67 \times 10^{-11}\,\text{N} \cdot \text{m}^2/\text{kg}^2$
- 지구 반경 $R = 6400\,\text{km}$
- 지구 질량 $M = 6.0 \times 10^{24}\,\text{kg}$

05 인공위성이 자전하는 지구의 적도상의 한 점 위에 계속 떠 있는 것을 나타낸 것이다. 이를 정지 궤도 위성이라 부른다. 이 정지 궤도의 지면으로 부터의 고도는 얼마인가? (단, $\pi = 3$으로 한다.)

〈 조건 〉
- 만유인력 상수 $G = 6.67 \times 10^{-11}\,\text{N} \cdot \text{m}^2/\text{kg}^2$
- 지구 반경 $R = 6400\,\text{km}$
- 지구 질량 $M = 6.0 \times 10^{24}\,\text{kg}$

스스로 실력 높이기

01 케플러 법칙에 대한 설명 중 옳은 것은 ○표, 옳지 않은 것은 ×표 하시오.

(1) 모든 행성은 태양 주위를 등속 원운동한다. 이를 케플러 제1법칙이라 부른다. (   )

(2) 행성이 태양에 가장 가까이 있을 때를 원일점, 가장 멀리 있을 때를 근일점이라 한다. (   )

(3) 행성의 속력은 근일점에서 가장 빠르고, 원일점에서 가장 느리다. (   )

(4) 행성의 공전 주기의 제곱은 공전 궤도의 짧은 반지름의 세제곱에 비례한다. (   )

02 태양계의 8개의 행성의 긴 반지름과 공전 주기의 관계를 나타낸 것이다. 이에 대한 설명으로 옳은 것은?

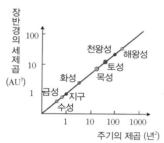

① 장반경은 주기의 제곱에 비례한다.
② 장반경의 제곱은 주기에 비례한다.
③ 장반경의 세제곱은 주기에 비례한다.
④ 장반경의 제곱은 주기의 제곱에 비례한다.
⑤ 장반경의 세제곱은 주기의 제곱에 비례한다.

03 공전 주기가 약 30년인 토성의 궤도를 나타낸 것이다. 토성은 1800년에 원일점 B를 통과하였다. 이에 대한 설명으로 옳은 것만을 〈보기〉에서 있는 대로 고른 것은?

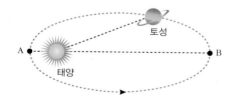

― 〈 보기 〉―

ㄱ. 현재 토성의 속력은 1800년일 때보다 빠르다.
ㄴ. 토성이 A 점을 통과하는 시기는 1830년이다.
ㄷ. 토성은 태양으로부터 만유인력을 받아 타원 궤도 운동을 한다.

① ㄱ   ② ㄴ   ③ ㄱ, ㄷ
④ ㄴ, ㄷ   ⑤ ㄱ, ㄴ, ㄷ

[04-05] 근일점에 있는 행성 A와 원일점에 있는 행성 B가 태양 주위를 타원 궤도 운동하고 있는 모습을 나타낸 것이다. (단, 두 행성의 질량은 같고, 동일한 타원 상에서 운동하며, 서로 부딪치지 않는다고 가정한다.)

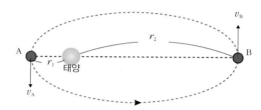

04 이에 대한 설명으로 옳은 것만을 〈보기〉에서 있는 대로 고른 것은?

― 〈 보기 〉―

ㄱ. $r_1 v_A = r_2 v_B$이다.
ㄴ. A와 B의 공전주기는 같다.
ㄷ. A의 속력이 B보다 빠르다.

① ㄱ   ② ㄴ   ③ ㄱ, ㄷ
④ ㄴ, ㄷ   ⑤ ㄱ, ㄴ, ㄷ

05 태양 주위를 하루에 8번 도는 행성 B가 있고, 하루에 한 번도는 행성 A가 있다면 행성 A의 장반경은 행성 B의 장반경의 몇 배인가?

(   )배

06 사과가 지구로 떨어지고 있는 모습과 달이 지구 주위를 돌고 있는 것을 나타낸 것이다. 이에 대한 설명으로 옳은 것만을 〈보기〉에서 있는 대로 고른 것은?

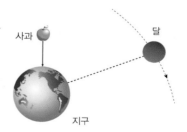

― 〈 보기 〉―

ㄱ. 달의 가속도는 0이 아니다.
ㄴ. 지구에 의한 만유인력은 사과에만 작용한다.
ㄷ. 사과가 지구와 가까워질수록 만유인력은 약해진다.

① ㄱ   ② ㄴ   ③ ㄷ
④ ㄴ, ㄷ   ⑤ ㄱ, ㄴ, ㄷ

07 지구보다 질량이 8배, 반지름이 2배 큰 행성을 나타낸 것이다. 이 행성 표면에서의 중력 가속도는 지구 표면의 몇 배인가?

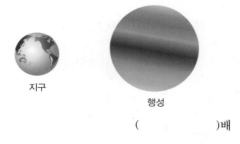

지구

행성

(   )배

08 태양 주위를 도는 지구와 토성을 나타낸 것이다. 이에 대한 설명으로 옳은 것만을 〈보기〉에서 있는 대로 고른 것은?(단, 토성의 공전 궤도는 지구의 10배, 질량은 지구의 100배이다.)

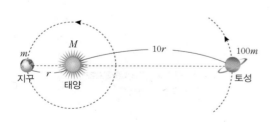

〈 보기 〉
ㄱ. 토성과 지구의 구심 가속도의 크기는 같다.
ㄴ. 토성의 공전 주기가 지구보다 길다.
ㄷ. 태양으로부터 받는 만유인력의 크기는 토성과 지구에서 같다.

① ㄱ   ② ㄴ   ③ ㄷ
④ ㄴ, ㄷ   ⑤ ㄱ, ㄴ, ㄷ

09 어떤 행성을 도는 인공위성까지의 거리(r), 인공위성의 속력의 제곱(v^2)을 나타낸 것이다. 빈칸에 알맞은 말이 바르게 짝 지어진 것은?

	A	B	C	D
행성의 질량	M	(가)	$4M$	$8M$
인공 위성의 궤도 반경	r	r	(나)	$2r$
인공 위성 속력의 제곱	v^2	$4v^2$	v^2	(다)

	(가)	(나)	(다)
①	$1M$	$2r$	$4v^2$
②	$2M$	$2r$	$4v^2$
③	$2M$	$4r$	$4v^2$
④	$4M$	$2r$	$4v^2$
⑤	$4M$	$4r$	$4v^2$

10 질량이 m인 인공위성이 반지름이 r인 원궤도를 따라 속력 v로 질량이 M인 지구 주위를 운동하고 있는 것을 나타낸 것이다. 이에 대한 설명으로 옳은 것만을 〈보기〉에서 있는 대로 고른 것은?

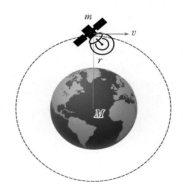

〈 보기 〉
ㄱ. 인공위성의 원심력은 행성과 인공위성 사이에 작용하는 만유인력이다.
ㄴ. 인공위성의 속력은 위성의 질량에 반비례한다.
ㄷ. 인공위성의 궤도 반경이 클수록 위성의 주기가 길다.

① ㄱ   ② ㄴ   ③ ㄷ
④ ㄴ, ㄷ   ⑤ ㄱ, ㄴ, ㄷ

11 태양 주위를 행성 A, B가 각각 근일점과 원일점이 모두 $(x-y)$ 좌표 상의 x축 상에 있는 각각의 타원 궤도를 따라 공전하고 있다. 이에 대한 설명으로 옳은 것만을 〈보기〉에서 있는 대로 고른 것은?

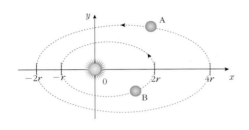

〈 보기 〉

ㄱ. A의 공전 주기는 B보다 길다.
ㄴ. A의 공전 주기는 B의 2배이다.
ㄷ. B의 속력은 $x = 2r$ 에서 가장 빠르다.

① ㄱ   ② ㄴ   ③ ㄷ
④ ㄴ, ㄷ   ⑤ ㄱ, ㄴ, ㄷ

12 어떤 행성 주위를 질량이 m인 위성이 타원 궤도를 따라 운동하는 것을 나타낸 것이다. 이에 대한 설명으로 옳은 것만을 〈보기〉에서 있는 대로 고른 것은?

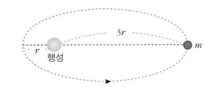

〈 보기 〉

ㄱ. 근일점에서의 속력은 원일점에서의 3 배이다.
ㄴ. 가속도의 크기는 근일점과 원일점에서 서로 같다.
ㄷ. 행성의 공전 주기의 제곱은 $(2r)^2$에 비례한다.

① ㄱ   ② ㄴ   ③ ㄷ
④ ㄴ, ㄷ   ⑤ ㄱ, ㄴ, ㄷ

13 어느 행성 주위를 타원 궤도 운동하는 위성을 나타낸 것이다. 행성의 질량(M), 근일점 거리 r_1, 원일점 거리 r_2, 원일점에서 위성의 속력 v 를 알고 있을 때, 그림에 대한 설명으로 옳은 것은?

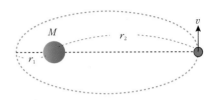

① 위성의 질량을 알 수 있다.
② 위성의 주기는 알지 못한다.
③ 위성 궤도의 긴반지름은 알 수 없다.
④ 근일점에서의 위성의 속력을 알 수 있다.
⑤ 원일점에서 위성이 받는 만유인력의 크기를 알 수 있다.

14 달이 지구 주위를 돌고 있을 때 사과가 지구의 인력에 의해 끌려 오고 있는 모습을 나타낸 것이다. 이에 대한 설명으로 옳은 것만을 〈보기〉에서 있는 대로 고른 것은? (단, 달과 사과는 지구로부터 같은 거리만큼 떨어져 있다.)

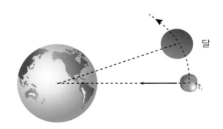

〈 보기 〉

ㄱ. 달과 사과의 가속도의 크기는 같다.
ㄴ. 달과 사과에 작용하는 중력의 크기는 같다.
ㄷ. 지구의 질량이 커지면 가속도의 크기는 커진다.

① ㄱ   ② ㄴ   ③ ㄱ, ㄷ
④ ㄴ, ㄷ   ⑤ ㄱ, ㄴ, ㄷ

15 어느 행성 주위를 위성이 타원 궤도상의 네점 a, b, c, d를 따라 운동하고 있는 것을 나타낸 것이다. 이 위성의 공전 주기는 $6T$이고 a에서 b까지 이동하는데 걸린 시간은 $2T$이다. 이에 대한 설명으로 옳은 것만을 〈보기〉에서 있는 대로 고른 것은?

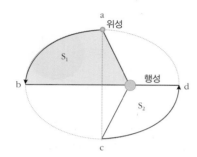

〈 보기 〉

ㄱ. c에서 d까지 이동하는 시간은 $1T$이다.
ㄴ. 만유인력의 크기는 a위치와 c위치에서 같다.
ㄷ. $S_1 : S_2 = 2 : 1$이다.

① ㄱ   ② ㄴ   ③ ㄷ
④ ㄴ, ㄷ   ⑤ ㄱ, ㄴ, ㄷ

16 태양을 한 초점으로 궤도 운동하는 행성 A, B를 각각 나타낸 것이다. A의 장반경은 B의 3배이다. 이에 대한 설명으로 옳은 것만을 〈보기〉에서 있는 대로 고른 것은?

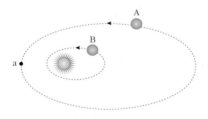

〈 보기 〉

ㄱ. A의 공전 주기는 B의 $2\sqrt{2}$ 배이다.
ㄴ. A가 현재 위치에서 a점까지 가는 동안 속력은 점점 증가한다.
ㄷ. A가 a점까지 운동하는 동안 A의 운동 에너지는 증가한다.

① ㄱ   ② ㄴ   ③ ㄱ, ㄷ
④ ㄴ, ㄷ   ⑤ ㄱ, ㄴ, ㄷ

17 태양을 중심으로 원운동하는 행성 A와 타원 운동을 하는 행성 B를 나타낸 것이다. 타원에 있어 색칠된 부분의 면적과 전체 면적의 비는 1 : 4이고 A의 공전 주기는 T이다. 이에 대한 설명으로 옳은 것만을 〈보기〉에서 있는 대로 고른 것은?

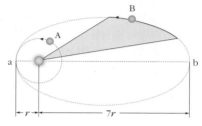

〈 보기 〉

ㄱ. 행성 A와 B의 공전 주기는 같다.
ㄴ. 행성 B의 속력은 a지점에 있을 때가 b지점에 있을 때보다 빠르다.
ㄷ. 행성 B가 색칠된 면적만큼 움직이는데 걸리는 시간은 T이다

① ㄱ   ② ㄴ   ③ ㄱ, ㄴ
④ ㄴ, ㄷ   ⑤ ㄱ, ㄴ, ㄷ

18 태양을 중심으로 타원 궤도 운동을 하는 행성 A와 반지름 r로 원운동하는 행성 B를 나타낸 것이다. 점 a는 행성 A의 근일점이며 태양으로부터 $2r$만큼 떨어져 있고 A의 긴반지름은 B의 궤도 반지름의 4배이다.

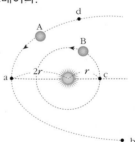

빈칸에 들어갈 말을 바르게 짝지은 것은?

(가) 행성 A의 속력은 (㉠)에서 가장 빠르다.
(나) 행성 A의 주기는 B의 (㉡)배 이다.
(다) 행성 A, B가 각각 a, c를 지나는 순간 가속도의 크기는 B가 A의 (㉢)배이다.

	㉠	㉡	㉢
①	a	4배	2배
②	a	8배	4배
③	b	4배	2배
④	b	8배	4배
⑤	d	4배	2배

19 뉴턴의 만유인력 법칙에서 케플러 제3법칙을 유도하는 계산 과정을 정리한 것이다. 빈칸에 들어갈 말을 바르게 짝지은 것은?

· 태양계의 행성은 타원 궤도를 따라 운동하지만 거의 원에 가깝기 때문에 등속 원운동으로 볼 수 있다.
· 태양의 질량을 M, 행성의 질량을 m, 태양과 행성과의 거리 r, 행성의 속력 v라 할 때, 만유인력과 구심력이 같으므로 (가) ☐ = (나) ☐ 로부터 인공위성의 속력은
$$v = \sqrt{\dfrac{GM}{r}}$$ 이다.
· 주기 $T = \dfrac{2\pi r}{v}$ 이므로, $T^2 =$ (다) ☐ 이다.

	(가)	(나)	(다)
①	$\dfrac{GMm}{r}$	$\dfrac{mv}{r}$	$\dfrac{4\pi r^3}{GM}$
②	$\dfrac{GMm}{r}$	$\dfrac{mv^2}{r}$	$\dfrac{4\pi^2 r}{GM}$
③	$\dfrac{GMm}{r^2}$	$\dfrac{mv}{r}$	$\dfrac{4\pi^2 r^3}{GM}$
④	$\dfrac{GMm}{r^2}$	$\dfrac{mv^2}{r}$	$\dfrac{4\pi r^3}{GM}$
⑤	$\dfrac{GMm}{r^2}$	$\dfrac{mv^2}{r}$	$\dfrac{4\pi^2 r^3}{GM}$

20 속이 빈 구와 질량이 같은 물체 a, b, c를 나타낸 것이다. 속이 빈 구와 물체 사이에 작용하는 만유인력의 크기를 알맞게 나열한 것을 고르시오.

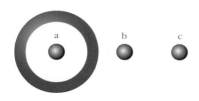

① a < b < c
② a < c < b
③ b < a < c
④ b < c < a
⑤ c < b < a

21 자전 회전수만 다르고 지구와 질량(M), 반경(r)이 같은 행성 A, B를 나타낸 것이다. 이에 대한 설명으로 옳은 것은? (단, A의 자전 회전수는 지구의 2배이고 B의 자전 회전수는 지구의 3배이다.)

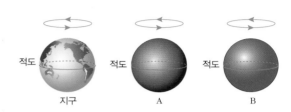

① 어느 행성의 적도에서 측정해도 몸무게는 같다.
② 행성 A의 적도에서 몸무게를 측정하면 행성 B의 적도에서 측정한 것과 같다.
③ 행성 A의 적도에서 몸무게를 측정하면 지구의 적도에서 측정한 것보다 가볍다.
④ 행성 B의 적도에서 몸무게를 측정하면 지구의 적도에서 측정한 것보다 무겁다.
⑤ 행성 A의 적도에서 몸무게를 측정하면 행성 B의 적도에서 측정한 것보다 가볍다.

22 태양과 행성이 거리 r 만큼 떨어져 있는 모습을 나타낸 것이다. 이때 태양과 행성 사이에는 만유인력 F_1, F_2가 작용한다. 이에 대한 설명으로 옳은 것만을 〈보기〉에서 있는 대로 고른 것은?

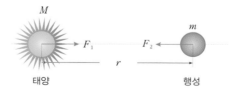

〈 보기 〉

ㄱ. F_1, F_2는 작용 · 반작용 관계이다.
ㄴ. F_1, F_2는 크기가 다르고 방향이 반대이다.
ㄷ. F_1은 $\dfrac{GMm}{r^2}$ 이다.
ㄹ. 행성이 태양에 작용하는 힘에 의해 태양의 운동도 영향을 받는다.

① ㄱ, ㄴ ② ㄴ, ㄷ ③ ㄷ, ㄹ
④ ㄱ, ㄴ, ㄷ ⑤ ㄱ, ㄷ, ㄹ

23 태양 주위를 타원 궤도로 운동하는 핼리 혜성을 나타낸 것이다. 핼리 혜성의 장반경은 900 km이고, 근일점 거리는 300 km라고 하자. 이에 대한 설명으로 옳은 것만을 〈보기〉에서 있는 대로 고른 것은?

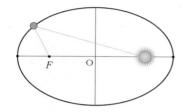

〈 보기 〉

ㄱ. 원일점 거리는 600 km이다.
ㄴ. O점에서 태양까지의 거리는 600 km이다.
ㄷ. 초점에서 행성까지의 거리와 태양에서 행성까지 거리의 합은 항상 일정하다.

① ㄱ   ② ㄴ   ③ ㄱ, ㄷ
④ ㄴ, ㄷ   ⑤ ㄱ, ㄴ, ㄷ

24 우주선이 점 a에서 지구 주위를 실선을 따라 운동하다가 역추진하여 속력을 줄이기 위해 전방의 엔진을 잠깐 동안 점화했다. 이에 대한 설명으로 옳은 것만을 〈보기〉에서 있는 대로 고른 것은?

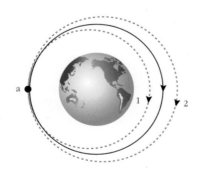

〈 보기 〉

ㄱ. 우주선은 2번 점선 궤도를 따라 운동한다.
ㄴ. 우주선이 점 a로 돌아가는 시간은 짧아진다.
ㄷ. 궤도 1이나 2를 따라 운동하는 경우 점 a에서 만유인력의 크기는 두 경우가 모두 같다.

① ㄱ   ② ㄴ   ③ ㄱ, ㄷ
④ ㄴ, ㄷ   ⑤ ㄱ, ㄴ, ㄷ

25 행성 O를 중심으로 원운동하는 위성 A와 타원 운동을 하는 위성 B를 나타낸 것이다. 표는 위성 B의 궤도 상의 두 지점에서 B에 작용하는 만유인력의 크기를 나타낸 것이다. 이에 대한 설명으로 옳은 것만을 〈보기〉에서 있는 대로 고른 것은?

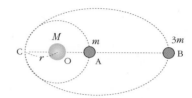

	근일점	원일점
만유인력의 크기	$\dfrac{3GMm}{r^2}$	$\dfrac{GMm}{3r^2}$

〈 보기 〉

ㄱ. 위성 B 궤도의 긴 반지름은 $4r$이다
ㄴ. 공전 주기는 위성 B가 위성 A의 2배이다.
ㄷ. 두 위성 A, B의 C점에서 가속도의 크기가 같다.

① ㄱ   ② ㄴ   ③ ㄷ
④ ㄴ, ㄷ   ⑤ ㄱ, ㄴ, ㄷ

26 태양을 한 초점으로 타원 궤도 운동하는 행성을 나타낸 것이다. 이에 대한 설명으로 옳은 것만을 〈보기〉에서 있는 대로 고른 것은?

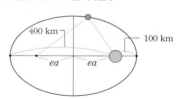

〈 참고 〉

– e는 이심률, a는 장반경을 나타낸다.
– 이심률은 타원의 납작한 정도를 말한다.
– 근일점 거리는 100 km이다.
– 원일점 거리는 400 km이다.

〈 보기 〉

ㄱ. 타원의 이심률은 항상 1보다 작다.
ㄴ. 두 초점 사이의 거리는 300 km이다.
ㄷ. 이 타원의 이심률은 0.6이다.

① ㄱ   ② ㄴ   ③ ㄱ, ㄷ
④ ㄴ, ㄷ   ⑤ ㄱ, ㄴ, ㄷ

27 태양을 한 초점으로 하는 타원 궤도를 따라 공전하는 행성 A, B를 나타낸 것이다. A의 공전 주기는 B의 $2\sqrt{2}$ 배이다. 이에 대한 설명으로 옳은 것만을 〈보기〉에서 있는 대로 고른 것은?

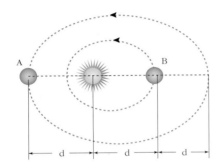

〈 보기 〉

ㄱ. 행성 A의 속력은 현재의 위치에서 가장 빠르다.
ㄴ. 장반경의 비는 A : B = 2 : 1이다.
ㄷ. 행성 B의 장반경은 0.5d이다.

① ㄱ   ② ㄴ   ③ ㄱ, ㄴ
④ ㄴ, ㄷ   ⑤ ㄱ, ㄴ, ㄷ

28 질량을 모르는 지구 주위를 한 위성이 반지름 3m의 원궤도로 돌고 있는 것을 나타낸 것이다. 행성이 위성에 작용하는 중력의 크기는 60N이다. 이에 대한 설명으로 옳은 것만을 〈보기〉에서 있는 대로 고른 것은? (단, 지구의 중력 가속도는 10m/s²으로 한다.)

〈 보기 〉

ㄱ. 위성의 질량은 6 kg이다.
ㄴ. 운동에너지는 90 J이다.
ㄷ. 궤도 반지름을 증가시키면 중력은 줄어든다.

① ㄱ   ② ㄴ   ③ ㄱ, ㄷ
④ ㄴ, ㄷ   ⑤ ㄱ, ㄴ, ㄷ

[29-30] 지구의 인공위성이 고도 30 km의 원궤도로 회전하고 있는 모습을 나타낸 것이다.

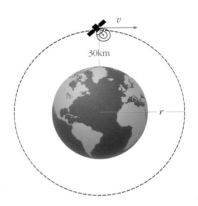

〈 조건 〉

① 지구의 반지름은 6370 km이다.
② $GM = 1$ km³/s²로 계산한다.
③ r 은 지구 중심으로부터의 거리이다.

29 인공위성의 지구 중심으로부터의 거리(A), 선속력(B), 회전주기(C)의 값으로 바르게 짝지은 것은?

	A(km)	B(m/s)	C(s)
①	6340	12	$160\pi r$
②	6400	12.5	$160\pi r$
③	6400	13	$160\pi r$
④	6430	13.5	$320\pi r$
⑤	6430	14	$320\pi r$

30 그림에 대한 설명으로 옳은 것만을 〈보기〉에서 있는 대로 고른 것은?

〈 보기 〉

ㄱ. 인공위성의 속력은 일정하다.
ㄴ. 인공위성에 작용하는 알짜힘은 0이다.
ㄷ. 인공위성의 가속도와 속도의 방향은 서로 수직이다.
ㄹ. 인공위성의 가속도 방향은 지구 중심을 향하고 있다.

① ㄱ, ㄴ   ② ㄴ, ㄷ   ③ ㄷ, ㄹ
④ ㄱ, ㄴ, ㄹ   ⑤ ㄴ, ㄷ, ㄹ

31 인공위성이 지구 주위를 돌고 있는 모습을 나타낸 것이다. 이에 대한 설명으로 옳은 것만을 〈보기〉에서 있는 대로 고른 것은?

〈 보기 〉

ㄱ. 인공위성 내부는 무중력 상태이다.
ㄴ. 인공위성 내부의 물체가 받는 중력은 0이다.
ㄷ. 인공위성에 작용하는 중력과 구심력이 평형을 이룬다.

① ㄱ   ② ㄴ   ③ ㄱ, ㄷ
④ ㄴ, ㄷ   ⑤ ㄱ, ㄴ, ㄷ

32 질량을 모르는 행성 주위를 질량 m인 위성이 속력 v로 운동하는 것을 나타낸 것이다. 행성의 밀도가 ρ일 때 이 행성의 질량을 구하시오. (단, 위성은 행성의 지표면에 거의 닿을 듯이 운동하고 있다.)

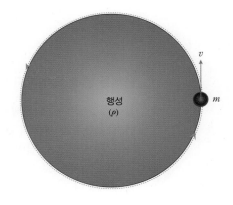

〈 조건 〉

① 만유인력 상수 G를 포함하시오.
② 행성의 반지름과 위성의 궤도 반지름은 같다.
③ 행성의 질량을 ρ, G, π, v로 나타내시오.

(   )

Project - 논/구술

지구 탈출하기!
- 제2 우주 속도

물체를 땅에 떨어지지 않도록 던지려면?!

질량을 가진 어떤 물체를 수직으로 하늘을 향해 높이 던지는 경우를 생각해 보자. 이 물체는 던진 후 얼마 지나지 않아 땅으로 떨어질 것이다. 이제 이 물체를 지면과 일정한 각도로 비스듬히 던지게 되면 수직으로 던졌을 때보다 더 오래 머문 후 땅으로 떨어진다. 만약 이 물체를 좀 더 빠르게 던지면 땅에 떨어지지 않고 더 멀리 운동하게 할 수 있을까?

아이작 뉴턴이 제시한 이론 | 매우 빠른 속도로 움직이는 물체는 지구를 도는 운동을 하게 된다.

이러한 문제를 아이작 뉴턴은 1687년에 지은 저서인 '자연철학의 수학적 원리'라는 책에서 처음 설명하였다. 설명에 의하면 물체는 중력에 의해 지표면으로 떨어지지만, 앞으로 나아가려는 관성으로 인해 곡선 경로를 이루며 떨어진다고 한다. 만약 산꼭대기에서 지평선과 평행하게 매우 빠른 속도로 발사된 포탄은 지구를 도는 운동을 하게 된다. 만약 속도가 더욱 빨라지게 되면 지구를 벗어날 수 있게 될 것이다. 이 이론이 제시된 지 300여 년이 지난 1957년 구소련의 최초의 인공위성 스푸트니크 1호가 지구 중력을 벗어날 수 있었다.

지구의 중력을 완전히 벗어나 지구를 탈출하는 데 필요한 물체의 속도를 탈출속도 또는 제2 우주 속도라고 한다. 탈출 속도는 구할 수 있을까?

지구 탈출은 속도가 결정한다.

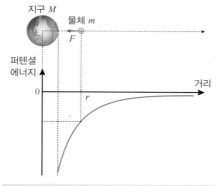

거리에 따른 퍼텐셜 에너지 그래프 | 지구 중심과의 거리가 멀어질수록 물체의 퍼텐셜 에너지는 0에 가까워진다.

만유인력을 받으며 운동하는 물체의 역학적 에너지는 보존된다. 지상에서의 에너지는 지구를 탈출했을 때의 에너지와 같아야 한다. 탈출속도를 구하려면 지상에서의 역학적 에너지와 거리가 매우 멀어졌을 때(탈출했을 때)의 퍼텐셜 에너지와의 관계를 알 필요가 있다.

질량이 M 인 지구 중심에서 거리 r 만큼 떨어져 있는 질량 m 인 물체의 퍼텐셜 에너지는 다음과 같다.

$$E_p = -G \frac{Mm}{r}$$
$$(G(중력상수) = 6.673 \times 10^{-11} N \cdot m^2/kg^2)$$

정답 및 해설 50쪽

지구 중심에서 거리 r 이 매우 커지면 퍼텐셜 에너지가 0이 되는 것이 특징이며, r 이 매우 큰 곳에서 속도가 0이 되는 물체가 있다면 지구를 탈출한 것이라고 볼 수 있다.

$$\therefore \text{지표면에서의 역학적 에너지} = \text{지구를 탈출했을 때의 역학적 에너지} = 0$$

$$\frac{1}{2}mv_\mathrm{E} - \frac{GMm}{R} = 0 \quad \rightarrow \quad v_\mathrm{E}(\text{탈출속도}) = \sqrt{\frac{2GM}{R}}$$

지표면에서 $mg = \dfrac{GMm}{R^2}$, $g = \dfrac{GM}{R^2} = 9.8$ m/s^{2}가 되므로, v_E(탈출속도) $= \sqrt{2gR}$ 가 된다.

지구 반지름 $R = 6.38 \times 10^6$m이므로 v_E(탈출속도) $\fallingdotseq$ 11.2km/s가 되며, 이는 소리의 속도(음속)인 340m/s 의 약 33배 이상이다. 즉, 물체의 질량과 관계 없이 로켓이든 가벼운 수소든 탈출속도 이상으로 움직이면 지구 중력을 벗어날 수 있다.

빛보다 빠른 탈출속도가 필요하다면?!

우주에 있는 다양한 천체들은 질량과 중력 가속도가 모두 다르기 때문에 탈출속도도 다르다.

	태양	수성	금성	달	화성	목성	토성	천왕성	중성자 별
질량(kg)	1.99×10^{30}	3.30×10^{23}	4.87×10^{24}	7.6×10^{22}	6.41×10^{23}	1.90×10^{27}	5.68×10^{26}	8.68×10^{25}	2×10^{30}
탈출 속도 (km/s)	617.7	4.3	10.4	2.4	5.0	59.5	35.5	21.3	2×10^5

▲ 태양계 행성들의 질량과 탈출속도

중력이 너무 커서 우주에서 속도가 가장 빠른 빛조차 빠져나오지 못하고, 주변의 모든 것을 구멍 속으로 빨아들여서 검은 구멍 즉, '블랙홀'이라 이름 붙여진 천체가 있다. 블랙홀은 빛을 전혀 내보내지 않기 때문에 1970년가 되어서야 흔적을 찾을 수 있었다.

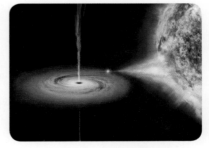

▲ Cygnus X-1 블랙홀

Q1 실제로 우주 탐사선이 지구를 벗어나기 위해서 탈출속도 이외에 고려해야 할 조건으로는 무엇이 있을까? 자신의 생각을 서술하시오.

Q2 우주 탐사선이 지구에서 발사하여 달에 착륙할 때까지 우주선이 운동하는 궤도의 모양은 대략 어떤 모양일까? 자신의 생각을 서술하시오.

Project - 탐구

[탐구] 문제 해결력 기르기

정답 및 해설 **51**쪽

위성이 타원 궤도로 지구 주위를 도는 과정에서 위성의 운동 에너지 K 를 결정하는 속력과, 위성의 퍼텐셜 에너지 U 를 결정하는 지구 중심으로부터의 거리가 모두 일정한 주기로 커졌다 작아졌다 한다. 하지만 위성의 역학적 에너지 E 는 일정하게 유지된다.

▲ 우리나라 다섯 번째 다목적 실용 위성 아리랑 3A호

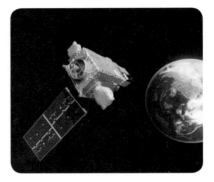

▲ 우리나라 기술로 개발한 최초의 정지궤도위성 '천리안 위성'

지구 질량 M, 물체의 질량 m, 두 질량 사이의 거리 r 일 때 지구가 잡아당기는 만유인력의 크기 F 는 다음과 같다.

$$F = G\frac{Mm}{r^2} \quad \text{[단위 : N(뉴턴)]}$$

이때 G 는 중력상수로 $G = 6.673 \times 10^{-11} \, \text{N} \cdot \text{m}^2/\text{kg}^2$ 이다.

1. 위성의 질량을 m 이라고 할 때 궤도 반지름이 r 인 원궤도를 도는 위성이 갖는 역학적 에너지를 유도하시오.
(단, 원궤도를 도는 질량 m 의 위성인 경우 운동 에너지 $K = -\dfrac{\text{퍼텐셜 에너지 } U}{2}$ 로 나타난다.)

2. 우주 비행사가 질량이 7 kg인 볼링공을 고도 350 km에서 지구 주위의 원궤도 위에 올려 놓았다고 가정해 보자. 이때 이 궤도에서 공의 역학적 에너지를 구하시오.(단, 중력상수 $G = 7 \times 10^{-11} \, \text{N} \cdot \text{m}^2/\text{kg}^2$, 지구의 질량 $M = 6 \times 10^{24} \, \text{kg}$, 지구 반지름 $R = 6{,}370 \, \text{km}$이다.)

우주 개발에 위협이 되는 우주 쓰레기

인간이 우주에 첫발을 디딘 지 70여 년이 지났다. 다양한 연구 개발과 기술의 발전으로 우주 산업은 기하급수적으로 발달하였고, 그에 따라 필연적으로 발생하게 된 것이 우주 쓰레기이다. 우주 쓰레기란 우주 공간에 인간이 버린 모든 것이 해당된다. 다단식 로켓의 잔해, 수명이 다한 인공 위성들(공식적으로 알려진 인공 위성들 뿐만 아니라 군사 목적으로 비밀리에 쏘아 올린 것들도 있기 때문에 정확한 숫자는 아무도 알 수가 없다고 한다.), 운영 중인 인공 위성이나 로켓에서 떨어져 나간 페인트 조각, 작은 나사 하나까지도 모두 우주 쓰레기가 된다. 지구 주위의 우주 공간을 떠도는 우주 쓰레기는 현재 총중량이 약 6,000

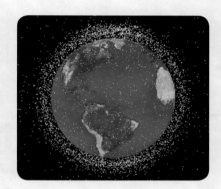

▲ 우주 쓰레기

톤에 달하는 것으로 추정하고 있으며, 현재 추적이 가능한 지름 10cm 이상의 우주 쓰레기는 약 22,000개, 1cm ~ 10cm 사이의 우주 쓰레기는 약 60만 개, 지름 1cm 이하의 수백만 개에 달하는 것으로 추정된다.이러한 우주 개발의 잔재들로 인하여 우주 개발이 지장을 받고 있다. 우주 공간의 작은 페인트 조각 하나는 발사된 총알의 속도보다 7배 이상 빠른 초속 7km 이상의 속도로 멀쩡한 우주 설비에 큰 피해를 줄 가능성이 크기 때문이다. 그 위력은 지구상의 250kg 정도의 물체가 시속 100km의 속도로 충돌하는 것과 같다.

이처럼 무시무시한 위력을 가진 우주 쓰레기들이 서로 간의 충돌로 인하여 그 양이 기하급수적으로 늘어나 결국 우주는 우주 쓰레기로 가득 차 인공위성 및 우주정거장 등 우주 설비를 사용할 수 없는 상태가 되고, 이것이 또 다시 쓰레기가 되는 과정이 반복된다라고 하는데, 이것을 '케슬러(Kessler)증후군'이라고 한다. 인류의 인공위성 의존도는 갈수록 높아지고 있다. 인공위성 기능에 이상이 발생하면 통신 장비 이상은 물론이고, 각국 군사 시스템에도 문제가 발생하여 국제 정세에도 영향을 미치게 될 수 있다.

▲ 영화 'Gravity'의 우주 쓰레기에 의한 사고

이에 현재 러시아 우주 감시 시스템(RSSS)과 미국 우주 감시 네트워크(USSSN) 측은 10㎝ 이상의 우주 쓰레기 2만여 개의 움직임과 위치를 추적하고 있으며, 일본 JAXA는 우주 쓰레기의 속도를 줄여 지상으로 떨어뜨려 연소시키는 청소 위성을 구상했으며, 영국 서리 대학 연구진은 5×5m 크기의 태양 돛을 가진 3㎏ 중량의 나노위성을 사용해 우주 쓰레기를 치우는 방식을 구상하고 있으며, 미국의 NASA에서는 우주 쓰레기에 레이저를 쏴서 경로를 바꾸어 지면에 돌입하도록 하는 방식 등을 구상하고 있다.

정답 및 해설 51쪽

Q1 우주 쓰레기는 작은 파편임에도 불구하고 우주에서 큰 피해를 줄 수 있는 이유가 무엇인지 서술하시오.

Q2 많은 위험 요소와 큰 비용에도 불구하고 위성을 계속 쏘아올리는 이유는 무엇일까? 자신의 생각을 서술하시오.

02

물질과 전자기장

전기와 자기는 어떻게 상호작용할까?

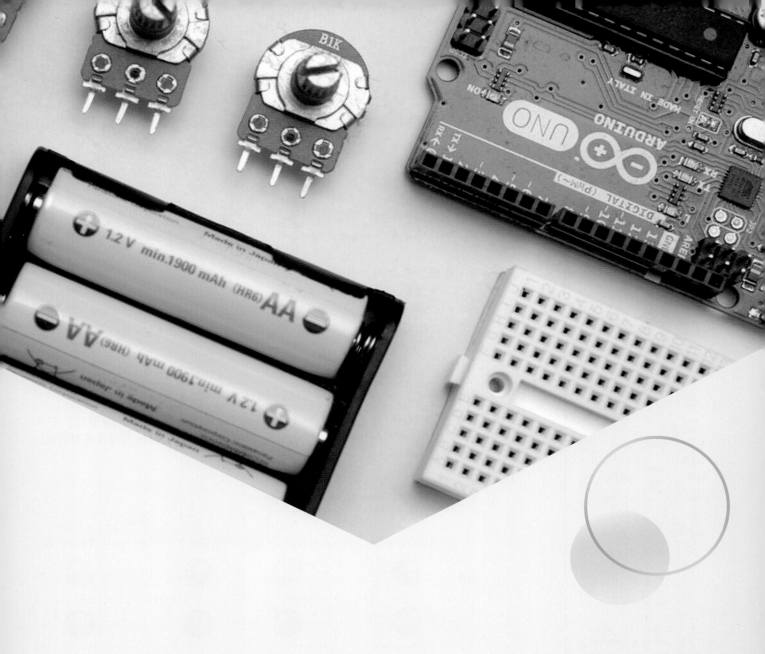

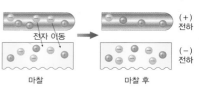

1. 전하와 전기력

(1) 전하

① **마찰 전기** : 서로 다른 두 물체를 마찰시킬 때 두 물체 사이에서 전자의 이동으로 발생하는 전기를 말한다.

② **대전과 대전체** : 전자의 이동으로 물체가 전기를 띠는 현상을 대전, 대전된 물체를 대전체라고 한다.

③ **전하** : 대전체가 띤 전기를 전하라고 하며, 모든 전기적 현상의 원인이 된다.

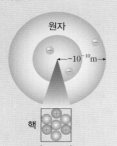

전자 이동

(+) 전하

(−) 전하

마찰   마찰 후

▲ 마찰 전기 발생 원리

종류	(+) 전하	(−) 전하
	전자를 잃은 물체는 (+)전하를 띤다.	전자를 얻은 물체는 (−)전하를 띤다.
단위	물체가 띠는 전하의 양을 전하량이라고 하며, 단위는 C(쿨롱)이다.	

④ **전하량 보존 법칙** : 두 물체를 마찰하는 과정에서 전하가 물체 사이에 이동할 수는 있으나, 그 과정에서 전하가 새로 생겨나거나 없어지지 않고 그 총량이 일정하게 보존되는 것을 말한다.

(2) 전기력

① **전기력** : 전하들 사이에 작용하는 힘을 말한다.

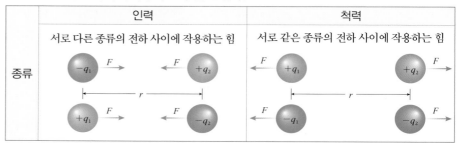

	인력	척력
종류	서로 다른 종류의 전하 사이에 작용하는 힘	서로 같은 종류의 전하 사이에 작용하는 힘

② **쿨롱 법칙** : 전기력은 대전된 두 입자(점전하)의 전하량 q_1, q_2의 곱에 비례하고, 두 전하 사이의 거리 r^2 에 반비례한다.

$$F = k \frac{q_1 q_2}{r^2} \text{ (단위 N)}, \quad k(\text{쿨롱 상수}) = 9.0 \times 10^9 \, \text{N} \cdot \text{m}^2/\text{C}^2$$

개념확인 1

빈칸에 알맞은 말을 각각 쓰시오.

> 서로 다른 두 물체를 마찰시킬 경우 마찰 전기가 발생한다. 이와 같이 전자의 이동으로 물체가 전기를 띠는 것을 (   )(이)라고 하고, 이러한 물체를 (   )(이)라고 한다.

확인+1

크기와 모양이 같은 두 대전체 A, B가 있다. 대전체 A의 전하량은 +6C이고, 대전체 B의 전하량은 +4C이다. 이때 두 대전체를 접촉시킨 후 분리하였을 때 각각의 대전체의 전하량을 쓰시오.

대전체 A (   )C, 대전체 B (   )C

왼쪽 여백 (보조 설명)

● **원자의 구조**

원자 부피의 대부분은 전자들이 넓게 분포하여 차지하고 있으며, 원자핵은 크기가 매우 작지만 전체 질량의 99.9%를 차지한다.

원자

$\sim 10^{-10}$ m

핵

$\sim 10^{-15}$ m

⊕ 양성자(양전하)

○ 중성자

⊖ 전자(음전하)

입자	기호	전하량	질량(kg)
양성자	p	$+e$	1.67×10^{-27}
중성자	n	0	1.67×10^{-27}
전자	e	$-e$	9.11×10^{-31}

$e = 1.602 \times 10^{-19}$ C

● **기본 전하(e)**

양성자 1개, 전자 1개가 띤 전하량으로, 자연계에 존재하는 가장 작은 전하량이다. 전하를 띤 모든 입자의 전하량을 세는 기본 단위가 된다.

● **크기와 모양이 같은 두 대전체를 접촉시켰을 때**

두 대전체의 전하량이 다를 경우 접촉 과정에서 전하가 고르게 분포된다.

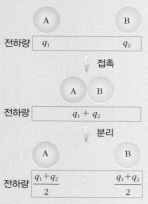

A   B

전하량 q_1 q_2

접촉

A   B

전하량 $q_1 + q_2$

분리

A   B

전하량 $\dfrac{q_1 + q_2}{2}$ $\dfrac{q_1 + q_2}{2}$

2. 전기장과 전기력선

(1) 전기장 : 전하 주위에 전하에 의한 전기력이 작용하는 공간을 말한다.

① **방향** : 전기장 내에 있는 (+)전하가 받는 전기력의 방향과 같다.

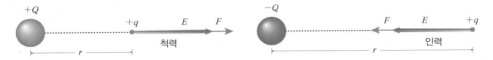

② **세기** : 전기장 내에 있는 전하량이 q인 (+)전하가 받는 전기력의 크기를 F라 할 때, 전기장의 세기 E는 다음과 같다.

$$E(\text{N/C}) = \frac{F(\text{N})}{q(\text{C})}$$

(2) 전기력선 : 전기장의 모양을 시각화한 것으로 전기장 내의 (+)전하가 받는 힘의 방향을 연속적으로 이은 선이다.

① **방향** : (+)전하에서 나와서 (−)전하로 들어가는 방향이다.

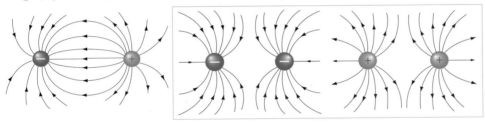

▲ 두 전하의 부호가 다를 때 ▲ 두 전하의 부호가 같을 때

② **특징**
· 전하량이 같은 두 전하의 부호가 다를 때 (+)전하에서 나오는 전기력선의 수와 (−)전하로 들어가는 전기력선의 수는 같다.
· 전기력선의 수는 전하량에 비례한다.
· 전기력선은 중간에 끊어지거나 교차되거나 새로 생기지 않는다.
· 전기장의 방향은 전기력선 위의 한 점에서 그은 접선의 방향이다.
· 전기력선의 밀도와 전기장의 세기 E는 비례관계이다.

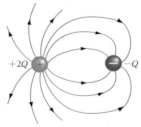

▲ 두 전하의 전하량이 다를 때 : 전하량이 2배가 더 큰 경우 나오거나 들어가는 전기력선의 수도 2배가 된다.

개념확인 2 정답 및 해설 **52쪽**

전기장 속에 있는 +5C의 점전하에 작용하는 전기력의 크기가 20N일 때, 이 점전하의 위치에서 전기장의 세기는?

( )N/C

확인+2

전기력선에 대한 설명으로 옳은 것은 ○표, 옳지 않은 것은 ×표 하시오.

(1) 전기장의 모양을 눈으로 볼 수 있도록 나타낸 것이다. ( )

(2) (−)전하에서 나와서 (+)전하로 들어가는 방향이다. ( )

(3) 점전하에서 나오는 전기력선의 수는 전하량이 클수록 많다. ( )

● 중심 전하(원천 전하)에 의한 전기력선

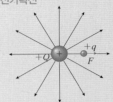

▲ +Q전하 주위의 전기력선

원천 점전하 +Q로 부터 점전하 +q가 거리 r 만큼 떨어져 있을 때

+q에 작용하는 전기력의 크기
$$F = k\frac{Qq}{r^2}$$

점전하 +q의 위치에서 전기장의 세기
$$E = \frac{F}{q} = k\frac{Q}{r^2}$$

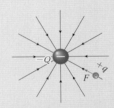

▲ −Q 원천 전하 주위의 전기력선

점전하 +q의 위치에서 전기장의 세기는 원천 전하가 +Q 전하일 때의 전기장의 세기와 크기는 같고 방향만 반대이다.

● 평행한 두 금속판 사이의 전기력선

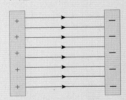

두 판사이의 간격이 매우 가까우면 판의 가운데 부분에서의 전기력선은 서로 일정한 간격으로 평행을 이룬다. 즉, 방향과 세기가 일정한 전기장이 형성된다.

미니사전

점전하 [點 점 −전하] 전하가 공간의 한 점에 집중되어 있는 하나의 점으로 취급할 수 있는 전하로 부피는 없고 전하량만 가지고 있다

접지
대전체와 지면을 도선으로 연결하여 누전에 의한 감전 등의 전기 사고를 예방하기 위한 것이다. 대표적인 예로 번개로 인한 피해를 막기 위해 건물 꼭대기에 설치하는 피뢰침이 있다.

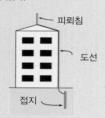

도체 표면의 전기장
대전된 도체 표면의 전기장은 도체 표면에 수직하다.

금속박 검전기
정전기 유도 현상을 이용하여 물체의 대전 상태를 알아볼 수 있는 기구이다.

금속판에 대전체를 가까이 한다. → 금속판은 대전체와 반대 종류의 전기가, 금속박에는 같은 종류의 전기가 대전된다. → 금속박이 벌어진다.

〈검전기 대전시키기〉

금속판에 대전체를 가까이 하여 금속박이 벌어지게 한다.

금속판에 손을 닿게 하면 금속박의 전자가 손으로 이동하여 금속박이 오므라든다.

손과 대전체를 동시에 치우면 금속판과 금속박 모두 (+)전하로 대전되어 금속박이 벌어진다.

3. 도체에서의 정전기 유도

(1) **도체** : 전류가 잘 흐르는 물질로 물질 내에서 전자의 이동이 자유롭다.

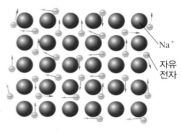

▲ 나트륨 금속 결정

① 도체 내부에 자유 전자가 풍부하게 존재하여 (−)전하를 잘 이동시킨다.
② 도체 표면의 전기장은 표면에 수직하게 형성된다.
③ 도체 내부의 전기장의 세기는 0이다.
④ 도체에 공급된 전하는 모두 도체 표면에 존재하며 뾰족한 부분일수록 많이 분포한다.
　예 금속, 지구, 전해질 수용액, 탄소 등

(2) **도체에서의 정전기 유도**

① **정전기 유도** : 전기적으로 중성인 도체에 대전체를 가까이 하면 대전체에 가까운 쪽에는 대전체와 반대 종류의 전하가, 먼 쪽에는 대전체와 같은 종류의 전하가 유도되는 현상을 말한다.
　예 금속박 검전기

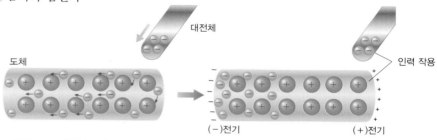

(−) 대전체를 도체에 가까이 한다. → (−) 대전체와 자유 전자 사이에 척력이 작용한다. → 자유 전자가 이동하여 (−) 대전체와 멀어진다. → 대전체와 가까운 쪽에는 (+) 전하가 많아져서 (+)전기가 유도되고, 먼쪽에는 (−) 전하가 많아져서 (−)전기가 유도된다.

② 유도된 (+)전하량과 (−)전하량은 서로 같다.
③ 대전체를 치우면 다시 대전체를 가까이하기 전 상태로 돌아간다.

개념확인 3

정전기 유도에 대한 설명이다. 빈칸에 알맞은 말을 각각 고르시오.

> 정전기 유도란 대전체를 전기적으로 중성인 도체에 가까이 하였을 때 대전체와 먼 쪽에는 대전체와 (㉠ 같은 　㉡ 반대) 종류의 전하가, 가까운 쪽에는 대전체와 (㉠ 같은 　㉡ 반대) 종류의 전하가 유도되는 현상을 말한다.

확인+3

금속구 A와 B를 서로 접촉시킨 상태에서 (−)전하를 띠는 대전체를 가까이 하였다. 이때 금속구 A와 B를 뗀 후 대전체를 치웠을 때 금속구 A, B는 각각 어떤 전하를 띠겠는가?

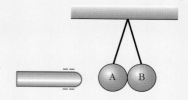

4. 절연체에서의 유전 분극

(1) 절연체(부도체) : 전류가 잘 흐르지 않는 물질로 원자나 분자 내에 전자가 속박되어 있어 전자가 이동하기 어렵다.

　① 절연체에는 자유 전자가 없다.

　② 절연체의 한 곳에 공급된 전하는 그 곳에 오래 머물러 있다.

　　⑩ 소금, 고무, 유리, 종이, 플라스틱 등

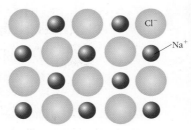
▲ 소금 결정

(2) 절연체에서의 유전 분극

　① **유전 분극** : 절연체 내에서 일어나는 정전기 유도 현상을 말한다.

　　⑩ 흐르는 물줄기에 대전체를 가까이 가져가면 물줄기가 휘어지는 현상

절연체를 이루는 원자

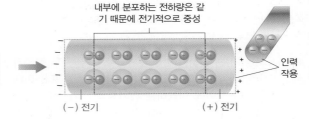
내부에 분포하는 전하량은 같기 때문에 전기적으로 중성
(−) 전기　(+) 전기
인력 작용

절연체를 이루는 원자 내부는 동일한 양의 (+)전하와 (−)전하가 분포 → 전기적으로 중성

대전체에 의해 원자 내의 (+)전하와 (−)전하가 서로 반대쪽으로 전기력을 받아 원자 내에서 회전 궤도가 찌그러짐 → 표면에만 부분적으로 대전됨

　② 유도된 (+)전하량과 (−)전하량은 서로 같다.

　③ 대전체를 치우면 다시 대전체를 가까이하기 전 상태로 돌아간다.

　④ **분극** : 대전체에 의해 (+)전하와 (−)전하의 평균적 위치가 변화하거나 분리되어 한쪽은 (+)전기, 다른 한쪽은 (−)전기를 띠는 현상을 말한다.

　⑤ **유전체** : 대전체에 의해 분극 현상을 일으키는 물질이라는 뜻으로 절연체를 유전체라고도 한다.

개념확인 4　　　　정답 및 해설 52쪽

빈칸에 알맞은 말을 각각 쓰시오.

절연체 내에서 일어나는 정전기 유도 현상을 (　　　　)(이)라고 하며, 이와 같이 전기적으로 유도 작용을 일으키는 물질이라는 뜻으로 절연체를 (　　　　)(이)라고도 한다.

확인+4

절연체에 대한 설명으로 옳은 것은 ○표, 옳지 않은 것은 ×표 하시오.

(1) 전기는 잘 통하지 않지만, 열은 잘 통하는 물질이다. 　　　　　(　)

(2) 절연체도 대전체에 의해 전자가 다른 물체로 이동하여 전기가 유도된다. 　(　)

(3) 절연체와 유전체에는 자유 전자가 없다. 　　　　　(　)

01 〈보기〉 중 전하와 관련된 설명으로 옳은 것을 모두 고른 것은?

〈 보기 〉
ㄱ. 전자는 모든 전기적 현상의 원인이 된다.
ㄴ. 전자를 잃은 물체는 (−)전하를 띠게 된다.
ㄷ. 원자핵의 이동으로 물체가 전기를 띠는 현상을 대전이라고 한다.

① ㄱ　　　② ㄱ, ㄴ　　　③ ㄱ, ㄷ　　　④ ㄴ, ㄷ　　　⑤ ㄱ, ㄴ, ㄷ

02 그림 (가)는 전하량이 각각 $+q$ 로 동일한 두 전하가 거리 r 만큼 떨어져있는 것을 나타낸 것이다. 이때 두 전하 사이에 작용하는 전기력의 크기가 F 일 때, 그림 (나)와 같이 두 전하 사이의 거리가 2배로 멀어졌을 때, 두 전하 사이에 작용하는 전기력의 크기 F' 은?

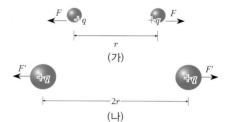

(　　　　)F

03 전기력선에 대한 설명으로 옳은 것은?

① 전기력선의 수는 전하량과는 상관이 없다.
② 전기력선의 간격이 빽빽할수록 전기장의 세기는 작다.
③ 전기장의 방향은 전기력선 위의 한 점에서 그은 접선의 방향이다.
④ (−)전하에서 나와서 (+)전하로 들어가는 방향이 전기력선의 방향이다.
⑤ 전기장 내의 (−)전하가 받는 힘의 방향을 연속적으로 이은 선을 전기력선이라고 한다.

04 두 전하 A, B 사이에 형성된 전기장을 전기력선을 이용하여 나타낸 것이다. 이에 대한 설명으로 옳은 것은?

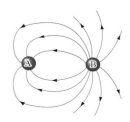

① A는 (+)전하이다.
② 두 전하의 부호는 같다.
③ 두 전하의 전하량은 같다.
④ A의 전하량이 −1C일 때 B의 전하량은 +2C이다.
⑤ B의 전하량이 −1C일 때 B의 전하량은 −2C이다.

정답 및 해설 **52쪽**

05 도체에 대한 설명이다. 빈칸에 들어갈 말을 바르게 짝지은 것은?

> 도체 표면의 전기장은 표면에 (㉠)하게 형성되며, 도체에 공급된 전하는 모두 도체 (㉡)에 존재하며 (㉢) 부분일수록 많이 분포한다.

	㉠	㉡	㉢		㉠	㉡	㉢
①	평행	내부	편평한	②	평행	표면	뾰족한
③	수직	내부	뾰족한	④	수직	표면	편평한
⑤	수직	표면	뾰족한				

06 금속구 A와 B를 서로 접촉시킨 상태에서 (−)전하를 띠는 대전체를 가까이 한 후, 손가락을 금속구 B에 접촉시켰다. 이때 손과 대전체를 동시에 치울 경우 금속구 A, B가 각각 띠는 전하의 종류와 금속구 사이에 작용하는 힘을 바르게 짝지은 것은?

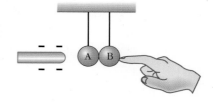

	A	B	힘		A	B	힘
①	(−)전하	(−)전하	척력	②	(−)전하	(+)전하	인력
③	(+)전하	(+)전하	척력	④	(+)전하	(−)전하	인력
⑤	(−)전하	(−)전하	인력				

07 도체와 절연체의 공통점에는 ○표, 차이점에는 ×표 하시오.

(1) 유도된 (+)전하량과 (−)전하량은 서로 같다. ( )

(2) 대전체를 치우면 다시 대전체를 가까이하기 전 상태로 돌아간다. ( )

(3) 내부에 자유 전자가 풍부하게 존재하여 (−) 전하를 잘 이동시킨다. ( )

(4) 대전체에 의해 전기력을 받으면 원자 내에서 전자의 회전 궤도가 찌그러져서 표면에만 부분적으로 대전이 된다. ( )

08 어떤 물체에 (−)전기를 띤 대전체를 가까이 하였을 때 전하의 분포 상태를 나타낸 것이다. 이에 대한 설명으로 옳은 것은?

① 물체는 도체이다.
② 대전체와 물체 사이에는 척력이 작용한다.
③ 대전체에 의해 물체의 오른쪽은 (−)전기를 띤다.
④ 외부 전기장의 영향으로 인해 나타난 분극 현상이다.
⑤ 대전체에 있던 전자의 이동으로 인한 정전기 유도현상이다.

유형 익히기&하브루타

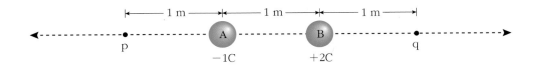

[유형9-1] 전하와 전기력

고정된 두 지점에 전하량이 −1C인 점전하 A와 전하량이 +2C인 점전하 B가 1m 떨어진 상태로 있는 것을 나타낸 것이다. 점 p에 +1C을 띠는 점전하를 놓았을 때 점전하 A에 의해서 받는 힘의 크기가 F 이다.

```
   ◄─── 1 m ───►   ◄─── 1 m ───►   ◄─── 1 m ───►
◄- - - - - - - ●- - - - - ⬤- - - - - - - ⬤- - - - - - - ●- - - - - - ►
              p         A           B          q
                       −1C         +2C
```

(1) 점 p에 +2C을 띠는 점전하를 놓았을 때 B로 부터 받는 힘의 크기와 힘의 방향을 쓰시오.

힘의 크기 (　　　　)F, 힘의 방향 (　　　　)

(2) 점 q에 +4C을 띠는 점전하를 놓았을 때 A와 B로 부터 받는 합력의 크기와 방향을 쓰시오.

합력의 크기 (　　　　)F, 합력의 방향 (　　　　)

01

명주실에 크기와 모양이 같고 가벼운 금속구 A, B, C가 그림과 같이 매달려 있다. 이때 다음과 같은 과정을 거친 후 금속구 A, B, C가 가지게 되는 전기량은 각각 얼마인가?

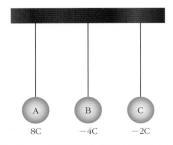

〈과정 1〉 금속구 C를 접지한 후 접지 상태를 제거한다.
〈과정 2〉 금속구 A와 B를 접촉시킨 후 다시 떼어 놓는다.
〈과정 3〉 금속구 B와 C를 접촉시킨 후 다시 떼어 놓는다.

A(　　　)C, B(　　　)C, C(　　　)C

02

전하량이 각각 $+q$ 로 동일한 두 전하가 거리 r 만큼 떨어져 있는 것을 나타낸 것이다. 이때 두 전하 사이에 작용하는 전기력의 크기가 F 일 때, 전하량은 변하지 않고, 두 전하 사이의 거리가 변하여 전기력의 크기가 $4F$ 가 되었다면 두 전하 사이의 거리는?

① $\frac{1}{4}r$　　　　② $\frac{1}{2}r$　　　　③ r

④ $2r$　　　　⑤ $4r$

[유형9-2] 전기력과 전기력선

전하를 띠고 있는 두 입자 A와 B에 의한 전기력선을 나타낸 것이다.

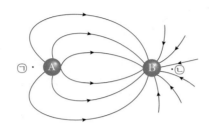

(1) A와 B가 띠고 있는 전하의 종류를 각각 쓰시오.

A (   ), B (   )

(2) A의 전하량과 B의 전하량의 크기를 부등호를 이용하여 비교하시오.

A의 전하량의 크기 (   ) B의 전하량의 크기

(3) 점 ㉠과 점 ㉡에서의 전기장의 세기를 부등호를 이용하여 비교하시오.

점 ㉠에서 전기장의 크기 (   ) 점 ㉡에서 전기장의 크기

03 전기력선을 바르게 나타낸 것은?

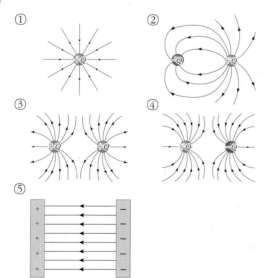

04 〈보기〉에서 전기장과 전기력선에 대한 설명으로 옳은 것을 모두 고른 것은?

───〈 보기 〉───

ㄱ. 전기장 내에 있는 (+)전하는 전기력을 받아 가속도 운동을 한다.
ㄴ. 전기장의 방향은 (+)전하가 받는 전기력의 방향이다.
ㄷ. 전기력선이 밀할수록 전기장의 세기는 약하다.

① ㄱ   ② ㄴ   ③ ㄷ
④ ㄱ, ㄴ   ⑤ ㄴ, ㄷ

[유형9-3] 도체에서의 정전기 유도

검전기가 대전되어서 금속박이 벌어져 있다. 이 검전기에 대전체 A, B, C를 각각 가까이 하였더니 다음과 같은 현상이 일어났다. 이에 대한 설명으로 옳은 것은?

금속판

금속박

대전체 A : 금속박이 더 벌어짐
대전체 B : 금속박이 닫힘
대전체 C : 금속박이 닫혔다가 다시 열림

① 대전체 A, C는 검전기와 같은 종류의 전하, 대전체 B는 다른 종류의 전하로 대전되었다.
② 대전체 A, C는 검전기와 다른 종류의 전하, 대전체 B는 같은 종류의 전하로 대전되었다.
③ 대전체 A는 검전기와 같은 종류의 전하, 대전체 B, C는 다른 종류의 전하로 대전되었다.
④ 대전체 A는 검전기와 다른 종류의 전하, 대전체 B는 같은 종류의 전하로 대전되었다.
⑤ 대전체 A는 검전기와 같은 종류의 전하, 대전체 B, C는 다른 종류의 전하로 대전되었으나 B의 전하량이 C의 전하량보다 크다.

05 (+)전하로 대전된 대전체를 금속구 A에 가져간 후 금속구를 서로 뗀 후 대전체를 치웠다. 이에 대한 설명으로 옳은 것만을 〈보기〉에서 있는 대로 고른 것은?

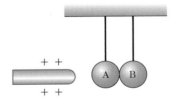

─────〈 보기 〉─────
ㄱ. 두 금속구를 접촉시킨 상태에서 (+)대전체를 가까이 가져가면 A의 전자가 B로 이동한다.
ㄴ. 최종적으로 금속구 A는 (−)로 대전되고, 금속구 B는 (+)전기로 대전된다.
ㄷ. 두 금속구 사이에는 인력이 작용하게 된다.

① ㄱ   ② ㄴ   ③ ㄷ
④ ㄱ, ㄴ   ⑤ ㄴ, ㄷ

06 〈보기〉에서 도체에 대한 설명으로 옳은 것만을 있는 대로 고른 것은?

─────〈 보기 〉─────
ㄱ. 지구는 커다란 도체이다.
ㄴ. 전하량 Q로 대전된 반지름 r인 도체구 내부의 전기장의 세기는 $k\dfrac{Q}{r^2}$ 이다.
ㄷ. 도체에 공급된 전하는 뾰족한 부분일수록 많이 분포한다.

① ㄱ   ② ㄱ, ㄴ   ③ ㄱ, ㄷ
④ ㄴ, ㄷ   ⑤ ㄱ, ㄴ, ㄷ

[유형9-4] 절연체에서의 유전 분극

그림 (가)와 (나)는 물체 A와 B에 (+)로 대전된 대전체를 각각 가까이 하였을 때 전하 분포 상태를 나타낸 것이다. 이에 대한 설명으로 옳은 것만을 〈보기〉에서 있는 대로 고르시오.

물체 A   물체 B

(가)   (나)

〈 보기 〉

ㄱ. 물체 A는 절연체, 물체 B는 유전체이다.
ㄴ. 그림 (가)와 (나) 모두 외부 전기장에 의해 전기가 유도되는 현상이다.
ㄷ. 물체 B와 (+)로 대전된 대전체 사이에는 인력이 작용한다.
ㄹ. 물체 B 내부에 분포하는 (+)와 (−)전하량은 동일하여 전기적으로 중성이며, 표면에만 부분적으로 대전된다.

(   )

---

07 종잇조각에 (−)전하로 대전된 플라스틱 빗을 가까이 하였더니 다음 그림과 같이 빗에 종잇조각이 달라 붙었다. 이때 종잇조각 내부 모습으로 바른 것은?

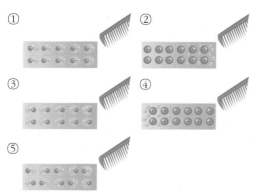

① ② ③ ④ ⑤

08 〈보기〉에서 절연체에 대한 설명으로 옳은 것만을 있는 대로 고른 것은?

〈 보기 〉

ㄱ. 절연체에서도 전기가 유도된다.
ㄴ. 절연체로 이루어진 구의 한 곳에 전하를 공급하면 한 곳에 전하가 머물러 있다.
ㄷ. 절연체에 대전체를 가까이 한 후 대전체를 제거하여도 절연체는 계속 대전된 상태로 있다.

① ㄱ   ② ㄴ   ③ ㄷ
④ ㄱ, ㄴ   ⑤ ㄱ, ㄷ

01 다음은 정전기를 이용한 판화 제작 과정이다. 판화 제작 과정에서 빈칸에 들어갈 전하의 종류를 각각 쓰고, 그 이유를 서술하시오.

〈 판화 제작 과정 〉

① 금속판을 (＋)전하로 대전시킨다.

② 그림의 윤곽을 금속판 표면 위에 그린다.

③ 그림을 그리고 남은 여백을 부도체의 막으로 씌운다.

④ 금속판의 (　　)전하가 있는 부분에 (　　)로 대전된 물감으로 색을 칠한다.

⑤ 그림 위에 종이를 놓고 (　　)로 대전시키면 물감이 종이에 붙게 된다.

⑥ 종이에 열을 가하면 물감이 종이에 더욱 밀착되게 된다.

▲ 무구정광대다라니경 : 현존하는 세계에서 가장 오래된 목판 인쇄물

02 물체에 작용하는 나란하지 않은 힘의 합성은 평행사변형법을 이용하여 그림 (가)와 같이 나타낼 수 있다. 이를 참고로 하여 다음 물음에 답하시오.

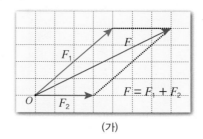

(가)

(1) 전하량이 같은 3개의 전하가 다음 정삼각형의 꼭지점에 각각 놓여있을 때 각 전하가 받는 힘을 화살표로 그려보시오.

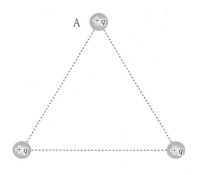

(2) 만약 점전하 A의 위치에 전하량의 크기가 같은 (−)전하를 놓았을 때 각 전하가 받는 힘을 화살표로 그려보시오.

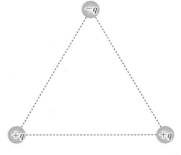

03 네 변의 길이가 각각 $\sqrt{2}$ 로 같은 정사각형의 꼭지점에 $+3q$, $-2q$, $+q$, $-2q$ 의 전하를 각각 놓고 정사각형의 정중앙 P점에 $-q$의 전하량을 띠고 있는 점전하를 놓았다. k는 쿨롱 상수이다.

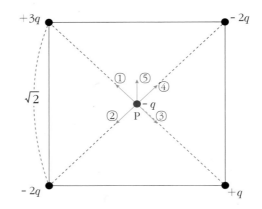

(1) P점의 전하가 받는 힘의 방향은?

(2) P점의 전하가 받는 힘의 크기를 구하시오. (비례상수 k를 포함시키시오.)

04 금속통이 금속박 검전기의 금속판에 도선으로 연결되어 있다. 금속통 속에 양전하로 대전된 금속구를 넣었을 때 금속박 검전기의 금속박의 모양과 대전된 전하의 종류를 그려 넣어 보시오.

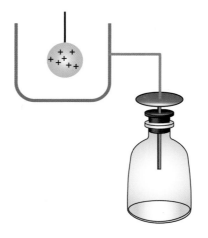

정답 및 해설 55쪽

05 x축 위의 두 점전하가 거리 r 만큼 O 점으로부터 각각 반대 방향으로 떨어져 있는 것을 나타낸 것이다. 이때 A 지점에 있는 점전하의 전하량은 $+1C$이고, B 지점에 있는 점전하의 전하량과 대전된 전기의 종류는 알 수 없다. 원점에서 $+2r$ 만큼 떨어져 있는 C에서의 전기장의 세기와 방향은 원점 O에서의 전기장의 세기와 방향과 같다고 할 때, B 지점에 있는 점전하의 전하량 q를 구하시오.

06 그림 (가)는 원점 O에서 같은 거리만큼 떨어진 x축 위의 점에 고정되어 있는 두 점전하 A, B가 만드는 전기장을 방향을 표시하지 않고 나타낸 것이다. 그림 (나)는 (가)의 두 점전하 A, B를 서로 접촉시켰다가 떼어 낸 후 x축의 원점에서 각각 같은 거리만큼 떨어뜨려 고정시켜 놓은 것이다. 이에 대한 설명의 빈칸에 들어갈 말을 완성하시오.(단, 점 P에서 A와 B에 의한 전기장의 방향은 왼쪽 방향이다.)

[수능 기출 유형]

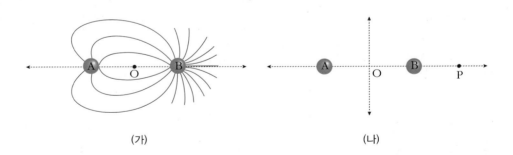

(가)   (나)

(1) 그림 (가)에서 전하량은 A가 B보다 (㉠ 크다, ㉡ 작다), 점전하 A는 (㉠ (+) ㉡ (−))전하로 대전되어 있고, 점전하 B는 (㉠ (+) ㉡ (−))로 대전되어 있다. 원점 O에서 A와 B에 의한 전기장의 방향은 (㉠ 오른쪽, ㉡ 왼쪽)이다.

(2) 그림 (나)에서 A와 B 사이에는 (㉠ 인력, ㉡ 척력)이 작용하고 있다.

스스로 실력 높이기

01 전기력에 대한 설명 중 옳은 것은 ○표, 옳지 않은 것은 ×표 하시오.

(1) 전하들 사이에 작용하는 힘을 말한다. (　　)
(2) 전기장 내에 있는 (−)전하가 받는 전기력의 방향은 전기장의 방향과 반대이다. (　　)
(3) 전기력은 대전된 두 입자의 전하량의 곱에 비례하고, 두 전하 사이의 거리에 반비례한다.
(　　)

02 전하량이 각각 $+q$ 로 동일한 두 전하가 거리 r 만큼 떨어져있는 것을 나타낸 것이다. 이때 두 전하 사이에 작용하는 전기력이 F 라면, 두 전하 사이의 거리가 $\frac{1}{3}r$ 로 줄어들었을 때 두 전하 사이에 작용하는 전기력의 크기는?

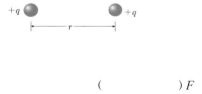

(　　　　) F

03 전하 A가 고정된 (+)전하 B에 의해 오른쪽 방향으로 전기력을 받고 있다. 이때 A가 띠고 있는 전하의 종류를 쓰고, B전하에 의해 A가 있는 곳에 형성된 전기장의 방향을 쓰시오.

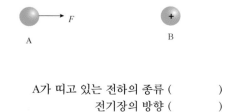

A가 띠고 있는 전하의 종류 (　　　　)
전기장의 방향 (　　　　)

04 금속구 A의 전하량은 +7C이다. 이 금속구 A에 전하량을 알 수 없는 같은 재질과 크기의 금속구 B를 붙였다 떼어놓았더니 각각 +1C의 전하량을 띠게 되었다. 금속구 B의 처음 전하량은?

(　　　　) C

05 전기장의 세기가 8N/C인 균일한 전기장 내에 있는 +7C의 점전하에 작용하는 전기력의 세기는?

(　　　　) N

06 어떤 전하에 의한 전기장 내의 한 부분을 전기력선으로 나타낸 것이다. A와 B에서의 전기장의 크기를 부등호를 이용하여 비교하시오.

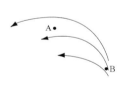

A (　　) B

07 전하의 종류를 알 수 없는 두 점전하 주위의 전기력선을 나타낸 것이다. 두 점전하 A와 B의 전하량의 비는?

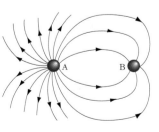

A의 전하량 : B의 전하량 = (　　 : 　　)

08 (＋)로 대전시킨 고무 풍선을 매달아 놓고, (－)로 대전시킨 막대를 고정시킨 금속 막대에 가까이 다가갈 때 고무 풍선과 고정시킨 막대 사이에 작용하는 힘(인력, 척력)을 쓰시오.

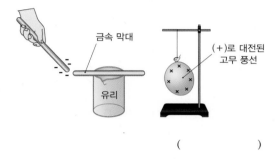

금속 막대

(＋)로 대전된
고무 풍선

유리

(   )

09 어떤 대전체를 도체의 B에 가까이 가져간 상태에서의 도체 내부 전하 분포를 나타낸 것이다. 대전체에 대전된 전하의 종류(㉠)와 도체의 A(㉡)와 B(㉢) 부분이 띠는 전기의 종류를 바르게 짝지은 것은?

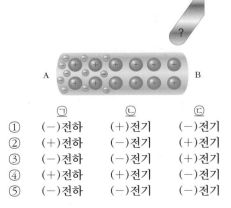

A   B

	㉠	㉡	㉢
①	(－)전하	(＋)전기	(－)전기
②	(＋)전하	(－)전기	(＋)전기
③	(－)전하	(－)전기	(＋)전기
④	(＋)전하	(＋)전기	(－)전기
⑤	(－)전하	(－)전기	(－)전기

10 가벼운 은박지로 만든 도체구 A, B를 매달아 놓은 다음 (－)전기로 대전된 막대를 가까이 가져갔다. 막대를 가져간 상태에서 도체구 A와 B를 떼어놓은 후 막대를 치웠다. 이때 도체구 A에 분포된 전하의 모습으로 옳은 것은?

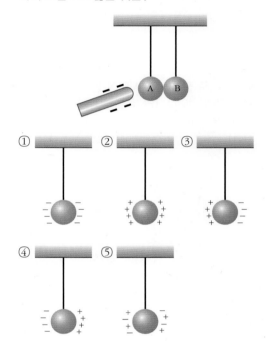

A   B

①   ②   ③

④   ⑤

11 어떤 두 물체를 마찰시킨 후 각각 대전된 상태를 나타낸 것이다. 이에 대한 설명으로 옳은 것은?

(가)   (나)

① (가)는 (－)전기로 대전되었다.
② (나)는 중성 상태가 되었다.
③ (나)에서 (가)로 (＋)전하가 이동하였다.
④ (가)와 (나)에 대전된 전하량은 동일하다.
⑤ 그림은 정전기 유도 현상을 보여주고 있다.

12 진공 속에서 +5C의 전하와 −3C의 전하가 50cm 떨어져 있다. 이때 한 전하가 다른 전하에 의해 받는 전기력의 크기는? (진공 중 쿨롱 상수 k 를 포함시키시오.)

(   ) N

[13-14] 두 전하 A, B 사이에 형성된 전기장을 전기력선으로 나타낸 것이다. (단, a 점과 c 점이 전하 A, B로부터 떨어져 있는 거리는 각각 같다.)

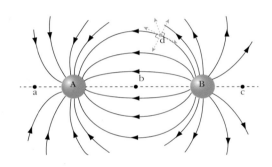

13 그림에 대한 설명으로 옳은 것은?

① 점 a의 전기장이 점 c의 전기장보다 세다.
② A와 B는 같은 종류의 전하로 대전되어 있다.
③ 점 b 위치에 (+)전하를 놓으면 등가속도 운동을 한다.
④ 점 a 위치에 (+)전하를 놓으면 왼쪽으로 전기력을 받는다.
⑤ 점 c 위치에 (−)전하를 놓으면 왼쪽으로 전기력을 받는다.

14 d 지점에 놓인 (+)전하의 모습을 확대해 놓은 것이다. 이때 (+)전하가 받는 힘의 방향은?

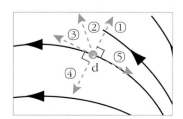

15 +Q 원천 점전하에 의해 발생한 전기장 안에 질량이 m인 전하 a를 놓았더니 오른쪽 그림과 같이 움직였다. 이에 대한 설명으로 옳은 것은?(단, 전하 a 에 작용하는 전기장의 크기는 E 이다.

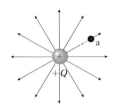

① 전하 a는 (+)전하를 띠고 있다.
② 전하 a는 전기장의 방향과 같은 방향으로 움직이고 있다.
③ 전하 a의 전하량이 q일 때 입자의 가속도 크기 $a = \dfrac{qE}{m}$이다.
④ 전하 a의 질량이 2배가 되면 전하 a의 속도의 변화가 더 크다.
⑤ 전하 a와 다른 종류의 전하를 같은 위치에 놓아도 움직이는 방향은 같다.

16 동일한 모양과 크기, 재질인 금속구 A, B, C가 있다. 이 금속구를 이용하여 다음과 같은 과정대로 실험을 진행하였다. 최종적인 금속구 A, B, C의 전하량이 바르게 짝지어진 것은?(금속구의 최초의 전하량은 A = 10C, B = −14C, C = 30C)

〈 실험 과정 〉

① 금속구 A와 금속구 B를 접촉시킨 후 뗀다.
② ①과정을 거친 금속구 B와 금속구 C를 접촉시킨 후 뗀다.
③ ②과정을 거친 금속구 C를 ①과정을 거친 금속구 A와 접촉시킨 후 뗀다.

	금속구 A	금속구 B	금속구 C
①	−2C	−2C	14C
②	−2C	14C	14C
③	6C	6C	14C
④	6C	14C	6C
⑤	14C	−2C	6C

17 그림 (가)와 같이 (−)로 대전된 검전기 근처에 (+)전기로 대전된 막대를 가까이 가져갈 때와 그림 (나)와 같이 (−)전기로 대전된 막대를 가까이 가져갈 때 검전기의 금속박의 변화를 바르게 짝지은 것은?

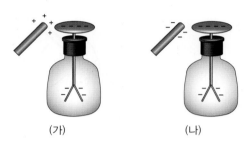

(가)　　　　(나)

	(가)	(나)
①	더 벌어진다	오므라든다
②	오므라든다	더 벌어진다
③	더 벌어진다	더 벌어진다
④	오므라든다	오므라든다
⑤	더 벌어지다 오므라든다	그대로이다.

18 검전기를 이용하여 다음과 같은 실험을 진행하였다. 이때 빈칸에 알맞은 말이 바르게 짝지어진 것은?

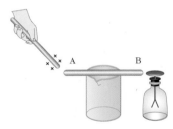

〈 실험 과정 〉
① 금속 막대를 절연체 위에 고정시킨다.
② 금속 막대 B와 가깝게 검전기를 둔다.
③ 금속 막대 A에 (+)전기로 대전된 막대를 가까이 한다.
④ 검전기의 금속박은 (㉠)전하로 대전되어 (㉡)
⑤ 금속 막대 대신 유리 막대를 놓은 후 ② ~ ③의 과정을 반복한다.
⑥ 검전기의 금속박은 (㉢)

	㉠	㉡	㉢
①	(+)	오므라든다	벌어진다
②	(−)	벌어진다	오므라든다
③	(+)	벌어진다	벌어진다
④	(−)	벌어진다	벌어진다
⑤	(+)	오므라든다	오므라든다

19 작은 스타이로폼 공 4개를 얇은 금속박으로 싸서 그림처럼 매달고 다음과 같이 실험해 보았다. (단, 털가죽으로 문지른 에보나이트 막대는 (−)전기를 띤다.)

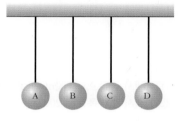

(가) 털가죽으로 문지른 에보나이트 막대를 가까이 가져갔더니 A는 멀어지고 B, C, D는 끌려왔다.
(나) 공 B를 A, C, D에 가까이 하였더니 모두 끌려왔다.
(다) 공 C를 A, B, D에 가까이 하였더니 A, B는 끌려왔으나 D는 움직이지 않았다.

다음 결과를 이용하여 A, B, C, D가 대전된 전하의 종류를 바르게 짝지은 것은?

	A	B	C	D
①	(−)전하	0	(+)전하	(+)전하
②	(+)전하	(+)전하	(−)전하	(−)전하
③	(−)전하	0	(+)전하	0
④	(−)전하	(+)전하	0	0
⑤	(−)전하	(+)전하	(−)전하	(+)전하

20 모양과 크기가 같은 금속구 A, B, C가 있다. A와 B는 같은 전하량으로 대전되어 있고, C는 대전되어 있지 않았다. B와 C를 접촉시켰다가 떼어 놓은 후 A와 B, B와 C 사이의 거리를 같게 하였다. 이때 A와 B 사이에 작용하는 힘을 F_1, B와 C 사이에 작용하는 힘을 F_2라고 한다면, $F_1 : F_2$는?

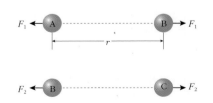

① 1 : 1　　② 1 : 2　　③ 1 : 4
④ 2 : 1　　⑤ 4 : 1

21 전하량이 +9C, +1C인 점전하 A, B가 일직선상에 놓여있다. 두 지점 사이의 거리는 80cm이다. 두 지점 사이의 직선 상에서 전기장의 세기가 0이 되는 곳은?

① A에서 왼쪽으로 20cm 인 곳
② A에서 오른쪽으로 20cm인 곳
③ A에서 왼쪽으로 60cm인 곳
④ A에서 오른쪽으로 60cm인 곳
⑤ A와 B의 중간 지점인 40cm인 곳

22 중성 상태의 검전기에 (−)전하로 약하게 대전된 에보나이트 막대를 금속판에 가까이 가져간 후 검전기를 접지시켰다. 이에 대한 설명으로 옳은 것만을 〈보기〉에서 있는 대로 고른 것은?

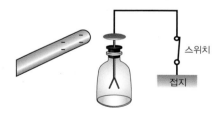

─────〈 보기 〉─────
ㄱ. 검전기를 접지시키기 전에 금속판은 (−)전기를 띠게 된다.
ㄴ. 검전기를 접지시키기 전에 금속박은 (+)전기를 띠고 벌어진다.
ㄷ. 그림처럼 검전기를 접지시키면 금속박의 (−)전기가 접지를 통해 빠져나가 금속박이 오므라든다.
ㄹ. 이후 스위치를 열고 에보나이트 막대를 치우면 금속박은 (+)전기를 띠고 벌어진다.

① ㄱ, ㄴ   ② ㄴ, ㄷ   ③ ㄷ, ㄹ
④ ㄱ, ㄴ, ㄷ   ⑤ ㄴ, ㄷ, ㄹ

23 전기를 띠지 않는 종잇조각도 대전된 유리막대에 이끌린다. 이러한 사실을 설명하기 위해 필요한 과학적 사실만을 〈보기〉에서 있는 대로 고른 것은?

[수능 기출 유형]

유리 막대

종잇조각

─────〈 보기 〉─────
ㄱ. 중성인 종잇조각도 대전된 물체에 가까이 가져가면 (−)전기를 띠는 부분과 (+)전기를 띠는 부분이 생긴다.
ㄴ. 서로 같은 부호의 전하 사이에는 척력이 작용하며, 다른 부호의 전하 사이에는 인력이 작용한다.
ㄷ. 두 점전하 사이의 전기력의 세기는 전하 간의 거리가 가까우면 강하고, 멀면 약하다.
ㄹ. 전하의 움직임으로 전류가 생기면 주변에 자기장이 생긴다.

① ㄱ, ㄴ   ② ㄱ, ㄷ   ③ ㄴ, ㄹ
④ ㄱ, ㄴ, ㄷ   ⑤ ㄱ, ㄴ, ㄹ

24 검전기에서 다음 그림과 같이 금속판을 여러 가지 재료로 바꾸어 보았다. 동일한 양으로 대전된 대전체를 금속판에 가까이 가져갔을 때 금속박이 가장 적게 벌어지는 것은? [수능 기출 유형]

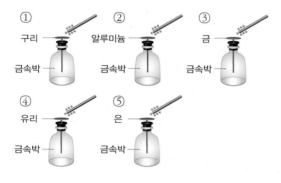

① 구리 금속박 ② 알루미늄 금속박 ③ 금 금속박
④ 유리 금속박 ⑤ 은 금속박

심화

25 전하의 종류를 알 수 없는 두 대전된 도체구 A와 B 주위의 전기력선을 나타낸 것이다. 두 도체구를 접촉시켰다가 떼어 낸 후 도체구 A와 B 주위의 전기력선을 그리고, 도체구 A와 B 에 대전된 전하의 종류를 각각 쓰시오. (단, 두 도체구의 재질과 크기는 서로 같다.) [수능 기출 유형]

26 그림 (가)는 수평면 위에 (+)전하로 대전된 전하량이 Q인 물체가 용수철 상수 k인 용수철에 연결되어 정지해 있는 것을 나타낸 것이다. 그림 (나)는 그림 (가)의 상태에서 오른쪽 방향으로 크기가 E인 균일한 전기장이 걸렸을 때, 용수철이 d 만큼 늘어나 물체가 힘의 평형 상태로 정지해 있는 모습을 나타낸 것이다. 용수철이 늘어난 길이 d 는? [수능 기출 유형]

〈 조건 〉

- 전기장이 E인 경우 전하 Q는 전기장의 방향으로 QE의 힘을 받는다.
- 용수철은 탄성 한계 내에서 늘어났다.
- 물체의 전하량은 일정하다.
- 용수철의 질량과 모든 마찰은 무시한다.

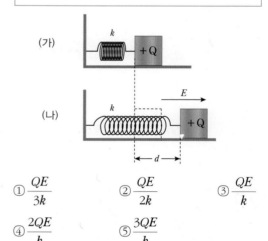

(가)

(나)

① $\dfrac{QE}{3k}$ ② $\dfrac{QE}{2k}$ ③ $\dfrac{QE}{k}$
④ $\dfrac{2QE}{k}$ ⑤ $\dfrac{3QE}{k}$

스스로 실력 높이기

27 대전된 도체구 A와 (+)전하 B가 거리 d 만큼 떨어져서 놓여 있다. 다음 중 옳은 것만을 〈보기〉에서 있는 대로 고른 것은?

[한국물리올림피아드 기출 유형]

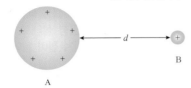

───〈 보기 〉───

ㄱ. d 가 증가하면 B가 받는 힘이 감소한다.
ㄴ. d 와 관계없이 A의 전하 분포는 일정하다.
ㄷ. A와 B에 작용하는 힘은 척력이다.

① ㄱ   ② ㄴ   ③ ㄴ, ㄷ
④ ㄱ, ㄷ   ⑤ ㄱ, ㄴ, ㄷ

28 그림 (가)와 같이 크기와 모양이 같은 스타이로폼 공에 은박지를 싼 가벼운 두 공 A, B가 기울어진 채 힘의 평형을 이루고 있다. 두 공을 접촉시켰다가 놓았더니 그림 (나)와 같은 상태가 되었다. 이 결과로 알 수 있는 것만을 〈보기〉에서 있는 대로 고르시오.

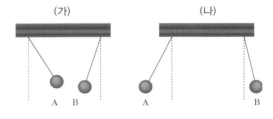

───〈 보기 〉───

ㄱ. 처음 상태 (가)에서 공 A의 전하량이 공 B의 전하량보다 크다.
ㄴ. 처음 상태 (가)에서 두 공은 서로 같은 종류의 전기를 띠고 있다.
ㄷ. 공 A의 질량이 공 B의 질량보다 작다.
ㄹ. 접촉 후 두 공은 서로 같은 종류의 전기를 띠게 되었다.

(   )

29 도체구 A에 도체구 B와 C를 각각 가까이 하였더니 A와 B, A와 C 사이에 미는 전기력이 작용하였다. 다음 그래프는 각 경우에 도체구 사이의 전기력과 $\dfrac{1}{(거리)^2}$ 과의 관계를 나타낸 것이다. 이에 대한 설명으로 옳은 것만을 〈보기〉에서 있는 대로 고른 것은?

[수능 기출 유형]

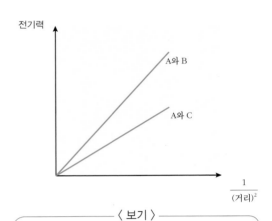

───〈 보기 〉───

ㄱ. B의 전하량이 C보다 크다.
ㄴ. B와 C는 같은 종류의 전하로 대전되어 있다.
ㄷ. 거리가 2배가 되면 전기력의 크기는 $\dfrac{1}{2}$ 배가 된다.

① ㄱ   ② ㄴ   ③ ㄱ, ㄴ
④ ㄴ, ㄷ   ⑤ ㄱ, ㄴ, ㄷ

30 정사각형의 각 꼭지점마다 점전하 A, B, C, D가 놓여있다. 이때 정사각형의 중심 O에서 전기장의 방향은?(각각의 전하량은 A = +6C, B = +2C, C = +2C, D = −2C 이다.

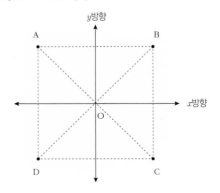

① +x 방향   ② −x방향   ③ +y방향
④ −y 방향   ⑤ 지면으로 나오는 방향

정답 및 해설 55쪽

31 그림 (가)와 (나)는 각각의 균일한 전기장 속에 전하량이 −2Q인 전하 A와 전하량이 +Q인 전하 B가 놓여 있는 것을 나타낸 것이다. 이때 두 전하 A와 B에 작용하는 전기력은 크기와 방향이 서로 같다. 이에 대한 설명으로 옳은 것만을 〈보기〉에서 있는 대로 고른 것은?

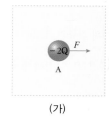

(가)

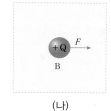

(나)

〈 보기 〉

ㄱ. (가)에서 전기장의 방향은 왼쪽이다.
ㄴ. 전기장의 세기는 (나)가 (가)보다 크다.
ㄷ. 전하 B가 (가)의 전기장 내에 있더라도 전하 B에 작용하는 전기력은 변하지 않는다.
ㄹ. 두 전하 A와 B를 (나)의 전기장 속에 함께 놓아두면 두 전하 사이에 인력이 작용한다.

① ㄱ, ㄴ   ② ㄴ, ㄷ   ③ ㄷ, ㄹ
④ ㄱ, ㄴ, ㄹ   ⑤ ㄴ, ㄷ, ㄹ

32 대전되지 않은 넓은 금속판의 오른쪽에 전하 A를 가까이 하였을 때 만들어진 전기력선을 나타낸 것이다.

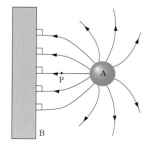

(1) 전하 A가 띠고 있는 전하의 종류와 금속판의 표면 B가 띠게 된 전하의 종류를 각각 쓰시오.

전하 A (   )
금속판 표면 B (   )

(2) 금속판을 없앴을 때 P점에서의 전기장의 세기의 변화에 대하여 쓰시오.

1. 전류와 전압

(1) 전류 : 전하가 일정한 방향으로 흐르는 것을 전류라고 한다.
① **전류의 방향** : 전지의 (+)극에서 (−)극으로 흐르며, 이는 전자의 이동 방향과 반대이다.
② **전류의 세기** : 1초 동안 도선의 한 단면을 지나는 전하의 양으로 나타낸다.

$$I = \frac{Q}{t} \qquad I : 전류[A], \ Q : 전하량[C], \ t : 시간[s, 초]$$

③ **전류의 단위** : A[암페어], mA[밀리암페어]

> 1A = 1초 동안 도선의 한 단면을 6.25×10^{18}개의 전자가 지나갈 때의 전류의 세기
> = 1초 동안 1C의 전하량이 도선의 한 지점을 지나갈 때의 전류의 세기

(2) 전하량 보존 법칙과 전류 : 도선에 흐르는 전하의 양(전하량)은 일정하게 유지된다.

$$전하량 = 전류의 세기 \times 시간 , \quad Q = It \ [C(쿨롬)]$$

(3) 전류의 세기와 전자의 이동 속도와의 관계

> · 도선의 단면적 A　　　 · 도선의 부피 = Al
> · 단위 부피당 전자수 n
> · 자유 전자의 전하량 e (=1.6×10^{-19})C
> · 자유 전자가 도선을 이동하는 데 걸린 시간 t

> · 길이 l 인 도선을 통과한 자유 전자의 수 = nAl
> · 길이 l 인 도선의 단면을 통과한 자유 전자의 총 전하량 = $nAle$
> · 길이 l 인 도선을 통과하는 전자의 이동 속도 $v = \dfrac{l}{t}$ 일 때
>
> $$I = \frac{Q}{t} = \frac{nAle}{t} = nAev$$

(4) 전압 : 닫힌 전기 회로에서 전류를 흐르게 하는 능력을 전압이라고 한다.
① 두 전하 분포 사이의 전위차이며, 전압이 걸려있다고 표현한다.
② **전압의 단위** : V[볼트]
③ **전압 강하** : 전류는 전위차(전압)에 의해 전위가 높은 곳에서 낮은 곳으로 흐른다. 이때 전류가 저항을 통과하면 전위가 낮아지는데 이를 **전압 강하**라고 한다.
④ **전지의 연결과 전압**

직렬 연결	$V = V_a + V_b + V_c$ 전지의 갯수가 늘수록 전압이 비례하여 증가한다.	병렬 연결	$V = V_a = V_b = V_c$ 전지의 갯수가 늘어도 전압은 전지 1개의 전압과 같다.

개념확인 1

도선의 한 지점을 1초 동안 3.125×10^{18}개의 전자가 통과하였을 때 이 도선에 흐르는 전류의 세기는?

(　　　　)A

확인+1

단면적이 S, 길이가 l 인 도선에 전자들이 평균 속력 v 로 이동하고 있다. 도선의 단위 부피당 전자수를 n, 자유 전자의 전하량을 e 라고 할 때, 전류의 세기를 각 기호를 이용하여 나타내시오.

(　　　　)

왼쪽 사이드바

● 전구의 연결 방법과 전류

직렬 연결

$I = I_a = I_b = I_c$,
$Q = Q_a = Q_b = Q_c$
회로 전체에 동일한 세기의 전류가 흐른다

병렬 연결

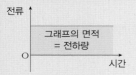

$I = I_a = I_d$, $I_b + I_c = I$,
$Q_b + Q_c = Q$
회로 전체에 흐르는 전류는 I_b와 I_c로 나누어져 흐른다.

● 전류-시간 그래프와 전하량

시간에 따른 전류의 변화를 나타낸 그래프에서 그래프가 이루는 면적은 전하량과 같다.

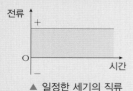

● 직류와 교류

직류(D.C. : Direct Current)는 건전지와 같이 회로에 흐르는 전류의 방향과 세기가 일정한 것을 말한다.
교류(A.C. : Alternating Current)란 가정용 전원과 같이 전류의 세기와 방향이 주기적으로 변하는 것을 말한다. 우리나라의 경우 1초 동안 전류의 흐르는 방향이 60회 변하는 60Hz교류를 사용한다.

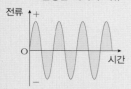

▲ 일정한 세기의 직류

▲ 세기와 방향이 변하는 교류

미니사전

전위차 [電 전기 位 위치 差 다르다] 두 점 사이의 전위의 차로 한 점에서 다른 한 점으로 단위 (+)전하가 이동하는 데 필요한 일과 같다.

2. 전기 저항과 비저항

(1) **전기 저항** : 전류가 흐를 때 전류의 흐름을 방해하는 정도를 전기 저항이라고 한다.
  ① **전기 저항이 생기는 이유** : 자유 전자가 이동하면서 고정되어 있는 원자와 충돌하기 때문이다.
  ② **전기 저항의 단위** : Ω[옴]

(2) **전기 저항에 영향을 주는 요인들**
  ① **물질의 종류** : 물질의 종류에 따라 자유 전자의 수와 고정된 원자의 배열 상태가 다르기 때문에 전자들의 충돌 정도가 달라지므로 전기 저항값이 달라진다.
  ② **저항체의 길이** : 같은 종류의 물질로 이루어진 저항체일 때 저항체의 길이가 길수록 전기 저항은 커진다.
  ③ **저항체의 굵기** : 같은 종류의 물질로 이루어진 저항체일 때 저항체의 굵기가 굵을수록 전기 저항은 작아진다.

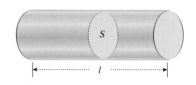

$$R = \rho \frac{l}{S} \qquad R : \text{저항}[\Omega], \rho : \text{비저항}[\Omega m], l : \text{길이}[m], S : \text{단면적}[m^2]$$

  ④ **온도** : 같은 종류의 물질로 이루어진 저항체일 때 도체의 경우 온도가 높을수록 전기 저항이 커지며, 부도체의 경우 전기 저항이 작아진다. 이는 물질에 따른 비저항의 차이 때문이다.

(3) **비저항(고유 저항)** : 단위 단면적 당, 단위 길이당 저항(길이가 1m, 단면적이 $1m^2$ 일 때의 전기 저항)으로 물질마다 고유한 값을 갖는다.
  ① **도체** : 온도가 높아질수록 물질의 비저항은 증가한다. → 전기 저항 증가
  ② **부도체** : 온도가 높아질수록 물질의 비저항은 작아진다. → 전기 저항 감소

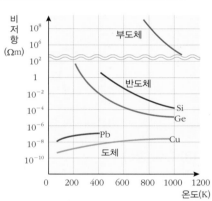

▲ 온도에 따른 물질의 비저항

(4) **비저항에 따른 물질의 구분**
  ① **도체** : 비저항이 작아 전류가 잘 흐르는 물질로 대부분 금속이다.
  ② **부도체(절연체)** : 비저항이 커서 전류가 잘 흐르지 않는 물질로 대부분 비금속이다.
  ③ **반도체** : 비저항이 도체와 부도체의 중간 정도인 물질로 대표적으로 규소와 저마늄이 있다. 온도가 낮을 때는 전류가 흐르지 않지만, 온도가 높아지면 전류가 흐르는 성질이 있다.
  ④ **초전도체** : 매우 낮은 온도에서 전기 저항이 0에 가까워지는 현상인 초전도 현상이 나타나는 물질로 나이오븀, 바나듐 등이 있다.

개념확인2

정답 및 해설 58쪽

길이가 1m이고 단면적이 $1mm^2$ 인 구리선의 전기 저항이 1Ω이라면, 길이가 3m이고, 단면적이 $6mm^2$인 구리선의 전기 저항은?

( )Ω

확인+2

길이가 l 이고 단면적이 S 인 도선의 저항이 R 일 때, 이 도선을 균일하게 잡아당겨서 길이를 $2l$ 로 늘였다면 저항값은?

( )R

저항에 영향을 주는 요인들

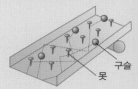

빗면	도선
기울기	전압
구슬	전자
못	원자
구슬의 흐름	전류
못과 구슬 충돌	저항

① 빗면이 길어질수록 구슬이 못과 충돌하는 경우가 늘어나는 것과 같이 도선의 길이가 길어질수록 저항은 커진다.
② 빗면이 넓어질수록 구슬이 못과 충돌하는 경우가 줄어드는 것과 같이 도선의 단면적이 커질수록 저항은 작아진다.

실온(20℃)에서 물질의 비저항

물질		비저항 ρ (Ωm)
도체	은	1.62×10^{-8}
	구리	1.69×10^{-8}
	금	2.35×10^{-8}
	알루미늄	2.75×10^{-8}
	철	9.68×10^{-8}
반도체	실리콘	2.50×10^{3}
	저마늄	4.60×10^{-1}
부도체	유리	$10^{10} \sim 10^{14}$
	PET	$10.0 \sim 10^{20}$
	수정	$\sim 10^{16}$

초전도체의 저항–온도 그래프

저항이 0이 되는 온도를 임계 온도(T_C)라고 하며, 임계 온도 이하가 되면 초전도 현상이 일어난다.

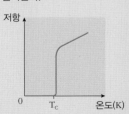

미니사전

저항체 [抵 막다 抗 막다 – 체] 전기 저항을 갖는 물체

3. 옴의 법칙

기전력

전기를 일으키는 능력이라는 뜻으로 힘을 의미하는 것이 아니라 전지의 두 극 사이에 생기는 전위차를 의미한다. 전압과 같은 의미로 사용되며, 단위 전하당 공급할 수 있는 에너지를 나타낸다.

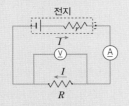

그림과 같은 전지의 기전력은

$$E = IR + Ir$$

E : 기전력
I : 회로 전류
IR : 단자 전압
Ir : 전지 내부 저항에 의한 전압 강하

(1) 전기 회로도에서의 전압, 전류, 저항

· 전지의 전체 전압 V = 저항 R 의 양끝 사이의 전압 V
· 전류는 전지의 (+)극에서 (−)극으로 회로 전체에 일제히 흐른다.

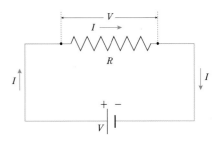

(2) 옴의 법칙 : 전기 회로에서 전류, 전압, 저항 사이의 관계에 관한 법칙이다.

$$I = \frac{V}{R} \ , \ V = IR \ , \ R = \frac{V}{I}$$

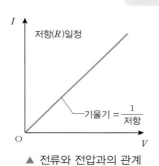

▲ 전류와 전압과의 관계

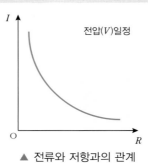

▲ 전류와 저항과의 관계

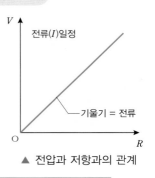

▲ 전압과 저항과의 관계

전기 회로에 흐르는 전류(I)는 전압(V)에 비례하고, 저항(R)에 반비례한다.

(3) 전압 강하

저항 R 의 양끝 a와 b의 전압을 각각 V_a, V_b라고 할 때, a와 b 사이의 전위차는 다음과 같다.
$$V_a - V_b = IR \ \rightarrow \ V_b = V_a - IR$$
즉, 점 b의 전압은 점 a보다 IR 만큼 전압이 낮아졌다. 여기서 IR 을 저항 R에 의한 **전압 강하**라고 한다.

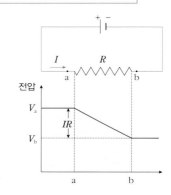

개념확인 3

전기 저항이 15Ω 인 니크롬선에 3V의 전압을 걸어 주었다. 이 회로에 흐르는 전류의 세기는?

(   )A

확인+3

전기 회로도 상에 두 점 a와 b가 있다. 다음 빈칸에 알맞은 말을 쓰시오.

3V 전압이 걸려있는 6Ω의 저항의 ( )점에서 ( )점으로 전압 강하가 ( )V 일어났다.

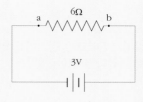

미니사전

합성 저항 [合 합하다 成 이루다 – 저항] 전기 회로에서 여러 개의 연결된 저항들을 같은 효과를 내는 하나의 저항으로 봤을 때의 저항

4. 저항의 연결

(1) 저항의 직렬 연결과 병렬 연결

	직렬 연결*	병렬 연결**
회로도	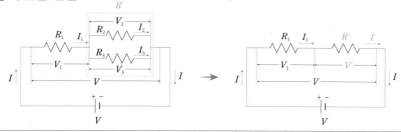	
전압	$V = V_1 + V_2$ 전체 전압과 각 저항에 걸리는 전압의 합은 같다.	$V = V_1 = V_2$ 전체 전압과 각 저항에 걸리는 전압은 같다.
전류	$I = I_1 = I_2$ 각 저항에 흐르는 전류는 전체 전류와 같다.	$I = I_1 + I_2$ 전체 전류와 각 저항에 걸리는 전류의 합은 같다.
합성 저항	$R = R_1 + R_2$ 합성 저항은 각 저항의 합과 같다.	$\dfrac{1}{R} = \dfrac{1}{R_1} + \dfrac{1}{R_2}$, $R = \dfrac{R_1 \times R_2}{R_1 + R_2}$ 합성 저항의 역수는 각 저항의 역수의 합과 같다.

(2) 저항의 혼합 연결

합성 저항을 구할 때는 병렬 연결된 부분을 하나의 저항으로 보고 저항값을 구한다.

→ R_2와 R_3 두 저항의 합성 저항을 R'이라고 하면, $\dfrac{1}{R'} = \dfrac{1}{R_2} + \dfrac{1}{R_3}$, $R' = \dfrac{R_2 \times R_3}{R_2 + R_3}$

→ R_1과 R' 두 저항의 합성 저항을 R(전체)이라고 하면, $R(전체) = R_1 + R' = R_1 + \dfrac{R_2 \times R_3}{R_2 + R_3}$

→ $I(전체) = I_1 = I' = I_2 + I_3$, $V(전체) = V_1 + V' = V_1 + V_2 = V_1 + V_3$ $(V' = V_2 = V_3)$

개념확인 4

정답 및 해설 **58쪽**

빈칸에 알맞은 말을 고르시오.

저항을 직렬로 연결하면 합성 저항은 (㉠ 커지고 , ㉡ 작아지고), 저항을 병렬로 연결하면 합성 저항은
(㉠ 커 , ㉡ 작아)진다.

확인+4

오른쪽과 같이 저항이 연결되어 있을 때 합성 저항을 구하시오.

(   )Ω

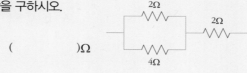

저항의 직렬 연결*시 합성 저항

저항을 직렬로 연결하면 저항체의 길이가 길어지는 것과 같다. → 전체 저항 증가

$$V = V_1 + V_2$$

$$V_1 = I_1 R_1 = IR_1,$$
$$V_2 = I_2 R_2 = IR_2$$

→ $IR = I_1 R_1 + I_2 R_2$

→ $IR = I(R_1 + R_2)$

∴ $R(합성 저항) = R_1 + R_2$

$V_1 : V_2 = R_1 : R_2$ (비례)

직렬 회로의 이용

크리스마스 트리의 전구들은 직렬로 연결되어 있다.

저항의 병렬 연결**시 합성 저항

저항을 병렬로 연결하면 저항체의 단면적이 넓어지는 것과 같다. → 전체 저항 감소

$$I = I_1 + I_2$$

$$I_1 = \dfrac{V_1}{R_1} = \dfrac{V}{R_1}$$

$$I_2 = \dfrac{V_2}{R_2} = \dfrac{V}{R_2}$$

→ $\dfrac{V}{R} = \dfrac{V_1}{R_1} + \dfrac{V_2}{R_2}$

→ $\dfrac{V}{R} = V\left(\dfrac{1}{R_1} + \dfrac{1}{R_2}\right)$

∴ $R(합성 저항) = \dfrac{R_1 \times R_2}{R_1 + R_2}$

$I_1 : I_2 = R_2 : R_1$ (반비례)

병렬 회로의 이용

가정용 가전 제품들은 같은 전압이 걸리도록 병렬로 연결한다.

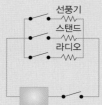

선풍기
스탠드
라디오

01 동일한 전구 2개를 오른쪽 그림과 같이 연결하였다. 이 전기 회로도의 ㉡지점의 전류계의 눈금이 2A였다면, ㉠, ㉢ 지점에 연결된 각 전류계의 눈금과 1분 동안 각각의 지점을 통과한 전하량을 바르게 짝지은 것은?

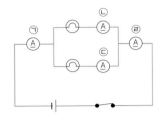

	㉠	㉢		㉠	㉢
①	2A, 2C	2A, 2C	②	2A, 120C	2A, 120C
③	4A, 4C	2A, 2C	④	4A, 240C	2A, 120C
⑤	4A, 4C	4A, 4C			

02 길이가 l 인 도선에 전류가 흐르고 있는 것을 나타낸 것이다. 이에 대한 설명으로 옳은 것은?

· 도선의 단면적 S · 단위 부피당 전자수 n
· 자유 전자의 전하량 e
· 자유 전자가 도선을 이동하는 데 걸린 시간 t

① 전류는 A에서 B로 흐르고 있다.
② 전류의 세기는 $nSle$로 나타낼 수 있다.
③ 주어진 자료만으로는 전자의 이동 속도를 알 수 없다.
④ 도선을 통과한 자유 전자의 수는 nS로 나타낼 수 있다.
⑤ 도선의 단면을 통과한 자유 전자의 총 전하량은 $nSle$로 나타낼 수 있다.

03 길이가 각각 10cm, 30cm, 20cm이고, 단면적이 $2cm^2$, $3cm^2$, $4cm^2$인 같은 물질로 만들어진 원통형 도선 A, B, C가 있다. 도선 A의 저항이 20Ω 일 때 도선 B와 C의 저항은 각각 얼마인가?

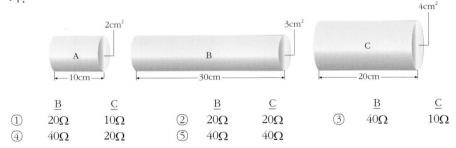

	B	C		B	C		B	C
①	20Ω	10Ω	②	20Ω	20Ω	③	40Ω	10Ω
④	40Ω	20Ω	⑤	40Ω	40Ω			

04 재질과 단면적이 같은 세 니크롬선 A, B, C에 걸리는 전류와 전압의 관계를 측정하여 나타낸 것이다. 세 도선의 길이의 비 A : B : C 는?

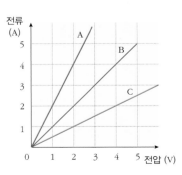

A : B : C = (:   :   )

05 오른쪽과 같이 회로를 꾸미고 스위치를 닫았을 때 전압계의 눈금이 6V, 전류계의 눈금이 0.5A 였을 때 저항은 얼마인가?

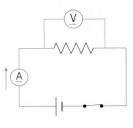

① 3Ω   ② 6Ω   ③ 9Ω   ④ 12Ω   ⑤ 15Ω

06 1.5V 전지 3개를 5Ω의 저항에 연결하였을 때 저항에 흐르는 전류의 세기는?

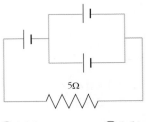

① 0.3A   ② 0.6A   ③ 0.9A   ④ 1.2A   ⑤ 1.5A

07 1Ω의 저항과 2Ω의 저항을 연결하여 6V전원에 연결하였다. 이때 A-B 사이의 전압은?

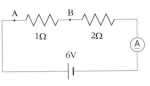

① 1V   ② 2V   ③ 3V   ④ 4V   ⑤ 5V

08 2Ω, 4Ω, 4Ω의 저항이 연결되어 있을 때 합성 저항은?

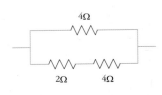

① 0.6Ω   ② 1.2Ω   ③ 2.4Ω   ④ 4.8Ω   ⑤ 9.6Ω

[유형10-1] 전류와 전압

전기 회로에서 C점에 흐르는 전류는 1A이고, D점을 흐르는 전류는 5A였다.

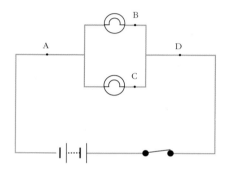

(1) A점과 B점을 2분 동안 통과한 전하량은 각각 몇 C인가?

A점 (   ) C , B점 (   ) C

(2) A점과 B점을 4초 동안 통과하는 전자의 개수는 몇 개 인가? (단, 1C은 6.25×10^{18}개의 전자가 가지는 전하량이며, 소수점 둘째 자리까지 나타낸다.)

A점 (   ) 개 , B점 (   ) 개

01 시간에 따른 전류의 변화량을 나타낸 것이다. 다음과 같이 전류가 흐를 때 9초 동안 회로의 한 단면을 지나간 전하량은?

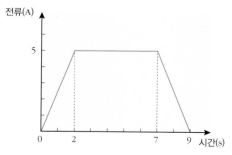

① 25C   ② 35C   ③ 45C
④ 70C   ⑤ 90C

02 〈보기〉의 전류와 전압과 관련된 설명 중 옳은 것만을 있는 대로 고른 것은?

─────〈 보기 〉─────
ㄱ. 1C의 전하량이 되기 위해서는 전자 6.25×10^{18}개가 필요하다.
ㄴ. 도선을 통과한 전하량과 전류는 비례한다.
ㄷ. 전류는 저항을 통과하면 전위가 높아진다.
ㄹ. 전류는 흐른다고 하고, 전압은 두 점 사이에 걸려있다고 표현한다.

① ㄴ, ㄷ   ② ㄱ, ㄴ, ㄷ   ③ ㄱ, ㄴ, ㄹ
④ ㄱ, ㄷ, ㄹ   ⑤ ㄴ, ㄷ, ㄹ

[유형10-2] 전기 저항과 비저항

네 가지 물질의 온도에 따른 비저항의 변화를 나타낸 것이다. 각 그래프에 해당하는 물질이 바르게 짝지어진 것은?

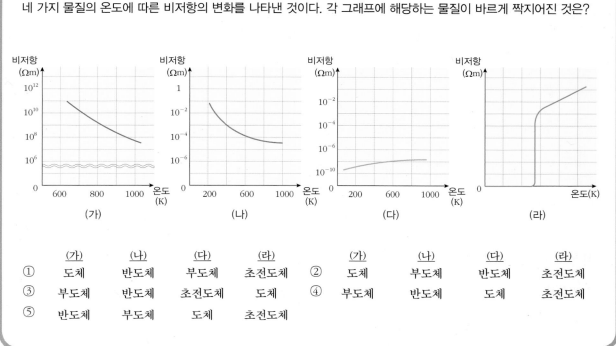

	(가)	(나)	(다)	(라)		(가)	(나)	(다)	(라)
①	도체	반도체	부도체	초전도체	②	도체	부도체	반도체	초전도체
③	부도체	반도체	초전도체	도체	④	부도체	반도체	도체	초전도체
⑤	반도체	부도체	도체	초전도체					

03 그림 (가)는 단면적이 a와 b이고 길이는 l 인 두 구리 도선을 붙여 놓은 것이고, 그림 (나)는 길이가 $2l$ 이고 단면적은 알 수 없지만 재질은 그림 (가)와 같은 구리 도선을 나타낸 것이다. 이때 두 경우 모두에 동일한 세기의 전류를 흘려보내 주었더니 저항이 같게 나타났다면 그림 (나)의 구리 도선의 단면적 S 는?

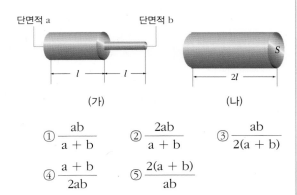

(가)   (나)

① $\dfrac{ab}{a+b}$ ② $\dfrac{2ab}{a+b}$ ③ $\dfrac{ab}{2(a+b)}$

④ $\dfrac{a+b}{2ab}$ ⑤ $\dfrac{2(a+b)}{ab}$

04 단면적이 S, 길이가 l, 비저항이 ρ인 저항체의 저항이 R 이라고 할 때, 다음 〈보기〉에서 저항이 $4R$ 인 경우를 있는 대로 고른 것은?

〈 보기 〉

ㄱ. 단면적이 S, 길이가 l, 비저항이 4ρ인 저항체

ㄴ. 단면적이 $\dfrac{1}{2}S$, 길이가 $2l$, 비저항이 ρ인 저항체

ㄷ. 단면적이 S, 길이가 $4l$, 비저항이 ρ인 저항체

ㄹ. 단면적이 S, 길이가 l, 비저항이 ρ인 저항체 4개를 병렬 연결할 때의 합성 저항

① ㄱ, ㄴ   ② ㄴ, ㄷ   ③ ㄷ, ㄹ
④ ㄱ, ㄴ, ㄷ   ⑤ ㄴ, ㄷ, ㄹ

[유형10-3] 옴의 법칙

두 저항체 A와 B에 걸리는 전압과 전류의 관계를 나타낸 것이다.

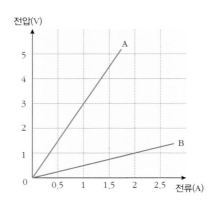

(1) 두 저항체의 저항의 값의 비($R_A : R_B$)는?

(2) 저항체 A의 단면적이 2mm², 길이가 0.1m라면, 저항체 A의 비저항은?

$R_A : R_B = ($ $: $ $)$

$($ $) \Omega \cdot m$

05

두 저항체 A와 B에 걸리는 전압과 흐르는 전류의 관계를 나타낸 것이다. 이에 대한 설명으로 옳은 것은?

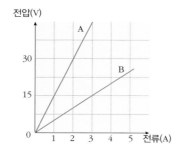

① 저항체 B의 저항은 0.2Ω이다.
② A의 저항이 B의 저항보다 더 작다.
③ A와 B의 단면적이 같다면 B의 길이가 더 짧다.
④ A와 B의 길이가 같다면 A의 단면적이 더 넓다.
⑤ 두 저항체의 양 끝에 같은 전압을 걸어주면 A가 B보다 더 많은 전류가 흐른다.

06

저항을 변화시켜 줄 수 있는 가변 저항기와 전압을 변화시켜 줄 수 있는 가변 전원 그리고 전류계를 연결한 회로를 나타낸 것이다. 가변 저항기의 저항을 일정하게 할 때, 전류계에 흐르는 전류를 전압에 따라 나타낸 그래프로 옳은 것은?

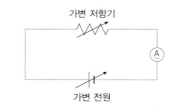

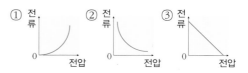

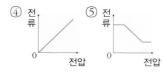

[유형10-4] 저항의 연결

5개의 저항과 전압계, 전류계를 이용하여 다음과 같은 전기 회로를 구성하였다. 회로 전체에 6V의 전압을 걸어준 후 스위치 S를 닫았다. 물음에 답하시오.

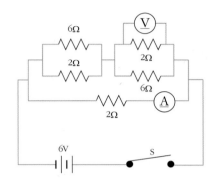

(1) 전기 회로의 합성 저항은?

(   ) Ω

(2) 전류계가 나타내는 전류는?

(   ) A

(3) 전압계가 나타내는 전압은?

(   ) V

07 세 개의 저항을 연결하고 전압을 걸어 주었다. 이때 전류계에 측정된 전류값이 2A였다면 회로에 걸어준 전체 전압은?

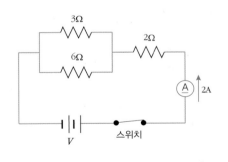

① 1V   ② 2V   ③ 4V
④ 6V   ⑤ 8V

08 저항값이 R 인 저항 3개가 있다. 이를 모두 이용하여 얻을 수 <u>없는</u> 저항값은?

① $\dfrac{1}{3}R$ ② $\dfrac{1}{2}R$ ③ $\dfrac{2}{3}R$

④ $\dfrac{3}{2}R$ ⑤ $3R$

01 저항 5개가 연결되어 있다. 각 저항값이 $R_1 = 1\Omega$, $R_2 = 2\Omega$, $R_3 = 3\Omega$, $R_4 = 4\Omega$, $R_5 = 5\Omega$일 때, 물음에 답하시오.

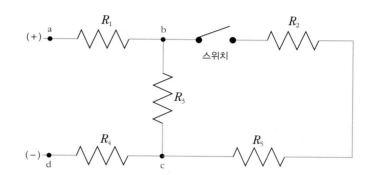

(1) 스위치를 닫았을 때 합성 저항을 구하시오.

(2) 스위치를 열었을 때 합성 저항을 구하시오.

02 저항 5개를 이용하여 회로를 꾸몄다. A와 B 사이의 합성 저항을 구하기 위해서는 직렬 연결 과 병렬 연결을 이용하여 회로의 모양을 변화시켜 줘야 한다. 합성 저항을 구하기 위한 회로 를 그리고, 합성 저항을 구하시오.

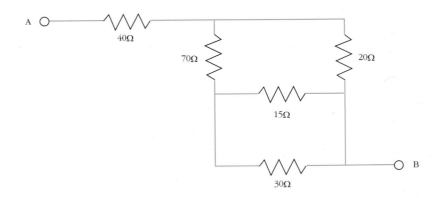

〈 회로를 그려 보시오 〉

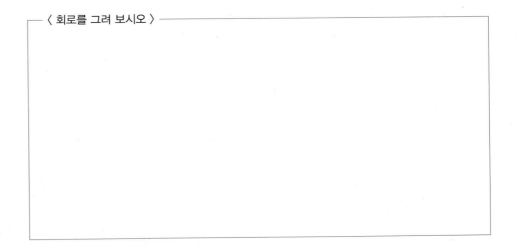

03 어떤 전기 제품을 조사하여 전기 회로도를 그려 보았더니 다음 그림과 같았다. A와 B 사이의 합성 저항을 구하기 위해서는 직렬 연결과 병렬 연결을 이용하여 회로의 모양을 변화시켜줘야 한다. 합성 저항을 구하기 위한 회로를 그리고, A와 B 사이의 합성 저항을 구하시오.

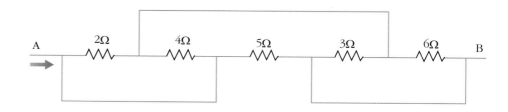

〈 회로를 그려 보시오 〉

04 직육면체의 금속이 있다. 세 변의 길이는 각각 a, b, c이고, a > b > c 이다. 이때 전류를 마주 보는 면으로 흘려 주었을 때 저항이 가장 클 경우와 가장 작을 경우의 저항값의 비를 구하시오.

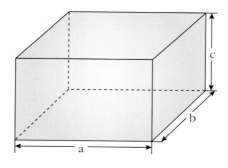

05 회로도로 전류계의 원리를 알아보고자 한다. 전류계의 눈금판인 (가) 부분은 내부저항값이 2Ω이며, 그림처럼 최대 눈금을 가리키기 위해서는 100mA의 전류가 통과해야 한다. S 단자를 (+)로 하여 a, b, c 단자는 각각 최대로 15A, 5A, 500mA의 전류를 측정할 수 있다.

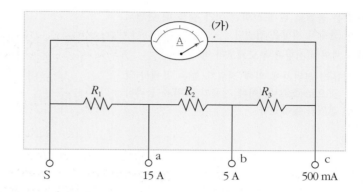

위 회로도가 전류계로서 위의 조건대로 작동하기 위해서 저항값 R_1, R_2, R_3는 각각 얼마이겠는가?

01 전류, 전압, 저항에 대한 설명 중 옳은 것은 ○ 표, 옳지 않은 것은 ×표 하시오.

(1) 도선에 흐르는 전류의 방향과 전자의 이동 방향은 서로 반대이다.   (   )

(2) 1A의 전류가 흐를 때 도선의 한 단면을 1초 동안 6.25×10^{18}개의 전자가 지나간다.   (   )

(3) 같은 물질로 된 도선의 길이가 같을 때 단면적이 클수록 저항은 커진다.   (   )

(4) 도체의 비저항은 부도체보다 작다.   (   )

(5) 전류는 전위차에 의해 전위가 높은 곳에서 낮은 곳으로 흐르며, 이때 전류가 저항을 통과하면 전위가 높아진다.   (   )

02 전류 5A가 4분 동안 도선에 흘렀다. 이 시간 동안 도선의 단면을 통과한 전하량과 전자의 수를 각각 쓰시오.(전자의 전하량 $e = 1.6 \times 10^{-19}$C)

전하량 (   )C, 전자의 수 (   )

03 주어진 자료를 참고로 하여 전류의 세기를 전자의 이동 속도 v 를 이용하여 나타내시오.

· 도선의 단면적 S · 도선의 길이 l
· 단위 부피당 전자수 n
· 자유 전자의 전하량 e
· 자유 전자가 도선을 이동하는 데 걸린 시간 t

$I = ($ $)$

04 동일한 전압의 건전지를 이용하여 전기회로도를 각각 만든 것이다. 전체 전압을 바르게 비교한 것은?

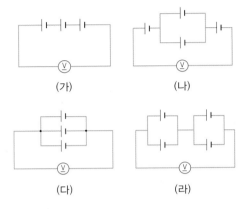

(가)   (나)

(다)   (라)

① (가) > (나) > (다) > (라)
② (가) = (나) > (다) > (라)
③ (가) = (나) > (라) > (다)
④ (가) = (나) = (다) > (라)
⑤ (가) = (나) > (다) = (라)

05 저항이 5Ω인 도선을 일정하게 늘려서 단면적이 처음의 $\frac{1}{3}$ 이 되게 하였다. 이때 전기 저항은?

① 2.5Ω   ② 5Ω   ③ 10Ω
④ 20Ω   ⑤ 45Ω

06 같은 물질로 이루어진 세 도선의 길이와 지름을 각각 나타낸 것이다. 저항이 큰 순서대로 나타내시오.

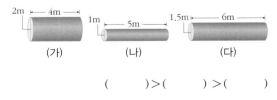

(가)   (나)   (다)

(   ) > (   ) > (   )

07 물체의 비저항에 대한 설명이다. 빈칸에 알맞은 말을 고르시오.

물체의 길이가 (㉠ 1mm ㉡ 1m), 단면적이 (㉠ 1mm² ㉡ 1m²)일 때의 전기 저항을 그 물체의 비저항이라고 한다. 도체는 온도가 높아질수록 비저항이 (㉠ 증가 ㉡ 감소)하고, 부도체는 (㉠ 증가 ㉡ 감소)한다.

08 옴의 법칙을 바르게 나타낸 그래프를 <u>모두</u> 고르시오.

(가)

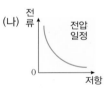
(나)

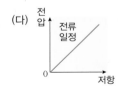
(다)

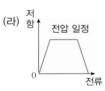
(라)

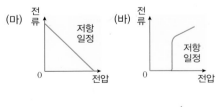
(마)
(바)

(   )

09 두 니크롬선 A와 B에 걸리는 전압에 따른 전류의 세기를 나타낸 것이다. 이에 대한 설명으로 옳은 것만을 〈보기〉에서 있는 대로 고른 것은?

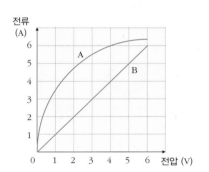

〈 보기 〉

ㄱ. A와 B 모두 옴의 법칙을 만족한다.
ㄴ. B의 저항은 1Ω이다.
ㄷ. 4V에서 A의 저항은 4V에서 B의 저항보다 작다.

① ㄱ   ② ㄴ   ③ ㄷ
④ ㄱ, ㄴ   ⑤ ㄴ, ㄷ

10 저항 3개가 12V의 전원에 연결되어 있다. 이 회로의 합성 저항(A)과 4Ω의 저항에 흐르는 전류의 세기(B)가 바르게 짝지어진 것은?

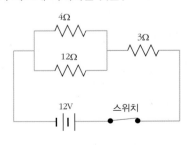

	(A)	(B)		(A)	(B)
①	3Ω	1A	②	6Ω	1A
③	3Ω	1.5A	④	6Ω	1.5A
⑤	6Ω	2A			

11 같은 물질로 만든 길이가 같은 두 도체가 있다. 이 때 그림 (가)는 지름이 1m인 속이 꽉 찬 도선의 단면이고, 그림 (나)는 바깥 지름이 2m, 안쪽 지름이 1m인 속이 빈 도선의 단면이다. 이 두 도선의 저항비를 쓰시오.

(가)

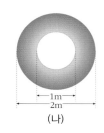

(나)

$$R_{(가)} : R_{(나)} = (\quad : \quad)$$

13 내부 저항 r 이 같은 전지 2개와 저항 1개를 이용하여 그림 (가)는 전지를 직렬 연결한 것이고, 그림 (나)는 전지를 병렬 연결한 것이다. 그림 (가)에 흐르는 전류 I_1이 그림 (나)에 흐르는 전류 I_2의 $\frac{2}{3}$배라고 할 때, 전지의 내부 저항 r 은?

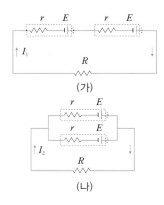

① $\frac{1}{2}R$ ② $1R$ ③ $2R$
④ $3R$ ⑤ $4R$

12 길이가 $2l$, $3l$이고, 단면적이 $2S$, S 인 두 저항 A, B를 병렬 연결한 회로를 나타낸 것이다. 이 회로의 전류계의 바늘이 3A를 가리켰다면, 저항 B에 흐르는 전류는?

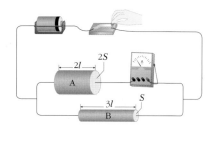

$(\qquad)$A

[14-15] 저항이 7Ω인 저항 2개를 병렬 연결하고 전압계와 전류계를 이용하여 전압과 전류를 측정하려고 한다. 이 때 회로 전체에 걸어준 전압이 21V이다.

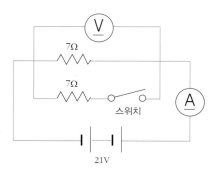

14 스위치를 열었을 때의 전압계가 나타내는 전압(V_A)과 닫았을 때의 전압(V_B)를 바르게 짝지은 것은?

	V_A	V_B		V_A	V_B
①	10.5	10.5	②	10.5	21
③	21	10.5	④	21	21
⑤	10.5	42			

15 스위치를 열었을 때의 전류계가 나타내는 전류(I_A)과 닫았을 때의 전류(I_B)를 바르게 짝지은 것은?

	I_A	I_B		I_A	I_B
①	3	3	②	3	6
③	6	3	④	6	6
⑤	6	9			

16 저항 4개와 전압이 일정한 전원을 이용하여 전기 회로도를 꾸몄다. 이때 스위치를 열었을 때와 닫았을 때의 합성 저항비(R_a : R_b)와 A점에 흐르는 전류비(I_a : I_b)가 바르게 짝지어진 것은?

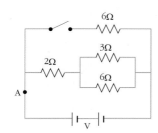

	$R_a : R_b$	$I_a : I_b$		$R_a : R_b$	$I_a : I_b$
①	3 : 5	3 : 5	②	5 : 3	5 : 3
③	3 : 5	5 : 3	④	5 : 3	3 : 5
⑤	3 : 3	5 : 5			

17 전기 회로에서 스위치 S_1만 닫으면 전류계에 2A의 전류가 흐르고, 스위치 S_2만 닫으면 전류계에 3A의 전류가 흐른다. 스위치 S_1과 S_2 모두 닫았을 때 전류계에 흐르는 전류는?

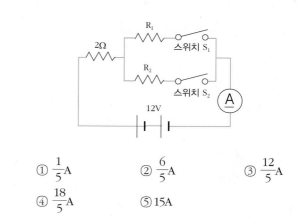

① $\dfrac{1}{5}$A　　② $\dfrac{6}{5}$A　　③ $\dfrac{12}{5}$A

④ $\dfrac{18}{5}$A　　⑤ 15A

18 저항 4개를 연결하고, 300V의 전압을 걸어 주었다. 이때 22Ω의 저항에 걸리는 전압과 24Ω의 저항에 흐르는 전류가 바르게 짝지어진 것은?

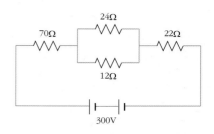

	V	A		V	A
①	24V	1A	②	24V	2A
③	66V	1A	④	66V	2A
⑤	66V	3A			

19 길이가 L, 저항이 R 인 도선이 있었다. 이 도선의 중앙 부분이 끊어져서 그림과 같이 겹치도록 하여 연결한 후 다시 회로에 연결하였다. 다시 연결한 도선의 전체 저항은?(단, 접촉 저항은 무시한다.)

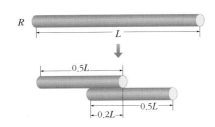

① $0.35R$ ② $0.7R$ ③ $1R$
④ $2R$ ⑤ $4R$

21 저항값이 각각 다른 저항 4개를 전압이 18V로 일정한 전원 장치에 연결하였다. 스위치를 모두 열었을 때 전류계에 흐르는 전류의 세기와 스위치를 모두 닫았을 때의 전류계에 흐르는 전류의 세기가 같았다. 스위치 S_2만 닫았을 때 전류계에 흐르는 전류의 세기(A)와 저항 R 의 값을 바르게 짝지은 것은?

[수능 기출 유형]

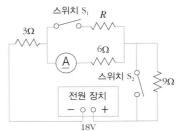

	A	저항 R		A	저항 R
①	1A	2Ω	②	2A	2Ω
③	1A	3Ω	④	2A	3Ω
⑤	1A	4Ω			

20 기전력이 E, 내부 저항이 r 인 전지를 저항 R 에 연결하였더니 전체 회로에 흐르는 전류가 I 였다. 이에 대한 설명으로 옳은 것만을 있는 대로 고르시오.

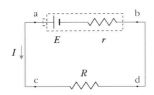

① ab사이의 전압은 E 와 같다.
② R이 증가하면 I 는 감소한다.
③ R이 증가하면 E 는 증가한다.
④ I 가 증가하면 cd사이의 전압은 감소한다.
⑤ ab사이의 전압은 cd사이의 전압보다 높다.

22 다음과 같이 구성한 전기 회로도에서 전압계에 측정된 전압이 56V일 때, A점과 B점 사이를 흐르는 전류의 세기는?

[특목고 기출 유형]

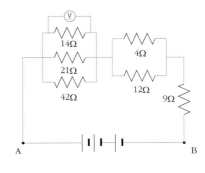

(   )A

23 그림 (가)는 저항 R_a, R_b, 가변 저항 R을 일정한 전압의 전원 장치에 연결한 것을 나타낸 것이다. 그림 (나)는 (가)의 스위치를 a나 b에 연결한 후 가변 저항의 저항값을 변화시킬 때 전류계와 전압계에 측정된 전류와 전압 사이의 관계를 나타낸 것이다. 저항값의 비 $R_a : R_b$는?

[수능 기출 유형]

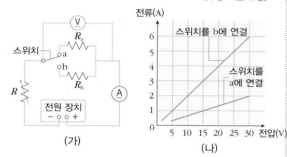

(가) (나)

① 1 : 2   ② 1 : 3   ③ 2 : 1
④ 2 : 3   ⑤ 3 : 1

25 그림 (가)와 같이 단면적이 같고 길이가 $4L$, L인 원통형 금속 막대 A와 B를 연결시킨 후, A의 왼쪽 지점 P에 저항 측정기의 한 쪽 집게를 고정시키고 다른 쪽 집게를 P로 부터 x 만큼 떨어진 지점에 접촉한 후 x 를 변화시키며 저항값을 측정하였다. 그림 (나)는 x 에 따른 저항값을 나타낸 것이다. A와 B의 비저항의 비 $\rho_A : \rho_B$는?

[수능 기출 유형]

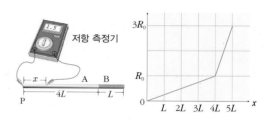

① 1 : 2   ② 1 : 3   ③ 1 : 8
④ 4 : 1   ⑤ 8 : 1

24 전지 1개의 전압이 1.5V인 전지와 저항값이 다른 저항을 각각 연결하였다. 이때 회로에 흐르는 전류의 방향과 전류의 세기가 바르게 짝지어진 것은?

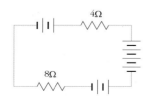

	방향	세기		방향	세기
①	시계 방향	0.5A	②	시계 방향	1A
③	반시계 방향	0.5A	④	반시계 방향	1A
⑤	시계 방향	2A			

26 저항값이 3Ω으로 동일한 저항 4개를 이용하여 그림과 같은 저항 장치를 만들었다. 이 저항 장치에는 a, b, c, d의 네 단자가 있고, 임의의 두 단자를 연결하여 저항값을 변화시킬 수 있다. 이때 얻을 수 있는 저항값이 <u>아닌</u> 것은?

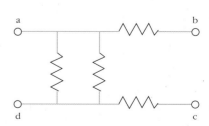

① 1.5Ω   ② 3Ω   ③ 4.5Ω
④ 6Ω   ⑤ 7.5Ω

27 5개의 저항을 전압이 일정한 전원을 내는 전원 장치와 스위치 2개를 이용하여 꾸민 전기 회로도이다. 이때 스위치를 모두 열 경우의 합성 저항(R)과 스위치 S_1만 닫았을 경우의 합성 저항(R_1), 스위치 S_2만 닫았을 경우의 합성 저항 (R_2)의 저항비를 구하시오.

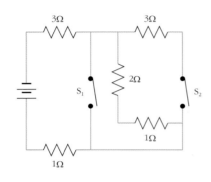

$$R : R_1 : R_2 = (\quad : \quad : \quad)$$

28 5개의 저항을 연결하여 양단에 12V의 전압을 걸어준 전기 회로도를 나타낸 것이다. 전류계에 흐르는 전류는?

[특목고 기출 유형]

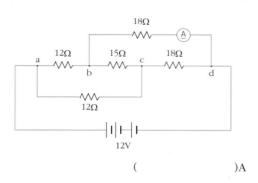

( )A

[29-30] 그림 (가)는 내부 저항이 있는 전지, 가변 저항, 전압계, 전류계, 스위치를 연결하여 꾸민 전기 회로도이다. 이때 가변 저항 R을 변화시키면서 전압계와 전류계의 눈금을 확인하여 그림(나)와 같은 그래프를 얻었다.

[특목고 기출 유형]

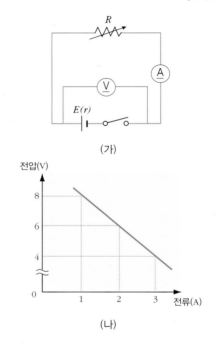

(가)

(나)

29 전지의 기전력(E)을 구하시오.

( )V

30 전지의 내부 저항(r)을 구하시오.

( )Ω

[31-32] 동일한 두 저항 A와 B를 그림 (가)와 같이 연결하였다. 이때 스위치가 열린 상태에서 전원 장치를 이용하여 회로의 전압을 변화시키면서 전류계로 전류를 측정한 결과를 나타낸 그래프가 그림 (나)이다.

[영재교육원 기출 유형]

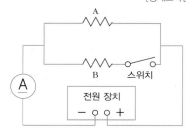

(가)

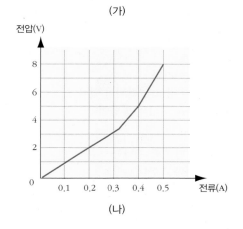

(나)

31 그림(나)에서 기울기가 일정하지 않은 것을 통해 알 수 있는 사실을 서술하시오.

32 스위치를 닫았을 때 전류계에 0.8A의 전류가 흘렀다면 회로에 걸린 전체 전압의 크기는 얼마인가?

( )V

자석 주위의 자기력선

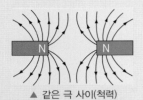

▲ 같은 극 사이(척력)

▲ 다른 극 사이(인력)

단면적 S 와 자기장 B 가 θ 만큼 기울어져 있을 경우

자속 Φ 는 다음과 같다.

$$\Phi = BS\cos\theta \ \ [\text{단위 Wb}]$$

삼각비

직각 삼각형의 세 변 가운데에서 두 변을 이용하여 만든 비의 값을 말한다.

$$\sin\theta = \frac{b}{c}, \cos\theta = \frac{a}{c}, \tan\theta = \frac{b}{a}$$

$b = c\sin\theta$, $a = c\cos\theta$, $b = a\tan\theta$

(예) $\sin30° = \dfrac{1}{2}$, $\tan45° = 1$

$\cos60° = \dfrac{1}{2}$

미니사전

폐곡선 [閉 닫다 ―곡선] 곡선 위의 한 점이 한 방향으로 출발하여 다시 출발점으로 되돌아 오는 시작점과 끝점이 같은 곡선으로 연필을 떼지 않고 한번에 그릴 수 있다.

1. 자기장과 자기력선

(1) 자기력 : 자석과 같이 자성을 가진 물체 사이에 작용하는 힘으로, 자석에 존재하는 두 극 N극과 S극은 같은 극끼리는 척력, 다른 극끼리는 인력이 작용한다.

(2) 자기장과 자기력선

① **자기장** : 자성을 가진 물체 주위에 자기력이 작용하는 공간을 말한다. 자석뿐만 아니라 전류가 흐르는 도선 주위에도 만들어진다.

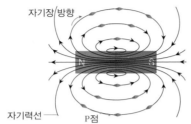

자기장의 방향 : 나침반 자침 N극이 가리키는 방향
① 자석 밖에서 자기장력선을 그리는 방향 : N극 → S극
② 자석 내부에서 자기장력선을 그리는 방향 : S극 → N극

자기장의 세기 : 자석의 양 끝부분인 자극에서 가장 세고, 자극에서 멀어질수록 약해진다. → 자기력선의 간격이 좁을수록 자기장의 세기가 세다.

▲ 자석 주위의 자기장과 자기력선

② **자기력선** : 나침반 N극이 가리키는 방향을 연결하여 이으면 그려지는 선으로 자기장의 모양을 알기 쉽게 나타낸 폐곡선이다.
· 자기력선은 N극에서 나와 S극으로 들어간다.
· 자기력선은 도중에 만나거나 끊어지지 않고 연결되어 있다.
· P점에서 자기장의 방향은 P점에서 그은 접선의 방향이다.

(3) 자기장과 자속

① **자속(자기력선속)** : 자기장에 수직인 단면 S 를 지나는 자기력선의 총 수를 자속(자기력선속)이라고 한다. 자속은 Φ(파이)로 표시하고, 단위는 Wb(웨버)이다.

② **자기장의 세기(자속 밀도)** : 자기장에 수직인 단위 면적을 통과하는 자속을 자기장의 세기 또는 자속 밀도라고 한다. 자기장의 세기 B 는 다음과 같다.

$$B = \frac{\Phi}{S} \ \ [\text{단위 T(테슬라)}]$$

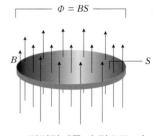

▲ 단면적 S 를 수직으로 지나는 자기장 B

· 1T : 자기장 방향에 수직인 단위 면적 1m²를 통과하는 자속이 1Wb일 때의 자기장 세기(B)가 1T이다.

$$1T = 1Wb/m^2 = 1N/A\cdot m$$

(개념확인 1)

빈칸에 알맞은 말을 각각 고르시오.

> 자기장은 나침반 자침 (㉠ N극, ㉡ S극)이 가리키는 방향으로 형성되며, 자극 주위에서 가장 (㉠ 세고, ㉡ 약하고) 자극에서 멀어질수록 (㉠ 강해진다, ㉡ 약해진다)

(확인+1)

면적이 3m²인 곳을 수직으로 통과하는 자기력선의 수가 1Wb 짜리 21개였다면 이 면에서의 자기장의 세기는?

(   )T

2. 직선 전류에 의한 자기장

(1) 자기장의 모양 : 직선 도선에 전류가 흐르면 도선을 중심으로 하는 동심원 모양의 자기장이 생긴다.

(2) 자기장의 방향

　① **오른손 법칙** : 오른손 엄지손가락을 전류가 흐르는 방향으로 향하게 하고, 나머지 네 손가락으로 도선을 감아쥐었을 때 네 손가락이 향하는 방향이 자기장의 방향이다.

　② **앙페르 법칙** : 전류의 방향으로 오른나사를 진행시킬 때 나사가 회전하는 방향이다.

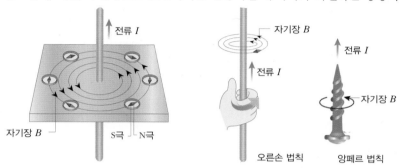

▲ 직선 전류에 의한 자기장

(3) 자기장의 세기 : 직선 전류에 의한 자기장의 세기 B 는 직선 도선에 흐르는 전류의 세기 I 에 비례하고, 도선으로부터의 거리 r 에 반비례한다.

$$B(\text{직선 전류 주위 ; T(테슬라)}) = k\,\frac{I}{r}, \quad (k = 2 \times 10^{-7}\,\text{N/A}^2,\ I : [\text{A}],\ r : [\text{m}])$$

(4) 두 직선 전류에 의한 합성 자기장 : 각각의 도선에 의한 자기장의 방향과 크기를 고려하여 합성 자기장을 구한다. ($\otimes$: 자기장이 지면에 수직으로 들어가는 방향, $\odot$: 자기장이 지면에서 수직으로 나오는 방향)

두 직선 전류 사이의 자기장 (전류의 방향이 반대)		두 직선 전류 사이의 자기장 (전류의 방향이 같을 때)	
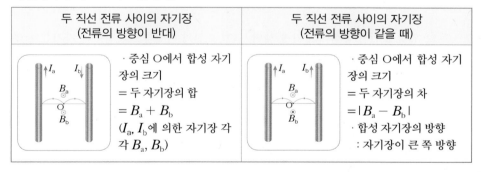	· 중심 O에서 합성 자기장의 크기 = 두 자기장의 합 = $B_a + B_b$ (I_a, I_b에 의한 자기장 각각 B_a, B_b)		· 중심 O에서 합성 자기장의 크기 = 두 자기장의 차 = $|B_a - B_b|$ · 합성 자기장의 방향 : 자기장이 큰 쪽 방향

개념확인 2

정답 및 해설 **66쪽**

오른손 법칙을 이용하여 자기장의 방향을 확인할 때 각각이 가리키는 것을 바르게 연결하시오.

(1) 엄지손가락　　　·　　　· ㉠ 자기장의 방향

(2) 나머지 네 손가락　·　　　· ㉡ 전류가 흐르는 방향

확인+2

직선 도선으로부터 수직 거리에 있는 지점 a, b, c 에서의 자기장의 세기인 B_a, B_b, B_c의 비를 구하시오.(단, 도선으로부터 지점 a, b, c 는 각각 r, $2r$, $3r$ 떨어진 곳에 위치해 있다.)

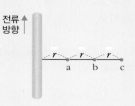

◦ **직선 전류에 의한 자기장 방향**

직선 전류의 방향이 반대로 바뀌면 자기장의 방향도 반대로 바뀐다.

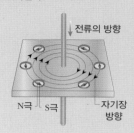

◦ **지면에 수직한 방향의 표시**

▲ 위로 흐르는 전류

▲ 아래로 흐르는 전류

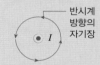

▲ 지면에서 수직으로 나오는 전류

▲ 지면에 수직으로 들어가는 전류

◦ **앙페르**
(A. M. Ampere, 1775~1836)

프랑스의 물리학자이자 수학자로 전류가 흐르는 도선 사이에 힘이 작용하는 것을 발견하고 이것을 수학적으로 설명하여 전류와 자기에 관한「앙페르 법칙」을 발표했다.

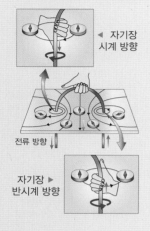

◀ 자기장 시계 방향

전류 방향 ↓↓

자기장 ▶ 반시계 방향

● 원형 전류 내부의 자기장 방향 찾기

원형 전류 방향으로 오른손을 감싸쥐면 엄지 손가락이 가리키는 방향이다.

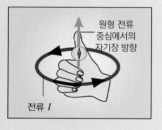

원형 전류 중심에서의 자기장 방향

전류 I

● 원형 전류에 의한 자기장 방향

원형 도선 중심 부분과 바깥 부분의 자기장은 반대 방향으로 형성된다.

3. 원형 전류에 의한 자기장

(1) 자기장의 모양 : 원형 도선은 매우 짧은 직선 도선을 모아 놓은 것과 같다. 따라서 원형 도선 주위에 자기장이 생길 때 도선에 가까울수록 도선을 중심으로 하는 동심원 모양을 이루고, 도선의 중심에서 자기장은 원의 중심을 지나가는 직선 모양이다.

(2) 자기장의 방향

① 오른손 엄지손가락을 전류의 방향으로 하고, 나머지 네 손가락으로 원형 도선을 감아쥘 때 네 손가락이 가리키는 방향이 자기장의 방향이다. (직선 전류의 오른손 법칙과 같다.)

② 오른나사를 전류의 방향으로 회전시킬 때 나사가 진행하는 방향이 원형 전류의 중심에서 자기장의 방향이다.

③ 원형 전류의 중심에서 자기장의 방향 : 전류의 방향으로 오른손의 네 손가락을 감아쥘 때 엄지손가락이 가리키는 방향이다.

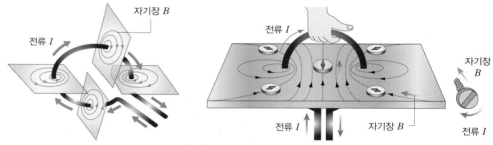

▲ 원형 전류에 의한 자기장

(3) 자기장의 세기

① 원형 전류의 중심에서의 자기장의 세기 B 는 전류의 세기 I 에 비례하고, 원형 도선의 반지름 r 에 반비례한다.

$$B(\text{원형 전류 중심}) = k' \frac{I}{r} = \pi k \frac{I}{r} = (2\pi \times 10^{-7} \text{N/A}^2) \frac{I}{r} \text{[단위 T(테슬라)]}$$

② 원형 도선의 중심에서 가장 세며, 원형 도선의 바깥쪽으로 갈수록 자기장의 세기는 약해진다.

(개념확인 3)

원형 전류에 의한 자기장에 대한 설명 중 옳은 것은 ○표, 옳지 않은 것은 ×표 하시오.

(1) 직선 전류의 오른손 법칙과 같은 방법으로 자기장의 방향을 알 수 있다. ( )

(2) 원형 도선 중심 부분과 바깥 부분의 자기장의 방향은 같다. ( )

(3) 원형 도선에 의한 자기장은 원형 도선의 중심에서 가장 세다. ( )

(확인+3)

원형 도선에 전류가 흐를 때 원형 도선의 중심에서 자기장의 방향을 고르시오.

(종이면에서 수직으로 ㉠ 나오는 방향 ㉡ 들어가는 방향)

4. 솔레노이드에 의한 자기장

(1) 자기장의 모양

① **솔레노이드 내부** : 중심축에 평행한 직선 모양의 균일한 자기장이 형성된다.

② **솔레노이드 외부** : 솔레노이드와 비슷한 크기의 막대 자석이 만드는 자기장과 비슷한 모양의 자기장이 형성된다.

(2) 자기장의 방향 : 오른손의 네 손가락을 전류가 흐르는 방향으로 감아쥐었을 때 엄지손가락이 향하는 방향이 솔레노이드 내부에 생기는 자기장의 방향이다. 즉, 엄지손가락이 가리키는 방향이 자석의 N극에 해당한다.

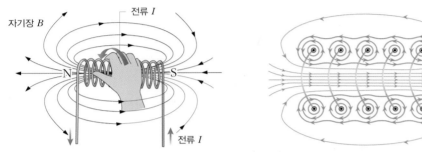

▲ 솔레노이드에 의한 자기장

(3) 솔레노이드 내부에서 자기장의 세기 : 솔레노이드 내부에 만들어진 자기장은 균일하므로 자기장의 세기 B 는 솔레노이드 내부 어디에서나 같다. 자기장의 세기 B 는 전류의 세기 I 에 비례하고, 단위 길이당 감긴 코일의 수 n 에 비례한다. ($n = \dfrac{총 감은 횟수(N)}{솔레노이드의 길이(l)}$)

$$B(솔레노이드\ 내부) = k''nI = 2\pi knI = (4\pi \times 10^{-7}\text{N/A}^2)nI\ [단위\ \text{T(테슬라)}]$$

(4) 솔레노이드의 이용 : 솔레노이드 내부에 철심을 넣고 전류를 흐르게 하면 더욱 강한 자기장이 형성된다. 이를 전자석이라고 하며 전류의 방향과 세기를 조절하면 전자석의 극과 방향을 조절할 수 있기 때문에 다양한 곳에 활용된다.

▲ 전자석

개념확인 4   정답 및 해설 66쪽

솔레노이드에 의한 자기장에 대한 설명 중 옳은 것은 ○표, 옳지 않은 것은 ×표 하시오.

(1) 솔레노이드에 의한 자기장의 세기는 코일을 많이 감을수록 세진다.   (   )

(2) 솔레노이드 내부에는 중심축에 평행한 직선 모양의 자기장이 형성된다.   (   )

(3) 솔레노이드에 흐르는 전류의 방향으로 오른손의 네 손가락을 감아쥐었을 때 엄지손가락이 가리키는 방향이 자석의 S극에 해당한다.   (   )

확인+4

솔레노이드 A와 B에 오른쪽 그림과 같은 방향으로 전류가 흐르고 있다. 이때 두 솔레노이드 사이에 작용하는 힘을 고르시오.

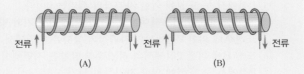

(㉠ 인력 ㉡ 척력)

개념 다지기

01 자기장의 방향에 대한 설명이다. 빈칸에 들어갈 말을 바르게 짝지은 것은?

> 자석 밖에서의 자기장은 (㉠)방향이고, 자석 내부에서의 자기장은 (㉡)방향이다.

	㉠	㉡		㉠	㉡
①	N극 → S극	N극 → S극	②	S극 → N극	S극 → N극
③	N극 → S극	S극 → N극	④	S극 → N극	N극 → S극
⑤	N극 → N극	S극 → S극			

02 전기력선과 자기력선의 공통점에는 ○표, 차이점에는 ×표 하시오.

(1) 도중에 만나거나 끊어지지 않는다. ( )
(2) 방향은 전기력선/자기력선 위의 한 점에서 그은 접선의 방향이다. ( )
(3) 전기력선/자기력선의 밀도가 빽빽할수록 전기장/자기장의 세기가 세다. ( )
(4) 나침반 N극이 가리키는 방향을 연결하여 이은 선이다. ( )

03 반지름 20cm의 원형 면적에 자속 밀도 $B = 2T$ 인 자기장이 통과하고 있다. 이 단면을 지나는 자기력선속은?($\pi = 3$으로 한다.)

( ) Wb

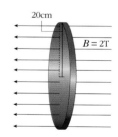

04 전류의 세기가 같고, 방향이 반대인 두 직선 도선에 전류가 흐르고 있는 것이다. 이에 대한 설명으로 옳은 것은?

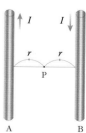

① P점에서 두 도선에 의한 자기장의 세기는 0이다.
② 주어진 자료를 이용하여 P점에서 자기장의 세기와 방향은 알 수 없다.
③ 도선 A에 의한 P점에서의 자기장의 방향은 지면에서 나오는 방향이다.
④ 도선 B에 의한 P점에서의 자기장의 방향은 지면에서 나오는 방향이다.
⑤ P점에서 두 도선에 의한 자기장의 세기는 각 도선에 의한 자기장의 합과 같다.

05 반지름이 0.2m인 원형 도선에 전류를 흐르게 하였더니 원형 도선의 중심에서의 자기장의 세기가 $8\pi \times 10^{-7}$T 였다. 원형 도선에 흐르는 전류의 세기는?(단, $k' = 2\pi \times 10^{-7}$ N/A²이다)

(   ) A

06 원형 도선에 의한 자기장에 의해 형성된 자기력선을 방향 없이 표시한 것이다. 이에 대한 설명으로 옳은 것은?

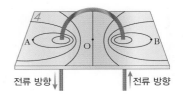

① A점과 B점에서 자기장의 방향은 반대이다.
② A점에 나침반을 두면 N극은 서쪽을 향한다.
③ B점에 나침반을 두면 N극은 동쪽을 향한다.
④ O점에 나침반을 두면 N극은 남쪽을 향한다.
⑤ O점에서 원형 도선에 의한 자기장의 세기가 가장 작다.

07 솔레노이드에 의한 자기장에 의해 형성된 자기력선을 방향없이 표시한 것이다. 이에 대한 설명으로 옳은 것은?

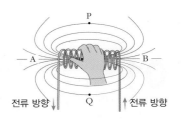

① A는 S극, B는 N극이다.
② 솔레노이드 내부에는 자기장이 형성되지 않는다.
③ P점에 나침반을 두면 자침의 N극은 왼쪽을 향한다.
④ 오른손의 네 손가락이 가리키는 방향이 자기장의 방향이다.
⑤ P점과 Q점에 나침반을 두면 자침의 N극은 같은 방향을 가리킨다.

08 전류에 의한 자기장에 대한 설명으로 옳은 것만을 〈보기〉에서 있는 대로 고른 것은?

─── 〈 보기 〉 ───

ㄱ. 솔레노이드에 의한 자기장의 방향도 직선 전류의 오른손 법칙과 같은 방법을 이용하여 알 수 있다.
ㄴ. 도선에 흐르는 전류가 셀수록 도선 주변의 어느 한 점에 형성되는 자기장이 세다.
ㄷ. 원형 도선의 바깥쪽으로 점점 멀어져도 자기장 세기는 일정하다.

① ㄱ   ② ㄴ   ③ ㄷ   ④ ㄱ, ㄴ   ⑤ ㄴ, ㄷ

유형 익히기&하브루타

[유형11-1] 자기장과 자기력선

극을 알 수 없는 자석에 의한 자기력선을 나타낸 것이다. 이에 대한 설명으로 옳은 것만을 〈보기〉에서 있는 대로 고른 것은?

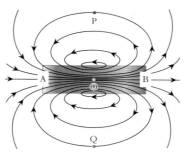

〈 보기 〉

ㄱ. A는 자기력선이 들어가는 곳으로 S극임을 알 수 있다.
ㄴ. P점에서 자기장의 세기는 O점에서 자기장의 세기보다 세다.
ㄷ. P점과 Q점에 나침반을 놓으면 나침반 자침의 N극은 모두 왼쪽을 가리키게 된다.
ㄹ. O점에서 자기력선의 방향은 P점에서 자기력선의 방향과 반대이다.

① ㄱ, ㄴ ② ㄱ, ㄴ, ㄷ ③ ㄱ, ㄷ, ㄹ ④ ㄴ, ㄷ, ㄹ ⑤ ㄱ, ㄴ, ㄷ, ㄹ

01 $5m^2$의 면적을 가진 금속판을 통과하는 자기력선속이 40Wb였다. 이때 금속판이 자기장의 방향과 $60°$ 기울어졌다. 자기장의 세기와 금속판이 기울어졌을 때 자기력선속을 바르게 짝지은 것은?

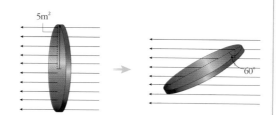

	자기장 세기	자기력선속
①	4T	20Wb
②	4T	40Wb
③	8T	20Wb
④	8T	40Wb
⑤	16T	20Wb

02 자기장과 자기력선에 대한 설명으로 옳은 것만을 〈보기〉에서 있는 대로 고른 것은?

〈 보기 〉

ㄱ. 자기장은 자성을 가진 물체 주위에만 만들어진다.
ㄴ. 자석 주위에서 자기장의 세기는 자극에서 가장 세다.
ㄷ. 자기장에 수직인 단위 면적 $1m^2$를 통과하는 자속이 1Wb일 때를 1T라고 한다.
ㄹ. 자기력선속은 자기력선과 자기력선이 지나가는 단면이 수직일 때만 알 수 있다.

① ㄱ, ㄴ ② ㄴ, ㄷ ③ ㄷ, ㄹ
④ ㄱ, ㄴ, ㄷ ⑤ ㄴ, ㄷ, ㄹ

[유형11-2] 직선 전류에 의한 자기장

지면에서 수직으로 들어가는 방향으로 전류가 흐르는 직선 도선을 나타낸 것이다. 다음 〈보기〉에서 나침반 자침의
모양과 각 점에서 나침반 N극의 방향을 바르게 짝지은 것은?(단, 지구 자기장에 의한 영향은 무시한다.)

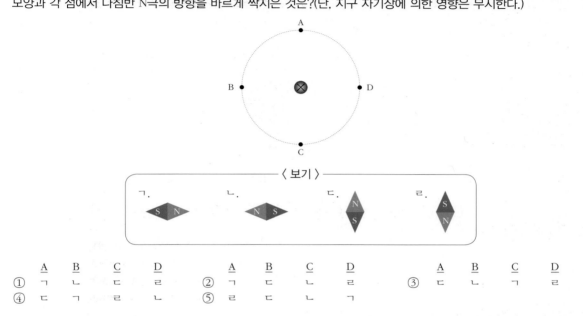

	A	B	C	D		A	B	C	D		A	B	C	D
①	ㄱ	ㄴ	ㄷ	ㄹ	②	ㄱ	ㄷ	ㄴ	ㄹ	③	ㄷ	ㄴ	ㄱ	ㄹ
④	ㄷ	ㄱ	ㄹ	ㄴ	⑤	ㄹ	ㄷ	ㄴ	ㄱ					

03 그림 (가)와 같이 전류가 흐르고 있는 직선 도선
으로부터 거리가 r 인 지점 P에서 자기장의 세기
가 B 이었다. 이때 그림 (나)와 같이 전류의 세기
를 2배로 세게 하였을 때 도선으로부터 거리가
$4r$ 인 지점 Q에서의 자기장의 세기는?

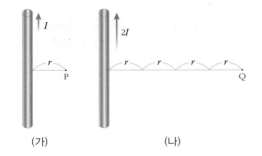

(가)   (나)

① $\frac{1}{4}B$ ② $\frac{1}{2}B$ ③ B

④ $2B$ ⑤ $4B$

04 직선 도선에 전류가 흐르고 있다. 이때 P점과 Q
점은 각각 직선 도선과 같은 거리만큼 떨어져 있
다. 이에 대한 설명으로 옳은 것만을 〈보기〉에서
있는 대로 고른 것은?

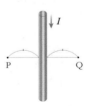

─── 〈 보기 〉 ───
ㄱ. P점과 Q점에서 자기장의 방향은 같다.
ㄴ. P점과 Q점에서 자기장의 세기는 같다.
ㄷ. P점에서 자기장의 방향은 지면에 수직으로 들
　어가는 방향이다.
ㄹ. Q점에 같은 방향으로 전류가 흐르는 직선 도선
　을 추가하여 놓으면 P점에서 자기장의 세기는
　세진다.

① ㄱ, ㄴ   ② ㄴ, ㄷ   ③ ㄷ, ㄹ
④ ㄱ, ㄴ, ㄷ   ⑤ ㄴ, ㄷ, ㄹ

[유형11-3] 원형 전류에 의한 자기장

그림 (가)는 반지름이 r인 원형 도선에 전류 I가 흐르는 것을 나타낸 것이고, 그림 (나)는 반지름 r, $2r$인 원형 도선에 각각 전류 I, $3I$가 흐르는 것을 나타낸 것이다.

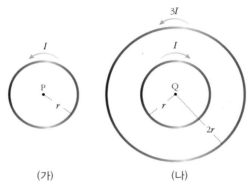

(가)   (나)

(1) P점에서와 Q점에서의 자기장 방향을 각각 고르시오.

P점 : (종이면에서 수직으로 ㉠ 나오는 방향 ㉡ 들어가는 방향)
Q점 : (종이면에서 수직으로 ㉠ 나오는 방향 ㉡ 들어가는 방향)

(2) P점에서와 Q점에서의 자기장의 세기를 각각 쓰시오. (단, k'을 써서 나타내시오.)

P점 (   ) T, Q점 (   ) T

05 반지름이 각각 a, 2a, 3a인 원형 도선에 전류 I가 흐르고 있다. 이때 원점 O에서 자기장의 세기는?(단, k'을 써서 나타내며, 지면에서 나오는 방향을 (+), 지면으로 들어가는 방향을 (−)로 한다.)

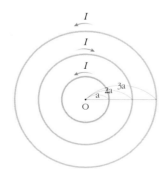

① $-k'\dfrac{11I}{6a}$ ② $-k'\dfrac{5I}{6a}$ ③ 0

④ $k'\dfrac{5I}{6a}$ ⑤ $k'\dfrac{11I}{6a}$

06 원형 도선에 전류 I가 흐르고 있을 때 원형 전류 중심에 나침반을 놓았더니 나침반 자침 N극이 북쪽을 가리켰다. 이에 대한 설명으로 옳은 것만을 〈보기〉에서 있는 대로 고른 것은?

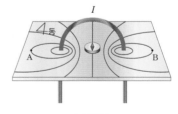

───〈 보기 〉───

ㄱ. 원형 전류의 중심에서 자기장의 방향은 북쪽이다.
ㄴ. A점에 나침반을 두면 나침반 자침 N극은 북쪽을 가리킨다.
ㄷ. A점과 B점에서 나침반 자침 N극이 가리키는 방향은 반대이다.
ㄹ. 원형 전류에서 전류는 정면에서 봤을 때 시계 방향으로 흐르고 있다.

① ㄱ, ㄴ   ② ㄱ, ㄷ   ③ ㄱ, ㄹ
④ ㄴ, ㄷ, ㄹ   ⑤ ㄱ, ㄴ, ㄷ, ㄹ

정답 및 해설 **67쪽**

[유형11-4] 솔레노이드에 의한 자기장

전류 I 가 흐르는 솔레노이드에 길이 l 인 철심을 넣어 전자석을 만들었다. 이때 솔레노이드에 전류 I를 흐르게 한 후 전자석의 극 부분에 나침반을 양쪽에 두었더니 그림과 같은 방향으로 배열되었다. 이에 대한 설명으로 옳은 것은?

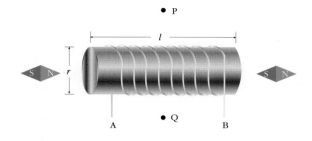

① 전류는 B에서 A로 흐른다.
② P점과 Q점에 나침반을 놓으면 나침반 자침의 N극의 방향은 서로 반대이다.
③ 솔레노이드 내부에 나침반을 놓으면 나침반 자침의 N극은 오른쪽을 가리킨다.
④ 솔레노이드의 감은 수를 증가시키면 솔레노이드 내부 자기장의 세기는 작아진다.
⑤ 감은 수는 일정하게 하고 솔레노이드의 길이를 $2l$ 로 증가시키면 솔레노이드 내부 자기장의 세기는 커진다.

07 솔레노이드에 의한 자기장에 대한 설명 중 옳은 것만을 〈보기〉에서 있는 대로 고른 것은?

─〈 보기 〉─
ㄱ. 솔레노이드 내부에서 자기장의 세기는 양 끝으로 갈수록 세진다.
ㄴ. 솔레노이드를 이용한 전자석의 극은 솔레노이드에 흐르는 전류의 방향에 따라 결정된다.
ㄷ. 솔레노이드와 비슷한 크기의 막대 자석이 만드는 자기장과 솔레노이드 외부에 형성되는 자기장의 모양은 비슷하다.
ㄹ. 솔레노이드는 MRI, 토로이드, 자기 부상 열차 등에 이용된다.

① ㄱ, ㄴ   ② ㄴ, ㄷ   ③ ㄷ, ㄹ
④ ㄱ, ㄴ, ㄷ   ⑤ ㄴ, ㄷ, ㄹ

08 솔레노이드에 전류 I 가 흐르고 있다. 이에 대한 설명으로 옳은 것만을 〈보기〉에서 있는 대로 고른 것은?

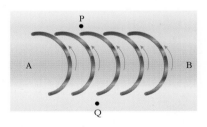

─〈 보기 〉─
ㄱ. P점과 Q점에서 자기장의 방향은 서로 반대이다.
ㄴ. 솔레노이드의 내부에서 자기장은 왼쪽 방향이다.
ㄷ. A점에 나침반을 놓으면 나침반 자침 N극은 왼쪽을 향한다.
ㄹ. 솔레노이드 내부에 철심을 넣고 전자석을 만들면 B쪽이 N극이 된다.

① ㄱ, ㄴ   ② ㄴ, ㄷ   ③ ㄷ, ㄹ
④ ㄱ, ㄴ, ㄷ   ⑤ ㄴ, ㄷ, ㄹ

01 아래에서 위쪽 방향으로 전류가 흐르는 직선 도선을 나침반 자침의 S극에 가까이 가져갔다. 이때 나침반의 변화를 쓰고, 자침이 돌아가는 방향을 이와 반대로 할 수 있는 방법에 대하여 서술하시오. 단, 나침반은 지구 자기의 영향을 받고 있다.

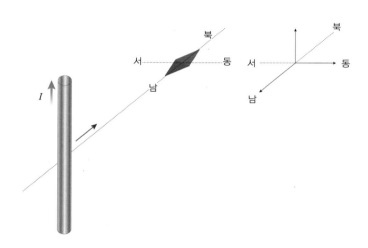

02 솔레노이드가 들어 있는 고정된 상자에 용수철을 고정시킨 후 바퀴가 달린 막대 자석을 일정한 속력으로 충돌시키는 것을 나타낸 것이다. 스위치를 열어 놓은 상태에서 막대 자석 자동차에 의해 용수철은 x 만큼 압축된 후 다시 튕겨 나왔다.(단, 자동차 바퀴와 바닥과의 마찰력은 무시한다.)

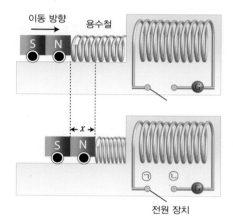

(1) 같은 속력으로 막대 자석 자동차가 용수철에 충돌할 때 용수철이 압축되는 길이가 x 보다 커지기 위해서 전원 장치의 극 ㉠과 ㉡에는 각각 어떤 극이 연결되어야 할까?

(2) 다음은 실험에 대한 설명이다. 빈칸에 알맞은 말을 각각 넣으시오.

> 스위치를 닫은 상태에서 막대 자석 자동차가 상자에 고정된 용수철에 부딪칠 때 막대 자석 자동차의 운동 에너지는 (㉠) 에너지와 (㉡) 에너지의 합이 된다. 이때 막대 자석 자동차의 가속도의 방향은 운동 방향과 ㉢(ⓐ 같다 ⓑ 반대이다)

03 도선에 흐르는 전류가 지면에서 수직으로 나오는 방향으로 촘촘히 겹쳐져 있을 때 A 지역과 B 지역에서의 자기장의 방향을 화살표로 각각 그려 보시오.

[한국물리올림피아드 기출 유형]

04 한 변의 길이가 모두 같은 정사각형의 꼭지점마다 직선 도선들이 놓여져 있다. 각 도선에 흐르는 전류의 세기는 같고, 방향은 다음과 같을 때 각 정사각형의 중심에서 자기장의 세기를 부등호를 이용하여 비교하고, 각각의 자기장의 방향을 서술하시오. (⊗ : 전류가 지면에 수직으로 들어가는 방향, ⊙ : 전류가 지면에 수직으로 나오는 방향으로 흐르는 것을 나타낸다.)

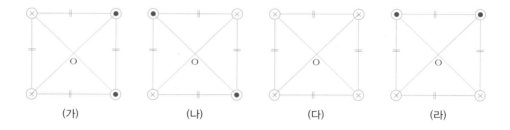

05

전류의 세기가 각각 다른 두 도선이 십자가 모양으로 가까이 겹쳐져 있는 모습이다. 전류의 방향은 그림과 같고 $I_A = 2I_B$이다.

[특목고 기출 유형]

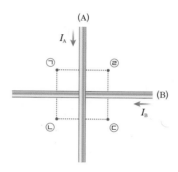

(1) 도선은 같은 평면 상에 있고, 두 도선으로부터 각각 같은 거리만큼 떨어져 있는 ㉠, ㉡, ㉢, ㉣ 지점에서 자기장의 방향을 각각 쓰시오.

(2) ㉠에서 도선 A에 의해 받는 자기장의 세기를 B 라고 할 때 ㉠, ㉡, ㉢, ㉣ 지점에서 자기장의 세기를 각각 쓰시오.

스스로 실력 높이기

01 자기장의 세기(A)와 자기력선속(B)의 단위를 바르게 짝지은 것은?

	A	B		A	B
①	Wb	T	②	T	Φ
③	T	Wb	④	Wb/m^2	T
⑤	N/Am	T			

02 정사각형 금속판에 수직으로 7T의 자기장이 형성되어 있다. 이때 단면을 지나는 자기력선의 총 수가 112Wb 일 때 정사각형 한 면의 길이는?(단위도 함께 쓰시오.)

(   )

03 빈칸에 알맞은 말을 쓰시오.

> 자기장에 수직인 단면을 지나는 자기력선의 총 수를 (㉠)이라고 하고, 자기장에 수직인 단위 면적을 통과하는 (㉠)을 자기장의 세기 또는 (㉡)라고 한다.

㉠ (   ), ㉡ (   )

04 직선 도선에 전류가 흐르고 있다. 이때 ㉠에서 자기장의 방향은?

① 도선과 나란한 방향
② 도선에서 왼쪽 방향
③ 도선에서 오른쪽 방향
④ 지면에서 수직으로 나오는 방향
⑤ 지면에서 수직으로 들어가는 방향

05 직선 도선에 전류가 흐르고 있다. 이때 A와 B지점에 각각 나침반을 놓았을 때 나침판 자침의 모양이 바르게 짝지어진 것은?(단, 지구 자기장에 의한 영향은 무시한다.)

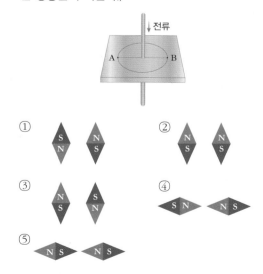

06 두 직선 도선에 전류의 방향이 서로 반대로 흐르고 있다. 도선 A에 의해 O지점에 형성된 자기장의 세기는 3T, 도선 B에 의해 O지점에 형성된 자기장의 세기는 2T이다. 이때 O지점에서 두 도선에 의해 형성되는 합성 자기장의 세기는?

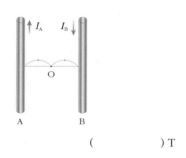

(   ) T

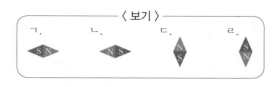

07 그림 (가)에서 지점 A, B, C에 나침반을 놓았을 때 나침반 자침의 모양을 〈보기〉에서 골라 각각 쓰시오.(단, 지구 자기장에 의한 영향은 무시한다.)

A (   ), B (   ), C (   )

08 그림 (나)에서 지점 A, B, C에 나침반을 놓았을 때 나침반 자침의 모양을 〈보기〉에서 골라 각각 쓰시오.(단, 지구 자기장에 의한 영향은 무시한다.)

A (   ), B (   ), C (   )

[07-08] 그림 (가)는 원형 도선에 전류가 흐르고 있는 것이고, 그림 (나)는 솔레노이드에 전류가 흐르고 있는 것이다. 〈보기〉는 자침의 예이다.

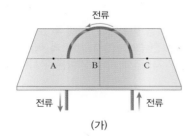

(가)

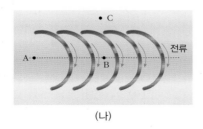

(나)

09 반지름 r 인 도선에 전류의 세기가 I 인 원형 도선의 중심에서 자기장의 세기가 B 일 때, 반지름이 $0.2r$, 전류의 세기가 $1.2I$ 인 원형 도선의 중심에서 자기장의 세기는?

(   ) B

10 코일을 100번 감은 길이 50cm의 솔레노이드에 전류 300mA가 흐르는 경우 솔레노이드 내부에서 자기장의 세기는?($\pi = 3$으로 하며, k를 써서 나타낸다.)

(   ) T

11 극을 알 수 없는 자석에 의한 자기력선을 방향 없이 나타낸 것이다. 이때 자기장에서 자침이 그림과 같이 배열되었다. 이에 대한 설명으로 옳은 것만을 〈보기〉에서 있는 대로 고르시오.

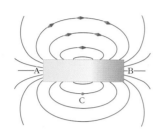

〈 보기 〉
ㄱ. A는 자석의 S극, B는 N극이다.
ㄴ. A쪽 자기력선의 방향은 A쪽 자석의 극을 향한다.
ㄷ. C점에서 자침의 N극은 오른쪽을 향한다.
ㄹ. 자기력선은 열린 곡선을 이룬다는 것을 알 수 있다.

① ㄱ, ㄴ   ② ㄴ, ㄷ   ③ ㄷ, ㄹ
④ ㄱ, ㄴ, ㄷ   ⑤ ㄴ, ㄷ, ㄹ

12 두 도선 A, B에 전류가 화살표 방향으로 각각 흐르고 있다. 도선 A에 흐르는 전류의 세기는 7A, 도선 B에 흐르는 전류의 세기는 2A일 때 P점에서 자속 밀도가 0이었다. P점과 도선 B 사이의 거리는?

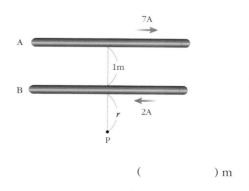

(   ) m

13 두 직선이 나란하게 놓여 있다. 이때 도선 (가)에는 5A, 도선 (나)에는 3A의 전류가 흐르고 있을 때 아래 각 지점 중 자기장 세기가 가장 약한 곳(A)과 가장 센 곳(B)이 바르게 짝지어진 것은?

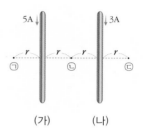

	A	B		A	B
①	㉠	㉡	②	㉠	㉢
③	㉡	㉢	④	㉡	㉠
⑤	㉢	㉠			

14 동일한 세기의 전류 I 가 흐르는 나란한 두 도선 사이에 나침반을 두었더니 나침반 자침의 N극이 북쪽을 향하였다. 이때 두 도선 (가)와 (나)에 흐르는 전류의 방향이 바르게 짝지어진 것은?(단, 지구 자기장에 의한 영향은 무시한다.)

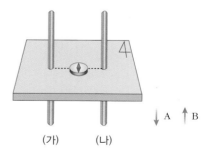

	(가)	(나)		(가)	(나)
①	A	A	②	B	B
③	A	B	④	B	A
⑤	알 수 없다				

15 직선 도선과 반지름이 10cm인 원형 도선이 10cm 거리를 두고 놓여 있다. 직선 도선에는 2A의 전류가 아래에서 윗 방향으로 흐르고 있고, 원형 도선에는 3A의 전류가 시계 방향으로 흐르고 있다. 이때 원형 도선의 중심인 O점에서 자기장의 세기(A)와 방향(B)이 바르게 짝지어진 것은?(단, k를 써서 나타내시오. $k' = \pi k$ 이고 $\pi = 3$으로 한다.)

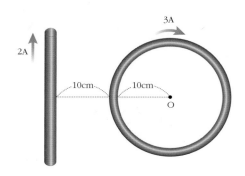

	A	B
①	$80k$T	지면에서 수직으로 나오는 방향
②	$100k$T	지면에서 수직으로 나오는 방향
③	$80k$T	지면에서 수직으로 들어가는 방향
④	$100k$T	지면에서 수직으로 들어가는 방향
⑤	$80k$T	원점을 중심으로 시계 방향

16 원형 도선 주위에 같은 세기의 전류가 흐르는 직선 도선 A, B, C, D가 중심 O로 부터 같은 거리만큼 떨어져있다. 원형 도선에도 같은 세기의 전류가 흐를 때 중심 O에서 자기장의 방향은?(⊗ : 전류가 지면에 수직으로 들어가는 방향, ⊙ : 전류가 지면에 수직으로 나오는 방향으로 흐르는 것을 나타낸다.)

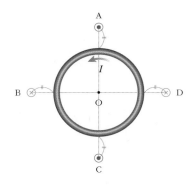

① A쪽 방향
② B쪽 방향
③ C쪽 방향
④ D쪽 방향
⑤ 지면에서 수직으로 나오는 방향

17 그림 (가), (나), (다)와 같이 동일한 철심에 코일을 감고 전지에 연결하여 전자석을 만들었다. 스위치를 닫았을 때 자기장이 센 순서대로 바르게 나열한 것은?

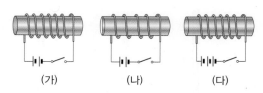

(가)　　　(나)　　　(다)

① (가), (나), (다)　　② (가), (다), (나)
③ (나), (가), (다)　　④ (나), (다), (가)
⑤ (다), (가), (나)

18 전원 장치에 연결한 전자석을 나타낸 것이다. 전자석 사이에 인력이 작용하는 것끼리 바르게 묶인 것은?

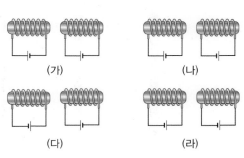

(가)　　　　　　(나)

(다)　　　　　　(라)

① (가), (나)　　② (가), (다)　　③ (가), (라)
④ (나), (다)　　⑤ (나), (라)

19 그림 (가)와 (나) 같이 직선 도선 두개 혹은 한개에 전류가 흐르고 있을 때 A점과 B점에서의 자기장 세기의 비는?

[KPHO 기출 유형]

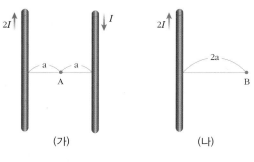

(가)

(나)

① 1 : 1
② 1 : 2
③ 1 : 4
④ 3 : 1
⑤ 4 : 1

20 고정된 직선 도선 A, B, C가 같은 거리만큼 떨어져 있다. 도선 A에는 I, 도선 B에는 $2I$, 도선 C에는 $3I$의 전류가 서로 같은 방향으로 흐르고 있을 때 자기장의 세기가 0 인 지점이 존재하는 구간을 바르게 짝지은 것은?

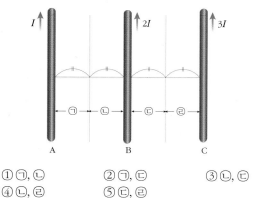

① ㉠, ㉡
② ㉠, ㉢
③ ㉡, ㉢
④ ㉡, ㉢
⑤ ㉢, ㉣

21 도선 A는 O점을 기준으로 왼쪽으로 a만큼 떨어진 곳에서 지면에서 수직으로 나오는 방향으로 전류가 흐르고 있고, 도선 B는 O점을 기준으로 오른쪽으로 a만큼 떨어진 곳에서 지면으로 수직으로 들어가는 방향으로 전류가 흐르고 있다. 두 도선에 흐르는 전류의 세기는 I로 같다. 그림은 각 지점의 좌표이다. 그림에서 P, Q, R 지점의 자기장 (B_P, B_Q, B_R)의 방향과 세기를 바르게 비교한 것은?

[한국물리올림피아드 기출 유형]

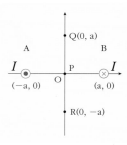

① 세 지점의 자기장의 방향과 세기는 모두 같다.
② 세 지점 모두 자기장의 방향은 같고 세기는 B_P가 가장 작다.
③ 세 지점 모두 자기장의 방향은 같고 세기는 B_P가 가장 크다.
④ Q지점과 R지점에서의 자기장의 방향은 같고, $B_P = 0$이다.
⑤ Q지점과 R지점에서의 자기장의 방향은 반대이고, $B_P = 0$이다.

22 중심이 동일한 두 원형 도선이 있다. 도선 A의 반지름은 a이고, 흐르는 전류는 I이며, 도선 B의 반지름은 3a, 흐르는 전류는 $2I$이다. 이때, 두 도선에 흐르는 전류의 방향이 같을 때 도선 중심 O에서 자기장 세기를 B_A, 두 도선에 흐르는 전류의 방향이 서로 반대일 때 중심 O에서 자기장의 세기를 B_B라고 하면 두 자기장 세기의 비 $B_A : B_B$ 는?

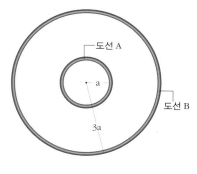

$B_A : B_B = (\quad : \quad)$

23 그림 (가)는 반지름이 2a인 원형 도선에 전류의 세기가 I인 전류가 화살표 방향으로 흐르는 것을 나타낸 것이다. 그림 (나)는 중심이 동일하고, 반지름이 각각 a, 2a인 원형 도선에 전류의 세기가 I인 전류가 서로 반대 방향으로 흐르는 것을 나타낸 것이다. 점 P에서 자기장의 세기가 B일 때, 점 Q에서 전류에 의한 자기장의 세기와 방향을 바르게 짝지은 것은?(단, 모든 원형 도선은 종이 면에 놓여져 있다.)

[수능 기출 유형]

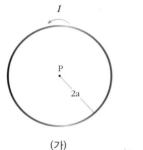 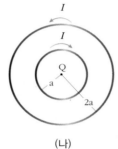

(가)   (나)

	자기장 세기	자기장의 방향
①	B	종이 면에 수직으로 나오는 방향
②	B	종이 면에 수직으로 들어가는 방향
③	$2B$	종이 면에 수직으로 나오는 방향
④	$2B$	종이 면에 수직으로 들어가는 방향
⑤	$4B$	종이 면에 수직으로 나오는 방향

24 철심 주위에 일정한 간격으로 코일을 감아 만든 전자석에 전원 장치를 연결하였다. 이때 전자석 내부에서 나침반 자침 N극의 방향이 왼쪽을 향하였다. 이에 대한 설명으로 옳은 것만을 〈보기〉에서 있는 대로 골라 쓰시오.

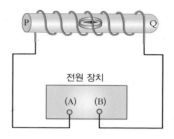

─── 〈 보기 〉───

ㄱ. 전원 장치에서 (A)는 (+), (B)는 (−) 이다.
ㄴ. 전자석의 P는 자석의 N극과 같다.
ㄷ. 코일의 감은 수를 늘리면 전자석 내부의 자기장은 커진다.
ㄹ. 전류의 방향을 반대로 해도 나침반 자침 N극의 방향은 변함이 없다.
ㅁ. 전자석의 Q에 자석의 S극을 가져가면 전자석과 자석 사이에는 인력이 작용한다.

(   )

심화

25 직교하는 도선 A와 B에 전류가 흐르고 있을 때 P점에서 자속 밀도(B)를 구하시오. (단, k를 써서 나타내시오.)

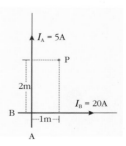

(   ) T

26 종이면에서 수직으로 들어가는 방향으로 전류 I 가 흐르는 도선 A와 방향과 크기를 알 수 없는 도선 B가 나란하게 놓여 있는 것을 나타낸 것이다. 이때 점 P에서 자기장 세기는 0이다. 이에 대한 설명으로 옳은 것만을 〈보기〉에서 있는 대로 고른 것은?

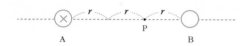

〈 보기 〉

ㄱ. P점과 도선 A 사이에서 자기장의 방향은 도선 A를 중심으로 시계 방향이다.

ㄴ. 도선 A에 흐르는 전류의 세기와 도선 B에 흐르는 전류의 세기는 같다.

ㄷ. 도선 A에 흐르는 전류의 방향과 도선 B에 흐르는 전류의 방향은 반대이다.

ㄹ. 도선 B에 흐르는 전류에 의해 자기장은 도선 B를 중심으로 시계 방향으로 생긴다.

① ㄱ, ㄴ   ② ㄱ, ㄹ   ③ ㄴ, ㄷ
④ ㄱ, ㄴ, ㄷ   ⑤ ㄴ, ㄷ, ㄹ

27 정사각형의 각 꼭지점에 지면에서 수직으로 놓인 도선 A, B와 나침반을 나타낸 것이다. 도선 A와 B에 같은 세기의 전류가 흐르고 있을 때 나침반의 자침 N극이 그림과 같이 나타났다. 도선 A와 B의 전류의 방향이 바르게 짝지어진 것은?(단, 지구 자기장의 영향은 무시하며, (⊗ : 전류가 지면에 수직으로 들어가는 방향, ⊙ : 전류가 지면에 수직으로 나오는 방향으로 흐르는 것을 나타낸다.)

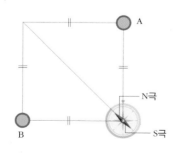

	A	B		A	B		A	B
①	⊗	⊗	②	⊗	⊙	③	⊙	⊗
④	⊙	⊙	⑤	0	⊙			

28 직선 도선을 나침반 위 일정한 높이에 남북 방향으로 설치한 후 직선 전류에 의한 자기장을 알아보려고 한다. 이에 대한 설명으로 옳은 것만을 〈보기〉에서 있는 대로 고른 것은?

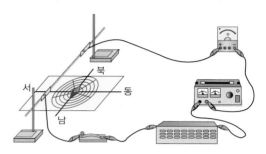

〈 보기 〉

ㄱ. 실험장치의 스위치를 닫으면 나침반의 N극은 서쪽으로 움직인다.

ㄴ. 동일한 실험 장치에서 전원 장치의 전압만 더 높이면 나침반은 시계 방향으로 회전한다.

ㄷ. 가변 저항을 감소시키면 나침반의 N극은 서쪽으로 더욱 치우친다.

ㄹ. 전원에 연결된 (+), (−) 단자를 바꾸어 연결하면 나침반은 180° 회전하게 된다.

ㅁ. 직선 도선과 나침반 사이의 거리를 더 가깝게 하면 나침반이 돌아가는 각도가 더 커진다.

① ㄱ, ㄴ, ㄷ   ② ㄱ, ㄷ, ㅁ   ③ ㄴ, ㄷ, ㄹ
④ ㄴ, ㄹ, ㅁ   ⑤ ㄷ, ㄹ, ㅁ

29 전류가 흐르고 있을 때, A, B, C지점의 자기장 세기의 비 $B_A : B_B : B_C$를 구하시오.

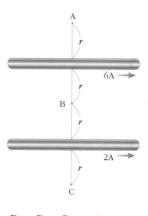

$$B_A : B_B : B_C = (\quad : \quad : \quad)$$

30 반지름이 r 인 반원형 도선에 흐르는 전류의 세기가 I 일 때 반원형 도선의 중심에서의 자기장의 세기를 B 라고 한다. 이때 다음 그림과 같은 모양의 반원형 도선의 중심 O에서 자기장의 세기와 방향을 쓰시오.(단, 종이면을 수직으로 나오는 방향을 (＋), 종이면을 수직으로 들어가는 방향을 (－)로 쓴다.)

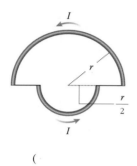

(   )

31 중심에 놓인 원형 도선과 직선 도선 A와 B가 같은 거리만큼 떨어진 상태로 종이면에 고정되어 있다. 이때 세 도선에 흐르는 전류의 세기는 I 로 같고, 중심 O에서 세 도선에 흐르는 전류에 의한 자기장의 세기는 B이다. 이에 대한 설명으로 옳은 것만을 〈보기〉에서 있는 대로 고르시오.

[수능 기출 유형]

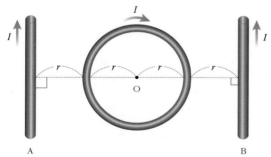

───── 〈 보기 〉 ─────

ㄱ. 중심 O에서 자기장의 방향은 지면으로 들어가는 방향이다.
ㄴ. 도선 B에 흐르는 전류의 세기를 $2I$로 하면 중심 O에서 자기장의 방향은 반대로 바뀐다.
ㄷ. 원형 도선에 흐르는 전류의 세기를 2배로 하면 자기장의 세기는 $2B$가 된다.
ㄹ. 도선 A에 흐르는 전류의 방향을 반대로 하여도 중심 O에서 자기장의 방향은 바뀌지 않는다.

① ㄱ, ㄴ   ② ㄴ, ㄷ   ③ ㄷ, ㄹ
④ ㄱ, ㄷ, ㄹ   ⑤ ㄴ, ㄷ, ㄹ

32 동일한 세 개의 솔레노이드 A, B, C를 이용하여 다음 그림과 같은 전기 회로도를 만들었다. 이때 솔레노이드 A, B, C 내부의 자속 밀도의 비는?

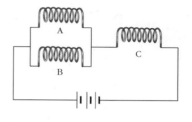

① 1 : 1 : 1   ② 1 : 1 : 2   ③ 2 : 1 : 1
④ 2 : 2 : 1   ⑤ 4 : 2 : 1

전자의 스핀 운동

전자는 지구와 같이 자전축을 중심으로 스스로 회전하는 운동을 하는데 이를 전자의 스핀 운동이라고 한다.

전자의 궤도 운동

보어가 제안한 원자 모형에서 전자는 원자핵을 중심으로 회전하고 있는데 이를 전자의 궤도 운동이라고 한다.

원자 자석

원자 내 전자의 궤도 운동과 스핀 운동에 의해 형성된 자기장으로 인하여 원자는 매우 작은 자석의 역할을 하게 된다. 이를 원자 자석이라고 한다.

외부 자기장이 없을 때

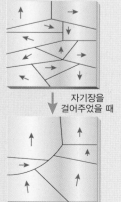

강자성체와 상자성체의 경우 그림과 같이 물질 내의 원자 자석들이

▲ 강자성체

무질서하게 배열되어 자기장의 방향도 무질서하게 된다. 따라서 자석의 효과가 나타나지 않는 것이다.

▲ 반자성체

반자성체는 물질을 구성하는 원자들의 총 자기장이 0이 되어(원자 내의 모든 전자들이 스핀 방향이 반대인 전자끼리 쌍을 이루므로) 원자 자석이 없다.

자기 구역

물체 내부에 자화의 방향이 서로 다르게 나뉘어진 영역을 말한다. 물체에 자기장을 걸어주게 되면 자기 구역이 넓어지게 된다.

자기장을
걸어주었을 때

1. 물질의 자성

(1) 자화와 자성

① **자화** : 물체가 외부 자기장에 의해 자성을 지니는 현상으로 원자 자석들이 일정한 방향으로 정렬되어 나타난다.

② **자성** : 물질이 자석에 반응하는 성질로 자성을 지닌 물체를 **자성체**라고 한다.

③ **자성의 원인** : 원자 내의 원자핵 주위를 도는 전자의 궤도 운동과 전자의 스핀 운동에 의해 자기장이 형성되기 때문에 하나의 원자를 작은 자석으로 생각할 수 있다.

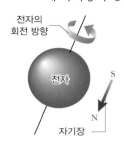

· 자전하는 전자의 모습을 원형 전류에 비유
· 전자의 스핀 방향과 전류의 방향은 반대
→ 오른손 법칙(앙페르 법칙)에 의해 아래쪽에 N극, 위쪽에 S극이 형성

▲ 전자의 스핀 운동

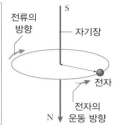

· 회전하는 전자의 모습을 원형 전류에 비유
· 전자의 운동 방향과 전류의 방향은 반대
→ 오른손 법칙(앙페르 법칙)에 의해 아래쪽에 N극, 위쪽에 S극이 형성

▲ 전자의 궤도 운동

(2) 물질의 자성 : 외부 자기장의 영향을 받아 자화되는 정도에 따라 강자성, 상자성, 반자성으로 구분한다.

① **강자성** : 물질이 자기장 내에 있을 때 자화되어 자석에 강하게 끌리는 성질을 말하며, 이러한 성질을 띠는 물체를 강자성체(강자성 물질)라고 한다. **예** 철, 니켈, 코발트 등

② **상자성** : 물질이 자기장 내에 있을 때 자기장의 방향으로 약하게 자화되는 성질을 말하며, 이러한 성질을 띠는 물체를 상자성체(상자성 물질)라고 한다. **예** 알루미늄, 산소, 종이, 백금, 우라늄, 마그네슘 등

③ **반자성** : 외부 자기장과 반대 방향으로 자화되는 성질을 말하며, 이러한 성질을 띠는 물체를 반자성체(반자성 물질)이라고 한다. **예** 대부분의 물질들(금, 물, 유리, 구리, 나무 등)과 많은 기체들(수소, 이산화 탄소, 질소 등), 플라스틱 등

	외부 자기장을 가했을 때	외부 자기장을 제거했을 때
강자성	원자 자석들이 외부 자기장의 방향으로 정렬된다.	자석의 효과를 오래 유지하지만 영원히 유지하지는 않는다.
상자성	원자 자석들이 외부 자기장의 방향으로 약하게 자화된다.	자석의 효과가 바로 사라진다.
반자성	원자 자석들이 외부 자기장의 반대 방향으로 자화된다.	자석의 효과가 바로 사라진다.

개념확인 1

물체가 외부 자기장에 의해 원자 자석들이 일정한 방향으로 정렬되는 현상을 무엇이라고 하는가?

(   )

확인+1

강자성, 반자성, 상자성을 외부 자기장의 영향을 받아 자화가 잘되는 순서대로 나열하시오.

(,   ,   )

2. 전자기 유도

(1) 전자기 유도 : 코일(솔레노이드) 주위에서 자석이 움직이거나 자석 주위에서 코일이 움직일 때 코일을 지나는 자속(자기력선속)이 변하여 코일에 전류가 발생하는 현상을 말한다.

(2) 유도 전류 : 전자기 유도에 의해 코일에 흐르는 전류를 말한다.

① **유도 기전력** : 코일과 자석의 상대적인 운동에 의해 코일 양단에 기전력이 발생하게 된다. 이를 유도 기전력이라고 하며, 유도 기전력에 의해 전류가 흐르게 되는 것이다.

② **유도 전류의 방향** : 코일을 통과하는 자속의 변화를 방해하는 방향으로 흐른다.

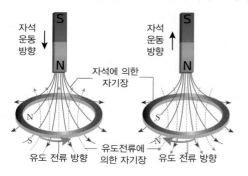 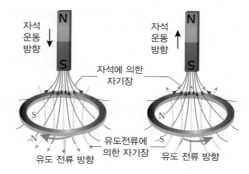

〈 N극이 도선에 가까워 질 때(멀어질 때)〉

원형 도선 중심에 아래 방향으로 자속 증가(감소)
→ 자속의 증가(감소)를 방해하기 위해 도선이 위(아래) 방향으로 자기력선을 형성
→ 원형 도선에서 시계 반대 방향(시계 방향)으로 유도 전류가 흐름

〈 S극이 도선에 가까워 질 때(멀어질 때)〉

원형 도선 중심에 위 방향으로 자속 증가(감소)
→ 자속의 증가(감소)를 방해하기 위해 도선이 아래(위) 방향으로 자기력선을 형성
→ 원형 도선에서 시계 방향(시계 반대 방향)으로 유도 전류가 흐름

③ **유도 전류의 세기** : 자석이 코일에 빠르게 접근할수록(멀어질수록), 코일의 감은 수가 많을수록, 자기력이 센 자석일수록 유도 기전력이 커져서 유도 전류의 세기도 세진다.

(3) 렌츠 법칙 : 독일의 과학자 렌츠는 유도 전류가 만드는 자기장의 방향이 솔레노이드를 통과하는 자속의 변화를 방해하는 방향으로 형성된다는 것을 발견하였다.

〈 렌츠 법칙 〉

유도 전류는 코일을 통과하는 자속의 변화를 방해하는 방향으로 흐른다

유도 전류의 방향 ▶

정답 및 해설 75쪽

개념확인 2

코일과 자석의 상대적인 운동에 의해 코일 양단에 발생하는 이것으로 인하여 유도 전류가 흐르게 된다. 이것을 무엇이라고 하는가?

(   )

확인+2

오른쪽 그림과 같이 막대 자석의 N극을 코일 쪽으로 가까이 가져갈 경우, 유도 전류의 방향을 A와 B를 이용하여 완성하시오.

 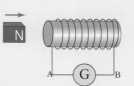

(   ) → Ⓖ → (   )

전류에 의한 자기장

원형 고리에 전류가 흐르면 오른손 법칙에 의해 원형 고리의 중심에서는 그림과 같은 방향으로 자기장이 형성된다.

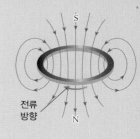

전류 방향

유도 전류의 방향

N극을 가까이 할 때

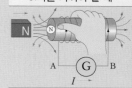

자석과 코일 사이의 힘 = 척력
유도 전류의 방향
A → Ⓖ → B

N극을 멀리 할 때

자석과 코일 사이의 힘 = 인력
유도 전류의 방향
B → Ⓖ → A

S극을 가까이 할 때

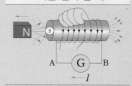

자석과 코일 사이의 힘 = 척력
유도 전류의 방향
B → Ⓖ → A

S극을 멀리 할 때

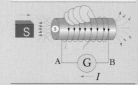

자석과 코일 사이의 힘 = 인력
유도 전류의 방향
A → Ⓖ → B

3. 패러데이 법칙

(1) 유도 기전력과 유도 전류

① **유도 기전력** : 닫힌 회로에서 유도 전류를 흐르게 하는 원인이 되며, 유도 전압이라고도 한다.

② **유도 기전력과 유도 전류** : 유도 전류의 세기는 유도 기전력의 크기에 비례하며, 유도 전류의 방향은 유도 기전력의 방향과 같다.

(2) 패러데이 법칙 : 전자기 유도에 의해 발생하는 유도 기전력의 크기와 관련된 법칙이다.

· 유도 기전력의 크기는 코일의 단면을 지나는 단위 시간당 자속의 변화율과 코일의 감은 횟수에 비례한다.

$$\varepsilon = -N\frac{\Delta\Phi}{\Delta t} = -N\frac{\Delta(BS)}{\Delta t} \quad [\text{단위}:\text{V}]$$

· ε = 유도 기전력(V)
· N = 솔레노이드의 감은 수
· Δt = 자속이 변화하는데 걸리는 시간
· Φ = 자속(Wb) → $\Delta\Phi$ = 자속의 변화량
· B = 자기장(T)   · S = 단면적(m^2)
· $(-)$부호 = 유도 기전력의 방향이 자속의 변화를 방해하는 방향으로 나타난다는 렌츠의 법칙을 의미

(3) 전자기 유도의 이용 : 코일이 움직이거나 자석이 움직일 때 발생하는 유도 전류를 이용하여 물체의 운동을 전기 신호로 변환하는 방법은 다양한 곳에서 이용되고 있다.

㉑ 발전기, 금속 탐지기, 마이크, 마그네틱 신용 카드 판독기, 태블릿 컴퓨터, 전자기 조리기, 열차의 제동 시스템 등

영구 자석 사이에 놓인 사각형 코일이 외부 힘(풍력, 수력, 원자력 등)에 의해 회전을 하게 된다.(운동 에너지)
→ 코일이 회전을 하게 되면 사각형 코일 내부를 통과하는 자속의 변화가 생기면서 사각형 코일에 전류가 흐르게 된다.(전기 에너지)

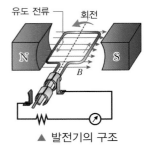
▲ 발전기의 구조

왼쪽 여백

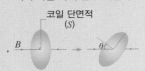
코일 단면적 (S)

코일면의 법선과 자기장이 이루는 각이 θ일 때, 자속 $\Phi = BS\cos\theta$ 가 되므로
→ ε (유도 기전력)

$$= -N\frac{\Delta\Phi}{\Delta t} = -N\frac{\Delta(BS\cos\theta)}{\Delta t}$$

● 자기장의 세기-시간 그래프와 유도 기전력

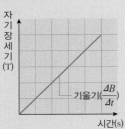

자기장의 세기-시간 그래프에서 기울기는 단위 시간당 자기장의 세기의 변화율($\frac{\Delta B}{\Delta t}$)을 의미한다. 따라서 면적이 일정할 경우 자기장의 세기-시간 그래프의 기울기와 유도 기전력은 비례한다.

$$\varepsilon = -N\frac{\Delta\Phi}{\Delta t} = -N\frac{S\Delta B}{\Delta t}$$

$$\therefore \varepsilon \propto \frac{\Delta B}{\Delta t}$$

미니사전

기전력 [起 일어나다 電 전기 力 힘] 전위차를 만들어 내어 전류를 흐르게 하는 힘으로 전압과 같은 의미로 사용

개념확인 3

패러데이 법칙에 대한 설명이다. 문장을 완성하시오.

패러데이 법칙은 (   )에 의해 발생하는 유도 기전력의 크기와 관련된 법칙이다. 이때 유도 기전력의 크기는 코일의 단면을 지나는 단위 시간당 (   )의 변화율과 코일의 감은 수에 (㉠ 비례, ㉡ 반비례) 한다.

확인+3

감은 수가 100회인 코일에 0.1초당 2Wb의 자속이 변하였다. 이때 코일에 유도되는 기전력의 크기는 몇 V인가?

(   )V

4. 전자기 유도의 응용

(1) 균일한 자기장 속에서 움직이는 도선 : 균일한 자기장(B) 속을 일정한 속도(v)로 움직이고 있는 직선 도선의 유도 기전력은 다음과 같다.

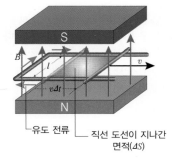

> · t 초 동안 도선이 지나가는 면적(ΔS)
> $= l \cdot v\Delta t$ (∵ 이동 거리 = 시간 × 속도)
> · 도선이 t 초 동안 지나가는 면적을 통과한 자속 = $Bl \cdot v\Delta t$
>
> $$\therefore \varepsilon = -\frac{Bl \cdot v\Delta t}{\Delta t} = -Bl \cdot v$$

도선 이동 방향 / 유도 전류 / 직선 도선이 지나간 면적(ΔS)

▲ 균일한 자기장 속에서 움직이는 도선

(2) 균일한 자기장 속에서 움직이는 사각 도선

· 균일한 자기장 속을 사각 도선이 통과할 때 사각 도선 면을 지나는 자속이 변하기 때문에 사각 도선이 지나는 위치에 따라 유도 전류의 세기와 방향이 변하게 된다.

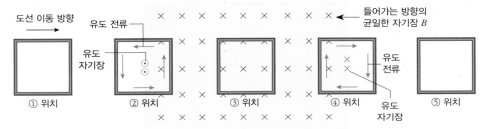

도선 이동 방향 / 유도 전류 / 유도 자기장 / 들어가는 방향의 균일한 자기장 B / 유도 전류 / 유도 자기장
① 위치 ② 위치 ③ 위치 ④ 위치 ⑤ 위치

① **위치** : 사각 도선의 면을 지나는 자기장이 없으므로 자속이 0이다.(자속의 변화 = 0) → 유도 전류가 흐르지 않는다.

② **위치** : 자기장 속에 도선이 들어가면서 들어가는 방향(⊗)의 자속이 증가하게 된다. 따라서 반대 방향인 나오는 방향(⊙)의 자속이 유도된다.(렌츠 법칙) → 반시계 방향의 유도 전류가 흐른다.

③ **위치** : 사각 도선을 지나는 자속의 변화가 없다. → 유도 전류가 흐르지 않는다.

④ **위치** : 자기장 속에 있던 도선이 자기장 밖으로 나가면서 들어가는 방향(⊗)의 자속이 감소하게 된다. 따라서 들어가는 방향(⊗)의 자속이 유도된다.(렌츠 법칙) → 시계 방향의 유도 전류가 흐른다.

⑤ **위치** : 사각 도선의 면을 지나는 자기장이 없으므로 자속이 0이다. → 유도 전류가 흐르지 않는다.

개념확인 4

정답 및 해설 75쪽

플레밍의 오른손 법칙에 의해 유도 전류의 방향을 알 수 있는 방법에 대한 설명이다. 빈칸에 알맞은 말을 고르시오.

> 플레밍의 오른손 법칙을 이용하면 유도 전류의 방향을 쉽게 알 수 있다. 엄지손가락을 (㉠ 도선 ㉡ 자기장)의 이동 방향으로 하고, 검지 손가락을 (㉠ 도선 ㉡ 자기장)의 방향으로 일치시켰을 때 (㉠ 중지 ㉡ 약지) 손가락이 가리키는 방향이 유도 전류의 방향이 된다.

확인+4

지면으로 들어가는 방향으로 균일하게 형성된 자기장 속에 오른쪽 그림과 같이 사각 도선을 A에서 B로 이동시켰을 때, B 사각 도선에 흐르는 유도 전류의 방향을 고르시오.

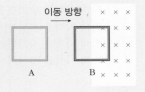

(㉠ 시계 방향, ㉡ 반시계 방향)

● 균일한 자기장 속에서 움직이는 직선 도선에서 발생한 유도 전류 방향

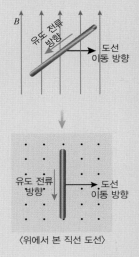

유도 전류 방향 / 도선 이동 방향 / 유도 전류 방향 / 도선 이동 방향
〈위에서 본 직선 도선〉

● 원형, 사각형 코일에서 유도 자기장 방향

코일 내부의 유도 자기장 방향(N극 방향)
코일의 유도 전류 방향

● 플레밍의 오른손 법칙

유도 전류의 방향은 렌츠 법칙을 이용하여 알 수 있다. 즉 자속의 변화와 반대되는 방향으로 자기장을 만들도록 전류가 흐른다는 것이다. 이때 플레밍의 오른손 법칙을 이용하면 유도 전류의 방향을 쉽게 알 수 있다.

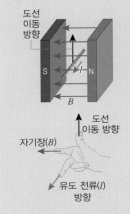

도선 이동 방향 / 도선 이동 방향 / 자기장(B) / 유도 전류(I) 방향

01 물질마다 자성이 다르게 나타나는 이유를 바르게 설명한 것은?

① 물질마다 모양이 다르기 때문이다.
② 물질마다 원자 자석의 수가 다르기 때문이다.
③ 물질마다 원자 내 전자들의 궤도 운동과 스핀이 다르기 때문이다.
④ 원자 내 전자의 스핀 방향과 그것에 의한 전류의 방향이 같기 때문이다.
⑤ 원자 내 전자의 운동 방향과 그것에 의한 전류의 방향이 같기 때문이다.

02 어떤 물체에 외부 자기장을 걸어주었다가 외부 자기장을 제거하였을 때 내부 원자 자석들의 배열을 나타낸 것이다. 이러한 성질을 나타내는 물체와 그 예를 바르게 짝지은 것은?

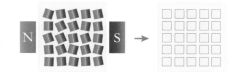

① 강자성체 - 금
② 상자성체 - 물
③ 상자성체 - 산소
④ 반자성체 - 철
⑤ 반자성체 - 플라스틱

03 막대 자석의 S극을 코일 쪽으로 가까이 가져갈 경우, 유도 전류의 방향(가)과 자석과 코일 사이에 작용하는 힘(나)이 바르게 짝지어진 것은?

	(가)	(나)		(가)	(나)
①	A → Ⓖ → B	인력	②	A → Ⓖ → B	척력
③	B → Ⓖ → A	인력	④	B → Ⓖ → A	척력
⑤	전류가 흐르지 않음				

04 전자기 유도 실험 장치이다. 검류계에 흐르는 전류를 크게 하기 위한 방법을 모두 고르시오.

① 코일의 감은 수를 늘려준다.
② 막대 자석의 움직임을 더 느리게 한다.
③ 막대 자석을 코일 안에 정지시켜 놓는다.
④ 막대 자석을 자기력이 더 센 것으로 바꾼다.
⑤ 막대 자석을 자기력이 더 약한 것으로 바꾸고, 막대 자석의 움직임도 느리게 한다.

05 감은 수가 200회인 코일이 있다. 이 코일 내부의 자속이 1초당 3Wb 가 변하고 있을 때 유도 기전력의 크기를 V_1 라고 한다. 감은 수를 2배로 늘이고, 자속의 변화율을 0.5초당 3Wb로 하였을 때 유도 기전력의 크기를 V_2라고 할 때, 유도 기전력의 크기 비는?

$$V_1 : V_2 = (\quad : \quad)$$

06 자기장에 수직인 단면적이 일정한 코일 속을 지나는 자기장의 세기를 시간에 따라 나타낸 것이다. 각 구간 중 유도 전류가 가장 큰 곳(가)과 가장 작은 곳(나)을 바르게 짝지은 것은?

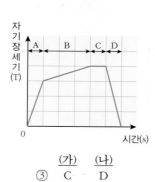

	(가)	(나)		(가)	(나)		(가)	(나)
①	A	B	②	B	C	③	C	D
④	D	C	⑤	B	A			

07 지면으로 나오는 방향의 균일한 자기장 속에서 직선 도선이 움직이고 있다. 이때 직선 도선에 흐르는 전류의 방향은?

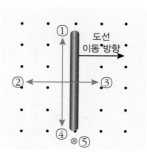

08 자기장 세기가 6T인 균일한 자기장 속에 수직으로 놓인 ㄷ자형 도선 위에서 도체 막대를 5m/s의 속도로 잡아당길 때, 도체 막대에 유도되는 유도 기전력의 크기는?(ㄷ자형 도선의 폭은 10cm이다.)

$(\quad) V$

유형 익히기&하브루타

[유형12-1] 물질의 자성

물체에 외부 자기장을 걸어주었다가 외부 자기장을 제거하였을 때 내부 원자 자석들의 배열을 나타낸 것이다. 이에 대한 설명으로 옳은 것만을 〈보기〉에서 있는 대로 고른 것은?

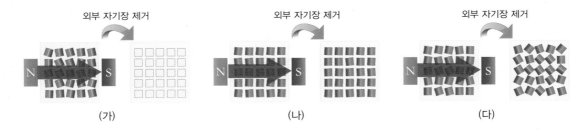

(가)   (나)   (다)

〈 보기 〉

ㄱ. (가)의 경우 물체에 자석을 가까이 하면 자석을 밀어낸다.
ㄴ. (나)의 경우 외부 자기장을 제거하면 자석의 효과가 바로 사라지는 상자성체이다.
ㄷ. 알루미늄이나 종이에 자기장을 걸어주면 (다)와 같은 원자 자석들의 배열을 볼 수 있다.

① ㄱ   ② ㄴ   ③ ㄷ   ④ ㄱ, ㄴ   ⑤ ㄱ, ㄷ

01 그림 (가)는 원형 고리에 전류가 흐를 때 형성된 자기장을 방향없이 나타낸 것이다. 그림 (나)는 원자핵을 중심으로 회전하고 있는 전자의 궤도 운동 모습을 나타낸 것이다. 이에 대한 설명으로 옳은 것만을 〈보기〉에서 있는 대로 고른 것은?

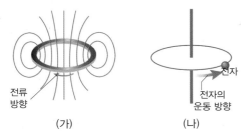

(가)   (나)

〈 보기 〉

ㄱ. (가)에서 원형 고리 중심에서 자기장의 방향은 위에서 아래 방향이다.
ㄴ. (나)에서 전자의 운동 방향과 전류의 방향은 반대이다.
ㄷ. (나)에서 오른손 법칙에 의해 위쪽에는 N극이 형성된다.

① ㄱ   ② ㄴ   ③ ㄷ   ④ ㄱ, ㄴ   ⑤ ㄴ, ㄷ

02 〈보기〉는 물질의 자성에 대한 설명이다. 옳은 것만을 있는 대로 고른 것은?

〈 보기 〉

ㄱ. 금은 자기장 내에 있을 때 자기장의 방향으로 약하게 자화된다.
ㄴ. 철은 외부 자기장을 가한 후 자기장을 제거한 직후에도 자석의 효과를 유지한다.
ㄷ. 유리는 외부 자기장을 가하면 자기장의 반대 방향으로 자화된다.
ㄹ. 물질의 자성은 전자의 궤도 운동과 스핀 운동에 의해 나타나는 성질이다.

① ㄱ, ㄴ   ② ㄴ, ㄷ   ③ ㄷ, ㄹ
④ ㄱ, ㄴ, ㄷ   ⑤ ㄴ, ㄷ, ㄹ

[유형12-2] 전자기 유도

동일한 원형 고리 위에 동일한 자기력을 가진 자석을 화살표 방향으로 움직이고 있는 것을 나타낸 것이다.

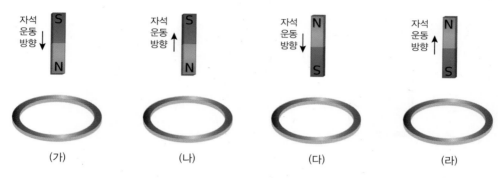

(가)   (나)   (다)   (라)

(1) 원형 고리에 유도된 전류의 방향이 같은 것끼리 바르게 묶인 것은?

① (가), (나)   ② (가), (다)   ③ (가), (라)   ④ (나), (라)   ⑤ (다), (라)

(2) 원형 고리와 자석 사이에서 인력이 작용하는 경우끼리 바르게 묶인 것은?

① (가), (나)   ② (가), (라)   ③ (나), (다)   ④ (나), (라)   ⑤ (다), (라)

03 코일에 자석을 멀리할 때 일어나는 현상에 대한 설명으로 옳은 것만을 〈보기〉에서 있는 대로 고른 것은?

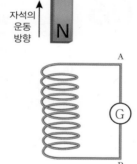

〈 보기 〉

ㄱ. 전류는 A → Ⓖ → B로 흐른다.
ㄴ. 자석과 코일 사이에는 인력이 작용한다.
ㄷ. 코일 중심에서 아래 방향으로 자석에 의한 자속이 증가하고 있다.
ㄹ. 자석을 코일에서 멀리하다가 정지하면 검류계의 바늘이 0을 가리킨다.

① ㄱ, ㄴ   ② ㄴ, ㄷ   ③ ㄷ, ㄹ
④ ㄱ, ㄴ, ㄷ   ⑤ ㄱ, ㄴ, ㄹ

04 아래에서 위로 향하는 균일한 자기장 속에 원형 도선이 있다. 원형 도선에 유도 전류가 흐르는 경우는?

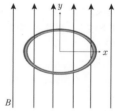

① 원형 도선이 x축을 중심으로 회전할 때
② 원형 도선이 y축을 중심으로 회전할 때
③ 원형 도선이 x축 방향으로 평행 이동할 때
④ 원형 도선이 y축 방향으로 평행 이동할 때
⑤ 원형 도선이 x축 방향으로 평행 이동하다가 멈출 때

[유형12-3] 패러데이 법칙

그림 (가)는 지면으로 들어가는 방향으로 자기장이 균일하게 형성된 자기장 영역 안에 사각형 도선이 놓여있는 것을 나타낸 것이고, 그림 (나)는 사각형 도선을 통과하는 자기장의 세기를 시간에 대하여 나타낸 것이다. 이에 대한 설명으로 옳은 것은?

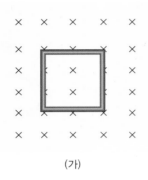

(가)

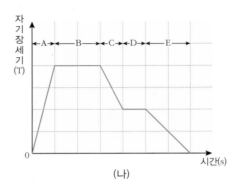

(나)

① A ~ E 구간에서 사각형 도선에는 모두 유도 전류가 흐른다.
② B구간에서 유도 전류의 세기가 가장 세다.
③ C와 E구간에서는 (가)의 자기장과 같은 방향의 유도 자기장이 형성되도록 유도 전류가 흐른다.
④ D구간에서 유도 기전력의 세기가 가장 세다.
⑤ E구간에서 유도 전류의 방향은 A구간에서 유도 전류의 방향과 같다.

05 구리로 된 원형 도선에서 자석을 멀리하였다. 이때 구리로 된 원형 도선을 통과하는 자속이 처음에는 30 Wb였다가 0.5 초 후에 5 Wb가 되었다. 원형 도선의 저항이 0.1Ω일 때, 원형 도선에 유도된 전류(A)와 자석 쪽에서 봤을 때 원형 도선에 유도된 전류의 방향(B)을 바르게 짝지은 것은?

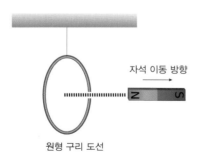

자석 이동 방향

원형 구리 도선

	A	B
①	50A	시계 방향
②	500A	시계 방향
③	600A	시계 방향
④	50A	반시계 방향
⑤	500A	반시계 방향

06 자기장이 세기(B)가 0.2T이고, 지면으로 들어가는 방향으로 일정하게 형성되어 있다. 이때 자기장 영역 안에 반지름이 0.5m인 원형 도선이 놓여 있다. 이때 자기장의 세기를 변화시키기 시작하여 3초 동안 7T로 만들었다면 원형 도선에 유도되는 유도 기전력은 몇 V인가?(단, $\pi \fallingdotseq 3$ 으로 계산한다.)

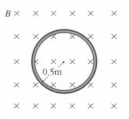

B
0.5m

① 0.15V   ② 1.5V   ③ 1.7V
④ 2.5V   ⑤ 4.2V

[유형12-4] 전자기 유도의 응용

지면으로 들어가는 방향의 균일한 자기장이 형성되어 있는 사각형 영역 위를 사각 도선이 A위치에서 D위치로 일정한 속도로 이동하고 있는 것을 나타낸 것이다. 이에 대한 설명으로 옳은 것만을 〈보기〉에서 있는 대로 고른 것은?

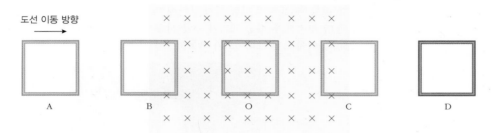

― 〈 보기 〉 ―

ㄱ. O위치에서 유도 전류의 세기는 점점 커진다.
ㄴ. 도선의 세로 길이가 더 커지면 유도 전류의 세기도 더 세진다.
ㄷ. B위치와 C위치에서의 유도 전류의 방향은 반대이다.
ㄹ. 도선이 더 빠른 속도로 이동하여도 도선에 흐르는 유도 전류의 세기는 변하지 않는다.

① ㄱ, ㄴ ② ㄴ, ㄷ ③ ㄷ, ㄹ ④ ㄱ, ㄴ, ㄷ ⑤ ㄴ, ㄷ, ㄹ

---

07 자기장이 지면으로 들어가는 방향으로 일정하게 형성되어 있는 지면 위에 직사각형 금속 고리 A와 B가 같은 속도로 움직이고 있는 순간의 모습을 나타낸 것이다. 이때 B의 세로 길이는 A의 2배일 때, 금속 고리 A와 B에 발생하는 유도 기전력의 크기 비는?(A와 B의 저항값은 같다.)

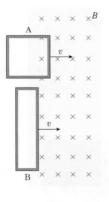

① 1 : 1 ② 1 : 2 ③ 1 : 4
④ 2 : 1 ⑤ 4 : 1

08 자기장의 세기가 3T로 균일한 자기장 속에 저항이 연결된 ㄷ자형 도선을 지면에 고정시키고, 그 도선 위를 길이가 40cm인 직선 도선이 5m/s의 일정한 속도로 움직이고 있다. 이때 2Ω의 저항에 흐르는 전류의 세기(A)와 직선 도선에 생기는 유도 기전력의 크기(B)가 바르게 짝지어진 것은?

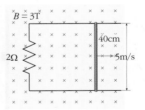

	A	B		A	B
①	1A	2V	②	2A	4V
③	3A	6V	④	4A	2V
⑤	6A	3V			

01 자동차나 기차 등을 정확한 위치에 안전하게 정지시키는 것은 중요한 일이다. 대부분의 차량들은 마찰력을 이용한 제동 방법을 사용하고 있지만, 고속 열차나 놀이 기구 등에서 마찰을 이용하지 않는 제동 방법이 사용되고 있다. 바로 전자기 유도 현상을 응용한 제동 장치이다. 이를 자기 브레이크 혹은 와전류 브레이크라고 한다. 물음에 답하시오.

(1) 서울의 한 놀이공원에는 자이로드롭이라는 놀이기구가 있다. 자이로드롭은 중앙 타워의 높이는 78m이고, 562kW의 강한 전기 모터에 의해 최고 높이 지상 70m까지 올라간다. 여기서 3초 동안 정지한 후 탑승 의자가 평균 시속 97km로 약 45m의 거리를 자유 낙하하다가 지상 25m 높이에 오면 브레이크가 작동하면서 멈추기 시작한다.

▲ 자이로드롭

자이로드롭에는 탑승 의자 뒤에 12개의 긴 말굽 모양의 자석과 타워 중앙에 12개의 금속판이 각각 장치되어 있는데, 이 두 물체는 지상 25m 높이에서 서로 만나게 되며 이때부터 서서히 제동이 되면서 자이로드롭이 정지하게 된다. 이렇게 정지할 수 있는 원리에 대하여 전자기 유도를 이용하여 설명하시오.

(2) 다음 그림은 열차에 사용하는 자기 브레이크의 내부 구조를 나타낸 것이다. 열차가 브레이크용 자석 내부로 들어올때 멈추는 원리를 전자기 유도를 이용하여 설명하시오.

▲ 자기 브레이크

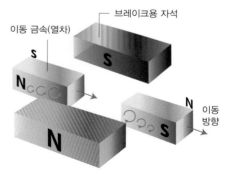

▲ 자기 브레이크의 원리

정답 및 해설 78쪽

12강. 전자기 유도 I

02 원형 도선이 균일한 자기장 속에서 실에 매달려 일정한 주기로 진동하고 있는 모습을 나타낸 것이다. 이때 자기장이 지면으로 들어가는 방향으로 형성되어 있다. 이때 원형 코일에서 일어나는 변화를 이유와 함께 서술하시오.

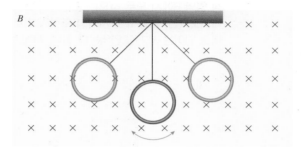

03 수평면에 놓인 원형 도선 위에 S극을 아래로 한 자석이 A, B, C 점을 따라 일정한 속도로 회전하지 않고 수평 운동하는 것을 나타낸 것이다. A에서 B로 이동할 때, B점을 통과하는 순간, B에서 C로 이동할 때의 유도 전류에 대하여 각각 서술하시오.(단, 유도 전류의 방향과 ①과 ②를 이용하여 설명하시오.)

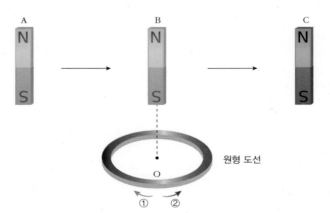

원형 도선

04 그림은 가로 길이는 L로 동일하지만 세로 길이의 비가 4 : 2 : 1인 균일한 자기장 영역 A, B, C가 나란하게 놓여 있는 것을 나타낸 것이다. C영역의 세로 길이는 l 이고, 자기장의 방향은 모두 지면으로 들어가는 방향이다. 이 자기장 영역으로 사각형 도선이 왼쪽에서 오른쪽으로 일정한 속도 v 로 이동할 때, 사각형 도선이 자기장 영역 A에 모두 들어가는 순간부터 자기장 영역 B에서 모두 나오는 순간까지 도선에 흐르는 유도 전류를 시간에 따른 그래프로 나타 내시오. (단, 저항 R인 사각형 도선의 가로 길이는 s 이며 자기장 영역의 가로 길이보다 작고, 세로 길이는 자기장 영역보다 길며, 시계 방향으로 흐르는 전류를 (+)로 한다.)

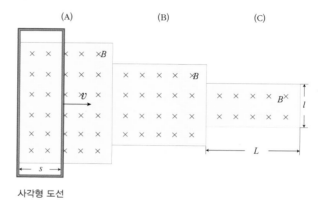

정답 및 해설 78쪽

05 용수철에 매달려 균일한 자기장 속에서 진동하고 있는 사각형 코일을 나타낸 것이다. (가)는 사각형 코일이 자기장 영역의 경계면을 지나고 있는 상태, (나)는 사각형 코일이 자기장 영역 속에서 운동하고 있는 상태를 나타낸다. 자기장의 방향은 지면에 수직으로 들어가는 방향이다.(단, 공기 저항은 무시한다.)

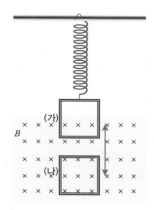

(1) (가)와 (나)의 상태에서 유도 전류의 방향에 대하여 각각 서술하시오.

(2) 사각형 코일의 진동 운동이 향후 어떻게 될지 전자기 유도 현상을 이용하여 설명하시오.

01 자성과 자화와 관련된 설명으로 옳은 것은 ○ 표, 옳지 않은 것은 ×표 하시오.

(1) 모든 물질은 외부 자기장에 의해 자화되는 정도가 같다. (　　)

(2) 물질을 이루는 원자 하나는 작은 자석으로 생각할 수 있다. (　　)

(3) 물체 내부에 자화의 방향이 서로 다르게 나뉘어진 영역이 있으며, 이는 자기장을 걸어주게 되면 넓어지게 된다. (　　)

02 물질의 자성과 관련된 설명으로 옳은 것은 ○ 표, 옳지 않은 것은 ×표 하시오.

(1) 강자성체에 자기장을 가한 후 자기장을 제거하여도 영구적으로 자석의 효과를 유지한다. (　　)

(2) 유리, 물, 나무 등과 같은 대부분의 물질들은 상자성체이다. (　　)

(3) 반자성체에 자석을 가까이 하면 자석은 끌려가게 된다. (　　)

03 어떤 물체에 외부 자기장을 걸어주었다가 외부 자기장을 제거하였을 때 내부 원자 자석들의 배열을 나타낸 것이다. 이에 대한 설명으로 옳은 것만을 〈보기〉에서 있는 대로 고른 것은?

외부 자기장 제거

─── 〈 보기 〉 ───

ㄱ. 물체는 상자성체이다.

ㄴ. 철, 알루미늄, 백금 등에 자기장을 걸어주면 같은 형태의 내부 원자 자석들의 배열을 볼 수 있다.

ㄷ. 자석과 물체 사이에는 인력이 작용한다.

① ㄱ　　　　② ㄴ　　　　③ ㄷ
④ ㄱ, ㄴ　　⑤ ㄴ, ㄷ

04 빈칸에 들어갈 힘을 각각 쓰시오.

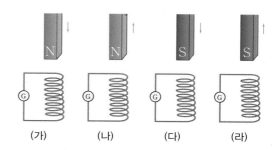

자석을 코일에 가까이 할 때는 자석과 코일 사이에 (　　　　)이 작용하고, 자석을 멀리 할 때는 (　　　　)이 작용한다. 즉 운동 방향과 반대 방향으로 힘이 작용하기 때문에 자석의 운동이 방해받게 된다.

05 자기력 세기가 같은 자석을 (가), (다)는 극을 달리하여 동일한 코일을 향해 가까이 하는 것이고, (나), (라)는 멀리하는 것을 나타낸 것이다. 이때 검류계에 흐르는 전류의 방향이 같은 것끼리 바르게 묶인 것은?

(가)　　　(나)　　　(다)　　　(라)

① (가), (나)　　② (가), (다)　　③ (가), (라)
④ (나), (라)　　⑤ (가), (나), (다), (라)

06 동일한 자석의 N극을 코일 쪽으로 가까이 하는 것을 나타낸 것이다. 그림 (가)는 자석의 속도는 v, 코일의 감은 수는 4번, 그림 (나)는 자석의 속도는 $2v$, 코일의 감은 수는 8번, 그림 (다)는 자석의 속도는 v, 코일의 감은 수는 8번 일때, 검류계에 측정되는 전류의 세기가 큰 순서대로 쓰시오.

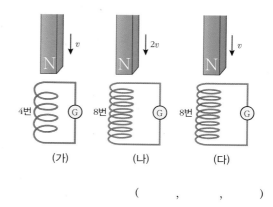

(가)　　　(나)　　　(다)

(　　,　　,　　)

07 얇은 원형 도선이 0.2초당 세기가 50T씩 변하는 자기장 속에 그림과 같이 놓여져 있다. 구리판의 반지름이 0.4m이고, 자기장의 방향과 기울어진 면이 60° 일 때, 유도 기전력의 크기는 몇 V인가?(단, $\pi \fallingdotseq 3$ 으로 계산한다.)

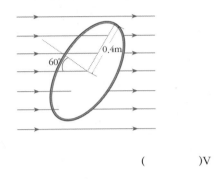

( )V

[08-09] 지면에서 수직으로 들어가는 방향으로 균일하게 형성되어 있는 자기장(자기장의 세기 = 4T)에 수직 방향으로 ㄷ자 도선이 놓여져 있고, 그 도선 위로 길이 20cm의 직선 도선을 오른쪽 방향으로 1m/s의 일정한 속도로 잡아 당기고 있는 것을 나타낸 것이다.

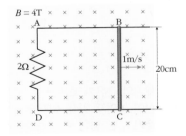

08 사각형 도선 ABCD의 유도 기전력의 세기와 유도 전류를 각각 구하시오.(단, 도선 BC가 운동을 시작할 때 B는 A점에서 20cm떨어져 있었다.)

유도 기전력의 세기 = ( )V
유도 전류 = ( )A

09 사각형 도선 ABCD에 발생한 유도 전류에 의한 자기장의 방향을 고르시오.

㉠ 지면에 수직하게 나오는 방향
㉡ 지면에 수직하게 들어가는 방향

10 xy 평면에서 정사각형 금속 고리가 놓여있다. 이때 자기장은 xy 평면에 수직으로 들어가는 방향으로 형성되어 있고, 오른쪽으로 갈수록 자속 밀도가 감소하고 있다. 이때 금속 고리에 유도 전류가 흐르는 경우를 모두 고르시오.

① 금속 고리가 $+x$ 방향으로 일정한 속도로 운동할 때
② 금속 고리가 $+y$ 방향으로 일정한 속도로 운동할 때
③ 금속 고리가 $-y$ 방향으로 일정한 속도로 운동할 때
④ 금속 고리가 $+x$ 방향으로 점점 속도가 빨라지는 운동을 할 때
⑤ 금속 고리가 $+y$ 방향으로 점점 속도가 빨라지는 운동을 할 때

B

11 그림 (가)는 전자의 스핀 운동, 그림 (나)는 원자핵을 중심으로 회전하고 있는 전자의 궤도 운동 모습을 나타낸 것이다. 이에 대한 설명으로 옳은 것만을 〈보기〉에서 있는 대로 고른 것은?

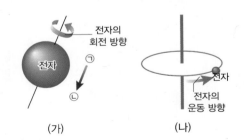

(가)   (나)

─〈 보기 〉─
ㄱ. (가)에서 전자의 ㉠ 쪽은 N극, ㉡쪽은 S극이 형성된다.
ㄴ. (나)에서 전자의 운동 방향과 그것에 의한 전류의 방향은 반대이므로 위쪽에 S극이 형성된다.
ㄷ. 전자의 스핀 운동과 전자의 궤도 운동에 의해 물질이 자성에 반응하게 된다.

① ㄱ   ② ㄴ   ③ ㄷ   ④ ㄱ, ㄴ   ⑤ ㄴ, ㄷ

12 전류가 유도되지 <u>않는</u> 경우는?

① 자석 위로 코일이 떨어질 때
② 자석이 코일 중심으로 떨어질 때
③ 원형 코일 위로 자석의 N극을 가까이 할 때
④ 마주 보고 있는 코일의 한 쪽 코일의 전류를 변화시켜 줄 때
⑤ 코일 중심에 자석이 놓여있는 상태에서 자석과 코일이 같은 속도로 이동할 때

13 그림 (가)는 강자성체에 코일을 감고 전원 장치에 연결하여 전류를 흘려주고 있는 것이다. 그림 (나)는 (가)에서 자화된 막대를 꺼내어 S 면이 위쪽으로 가도록 한 후 원형 도선을 향해 떨어뜨렸더니 도선에 시계 방향으로 전류가 흘렀다. 이때 전원 장치의 단자의 극과 S면이 띠는 극을 바르게 짝지은 것은?

[수능 기출 유형]

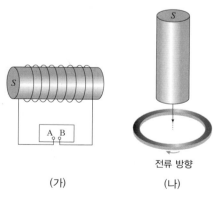

(가)   (나)

	A 단자	B 단자	S면이 띠는 극
①	(+)극	(−)극	N극
②	(+)극	(−)극	S극
③	(−)극	(+)극	N극
④	(−)극	(+)극	S극
⑤	(+)극	(−)극	(+)극

14 반지름이 다른 두 원형 도선이 하나의 축을 중심으로 놓여져 있다. 이때 도선 (가)에 전류가 시계 방향으로 흐르며 도선 (나)에 가까이 다가갈 때 도선 (나)에 흐르는 전류의 방향(A)과 두 도선 사이에 작용하는 힘(B)을 바르게 짝지은 것은?(단, 전류의 방향은 오른쪽에서 봤을 때를 기준으로 한다.)

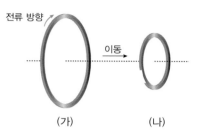

(가)   (나)

	A	B			A	B
①	시계 방향	인력		②	시계 방향	척력
③	반시계 방향	인력		④	반시계 방향	척력
⑤	전류가 흐르지 않는다					

15 같은 세기의 전류가 흐르는 두 도선의 중심에 사각 도선이 놓여져 있다. 이때 B도선에 흐르는 전류의 세기 I_B 만 점점 증가시켰을 때 사각 도선에 유도된 전류에 대한 설명으로 옳은 것은?

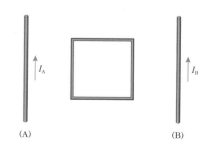

(A)   (B)

① 시계 방향으로 흐른다.
② 시계 반대 방향으로 흐른다.
③ 유도된 전류의 세기는 0이다.
④ 시계 방향으로 흐르다, 시계 반대 방향으로 흐른다.
⑤ 시계 반대 방향으로 흐르다, 시계 방향으로 흐른다.

16 그림 (가)는 종이면에 수직으로 들어가는 방향으로 균일한 자기장이 형성된 영역에 저항 R이 연결된 사각형 도선이 종이면에 고정되어 있는 것을 나타낸 것이다. 그래프 (나)는 자기장의 세기를 시간에 따라 나타낸 것이다. 2초, 4초일 때 저항 R에 흐르는 전류의 세기를 각각 I_2, I_4라고 할 때, $I_2 : I_4$는?

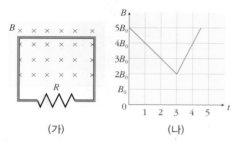

(가) (나)

① $1 : 1$ ② $1 : 2$ ③ $1 : 3$
④ $2 : 1$ ⑤ $3 : 1$

17 사각형 코일이 지면으로 들어가는 방향으로 균일하게 형성되어 있는 자기장 속으로 일정한 속력으로 들어가는 순간을 나타낸 것이다. 이때 도선이 자기장 영역에 들어가는 순간부터 사각형 도선이 모두 자기장 영역에 포함될 때까지 시간에 따른 전류의 세기 그래프로 옳은 것은?(단, 전류의 방향은 시계 방향을 (+)로 한다.)

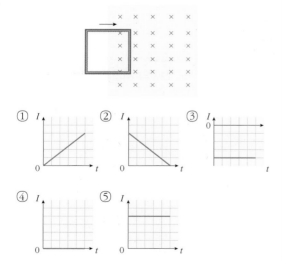

18 자기장이 지면으로 들어가는 방향으로 일정하게 형성되어 있는 지면 위에 직사각형 금속 고리 A, B, C가 운동하고 있는 순간의 모습을 나타낸 것이다. A는 $+x$ 방향으로 $2v$, B는 $+x$ 방향으로 v, C는 $-x$ 방향으로 $2v$의 속도로 각각 운동하고 있다. 금속 고리 A, B, C의 x축과 수직인 도선의 길이 비는 $2 : 4 : 1$이며, 각 도선의 저항은 모두 같다. 이때 세 금속 고리에 발생하는 유도 기전력의 비($V_A : V_B : V_C$)는?

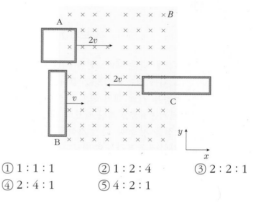

① $1 : 1 : 1$ ② $1 : 2 : 4$ ③ $2 : 2 : 1$
④ $2 : 4 : 1$ ⑤ $4 : 2 : 1$

19 지면 위에 놓인 솔레노이드 위에 상자성체를 실에 연결하여 천장에 매달려 정지한 모습을 나타낸 것이다. 솔레노이드에는 일정한 세기의 전류가 흐르고 있을 때 이에 대한 설명으로 옳은 것만을 〈보기〉에서 있는 대로 고른 것은?

―――――〈 보기 〉―――――
ㄱ. 전류가 흐르고 있는 솔레노이드의 위쪽에는 N극이 형성되어 있다.
ㄴ. 상자성체와 솔레노이드 사이에는 인력이 작용한다.
ㄷ. 실에 연결한 물체를 반자성체로 바꾸면 솔레노이드와 반자성체 사이에는 척력이 작용한다.
ㄹ. 실이 상자성체에 작용하는 힘의 크기는 상자성체의 무게와 같다.

① ㄱ, ㄴ   ② ㄴ, ㄷ   ③ ㄷ, ㄹ
④ ㄱ, ㄴ, ㄷ   ⑤ ㄴ, ㄷ, ㄹ

20 자석을 실에 매달아서 고정된 원형 도선의 중심을 따라 일정한 속력으로 화살표 방향으로 움직이고 있는 모습을 나타낸 것이다. 이에 대한 설명으로 옳은 것만을 〈보기〉에서 있는 대로 고른 것은?(점 a, b, c는 원형 도선의 중심축 상의 점이고, 자석의 크기는 무시한다.)

이동 방향

〈 보기 〉

ㄱ. a점을 지날 때와 c점을 지날 때 원형 도선에 유도되는 전류의 방향은 같다.
ㄴ. b점을 지날 때의 원형 도선에 유도되는 전류의 세기는 a점을 지날 때보다 세다.
ㄷ. c점을 지날 때 실이 자석을 당기는 힘의 크기는 자석에 작용하는 중력보다 작다.

① ㄱ 　　　② ㄴ 　　　③ ㄷ
④ ㄱ, ㄴ 　　⑤ ㄴ, ㄷ

21 한 변의 길이가 l 인 정사각형 도선과 지면에 수직으로 들어가는 방향의 일정한 자기장 영역이 지면에 형성되어 있다. 일정한 속도 v로 자기장 영역을 향해 운동을 시작하였고, 이때 $\frac{l}{v} = 1$초이다. 자기장 영역의 한 변의 길이는 $4l$ 일 때, 정사각형 도선에 유도된 전류의 세기를 시간에 따라 바르게 나타낸 그래프는?(단, 정사각형 도선에 시계 방향으로 흐르는 전류의 방향이 (+)이다.)

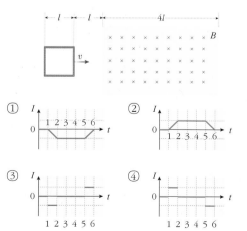

[22-23] 다음 그림은 균일한 자기장 B 속에 놓인 ㄷ자 도선 위에 도체 막대가 움직이고 있는 것을 나타낸 것이다. 도체 막대의 길이는 l 이고, ㄷ자 도선과 도체 막대로 이루어진 면적은 S 이다.

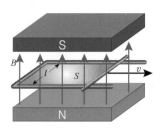

22 도체 막대를 일정한 속도 v 로 이동시킬 때, 도체 막대의 양단에 걸리는 전압 V 와 S 사이의 관계를 나타낸 그래프로 옳은 것은?(단, 도체 막대와 도선의 저항은 무시한다.)

[수능 기출 유형]

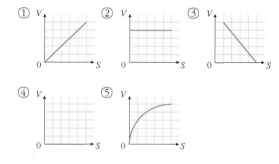

23 도체 막대의 속도가 시간에 따라 일정하게 증가할 때, 유도 전류의 세기와 시간에 따른 그래프로 가장 적절한 것은?

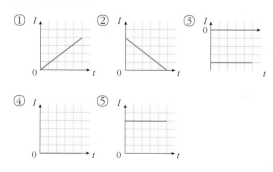

24 두 자기장 영역의 가운데에 함께 걸쳐진 상태에서 정지한 모습의 정사각형 도선을 나타낸 것이다. 자기장 영역 (가)와 (나)에는 자기장의 세기가 각각 $2B$, B 로 균일하고, 모두 지면에 수직으로 들어가는 방향의 자기장이 형성되어 있다. 이때 정사각형 도선을 움직이는 순간 도선에 유도된 전류가 A에서 오른쪽 방향으로 B방향 쪽으로 흘렀다면 도선의 운동 방향으로 옳은 것만을 〈보기〉에서 있는 대로 고른 것은?

[수능 기출 유형]

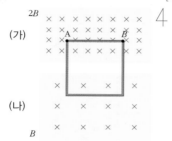

< 보기 >

ㄱ. 동쪽   ㄴ. 서쪽   ㄷ. 남쪽   ㄹ. 북쪽

① ㄱ   ② ㄷ   ③ ㄹ
④ ㄱ, ㄷ   ⑤ ㄴ, ㄹ

심화

25 특정 온도 이하에서 자석 위에 어떤 물체가 떠 있는 것을 나타낸 것이다. 이 물체를 초전도체라고 한다. 초전도체는 강자성체, 상자성체, 반자성체 중 무엇일까? 그 이유와 함께 서술하시오.

26 상자성체와 강자성체에 전원 장치를 연결한 후 일정한 세기의 전류 I 를 흐르게 하여 자화시키는 것을 나타낸 것이다. 이에 대한 설명으로 옳은 것만을 〈보기〉에서 있는 대로 고른 것은?(a, b, c점은 모두 중심축 위에 있다.)

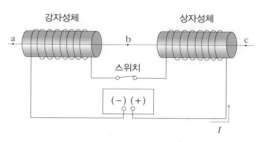

< 보기 >

ㄱ. 강자성체와 상자성체 사이에는 인력이 작용한다.
ㄴ. 전류를 흐르게 하면 강자성체가 띠는 자기장의 방향은 a에서 b방향이다.
ㄷ. 상자성체 대신 반자성체를 같은 위치에 놓고 같은 과정을 반복하였을 때, c점에 자석의 N극을 두면 자석과 반자성체 사이에는 척력이 작용한다.
ㄹ. 스위치를 열고 b 위치에 막대 자석의 N극을 왼쪽 방향을 향하게 하여 놓으면 자석과 강자성체 사이에는 척력이 작용한다.

① ㄱ, ㄴ   ② ㄴ, ㄷ   ③ ㄷ, ㄹ
④ ㄱ, ㄴ, ㄷ   ⑤ ㄱ, ㄴ, ㄹ

27 태블릿 컴퓨터의 구조이다. 전기가 필요 없는 전자 펜을 이용하여 태블릿 컴퓨터에 글을 쓸 수 있는 원리를 전자기 유도를 이용하여 설명하시오.

28 질량이 m인 자석이 N극을 아래로 하여 코일의 중심을 향해 떨어지는 것을 나타낸 것이다. 코일은 원통형 나무에 감겨 있으며 검류계에 연결되어 있다. 자석이 높이 h만큼 떨어지는 동안 검류계의 바늘이 움직였다. 이에 대한 설명으로 옳은 것만을 〈보기〉에서 있는 대로 고른 것은?(단, 중력 가속도는 g이며, 공기의 저항은 무시한다.)

[수능 기출 유형]

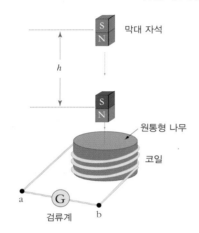

막대 자석
원통형 나무
코일
a G b
검류계

──────〈 보기 〉──────

ㄱ. 유도 전류는 a → 검류계 → b로 흐른다.
ㄴ. 코일 내부의 유도 전류에 의한 자기력선은 코일의 위쪽 방향으로 형성된다.
ㄷ. 자석이 h만큼 떨어졌을 때 자석의 운동 에너지의 증가량은 mgh보다 크다.
ㄹ. 코일과 자석 사이에는 척력이 작용한다.

① ㄱ, ㄴ   ② ㄴ, ㄷ   ③ ㄷ, ㄹ
④ ㄱ, ㄴ, ㄹ   ⑤ ㄴ, ㄷ, ㄹ

29 그림 (가)와 같이 균일한 자기장 영역 A에 있던 한 변의 길이가 l인 정사각형 도선이 균일한 자기장 영역 B를 향해 오른쪽으로 이동하는 것을 나타낸 것이다. 그림 (나)는 시간에 따른 P점의 위치를 나타낸 것이다. 자기장 영역 A에서 자기장의 방향은 지면으로 들어가는 방향이고, 자기장 영역 B에서는 지면으로 나오는 방향이고, 두 영역의 자기장 세기는 같다. p → q → r 방향으로 흐르는 전류의 방향을 (+)라고 할 때, 사각형 도선에 흐르는 전류를 p의 위치에 따라 나타낸 그래프로 옳은 것은?

[수능 기출 유형]

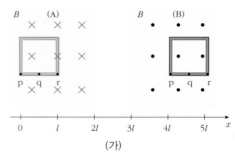

(가)

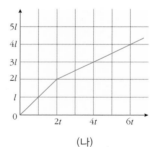

(나)

①    ②

③ 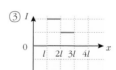   ④

⑤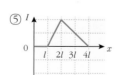

30 강한 전류가 흐르는 직선 도선 위를 사각형 도선이 왼쪽에서 오른쪽으로 일정한 속도로 이동하는 것을 나타낸 것이다. 이에 대한 설명으로 옳은 것만을 〈보기〉에서 있는 대로 고른 것은?

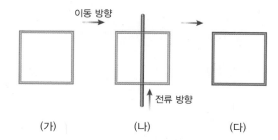

(가)   (나)   (다)

──────〈 보기 〉──────

ㄱ. (가)와 같이 사각형 도선이 직선 도선에 가까워질수록 사각형 도선을 통과하는 지면에서 나오는 방향의 자속이 증가한다.

ㄴ. (가)와 같이 사각형 도선이 직선 도선에 가까워질수록 사각형 도선에 흐르는 유도 전류는 증가한다.

ㄷ. (나)와 같이 사각형 도선이 직선 도선 위를 통과할 때 유도 전류의 방향이 바뀐다.

ㄹ. (다)에서 사각형 도선에 흐르는 유도 전류의 방향은 시계 방향이며, (가)에서의 유도 전류의 방향과 반대이다.

① ㄱ, ㄴ　　　② ㄴ, ㄷ　　　③ ㄷ, ㄹ
④ ㄱ, ㄴ, ㄷ　　⑤ ㄴ, ㄷ, ㄹ

31 자기장 영역 (가), (나)가 있는 xy평면에서 정사각형 금속 고리 4개가 운동하고 있는 순간의 모습을 나타낸 것이다. A는 $+y$ 방향, B는 $+x$ 방향, C와 D는 $-x$ 방향으로 모두 같은 속도로 운동한다. 자기장 영역 (가)에서 자기장의 세기는 $2B$, (나)에서는 B로 균일하며 xy 평면에서 수직으로 들어가는 방향이다. 이때 금속 고리에 흐르는 유도 전류의 방향이 같은 것끼리 바르게 묶인 것은?

[수능 기출 유형]

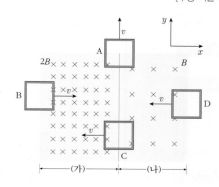

	시계 방향	반시계 방향
①	A	B, C, D
②	A, B	C, D
③	A, B, C	D
④	B, C	A, D
⑤	C, D	A, B

32 한 변의 길이가 a인 정사각형 도선 고리가 자기장에 수직한 면에 놓여 있다. 자속 밀도는 전 영역에서 B로 균일하고, 지면에 수직하게 나오는 방향으로 형성되어 있다. 이때 정사각형 도선 고리를 포함한 전 회로의 저항이 R이라고 할 때, 그림과 같이 정사각형 도선 고리를 양 쪽으로 같은 힘으로 잡아당겨 직선처럼 될 때까지 걸린 시간이 t라면, 그 과정에서 검류계를 지나는 전류의 세기를 구하시오.

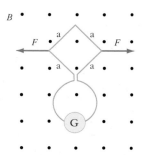

1. 자기력

(1) **자기력** : 자기장 속에서 전류가 흐르는 도선이 받는 힘을 자기력이라고 한다.

① **자기력의 방향** : 자기력의 방향은 전류가 흐르는 방향, 자기장의 방향에 각각 수직이다.

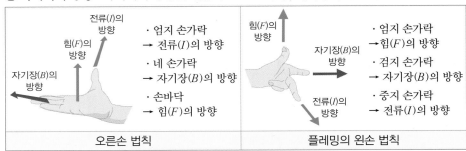

오른손 법칙	플레밍의 왼손 법칙

② **자기력의 세기** : 전류의 세기(I), 자기장의 세기(B), 자기장 속에 들어 있는 도선의 길이(l)에 비례한다.

$$F = BIl\sin\theta \quad (단위 : N)$$

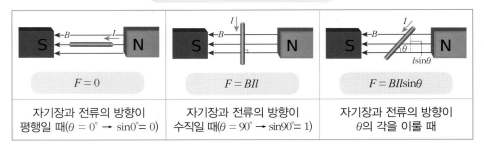

$F = 0$	$F = BIl$	$F = BIl\sin\theta$
자기장과 전류의 방향이 평행일 때($\theta = 0° \rightarrow \sin0° = 0$)	자기장과 전류의 방향이 수직일 때($\theta = 90° \rightarrow \sin90° = 1$)	자기장과 전류의 방향이 θ의 각을 이룰 때

(2) **나란하게 놓인 두 평행한 도선 사이의 힘** : 전류가 흐르는 두 도선(I_1, I_2)사이에 작용하는 힘은 두 도선에 흐르는 전류의 세기의 곱($I_1 I_2$)과 도선의 길이(l)에 비례하고, 두 도선 사이의 거리(r)에 반비례한다. 이때 두 도선이 받는 자기력의 크기는 같고, 방향은 반대이다.

$$F = k\frac{I_1 I_2}{r} l \quad (단위 : N, k = 2 \times 10^{-7} N/A^2)$$

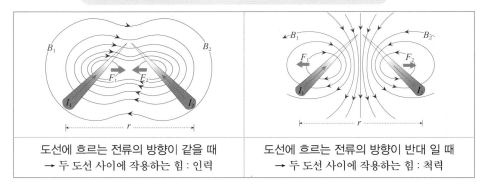

도선에 흐르는 전류의 방향이 같을 때 → 두 도선 사이에 작용하는 힘 : 인력	도선에 흐르는 전류의 방향이 반대 일 때 → 두 도선 사이에 작용하는 힘 : 척력

옆단 주석

○ **자석 사이에 전류가 흐르는 도선이 받는 힘**

⊗ 지면에서 들어가는 방향의 전류가 흐르는 도선

⊙ 지면으로 나오는 방향의 전류가 흐르는 도선

→ 힘의 방향

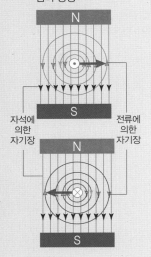

자석에 의한 자기장 · 전류에 의한 자기장

○ **두 평행한 도선 사이의 힘**

전류 I_1이 흐르는 도선은 I_2가 만드는 자기장 B_2에 의해 자기력 F_1을 받는다. 따라서 I_1이 흐르는 도선이 받는 자기력의 크기는

$$F_1 = B_2 I_1 l = k\frac{I_2}{r} I_1 l = k\frac{I_1 I_2}{r} l$$

전류 I_2가 흐르는 도선은 I_1이 만드는 자기장 B_1에 의해 자기력 F_2를 받는다. 따라서 I_2가 흐르는 도선이 받는 자기력의 크기는

$$F_2 = B_1 I_2 l = k\frac{I_1}{r} I_2 l = k\frac{I_1 I_2}{r} l$$

두 힘은 작용 반작용 관계이므로 크기가 같다.

$$\rightarrow F_1 = F_2$$

개념확인 1

균일한 자기장 속에서 자기장 방향에 대해 $90°$의 각을 이룬 도선에 전류가 흐르고 있을 때의 도선이 받는 자기력을 F 라고 할 때, 이 도선이 자기장에 대해 $30°$ 기울어졌을 때의 자기력은?

( )F

확인+1

나란하게 놓은 두 평행한 도선이 있다. 이때 두 도선에 흐르는 전류의 방향이 같을 때 두 도선 사이에 작용하는 힘의 종류를 쓰시오.

( )

2. 로런츠 힘

(1) 로런츠 힘 : 자기장 속에서 운동하는 대전 입자가 받는 힘을 로런츠 힘이라고 한다.

▲ 균일한 자기장 속에 놓여 있는 전류가 흐르는 도선 안에서 운동하는 전하가 받는 힘

① **로런츠 힘의 방향** : 균일한 자기장 B 속에 놓여 있는 도선에 전류 I 가 흐르면 도선은 힘 F 를 받게 되고, 그 방향은 전류가 흐르는 방향과 자기장의 방향에 각각 수직이다. 이때 도선 안에는 전류의 이동 방향과 반대 방향으로 자유 전자가 이동하고, 이 전자는 도선이 받는 힘 F 의 방향과 같은 방향으로 힘 f 를 받는다.

② **로런츠 힘의 크기** : 자기장 B 에 수직한 방향으로 속도 v 로 운동하는 전하량 q 인 입자가 받는 힘 F 는 다음과 같다.

$$F = qvB \quad \text{(단위 : N)}$$

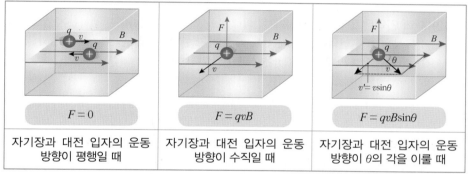

$F = 0$	$F = qvB$	$F = qvB\sin\theta$
자기장과 대전 입자의 운동 방향이 평행일 때	자기장과 대전 입자의 운동 방향이 수직일 때	자기장과 대전 입자의 운동 방향이 θ 의 각을 이룰 때

(2) 균일한 자기장 내에서 대전 입자의 운동 : 질량 m, 전하량 q 인 대전 입자를 일정한 속도 v 로 균일한 자기장 B 에 수직하게 입사시키면 로런츠 힘이 구심력의 역할을 하여 대전 입자는 등속 원운동을 하게 된다.

① 대전 입자에 작용하는 자기력 $F(=qvB)$ 은 항상 운동 방향에 수직한 방향으로 일정한 크기로 작용하기 때문에 이 힘이 구심력의 역할을 하여 등속 원운동을 하게 된다.

$$F = \frac{mv^2}{r} = qvB$$

② **원운동의 반지름** : 질량 m, 전하량 q, 속도 v, 자기장 B 일때, 반지름 r 은 다음과 같다.

$$F = \frac{mv^2}{r} = qvB \;\rightarrow\; r = \frac{mv}{qB}$$

③ **원운동의 주기** : 대전 입자가 1회전 하는데 걸리는 시간 T 는 다음과 같다.

$$T = \frac{2\pi r}{v} = \frac{2\pi m}{qB}$$

개념확인 2   정답 및 해설 81쪽

균일한 자기장 B 속에 전하량이 q 인 대전 입자가 자기장 방향과 나란한 방향으로 속도 v 로 운동하고 있다. 이때 입자가 받는 힘의 크기는?

(   )N

확인+2

균일한 자기장 속으로 질량이 m 인 입자가 일정한 속력 v 로 수직으로 입사하면 (   )힘이 (   )의 역할을 하여 입자는 등속 원운동을 하게 된다. 빈칸에 알맞은 말을 각각 쓰시오.

◉ 로런츠 힘의 방향

· 엄지 손가락 → (+)전하의 운동 방향 = (−)전하의 운동 방향과 반대 방향
· 네 손가락 → 자기장(B)의 방향
· 손바닥 → 힘(F)의 방향

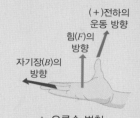

▲ 오른손 법칙

◉ 로런츠 힘의 크기

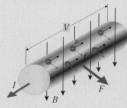

· 자기장 B 에 수직으로 놓인 길이 l 인 도선에 전류 I 가 흐를 때 도선이 받는 힘 F → $F = BIl$
· t 초 동안 도선의 단면적을 지나는 전류 I (단위 시간에 도선의 단면적을 지나는 전하량)

$$\rightarrow I = \frac{Q}{t} = \frac{Ne}{t}$$

[N : 자유 전자의 개수
e : 자유 전자의 전하량]

∴ 도선이 받는 힘 F

$$F = BIl = B\frac{Ne}{t}l = BNe\frac{l}{t}$$
$$= NevB$$

따라서 도선 안을 지나는 자유 전자 한 개가 받는 힘 f 는

$$f = \frac{F}{N} = evB$$

◉ 자기장 속에서 전하의 운동

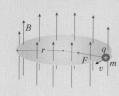

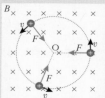

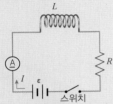
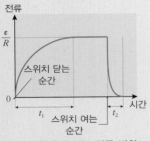
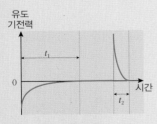
3. 자체 유도

(1) **자체 유도** : 코일에 흐르는 전류가 변하면, 전류에 의해 발생하는 자기장도 변하게 된다. 이때 자기장의 변화를 방해하는 방향으로 유도 기전력이 발생하는 현상을 자체 유도라고 한다.

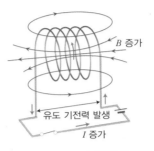

| 코일에 흐르는 전류 증가 → 전류에 의한 자기장도 증가 → 자기장의 증가를 방해하기 위한 방향으로 유도 기전력이 발생 (전지의 기전력과 반대 방향) | 코일에 흐르는 전류 감소 → 전류에 의한 자기장도 감소 → 자기장의 감소를 방해하기 위한 방향으로 유도 기전력이 발생 (전지의 기전력과 같은 방향) |

(2) **자체 인덕턴스 (L)** : 자체 유도에 의해 유도 기전력이 얼마나 발생하는지를 나타내는 코일의 특성을 자체 인덕턴스(자체 유도 계수)라고 한다. 자체 인덕턴스는 코일의 감은 수 N와 자기력선속 Φ에 비례하고, 전류의 세기 I에 반비례한다.

$$L = \frac{N\Phi}{I} \quad \text{[단위 : H(헨리)]}$$

(3) **자체 유도 기전력 (ε)** : 자체 유도에 의해 발생하는 유도 기전력으로 코일의 자체 인덕턴스 L에 비례하고, 전류의 시간적 변화율($\frac{\Delta I}{\Delta t}$)에 비례한다. Δt초 동안 ΔI만큼의 전류가 변하였을 때 유도 기전력은 다음과 같다.

$$\varepsilon = -N\frac{\Delta\Phi}{\Delta t} = -L\frac{\Delta I}{\Delta t} \quad \text{[단위 : V]}$$

개념확인 3

기전력이 ε 인 전지, 자체 인덕턴스가 L 인 코일, 저항값이 R 인 저항 그리고 전류계와 스위치를 연결하였다. 이때 스위치를 닫은 직후 유도 기전력의 방향을 고르시오.

(㉠ 시계 방향, ㉡ 반시계 방향)

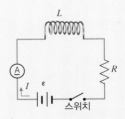

확인+3

30mA의 전류가 흐르는 코일이 2초 후 70mA의 세기로 전류가 증가하였을 때 이 코일의 양끝에 걸리는 유도 기전력은?(단, 이 코일의 자체 인덕턴스 L 은 5.0H이다.)

( )V

4. 상호 유도

(1) 상호 유도 : 코일 두 개가 나란하게 있을 때, 한쪽 코일(1차 코일)에 흐르는 전류의 세기가 변하여 다른 코일(2차 코일)에 유도 기전력이 발생하는 현상을 상호 유도라고 한다.

> 1차 코일에 흐르는 전류 증가 → 1차 코일을 통과하는 자속이 증가 → 2차 코일을 통과하는 자속이 증가 → 2차 코일에 자속의 증가를 방해하는 방향으로 유도 기전력 발생

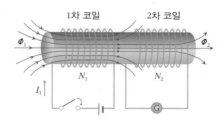

1차 코일　2차 코일

- **상호 유도에 의한 유도 전류의 방향** : 2차 코일에 흐르는 유도 전류의 방향은 1차 코일에 발생한 자체 유도에 의한 유도 전류의 방향과 같다.

> 〈 1차 코일에 흐르는 전류 $= I_1$, 2차 코일에 유도된 전류 $= I_2$일 때 〉
> - I_1이 증가할 때 : I_1의 방향과 I_2의 방향은 반대 방향
> - I_1이 일정할 때 : $I_2 = 0$
> - I_1이 감소할 때 : I_1의 방향과 I_2의 방향은 같은 방향

(2) 상호 인덕턴스 (M) : 상호 인덕턴스(상호 유도 계수)는 코일의 모양, 감은 수, 코일 주위의 물질, 철심의 종류 등에 의해 정해지는 비례 상수 M 이다. 1차, 2차 코일의 감은 수가 각각 N_1, N_2, 1차 코일의 길이가 l_1, 단면적이 S_1일 때 상호 인덕턴스는 다음과 같다.

$$M = \frac{k''S_1 N_1 N_2}{l_1} \quad [\text{단위} : \text{H(헨리)}]$$

(3) 상호 유도 기전력 (ε) : 1차 코일에 의해 2차 코일에 발생한 유도 기전력은 다음과 같다.

$$\varepsilon_2 = -N_2 \frac{\Delta \Phi_2}{\Delta t} = -M \frac{\Delta I_1}{\Delta t} \quad [\text{단위} : \text{V}]$$

> - ($-$) = 1차 코일에 의해 생기는 자기장의 변화를 방해하는 방향
> - 2차 코일을 통과하는 자속의 변화량($\Delta \Phi_2$)은 1차 코일을 통과하는 자속의 변화량($\Delta \Phi_1$)에 비례하고, $\Delta \Phi_1$는 1차 코일에 흐르는 전류의 변화량(ΔI_1)에 비례한다.(→ $\Delta \Phi_2 \propto \Delta \Phi_1 \propto \Delta I_1$)

개념확인 4

정답 및 해설 81쪽

다음 빈칸에 들어갈 알맞은 말을 각각 쓰시오.

> 코일 두 개가 나란하게 있을 때, 1차 코일에 흐르는 전류가 증가하게 되면 1차 코일을 통과하는 (㉠)이 증가하게 된다. 이에 의해 2차 코일을 통과하는 (㉠)이 증가하게 되어 이를 방해하는 방향으로 (㉡)이 발생한다. 이를 (㉢)라고 한다.

㉠(   ), ㉡(   ), ㉢(   )

확인+4

코일 A에 전지를 연결하여 전류를 흘려보내 주었더니 0.1초 만에 전류가 6A가 되었다. 이때 근처에 있던 코일 B에 유도된 기전력이 30V였다면 두 코일 A와 B의 상호 인덕턴스는 몇 H인가?

(   )H

상호 인덕턴스 M

전류의 세기 I, 감은 수 N, 길이 l인 코일 내부에서 자기장의 세기 B는 $B = k'' \frac{N}{l} I$ 이다.

따라서 코일의 단면적을 S 라 할 때, Δt 시간 동안 1차 코일 속 자속의 변화 $\Delta \Phi$ 는

$$\frac{\Delta \Phi}{\Delta t} = \frac{\Delta BS}{\Delta t} = k'' S \frac{N_1}{l_1} \frac{\Delta I_1}{\Delta t}$$ 이

된다. 이때 자속의 변화는 그대로 2차 코일 속을 지나게 되므로 코일을 N_2번 감은 2차 코일에 생기는 유도 기전력은

$$\varepsilon_2 = -N_2 k'' S \frac{N_1}{l_1} \frac{\Delta I_1}{\Delta t} = -M \frac{\Delta I_1}{\Delta t}$$

$$\rightarrow M = \frac{k'' S N_1 N_2}{l_1}$$

상호 유도의 이용_변압기

상호 유도를 이용하여 발전소나 가정 등에서 전압을 변화시키는 장치를 변압기라고 한다.

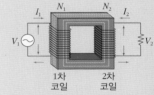

1차 　 2차
코일 　 코일

동일한 철심에 1차 코일(감은 수 N_1)과 2차 코일(감은 수 N_2)을 감는다. 이때 두 코일을 통과하는 자기력선속은 같다.

1차 코일에 공급되는 기전력은

$$\varepsilon_1 = -N_1 \frac{\Delta \Phi_1}{\Delta t}$$

2차 코일에 유도되는 기전력은

$$\varepsilon_2 = -N_2 \frac{\Delta \Phi_2}{\Delta t}$$

이고, $\Delta \Phi_1 = \Delta \Phi_2$이므로,

$$\rightarrow \frac{\varepsilon_1}{N_1} = \frac{\varepsilon_2}{N_2}$$

즉, 1차 코일과 2차 코일의 전압비는 감은 수의 비와 같다.

01 자기장 속에서 전류가 흐르는 직선 도선에 작용하는 힘의 크기에 영향을 주는 요인이 <u>아닌</u> 것은?

① 전류의 세기   ② 자기장의 세기
③ 자기장과 도선 사이의 각도   ④ 자기장 속에 있는 도선의 길이
⑤ 자기장 영역과 도선과의 거리

02 〈보기〉에서 전류가 흐르는 평행한 두 도선 사이에 작용하는 힘의 크기에 영향을 주는 요인들 만을 있는 대로 고른 것은?

─── 〈 보기 〉 ───
ㄱ. 두 도선의 길이   ㄴ. 두 도선의 두께
ㄷ. 두 도선 사이의 거리   ㄹ. 각 도선에 흐르는 전류의 세기

① ㄱ, ㄴ   ② ㄴ, ㄷ   ③ ㄷ, ㄹ
④ ㄱ, ㄴ, ㄷ   ⑤ ㄱ, ㄷ, ㄹ

03 균일한 자기장 속에 자기장 방향과 수직한 방향으로 길이가 10cm인 직선 도선이 놓여져 있다. 이때 0.1A의 전류가 흐를 때 도선이 1.0×10^{-2}N의 힘을 받고 있다면 자기장의 세 기는?

① 1.0×10^{-3}T   ② 1.0×10^{-2}T   ③ 1.0×10^{-1}T
④ 1.0T   ⑤ 1.0×10T

04 $+z$ 축 방향으로 세기가 2.0T 인 균일한 자기장 속에서 전 하량이 5×10^{-3}C 인 입자가 $+y$ 축 방향으로 3m/s 로 운 동하는 것을 나타낸 것이다. 이 입자가 받는 힘의 방향과 크기가 바르게 짝지어진 것은?

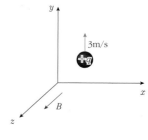

	힘의 방향	크기		힘의 방향	크기		힘의 방향	크기
①	$+x$	3.0×10^{-2}N	②	$+y$	3.0×10^{-2}N	③	$+z$	3.0×10^{-2}N
④	$-x$	3.0×10^{-2}N	⑤	$-y$	3.0×10^{-2}N			

05 자기장이 지면에 수직으로 들어가는 방향으로 균일하게 형성되어 있는 영역에서 대전된 입자가 반지름이 r, 주기가 T인 등속 원운동을 하고 있는 것을 나타낸 것이다. 이때 순간적으로 자기장의 세기가 두 배로 증가한다면 원운동의 반지름과 주기를 바르게 짝지은 것은?

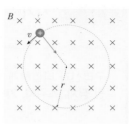

	반지름	주기		반지름	주기		반지름	주기
①	$0.5r$	$0.5T$	②	$0.5r$	T	③	r	T
④	$2r$	T	⑤	$2r$	$2T$			

06 기전력이 ε 인 전지, 자체 인덕턴스가 L 이 2.0H인 코일, 저항 값이 R 인 저항 그리고 전류계와 스위치를 연결하였다. 회로에 50mA의 전류가 시계 방향으로 흐르고 있었다. 이때, 스위치를 열었을 때 0.1초 후 전류가 흐르지 않았다면, 스위치를 여는 순간 유도 기전력의 방향과 크기를 바르게 짝지은 것은?

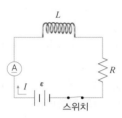

	방향	크기		방향	크기		방향	크기
①	시계 방향	0.01V	②	시계 방향	0.1V	③	시계 방향	1V
④	반시계 방향	0.1V	⑤	반시계 방향	1V			

07 상호 유도에 의한 유도 전류의 방향에 대한 설명이다. 빈칸에 들어갈 말이 바르게 짝지어진 것은?

> 1차 코일에 흐르는 전류가 I_1, 2차 코일에 유도된 전류가 I_2일 때, I_1 이 증가할 때 I_2 의 방향은 I_1의 방향과 (㉠), I_1 이 감소할 때 I_2 의 방향은 I_1 의 방향과 (㉡).

	㉠	㉡		㉠	㉡		㉠	㉡
①	같다	같다	②	같다	반대이다	③	반대이다	반대이다
④	반대이다	같다	⑤	같다	수직이다			

08 코일의 인덕턴스 단위로 바르지 <u>않은</u> 것은?

① H   ② V · s/A   ③ Wb/A
④ T · m²/A   ⑤ T · A/s

[유형13-1] 자기력

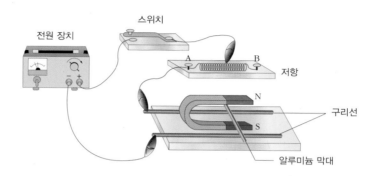

구리선과 나란하게 말굽자석을 놓고, 말굽자석 사이에 구리선과 수직한 방향으로 알루미늄 막대를 놓은 후 전원 장치, 스위치, 가변 저항을 연결하였다. 물음에 답하시오.

(1) 스위치를 닫았을 때 알루미늄 막대가 어느 쪽으로 움직일까?

(㉠ 왼쪽 방향 ㉡ 오른쪽 방향)

(2) 알루미늄 막대를 더 빠르게 이동시키기 위해서는 저항기의 집게를 어느 쪽으로 옮겨야 할까?

(㉠ A쪽 방향 ㉡ B쪽 방향)

01

균일한 자기장 B 속에 시계 방향으로 전류 I 가 흐르는 사각 도선이 실에 매달려서 자기장의 방향과 평행하게 놓여 있다. 이 사각 도선에 나타나는 현상으로 옳은 것만을 〈보기〉에서 있는 대로 고른 것은?

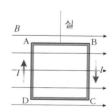

〈 보기 〉

ㄱ. 도선 AB는 왼쪽 방향으로 힘을 받는다.
ㄴ. 도선 BC는 지면에서 수직으로 들어가는 방향으로 힘을 받는다.
ㄷ. 도선 CD는 힘을 받지 않는다.
ㄹ. 도선 DA는 지면에서 수직으로 들어가는 방향으로 힘을 받는다.

① ㄱ, ㄴ   ② ㄴ, ㄷ   ③ ㄷ, ㄹ
④ ㄱ, ㄴ, ㄷ   ⑤ ㄴ, ㄷ, ㄹ

02

평행하게 놓여진 길이가 같은 두 직선 도선 A와 B에 동일한 방향으로 전류가 각각 2A, 1A가 흐르고 있는 것을 나타낸 것이다. 이때 A와 B 도선에 작용하는 힘을 각각 F_A와 F_B 라고 할 때, 두 도선에 흐르는 전류의 세기가 각각 2배로 증가하고, 두 도선 사이의 거리도 2배로 증가할 때, 도선 A, B에 작용하는 힘의 크기는 각각 몇 배가 되겠는가?

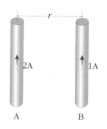

	F_A	F_B		F_A	F_B
①	F_A	F_B	②	$2F_A$	$2F_B$
③	$4F_A$	$4F_B$	④	$4F_A$	$2F_B$
⑤	$4F_A$	F_B			

[유형13-2] 로런츠 힘

균일한 자기장이 지면에 수직으로 들어가는 방향으로 형성된 영역에 전하량 Q 인 입자가 자기장에 수직인 방향으로 일정한 속도로 입사하는 것을 나타낸 것이다. 물음에 답하시오.

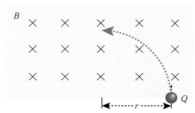

(1) 입자가 1회전 하는데 걸리는 시간이 길어지는 경우를 〈보기〉에서 있는대로 고르시오.

─────〈 보기 〉─────
ㄱ. 입자의 질량이 커지는 경우   ㄴ. 입자의 전하량이 커지는 경우
ㄷ. 입자의 속도가 빨라지는 경우   ㄹ. 자기장의 세기가 세지는 경우

(2) 자속 밀도가 0.8T, 입자의 전하량 2C, 입자의 질량이 0.2g, 입자의 입사 속력이 400m/s라고 할 때, 이 입자가 그리는 원궤도의 반지름과 원운동의 주기를 각각 구하시오. (단, $\pi \fallingdotseq 3$ 으로 계산한다.)

반지름 (   )m, 주기 (   )s

---

03 균일한 자기장 B 가 지면으로 수직하게 들어가는 방향으로 형성되어 있는 영역 A, B가 있다. 자기장과 수직인 방향으로 동일한 양이온을 영역 A, B에 각각 입사시켰더니 그림과 같이 운동을 하였다. A영역에서 원운동의 반지름은 $2R$ 이었고, B영역에서 원운동의 반지름은 R 이었다면, A와 B영역에서 양이온의 속력의 비($v_A : v_B$)는?

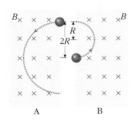

① 1 : 1   ② 1 : 2   ③ 1 : 4
④ 2 : 1   ⑤ 4 : 1

04 전류 I 가 흐르고 있는 도선과 수직한 방향으로 전자가 접근하고 있다. 이 전자가 받는 힘의 방향은?

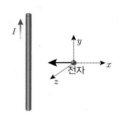

① $+x$방향   ② $+y$방향   ③ $+z$방향
④ $-x$방향   ⑤ $-y$방향

[유형13-3] 자체 유도

그림 (가)는 기전력이 ε 로 일정한 전지, 자체 인덕턴스가 L 인 코일, 저항값이 R 인 저항 그리고 전류계와 스위치가 연결되어 있는 모습을 나타낸 것이다. 그림 (나)는 스위치에 변화를 주었을 때 저항에 흐르는 전류를 시간에 따라 나타낸 것이다. 이에 대한 설명으로 옳은 것은?

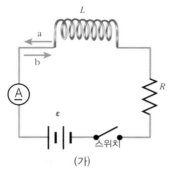

(가)

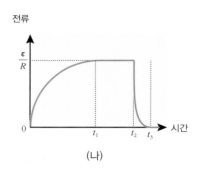

(나)

① t_1일 때 스위치를 닫고, t_2일 때 스위치를 열었다.
② $t_2 \sim t_3$ 까지 코일에 흐르는 유도 전류의 방향은 a방향이다.
③ $0 \sim t_1$ 까지 코일에 발생하는 유도 기전력의 크기는 증가한다.
④ $t_1 \sim t_2$ 까지 코일을 통과하는 자기장의 세기는 점차 증가한다.
⑤ $0 \sim t_1$ 까지 유도 기전력의 방향과 $t_2 \sim t_3$ 까지의 유도 기전력의 방향은 서로 반대이다.

05 유도 기전력이 코일에 유도된 것을 나타낸 것이다. 유도 기전력의 방향이 오른쪽을 향할 때 코일에 흐르는 전류에 대한 설명으로 옳은 것은?(단, 오른쪽으로 전류가 흐르면 전류는 B쪽에서 보았을 때 시계 방향으로 흐른다.)

유도 기전력 방향

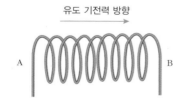

① 왼쪽으로 감소하는 전류
② 오른쪽으로 감소하는 전류
③ 오른쪽으로 증가하는 전류
④ 왼쪽 방향으로 일정하게 흐르는 전류
⑤ 오른쪽 방향으로 일정하게 흐르는 전류

06 가변 저항기와 코일, 기전력이 일정한 전지를 연결한 회로이다. 이때 저항에 연결된 전선의 위치를 P에서 Q로 이동하는 3초 동안 전류의 변화율이 600mA였다면, 이때 코일에 발생하는 유도 기전력의 방향과 크기를 바르게 짝지은 것은?(단, 이 코일의 자체 인덕턴스 L 은 4.0H이다.)

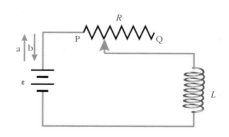

	방향	크기		방향	크기
①	a	0.8V	②	a	800V
③	b	0.8V	④	b	800V
⑤	a	2.4V			

[유형13-4] 상호 유도

그림 (가)는 전원 장치가 연결된 1차 코일과 검류계가 연결된 2차 코일이 나란하게 놓여있는 것을 나타낸 것이고, 그림 (나)는 2차 코일에 유도된 전류의 세기를 시간에 따라 나타낸 것이다. 이때 1차 코일에 흐르는 전류를 시간에 따라 나타낸 그래프로 옳은 것은?(단, 1차 코일에 흐르는 전류의 방향이 (+)이다.)

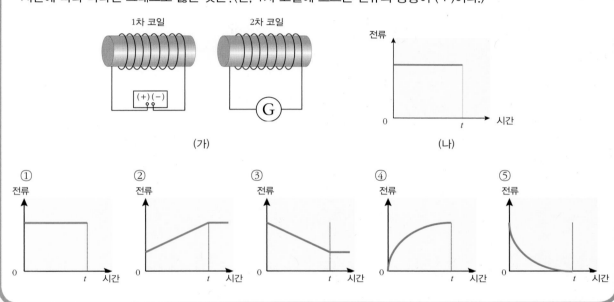

07 전원 장치가 연결된 1차 코일과 검류계가 연결된 2차 코일이 하나의 철심에 감겨 있는 모습을 나타낸 것이다. 이에 대한 설명으로 옳은 것은?

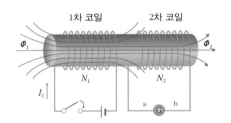

① 스위치를 닫으면 2차 코일을 통과하는 자속은 감소하게 된다.
② 스위치를 닫으면 1차 코일 내부에는 왼쪽 방향으로 자속이 증가한다.
③ 스위치를 닫는 순간 2차 코일에는 a → 검류계 → b 방향으로 유도 전류가 흐른다.
④ 2차 코일의 감은 수를 늘리면 1차 코일에 의해 발생하는 유도 기전력의 세기는 작아진다.
⑤ 스위치를 닫았다가 열었을 때 2차 코일에 유도된 전류의 방향은 1차 코일에 흐르는 전류의 방향과 반대이다.

08 같은 수평면 상에 중심이 일치하도록 고정시킨 원형 도선과 금속 고리를 나타낸 것이다. 원형 도선에 전류가 화살표의 방향으로 흐르고 있을 때, 이에 대한 설명으로 옳은 것만을 〈보기〉에서 있는 대로 고른 것은?

〈 보기 〉
ㄱ. 원형 도선에 전류가 일정하게 흐르면 금속 고리에 같은 방향으로 전류가 유도된다.
ㄴ. 원형 도선에 전류가 일정하게 흐르면 지면에서 나오는 방향의 자속이 발생한다.
ㄷ. 원형 도선에 흐르는 전류가 증가하면 금속 고리에 반대 방향으로 유도 전류가 흐른다.
ㄹ. 원형 도선에 흐르는 전류가 변하면 금속 고리에 상호 유도 기전력이 발생한다.

① ㄱ, ㄴ   ② ㄴ, ㄷ   ③ ㄷ, ㄹ
④ ㄱ, ㄴ, ㄷ   ⑤ ㄴ, ㄷ, ㄹ

01 그림 (가)는 균일한 자기장 영역에서 도체 막대가 ㄷ자형 도선을 따라 일정한 속력(v) 4m/s 으로 운동하고 있는 것을 나타낸 것이다. ㄷ자형 도선은 폭이 25cm이고 경사각은 30°인 빗면에 고정되어 있으며, 자기장의 세기(B)는 2T 로 일정하고, 방향은 +y 방향이다. 그림 (나)는 그림 (가)의 측면 모습을 나타낸 것이다. (단, 도선 사이의 마찰은 무시하며, 중력은 −y 방향으로 작용하고 있다.)

[수능 기출 유형]

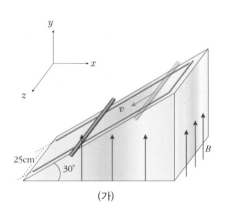

(가)

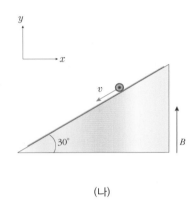

(나)

(1) 도체 막대에 흐르는 유도 전류의 방향과 도체 막대 양단에 걸리는 유도 기전력의 크기를 각 각 쓰시오.

(2) 도선에 작용하는 모든 힘의 종류와 방향을 아래 그림에 그리시오.

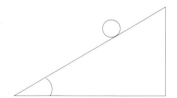

02 xy 평면에서 전하량 $+q$, 질량 m인 물체를 지면과 $60°$의 각으로 속도 v 로 쏘아올렸다. 이때 xy 평면에 수직으로 들어가는 방향의 균일한 자기장(B) 영역으로 물체가 최고점일 때 수직으로 입사한 후, 등속도 운동을 하였다. 물음에 답하시오.

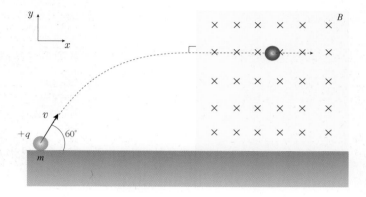

(1) 자기장의 세기를 구하고, 그 풀이 과정을 서술하시오.

(2) 만약 자기장의 방향이 지면으로 나오는 방향으로 바뀐다면 물체의 운동은 어떻게 변할까?

(3) 만약 물체의 질량과 전하량만 각각 2배로 변하고, 각도와 속도는 모두 동일하다면 자기장 속에서 물체의 움직임은 어떻게 변할까?

03 액체 수소 상자 안 균일한 자기장이 지면과 수직 방향으로 형성되어 있는 영역 속에서 운동하는 전자의 운동 궤적을 나타낸 것이다. 이를 통해 전자는 출발하여 반지름이 점점 증가하는 원운동을 하고 있다는 것을 알 수 있다.

(1) 자기장의 방향은 지면에 수직으로 나오는 방향인가? 들어가는 방향인가? 그렇게 생각한 이유와 함께 서술하시오.

(2) 전자의 속력은 어떻게 변하고 있는가? 그렇게 생각한 이유와 함께 서술하시오.

04 자기장이 중력 방향과 수직으로 형성되어 있는 공간에서 한 변의 길이가 l인 정사각형 도선이 중력 방향으로 낙하할 때, 자기장 영역의 경계에서 도선이 속도가 일정한 등속 운동을 하였다. 자기장의 세기는 B로 균일하고 정사각형 도선의 전체 저항을 R, 질량을 m, 중력 가속도는 g일 때, 도선에 유도되는 유도 전류의 방향과 그 세기를 구하시오.

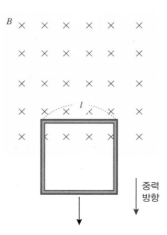

정답 및 해설 84쪽

05 (+)전하와 (−)전하를 각각 띤 두 금속판이 평행하게 놓여져 있고, 그 사이에 지면으로 수직하게 들어가는 방향으로 균일하게 자기장을 걸어준 것을 나타낸 것이다. 이때 이 속으로 전기장과 자기장 모두에 수직인 방향으로 전하량이 q 인 전자가 속력 v 로 입사하였다. 물음에 답하시오.

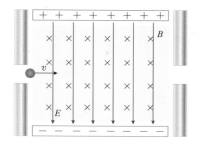

(1) 전자가 등속 직선 운동하기 위한 속력 v 를 구하시오.

(2) 만약 등속 직선 운동을 하던 전자의 속력이 감소한다면 전자는 어떤 운동을 할까?

06 그림 (가)는 인공 심장 혈액 펌프이고, 그림 (나)는 지름이 R 인 파이프에 자기장과 전류를 서로 직각이 되도록 하였을 때 파이프를 통과하는 전해질에 힘 F 가 작용하는 것을 나타낸 것이다. 그림 (나)와 같은 펌프를 그림 (가)의 혈액 펌프로 사용할 경우 몸에 흐르는 전류는 작을수록 좋고, 힘 F 는 충분히 커야 한다. 이러한 조건을 만족시키기 위해 이 파이프와 자기장을 어떻게 구성하면 좋을지 자신의 생각을 서술해 보시오.

(가)

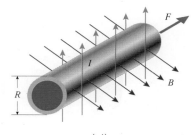
(나)

01 균일한 자기장 속에서 같은 세기의 전류가 흐르고 있는 도선을 나타낸 것이다. 도선의 길이가 모두 같다고 할 때 도선에 작용하는 자기력의 세기가 가장 큰 것과 가장 작은 것을 순서대로 쓰시오.

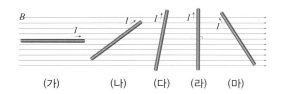

(가)   (나)   (다)   (라)   (마)

02 중심에서 각각 10cm씩 떨어진 평행한 도선 A와 B에 각각 9A, 7A의 전류가 서로 반대 방향으로 흐르고 있는 것을 나타낸 것이다. 이때 도선 A는 무한히 긴 도선, 도선 B의 길이는 40cm라고 할 때, 두 도선 사이에 작용하는 힘의 종류와 힘의 세기를 구하시오. (단, 비례 상수 k를 이용하여 쓰시오.)

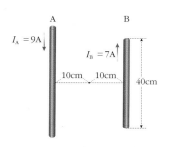

힘의 종류 (   ), 힘의 세기 (   )N

03 영구 자석 사이의 자기장의 모습과 지면에서 수직으로 들어가는 전류가 흐르는 도선 주위의 자기장의 모습을 나타낸 것이다. 두 자기장을 합하였을 때 A ~ D 중 자기장의 세기가 가장 센 곳(가)과 자기력의 방향(나)이 바르게 짝지어진 것은?

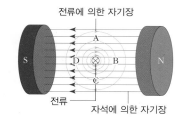

	(가)	(나)		(가)	(나)
①	A	오른쪽	②	C	왼쪽
③	B	아래쪽	④	D	위쪽
⑤	C	위쪽			

04 말굽자석 사이로 사각형 코일의 한 변을 넣고 코일에 전류를 흘려주었다. 전류의 방향에 따라 사각형 코일이 힘을 받는 방향을 각각 쓰시오.

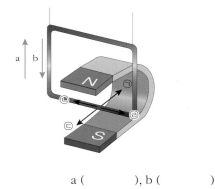

a (   ), b (   )

05 〈보기〉에서 자기장 속에서 운동하는 전하가 받는 로런츠 힘의 크기에 영향을 주는 요인들만을 있는 대로 고른 것은?

〈 보기 〉

ㄱ. 전하량의 크기   ㄴ. 전하의 속도
ㄷ. 자기장의 세기   ㄹ. 전하의 질량
ㅁ. 전하의 운동 방향과 자기장 방향 사이의 각도

① ㄱ, ㄴ, ㄷ   ② ㄴ, ㄷ, ㄹ   ③ ㄷ, ㄹ, ㅁ
④ ㄱ, ㄴ, ㄷ, ㄹ   ⑤ ㄱ, ㄴ, ㄷ, ㅁ

06 $+x$ 방향으로 형성된 동일한 자기장 속을 전하량과 질량이 같은 대전 입자들이 이동하는 모습을 나타낸 것이다. 대전 입자가 받는 로런츠 힘의 크기를 부등호를 이용하여 비교하시오.

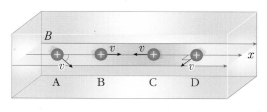

(   )

07 500mA의 전류가 흐르는 코일에 0.6초 후 전류의 세기가 400mA가 되었을 때 이 코일의 양 끝에 0.4V의 유도 기전력이 걸렸다면 이 코일의 자체 인덕턴스 L 은?(단위까지 쓰시오.)

(   )

08 전지와 코일, 스위치가 연결된 회로를 나타낸 것이다. 스위치를 닫을 때 회로에 나타나는 변화에 대한 설명의 빈칸에 들어갈 알맞은 방향을 각각 쓰시오.

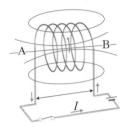

> 스위치를 닫는 순간 코일에 흐르는 전류 증가 → 전류에 의해 (　　　)에서 (　　　) 방향으로 자속이 증가 → 자속의 증가를 방해하는 방향인 (　　)에서 (　　　)으로 유도 기전력 발생

09 나란하게 놓여 있는 두 코일이 있다. 코일 A에 전원 장치를 연결하였더니 전류가 흐르지 않던 코일 A에 0.3초 후 전류의 세기가 7A가 되었다. 이때 코일 B에 유도된 기전력은?(단, 상호 인덕턴스 M 은 0.9H이다.)

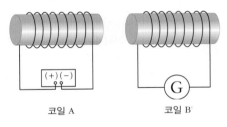

코일 A　　　　　　　코일 B

(　　　　　　　　)

10 빈칸에 알맞은 말을 각각 쓰시오.

> 코일에 흐르는 전류가 변하면 그에 따른 자기장이 변하게 되는데 이 자기장의 변화를 방해하는 방향으로 자체적으로 유도 기전력이 발생하는 현상을 (㉠)(이)라고 한다. 이때 이 코일 근처에 있는 다른 코일에도 유도 기전력이 발생하는데 이러한 현상을 (㉡)(이)라고 한다.

㉠(　　　　　　　), ㉡(　　　　　　　)

11 〈보기〉 중 자기력에 대한 설명으로 옳은 것만을 있는 대로 고른 것은?

> ─〈 보기 〉─
> ㄱ. 자기장의 방향과 전류의 방향이 수직일 때 자기력의 세기가 가장 세다.
> ㄴ. 나란하게 놓인 두 평행한 도선 사이의 주고 받는 두 힘은 평형 관계이다.
> ㄷ. 나란하게 놓인 두 평행한 도선에 흐르는 전류의 방향이 반대일 때 두 도선은 서로 밀어낸다.
> ㄹ. 플레밍의 왼손 법칙에 따르면 전류의 방향을 엄지 손가락을 향하게 하였을 때 검지 손가락의 방향이 자기장의 방향, 중지 손가락이 자기력의 방향이 된다.

① ㄱ, ㄴ　　　　② ㄱ, ㄷ　　　　③ ㄴ, ㄷ
④ ㄱ, ㄴ, ㄹ　　　⑤ ㄴ, ㄷ, ㄹ

12 자석 사이에 놓인 도선에 전류가 $-y$ 방향으로 흐르고 있을 때 이 도선이 받는 힘의 방향은?

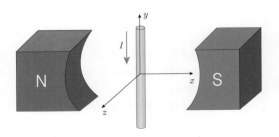

① $+x$ 방향　　② $+y$ 방향　　③ $+z$ 방향
④ 전류가 흐르는 방향
⑤ 전류가 흐르는 반대 방향

13 지면에서 수직으로 들어가는 방향으로 자기장이 균일하게 형성된 영역에 실에 매달린 사각형 도선의 절반이 놓여져 있는 것을 나타낸 것이다. 전지를 그림과 같이 연결하여 스위치를 닫았을 때 사각형 도선에 나타나는 현상으로 옳은 것만을 〈보기〉에서 있는 대로 고른 것은?

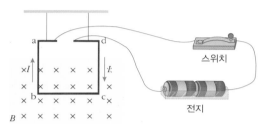

〈 보기 〉

ㄱ. 도선 ab 부분은 왼쪽으로 힘을 받는다.
ㄴ. 도선 bc 부분은 위쪽 방향으로 힘을 받는다.
ㄷ. 도선 ad 부분은 힘을 받지 않는다.
ㄹ. 도선 dc 부분이 받는 힘과 도선 ab 부분이 받는 힘의 크기는 같고, 방향은 반대이다.

① ㄱ, ㄴ　　　② ㄴ, ㄷ　　　③ ㄷ, ㄹ
④ ㄱ, ㄴ, ㄷ　　⑤ ㄱ, ㄷ, ㄹ

14 y 축 상에 고정되어 있는 무한 직선 도선과 xy 평면에서 $+x$ 방향으로 놓여 있는 도선 속에서 운동하는 $(-)$전하를 나타낸 것이다. 이때 일정한 전류 I 가 $+y$ 방향으로 흐를 때 이에 대한 설명으로 옳은 것은?

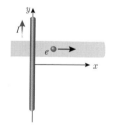

① 전하에 작용하는 자기력의 방향은 $-x$ 방향이다.
② 도선에서 멀어질수록 전하의 운동 에너지는 증가한다.
③ 전하에 작용하는 로런츠 힘에 의해 전하의 속력이 점점 빨라진다.
④ 직선 도선에 의해 전하는 지면에서 나오는 방향의 자기장 영역 속에서 운동한다.
⑤ 전하에 작용하는 자기력의 크기는 도선과 전하 사이의 거리가 멀어질수록 작아진다.

15 지면에 수직으로 들어가는 방향으로 균일하게 형성된 자기장 속에서 전하량 $-q$ 인 질량 m 인 입자가 속력 v 로 자기장에 수직하게 입사하였을 때 시계 방향으로 반지름 r 인 원운동을 하는 것을 나타낸 것이다. 만일 전하량이 $+q$ 이고, 질량이 $2m$ 인 입자가 자기장에 수직 방향으로 같은 속력으로 운동을 한다면 이 원운동의 반지름과 방향이 바르게 짝지어진 것은?

[한국 물리 올림피아드 기출 유형]

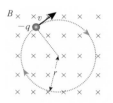

	반지름	방향		반지름	방향
①	$\frac{1}{2}r$	시계	②	r	시계
③	$2r$	시계	④	r	반시계
⑤	$2r$	반시계			

16 로런츠 힘을 이용한 전동기의 구조를 나타낸 것이다. 이에 대한 설명으로 옳은 것만을 〈보기〉에서 있는 대로 고른 것은?

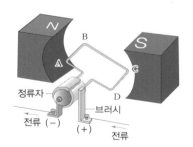

〈 보기 〉

ㄱ. AB부분은 위로 힘을 받는다.
ㄴ. CD부분은 위로 힘을 받는다.
ㄷ. 전류의 세기가 셀수록 회전 속도가 빨라진다.
ㄹ. 사각형 도선은 정류자 방향에서 봤을 때 시계 방향으로 회전한다.

① ㄱ, ㄴ　　　② ㄴ, ㄷ　　　③ ㄷ, ㄹ
④ ㄱ, ㄴ, ㄷ　　⑤ ㄱ, ㄷ, ㄹ

17 그림 (가)는 기전력이 ε로 일정한 전지, 자체 인 덕턴스가 L인 코일, 저항값이 R인 저항 그리고 전류계와 스위치가 연결되어 있는 회로를 나타 낸 것이다. 그림 (나)는 스위치에 변화를 주었을 때 저항에 흐르는 전류를 시간에 따라 나타낸 것이다. 코일에 생기는 유도 기전력을 시간에 따라 나타낸 그래프로 옳은 것은?(단, 전지 내부 의 저항은 무시한다.)

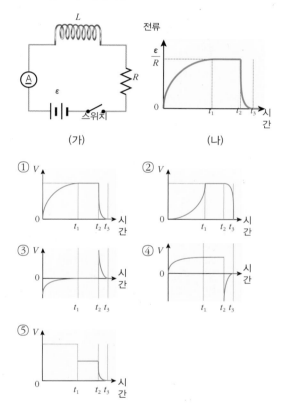

(가)   (나)

18 변압기의 기본 구조를 나타낸 것이다. 변압기의 1 차 코일은 감은 수가 600회이고, 150V의 전압에 연결되어 있고, 2차 코일은 감은 수가 24회이고, 저항 2Ω을 연결하였을 때 2차 코일에 흐르는 전 류의 세기는?(단, 변압기에서 에너지 손실은 없고, 1차 코일의 모든 자속이 2차 코일을 지나간다고 가정한다.)

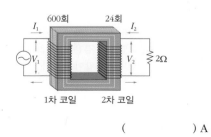

(   ) A

C

19 저항이 R인 도체 막대가 그림과 같이 균일한 자 기장 안에 폭이 l인 ㄷ자형 도선 위에 놓여져 있 다. 이때 자기장의 세기가 B이고, 금속 막대를 오 른쪽 방향으로 일정한 속도 v로 움직이도록 하기 위해 금속 막대에 작용해야 할 힘의 크기와 방향 을 바르게 짝지은 것은?(단, ㄷ자 도선의 저항과 마찰은 무시한다.)

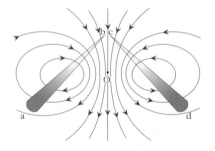

	크기	방향		크기	방향
①	$\dfrac{Blv}{R}$	오른쪽	②	$\dfrac{Blv}{R}$	왼쪽
③	$\dfrac{B^2l^2v}{R}$	오른쪽	④	$\dfrac{B^2l^2v}{R}$	왼쪽
⑤	$\dfrac{B^2l^2v^2}{R}$	오른쪽			

20 서로 평행한 두 직선 도선에 흐르는 전류에 의한 자기장을 자기력선으로 나타낸 것이다. 이에 대한 설명으로 옳은 것만을 〈보기〉에서 있는 대로 고른 것은?(단, O점은 두 도선으로부터 같은 거리에 있 다.)

───〈 보기 〉───

ㄱ. 점 O에서 자기장의 세기는 0이다.
ㄴ. 왼쪽 직선 도선에서 전류는 a → b로 흐르고 있다.
ㄷ. 두 도선에 흐르는 전류의 세기는 같다.
ㄹ. 두 도선 사이에 작용하는 힘은 척력이다.

① ㄱ, ㄴ   ② ㄴ, ㄷ   ③ ㄷ, ㄹ
④ ㄱ, ㄴ, ㄷ   ⑤ ㄴ, ㄷ, ㄹ

21 평면에서 대전 입자가 운동하고 있는 것을 나타낸 것이다. 대전 입자는 자기장이 없는 영역에서 직선 운동을 하고, 균일한 자기장 영역 A와 B에서는 원 궤도를 따라 운동하게 된다. 이때 자기장 영역 A에서의 원 궤도 반지름은 B에서 보다 작다. 이에 대한 설명으로 옳은 것만을 〈보기〉에서 있는 대로 고른 것은?(단, 자기력 이외의 힘은 무시한다.)

[PEET 기출 유형]

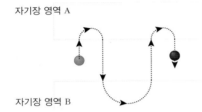

─〈 보기 〉─

ㄱ. 운동하는 입자가 (+)전하일 경우 자기장 영역 A에서 자기장의 방향은 지면에서 나오는 방향이다.

ㄴ. 대전 입자의 가속도의 크기는 자기장 영역 A와 B에서 같다.

ㄷ. 자기장 영역 A에서 자기장의 세기가 자기장 영역 B에서의 자기장의 세기보다 세다.

ㄹ. 자기장 영역 A와 B에서 자기장 방향은 서로 반대이다.

① ㄱ, ㄴ   ② ㄱ, ㄷ   ③ ㄷ, ㄹ
④ ㄱ, ㄴ, ㄷ   ⑤ ㄱ, ㄷ, ㄹ

22 솔레노이드 형태의 저항기가 있다. 이때 저항기의 자체 유도 현상을 없애기 위한 방법으로 옳은 것은?

① 솔레노이드 안에 철심을 넣는다.
② 솔로노이드를 같은 방향으로 이중으로 감는다.
③ 솔레노이드를 같은 방향으로 감은수를 2배로 하여 한 번 더 감는다.
④ 솔레노이드를 서로 방향이 반대가 되는 방향으로 한 번 더 감는다.
⑤ 솔레노이드 주위에 동일한 크기와 감은수로 된 솔레노이드를 놓는다.

23 그림 (가)는 자체 유도 인덕턴스가 L 인 코일과 전류계, 스위치, 기전력이 12V 인 전지가 연결되어 있는 것을 나타낸 것이다. 그림 (나)는 스위치를 닫는 순간 시간에 따른 전류의 관계를 나타낸 것이다. 스위치를 닫은 후 회로의 전체 저항과 자체 유도 인덕턴스의 크기가 바르게 짝지어진 것은?

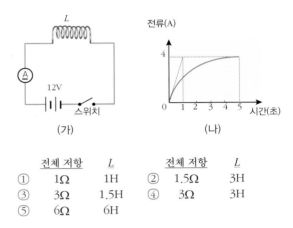

(가)   (나)

	전체 저항	L		전체 저항	L
①	1Ω	1H	②	1.5Ω	3H
③	3Ω	1.5H	④	3Ω	3H
⑤	6Ω	6H			

24 원형 코일 A는 신호 발생기에 연결하고, 코일 B에는 교류 전압계의 입력 단자에 연결한 후 두 코일의 중심축을 일치시켰다. 신호 발생기의 전원을 켜면 전압계에서 전압이 측정된다. 이에 대한 설명으로 옳은 것은?

[MEET 기출 유형]

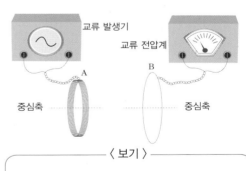

─〈 보기 〉─

ㄱ. 원형 코일 A에 직류 전류가 흐르고 있을 때에도 전압계에 전압이 측정된다.

ㄴ. 신호 발생 중 코일 A와 B를 서로 가까이 하면, 전압계에 측정되는 전압이 커진다.

ㄷ. 코일 B의 감은 수만 2배로 늘리면, 전압계에 측정되는 전압이 커진다.

ㄹ. 코일 A의 감은 수만 2배로 늘리면, 전압계에 측정되는 전압이 커진다.

① ㄱ, ㄴ   ② ㄴ, ㄷ   ③ ㄷ, ㄹ
④ ㄱ, ㄴ, ㄷ   ⑤ ㄴ, ㄷ, ㄹ

심화

25 두 도체 막대 A, B가 나란하게 놓여있다. 이때 막대 A에는 일정한 전류 I가 흐르도록 하고, 막대 B에는 그림과 같이 저항값이 3Ω, 15Ω인 저항과 가변 저항 R, 전압 36V인 전원 장치를 연결하였다. 이에 대한 설명으로 옳은 것만을 〈보기〉에서 있는 대로 고른 것은?

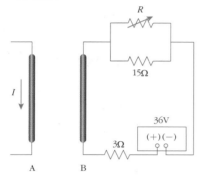

〈 보기 〉

ㄱ. 도선 A는 왼쪽 방향으로 자기력을 받는다.
ㄴ. 가변 저항값이 3Ω일 때의 도체 막대 B가 받는 자기력의 세기는 가변 저항 값이 6Ω일 때의 2배이다.
ㄷ. 가변 저항값을 증가시킬 때, 도체 막대에 흐르는 전류의 세기는 감소한다.
ㄹ. 두 도선의 중심에서 자기장은 보강되어 자기장이 세진다.

① ㄴ, ㄷ   ② ㄱ, ㄴ, ㄹ   ③ ㄱ, ㄷ, ㄹ
④ ㄴ, ㄷ, ㄹ   ⑤ ㄱ, ㄴ, ㄷ, ㄹ

26 질량이 300g, 길이가 20cm인 금속 막대가 고정된 두 도선에 연결되어 매달려 있다. 이때 방향을 알 수 없는 5T의 자기장이 균일하게 형성되어 있을 때 도선의 장력이 0이 되었다. 자기장의 방향과 전류의 세기를 단위까지 쓰시오.(단, 중력 가속도 $g = 10m/s^2$이다.)

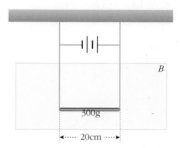

(지면으로 ⊙ 들어가는 ⊙ 나오는 방향)
전류의 세기 (   )

27 $+y$ 방향으로 운동하던 (＋)전하가 xy 평면의 점 P, Q, R을 지난다. 이때 자기장 영역 A, B에서 자기장의 세기는 각각 $2B$, B이고, OP와 OQ의 거리는 같다. 전하가 P에서 Q까지 운동하는데 걸리는 시간이 T일 때, 전하가 Q에서 R까지 운동하는데 걸리는 시간은?

[수능 평가원 기출 유형]

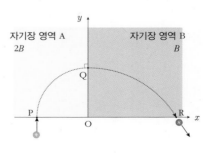

(   ) T

28 질량 m, 전하량 $+q$ 인 대전 입자를 지면에 수직으로 들어가는 방향의 균일한 자기장 영역에 일정한 속력 v 로 입사시켰더니, 입자가 점 O를 중심으로 등속 원운동을 하면서 점 A와 B와 C를 차례대로 지나 자기장 영역을 통과하였다. 이때 점 O, A, B, C는 동일한 평면 상에 있고, A와 B 사이의 거리는 x, A와 C 사이의 거리는 $3x$ 일 때, 자기장의 세기와 입자의 가속도를 각각 쓰시오.

[수능 기출 유형]

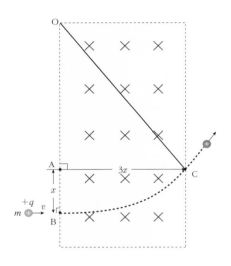

자기장의 세기 (   )
입자의 가속도 (   )

29 지면에서 수직으로 들어가는 방향으로 세기가 B 인 균일한 자기장이 xy 평면에 형성되어 있다. 자기장 영역 B 에만 균일한 전기장이 $+y$ 방향으로 형성되어 있을 때, 전하량이 q, 질량이 m 인 (+) 전하가 $+x$ 방향으로 자기장 영역 A에 입사하여 등속 직선 운동을 한 후 자기장 영역 B 에서는 반지름이 r 인 원운동을 하였다. 이에 대한 설명으로 옳은 것만을 〈보기〉에서 있는 대로 고른 것은?(단, 중력 가속도는 g 이고, 입자의 크기, 전자기파의 발생은 무시한다.)

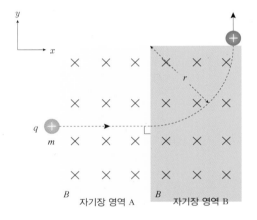

〈 보기 〉

ㄱ. (+)전하의 속도는 자기장 영역 A를 지날 때가 더 빠르다.
ㄴ. 자기장 영역 B에서 (+)전하의 속도는 $\dfrac{mg}{qB}$ 이다.
ㄷ. 자기장 영역 B에서 전기력과 중력이 힘의 평형을 이룬다.
ㄹ. 자기장 영역 B에서 (+)전하의 가속도의 크기는 중력 가속도와 같다.

① ㄱ, ㄴ   ② ㄴ, ㄷ   ③ ㄴ, ㄹ
④ ㄱ, ㄴ, ㄷ   ⑤ ㄱ, ㄷ, ㄹ

30 길이가 25.0 cm, 단면적이 4.0 cm², 그리고 도선의 감은 수가 300회인 코일의 자체 인덕턴스를 구하시오. (단, k 를 써서 나타내시오. $k'' = 2\pi k$ 이고 $\pi \fallingdotseq 3$으로 한다.)

31 그림 (가)는 동일한 저항 2개와 코일을 전지와 스위치에 연결한 회로를 나타낸 것이고, 그림 (나)는 스위치를 닫는 순간부터 코일에 유도된 유도 기전력을 시간에 따라 나타낸 것이다. 코일을 연결하지 않은 저항에 흐르는 전류의 세기를 I_A, 코일을 연결한 저항에 흐르는 전류의 세기를 I_B라고 할 때, 0~t_1 구간과 t_1~t_2 구간에서 전류의 세기를 바르게 비교한 것은?

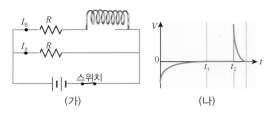

(가)　　　　　(나)

	0 ~ t_1 구간	t_1 ~ t_2 구간
①	$I_A > I_B$	$I_A > I_B$
②	$I_A < I_B$	$I_A < I_B$
③	$I_A > I_B$	$I_A = I_B$
④	$I_A = I_B$	$I_A < I_B$
⑤	$I_A = I_B$	$I_A = I_B$

32 그림 (가)는 동일한 원형 도선을 마주 보게 놓고, 원형 도선 A에는 검류계를, 원형 도선 B에는 가변 전원 장치와 저항을 연결한 것을 나타낸 것이다. 원형 도선 B에 연결한 가변 전원 장치의 전압을 그림 (나)와 같이 변화시켰다. 이에 대한 설명으로 옳은 것만을 〈보기〉에서 있는 대로 고른 것은?

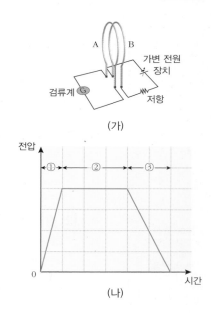

(가)

(나)

〈 보기 〉
ㄱ. ① 구간에서 원형 도선 B 내부에는 원형 도선 A 쪽 방향으로 자속이 증가한다.
ㄴ. ①, ②, ③ 구간 중 ① 구간에서 원형 도선 A에 가장 큰 유도 기전력이 생긴다.
ㄷ. ② 구간에서 원형 도선 B에는 전류가 흐르지 않는다.
ㄹ. ①, ③ 구간에서 원형 도선 A에 흐르는 전류의 방향은 반대이다.

① ㄱ, ㄴ　　　② ㄴ, ㄷ　　　③ ㄷ, ㄹ
④ ㄱ, ㄴ, ㄹ　　⑤ ㄱ, ㄷ, ㄹ

14강. 전기 에너지

1. 전기 에너지의 발생

(1) 기전력 : 전류가 흐르는 양단의 전압을 일정하게 유지하여 전류를 흐르게 할 수 있는 능력을 말한다.

① **기전력(E)** : 기전력은 단위 전하당 에너지이다. 이는 기전력원이 한 단위 전하(q)당 일(W)이다.

$$E = \frac{W}{q} \quad \text{(단위 : V [볼트], 1V = 1J/C)}$$

② **기전력을 발생시키는 방법**

	화학 전지	발전기	태양 전지	열전대
종류	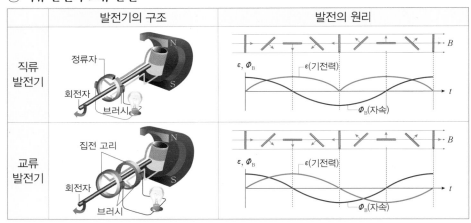			
원리	산화와 환원 반응에 의해 기전력이 발생	운동 에너지를 이용하여 자석이나 코일을 회전시켜서 발생하는 전자기 유도 현상에 의해 기전력이 발생	태양 전지판에 태양빛을 쪼여서 기전력을 발생	열전대 양쪽의 온도 차이에 의한 기전력이 발생
에너지 전환	화학 에너지 → 전기 에너지	역학적 에너지 → 전기 에너지	태양 빛에너지 → 전기 에너지	열에너지 → 전기 에너지

(2) 발전기 : 역학적 에너지를 전기 에너지로 전환시키는 발전기는 자기장 속에서 코일이 회전할 때 코일을 이루는 면을 지나는 자속(Φ)이 변함에 따라 패러데이 전자기 유도 법칙에 의해 회로에 기전력(ε)이 발생하여 전류가 흐르게 된다. $\varepsilon(\text{기전력}) = -N\dfrac{\Delta\Phi}{\Delta t}$

① **직류 발전과 교류 발전**

	발전기의 구조	발전의 원리
직류 발전기	정류자, 회전자, 브러시	ε, Φ_B / ε(기전력) / Φ_B(자속)
교류 발전기	집전 고리, 회전자, 브러시	ε, Φ_B / ε(기전력) / Φ_B(자속)

개념확인 1

각각의 기전력원의 에너지 전환을 완성하시오.

(1) 화학 전지 (→   )

(2) 발전기 (→   )

확인+1

각각의 기전력원이 기전력을 발생시키는 원리를 바르게 연결하시오.

(1) 화학 전지 •   • ㉠ 산화 환원 반응

(2) 발전기 •   • ㉡ 전자기 유도 현상

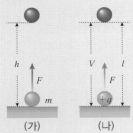
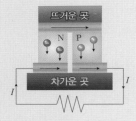

② 발전기의 발전 원리(직류 발전): 정류자에 의해 전류의 방향이 일정하게 유지된다.

회전 (가)　　회전 (나)　　회전 (다)

> (가) → (나) → (다) 과정은 코일 내부의 자속이 증가하는 과정으로 화살표 방향으로 전류가 흐른다.

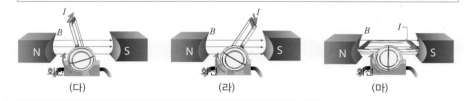

회전 (다)　　회전 (라)　　회전 (마)

> (다) → (라) → (마) 과정은 코일 내부의 자속이 감소하는 과정으로 정류자에 의해 전류의 방향은 변하지 않는다.

(3) **맴돌이 전류**: 도체를 지나는 자속이 변할 때 도체 내부에 발생하는 유도 기전력에 의해 소용돌이 모양의 유도 전류가 흐르게 되는데 이 전류를 맴돌이 전류(eddy current)라고 한다.

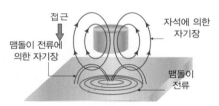

접근 / 자석에 의한 자기장 / 맴돌이 전류에 의한 자기장 / 맴돌이 전류

▲ 맴돌이 전류의 발생

· **맴돌이 전류의 이용**

	금속 탐지기	유도 전동기
이용	금속 탐지기 안의 코일에 발생한 자기장 / 맴돌이 전류 / 맴돌이 전류에 의한 자기장	맴돌이 전류
원리	금속 탐지기와 금속이 가까워지면 금속 탐지기 내부의 코일에 의해 금속에 맴돌이 전류가 발생하고, 이 전류를 금속 탐지기가 감지하는 것이다.	컨베이어 벨트, 기계 등을 움직이는 데 폭넓게 사용되는 유도 전동기는 아라고의 원판의 원리에 의해 작동된다.

개념확인 2

자석이 두 개의 코일 위를 오른쪽으로 이동하고 있다. 이때 오른쪽 코일에 발생하는 유도 전류의 방향은?

(A , B)

정답 및 해설 **91쪽**

운동 방향

확인+2

발전기의 구조를 모식적으로 나타낸 것이다. 코일을 화살표 방향으로 회전시켰을 때 코일에 흐르는 전류의 방향을 고르시오.

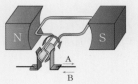

(A , B)

● 직류(AC)와 교류(DC) 비교

▲ 직류 기호　▲ 교류 기호

· 우리나라에서 사용하는 교류는 1초에 60번 진동하는 60Hz교류이고, 1초에 전류의 방향이 60번 바뀐다.

● 교류를 직류로 바꾸기

다이오드는 전류를 한쪽 방향으로만 흐르게 하는 반도체로 교류를 직류로 바꿔준다.

● 플레밍의 오른손 법칙

플레밍의 오른손 법칙을 이용하면 유도 전류의 방향을 쉽게 알 수 있다.

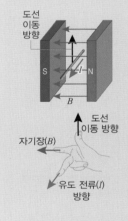

도선 이동 방향 / 도선 이동 방향 / 자기장(B) / 유도 전류(I) 방향

● 아라고의 원판

영구 자석 사이에 전류가 흐를 수 있는 원판을 놓고 영구 자석을 회전시키면, 자석의 이동으로 맴돌이 전류가 발생하게 된다. 이 맴돌이 전류에 의한 자기장과 자석에 의한 자기장이 상호 작용하여 원판이 자기력을 받아 회전하게 된다. 이를 발명자 아라고의 이름을 따서 아라고의 원판이라고 한다.

2. 전류의 열작용

(1) 전기 에너지 : 전류가 공급하는 에너지로 전류가 흐를 때 저항에서 에너지가 소모되면 열이나 빛 등 여러 가지 형태의 에너지가 발생한다.

· 저항 R의 양단에 전압 V를 걸어주었을 때 전류 I가 흐르면, 저항에서 시간 t 초 동안 소비하는 전기 에너지 E는 다음과 같다.

$$전기\ 에너지(E) = VIt = I^2Rt = \frac{V^2}{R}t \quad (단위 : J\ [줄])$$

(2) 전류의 열작용 : 저항에 전류가 흐르면 열이 발생한다.

① **발열량** : 전류가 흐를 때 도선에서 발생하는 열량이다.

$$발열량(Q) \propto 전기\ 에너지(E) \quad \rightarrow \quad Q \propto VIt$$

② **저항의 연결 방법에 따른 발열량의 크기**

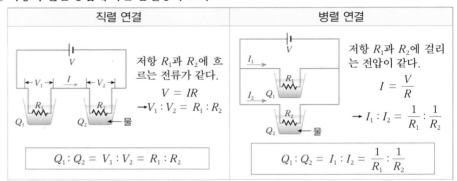

직렬 연결	병렬 연결
저항 R_1과 R_2에 흐르는 전류가 같다. $V = IR$ $\rightarrow V_1 : V_2 = R_1 : R_2$	저항 R_1과 R_2에 걸리는 전압이 같다. $I = \dfrac{V}{R}$ $\rightarrow I_1 : I_2 = \dfrac{1}{R_1} : \dfrac{1}{R_2}$
$Q_1 : Q_2 = V_1 : V_2 = R_1 : R_2$	$Q_1 : Q_2 = I_1 : I_2 = \dfrac{1}{R_1} : \dfrac{1}{R_2}$

(3) 줄의 법칙

① **줄열** : 저항에 전류가 흐를 때 발생하는 열을 줄열이라고 하며, 이는 전자의 전기 에너지가 열에너지로 전환되어 발생하는 열이다.

② **줄의 법칙** : 전기 에너지가 모두 열에너지로 전환될 때 저항에서 발생하는 열량 Q를 cal 단위로 나타내면 다음과 같으며, 이를 줄의 법칙이라고 한다.

$$Q = \frac{E}{J} = \frac{1}{J}VIt = \frac{1}{J}I^2Rt = \frac{1}{J}\frac{V^2}{R}t \quad (비례상수\ J : 열의\ 일당량,\ 단위 : cal)$$

③ **열의 일당량** : 줄은 실험을 통해 1cal의 열량이 4.2J의 에너지에 해당한다는 것을 밝혀냈다.

$$J \fallingdotseq 4.2J/cal \quad (1cal = 4.2J,\ 1J = \frac{1}{4.2}cal \fallingdotseq 0.24cal)$$

개념확인 3

전기 저항이 50Ω인 저항에 0.7A의 전류가 흘렀다. 이때 10초 동안 소비된 전기 에너지는 몇 J인가?

(   ) J

확인+3

저항의 비가 2 : 3인 두 니크롬선 A와 B를 동일한 전원에 직렬로 연결할 때와 병렬로 연결할 때 니크롬선에서의 발열량의 비($Q_A : Q_B$)를 각각 쓰시오.

직렬 연결 (   ), 병렬 연결 (   )

왼쪽 여백

● **저항에서 열이 발생하는 이유**

자유 전자가 도선 속을 이동하면서 원자와 충돌이 일어나기 때문에 열이 발생한다. 전압이 높을수록, 전류가 셀수록 더 많은 열이 발생한다.

● **발열량 Q를 나타내는 다른 방법**

질량이 m, 비열이 c인 물체의 온도 변화가 $\varDelta t$일 때, 이 물체가 흡수하거나 방출하는 열량(Q)는 다음과 같다.

$$Q = cm\varDelta t$$

● **저항에서 발생하는 전기 에너지**

전류가 a → b로 흐르면 전압 강하가 일어나 b 지점은 a 지점보다 전위가 $V = IR$ 만큼 낮아지고, 저항을 통과하는 전하 q의 전기 에너지는 감소한다.

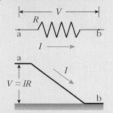

따라서 감소한 만큼의 전기 에너지가 저항에서 외부로 방출되며, 이 에너지가 열로 전환된 것이 발열량이다.

미니사전

열량 [熱 열 量 양] 열에너지의 양으로 순수한 물 1g의 온도를 1℃ 높이는 데 필요한 열량을 1cal로 정의

비열 [比 비교하다 熱 열] 어떤 물질 1g의 온도를 1℃ 만큼 올리는 데 필요한 열량으로 단위는 cal/g · ℃

3. 전력과 전력량

(1) 전력 : 전기 기구가 단위 시간(1초) 동안 소비하는 전기 에너지를 말하며, 소비 전력이라고
도 한다.

$$\text{전력}(P) = VI = I^2R = \frac{V^2}{R} \quad \text{(단위 : W [와트], J/s)}$$

① 1W : 1V의 전압으로 1A의 전류가 흐를 때의 전력 = $1V \times 1A = 1V \cdot A = 1J/s$

② **저항의 연결 방법에 따른 각 저항에서의 소비 전력**

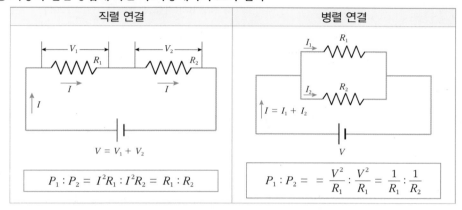

직렬 연결	병렬 연결
$P_1 : P_2 = I^2R_1 : I^2R_2 = R_1 : R_2$	$P_1 : P_2 = \dfrac{V^2}{R_1} : \dfrac{V^2}{R_1} = \dfrac{1}{R_1} : \dfrac{1}{R_2}$

(2) 전력량 : 전기 기구가 일정 시간 동안 소비하는 전기 에너지의 총량을 말한다.

$$\text{전력량}(W) = Pt = VIt = I^2Rt = \frac{V^2}{R}t \quad \text{(단위 : Wh [와트시], J)}$$

· 1Wh : 1W의 전력으로 1시간 동안 사용한 전기 에너지의 양

$$1Wh = 1W \times 1h = 1J/s \times 3600s = 3600J$$

(3) 정격 전압과 정격 소비 전력

① **정격 전압** : 전기 기구를 정상적으로 안전하게 사
용할 수 있도록 정해진 전압으로 정격 전압 이상
의 전압을 가하면 전기 기구가 고장날 수도 있다.

② **정격 소비 전력** : 정격 전압에 사용할 때 전기 기
구에서 매초당 소비되는 전기 에너지의 양이다.

㉠ 100V - 100W 전구의 의미 : 100V의 전원에서 사
용해야 하며, 100V의 전원에서 사용하면 100W
의 전력을 소비한다.

▲ 전구의 정격 전압과 정격 소비 전력

개념확인 4   정답 및 해설 **91쪽**

저항의 비가 2 : 3인 두 니크롬선 A와 B를 동일한 전원에 직렬로 연결할 때와 병렬로 연결할 때
니크롬선에서의 소비 전력의 비($P_A : P_B$)를 각각 쓰시오.

직렬 연결 (   ), 병렬 연결 (   )

확인+4

소비 전력이 1,200W인 전구를 10분 동안 사용하였을 때, 이 전기 기구가 소비한 전력량은 몇
kWh인가?

(   ) kWh

● 전기 에너지와 전력량 비교

구분	시간 단위	단위
전기 에너지	초(s)	J
전력량	시간(h)	Wh

→ 전기 에너지
= 전압 × 전류 × 시간
= 전력 × 시간
→ 전력량 = 전력 × 시간

● 가정 내의 배선 연결

가정의 전기 배선은 병렬로
연결되어 있기 때문에 각 전
기 기구에 걸리는 전압이 동
일하다.

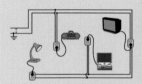

▲ 가정 내 전기 기구의 연결

만약 병렬로 연결되어 있지
않을 경우 각 전기 기구마다
필요한 작동 전압이 다르므로
콘센트마다 다른 전압을 공급
해야 한다.

미니사전

정격 [定 정하다 格 격식]
전자기기 등에서 지정된 조
건 하에서 안전하게 사용
가능한 한도

(4) 소비 전력과 전구의 밝기 : 전구의 밝기는 정격 소비 전력이 아니라 전구가 실제로 소비하는 전력($P = VI$)에 비례한다.

① **전구의 직렬 연결** : 전구 A에 흐르는 전류 = 전구 B에 흐르는 전류

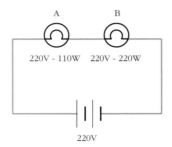

- 전구 A의 저항 $R_A = \dfrac{V_{정격}^2}{P_{정격}} = \dfrac{(220V)^2}{110W} = 440\Omega$

- 전구 B의 저항 $R_B = \dfrac{(220V)^2}{220W} = 220\Omega$

→ 소비 전력의 비 = $R_A : R_B = 440\Omega : 220\Omega = 2 : 1$

→ 전구의 밝기 : A가 B보다 2배 밝다.

> → 정격 전압이 같은 두 전구를 직렬 연결하면 정격 전력이 더 큰 B가 A보다 밝다.

② **전구의 병렬 연결** : 전구 A에 걸리는 전압 = 전구 B에 걸리는 전압

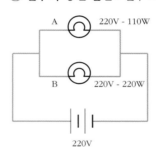

- 전구 A의 저항 $R_A = \dfrac{V_{정격}^2}{P_{정격}} = \dfrac{(220V)^2}{110W} = 440\Omega$

- 전구 B의 저항 $R_B = \dfrac{(220V)^2}{220W} = 220\Omega$

→ 소비 전력의 비 = $\dfrac{1}{R_A} : \dfrac{1}{R_B} = \dfrac{1}{440\Omega} : \dfrac{1}{220\Omega} = 1 : 2$

→ 전구의 밝기 : B가 A보다 2배 밝다.

> → 정격 전압이 같은 두 전구를 병렬 연결하여 같은 전압(정격 전압)이 걸리도록 하면 각각의 밝기의 비는 정격 전력의 비와 같다.

(5) 전구의 연결 개수에 따른 전구의 밝기 : 동일한 전구를 사용할 경우

① **전구의 직렬 연결** : 직렬 연결하는 전구의 수가 많아질수록 각각의 전구의 밝기는 어두워진다.

② **전구의 병렬 연결** : 병렬 연결하는 전구의 수에 관계없이 전구의 밝기는 일정하다.

개념확인 5

저항이 각각 R, $3R$ 인 전구 A와 B를 직렬 연결할 때와 병렬 연결할 때 전구의 밝기를 부등호를 이용하여 비교하시오.

직렬 연결 : A ( ) B, 병렬 연결 : A ( ) B

확인+5

동일한 전구의 연결 방법과 그에 따른 전구의 밝기에 대한 설명을 바르게 연결하시오.

(1) 직렬 연결 •   • ㉠ 연결하는 전구의 수와 상관없이 밝기는 일정하다.

(2) 병렬 연결 •   • ㉡ 연결하는 전구의 수가 많아질수록 각각의 전구의 밝기는 어두워진다.

왼쪽 사이드바:

● **전력과 전구의 밝기**
· 전구 A의 저항 : $2R$
· 전구 B의 저항 : $2R$
· 전구 C의 저항 : R 일 때,

〈 저항의 직렬 연결〉

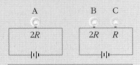

전구의 밝기 비교 :
A > B > C
→ 전력은 저항에 비례하므로 저항이 큰 전구가 더 밝다.

〈 저항의 병렬 연결〉

전구의 밝기 비교 :
C > B = A
→ 전력은 저항에 반비례하므로 저항이 작은 전구가 더 밝다.

● **전구의 직렬 연결**
전구를 직렬 연결할수록 전체 저항이 커지기 때문에 회로에 흐르는 전체 전류의 세기는 작아진다.
→ 각 전구의 소비 전력 ($P = I^2R$)이 작아진다.

● **전구의 병렬 연결**
병렬 연결하는 전구의 수가 늘어나도 각 전구에 걸리는 전압은 일정하다.
→ 각 전구의 소비 전력 ($P = \dfrac{V^2}{R}$)이 일정하다.

4. 송전과 가정에서의 승압

(1) **송전** : 발전소에서 생산한 전기를 전기 에너지를 소비하는 가정이나 공장으로 보내는 과정을 말한다.

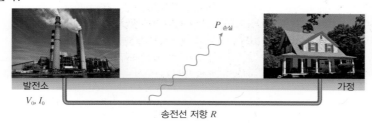

발전소　　　　　　　　　　　　　　　　　　　　가정
V_0, I_0

송전선 저항 R

① **발전소에서 소비지에 공급하는 전기 에너지** : 송전 전압을 V_0, 송전 전류를 I_0 라고 할 때, P_0(송전 전력) $= I_0 V_0$ = 일정하다.

② **손실 전력** : 송전을 할 때 송전선의 저항때문에 발생하는 열로 인하여 손실되는 전력을 말한다.

$$P_\text{손실} = I_0{}^2 R = (\frac{P_0}{V_0})^2 R$$

③ **손실 전력을 줄이는 방법**(발전소에서 내보내는 송전 전력 P_0는 일정)

· **송전 전압(V_0)을 높인다.** : 송전 전류(I_0)를 줄이기 위해 고전압 송전을 한다.

→ 송전 전압(V_0)을 n 배 높이면, 송전 전류(I_0)가 $\frac{1}{n}$ 배로 감소하기 때문에 손실 전력($P_\text{손실}$)은 $\frac{1}{n^2}$ 배로 감소한다.

· **송전선의 저항(R)을 줄인다.** : 저항(R)은 $R = \rho$(비저항)$\frac{l(\text{도선의 길이})}{S(\text{도선의 단면적})}$ 이므로, 비저항이 작은 물질을 송전선에 사용하거나, 송전 거리를 줄이거나, 송전선에 더 굵은 도선을 사용한다.

(2) **가정에서의 승압** : 가정에서 사용하는 전력을 최대로 사용할 수 있도록 하기 위해 전압을 높이는 것을 말한다.

① **최대 허용 전류** : 도선에 전류가 안전하게 흐를 수 있는 최대 전류를 말하며, 도선을 교체하지 않는 한 최대 허용 전류는 일정하다.

② **가정에서의 승압과 최대 사용 전력($P_\text{최대}$)** : 도선을 교체하지 않는 한 $P_\text{최대} = VI_\text{최대 허용 전류}$ 이다. 따라서 전류는 최대 허용 전류 이상이 될 수 없으므로 V 를 n 배 높이면, $P_\text{최대}$도 n 배가 된다.

● 옥내 배선(가정)에 공급하는 전압을 2배로 승압시킬 때

① 옥내 배선에 흐르는 전류 : 가정에서 사용되는 전력($P_0 = I_0 V_0$)이 일정할 때 전압을 2배로 높이면, 가정에 흐르는 전류는 $\frac{1}{2}$ 배가 된다.

② 옥내 배선에서의 손실 전력 : 옥내 배선의 저항(R)은 일정하므로 손실되는 전력

$$P_\text{손실} = I^2 R = (\frac{P_0}{V_0})^2 R$$

$$\rightarrow P_\text{손실} \propto \frac{1}{V_0{}^2}$$

따라서 손실 전력은 $\frac{1}{4}$ 배로 줄어든다.

● 변압기

전자기 유도 현상(상호 유도)을 이용하여 교류 전압을 변화시켜주는 장치가 변압기이다.

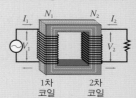

1차 코일　　　2차 코일

동일한 철심에 1차 코일(감은 수 N_1)과 2차 코일(감은 수 N_2)을 감는다. 1차 코일에 주어진 전압 V_1, 2차 코일에 유도되는 전압을 V_2 라고 할 때, 에너지 손실이 없는 이상적인 변압기에서는 에너지 보존 법칙에 의해 1차 코일에 공급되는 전력($P_1 = I_1 V_1$)과 2차 코일에 유도되는 전력($P_2 = I_2 V_2$)이 같다.

$$\therefore \frac{V_1}{V_2} = \frac{N_1}{N_2} = \frac{I_2}{I_1}$$

개념확인 6　　　　　　　　　　　　　　　　　　　정답 및 해설 91쪽

발전소에서 송전 전압이 300V일 때 송전선에서 발생한 손실 전력이 3200W였다. 송전 전압을 4배로 높였을 때 손실되는 전력은 몇 W인가?

(　　　　　) W

확인+6

최대 허용 전압이 300V, 최대 허용 전류가 20A인 멀티 콘센트가 있다. 이 멀티 콘센트를 110V의 전원에 연결하여 사용할 때, 최대로 사용할 수 있는 전력은 몇 W인가?

(　　　　　) W

01 기전력과 관련된 설명 중 옳은 것은 ○표, 옳지 않은 것은 ×표 하시오.

(1) 전류를 흐르게 할 수 있는 능력을 기전력이라고 한다. ( )

(2) 발전기는 역학적 에너지를 전기 에너지로 전환시킨다. ( )

(3) 교류 발전기에는 정류자가 있어서 전류가 한쪽 방향으로만 흐른다. ( )

02 기전력을 발생시키는 방법에 대한 설명으로 옳지 <u>않은</u> 것은?

① 건전지에서는 산화와 환원 반응에 의해 기전력이 발생한다.
② 발전기에서는 전자기 유도 현상에 의해 기전력이 발생한다.
③ 열전대에서는 금속 양쪽의 온도 차이에 의해 기전력이 발생한다.
④ 태양 전지에서는 태양 전지판에 태양 빛을 쪼이면 기전력이 발생한다.
⑤ 도체를 지나는 자속이 일정할 때 도체 내부에 유도 기전력이 발생한다.

03 같은 질량의 물이 담긴 스티로폼 컵 A와 B에 전기 저항이 각각 3Ω, 5Ω인 니크롬선을 넣고 전압이 8V인 전원에 연결하였다. 스티로폼 컵 B의 니크롬선에서 30초 동안 소비한 전기 에너지는 몇 J 인가?

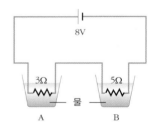

① 5J　　　　② 8J　　　　③ 16J　　　　④ 150J　　　　⑤ 240J

04 저항값이 7Ω인 전열선에 400mA의 전류가 3초 동안 흘렀다. 이 전열선에서 발생한 열량은 몇 cal인가?(단, 열의 일당량 $J = 4.2$J/cal이다.)

① 0.8cal　　　② 1.6cal　　　③ 3.2cal　　　④ 3.36cal　　　⑤ 8.4cal

정답 및 해설 **92쪽**

05 200V − 100W의 규격을 가진 전구가 있다. 이 전구를 100V의 전원에 연결할 경우, 전구의 저항과 소비 전력이 바르게 짝지어진 것은?

	저항	소비 전력		저항	소비 전력		저항	소비 전력
①	100Ω	25W	②	100Ω	50W	③	100Ω	100W
④	400Ω	25W	⑤	400Ω	100W			

06 동일한 전구 A, B, C 를 오른쪽 그림과 같이 연결하였다. 세 전구의 밝기를 바르게 비교한 것은?

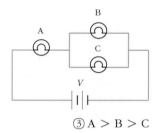

① A = B = C   ② A > B = C   ③ A > B > C
④ A = B > C   ⑤ A < B < C

07 발전소에서 내보내는 송전 전력이 일정할 때, 송전선에 의한 손실 전력을 줄이는 방법으로 옳은 것은 ○표, 옳지 않은 것은 ×표 하시오.

(1) 발전소에서 고전압 송전을 한다. (   )

(2) 송전선을 비저항이 작은 물질로 만든다. (   )

(3) 송전 거리를 늘리거나, 송전선을 더 얇은 도선으로 사용한다. (   )

08 발전소에서 송전을 할 때 고전압 송전을 하는 이유를 나타낸 것이다. 빈칸에 들어갈 말이 바르게 짝지어진 것은?

송전 전압 V_0를 n 배 높이면, 송전 전류 I_0가 (㉠)배가 되기 때문에, 손실 전력 $P_{손실}$은 (㉡)배가 되기 때문에 고전압 송전을 한다.

	㉠	㉡		㉠	㉡		㉠	㉡
①	n	n	②	n	$\dfrac{1}{n}$	③	$\dfrac{1}{n}$	$\dfrac{1}{n}$
④	$\dfrac{1}{n}$	$\dfrac{1}{n^2}$	⑤	$\dfrac{1}{n^2}$	$\dfrac{1}{n^2}$			

유형 익히기&하브루타

[유형14-1] 전기 에너지의 발생

직류 발전기의 발전 원리를 나타낸 것이다. 이에 대한 설명으로 옳은 것은?(단, 사각 도선은 그림과 같은 방향으로 회전하고 있다.)

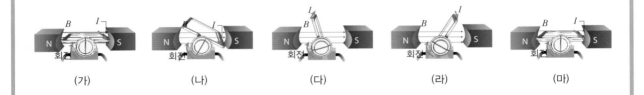

(가) (나) (다) (라) (마)

① 그림은 교류 발전기의 발전 원리를 나타낸 것이다.
② (가)에서 (나) 과정으로 갈 때 사각 도선 내부를 통과하는 자속이 감소한다.
③ (다)에서 (라) 과정으로 갈 때 사각 도선 내부를 통과하는 자속은 일정하다.
④ (다)에서 (마) 과정으로 갈 때와 (가)에서 (다) 과정으로 갈 때 전류의 방향은 반대이다.
⑤ (가)에서 (마) 과정으로 갈 때 정류자에 의해 전류의 방향은 변하지 않고 한쪽 방향으로만 흐른다.

01

〈보기〉 중 기전력원의 에너지 전환 관계로 옳은 것을 있는 대로 고른 것은?

────〈 보기 〉────

ㄱ. 열전대 : 열 에너지 → 전기 에너지
ㄴ. 건전지 : 화학 에너지 → 전기 에너지
ㄷ. 발전기 : 운동 에너지 → 전기 에너지
ㄹ. 태양 전지 : 열 에너지 → 전기 에너지

① ㄱ, ㄴ   ② ㄴ, ㄷ   ③ ㄷ, ㄹ
④ ㄱ, ㄴ, ㄷ   ⑤ ㄱ, ㄴ, ㄷ, ㄹ

02

유도 전동기의 원리를 나타낸 것이다. 이와 관련된 설명으로 옳은 것만을 〈보기〉에서 있는 대로 고른 것은?

맴돌이 전류

────〈 보기 〉────

ㄱ. 유도 전동기는 컨베이어 벨트, 기계 등을 움직이는데 사용된다.
ㄴ. 맴돌이 전류를 이용한 예이다.
ㄷ. 플레밍의 왼손 법칙을 이용하여 유도 전류의 방향을 쉽게 알 수 있다.

① ㄱ   ② ㄴ   ③ ㄷ
④ ㄱ, ㄴ   ⑤ ㄴ, ㄷ

정답 및 해설 **92쪽**

[유형14-2] 전류의 열작용

전기 저항이 4Ω, 6Ω이 저항 4개를 스티로폼 컵 A, B, C에 넣어서 만든 회로이다. 물음에 답하시오. (단, 스티로폼 컵 A, B, C 에 들어 있는 물의 질량과 처음 온도는 모두 같으며, 전기 에너지가 모두 열에너지로 전환된다.)

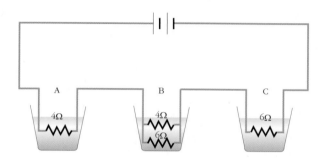

(1) 회로의 전체 저항을 쓰시오.

( )Ω

(2) 10분 후 스티로폼 컵 A의 온도가 40℃ 증가하였다면, 스티로폼 컵 B와 C의 온도 변화를 바르게 짝지은 것은?

	B	C		B	C		B	C		B	C		B	C
①	24℃	40℃	②	24℃	60℃	③	40℃	60℃	④	100℃	60℃	⑤	100℃	100℃

03 전류의 열작용에 대한 설명으로 옳은 것만을 〈보기〉에서 있는 대로 고른 것은?

─────〈 보기 〉─────

ㄱ. 4.2cal의 열량은 1J의 에너지에 해당한다.
ㄴ. 저항에 전류가 흐를 때 발생하는 열을 줄열이라고 한다.
ㄷ. 저항을 직렬 연결하는 경우 각 저항의 발열량의 비는 각 저항값의 비와 같다.
ㄹ. 전류가 흐를 때 도선에서 발생하는 열량은 전기 에너지에 반비례한다.

① ㄱ, ㄴ   ② ㄴ, ㄷ   ③ ㄷ, ㄹ
④ ㄱ, ㄴ, ㄷ   ⑤ ㄱ, ㄴ, ㄷ, ㄹ

04 100g의 동일한 질량의 물이 각각 담긴 열량계 A 와 B를 다음 그림과 같이 연결하였다. 이때 열량계 A에 저항값이 12Ω인 저항을 넣고 10초 동안 온도 변화를 측정하였더니 10℃ 가 증가하였다. 같은 시간 동안 열량계 B의 온도는 15℃ 증가하였다면, 열량계 B에 들어 있는 저항의 저항값과 열량계 B에서 소비한 전기 에너지를 바르게 짝지은 것은?(단, 물의 비열은 1cal/g℃이고, 전기 에너지는 모두 열에너지로 전환된다.)

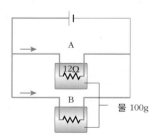

물 100g

	저항	전기 에너지		저항	전기 에너지
①	8Ω	3,150J	②	8Ω	4,200J
③	8Ω	6,300J	④	18Ω	4,200J
⑤	18Ω	6,300J			

[유형14-3] 전력과 전력량

전구 A와 B의 저항은 2Ω, 전구 C와 D의 저항은 3Ω이다. 이와 같은 전구 4개를 그림과 같이 일정한 전압 V 에 연결하였다. 물음에 답하시오.

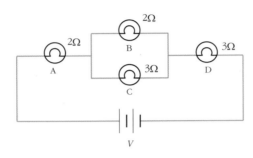

(1) 전구의 밝기를 부등호를 이용하여 비교하시오.

(   )

(2) (1)과 동일한 전기 회로에서 310V의 전원을 연결한 후, 30분 동안 각 전구에서 소비한 전력량을 각각 구하시오.

A (   )Wh, B (   )Wh, C (   )Wh, D (   )Wh

05 전력과 전력량에 대한 설명으로 옳은 것만을 〈보기〉에서 있는 대로 고른 것은?

─── 〈 보기 〉 ───

ㄱ. 전력의 단위는 일률의 단위와 같다.
ㄴ. 가정에서 사용한 전기 에너지는 전력량으로 나타낸다.
ㄷ. 1Wh는 1V의 전압으로 1A의 전류가 1초 동안 흐를 때의 전력이다.
ㄹ. 1W의 전력으로 1시간 동안 사용한 전기 에너지의 양은 3,600J이다.

① ㄱ, ㄴ   ② ㄴ, ㄷ   ③ ㄷ, ㄹ
④ ㄱ, ㄴ, ㄷ   ⑤ ㄱ, ㄴ, ㄹ

06 동일한 전원 장치에 그림 (가)는 저항값이 18Ω인 전구를 연결한 회로이고, 그림 (나)는 저항값이 9Ω, 18Ω인 전구를 병렬 연결한 회로를 나타낸 것이다. 각 전구의 밝기를 바르게 비교한 것은?

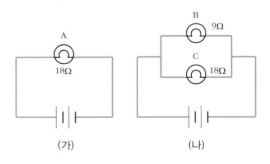

(가)   (나)

① A > B > C   ② A = B > C
③ A = C > B   ④ B > A = C
⑤ C > B > A

[유형14-4] 송전과 가정에서의 승압

발전소에서 생산한 전기를 가정이나 공장으로 보내기 위해 설치된 고압 송전탑을 나타낸 것이다. 이와 관련된 설명으로 옳은 것만을 〈보기〉에서 있는 대로 고른 것은?

〈 보기 〉

ㄱ. 송전을 할 때 송전선에 걸리는 높은 전압으로 인하여 손실되는 전력이 발생한다.

ㄴ. 가정에 공급하는 전압을 2배로 승압시키면, 옥내 배선에서의 손실 전력은 $\frac{1}{4}$ 로 줄어든다.

ㄷ. 송전선에서 손실되는 전력을 줄이기 위해서는 송전선에 더 굵은 도선을 사용하면 된다.

① ㄱ   ② ㄴ   ③ ㄷ   ④ ㄱ, ㄴ   ⑤ ㄴ, ㄷ

07 감은 수가 각각 100회, 200회인 1차 코일과 2차 코일로 이루어진 변압기가 있다. 변압기의 2차 코일에 30Ω의 저항을 연결하였더니 7A의 전류가 흘렀을 때, 1차 코일의 전압과 전류의 세기를 바르게 짝지은 것은?(단, 변압기에서 에너지 손실은 없다.)

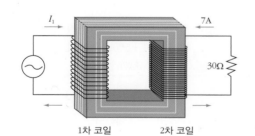

I_1 7A

30Ω

1차 코일   2차 코일

	전압	전류		전압	전류
①	105V	3.5A	②	420V	3.5A
③	105V	14A	④	210V	14A
⑤	420V	14A			

08 가정으로 들어가는 전압을 높이는 이유로 가장 적절한 것은?

① 전압을 높일수록 최대 허용 전류가 줄어든다.
② 전압을 높일수록 송전 전류도 커지기 때문이다.
③ 전압이 높을수록 전선의 저항이 감소하기 때문이다.
④ 110V 가전 제품보다 220V 가전 제품이 더 안전하기 때문이다.
⑤ 도선을 교체하지 않는 한 도선을 흐르는 최대 허용 전류는 정해져 있기 때문이다.

01 어떤 가정에 공급되는 전기의 정격 용량이 220V-15A이다. 이러한 가정에서 정격 용량 220V-13A짜리 멀티탭을 벽면에 있는 콘센트에 연결하였다. 이 멀티탭에 다음 표와 같은 정격 규격이 정해진 가전 제품들을 꽂아 사용하고 있다. 물음에 답하시오.

	냉장고	에어컨	보온 밥솥	냉온수기
정격 규격	220V - 380W	220V - 1,300W	220V - 500W	220V - 500W

(1) 사용하고 있는 멀티탭에 정격 용량이 220V - 300W인 전자레인지를 하나 더 꽂아 사용하고자 한다. 이때 안전하게 사용이 가능할 지를 그 이유와 함께 서술하시오. (단, 멀티탭과 가정에는 과도한 전류의 흐름을 막는 전원 차단 장치가 각각 설치되어 있으며, 다른 모든 저항은 무시한다.)

(2) 표 (가)는 일반 가정용 전기요금표이다. 전기 요금은 사용양에 따라 표 (가)와 같이 누진세가 붙게 된다. 표 (나)는 일반적인 가정에서 사용하는 가전 제품의 소비 전력량과 사용 시간을 나타낸 것이다. 이와 같은 가정에서 이번달 청구되는 전기 요금을 계산하시오.(이번 달은 총 30일로 한다.)

기본 요금	원	전력량 요금	원/kWh
100kWh 이하사용	370	처음 100kWh 까지	55.10
101 ~ 200kWh 사용	820	101 ~ 200kWh 까지	113.80
201 ~ 300kWh 사용	1,430	201 ~ 300kWh 까지	168.30
301 ~ 400kWh 사용	3,420	301 ~ 400kWh 까지	248.60
401 ~ 500kWh 사용	6,410	401 ~ 500kWh 까지	366.40
500kWh 초과 사용	11,750	500kWh 초과 사용	643.90

(가)

	TV	컴퓨터	냉장고	세탁기	청소기	형광등
소비 전력량	105Wh	475Wh	385Wh	550Wh	500Wh	25W
사용 시간(1일)	5h	5h	24h	1h	0.2h	5h
사용일	30일	30일	30일	10일	30일	30일

(나)

02

발전소에서 생산한 전기가 소비지까지 공급되는 과정을 나타낸 것이다.

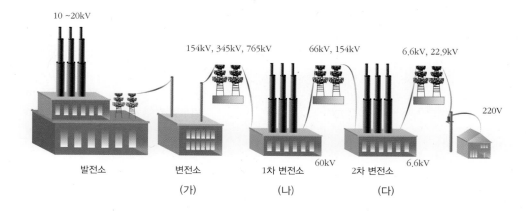

(1) 변전소 (가), (나), (다)에서 사용되는 변압기의 구조를 〈보기〉에서 각각 고르고, 그 이유를 쓰시오.

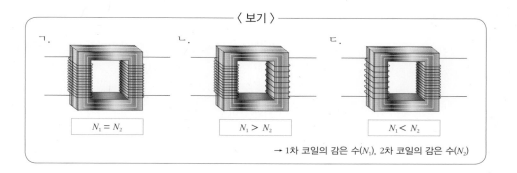

(2) 변전소를 거치면서 발생하는 전류와 전력 변화에 대하여 서술하시오.

03 전기 전도도란 물질이 전하를 운반할 수 있는 정도를 말하며, 전기가 통하기 쉬운 정도를 나타낸 값으로 비저항의 역수이다. 금속은 일반적으로 전기 저항이 적어 전기 전도도가 좋다. 길이(l)와 단면적(S)이 같은 금속 막대 금, 은, 알루미늄, 철이 있다. 그림 (가)는 이들을 직렬 연결한 회로, 그림 (나)는 병렬 연결한 회로를 나타낸 것이다. 물음에 답하시오.

금속	전기 전도도(온도 20℃ 기준)
금	$4.52 \times 10^7 \text{S/m}$
은	$6.30 \times 10^7 \text{S/m}$
알루미늄	$3.77 \times 10^7 \text{S/m}$
철	$0.99 \times 10^7 \text{S/m}$

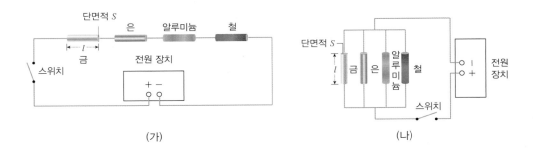

(1) 그림 (가)와 같이 금속 막대를 연결할 경우 가장 많은 열이 발생하는 금속 막대는 어느 것인가?

(2) 그림 (나)와 같이 금속 막대를 연결할 경우 가장 많은 열이 발생하는 금속 막대는 어느 것인가?

04 길이 100cm, 단면적 0.1cm², 저항 4Ω인 니크롬선으로 이루어진 전열기가 170V의 직류 전원에 연결되어 있다. 이 전열기를 사용하던 중 니크롬선의 중간 부분이 끊어져 전열기가 고장이 났다. 이때 끊어진 니크롬선을 아래 그림과 같이 10cm가 겹쳐지도록 수리를 하였다. 수리 이후의 니크롬선의 전체 저항값을 구하고, 고장 이전과 수리 이후의 니크롬선에서 소비되는 전력을 각각 구하시오. (단, 저항은 단면적과 길이에 의해서만 결정된다.)

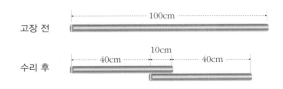

(1) 수리 이후 니크롬선의 전체 저항값 (　　　　　)Ω
(2) 고장 이전 니크롬선의 소비 전력값 (　　　　　)W
(3) 수리 이후 니크롬선의 소비 전력값 (　　　　　)W

05 자기 공명 영상 장치라고 하는 MRI는 자기장과 고주파를 이용하여 인체의 한 단면을 영상으로 볼 수 있는 장치를 말한다. 다음 그림은 MRI의 구조를 나타낸 것이다. MRI 속 환자는 크기가 일정하고 센 자기장과 사인 파동으로 변하는 약한 자기장이 형성되어 있는 장치 속에 마취가 되어 있는 상태로 눕게 된다. 마취된 환자의 맥박 상태를 알기 위해 환자의 손가락에 탐침(산소 농도계)을 붙이게 되는데, 이 탐침은 MRI 장비 바깥에 있는 모니터로 연결되어 있다. 이때 탐침과 모니터를 연결하고 있는 전선이 팔에 닿게 되면 화상을 입게 된다. 일반적인 가전제품의 전선이 닿는 경우에는 화상을 입지 않지만, MRI속에서는 화상을 입는 이유에 대하여 자신의 생각을 서술하시오.(단, 전선은 피복이 벗겨져 있지 않은 온전한 상태이다.)

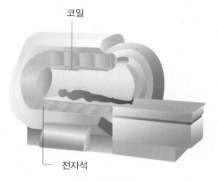

코일

전자석

▲ MRI 내부 구조

06 저항값이 10Ω, 20Ω, 30Ω인 저항을 15V의 전압에 그림과 같이 연결하였다. 스위치를 열었을 때 전지가 완전히 방전되기까지는 15시간이 걸렸다. 이때 동일한 전지를 이용하여 스위치를 닫았다면 전지가 완전히 방전되기까지의 시간은 얼마나 걸리는지 구하시오. (단, 전지가 완전히 방전될 때까지 전지의 전압은 일정하게 유지된다.)

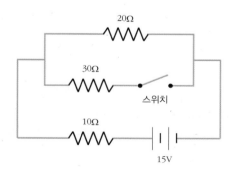

20Ω

30Ω

스위치

10Ω

15V

01 〈보기〉 중 기전력에 대한 설명으로 옳은 것만을 있는 대로 고른 것은?

> ─── 〈 보기 〉 ───
> ㄱ. 기전력의 단위는 J(줄)이다.
> ㄴ. 기전력은 단위 시간당 발생한 에너지이다.
> ㄷ. 기전력원의 단위 전하 당 일이다.

① ㄱ   ② ㄴ   ③ ㄷ
④ ㄱ, ㄴ   ⑤ ㄴ, ㄷ

02 자석이 사각 도선 위를 왼쪽에서 도선 중심까지 이동하고 있다. 이때 도선에 발생하는 유도 전류의 방향은?

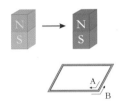

(A , B)

03 다음 설명에 해당하는 단어를 쓰시오.

> 두 종류의 금속을 붙여 놓은 상태에서 양쪽에 온도를 달리해 주면 온도 차에 비례하여 기전력이 발생하는 제베크 현상이 일어나는 장치를 말하며, 주로 온도를 측정하기 위해 사용된다.

(   )

04 발전기에서 전기 에너지가 생산되는 원리를 나타낸 것이다. 빈칸에 알맞은 말을 각각 쓰시오.

> 발전기는 자기장 속에서 코일이 회전할 때 코일의 단면을 지나는 (㉠)이 변함에 따라 패러데이 전자기 유도 법칙에 의해 회로에 (㉡)이 발생하여 전류가 흐르게 된다.

㉠ (   ), ㉡ (   )

05 0.8A의 전류가 흐르는 전구가 30초 동안 소비한 전기 에너지는 192J이었다. 이 전구의 저항과 이때 소비한 에너지가 모두 열로 전환될 때 전구에서 발생한 열량을 구하시오.(단, 1J = 0.24cal이다.)

(   )Ω, (   )cal

[06-07] 같은 양의 물이 들어 있는 열량계 A, B, C와 전류계, 스위치, 전원 장치를 그림과 같이 연결하였다. 열량계 A, B, C에는 각각 1Ω, 3Ω, 5Ω의 니크롬선을 물속에 잠기게 하였다.

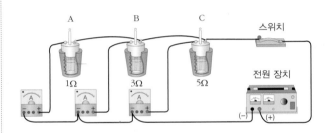

06 장치를 통해 알 수 있는 사실을 그래프로 바르게 나타낸 것은?

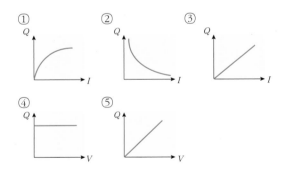

07 열량계 A, B, C에 들어 있는 1Ω, 3Ω, 5Ω의 니크롬선에 걸리는 전압의 비(㉠), 흐르는 전류의 비(㉡), 저항의 발열량의 비(㉢)를 바르게 짝지은 것은?

	㉠	㉡	㉢
①	1 : 1 : 1	1 : 3 : 5	1 : 3 : 5
②	1 : 1 : 1	3 : 5 : 15	3 : 5 : 15
③	1 : 1 : 1	15 : 5 : 3	15 : 5 : 3
④	1 : 3 : 5	1 : 3 : 5	1 : 1 : 1
⑤	1 : 3 : 5	15 : 5 : 3	15 : 5 : 3

08 200V–100W 전구를 50V의 전원 장치에 연결하였다. 전구의 저항과 전구가 단위 시간 동안 소비하는 전기 에너지를 바르게 짝지은 것은?

	저항	전력		저항	전력
①	25Ω	6.25W	②	400Ω	6.25W
③	25Ω	12.5W	④	400Ω	12.5W
⑤	25Ω	100W			

09 가정에서 전기를 사용할 때 110V 전압 대신 220V 전압을 사용하면 전선을 교체하지 않고도 사용 가능 전력이 2배로 증가한다. 그 이유에 대한 설명으로 가장 옳은 것은?

① 전압을 높이면 도선의 저항이 감소하기 때문이다.
② 전기 기구의 정격 전압이 대부분 220V이기 때문이다.
③ 도선을 흐르는 최대 전류의 양이 제한되어 있기 때문이다.
④ 전압을 높이면 도선을 흐르는 최대 전류의 양이 2배로 증가하기 때문이다.
⑤ 220일 때가 110V일 때보다 더 많은 전류를 흐르게 할 수 있기 때문이다.

10 발전소에서 40,000V의 전압을 120,000V로 올려서 송전하였다. 이 송전선에서 전력 손실은 승압 전의 몇 배인가?

① 1배   ② 3배   ③ 9배
④ $\frac{1}{3}$배   ⑤ $\frac{1}{9}$배

11 발전기의 내부 구조에서 코일과 자기장이 이루는 각도에 따라 달라지는 기전력과 자속에 대한 그래프이다. 이에 대한 설명으로 옳은 것만을 〈보기〉에서 있는 대로 고른 것은?

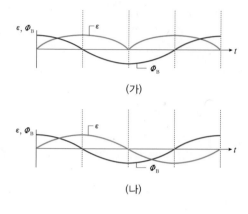

(가)

(나)

── 〈 보기 〉 ──
ㄱ. 그림 (가)는 직류 발전기의 기전력 변화를 나타낸 것이다.
ㄴ. 그림 (나)를 관찰할 수 있는 발전기에서는 전류의 방향과 세기가 주기적으로 변하는 전류가 발생한다.
ㄷ. 발전기는 자속이 변함에 따라 패러데이 전자기 유도 법칙에 의해 회로에 기전력이 발생하여 전류가 흐르게 되는 것이다.

① ㄱ   ② ㄴ   ③ ㄷ
④ ㄱ, ㄴ   ⑤ ㄱ, ㄴ, ㄷ

12 두 종류의 발전기의 구조를 나타낸 것이다. 이에 대한 설명으로 옳은 것만을 〈보기〉에서 있는 대로 고른 것은?

(가)   (나)

───── 〈 보기 〉 ─────

ㄱ. 그림 (가)는 직류 발전기의 구조를 나타낸 것이다.

ㄴ. 그림 (나)의 B에 의해 전류의 방향이 변하지 않고 일정하게 흐르게 된다.

ㄷ. 두 발전기 모두 운동 에너지를 전기 에너지로 전환시켜 준다.

ㄹ. 발전소로부터 가정에 공급되는 전류는 그림 (나)에 의해 발생한 전류와 같다.

① ㄱ, ㄴ   ② ㄴ, ㄷ   ③ ㄷ, ㄹ
④ ㄱ, ㄴ, ㄷ   ⑤ ㄱ, ㄷ, ㄹ

13 저항이 R 로 같은 니크롬선을 물에 넣고, 물의 온도를 측정하여 발열량을 비교하기 위해 연결한 전기 회로도이다. 그림 (가)에서 전압계와 전류계에 측정된 전압과 전류를 V_A, I_A라고 하고, 그림 (나)에서 전압계와 전류계에 측정된 전압과 전류를 V_B, I_B라고 할 때, 이에 대한 설명으로 옳은 것은?(단, 그림 (가)와 (나)는 같은 전원에 연결되어 있고, 스타이로폼 컵 속의 물의 양도 같다.)

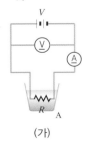   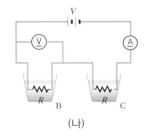

(가)   (나)

① I_A보다 I_B가 크다.

② V_A보다 V_B가 크다.

③ 스티로폼 컵 A의 온도 변화와 스티로폼 컵 B에서 온도 변화는 같다.

④ 스티로폼 컵 A의 온도 변화가 스티로폼 컵 B에서 온도 변화보다 작다.

⑤ 스티로폼 컵 A의 온도 변화가 스티로폼 컵 B에서 온도 변화보다 크다.

14 같은 질량의 물이 각각 담긴 열량계 A, B, C가 있다. 열량계 A에는 전기 저항값이 4Ω인 저항을, 열량계 B에는 2Ω, 3Ω인 저항을, 열량계 C에는 6Ω인 저항을 넣고 15V의 전원에 다음 그림과 같이 각각 연결하였다. 이때 열량계 A의 온도가 10초 동안 24℃ 증가하였다면 같은 시간 동안 열량계 B와 C의 온도 변화를 바르게 짝지은 것은?(단, 모든 열량계의 처음 온도는 같다.)

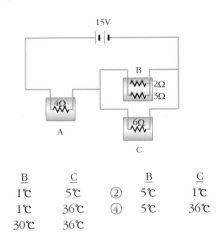

	B	C		B	C
①	1℃	5℃	②	5℃	1℃
③	1℃	36℃	④	5℃	36℃
⑤	30℃	36℃			

15 100V-50W의 전구와 100V-100W의 전구를 그림 (가)와 (나)와 같이 연결한 후 100V의 같은 세기의 전압을 걸어주었다. 이때 전구의 밝기가 밝은 순서대로 바르게 나열한 것은?

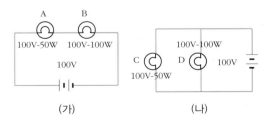

(가)   (나)

① A, B, C, D   ② B, C, D, A   ③ C, D, A, B
④ D, C, A, B   ⑤ D, C, B, A

16 저항값이 각각 1Ω, 2Ω, 2Ω, 3Ω인 전구 A, B, C, D를 28V의 전압에 그림과 같이 연결하였다. 전구 B와 C가 15분 동안 소비한 전력량을 바르게 짝지은 것은?

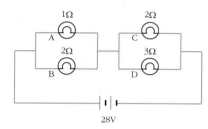

	B	C		B	C
①	12.5Wh	40.5Wh	②	25Wh	81Wh
③	50Wh	81Wh	④	50Wh	162Wh
⑤	750Wh	2430Wh			

17 그림 (가)는 정격 전압이 220V인 어떤 가정에서 사용하는 전기 제품들의 연결을 나타낸 것이고, 표 (나)는 해당 전기 제품들의 정격 전력과 하룻동안 사용한 시간을 나타낸 것이다. 이 제품을 동시에 사용할 경우 총 전류(A)와 이 가정에서 하룻동안 사용한 전력량(B)을 바르게 짝지은 것은?

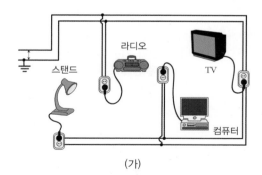

(가)

구분	정격 전압	사용 시간
스탠드	30W	2h
라디오	40W	4h
TV	150W	3h
컴퓨터	110W	12h

(나)

	A	B		A	B
①	1.5A	1.99kWh	②	3A	1.99kWh
③	1.5A	1990kWh	④	3A	1.99kWh
⑤	330A	1990kWh			

18 발전소에서 소비지까지 전기를 송전하는 과정에 대한 설명으로 옳은 것은?

① 송전선은 비저항이 작은 금속일수록 좋다.
② 송전 전압을 2배로 승압하여 송전하면 손실 전력은 0.5배가 된다.
③ 송전 전압을 2배로 승압하여 송전하면 송전선의 저항은 4배가 된다.
④ 대규모 공장으로 송전할 때에는 일반 가정보다 낮은 전압으로 송전해도 된다.
⑤ 가정으로 공급하는 전압을 2배로 높이면 최대 사용 전력은 반으로 줄어든다.

19 가벼운 실에 매달려 있는 금속판이 전류가 흐르는 도선이 감겨 있는 철심 사이에서 단진동하고 있는 모습을 나타낸 것이다. 이와 같은 단진자 운동에 대한 설명으로 옳은 것만을 〈보기〉에서 있는 대로 고른 것은?(단, 모든 저항은 무시한다.)

─〈 보기 〉─

ㄱ. 전류가 흐르는 동안 금속판은 진폭이 일정한 단진자 운동을 한다.
ㄴ. 코일에 흐르는 전류의 방향을 바꾸면 금속판이 더 빠르게 멈추게 될 것이다.
ㄷ. 코일에 흐르는 전류의 세기를 세게 할 경우, 금속판은 더 빠르게 멈추게 된다.
ㄹ. 금속판은 곧 정지하게 되며, 온도가 조금 올라갈 것이다.

① ㄱ, ㄴ   ② ㄴ, ㄷ   ③ ㄷ, ㄹ
④ ㄱ, ㄴ   ⑤ ㄱ, ㄴ, ㄷ

20 같은 질량의 식용유와 물이 들어 있는 비커에 저항이 R, 2R로 같은 니크롬선을 담그고 그림과 같이 회로를 꾸며서 스위치를 닫았더니 일정한 시간이 지난 후 식용유와 물의 온도가 변하였다. 비커 A, B, C, D의 온도 변화의 비를 쓰시오.(단, 식용유와 물의 비열의 비는 1 : 2이다.)

[특목고 기출 유형]

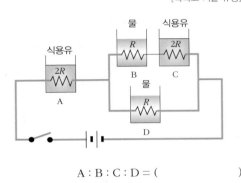

A : B : C : D = (   )

21 저항값이 동일한 전구 A, B, C, D와 스위치를 전압이 일정한 전원 장치에 다음 그림과 같이 연결하였다. 이에 대한 설명으로 옳은 것만을 〈보기〉에서 있는 대로 고른 것은?

[수능 모의 평가 기출 유형]

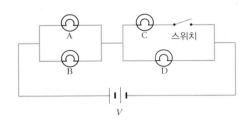

─── 〈 보기 〉 ───

ㄱ. 스위치를 닫으면, 회로에 흐르는 전체 전류는 증가한다.
ㄴ. 스위치를 열었을 때 전구 A에 걸리는 전압은 스위치를 닫았을 때보다 크다.
ㄷ. 스위치를 닫으면, 전구 B가 소모하는 전력은 증가한다.
ㄹ. 스위치를 열었을 때, 전구 A가 소모하는 전력은 전구 D가 소모하는 전력보다 작다.

① ㄱ, ㄴ   ② ㄴ, ㄷ   ③ ㄷ, ㄹ
④ ㄱ, ㄴ, ㄷ   ⑤ ㄱ, ㄷ, ㄹ

22 서로 다른 종류의 전구 3개와 전지를 이용하여 다음 그림과 같이 전기 회로를 꾸몄다. 전구 A의 밝기를 증가시키는 방법을 〈보기〉에서 있는 대로 고른 것은?

[한국과학창의력대회 기출 유형]

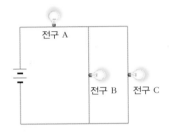

─── 〈 보기 〉 ───

ㄱ. 전구 A의 저항을 크게 한다.
ㄴ. 전구 B의 저항을 크게 한다.
ㄷ. 전구 C의 저항을 크게 한다.
ㄹ. 전구 A와 전구 B의 저항을 모두 작게 한다.
ㅁ. 전구 B와 전구 C의 저항을 모두 작게 한다.

① ㄱ, ㄴ   ② ㄷ, ㄹ   ③ ㄹ, ㅁ
④ ㄱ, ㄹ, ㅁ   ⑤ ㄷ, ㄹ, ㅁ

23 그림 (가)는 정격 전압이 220V인 어떤 가정에서 사용하는 전기 제품들의 연결을 나타낸 것이고, 표 (나)는 전기 기구 사용 내역을 나타낸 것이다. 이에 대한 설명으로 옳은 것만을 〈보기〉에서 있는 대로 고른 것은?

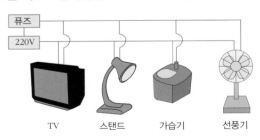

(가)

구분	소비 전력	하루 사용 시간
스탠드	80W	2h
TV	200W	4h
가습기	150W	8h
선풍기	100W	5h

(나)

─〈 보기 〉─

ㄱ. TV를 연결하는 회로가 고장나면 집안 전체의
    가전 제품에도 전류가 흐르지 않는다.
ㄴ. 이 가정의 퓨즈 용량은 2A이다.
ㄷ. 전기 제품 중 가장 전기 저항값이 큰 제품은
    스탠드이다.
ㄹ. 이 가정에서 하룻동안 소비하는 전력량은
    2660Wh이다.

① ㄱ, ㄴ　　　② ㄴ, ㄷ　　　③ ㄷ, ㄹ
④ ㄱ, ㄴ, ㄷ　　⑤ ㄱ, ㄷ, ㄹ

심화

25 가변 저항과 전구, 전압이 12V로 일정한 전원 장치
를 연결한 것이다. 가변 저항이 3Ω 일 때, 회로에
흐르는 전류가 2A였다. 가변 저항을 12Ω으로 바
꾼 후, 50초 동안 전구에서 소비되는 전기 에너지
는 몇 J 인가?(단, 저항의 저항은 일정하다.)

[수능 기출 유형]

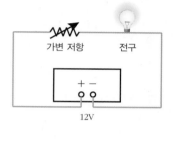

(　　　　　)J

24 변압기 2개가 연결되어 있는 것을 나타낸 것이
다. 변압기 A의 1차 코일에 걸린 전압이 300V이
고, 흐르는 전류가 50A이고, 각각의 감은 수는 그
림과 같다. 이때 변압기 A와 변압기 B사이에 흐
르는 전류 I_1, 변압기 B와 전기 제품 사이에 흐르
는 전류 I_2, 전기 제품에 걸린 전압 V를 각각 구하
시오. (단, 변압기에서 발생하는 전류는 무시하며,
변압기에서 에너지 손실은 없다.)

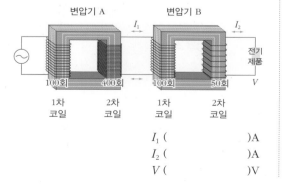

I_1 (　　　　　)A
I_2 (　　　　　)A
V (　　　　　)V

26 동일한 저항값을 갖는 저항 6개를 이용하여 다음
그림과 같이 전기 회로를 꾸미고 특정 저항만 물
속에 담갔다. A의 물은 200g, B의 물은 100g이다.
회로에 전류를 흐르게 한 뒤 5분 동안 놓아두었더
니 B의 온도가 20℃에서 22℃가 되었다. A의 처음
온도도 20℃였다면, 5분 후 몇 ℃가 되겠는가?(단,
물의 비열은 1cal/g℃이다.)

[특목고 기출 유형]

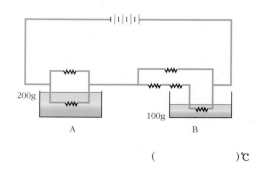

(　　　　　)℃

27 그림 (가)와 같이 저항 R_1과 R_2, 저항값이 6Ω인 저항, 스위치 S_1, S_2, 전압이 30V인 전원장치를 연결한 회로에서 스위치를 모두 닫았을 때를 0초라 하고, 5초가 흘렀을 때 스위치 S_2 만 열었다. 그림 (나)는 회로를 연결한 후부터 점 P 에 흐르는 전류를 시간에 따라 나타낸 것이다. 이에 대한 설명으로 옳은 것만을 〈보기〉에서 있는 대로 고른 것은?

[수능 기출 유형]

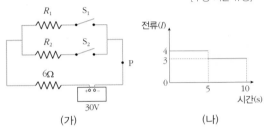

(가) (나)

─── 〈 보기 〉 ───

ㄱ. R_1의 저항값은 4Ω이다.

ㄴ. 3초 일때 저항 R_2에 흐르는 전류는 4A이다.

ㄷ. 0초 ~ 10초까지 저항 R_2에서 소비되는 전기 에너지는 225J이다.

① ㄱ   ② ㄴ   ③ ㄷ
④ ㄱ, ㄴ   ⑤ ㄱ, ㄴ, ㄷ

[28-29] 저항값이 R 로 같은 3개의 저항을 같은 온도, 같은 질량의 물이 들어 있는 열량계 A와 B에 그림과 같이 각각 넣고, 동일한 전원 장치에 모두 연결하였다.(단, 온도에 따른 저항의 변화는 무시한다.)

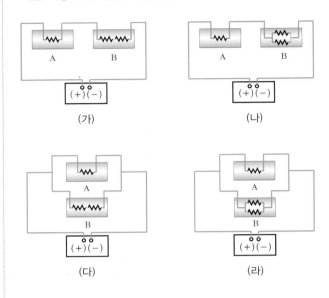

28 열량계 A의 온도가 열량계 B의 온도보다 높은 경우를 바르게 짝지은 것은?

① (가), (나)   ② (가), (다)   ③ (가), (라)
④ (나), (다)   ⑤ (다), (라)

29 (가) ~ (라)에 모두 전압 V 를 걸어주었을 경우 소비 전력이 가장 큰 열량계(㉠)와 가장 작은 열량계(㉡)를 쓰시오.

㉠ (   )

㉡ (   )

30 정격 전압과 정격 전력이 같은 전구 5개를 그림과 같이 연결하였다. 이때 각각의 스위치($S_1 \sim S_4$) 중 1개의 스위치만 열고, 나머지 스위치는 모두 닫았을 때 전구의 전력을 측정하였다. 가장 많은 전력을 소비하는 경우(A)와 가장 적은 전력(0보다는 크다)을 소비하는 경우(B) 닫는 스위치를 바르게 짝 지은 것은?

[특목고 기출 유형]

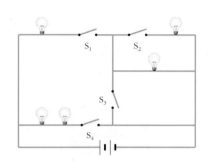

	A	B		A	B
①	S_1	S_2	②	S_2	S_3
③	S_3	S_4	④	S_2	S_1
⑤	S_4	S_3			

31 소비 전력이 30W, 60W, 90W인 전구 A, B, C를 회로에 병렬 연결하여 일정한 전압을 걸었을 때 세 전구의 밝기는 A > B > C 순이었다. 만약 전구 B를 가장 밝게, 전구 A를 가장 어둡게 하기 위해서 회로를 변화시킬 수 있는 방법으로 옳은 것만을 〈보기〉에서 있는 대로 고른 것은?

─── 〈 보기 〉 ───

ㄱ. 전구를 모두 직렬로 연결한다.
ㄴ. A와 B를 병렬 연결, C와는 직렬 연결을 한다.
ㄷ. A와 C를 병렬 연결, B와는 직렬 연결을 한다.
ㄹ. B와 C를 병렬 연결, A와는 직렬 연결을 한다.

① ㄱ   ② ㄴ   ③ ㄷ
④ ㄱ, ㄴ   ⑤ ㄷ, ㄹ

32 지역 A와 B에서 같은 전력을 송전할 때 송전 전압에 따른 손실 전력을 나타낸 것이다. 지역 A의 송전선의 저항을 R_A, 지역 B의 송전선의 저항을 R_B라고 할 때, $R_A : R_B$를 바르게 나타낸 것은?

[수능 모의 평가 기출 유형]

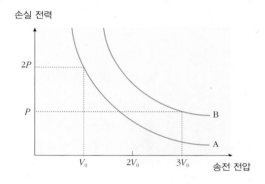

① 1 : 3   ② 2 : 3   ③ 2 : 9
④ 4 : 9   ⑤ 9 : 2

우주 최초의 입자 찾기! – 입자가속기

세계 최대 입자 가속기는 지구를 삼킬 가능성이 있다?!

물질의 가장 기본이 되는 단위 물질을 찾기 위한 과학자들의 연구는 계속되고 있다. 이러한 연구를 뒷받침하기 위한 중요한 과학 실험 장치가 '입자가속기(Cyclotron)'이다. 입자 가속기에 의해 큰 운동 에너지를 얻은 입자들을 다른 입자들과 충돌시킬 때 새로운 소립자들이 생성되며, 이때 생성된 소립자들의 물리량을 분석하면 입자를 구성하는 기본 물질을 알아낼 수 있다.

세계 최대 입자가속기는 유럽가속기연구소(CERN)의 거대강입자가속기(LHC)이다. 우주 탄생의 순간인 빅뱅의 신비를 풀기 위해 44억 파운드를 들여 스위스 제네바 근처 지하에 건설된 거대강입자가속기는 둘레가

유럽가속기연구소(CERN)의 전체 전경 | 그림 속 원형이 거대강입자가속기를 나타낸다. 지름이 9km, 둘레가 27km이다.

27km나 되며 두 개의 입자 빔을 광속에 가까운 속도로 가속시켜 우주 탄생의 이론적 기원인 빅뱅 직후의 상황을 재현하는 실험을 진행한다. 이 가속기는 1964년 가설로 제시됐으나 그간 증명할 수 없었던 우주 창조 빅뱅의 아원자인 힉스 소립자의 존재를 2013년 입증했다.

거대강입자가속기의 가동을 앞두고 '가속기 내에서 양성자가 충돌할 때 아주 작은 인공 블랙홀이 만들어지고 이 블랙홀이 4년 안에 지구를 완전히 삼킬만한 크기로 팽창할 수 있다.'고 하며 과학자들이 우려하였지만 그런 일은 발생하지 않았다.

거대강입자가속기는 매초 수많은 미니 블랙홀을 만든다. 양성자끼리의 충돌때문에 미니 블랙홀이 만들어지더라도 이 블랙홀은 나노(1나노 초 = 10^{-9}초)의 나노의 나노 초 동안 존재하며, 지구나 태양계를 집어삼킬 만한 거대한 블랙홀이 만들어지기까지는 수십억 년 ~ 수백억 년이 걸리기

캐나다국립입자핵물리연구소(TRIUMF) | 캐나다국립입자핵물리연구소(TRIUMF)의 사이클로트론

한국원자력연구원(KAERI)의 사이클로트론 | 30MeV(메가 일렉트론 볼트)급 중형 사이클로트론 'RFT-30'

때문에 아무런 문제가 발생하지 않는다고 과학계에서 설명하였다.

입자가속기는 입자를 가속하는 방법에 따라 선형 가속기와 원형 가속기로 나눌 수 있다. 이 중 원형 가속기에 속하는 '사이클로트론'은 전하를 띤 입자가 균일한 자기장 속에서 로런츠 힘을 받으면 원운동을 한다는 사실을 이용한 것이다.

속이 빈 D자형 금속통 두 개를 금속통과 수직 방향으로 형성된 균일한 자기장 속에 마주 보게 놓은 후 가속된 입자가 금속통 속에 입사하게 되면 입자는 로런츠 힘에 의해 원운동을 하게 된다. 이때 입자가 다른 금속통으로 이동을 하게 되면 전기장에 의해 가속되어 점차 속력이 빨라지게 되며, 원운동의 반지름도 커지게 된다. 원운동의 주기는 반지름의 크기와 속력과는 상관이 없이 일정하므로 같은 주기의 고주파 전압을 걸어주면 통사이를 왕복할 때마다 전기력에 의해 조금씩 더 큰 원을 그리며 가속되어 매우 큰 운동 에너지를 가지게 할수 있다.

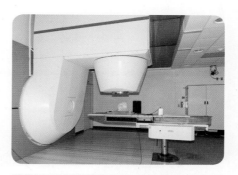

▲ 사이클로트론의 원리

중성자 방사 치료 | 사이클로트론과 선형 가속기를 이용하여 방출된 중성자 빔을 쏘여 환자를 치료한다.

방사선 치료에도 사용되는 입자가속기

입자가속기를 이용한 연구 분야는 매우 다양하다. 기본적으로 물질의 근본과 우주의 근원을 알기 위한 입자 물리 분야 뿐만 아니라 바이러스 및 암 발생 과정 연구와 단백질 구조 연구를 통한 신약 개발, 반도체, 재료 공학 분야, 의학 분야 등 활용 분야가 매우 다양하다. 이 중 의학 분야에서는 주로 암치료에 활용되고 있다. 빛의 속도에 근접하게 입자를 가속시킨 뒤 환자에게 쏘아주면 정상 조직에는 피해를 주지 않고 암세포를 파괴시켜 암을 치료할 수 있다.

Q1 사이크로트론의 원리에서 원운동하는 입자의 주기는 반지름과 속력에 관계 없이 일정하다. 이를 식을 이용하여 설명하시오.

Q2 D자형 금속통의 반지름이 53cm이고, 내부에 균일한 자기장(크기 1.57 T)이 형성되어 있는 사이클로트론이 있다. 이 사이클로트론에서 가속된 중성자의 운동 에너지는 얼마인가?(단, 중성자의 질량 $m = 3.34 \times 10^{-27}$kg, 전하량은 1.60×10^{-19}C이다.)

Project - 탐구

[탐구-1] 자석(가우스) 가속기 만들기

준비물　폴대, 네오디뮴 자석, 쇠구슬, 글루건

목표　자기력에 의한 입자의 가속 원리를 이해한다.

탐구과정

네오디뮴 자석

① 폴대와 네오디뮴 자석을 준비한다.

② 폴대의 틈에 네오디뮴 자석을 글루건으로 고정한다.

③ 위의 그림과 같이 일정한 거리 간격으로 네오디뮴 자석을 고정 한 후, 오른쪽에 쇠구슬을 놓는다.

④ 왼쪽에서 오른쪽 방향으로 다른 쇠구슬을 네오디뮴 쪽으로 굴린다.

주 의　쇠구슬의 반대편에 사람이 서 있으면 안되며, 깨질 위험이 있는 물건을 놓지 않는다!!

탐구 과정 능력

1. 굴린 쇠구슬이 네오디뮴 자석에 붙는 순간 어떤 현상이 일어나는가?

2. 쇠구슬이 더 빠르게 튕겨 나가기 위해서는 어떤 실험과정을 추가하는 것이 좋을까?

[탐구-2] 문제 해결력 기르기

사이클로트론은 균일한 자기장 내에 수직으로 입사한 대전 입자가 로런츠 힘이 구심력의 역할을 하여 등속 원운동을 하는 원리를 이용한 것이다.

▲ 자기장 속 음극선에서 방출된 전자가 그리는 원

만약 속도가 v, 전하량이 q인 대전 입자가 균일한 자기장 B 속에 각 θ로 비스듬히 입사하였다면 대전 입자는 어떤 운동을 할까? 이때 대전 입자는 자기장과 수직한 방향으로 구심력을 받게 되므로 y 방향으로는 원운동을 하고, x 방향으로는 등속 직선 운동을 하게 된다. 따라서 대전 입자는 다음 그림과 같이 두 방향의 운동이 동시에 일어나는 나선 운동을 하게 된다.

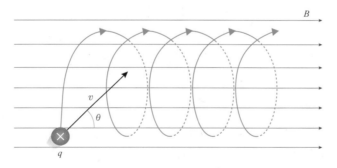

1. 대전 입자의 운동에 대하여 자기장에 수직인 속도 성분 v_y과 평행한 속도 성분 v_x을 이용하여 설명하고, 이 대전 입자가 받는 자기력을 구하시오.

2. 위와 같은 동일한 상황에서 자기장 B가 균일하지 않고 점점 강해지는 경우의 대전 입자의 운동에 대하여 서술하시오.

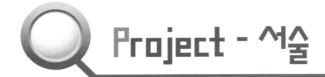

Project - 서술

우주 탄생 비밀의 열쇠, 중력파의 발견

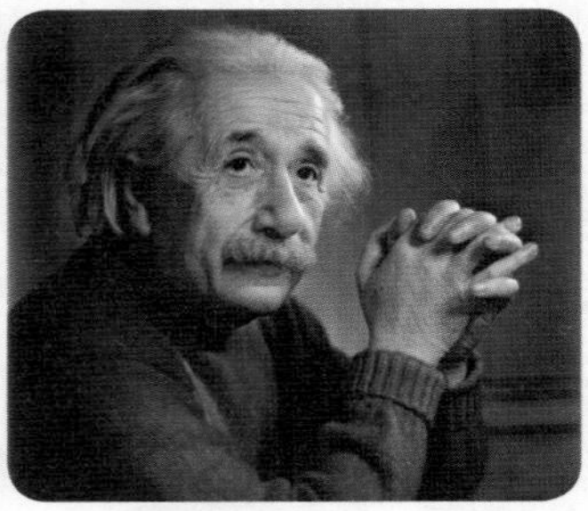

▲ 알베르트 아인슈타인

우주에는 기본이 되는 4가지 힘이 있다. 중력, 전자기력, 강한 핵력, 약한 핵력이 그것이다. 이 4가지의 힘 중 중력은 전자기력의 10^{-39}배 정도로 가장 약한 힘이다. 일반 상대성 이론을 기초로 아인슈타인은 이러한 중력의 존재를 직접적으로 증명할 수 있는 중력파를 찾기 위해 노력하였으나 결국 뜻을 이루지는 못하였다. 지구상에 존재하는 어떤 물체도 찾아낼 수 있을 정도로 충분히 강한 중력파를 내보내지 못하기 때문이다. 잔잔한 호수에 돌맹이를 던졌을 때 물결이 사방으로 퍼져나가듯이 질량을 가진 물체가 움직일 때 물결과 같은 파동이 시공간을 출렁이게 하는데 이 파를 중력파라고 한다. 아인슈타인에게 중력파의 규명은 마지막 수수께끼였다.

2016년 2월 11일, 100년의 노력 끝에 중력파의 흔적을 발견하였다. 고급 레이저 간섭계 중력파 관측소(LIGO) 공동 연구진이 워싱턴에서 중력파 탐지 연구에 대해 발표한 것이다. 이번에 검출된 중력파는 각각 태양 질량의 29배, 36배인 두 개의 블랙홀이 서로의 둘레를 돌다가 마침내 충돌, 합병했을 때 발생된 것으로 13억 광년을 날아와 0.2초라는 짧은 시간에 지구를 통과하는 것을 포착한 것이었다. 이번 발견으로 중력파 천문학 시대가 열릴 것이라고 전망하고 있다. 그동안은 가시광선을 포함한 전자기파를 주로 이용하여 우주를 관측해 왔지만 앞으로는 중력파를 이용하여 각종 우주 현상을 관측할 수 있는 길이 열리게 된 것이다.

이번 연구진이 사용한 관측 설비는 총 2억 9200만 달러를 들여 1994년 ~ 2001년에 걸쳐 만든 것이었으며, 공동 연구진에는 한국을 포함하여 미국, 독일, 일본 등 15개국 80여개 연구 기관 1000여명의 연구진이 참여한 '거대 과학' 연구의 성과였다.

'거대 과학'이란 많은 과학자와 기술자, 연구 기관을 동원해서 하는 대규모 연구 개발로 연간 수십 억에서 수천 억의 예산이 들어가는 연구를 말한다. 18~20세기에는 개인적인 재능에 의한 발명이나 발견에 따른 연구가 많았지만, 최근에는 '휴먼게놈 프로젝트', '우주 프로젝트' 등과 같은 국가가 지출하는 거대한 자금과 많은 과학자들이 협력하는 대형 프로젝트가 많아지는 추세이다.

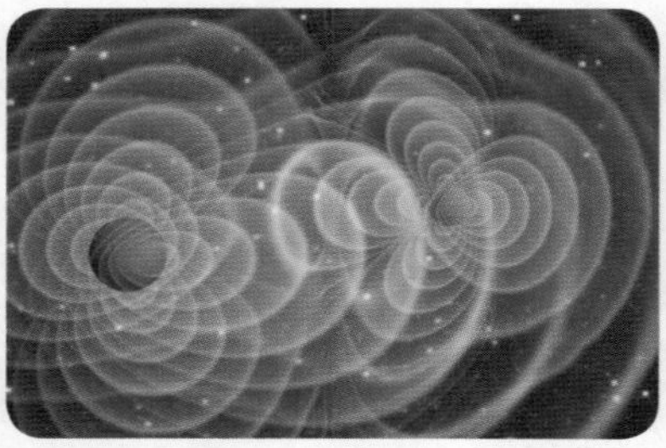

▲ 중력파 생성 3차원 조감도

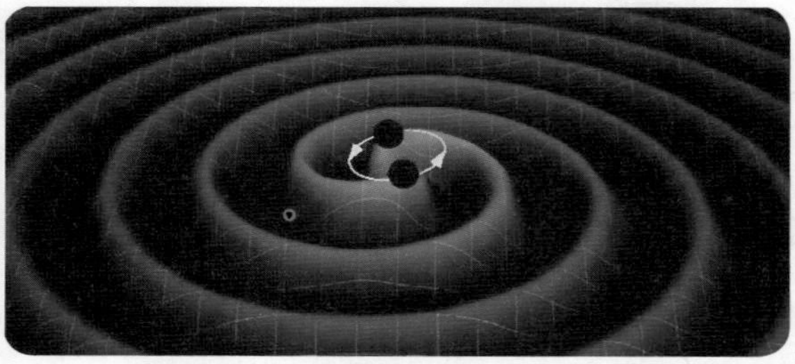

▲ 상호 공전하는 두 개의 블랙홀로부터 발생되는 중력파에 대한 모식도

정답 및 해설 100 쪽

Q1 단기간에 커다란 성과를 내지는 않는 중력파 연구와 같은 '거대 과학' 연구에 천문학적인 연구비를 투자하여 진행하는 것은 득일까? 아니면 단기간에 성과를 낼 수 있는 소규모의 연구에 투자하는 것이 득일까? 자신의 생각을 서술하시오.

창의력 과학

세페이드

3F. 물리학(상) 개정2판

정답과 해설

무한상상 영재교육 연구소

〈온라인 문제풀이〉
[스스로 실력 높이기] 는 동영상 문제풀이를 합니다.
https://cafe.naver.com/creativeini

무한상상

세페이드 Ⅰ 변광성은
지구에서 은하까지의
거리를 재는 기준별이
며 우주의 등대라고 불
린다.

창의력과학
세페이드

3F. 물리학(상)
개정2판
정답과 해설

I 시공간과 우주

1강. 운동의 분석

개념 확인   12~15쪽

1. (1) 시각 (2) 시간   **2.** ㉠ 1 ㉡ 1.4   **3.** 1   **4.** 9

1. 답 (1) 시각 (2) 시간
해설 (1) 목포역에서 용산역으로 가는 KTX 열차가 출발하는 순간을 말하고 있기 때문에 시각이다.
(2) 목포역에서 용산역까지 가는 KTX가 출발하는 시각과 도착하는 시각 사이의 간격이므로 시간이다.

2. 답 ㉠ 1 ㉡ 1.4
해설 이동 거리는 3km + 4km = 7km이고, 변위의 크기는
$\sqrt{3^2+4^2}$ = 5km이다. 5초가 걸렸으므로, 평균 속도의 크기는
$\frac{5}{5}$ = 1km/h, 평균 속력은 $\frac{7}{5}$ = 1.4km/h

3. 답 1
해설 평균 가속도는 속도의 변화량을 시간으로 나눈 값이다. A에서 속도는 3m/s이고, B에서 속도는 6m/s이다. A에서 B까지 가는데 3초가 걸렸으므로,
평균 가속도 $= \frac{v_2 - v_1}{t} = \frac{6 - 3}{3}$ = 1m/s²이다.

4. 답 9 (m)
해설 물체가 2m/s²의 등가속도로 운동하고 있고, 처음에 정지해 있었으므로 처음 속도가 0이다.
$s = v_0t + \frac{1}{2}at^2 = 0 + \frac{1}{2} \times 2 \times 3^2 = 9$ m

확인+   12~15쪽

1. ①   **2.** 서, 140   **3.** 1   **4.** 12m, 0.5m/s²

1. 답 ①
해설 ㄱ. 앙부일구는 해시계이므로 비 오는 날이나 밤 시간 중에는 사용할 수 없다.
ㄴ. 원자시를 사용하는 것이 일정한 시간 기준이다.
ㄷ. 가로선으로 절기를, 세로선으로 시각을 알 수 있다.

2. 답 서, 140
해설 동쪽을 +로 하면, 자동차가 바라본 트럭의 속도 = −80 − (60) = −140km/h, 따라서 서쪽으로 140km/h이다.

3. 답 1
해설 처음에 기울기 1m/s로 출발하였고, 2초 후에는 −1m/s의 속도이므로, 평균 가속도 $= \frac{v_2 - v_1}{t} = \frac{-1 - 1}{2} = -1$ m/s²

이므로, 크기는 1 m/s²이다.

04. 답 12 m, 0.5 m/s²
해설 속도−시간 그래프의 기울기는 가속도이고, 그래프의 기울기가 일정하므로 가속도는 일정하다.
가속도 $= \frac{4 - 3}{4 - 2} = 0.5$ m/s²
속도−시간 그래프의 아래 면적은 변위가 된다. 가속도(=그래프의 기울기)는 0.5m/s²이므로
$v = v_0 + at \rightarrow 3 = v_0 + (0.5 \times 2), \therefore v_0 = 2$ m/s
변위 = 사다리꼴의 넓이 $= \frac{1}{2} \times (2 + 4) \times 4 = 12$ m

개념 다지기   16~17쪽

01. (1) X (2) O (3) X   **02.** ③   **03.** 평균   **04.** C
05. ②   **06.** ③   **07.** ②   **08.** ⑤

01. 답 (1) X (2) O (3) X
해설 (1) 가로선으로는 절기(계절)를 알 수 있다. (3) 1m는 빛이 유리 막대가 아닌 진공에서 일정 시간 동안 진행한 경로의 길이로 정의한다.

02. 답 ③
해설 $5^2 + 12^2 = x^2 \rightarrow x$(변위) = 13 m
이때 이동하는 시간이 13초이므로 속도의 크기는 1m/s 이다.

03. 답 평균
해설 평균 속도 : 관측자의 위치(원점)와 A초에서의 변위를 이은 선의 기울기
순간 속도 : A초에서의 접선의 기울기
평균 속도의 기울기가 더 크다.

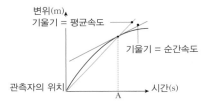

04. 답 C
해설 오른쪽 방향을 +로 정하면,
A가 본 B의 속도 = −80 − (−60) = −20(km/h)
A가 본 C의 속도 = 50 − (−60) = 110(km/h)
따라서 A가 봤을 때 C의 속도의 크기(속력)가 더 크다.

05. 답 ②
해설 가속도는 1m/s²이고, 처음 속도는 3m/s이다.
$v = v_0 + at = 3 + 4 \times 1 = 7$ m/s

06. 답 ③
해설 오른쪽 방향을 +로 정한다.
가속도는 −2m/s²이고, 처음 속도는 1m/s이다.
$s = v_0t + \frac{1}{2}at^2 = 1 \times 5 + \frac{1}{2} \times (-2) \times 5^2 = -20$m
∴ 물체의 위치는 출발점에서 왼쪽 20m 이다.

07. 답 ②

해설 6초 동안 속도가 2m/s에서 11m/s가 되었으므로

$v = v_0 + at$, $11 = 2 + a \times 6$, $\therefore a = 1.5$ m/s^2

08. 답 ⑤

ㄱ, ㄷ. 그래프의 접선의 기울기(= 순간 속도)가 점점 증가하므로 가속도의 방향과 운동 방향이 같음을 알 수 있다.

ㄴ. 관측자로부터 변위가 점점 증가한다.

유형 익히기 & 하브루타		18~21쪽
[유형 1-1] ④	01. ⑤	02. ⑤
[유형 1-2] ③	03. ④	04. ①
[유형 1-3] ⑤	05. ②	06. ④
[유형 1-4] ③	07. ⑤	08. ④

[유형 1-1] 답 ④

해설 세계 표준 시간대는 본초 자오선(영국의 그리니치 천문대 = 런던)을 기준으로 정한다. 하루는 24시간이고 지구가 360°이므로 15°의 경도마다 1시간의 차이가 난다.

ㄱ. 표준 시간대는 태양의 남중 시각을 기준으로 정한다.

ㄴ. 로마와 서울은 8시간의 시차가 난다. 따라서 15 × 8 = 120°의 경도 차이가 난다.

ㄷ. 우리 나라가 일본에 비해 서쪽이므로 해가 뜨는 시간이 더 느려서 태양이 남중하는 시간은 일본보다 느리다.

01. 답 ⑤

해설 하루는 24시간이고 지구가 360°이므로 15°의 경도마다 1시간의 차이가 난다. 런던은 본초 자오선에 위치하므로 경도 135°에 위치한 우리 나라에 비해 9시간이 느리다. 상상이가 정오에 전화를 받기 때문에 무한이가 전화한 시간은 9시간이 더 빠른 상황이므로 12 + 9 = 21시이다.

02. 답 ⑤

해설 영침의 그림자가 가르키는 곳을 읽어서 가로선으로 계절을 알 수 있고 세로선으로 시각을 알 수 있다. 영침의 그림자로 시각을 표시하므로 이는 태양시의 원리와 같다. 따라서 영침의 그림자의 기울기가 커지려면 태양의 고도가 낮아야 되므로 그림자의 기울기가 길어지는 E쪽으로 갈수록 겨울(동지)임을 알 수 있다.

①, ② 가로선을 읽으면 절기(계절)을 알 수 있고, 세로선을 읽으면 시각을 알 수 있다.

③ 앙부일구는 원자시가 아닌 태양시와 원리가 같다.

④ 영침이 직접 움직이는 것이 아니라 영침의 그림자가 이동한다.

[유형 1-2] 답 ③

해설 속도-시간 그래프에서 그래프 아래 면적의 넓이가 변위이다. 직선 운동이므로 변위의 크기가 이동 거리와 같다. A의 속도는 4m/s이고, B의 속도는 -2m/s이다.

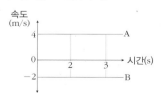

ㄱ. 변위(s) = vt에 의해 A가 움직인 거리를 구하기 위해 그래프에서 A그래프의 아래 넓이를 구하면 4 × 2 = 8m이다.

ㄴ. B의 변위(s) = $-2 \times t$(초) = $-2t$, A와 반대로 가지만 이동거리는 증가한다.

ㄷ. 2초와 3초일 때 A와 B 사이의 거리는 각각 8 − (−4) = 12m, 12 − (−6) = 18m 이므로 그 차이는 6m이다.

03. 답 ④

해설 두 기차가 만날 때는 신호등으로부터의 변위가 같을 때이다. 변위는 속도와 시간의 곱이다. 파란 기차가 만날 때까지 걸린 시간을 t라고 할 때, 빨간 기차는 파란 기차보다 10초 먼저 신호등을 통과했으므로 ($t + 10$)초 동안 이동했다. $s = vt$에 의해 25 ($t + 10$) = 30t $\therefore t = 50$초

04. 답 ①

해설 240m는 속도 4m/s로 이동하였고, 300m는 1m/s로 이동하였다. $s = vt$에 의해 $t = \dfrac{s}{v}$ 이므로,

$$\text{걸린 시간} = \frac{240}{4} + \frac{300}{1} = 360\text{초} = 6\text{분}$$

[유형 1-3] 답 ⑤

해설 ㄱ. 자유 낙하하는 물체는 처음 속도가 0이다.

$$s = v_0 t + \frac{1}{2}at^2, v_0 = 0 \text{ 이므로 } s = \frac{1}{2}at^2$$

그러므로 시간에 관계없이 쇠구슬이 자유 낙하 거리의 비는 가속도의 비와 같다. 낙하 가속도의 비는

지구 : 달 = 9.8 : 1.7 = 1 : 6 = 자유낙하 거리비

∴ 지구에서 10초 동안 자유 낙하한 거리는 달에서 같은 시간 동안 자유 낙하한 거리의 약 6배이다.

ㄴ. 달에서 5초 동안 자유 낙하했을 때의 속도를 v라고 하면 $v = at = 1.7 \times 5 = 8.5$m/s

ㄷ. 같은 방향으로 출발(처음 속도 = 0)하였고, 기차는 20초, 자동차는 5초 동안 운동하였다.

$$\text{기차의 이동 거리} = \frac{1}{2} \times 0.2 \times 20^2 = 40\text{m}$$

$$\text{자동차의 이동 거리} = \frac{1}{2} \times 5.2 \times 5^2 = 65\text{m}$$

∴ 자동차는 기차보다 25m 앞서 있다.

05. 답 ②

해설 ㄱ. t_1에서보다 t_2에서 속력이 더 크다.

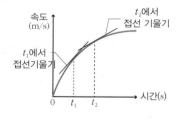

ㄴ. 순간 가속도의 크기는 속도-시간 그래프의 접선의 기울기이다. t_2에서 접선기울기가 t_1보다 작다.

ㄷ. 속도-시간 그래프 아래의 넓이가 변위이다. 넓이는 0 ~ t_1에서보다 t_1 ~ t_2까지가 더 넓다.

06. 답 ④

해설 ㄱ. A가 기준선을 2m/s로 통과하였고 B는 정지 상태에서 출발하였다. A의 가속도를 a 라고 할 때 5초 후의 속력 v 가 같다. B의 가속도가 A의 5배이므로 가속도의 방향은 서로 같다.

A : $v = v_0 + at = 2 + a \times 5 = 2 + 5a$

B : $v = v_0 + 5at = 0 + 5a \times 5 = 25a$

∴ $2 + 5a = 25a$, $a = 0.1$(m/s^2) → $a_A = 0.1$m/s^2, $a_B = 0.5$m/s^2

ㄴ. B는 속력이 증가하는 등가속도 운동을 하고 있으므로 가속도의 방향과 힘의 방향이 같다. 가속도의 방향이 오른쪽이므로 힘의 방향도 오른쪽이다.

ㄷ. 6초 동안의 변위는 $s = v_o t + \dfrac{1}{2} at^2$ 식으로 구한다.

$A : s = 2 \times 6 + \dfrac{1}{2} \times 0.1 \times 6^2 = 13.8(m)$

$B : s = 0 \times 6 + \dfrac{1}{2} \times 0.5 \times 6^2 = 9(m)$

직선 운동에서는 변위와 이동 거리가 같다. 따라서 A와 B 사이의 거리는 $13.8 - 9 = 4.8$m이다.

[유형 1-4] 답 ③

해설 가속도-시간 그래프에서 넓이는 속도 변화이고, 속도-시간 그래프에서 기울기는 가속도이다. 처음 속도는 4m/s이다.

0 ~ 2초 동안 속도의 변화량 : $\dfrac{1}{2} \times (-2) \times 2 = (-2)(m/s)$

2 ~ 4초 동안 속도의 변화량 : $\dfrac{1}{2} \times 2 \times 2 = 2(m/s)$

2초에서의 속도 : $4 - 2 = 2(m/s)$

4초에서의 속도 : 2초에서의 속도 $+ 2 = 4(m/s)$

속도-시간 그래프는 2차 함수이나, 4초 이후는 직선이다.

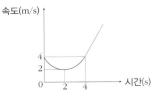

ㄱ. 0~4초에서 속도는 (+)이다.

ㄴ. 변위는 속도-시간 그래프의 아래부분의 넓이이다. 0~4초 간 물체의 변위는 0보다 크다.

ㄷ. 4초 이후로는 2m/s²의 등가속도 운동을 한다. 4초 때 속도는 4m/s이다. 4초 이후 10초까지(6초 동안) 변위는 다음과 같다.

$s = v_o t + \dfrac{1}{2} at^2 = 4 \times 6 + \dfrac{1}{2} \times 2 \times 6^2 = 60m$

07. 답 ⑤

해설 0 ~ 2초까지 속도 감소량 : $2 \times (-2) = -4(m/s)$

처음 속도가 4m/s이므로 2초에서의 속도는 $4 + (-4) = 0$

4 ~ 6초까지 속도 증가량 : $2 \times 2 = 4(m/s)$

4초에서 속도가 0이므로 6초에서의 속도는 4m/s이다. 이 자료를 이용하여 속도-시간 그래프를 그리면 다음과 같다.

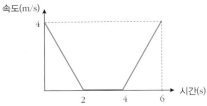

ㄱ. 0초에서 2초까지 가속도(기울기)가 음수이기 때문에 속도의 크기(속력)은 감소한다.

ㄴ. 2초에서 4초까지는 물체가 정지해 있다.

ㄷ. 속도-시간 그래프의 아래 넓이가 변위이다. 따라서 0~6초까지의 변위는

$\dfrac{1}{2} \times 2 \times 4 + \dfrac{1}{2} \times 2 \times 4 = 8(m)$

08. 답 ④

해설 직선 운동이므로 가속도의 방향과 속도의 방향이 같으면

속도가 증가하고, 반대이면 속도가 감소한다. 속도가 일정할 때는 가속도가 0이다.

ㄱ. B는 가속도가 (-) → 0 → (-) 으로 변하고 있으므로 가속도의 방향이 바뀌지 않는다.

ㄴ. 0~2초 동안 기울기의 크기는 A가 B보다 크다.

ㄷ. 평균 속도는 물체의 변위를 걸린 시간으로 나눈 것이다. 0~6초 동안 그래프 아래 넓이(변위)는 A가 B보다 크다.

창의력 & 토론마당   22~25쪽

01

(1) 0.41m/s

(2) 평균 속력 : 0.5m/s, 평균 속도의 크기 : 0.41m/s

해설 (1) B는 10초동안 1m 진행한다. 따라서 잠자리가 이동한 거리는 다음 그림과 같이 구할 수 있다.

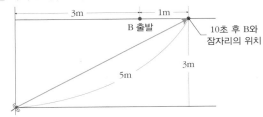

잠자리와 A의 출발

잠자리는 5m의 거리를 10초 동안 이동했으므로 속력은 0.5m/s이다. 이후 다음 그림과 같이 같은 속력으로 다시 12초 후에 A에게 도달했으므로 이동한 거리는 0.5m/s × 12s = 6m이고, A가 등속 직선 운동하여 이동한 거리는 다음과 같다.

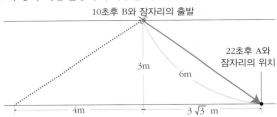

따라서 잠자리가 다시 A에게 도착할 때까지 A의 이동 거리는 $(4 + 3\sqrt{3})$이다. $\sqrt{3} = 1.7$이므로

A의 총 이동 거리 = $4 + 3 \times 1.7 = 9.1(m)$

A는 22초 동안 9.1m를 이동하였으므로

A의 속력 $= \dfrac{9.1m}{22s} = 0.41(m/s)$

(2) 잠자리는 중간에 운동 방향이 바뀌기 때문에 속도의 크기와 속력이 같지 않다.

평균 속력 $= \dfrac{이동 거리}{걸린 시간}$ 이고, 평균 속도 $= \dfrac{변위}{걸린 시간}$ 이다.

잠자리가 다시 A에게 도착할 때까지 22초 걸렸다. 잠자리의 이동 거리는 $5 + 6 = 11(m)$이다. 22초 동안 잠자리의 변위는 A의 변위와 같다.

잠자리의 평균 속력 $= \dfrac{11}{22} = 0.5(m/s)$

잠자리의 평균 속도의 크기 $= \dfrac{9.1}{22} = 0.41(m/s)$

02   (1) 86.25m   (2) 토끼

해설 모든 동물은 직선 운동을 한다고 하자.

(1) 치타는 10초가 되면 더이상 달리지 못하기 때문에 치타가 10초 동안의 이동 거리와 가젤의 10초 동안의 이동 거리의 차이보다 더 가깝게 접근해야 치타가 10초 안에 가젤을 따라잡을 수 있다. 다음과 같이 속도－시간 그래프를 이용한다.

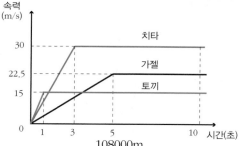

치타의 최대 속력은 $\dfrac{108000\text{m}}{3600\text{s}} = 30\text{m/s}$

가젤의 최대 속력은 $\dfrac{81000\text{m}}{3600\text{s}} = 22.5\text{m/s}$

속력－시간 그래프의 아래 넓이가 이동 거리이므로

치타의 10초 동안의 최대 이동 거리 $= \dfrac{1}{2} \times 3 \times 30 + 7 \times 30$

$= 45 + 210 = 255\text{m}$

가젤의 10초 동안의 이동 거리 $= \dfrac{1}{2} \times 5 \times 22.5 + 5 \times 22.5$

$= 56.25 + 112.5 = 168.75\text{m}$

10초 동안 치타와 가젤의 이동 거리의 차이 : 86.25m

따라서 치타는 가젤에게 86.25m 안으로 접근해야 사냥에 성공할 수 있다.

(2) 10초 동안 더 적은 거리를 이동할 수 있는 동물이 더욱 사냥하기 쉽다.

토끼의 최대 속력은 $\dfrac{54000\text{m}}{3600\text{s}} = 15\text{m/s}$이고

토끼의 10초 동안 이동 거리 $= \dfrac{1}{2} \times 1 \times 15 + 9 \times 15$

$= \dfrac{15}{2} + 135 = 142.5\text{m}$

토끼는 가젤에 비해 치타가 더 먼 거리에서 출발해도 사냥할 수 있으므로, 토끼가 가젤보다 사냥하기 쉽다.

03   8m

해설 무한이가 본 상상이의 상대 속도를 그림과 같이 나타낼 수 있다. 즉, 무한이가 상상이를 보는 경우 무한이는 정지해 있고, 상상이는 $\sqrt{3^2 + 4^2} = 5\text{m/s}$의 속력으로 b에서 c방향(북서쪽)으로 운동하는 것으로 보인다.

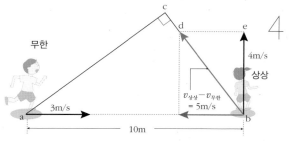

이때 △abc와 △bde는 서로 닮은꼴이므로

선분 ac(최단 거리) : 10 = 선분 be : 선분 bd = 4 : 5

∴ 최단 거리 = 8(m)

04   14m/s (강물이 흐르는 방향과 반대 방향)

해설 하류 방향을 ＋로 정한다.

배의 처음 속도는 배가 떠 있는 강물의 속도인 2m/s이고, 배는 0.1m/s^2의 가속도로 운동한다.

배의 속도가 6m/s가 될 때까지의 시간을 t 로 하면

$v = v_0 + at$ → $2 + 0.1 \times t = 6$, $t = 40(\text{s})$이다.

출발 후 40초까지 움직인 변위를 구하면

$s = v_0 t + \dfrac{1}{2}at^2$ → $2 \times 40 + \dfrac{1}{2} \times 0.1 \times 40^2 = 160(\text{m})$

가속도가 바뀌는 시점에서 출발점까지 변위가 -160m이고, 처음 속도는 6m/s, 가속도는 -0.5m/s^2이므로,

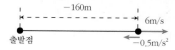

출발점에 다시 도착하였을 때의 속도을 v 라고 하면,

$2as = v^2 - v_0^2$, $2 \times (-0.5) \times (-160) = v^2 - 6^2$, $v^2 = 196$

∴ $v = \pm 14(\text{m/s})$, 강의 상류 방향의 속도이므로 $v = -14(\text{m/s})$

05   (1) $v_A = \dfrac{2\sqrt{2}\,v}{\pi}$ (2) $v_B = \dfrac{2v}{\pi}$

        (3) $a_A = \dfrac{2\sqrt{2}\,v^2}{\pi r}$ (4) $a_B = \dfrac{2v^2}{\pi r}$

해설 (1) 철로 A의 원호 구간 $\overset{\frown}{\text{PO}}$ 를 통과하는 동안

기차가 이동한 거리는 $\dfrac{2\pi r}{4} = \dfrac{\pi r}{2}$이고, 변위 $\overline{\text{PO}}$ 는 다음 그림과 같이 $\sqrt{2}\,r$ 이다.

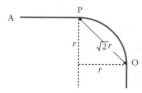

따라서 철로 A의 $\overset{\frown}{\text{PO}}$ 를 통과하는 데 걸리는 시간 t_A

$= \dfrac{\pi r/2}{v} = \dfrac{\pi r}{2v}$이므로, 평균 속도의 크기는

$v_A = \dfrac{\text{변위}}{\text{시간}} = \dfrac{\sqrt{2}\,r}{\pi r/2v} = \dfrac{2\sqrt{2}\,v}{\pi}$

(2) 철로 B의 $\overset{\frown}{\text{QO'}}$ 을 통과하는 동안 기차가 이동한 거리는

$\dfrac{2\pi r}{2} = \pi r$이므로, 걸린 시간 $t_B = \dfrac{\pi r}{v}$ 이다.

이때 변위는 $2r$ 이므로,

평균 속도 크기 $v_B = \dfrac{2r}{\pi r/v} = \dfrac{2v}{\pi}$

(3) 평균 가속도 $= \dfrac{\text{속도 변화량}}{\text{시간}}$

철로 A의 $\overset{\frown}{\text{PO}}$ 구간의 속도 변화량($v_O - v_P$)은 다음과 같다.

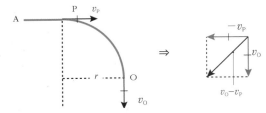

이때 기차는 일정한 속력(속도의 크기) v로 운동하고 있으므로 $v_O - v_P = \sqrt{2}\,v$ 이다. 따라서 $\overset{\frown}{PO}$ 를 통과하는 동안

평균 가속도 크기 $a_A = \dfrac{\sqrt{2}\,v}{\pi r/2v} = \dfrac{2\sqrt{2}\,v^2}{\pi r}$

(4) 철로 B의 $\overset{\frown}{QO'}$ 을 통과할 때 속도 변화량은 $v_{O'} - v_Q = v - (-v) = 2v$ 이다. 따라서 $\overset{\frown}{QO'}$ 를 통과하는 동안 평균 가속도 크기 $a_B = \dfrac{2v}{\pi r/v} = \dfrac{2v^2}{\pi r}$

스스로 실력 높이기 26~33쪽

01. (1) 시각 (2) 시간 (3) 시각 02. ④
03. 130, −30 04. 서, 6 05. ⑤ 06. 1
07. ④ 08. ① 09. ③ 10. ④ 11. ② 12. ④
13. ③ 14. 1 15. ① 16. 20 17. ③ 18. 0.2
19. ② 20. ⑤ 21. 2 22. ② 23. ② 24. ④
25. ④ 26. ④ 27. ④ 28. ① 29. ① 30. ④
31. ④ 32. ⑤

---

01. 답 (1) 시각 (2) 시간 (3) 시각
해설 (1) A는 B에게 3시인 순간에 전화를 하였기 때문에 시각이다. (2) A는 서점을 출발한 시각으로부터 학교에 도착하는 시각까지 30분이 걸렸기 때문에 이는 시간이다.
(3) A는 서점에 도착한 순간이 4시이다.

02. 답 ④
해설 ㄱ. 해시계이기 때문에 그늘진 곳보다는 해가 비치는 곳이 더 정확한 값을 얻을 수 있다. ㄴ. 영침의 방향이 천구의 북극(북극성)을 가르켜야 한다. ㄷ. 남중 고도가 낮으면 영침의 그림자의 길이가 길어진다.

03. 답 130, −30
해설 이동 거리는 무한이가 이동한 총 거리를 뜻하기 때문에 집에서 서점을 간 거리와 서점에서 학교까지의 거리를 다 더해야 한다. 이동 거리 $= 50 + 50 + 30 = 130(\mathrm{m})$
변위는 출발점인 집에 대한 학교의 위치이다. 따라서 변위 $= -30(\mathrm{m})$이다.

04. 답 서, 6
해설 A가 바라본 B의 상대 속도는 동쪽 방향을 +로 했을 때, $-4 - 2 = -6(\mathrm{m/s})$이다. 서쪽으로 6m/s이다.

05. 답 ⑤
해설 ㄱ. 가속도는 속도의 변화량을 걸린 시간으로 나눈 것이다. 이 경우는 등속 직선 운동으로 속도의 변화량이 없기 때문에 가속도는 0이다.

ㄴ, ㄷ. 속도−시간 그래프에서 그래프 아래의 넓이는 변위이다. 이때 직선 경로이기 때문에 변위의 크기와 이동 거리는 같다. 이동 거리 $= v \times t = 3 \times 4 = 12(\mathrm{m})$

06. 답 1
해설 동쪽 방향을 +로 할 때,
자동차의 처음 속도는 36km/h $= \dfrac{36000\mathrm{m}}{3600\mathrm{s}} = 10\mathrm{m/s}$
자동차의 나중 속도는 72km/h $= \dfrac{72000\mathrm{m}}{3600\mathrm{s}} = 20\mathrm{m/s}$
평균 가속도 $= \dfrac{v_2 - v_1}{\varDelta t} = \dfrac{20 - 10}{10} = \dfrac{10}{10} = 1\mathrm{m/s^2}$

07. 답 ④
해설 속도−시간 그래프의 기울기는 가속도이다.
A의 가속도 $= \dfrac{0 - 24}{4} = -6(\mathrm{m/s^2})$
B의 가속도 $= \dfrac{0 - 20}{5} = -4(\mathrm{m/s^2})$
ㄱ. 자동차 A와 B의 가속도의 크기의 차이는 $6 - 4 = 2$
ㄴ. 속도−시간 그래프에서 그래프 아래 넓이가 변위이다.
A의 변위 $= \dfrac{1}{2} \times 4 \times 24 = 48(\mathrm{m})$
B의 변위 $= \dfrac{1}{2} \times 5 \times 20 = 50(\mathrm{m})$
따라서, B가 A보다 2m 더 이동하였다.
ㄷ. 브레이크를 건 후 두 차의 속도가 v로 서로 같아진다면
(A) $v = v_0 + at = 24 + (-6) \times t$
(B) $v = v_0 + at = 20 + (-4) \times t$
$24 + (-6) \times t = 20 + (-4) \times t$이므로 $t = 2(\mathrm{s})$

08. 답 ①
해설 처음에 정지해 있었으므로 처음 속도는 0이다.
ㄱ. 10초 후 물체의 속도를 v라 하면
$$v = at = 2 \times 10 = 20(\mathrm{m/s})$$
ㄴ. 출발 후 10초 동안 이동한 거리
$$s = \dfrac{1}{2}at^2 = \dfrac{1}{2} \times 2 \times 10^2 = 100(\mathrm{m})$$
ㄷ. 물체가 1m 진행했을 때의 속도는 $v^2 - v_0^2 = 2as$에 의해 $v^2 = 2 \times 2 \times 1$, $v = 2(\mathrm{m/s})$

09. 답 ③
해설 위치−시간 그래프에서 접선의 기울기는 순간 속도이다.

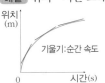

접선의 기울기가 점차 감소하므로 순간 속도가 감소하고 있다.
ㄱ, ㄷ. 순간 속도가 감소하고 있으므로 가속도의 방향(=물체가 받는 힘의 방향)과 물체의 이동 방향이 반대이다.
ㄴ. 이 그래프에서 가속도의 크기는 알 수 없다.

10. 답 ④
해설 자유 낙하는 처음 속도가 0이고, t초 동안 낙하 거리 $h = \dfrac{1}{2}gt^2$이므로 2초 동안 낙하한 거리는 다음과 같다.
$$h(\text{지구}) = \dfrac{1}{2} \times 9.8 \times 2^2 = 19.6(\mathrm{m})$$
$$h(\text{달}) = \dfrac{1}{2} \times 1.7 \times 2^2 = 3.4(\mathrm{m})$$

11. 답 ②

해설 A는 경도이고, B는 위도이다.

ㄱ. 경도가 15°인 곳은 75°인 곳에 비해 서쪽에 위치한다. 따라서 해가 더 늦게 뜬다.

ㄴ. 경도가 15°인 곳은 75°인 곳보다 영국(= 경도 0°)과의 시각 차이가 작다.

ㄷ. 위도가 커질수록 같은 절기에 태양의 남중 고도는 점점 낮아진다.

12. 답 ④

해설 ㄱ, ㄴ. A가 본 B의 속도 $v_{AB} = v_B - v_A$로 북서쪽으로 5m/s의 속도로 운동한다.

ㄷ. B가 본 A는 상대 속도 $v_{BA} = v_A - v_B$로 남동쪽으로 운동한다.

〈v_{AB} = A에 대한 B의 상대속도〉〈v_{BA} = B에 대한 A의 상대속도〉

13. 답 ③

해설 트랙의 길이가 전부 300m이므로 이동 거리는 300m이고 변위의 크기는 출발점과 도착점을 직선으로 이은 길이이므로 210m이다. 도착점에 도착하는데 30초의 시간이 걸렸으므로, 평균 속력과 평균 속도의 크기는 각각 다음과 같다.

평균 속력 = $\dfrac{300}{30}$ = 10m/s, 평균 속도 = $\dfrac{210}{30}$ = 7m/s

14. 답 1

해설 위 방향을 +로 정할 때, 운동 방향이 바뀌는 순간은 속도가 0이 되는 지점이다. 처음속도 10, 운동 방향이 바뀔 때까지의 시간을 t라 하면

$0 = 10 + (-10) \times t$ ∴ $t = 1$(s)

15. 답 ①

해설 40방울이 낙하하는데 18초가 걸렸고, 한 방울이 떨어지고 난 후 다른 방울이 낙하를 시작하므로 한방울 당 0.45초가 걸린다.

ㄱ. 한 방울이 떨어지는 시간 = 0.45초, 한 방울이 떨어지는 거리 = 1m 이므로

$1 = \dfrac{1}{2}at^2 = \dfrac{1}{2} \times a \times (0.45)^2$, $a = \dfrac{2}{(0.45)^2} ≒ 9.9$m/s^2

ㄴ. 물방울이 떨어지는 가속도는 변화가 없이 낙하 거리만 0.5m로 바뀌었을 때 물 한방울이 떨어질 때 걸리는 시간을 t라고 하면, $0.5 = \dfrac{1}{2}at^2 = \dfrac{1}{2} \times 9.9 \times t^2$, $t^2 = \dfrac{1}{9.9}$ 이다.

40방울이 떨어질 때 걸리는 시간은 $\dfrac{1}{9.9} \times 40 ≒ 4.04$m ≠ 9

ㄷ. 낙하 시간에 영향을 주는 것은 중력 가속도이다. 중력 가속도는 물체의 질량의 영향을 받지 않기 때문에 수은으로 바꾸더라도 낙하 거리는 같다.

16. 답 20

해설 자동차의 운동을 속도−시간 그래프로 나타내면 다음과 같다.

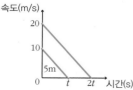

기울기(가속도)가 같으므로 10m/s가 감속할 때 걸린 시간을 t라고 하면 20m/s로 달리다가 감속하려면 $2t$의 시간이 걸린다. 10m/s로 달리다 멈출 때까지의 거리는 그래프 아래의 넓이와 같다

$$\dfrac{1}{2} \times 10 \times t = 5, \quad t = 1(s)$$

20m/s로 달리다 멈출 때까지 시간은 $2t$이므로 2초이다.

20m/s로 달리다 멈출 때까지 이동한 거리 :

그래프 아래 면적 = $\dfrac{1}{2} \times 20 \times 2 = 20$m

17. 답 ③

해설 ㄱ. 가속도−시간 그래프에서 넓이는 속도의 변화량이다. 1초에서 3초 사이에서 속도가 0이 되는 지점은 2.5초인 순간이다. 이 운동을 속도−시간 그래프로 나타내면 다음과 같다.

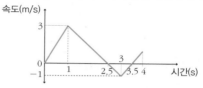

ㄴ. 변위의 총합은 그래프 아래 면적의 합이다.

총 변위 = $\dfrac{1}{2} \times 2.5 \times 3 + \dfrac{1}{2} \times (3.5 - 2.5) \times (-1) + \dfrac{1}{2} \times (4 - 3.5) \times 1 = \dfrac{7}{2}$(m)

ㄷ. 물체의 속도가 0인 지점은 2번 나타난다.

18. 답 0.2

해설 반응 시간은 종이가 s만큼 떨어졌을 때까지 걸린 시간이다.

$s = v_o t + \dfrac{1}{2}at^2 = 0 + \dfrac{1}{2} \times g \times t^2 = \dfrac{1}{2} \times 10 \times t^2 = 0.2$

$t^2 = 0.04$ ∴ $t = 0.2$(s)

19. 답 ②

해설 속도−시간 그래프에서 그래프의 기울기는 가속도이다.

∴ A의 가속도 = $\dfrac{6}{5} = 1.2$m/s^2, B의 가속도 = $\dfrac{8}{5} = 1.6$m/s^2

ㄱ. A와 B의 변위가 같아지는 시간 이후에 B가 A를 추월한다.

A와 B의 변위가 같아지는 시간은 $s = v_0 t + \dfrac{1}{2}at^2$ 이므로,

$10 \times t + \dfrac{1}{2} \times 1.2 \times t^2 = \dfrac{1}{2} \times 1.6 \times t^2$, $t = 50$(s).

ㄴ. A와 B의 속도가 같아지는 시간을 t로 하면

$1.2t + 10 = 1.6t$, $t = 25$(s)

ㄷ. 0초에서 5초까지 속도의 차이가 줄어들기 때문에 A가 본 B의 속도는 점차 느려진다.

20. 답 ⑤

해설 ㄱ. 가속도-시간의 그래프의 넓이는 속도의 변화량이고, 처음속도=0이므로 4초 후 자동차의 속도

$= \dfrac{1}{2} \times 2 \times 3 + \dfrac{1}{2} \times 2 \times 3 = 6$(m/s)

ㄴ. 0~4초 평균 가속도 = $\dfrac{\text{속도 변화량}}{\text{걸린 시간}} = \dfrac{6}{4} = 1.5$(m/s^2)

ㄷ. 4초 이후는 가속도가 0이므로 6m/s 로 등속 직선 운동한다.

21. 답 2

해설 A의 속력은 줄어야 하고, B의 속력은 늘어야 t초 후에 같은 속력이 될 수 있다. B의 가속도를 a 라고 한다면 A의 가속도는 $-a$ 라고 해야 한다.

A의 t초 후의 속력 = B의 t초 후의 속력($v = v_0 + at$)

$$20 - at = at \rightarrow at = 10$$

t초 동안 A의 이동거리와 B의 이동거리의 합은 100 m이다.

$$100 = 20t - \frac{1}{2}at^2 + \frac{1}{2}at^2 = 20t, \quad t = 5 \text{ 초}$$

$at = 10$ 이므로, $a = 2$ m/s^2

22. 답 ②

해설 위치−시간 그래프에서 접선의 기울기가 그 시각의 순간 속도이고, 원점부터 그 지점까지의 기울기가 평균 속도이다.

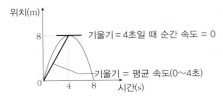

ㄱ. 접선의 기울기가 0이므로 순간 속도의 크기는 0이다.

ㄴ. 출발 후 4초까지 접선의 기울기가 작아지기 때문에 순간 속도의 크기는 작아진다.

ㄷ. 4 ~ 8초까지 접선의 기울기의 크기가 점점 커진다. 이는 속력이 점점 커지는 것을 의미한다.

23. 답 ②

해설 배 위에서 보았을 때 바람의 속도(V)는 $v_{바람} - v_{배}$이다. 따라서 배 위에서 볼 때 바람은 북서쪽으로 부는 것처럼 보이므로 연기는 북서쪽으로 굽어져 나아가는 것으로 보인다.

24. 답 ④

해설 속도−시간 그래프에서 그래프 아래 면적은 변위이고, 기울기는 가속도이다.

ㄱ. 이 물체의 속도−시간 그래프가 직선이므로 등가속도 직선 운동임을 알 수 있다.

$$\text{가속도} = \frac{0 - 10}{20} = -0.5 \text{ m/s}^2 \text{(크기 : 0.5 m/s}^2\text{)}$$

ㄴ. 0~30초의 물체의 변위는 그래프의 넓이이다.

$$\text{변위} = \frac{1}{2} \times 10 \times 20 + \frac{1}{2} \times 10 \times (-5) = 100 - 25 = 75\text{(m)}$$

ㄷ. 출발 방향이 오른쪽이라면 가속도는 -0.5m/s^{2}으로 왼쪽이다.

25. 답 ④

해설 빗방울은 연직으로 7m/s로 운동하고, 관찰자와 같은 속도인 기차의 속력은 수평 방향으로 24m/s이다.

ㄴ. 기차와 같이 운동하는 사람에게는 빗방울의 속도는 v_0 이다.

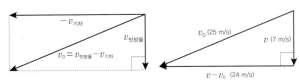

ㄱ. 빗방울의 속력은 다음과 같다.

$$v_0^2 = 24^2 + 7^2 = 25^2, \quad \therefore v_0 = 25\text{m/s}$$

ㄴ. 빗방울의 상대 속도가 왼쪽으로 치우쳤으므로 관찰자는 오른쪽으로 운동하고 있다.

ㄷ. 위의 오른쪽 그림처럼 25m/s에서 7m/s로 속도가 변했기 때문에 빗방울의 속도 변화량은 24 m/s 이다.

$$\therefore \text{평균 가속도} = \frac{24}{5} = -4.8(\text{m/s}^2) \text{ (크기: 4.8m/s}^2\text{)}$$

26. 답 ④

해설 등가속도 운동의 $(s-t)$그래프는 곡선으로 나타나며, 속도가 증가할 때는 아래로 볼록이며, 속도가 감소할 때는 위로 볼록하다. 그리고 속도가 $+$에서 $-$로 바뀌는 순간에는 속도가 0이므로 $(s-t)$그래프에서 기울기가 0인 지점이 생긴다. $(v-t)$그래프에서 면적은 변위이므로, 물체는 앞으로 운동하여 다시 되돌아오는 운동을 한다.(물체의 변위는 증가하였다가 다시 0이 된다.

27. 답 ④

해설 ㄱ. 처음 속도는 0이고 4초일 때의 속도도 0이므로 0 ~ 4초 사이의 속도 변화량은 0이다. 따라서 0 ~ 4초에서의 평균 가속도는 0이다.

ㄴ. 3초일 때의 순간 가속도는 $v-t$ 그래프에서 3초일 때의 점을 지나는 직선의 기울기 또는 곡선의 접선의 기울기이다.

$$\therefore 3\text{초일 때의 순간 가속도} = \frac{-40 - 0}{4 - 2} = -20(\text{m/s}^2),$$

(크기 : 20m/s^2)

ㄷ. 평균 가속도 $= \dfrac{\text{속도의 변화량}}{\text{걸린 시간}} = \dfrac{-40 - 0}{6} = -\dfrac{20}{3}(\text{m/s}^2)$

28. 답 ①

해설 [A의 속도] (0 ~ 5분) : 가속도가 8m/분^2, 5분에서의 속도 $v = v_0 + at = 5 \times 8 = 40(\text{m/분})$,

(5분 ~ 10분): 40m/분(일정)

(10분~ 20분): 가속도가 -3m/분^2, 10분 동안 총 30m/분의 속도가 감소한다. 그 후에는 일정하게 등속 직선 운동을 한다.

[B의 속도] (0 ~ 15분) 가속도 2m/분^{2}이므로 15분에서의 속도 $2 \times 15 = 30$m/분, 이후에 등속 직선 운동을 한다.

[C의 속도] : 가속도 1m/분^{2}으로 등가속도 직선 운동을 한다. 따라서 t 분 이후 C의 속도는 t이다.

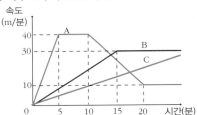

출발 후 20분 이후의 t(분)까지의 이동거리는 다음과 같다.

A : $100 + 200 + 250 + 10(t - 20) = 10t + 350$

B : $225 + 30(t - 15) = 30t - 225$ C : $\dfrac{t^2}{2}$

ㄱ. $t = 40$(분)일 때 A, C의 이동거리는 각각 750m, 800m이다.

ㄴ. B가 1시간(60분) 걸렸으므로, 코스의 거리는 1575m이다. C의 경우 $t^2 = 3150$인 시간 t는 60분보다 작으므로, C가 B보다 먼저 결승점을 통과하였다.

ㄷ. t가 30(분)일 때 A = 650m, B = 675m, C = 450m이다.

29. 답 ①

해설

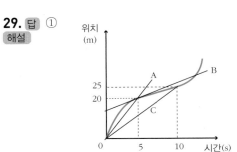

ㄱ. 0~5초 사이를 잇는 직선 A의 기울기(=평균 속도)와 5초에서의

접선 B의 기울기(=순간 속력) 중에서 직선 A의 기울기가 더 크기 때문에 0~5초 간 평균 속력(평균 속도 크기)이 더 크다.

ㄴ. 운동 방향을 (+)로 할 때, 0 ~ 5초 사이에 접선의 기울기(= 순간 속도)가 점점 작아지므로 가속도는 (-)이고, 10초 이후로는 접선의 기울기가 점차 커지므로 가속도는 (+)이다.

ㄷ. 0 ~ 5초까지의 평균 속도의 크기(그래프 A의 기울기)보다 0 ~ 10초까지의 평균 속도의 크기(그래프 C의 기울기)가 더 작다.

30. 답 ④

해설 가속도−시간 그래프에서 넓이는 속도의 변화량이다.

0 ~ 1초 동안 속도의 변화량이 −1이고 처음 속도가 3m/s이므로 1초일 때 속도는 2m/s이다.

3초일 때 속도 $v = v_0 + at$, $v = 2 + 2 \times 3 = 8(\text{m/s})$

4초일 때 속도는 $8 - 1 = 7\text{m/s}$ 이다.

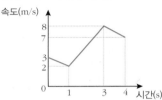

ㄱ. 물체의 운동 방향은 바뀌지 않았다.

ㄴ. 평균 가속도 $= \dfrac{\text{속도의 변화량}}{\text{걸린 시간}} = \dfrac{7 - 3}{4} = 1(\text{m/s}^2)$

ㄷ. 두 구간의 경과 시간은 각각 3초, 속도의 변화량도 각각 5m/s로 같으므로 두 구간에서 평균 가속도의 크기는 같다.

31. 답 ④

해설 오른쪽 방향을 (+)로 정한다. A와 B는 서로 반대 방향으로 운동한다. A와 B가 서로 만날 때는 두 물체의 이동 거리의 합이 96m일 때이다. B는 8초 후 속도의 크기가 8m/s이므로 B의 가속도를 a_B 라 하면,

$8 = 0 + a \times 8$, $\therefore a_B = 1\text{m/s}^2$이다.

A의 가속도를 a_A라고 하면, A의 이동 거리 $= v_0 t + \dfrac{1}{2} a_A t^2$

$= 12 \times 8 + \dfrac{1}{2} \times a_A \times 8^2 = 96 + 32 a_A$

B의 이동 거리 $= 0 + \dfrac{1}{2} \times 1 \times 8^2 = 32$

ㄱ. $96 = 96 + 32 a_A + 32$, $a_A = -1(\text{m/s}^2)$(왼쪽)

ㄴ. A, B 모두 가속도의 크기는 1m/s²이다.

ㄷ. A의 이동거리 $= 96 + 32a = 96 + 32 \times (-1) = 64\text{m}$

B의 이동거리 $= 32\text{m}$로 A의 이동 거리가 32m만큼 더 길다.

32. 답 ⑤

해설 가속도−시간의 그래프 아래 면적은 속도의 변화량이다.

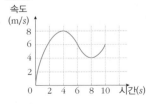 물체는 정지해 있었기 때문에 처음 속도는 0이다. 물체의 운동을 속도−시간 그래프로 나타내면 그림과 같다.

① 10초 일 때는 4초일 때보다 2m/s만큼 속력이 더 작다.

② 물체가 정지 상태에서 출발하므로 6초일 때 속력은 가장 작지 않다.

③ 속도는 전 구간에 걸쳐 (+)이므로, 물체의 운동 방향이 바뀌지 않았다.

④ 처음 4초 동안은 가속도≥0 이므로 속력이 증가한다.

⑤ 4초부터 가속도≤0이므로 속력이 감소하기 시작한다.

2강. 운동의 법칙

| 개념 확인 | 34~37쪽 |

1. ㉠, ㉡　　**2.** ㉡　　**3.** (1) O (2) X (3) O

4. (1) O (2) O (3) X

3. 답 (1) O (2) X (3) O

해설 (2) 일정한 힘이 가해질 때 질량이 작을수록 가속도의 크기는 커진다.

4. 답 (1) O (2) O (3) X

해설 (3) 자석끼리의 자기력은 작용과 반작용의 예로 볼 수 있다.

| 확인+ | 34~37쪽 |

1. ①　　**2.** ①　　**3.** 원, 3　　**4.** 0.3

1. 답 ①

해설 길을 달리다가 돌부리에 걸려 넘어지는 것은 운동 관성에 의해 몸이 앞으로 가려고 하기 때문이다. ②, ③, ④의 경우 힘이 작용할 때 가속도가 발생하여 생기는 현상이다.

2. 답 ①

해설 수레가 오른쪽으로 가속도 운동을 하기 때문에 정지 관성에 의해서 물은 왼쪽으로 쏠린다. 이때 관성력은 $F = -ma$인 일정한 크기의 힘이 골고루 작용하므로 수면은 직선 모양이 된다.

3. 답 원, 3

해설 힘의 방향과 가속도의 방향은 같다. $F = ma$식에 의해
$$3 = 1 \times a, \quad a = 3\text{m/s}$$

4. 답 0.3

해설 사람이 벽을 18N의 힘으로 밀었기 때문에 이에 대한 반작용으로 벽도 같은 크기의 18N의 힘으로 사람을 밀게 된다. 따라서 스케이트 보드를 탄 사람이 받는 힘은 18N이다. 따라서 스케이트 보드를 탄 사람의 가속도(a)는 다음과 같다.

$$a = \frac{F}{m} = \frac{18\text{N}}{60\text{kg}} = 0.3\text{m/s}^2$$

| 개념 다지기 | 38~39쪽 |

01. (1) O (2) X (3) X　　**02.** ④　　**03.** ④　　**04.** ③

05. ③　　**06.** ①　　**07.** ①　　**08.** ①

01. (1) O (2) X (3) X

해설 (2) 힘의 크기가 0이면 등속 직선 운동을 한다.
(3) 질량이 같으면 관성은 같다.

02. 답 ④

해설 관성력은 $F = -ma$로 나타낼 수 있으므로 물체의 가속도가 10m/s²이고, 질량이 5kg일 때, 물체 A가 느끼는 관성력의 크기 $F = 5 \times 10 = 50\text{N}$

03. 답 ④

해설 버스의 운동 방향은 오른쪽이고, 손잡이의 운동 방향을 볼 때, 관성력의 방향은 오른쪽이다. 따라서 버스의 가속도의 방향은 왼쪽이다. 이는 움직이고 있던 버스가 갑자기 정지하는 경우 볼 수 있는 현상이다.(운동 관성)

ㄱ. 버스의 가속도 방향은 버스의 운동 방향과 반대이다.

ㄴ. 손잡이가 쏠리는 방향은 오른쪽이다.

ㄷ. 달리던 사람이 돌부리에 걸려 넘어지는 것도 운동 관성이다.

04. 답 ③

해설 $v = v_0 + at$의 식에 의해 $0 = 6 + a \times 3$, $a = 2\text{m/s}^2$
$F = ma$식에 의해 이 공이 받고 있는 힘의 크기(F)
$= 2\text{kg} \times 2\text{m/s}^2 = 4\text{N}$

05. 답 ③

해설 1kg의 물체에 2N의 힘을 작용하였으므로
이 물체의 가속도는 $2 = 1 \times a$ 에서 $a = 2\text{m/s}^2$이다.
$s = v_o t + \dfrac{1}{2} at^2 \rightarrow s = \dfrac{1}{2} \times 2 \times 2^2 = 4\text{m}$

06. 답 ①

해설 $v = v_0 + at$ 이므로, $11 = 2 + a \times 3$, $a = 3\text{m/s}^2$
이 공이 받고 있는 힘의 크기 $F = m \times 3 = 3\text{N}$ 이므로,
$m = 1\text{kg}$이다.

07. 답 ①

해설 작용 반작용의 법칙에 의해 B 역시 100N의 힘을 받는다.
따라서, $100 = a \times 50$ 이므로 $a = 2\text{m/s}^2$이다.

08. 답 ①

해설 1kgf = 10N이므로 60kgf = 600N, 50kgf = 500N이다. 무게가 600N이나 B로부터 위 방향으로10N의 반작용을 받기 때문에 A의 체중계에는 590N이 표시되며 이것을 kgf 단위로 바꾸면 59kgf 이다.

유형 익히기 & 하브루타		40~43쪽
[유형 2-1] ④	01. ④	02. ②
[유형 2-2] ④	03. ⑤	04. ②
[유형 2-3] ③	05. ④	06. ②
[유형 2-4] ②	07. ②	08. ②

[유형 2-1] 답 ④

해설 자동차 앞을 왼쪽이라고 하면, 운전자가 의자에 머리뒤를 부딪혔기 때문에 운전자의 관성력은 오른쪽이다. 자동차의 가속도의 방향은 관성력의 방향과 반대이다.

ㄱ. 운전자는 오른쪽 방향으로 관성력을 받는다.

ㄴ. 자동차의 가속도의 방향은 관성력과 반대 방향이므로 왼쪽이다.

ㄷ. 무게가 클수록 질량도 크며, 관성력도 커진다.

01. 답 ④

해설 ㄱ. 관성의 크기는 질량에 비례한다. 따라서 10원짜리 동전보다 더 무거운 500원짜리 동전을 이용하면 이 현상을 관찰하기 쉬워진다.

ㄷ. 카드를 치우는 데 걸리는 시간이 증가하면 시간에 따른 속도

변화량인 가속도가 작아진다. 가속도가 작아지면 관성력 $-ma$도 작아지므로 관성에 의한 현상을 관찰하기 어려워진다.

02. 답 ②

해설 ㄱ. 쇠공은 중력과 실의 장력이 평형을 이루어 움직이지 않으므로 정지관성을 가진다. 따라서 계속 정지해 있으려고 한다.

ㄴ. 빠르게 줄을 잡아당기면, 정지 관성 때문에 아래쪽 실이 끊어진다.

ㄷ. 실을 천천히 당기는 경우에는 추의 무게 때문에 위쪽 실이 끊어진다.

[유형 2-2] 답 ④

해설 출발하고 1초까지 엘리베이터의 가속도는 2m/s^2이고, 3초부터 5초까지의 엘리베이터의 가속도는 -1m/s^2이다. 출발하고 1초까지의 관성력 $F = -ma = -(60 \times 2) = -120\text{N}(12\,\text{kgf})$이고, 3초에서 5초까지의 관성력은 $60\text{N}(6\,\text{kgf})$이다.

ㄱ. 0 ~ 1초 동안 가속도의 방향이 위쪽이고, 관성력의 방향은 아래쪽 방향이므로 관성력 만큼(12kgf) 무게가 증가한다. 따라서 60 + 12 = 72kgf의 무게가 측정된다.

ㄴ. 2 ~ 3초 동안 가속도는 0이므로 관성력도 0이다. 따라서 60kgf의 무게가 나타난다.

ㄷ. 4 ~ 5초 동안 가속도의 방향은 아래쪽이므로 관성력의 방향은 위쪽이다. 따라서 A의 몸무게에서 6kgf만큼 줄어든 54kgf의 무게가 나타난다.

03. 답 ⑤

해설 구심력(F)은 실제 작용하는 힘이다. 운동하는 물체는 관성력인 원심력이 작용하여 바깥으로 쏠리는 힘을 느낀다.

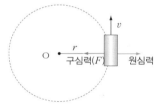

ㄱ. 원심력과 구심력의 크기는 항상 같게 나타난다.

ㄴ. A힘은 실제로 물체가 원운동을 하도록 만들어주는 힘인 구심력이다.

ㄷ. 회전 세탁기에서 빨래들은 힘 B인 원심력에 의해서 원통 바깥으로 치우치는 힘을 느낀다.

04. 답 ②

해설 ㄱ. 버스 내부에서 무한이는 왼쪽으로 100N의 관성력을 받는 것처럼 쏠린다.

ㄴ. 바닥의 마찰력이 없으므로 버스 안에서 물체와 무한이는 같은 운동을 하며, 밖에서 보면 둘 다 정지해 있는 상태를 유지한다.

[유형 2-3] 답 ③

해설 가속도를 구하기 위해서는 물체에 작용하는 알짜힘을 구해야 한다. 그림처럼 물체에 힘이 작용하므로 두 힘의 합력 = $200 - 98 = 102(\text{N})$(윗방향)

$= ma$, $102 = 10 \times a$, $a = 10.2(\text{m/s}^2)$

05. 답 ④

해설 A는 등가속도 직선 운동을 하고 있으므로 A의 가속도를 a 라고 하면 A의 7초간 변위 $s_A = \dfrac{1}{2} \times a \times 7^2$

B는 4m/s의 속도로 등속 직선 운동을 했기 때문에 7초간 변위

$s_B = 4 \times 7 = 28$(m)

A가 B보다 21m 뒤에서 출발하였으므로, 7초 후 A가 B와 만나려면 A는 7초 동안 (28 + 21)m 만큼 이동하여야 한다.

$\therefore 28 + 21 = \dfrac{1}{2} \times a \times 7^2$, $a = 2$(m/s²)

ㄱ. 처음에 A는 정지해 있었으므로, 7초인 순간(A와 B가 만나는 순간) A의 속도는 $v = 2 \times 7 = 14$(m/s)

ㄴ. $F = ma = 2 \times 2 = 4$N

ㄷ. A를 질량이 1kg인 C로 바꿨으므로, C의 가속도를 a라고 할 때 F는 4N이므로 $4 = 1 \times a$, $a = 4$(m/s²)

0~4초 C의 변위는 $s_C = \dfrac{1}{2} \times 4 \times 4^2 = 32$(m)

0~4초 B의 변위 $s_B = 4 \times 4 = 16$

C의 출발점을 기준으로 B는 16+ 21 = 37m 인 곳에 있으므로, C는 B를 따라잡지 못한다.

06. 답 ②
해설 이 행성의 중력 가속도를 g라 하면 이 행성에서 최고점에 도달하는 시간은 2초이다. 이때의 속도가 0이므로

$0 = 16 + g \times 2$, $2g = 16 \to g$(중력 가속도) $= 8$(m/s²)

이때, 공의 무게(F)는 공이 받은 중력의 크기이다.

$\therefore F = mg = 0.5 \times 8 = 4$(N)

[유형 2-4] 답 ②
해설 A는 B에게 180N의 힘을 화살표 방향으로 가했기 때문에 B는 반작용으로 A에게 같은 크기의 힘을 가한다. 수평 방향(운동 방향)의 힘 $= 180 \times \cos 60° = 180 \times \dfrac{1}{2} = 90$N

$\therefore a = \dfrac{F}{m} = \dfrac{90}{60} = 1.5$(m/s²)

07. 답 ②
해설

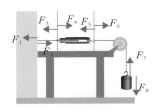

◀ (가)

F_1 : 벽이 왼쪽 끈을 당기는 힘
F_2 : 왼쪽 끈이 벽을 잡아당기는 힘(장력)(가) = 10N
→ F_1과 F_2는 작용 반작용
F_3 : 왼쪽 끈이 용수철 저울을 잡아당기는 힘(장력)
F_4 : 용수철 저울이 왼쪽 끈을 잡아당기는 힘(용수철 저울의 탄성력) → F_3과 F_4는 작용 반작용
F_5 : 용수철 저울이 오른쪽 끈을 잡아당기는 힘(용수철 저울의 탄성력)
F_6 : 오른쪽 끈이 용수철 저울을 잡아당기는 힘(장력)
→ F_5와 F_6는 작용 반작용
F_7 : 위쪽 끈이 물체를 잡아당기는 힘(장력)(10N)
F_8 : 물체가 위쪽 끈을 잡아당기는 힘(10N)
→ F_7과 F_8는 작용 반작용

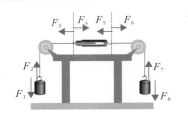

◀ (나)

F_1 : 왼쪽 물체가 줄을 잡아당기는 힘(10N)
F_2 : 위쪽 끈이 왼쪽 물체를 잡아당기는 힘(장력) = 10N
→ F_1과 F_2는 작용 반작용
F_3 : 왼쪽 끈이 용수철 저울을 잡아당기는 힘(장력)
F_4 : 용수철 저울이 왼쪽 끈을 잡아당기는 힘(용수철 저울의 탄성력)
→ F_3과 F_4는 작용 반작용
F_5 : 용수철 저울이 오른쪽 끈을 잡아당기는 힘(용수철 저울의 탄성력)
F_6 : 오른쪽 끈이 용수철 저울을 잡아당기는 힘(장력)
→ F_5와 F_6는 작용 반작용
F_7 : 위쪽 끈이 오른쪽 물체를 잡아당기는 힘(장력)(10N)
F_8 : 오른쪽 물체가 위쪽 끈을 잡아당기는 힘(10N)
→ F_7과 F_8는 작용 반작용

(가)의 경우 추는 힘의 평형 상태이므로 장력은 크기가 10N으로 중력과 크기가 같아진다.
(나)의 경우 양쪽에 추가 있지만 하나의 추는 중력과 장력이 평형이므로 크기는 모두 10N이다.
(가)의 경우 용수철 저울이 연결된 왼쪽 벽이 (나)의 왼쪽 추의 역할을 하고 있다.

08. 답 ②
해설 무한이와 상상이는 작용 반작용으로 서로 받은 힘의 크기는 같다. 같은 시간 동안 이동한 거리($= \dfrac{1}{2}at^2$)는 가속도와 비례하므로 무한이가 이동한 거리가 상상이가 이동한 거리의 2배일 때, 무한이의 가속도는 상상이의 가속도의 2배이다. 같은 크기의 힘이 작용할 때 가속도와 질량은 반비례하므로 가속도가 2배인 무한이의 질량은 상상이의 질량의 절반이다.

창의력 & 토론마당   44~47쪽

01
(1) 증가한다. 이유 : 해설참조
(2) ① 수면은 빗면과 평행을 이룬다. 이유 : 해설참조
　　② 수면은 지면과 평행을 이룬다. 이유 : 해설참조

해설 (1) 높이차 h에 해당하는 액체(밀도ρ)의 무게(F_1)과 U자관(단면적 A)의 길이 L의 액체(질량:ρLA)가 받는 관성력(F_2)이 평형을 이룬다.

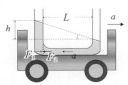

$$\rho h A g = \rho L A a \to gh = La$$

U자관의 폭과 양쪽관 액체의 높이 차는 서로 비례한다.
(2) ① 마찰력을 무시할 때 물이 든 U자관은 빗면 아래 방향으로 $g\sin\theta$의 가속도 운동을 한다. 따라서 U자관 내의 물은 반대 방향으로 관성력을 받게 된다.

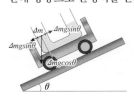

수면상의 작은 질점 Δm은 빗면 방향으로 중력에 의해 $\Delta mg\sin\theta$의 힘을 받고, 반대 방향으로 $\Delta mg\sin\theta$의 관성력을 받아 느껴지는 힘이 0인 상태가 되지만, 빗면에 수직 방향으로 $\Delta mg\cos\theta$의 힘을 받으므로 수면은 빗면에 평행이 된다.

② 수레를 빗면 위에서 등속 운동시키면 작은 질점

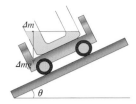

Δm에는 관성력이 작용하지 않고 중력만을 받게 되므로 수면은 지면에 평행한 상태를 이루게 된다.(수면은 Δm이 받는 힘의 방향에 수직인 상태를 유지한다.)

02 (1) 48000N
(2) 1920N, 동쪽

해설 (1) 자동차가 이동한 거리는 길을 건너는 사람을 보고 페달을 밟기 전까지 자동차가 등속으로 이동한 거리와 페달을 밟아 속도가 일정하게 감소하는 제동 거리의 합이다. 속도-시간 그래프에서 아래 넓이가 이동한 거리를 의미한다. 자동차는 140m 간 후 정지하므로, 페달을 밟는 순간을 t(초)라 하면

$$80t + \frac{1}{2} \times 80 \times (3 - t) = 140, \ t = 0.5(s)$$

따라서 이후 2.5초 동안 속도 변화가 80m/s이므로

가속도 $= \dfrac{80}{2.5} = 32(m/s^2)$

자동차가 받은 힘$(F) = 1500 \times 32 = 48000N$

(2) 자동차의 속도가 줄어들 때는 가속도의 방향(힘의 방향)이 자동차의 운동 방향과 반대이다. 자동차의 운동 방향이 동쪽이었으므로, 가속도의 방향은 서쪽이다. 따라서 운전자에 작용하는 관성력은 동쪽으로 크기 $F = ma = 60 \times 32 = 1920N$이다.

03 (1) 10N   (2) $t_2 = \sqrt{5}\, t_1$

해설 (1) 추의 관성력은 엘리베이터의 가속도 방향과 반대 방향이므로 위쪽이고, 관성력의 크기 F는 다음과 같다.

$$F = -ma = 5 \times \frac{4}{5} g = 40(N)$$

이때 추는 중력을 아래 방향으로 50N으로 받고 있지만, 반대 방향으로 관성력을 40N 받고 있으므로 추에 작용하는 실의 장력은 윗방향으로 10N이다.

(2) 엘리베이터가 정지하고 있을 때 실을 끊어 낙하하는 시간을 t_1이라고 할 때,

$h = \dfrac{1}{2} gt_1^2$이므로 $t_1 = \sqrt{\dfrac{2h}{g}} = \sqrt{\dfrac{h}{5}}$

엘리베이터 내에서 추가 자유낙하하여 엘리베이터 바닥에 닿을 때의 시간을 t_2라고 하면 관성력이 작용하므로 내부에서 중력 가속도

$g' = g - \dfrac{4}{5} g = \dfrac{1}{5} g = 2m/s^2$

$\therefore t_2 = \sqrt{\dfrac{2h}{g'}} = \sqrt{h} = \sqrt{5}\, t_1$

04 (1) 4초   (2) 8초
(3) 두 경우 모두 이동 거리가 256m로 같다.

해설 오른쪽 방향을 +로 정한다.
(1) 전동차 안에서 볼 때 축구공은 관성력에 의해 자동차 내에서 $-3m/s^2$의 가속도 운동을 한다. 멈출 때까지 시간을 t_1이라고 하면,
$v = v_0 + at$의 식에 의해 $0 = 12 - 3t_1$, $t_1 = 4(s)$
(2) 처음 속도가 12m/s이고 관성력에 의한 $-3m/s^2$의 운동을 한다. 공이 다시 사람에게 되돌아 왔으므로 변위가 다시 0이 된다. 되돌아 온 시간을 t_2라고 하면,

$s = v_0 t + \dfrac{1}{2} at^2$식에 의해 $0 = 12 \times t_2 + \dfrac{1}{2} \times (-3) \times t_2^2$,

$\therefore t_2 = 8(s)$

(3) 전동차가 20m/s로 운동할 때, 내부에서 12m/s로 축구공이 운동하므로 밖에서 보면 축구공은 32m/s로 출발하여 등속 운동을 한다. 전동차는 처음 속도 20m/s, 가속도 $3m/s^2$로 8초 동안 등가속도 운동을 한다.
축구공의 이동 거리 $= 32 \times 8 = 256m$

전동차의 이동 거리 $= 20 \times 8 + \dfrac{1}{2} \times 3 \times 8^2 = 256m$

이므로 같은 거리를 간다.

05 '마차가 말에 작용한 힘'은 말이 받는 힘이지 마차가 받는 힘이 아니므로 마차에 대한 힘의 평형이 될 수 없다.

해설 마차의 운동 여부는 마차에 작용점을 둔 힘(마차가 받는 힘)만을 따져야 한다. 마차에 작용하는 힘은 오른쪽으로 향하는 힘(말이 끄는 힘)과 바퀴에 작용하는 마찰력이므로 말이 끄는 힘이 마찰력보다 크면 마차는 운동을 한다. 작용 반작용의 두 힘은 한 물체에 작용하는 힘이 아니다.

06 〈해설 참조〉

해설 다음 그림과 같이 쇠공이 물에 잠기면 힘 F_1과 F_2가 작용과 반작용으로 동시에 발생한다.
F_1 : 부력(물이 쇠공을 떠받치는 힘)
F_2 : 부력의 반작용(쇠공이 물을 아래로 미는 힘)
으로 두 힘은 크기가 같고 방향은 반대이다.

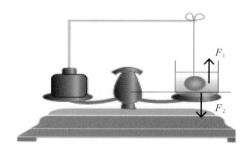

(A)에서 (추 + 쇠공)의 무게와 물이 든 비커의 무게는 같다.
(B)에서 쇠공은 위로, 물이 든 비커는 아래로 힘을 받으므로 저울은 오른쪽으로 기울어진다.

스스로 실력 높이기 48~55쪽

01. (1) X (2) O (3) O **02.** ④ **03.** ② **04.** 2

05. ① **06.** 3 **07.** 10 **08.** 2 **09.** ②

10. 300 **11.** ② **12.** 30 **13.** ④ **14.** ④

15. 400 **16.** ① **17.** ① **18.** ⑤ **19.** ⑤ **20.** ③

21. ① **22.** ④ **23.** ② **24.** ① **25.** ⑤

26. 125 **27.** ②, ③, ④ **28.** ⑤ **29.** 132

30. ③ **31.** ④ **32.** ④

01. 답 (1) X (2) O (3) O
해설 (1) 물체에 작용하는 알짜힘이 0일 때 운동 상태를 유지하려는 성질이 관성이며, 그 크기는 해당 물체의 질량에 비례한다.

02. 답 ④
해설 운동 관성에 의해서 나타나는 현상이다. 후추는 계속 운동하려고 하므로 통을 멈추는 순간 떨어지는 것이다.
ㄱ. 후추는 계속 운동하려고 한다.
ㄴ. 통을 흔드는 힘이 약해지면 후추의 속력도 작아지므로 통을 멈추었을 때 후추가 빠져나오기 힘들다. ㄷ. 달리던 사람이 돌부리에 걸려 넘어지는 것은 운동 관성에 관련된 내용이다.

03. 답 ②
해설 공의 관성력은 자동차의 가속도와 반대이기 때문에 관성력의 방향은 오른쪽이다. F(관성력) $= ma$ 이다.

04. 답 2
해설 $F = ma$ 식에 의해 $4 = 2 \times a$, 가속도 $a = 2$ m/s^2

05. 답 ①
해설 $F = ma$ 식에 의해
① $10 = 4 \times a$, $a = 2.5$m/s^2
② $6 = 2 \times a$, $a = 3$m/s^2, ③ ④ $4 = 2 \times a$, $a = 2$m/s^2
④ $4 = 4 \times a$, $a = 1$m/s^2, ⑤ $3 = 2 \times a$, $a = 1.5$m/s^2

06. 답 3
해설 정지한 물체가 일정한 힘을 받아 출발하면 가속도 a가 발생한다.
$$s = v_o t + \frac{1}{2}at^2 \;\rightarrow\; 8 = \frac{1}{2} \times a \times 4^2, \; a = 1(\text{m/s}^2)$$
$$\therefore F = ma = 3 \times 1 = 3\text{N}$$

07. 답 10
해설 $F = ma$에 의해 $6 = 3 \times a$, $a = 2$m/s^{2}이다.
$$v = v_0 + at = 2 \times 5 = 10\text{m/s}$$

08. 답 2
해설 힘도 2배로 늘었고 질량도 2배로 늘었다. 따라서 $F = ma$ 에 의해 가속도는 그대로 2m/s^{2}이다.

09. 답 ②
해설 $F = ma$를 이용하면 무한이의 질량 + 스케이트 보드의 질량 $= m$ 이라고 하면, $600 = m \times 10$, $m = 60$kg이다. 따라서 무한이의 질량은 55kg이다.

10. 답 300
해설
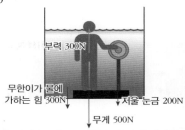
무한이가 물에 가하는 힘은 부력(물이 무한이에게 가하는 힘)의 반작용이므로 300N이다.

11. 답 ②
해설 ① 이불을 두드려 이불이 움직이면 먼지는 정지해 있으려고 하므로 먼지가 떨어지게 된다.(정지 관성)
② 삽으로 흙을 파서 던지면 흙은 계속 움직이려고 하기 때문에 삽을 멈춰도 흙이 멀리 날아간다. (운동 관성)
③ 버스가 갑자기 출발하면 원래 멈춰 있던 사람은 계속해서 정지해 있으려고 하기 때문에 반대 방향으로 몸이 쏠린다. (정지 관성)
④ 식탁보를 재빨리 당기면 식탁 위의 물건은 계속 정지해 있으려고 하므로 식탁 위의 물건은 딸려오지 않는다. (정지 관성)
⑤ 나무 도막을 쌓아놓고 가운데를 갑자기 치면 다른 나무 도막은 계속 정지해 있으려 하기 때문에 가운데 나무 도막만 빠져나간다. (정지 관성)

12. 답 30
해설 체중계에 가하는 힘은 (사람의 무게 + 관성력) 이다.
(올라갈 때) 가속도의 방향이 위쪽이므로 관성력의 방향은 아래쪽이다. 따라서, 체중계에 가하는 힘은 (mg + 관성력)
(내려갈 때) 가속도의 방향이 아래쪽이므로 관성력의 방향은 위쪽이다. 따라서, 체중계에 가하는 힘은 (mg − 관성력)
두 경우의 차이는 (mg + 관성력) − (mg − 관성력) = 2 × 관성력이다. 관성력(F) $= -ma$, $F = 3 \times 50 = 150$(N), 그러므로 두 경우의 몸무게 차이는 300N이 된다. 중력 가속도가 10m/s^{2}이므로, 300N = 30kgf 이다.

13. 답 ④
해설 수레가 P점을 향해 운동할 때의 가속도를 a 라고 하면, 수레와 물체의 질량의 합은 $1 + 3 = 4$kg 이므로 $F = ma$, $8 = 4 \times a$, $a = 2$ m/s^2
ㄱ. A의 관성력의 크기(F) $= ma = 1 \times 2 = 2$(N)
ㄴ. 1초일 때의 관성력의 크기는 2N이고, 4초일 때에는 P에서 Q를 향해 등속 직선 운동을 하고 있기 때문에 수레의 가속도는 0이다. 수레가 가속도 운동을 하지 않으면 관성력의 크기는 0이다.
ㄷ. 출발부터 P점까지의 이동 거리는 처음에 정지해 있었으므로
$$s = \frac{1}{2} \times 2 \times 2^2 = 4(\text{m})$$
이동 거리가 3m일 때는 P점에 도착하기 전이므로 수레는 가속도 운동을 하고 물체가 느끼는 관성력은 수레의 가속도 방향과 반대 방향이다. 수레의 가속도는 남쪽이므로 관성력은 북쪽으로 작용한다.

14. 답 ④
해설 속도 − 시간 그래프에서 기울기는 가속도를 의미한다.
$$a = \frac{v}{t} = \frac{6}{12} = 0.5(\text{m/s}^2)$$
$F = ma$에 의해 $6 = m \times 0.5$, $m = 12$kg

15. 답 400

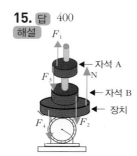

자석 B와 장치를 한 물체로 생각하면,
F_1 : 자석 B가 자석 A를 미는 힘
F_2 : F_1의 반작용, 자석 A가 자석 B를 미는 힘
F_3 : 자석 A의 무게
F_4 : 자석 B+장치의 무게
N : 저울면이 물체를 떠받치는 수직 항력

힘의 평형: $F_1+F_3=0$(자석 A), $F_2+F_4+N=0$(자석 B + 장치)
저울이 물체를 떠받치는 수직 항력만큼 그 반작용으로 저울이 힘을 받으며 그만큼 저울의 눈금이 나타난다. $F_2+F_4+N=0$이므로 수직 항력은 그 크기가 (F_2+F_4)이고, F_2는 자석 A의 무게와 같다. 결국 저울의 눈금은 (자석 A + 자석 B + 장치)의 무게 (400g중)를 나타낸다. 그러므로 질량이 400g으로 나타난다.

16. 답 ①

해설 가운데의 사람을 장력을 측정하는 기구라고 생각하면 된다. 말이 끄는 힘을 T 라고 하면, (가)와 (나)에는 장력 T 가 측정되고, (다)에는 장력 $2T$ 가 측정된다.
ㄱ. 말이 오른쪽에 있더라도 작용 반작용에 의해 왼쪽, 오른쪽의 장력이 같은 크기로 나타나므로 양팔이 받는 힘의 세기는 같다.
ㄴ. (나)는 T, (다)는 $2T$ 이다.
ㄷ. 사람에게 작용하는 힘은 평형이므로 두 경우 사람이 받는 힘은 0이다.

17. 답 ①

해설 ㄱ. 철수가 벽에, 벽이 철수에게 힘이 작용하므로 작용 반작용의 관계이다.
ㄴ. 지구가 책을 당기는 힘의 반작용은 책이 지구를 당기는 힘이다. 또한 책상이 책을 떠받치는 힘의 반작용은 책이 책상을 누르는 힘이다.
ㄷ. 야구 방망이가 공을 미는 힘의 반작용은 공이 야구방망이를 미는 힘이다.

18. 답 ⑤

해설 힘의 관계에서 설명되듯이 용수철 저울들은 10N의 같은 힘으로 잡아당겨지고 있다. 용수철 저울 2개는 같은 눈금을 나타낸다.

19. 답 ⑤

해설 관성력$(F) = -ma$이다. 관성력의 방향은 물체의 가속도의 방향과 반대이다. 위치-시간 그래프에서 그래프의 기울기는 속도이다. 다음 세 가지 경우가 있다.
속도가 점차 증가(감소)할 때 : 접선의 기울기가 점점 증가(감소)할 때이다. 속도가 일정할 때 : 속도가 일정하면 가속도는 0이고, 물체가 느끼는 관성력도 0이다. 오른쪽을 (+)로 할 때
⑤ 위치도 늘어나고 접선의 기울기(속력)이 점차 커진다. 그러므로 운동 방향이 오른쪽 가속도의 방향도 오른쪽이므로, 관성력과 운동 방향은 반대이다.
①, ② 등속 직선 운동 구간이므로 관성력이 0이다.
③ 위치는 증가하나 접선의 기울기가 점차 작아지므로 속도가 점점 줄어드는 것이다. 앞으로 가면서 속도가 줄어드는 것이므로 가는 방향으로 쏠리는 힘(관성력)을 느낀다.
④ 위치가 (+) 상태에서 감소하므로 원점을 향해 왼쪽 방향으로 다가오는 운동이다. 기울기의 크기(속력)이 점점 줄어듦으로 가속도의 방향(힘의 방향과 같다)은 오른쪽이고, 운동 방향과 관성력의 방향이 왼쪽으로 같다.

20. 답 ③

해설 추가 자동차 앞쪽으로 기울어져 있으므로 자동차는 달리다가 감속하는 운동이거나 뒤쪽으로 가속하는 운동을 하고 있다. 차 내부에서 관찰하였을 때 추에는 앞쪽 방향의 관성력과 연직 아래 방향의 중력이 작용하고 있으므로 추는 두 힘의 합력을 받고 있고, 실이 끊어지면 합력의 방향으로 등가속도 운동한다.

21. 답 ①

해설 출발점 ~ P까지 가속도 a, $2 = 1 \times a$, 가속도 $a = 2m/s^2$
P점에서의 속도는 $v^2 - v_0^2 = 2as$에 의해
$v^2 = 2 \times 2 \times 9 = 36$, $v = 6(m/s)$
P점에 도착할 때까지의 시간은 $v = v_0 + at$에 의해
$6 = 2 \times t$, $t = 3(s)$
P ~ Q까지는 포물선 운동이다. 이때 작용하는 힘은 연직 방향의 중력이다. 따라서 수평 방향의 속력은 변하지 않으므로 건물에서 Q점까지의 거리 12m는 수평 방향으로 6m/s의 속도로 등속 운동한 거리이고, 이때의 시간은 낙하 시간과 같다.
낙하 시간을 t 라고 하면 $2 = 6 \times t$, $t = 2(s)$
ㄱ. h (2초 동안 자유 낙하한 거리) $= \frac{1}{2} \cdot 10 \cdot 2^2 = 20(m)$
ㄴ. 출발하고 3~5초 사이는 P~Q점 사이이다. 이때는 연직 방향의 중력만 작용하므로 힘의 방향이 바뀌지 않는다.
ㄷ. 포물선 운동이므로 운동 방향과 힘의 방향은 서로 비스듬하다.

22. 답 ④

해설 무한이의 몸무게는 $60 \times 10 = 600N$
출발 후 1초일 때의 속도 $v = v_0 + at$, $v = 2 \times 1 = 2(m/s)$
출발 후 1~4초에서는 가속도가 0이므로 등속 직선 운동을 한다.
출발 후 6초일 때의 속도 $v = 2 + (-1) \times 2 = 0(m/s)$
속도-시간 그래프는 다음과 같다.

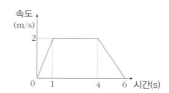

ㄱ. 5초에서 가속도의 방향이 아래쪽이므로 관성력의 방향은 위쪽이다. 관성력 $F = ma = 60 \times 1 = 60(N)$이다. 따라서 몸무게는 $600 - 60 = 540(N) = 54kgf$ 으로 나타난다.
ㄴ. 멈출 때까지 걸린 시간은 6초이다. 그동안 엘리베이터는
그래프 아래 넓이: $\frac{1}{2} \times 1 \times 2 + 2 \times 3 + \frac{1}{2} \times 2 \times 2 = 9(m)$
만큼 올라가서 멈춘다. 한층의 높이가 3m이고 엘리베이터가 9m 올라갔으므로 엘리베이터는 4층에서 멈추었다.
ㄷ. 엘리베이터가 2층을 지나는 경우는 3 ~ 6m인 구간이고 일정한 속력으로 올라가고 있다. 따라서 관성력을 느끼지 못한다.

23. 답 ②

해설 원점으로부터 오른쪽을 + 방향이라고 하자. 0~ t_1동안 위치가 (+)이고 기울기(속도)가 (+)인 상태에서 감소하고 있으므로 물체는 오른쪽으로 진행하며 속도가 감소하다가 0이되어 정지한다. 처음 속도는 (+)이다.
t_1~t_2에서는 위치는 (+)이며 줄어들고, 기울기(속도)는 (-)이고 크기가 증가하므로 물체는 원점을 향하여 왼쪽으로 속력이 점점 증가하며 접근하는 경우이다.
t_2이후는 기울기가 (-)에서 0으로 접근하고 있으므로 아직 위치는 원점의 오른쪽이고 원점으로 접근하고는 있으나 속력이 점점 감소하는 경우이다.

속도-시간 그래프는 다음과 같다.

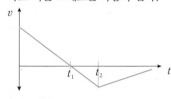

ㄱ. 0~ t_1 동안 운동 방향은 (+)이나 가속도 방향은 (-)이다.
ㄴ. t_1~t_2 동안 운동 방향은 (-)이고 속력이 증가하므로 가속도 방향도 (-)이다.
ㄷ. t_2 이후는 운동 방향은 (-)이고 가속도 방향은 (+)이다.

24. 답 ①

해설 ㄱ. 철봉이 영희를 당기는 힘은 영희가 철봉을 당기는 힘 W와 같다. 철수는 무게 W인 역기를 들어올렸으므로 철수가 역기를 받치는 힘은 W이다.
ㄴ. 철봉도 영희를 W의 힘으로 위로 잡아당기므로 지면이 영희를 떠받치는 힘은 원래의 수직 항력인 몸무게에서 W만큼을 뺀 값이 된다. 하지만 철수의 경우 몸무게에 역도의 무게를 더한 값이 수직 항력이 된다.
ㄷ. 지면이 철수를 떠받치는 힘은 몸무게+역기의 무게이고, 역기가 철수를 누르는 힘은 W이다. 힘의 크기도 다르고 작용 반작용의 관계도 아니다.

25. 답 ⑤

해설 일정 부피에서 공기보다 수소 기체는 질량이 작고 크립톤 기체는 공기보다 질량이 무겁다. 버스 안에서 공기와 수소 기체, 크립톤 기체가 모두 관성력을 받으며, 관성력의 크기(F) = ma이므로 수소 기체가 받는 관성력의 크기 < 공기가 받는 관성력의 크기 < 크립톤 기체가 받는 관성력의 크기이다.
ㄱ, ㄴ. 수소 풍선은 오른쪽으로 관성력을 받아 쏠리며, 실이 끊어지면 관성력 + 부력을 받아 오른쪽 위로 운동한다.
ㄷ. 크립톤 기체는 공기보다 무겁기 때문에 왼쪽으로 쏠린다.

26. 답 125

해설 추에 작용하는 힘은 다음과 같다.

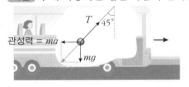

추에 작용하는 관성력과 중력과 장력이 평형을 이룬다. 따라서 버스의 가속도 a는 중력 가속도 g와 크기가 같다.
∴ 5초 동안 버스가 이동한 거리는 다음과 같다.
$$s = v_0 t + \frac{1}{2}at^2 = 0 + \frac{1}{2} \times 10 \times 5^2 = 125(m)$$

27. 답 ②,③,④

해설 오른쪽 기름면이 더 높게 기울어져 있다. 평면 위에서라면 이는 관성력이 오른쪽으로 작용하고 있는 것이므로, 수레의 가속도가 왼쪽으로 +인 운동(왼쪽으로 점점 빨라지거나, 오른쪽으로 점점 느려지는 운동)을 하는 것이다.

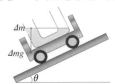

〈경사면을 등속으로 올라가거나 내려올 때〉

④ 빗면에 역학 수레가 경사진 면을 일정한 속력으로 올라갈 때는 위 그림처럼 지면에 기름면이 지면에 평행하게 된다.
⑤ 경사진 면에서 중력을 받아 등가속 운동하는 경우에는 기름면이 빗면과 평행하게 되어 문제의 모양처럼 되지 않는다.

28. 답 ⑤

해설 질량이 2kg 이므로, 출발 시 가속도는 -1 m/s², 2초일 때 가속도는 1 m/s²이다.(오른쪽 : (+))

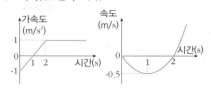

ㄱ. 처음 속도 = 0, 2초에서 물체의 속도 = 0
ㄴ. 2초 이후에는 (+) 방향 운동을 하므로 2초가 되는 순간 왼쪽 (-) 방향으로 이동 거리가 가장 크다.
ㄷ. 1.5초에서의 물체의 운동 방향은 왼쪽(-)이고 가속도는 오른쪽 방향(+)이다. 따라서 관성력은 왼쪽 방향(-)이므로 관성력의 방향과 운동 방향은 같다.

29. 답 132

해설 일정한 가속도로 감속하여 50m 진행하여 정지하였으므로, 아래 방향을 (+)로 하면
$v^2 - v_0^2 = 2as$, $0 - 10^2 = 2 \times a \times 50$, $a = -1m/s^2$이다.
엘리베이터의 가속도가 윗 방향이므로 관성력은 아래 방향이며, 관성력의 크기는 120N이다.
케이블의 장력 = 관성력+중력 = 1200 + 120 = 1320N = 132kgf

30. 답 ③

해설 속도-시간 그래프에서 아래 넓이는 변위이고 접선의 기울기는 가속도이다. 가속도가 크면 힘의 크기도 커진다.
ㄱ. t초 동안 넓이가 A가 B보다 작기 때문에 평균 속도는 더 작다.
ㄴ. t초 일 때, 접선의 기울기를 보면 A가 B보다 더 크므로 가속도는 A가 더 크다. 따라서 A에게 작용하는 힘의 크기가 물체 B에 작용하는 힘의 크기보다 크다.
ㄷ. B는 오른쪽으로 속도가 증가하므로 관성력의 방향은 왼쪽이다.

31. 답 ④

해설 ㄱ. 무한이가 물체를 미는 힘과 상상이가 물체를 당기는 힘의 방향은 모두 오른쪽이다. 작용 반작용에 의해 물체가 무한이를 미는 힘과 상상이를 당기는 힘은 모두 왼쪽이므로 두 사람은 모두 왼쪽으로 운동한다. 따라서 무한이의 운동 방향과 물체의 운동 방향은 반대이다.
ㄴ. (나) 그래프에서 기울기는 가속도이고 상상이의 가속도는 1m/s² 이므로, 상상이가 받는 알짜힘의 크기 $F_{상상}$ = 50 × 1 = 50(N)이다. 작용 반작용으로 줄이 상상이를 당기는 힘도 50(N) 이다.
ㄷ. 무한이의 가속도의 크기는 2 m/s²이므로, 무한이가 받는 힘 = 55 × 2 = 110(N) 이다.
물체가 받는 알짜힘 = 무한이가 물체를 미는 힘 + 상상이가 물체를 당기는 힘 = 110 + 50 = 160(N), 따라서 물체의 가속도 크기 $a = \frac{160}{80} = 2$ m/s² 가 되며 무한이의 가속도 크기와 같다.

32. 답 ④

해설 ㄱ. 무한이가 배를 누르는 힘과 물이 배에 작용하는 부력은 모두 배가 받는 힘이다. 무한이가 배를 누르는 힘과 배가 철수를 떠받치는 힘이 작용 반작용 관계이고, 물이 배에 작용하는 부력과 배가 물을 누르는 힘이 또한 작용 반작용 관계이다.
ㄴ, ㄷ. 정지하고 있는 배(알짜힘 = 0)에 작용하는 부력은 (배+사람) 전체의 무게와 크기가 같고 방향이 반대이다. 즉, 중력과 부력은 힘의 평형 관계이다.

3강. 여러 가지 힘

1. (1) X (2) X   **2.** 수직 항력   **3.** 7   **4.** 1

1. 답 (1) X (2) X
해설 (1) 중력은 만유 인력의 한 종류로 지구가 물체를 잡아당기는 힘이다. 하지만 전기력이나 자기력과는 달리 척력(밀어내는 힘)은 없고, 인력(잡아당기는 힘)만 있다.
(2) 만유 인력은 두 물체 사이의 거리가 멀어질수록 약해진다. 지표면에서 높이 올라가면 지구 중심으로부터 거리가 멀어지므로 중력은 작아진다.

3. 답 7
해설
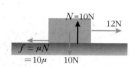
수평면 위의 공의 무게는 10N이고 이는 수직 항력(N)과 크기가 같다. 따라서, 공에 작용하는 운동 마찰력은 $10 \times 0.5 = 5$N이다. 공에 작용하는 알짜 힘은 $12 - 5 = 7$N이므로 $F = ma$ → $7 = 1 \times a$, $a = 7(\text{m/s}^2)$

4. 답 1
해설 $F = -kx$에서 용수철 상수는 10N/m이고 10cm가 늘어났으므로, 탄성력 $F = 10 \times 0.1 = 1(\text{N})$

1. $\frac{1}{4}$배   **2.** $10\sqrt{3}$ **3.** 0.4   **4.** 2.5

1. 답 $\frac{1}{4}$
해설 $F = k\dfrac{q_1 q_2}{r^2}$ 에 의해 거리가 두배가 되면 전기력 F는 $\frac{1}{4}$ 배로 줄어들어 $\dfrac{F}{4}$가 된다.

2. 답 $10\sqrt{3}$ (N)
해설 빗면에서의 수직 항력은 $mg\cos\theta$이다.
수직 항력(N) $= 2 \times 10 \times \cos 30° = 2 \times 10 \times \dfrac{\sqrt{3}}{2} = 10\sqrt{3}$ (N)

3. 답 0.4
해설 움직이기 시작한 순간에 작용한 힘인 4N이 최대 정지 마찰력과 크기가 같다. 수직 항력의크기는 무게와 같다. $N = 10$N, 최대 정지 마찰력 $= \mu_s N$이므로 $4 = \mu_s 10$, $\mu_s = 0.4$

4. 답 2.5
해설 고무줄을 반으로 자르면 길이가 절반이 되므로 늘어나는 길이도 절반이 된다(탄성계수가 2배로 되는 것과 같음). 또 두 겹으로 하면 용수철의 병렬 연결일 때와 같이 탄성계수가 2배가 되어 같은 힘에 대해서 늘어난 길이는 절반이 된다. 따라서 고무줄을 반으로 접어서 두 겹으로 하면 같은 힘에 대하여 늘어난 길이는 $\frac{1}{4}$ 이 된다.

01. (1) O (2) X (3) O   **02.** 1
03. 오른쪽, 3N   **04.** 49   **05.** (1) X (2) X (3) O
06. 0.6   **07.** 100   **08.** ①

01. 답 (1) O (2) X (3) O
해설 (2) 극지방으로 갈수록 중력 가속도의 크기가 커진다.

02. 답 1
해설 지구의 질량을 M, 지구의 반지름을 R이라고 하면
지구의 중력 가속도 $g = \dfrac{GM}{R^2}$
행성의 질량이 4배이고, 반지름이 2배가 되면
행성의 중력 가속도 $= \dfrac{G \times 4M}{(2R)^2} = \dfrac{4GM}{4R^2} = \dfrac{GM}{R^2} = g$
행성의 중력 가속도는 지구의 중력 가속도와 같다.

03. 답 오른쪽, 3N
해설 A와 B 사이의 전기력 $F_1 = 4$N → 서로 척력이 작용하므로 B는 오른쪽으로 4N의 힘을 받는다.
B와 C 사이의 전기력 $F_2 = k\dfrac{q^2}{(2r)^2} = \dfrac{F_1}{4} = 1$N → 서로 척력이 작용하므로 B는 왼쪽으로 1N의 힘을 받는다.
B는 오른쪽으로 4N, 왼쪽으로 1N의 힘을 받으므로 합력은 오른쪽으로 3N이 된다.

04. 답 49
해설 수평면에서 수직 항력(N)의 크기는 무게와 같다.
$N = 5 \times 9.8 = 49$N

05. 답 (1) X (2) X (3) O
해설 (1) 운동 마찰력은 최대 정지 마찰력보다 작다. (2) 마찰 계수는 접촉면의 넓이와 관계 없다.

06. 답 0.6
해설 외력이 6N인 순간 움직이기 시작하였으므로 최대 정지 마찰력은 6N이다. 최대 정지 마찰력 $= \mu_s N$,
$6 = \mu_k \times 10$, $\mu_k = 0.6$

07. 답 100
해설 물체가 액체나 기체 속에 들어갔을 때 받는 부력의 크기는 물체가 밀어낸 액체나 기체의 무게와 같다. 따라서 무한이가 물속에서 측정한 몸무게는 부력 400N 만큼 줄어든 100N이 된다.

08. 답 ①
해설 용수철을 놓은 순간 물체의 가속도가 2m/s²이고 물체의 질량이 1kg이므로 이때 작용하는 힘
$F = ma = 2 \times 1 = 2$N(탄성력)
탄성력 $= kx$ → $2 = 200 \times x$, $x = 0.01$m $= 1$cm

[유형 3-1] ④	01. ⑤	02. ⑤
[유형 3-2] ④	03. ①	04. ①
[유형 3-3] ⑤	05. ⑤	06. ④
[유형 3-4] ⑤	07. ②	08. ⑤

[유형 3-1] 답 ④

해설 A와 B 사이의 만유 인력 $F_1 = G \dfrac{Mm}{R^2}$ 에 의해

$$F_1 = G \frac{2,000,000 \times 300,000}{50^2} = G \times 800 \times 300,000$$

B와 C사이의 만유 인력 $F_2 = G \dfrac{300,000}{1^2}$

A와 C사이의 만유 인력 $F_3 = G \dfrac{2,000,000}{51^2}$

ㄱ. B에 작용하는 알짜힘은 $F_1 - F_2$이다. F_1 이 더 크기 때문에 B의 가속도의 방향은 A쪽이다.

ㄴ. A에 작용하는 F_1와 F_3 중에서 F_3가 F_1에 비해 매우 작기 때문에 F_3은 무시할 수 있다. 따라서 A의 가속도의 크기는

$$\frac{F_1}{m_A} = \frac{G \times 300,000}{50^2}$$

C에 작용하는 두 힘 F_2와 F_3 중에서 F_3가 F_2에 비해 매우 작기 때문에 F_3는 무시하고, C에 작용하는 힘은 F_2로 생각할 수 있다.

C의 가속도의 크기는 $\dfrac{F_2}{m_C} = \dfrac{G \times 300,000}{1}$ 이므로 A보다 크다.

ㄷ. B가 C에 작용하는 힘 F_2가 F_3 보다 더 크다.

01. 답 ⑤

해설 ㄱ. 공기의 저항이 무시되었으므로, 가속도는 중력 가속도 g 로 같다.

ㄴ. 속도 $v = v_0 + gt$ 로 나타난다. 두 물체의 1초 후 속도는 같다.

ㄷ. 변위 $s = v_o t + \dfrac{1}{2}gt^2$ 로 구한다. 질량에 관계없이 같은 높이에서 떨어지는데는 같은 시간이 걸린다.

02. 답 ⑤

해설 ㄱ. 손가락을 접촉시켜도 도체구 A의 (+)전하는 대전체 B가 잡아당기므로 옮겨가지 않는다.

ㄴ. A와 B가 가까워질수록 정전기 유도 현상이 강하게 일어나 (−)전하와 (+)전하의 잡아당기는 힘이 세진다.

ㄷ. 전기력 $F = k \dfrac{q_1 q_2}{r^2}$ 에서 q_1 이 2배로 r 이 2배로 되면, 전기력은 작아진다.

[유형 3-2] 답 ④

해설 Q의 질량을 m으로 하면

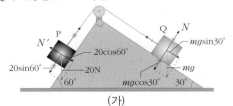

(가)

빗면과 물체 사이에 마찰이 없고, 작용하는 힘이 평형을 이루므로 빗면으로 미끄러지려는 힘도 같다. 따라서

$$2 \times 10\sin 60° = m \times 10\sin 30° \rightarrow 2 \times \frac{\sqrt{3}}{2} = m \times \frac{1}{2}, \ m = 2\sqrt{3} \ (\text{kg})$$

ㄱ. (가)에서 Q에 작용하는 수직 항력(N)은 $mg\cos 30°$이다.

$$\therefore N = 2\sqrt{3} \times 10 \times \frac{\sqrt{3}}{2} = 30(\text{N})$$

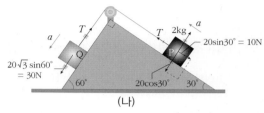

(나)

ㄴ. 그림(나)와 같이 두 물체는 가속도 운동을 한다. 이때 운동 방정식은 다음과 같다. Q의 질량은 $2\sqrt{3}$ (kg) 이므로

(Q) $30 - T = 2\sqrt{3} a$, (P) $T - 10 = 2a$

$\rightarrow 20 = (2 + 2\sqrt{3})a$ $\therefore a = \dfrac{10}{\sqrt{3} + 1}$ m/s²

ㄷ. (나)에서 P에 작용하는 수직 항력은 $20\cos 30° = 10\sqrt{3}$ N이고, (나)에서 Q에 작용하는 수직 항력은 $2\sqrt{3} \times 10 \times \cos 60° = 10\sqrt{3}$ N $\therefore$ (나)에서 P와 Q에 작용하는 수직 항력의 크기는 같다.

03. 답 ①

해설 끈의 장력이 저울 눈금으로 나타난다. 물체가 받은 힘은 그림과 같이 장력, 무게(= 중력), 부력 세 힘이다. 이때 물체는 물체가 밀어낸 물의 무게만큼 부력을 받는다. 물체의 부피는 8m³이고 이 부피의 물의 무게는 8,000kgf이므로 물체가 받는 부력은 8,000kgf이다. 물체의 무게는 10,000kgf이므로 끈의 장력은 2,000kgf이다. 따라서, 저울의 눈금은 2,000kgf를 나타낸다.

04. 답 ①

해설 물체에 작용하는 힘은 다음과 같다.

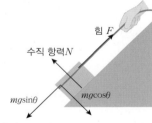

수직 항력 N과 $mg\cos\theta$가 서로 평형을 이루고 힘 F와 $mg\sin\theta$가 평형을 이룬다.

$\therefore 16 = mg\sin\theta = 20 \times \sin\theta$,

$\sin\theta = \dfrac{4}{5} (\cos\theta = \dfrac{3}{5})$

따라서 수직 항력 $N = 20 \times \cos\theta = 20 \times \dfrac{3}{5} = 12(\text{N})$

[유형 3-3] 답 ⑤

해설 ㄱ, ㄴ. A가 B를 당기는 자기력과 B가 A를 당기는 자기력은 작용 반작용 관계이므로 크기가 같다. A와 B가 멈추어 있기 때문에 두 자석에 작용하는 마찰력은 두 자석에 작용하는 자기력과 같다. 따라서 두 자석의 마찰력의 크기도 같다.

ㄷ. 거리를 가깝게 하면 자석이 받는 자기력이 커진다. 질량이 작은 A에 작용하는 수직 항력이 B에 작용하는 수직 항력보다 작다. $F = \mu_s N$이고, 정지 마찰 계수는 같기 때문에 최대 정지 마찰력은 A가 B보다 더 작아 먼저 움직이기 시작한다.

05. 답 ⑤

해설 ㄱ. $mg\sin\theta$에서 운동 마찰력 f를 빼면 물체에 작용하는 알짜힘을 구할 수 있다.

즉, $ma = mg\sin\theta - f$, $f = \mu_k mg\cos\theta$

$\rightarrow 10 = 20 \times \dfrac{4}{5} - f$, $f = 6 = \mu_k \times 20 \times \dfrac{3}{5}$, $\mu_k = 0.5$

ㄴ. θ가 90°가 되면 $\cos\theta$가 0이 되고, 수직 항력 $N = mg\cos\theta = 0$, 마찰력 $= \mu_k \times N$이므로 운동 마찰력은 0이 된다.

ㄷ. $F = ma$ 이므로

$a = \dfrac{(mg\sin\theta - \mu_k mg\cos\theta)}{m} = (g\sin\theta - \mu_k g\cos\theta) = 5(\text{m/s}^2)$

나무 도막의 가속도는 질량에 관계없이 5m/s²로 일정하다.

06. 답 ④

해설 ㄱ. 물체가 정지해 있으므로 외력과 같은 크기의 정지 마찰력이 작용한다.

ㄴ. 쇠구슬에 10N의 외력을 작용하면 운동 마찰력은 4N이고 실제 쇠구슬에 작용하는 알짜 힘은 6N이다. ∴ 물체의 가속도는 3m/s², 이동 거리 $s = \dfrac{1}{2} \times 3 \times 4^2 = 24$m

ㄷ. 정지 마찰 계수가 커지기 때문에 최대 정지 마찰력이 증가한다.

[유형 3-4] 답 ⑤

해설 (나)에서 물체의 가속도를 알 수 있다.

$$\text{가속도} = \dfrac{\Delta v}{t} = \dfrac{8}{2} = 4(\text{m/s}^2)$$

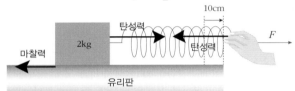

물체에 작용하는 힘은 용수철의 탄성력과 마찰력이다.
용수철의 탄성력의 크기 $= kx = 200 \times 0.1 = 20$N
물체의 가속도가 4m/s²이므로 $F = ma = 2 \times 4 = 8(\text{N})$
이때 물체의 운동 방정식을 세우면,
$20 - f(\text{마찰력}) = ma = 8(\text{N})$, ∴ f의 크기 $= 12(\text{N})$

ㄱ. 마찰력 $12 = \mu_k N = \mu_k mg = \mu_k \times 20$, $\mu_k = 0.6$

ㄴ. 용수철이 물체에 작용하는 힘은 작용 반작용에 의해 탄성력과 크기가 같은 20N이다.

ㄷ. 용수철을 직렬 연결하면 작용 반작용에 의해 같은 힘이 서로 작용하여 각각 10cm 늘어난다.

07. 답 ②

해설 $F = kx$에 의해 $8 = k \times 0.04$, 이 용수철의 탄성 계수 $k = 200$N/m이다. (나)는 용수철의 병렬 연결이다. 용수철 각각에는 추 무게의 절반씩 작용하고 있으므로
$10 = 200 \times x$, $x = 5(\text{cm})$
두 용수철은 각각 5cm 늘어난다.

08. 답 ⑤

해설 ㄱ, ㄴ 물체가 정지해 있기 때문에 물체에 작용하는 합력은 0이다. 물체에 작용하는 힘은 중력과 실의 장력이 있으며, 실의 장력은 용수철의 탄성력과 작용 반작용의 관계이므로 크기가 같다.
따라서, 용수철의 탄성력 = 추의 중력 50(N)
$F = kx$에 의해 $50 = 100 \times x$, $x = 50(\text{cm})$

ㄷ. 7kg인 물체를 매달면 용수철에 물체의 무게인 70N의 힘이 작용한다. 이 힘은 용수철의 탄성 한계를 넘는 힘이기 때문에 용수철은 탄성이 사라지고 소성이 나타난다.

01

ㄴ

해설 수레와 물체 A에 작용하는 힘은 다음과 같다.

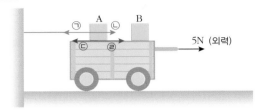

ㄱ. 수레는 오른쪽으로 5N의 힘(외력)을 받고 A로부터 왼쪽으로 5N의 마찰력(ⓒ)을 받아 힘의 평형 상태가 유지되어 등속 운동을 한다. 수레는 등속 운동하므로 물체 B가 받는 알짜 힘은 0이고, 마찰력은 0이다.

ㄴ. 물체 A가 수레에 왼쪽으로 5N의 마찰력(ⓒ)을 작용하므로 그 반작용으로 수레는 물체에 오른쪽 방향으로 5N의 마찰력(ⓔ)을 작용한다. 즉, 물체는 수레로부터 5N의 마찰력을 받고, 왼쪽 방향의 장력 5N과 평형 상태이므로 끈의 장력은 5N이다.

ㄷ. 물체 A가 수레에 작용하는 운동 마찰력은 크기가 변하지 않아 왼쪽으로 5N이고, 오른쪽으로 작용하는 외력도 5N이므로 물체 B를 들어올리더라도 수레는 계속 등속 운동한다.

02

〈해설 참조〉

해설 물체에 커다란 원형 구멍이 있는 경우에 외부 물체와의 만유인력을 구하려면 일단 구멍이 없다고 가정하여 만유인력을 계산하고 구멍에 의한 만유인력을 빼면 된다.
그림 (가)와 (나)에서 B에 작용하는 만유인력은 각각 다음과 같다.

그림 (가) : $G\dfrac{m_A m_B}{b^2} - G\dfrac{m_B m_C}{a^2}$

그림 (나) : $G\dfrac{m_A m_B}{b^2} - G\dfrac{m_B m_C}{a^2}$

물체 B에 작용하는 만유인력의 크기는 같다.

03

(1) $50\sqrt{3}$ N　(2) $100\sqrt{3}$ N

해설 (1) 추에는 중력과 장력이 작용하고 있다.
$T + mg = mg\sin 60°$ 가 물체에 작용하는 알짜힘이다.
∴ $mg\sin 60° = 100 \times \dfrac{\sqrt{3}}{2} = 50\sqrt{3}$ N

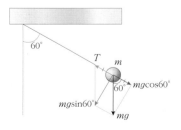

(2) 추가 멈춰있기 위해서는 $F\cos 60° = mg\sin 60°$의 조건이
성립한다. $\therefore F = 100\sqrt{3}$ N

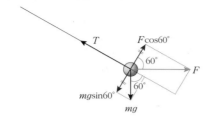

04
(1) 50N (2) 20N

해설 (1) 물체가 일정한 속도로 미끄러져 내려갈 때 물체가
받는 힘은 0이다. 따라서 마찰력과 $mg\sin\theta$가 평형을 이룬다.
마찰력 $= mg\sin\theta = 50 \times \dfrac{1}{2} = 25$N
등속으로 빗면 위로 물체를 밀어올리면 운동 방향과 반대로
운동 마찰력 25N이 작용하므로 $mg\sin\theta + 25 = 25 + 25 =$
50(N)(빗면 아래로 작용하는 힘 $mg\sin\theta = 25$N 이므로)으로
밀어야 등속으로 밀 수 있다.
(2) $mg = 100$N, 최대 정지 마찰력을 f라고 하면
밀어올릴 때 : $120 = f + mg\sin\theta$, $f = 70$N
밀어내릴 때 : 마찰력은 운동 방향과 반대인 빗면 윗방향을
향하고 크기는 변동없다. 빗면 아래 방향을 (+)로 할 때
$mg\sin\theta + F = f \;\rightarrow\; F = f - mg\sin\theta = 20$N, 빗면을 따라
20N의 힘을 작용시키면 물체가 운동하기 시작한다.

05
16cm

해설 물체 자체의 높이는 0 이다. 전체 길이가 40cm로 유지
되므로 위의 용수철이 늘어난 만큼 아래 용수철은 압축된다.

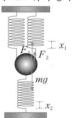

x_1 : 물체 위 용수철이 늘어난 길이
x_2 : 물체 아래 용수철이 줄어든 길이
F_1 : 두 용수철이 물체를 위로 당기는 힘
F_2 : 아래 용수철이 물체를 위로 미는 힘
mg : 물체가 받는 중력

$F = mg = kx$, $10 = 0.06k$, $k = \dfrac{g}{0.06} = \dfrac{50g}{3} = \dfrac{500}{3}$(N/m)
물체의무게는 용수철 3개의 탄성력과 같다.
$F_1 + F_2 = 3kx = 2g$, $x = \dfrac{2g}{3k} = \dfrac{1}{25} = 0.04$m $= 4$cm
$\therefore$ 지면으로부터 높이는 $20 - 4 = 16$(cm)

06
(1) 15cm   (2) 19.6N   (3) 0.002m³

해설 (1) 저울의 눈금이 2kgf 증가했다는 것은 부력이 작용
하여 추를 2kgf만큼 들어올렸다는 것을 의미하므로 추의 무
게 5kgf 중 나머지 3kgf의 힘만 용수철에 작용한 것이 된다.

2kg의 추를 매달면 10cm가 늘어나는 용수철이고, 3kg의 물
체를 매단 것과 같으므로 용수철이 늘어난 길이는 15cm 이다.
(2) 부력의 크기는 물체가 밀어낸 유체의 무게와 같다. 추에
부력이 작용하여 추를 2kgf 만큼 들어올렸으므로 부력은 2kgf
$= 2 \times 9.8$N $= 19.6$N이다.
(3) 부력의 크기 = 밀어낸 물의 무게(같은 부피)이다. 부력이
2kgf 이었으므로 물의 무게는 2kgf가 된다. 물의 질량은 2kg
이며 부피는 추의 부피와 같다. 결국 추의 부피는 질량 2kg인
물의 부피와 같으므로
물의 질량을 밀도로 나누면 $V = \dfrac{m}{\rho} = \dfrac{2}{1000} = 0.002$ m³
$=$ 추의 부피이다.

스스로 실력 높이기 　　　70~77쪽

01. (1) ○ (2) ○ (3) ○	02. ①	03. 10	04. ⑤
05. 3 : 2	06. 0.4	07. 0.15	08. 12	09. 16
10. 10	11. ④	12. 16	13. ⑤	14. ④	15. ①
16. ①	17. 5	18. ⑤	19. ④	20. ⑤	21. ⑤
22. 98	23. ④	24. 28	25. ③	26. ⑤	27. ⑤
28. ③	29. 120	30. ④	31. ⑤	32. 2.8

02. 답 ①
해설 ② 중력은 인력만 존재한다. ③ 질량이 커져도 중력 가속도
는 일정하다. ④ 지표면에서 높이 올라갈수록 중력의 크기는 작아
진다. ⑤ 중력은 적도 지방보다 극지방에서 크다.

03. 답 10
해설 쇠구슬은 연직 아래 방향으로 중력과 자기력을 받으며, 연
직 윗방향으로 탄성력을 받는다. 쇠구슬이 정지해있으므로(평형)
탄성력 = 중력 + 자기력
탄성력 = 15N, 중력(= 무게) 5N $\therefore$ 자기력 = $15 - 5 = 10$(N)

04. 답 ⑤
해설 ㄱ. 물체에 작용하는 수직 항력은 $mg\cos\theta$이다.
$mg\cos\theta = 1 \times 10 \times \dfrac{4}{5} = 8$(N)
최대 정지 마찰력 $= \mu_s \times N = 0.8 \times 8 = 6.4$(N)
ㄴ. 빗면 아래 방향으로 미끄러지려는 힘의 크기 $= mg\sin\theta = 10$
$\times \dfrac{3}{5} = 6$(N), 이 힘은 최대 정지 마찰력보다 작으므로 물체는 정
지한 상태를 유지한다.
ㄷ. $\mu_s = 0.5$일때 최대 정지 마찰력의 크기 $= 0.5 \times 8 = 4$(N)
빗면 아래 방향으로 미끄러지려는 힘의 크기는 6N이므로, 물체에
작용하는 알짜힘은 $6 - 4 = 2$N
$\therefore$ 물체는 빗면 아래 방향으로 등가속도 운동을 한다.

05. 답 3 : 2
해설 물체는 밀어낸 물의 부피만큼의 부력을 받는다. 따라서 물
이 넘친 부피의 비가 부력의 비와 같다.
넘친 물의 부피의 비 $= 30 : 20 = 3 : 2 =$ 부력의 비

06. 답 0.4
해설 수평면 위에서 운동하므로 수직 항력 크기와 무게는 같다.

물체에 외력이 12N 작용했을 때 움직이기 시작하였으므로 최대 정지 마찰은 12N이다.
$12 = \mu_s \times N = \mu_s \times 30$, $\mu_s = 0.4$

07. 답 0.15
해설 평면 위의 물체이므로 수직 항력크기와 무게는 같다. 물체에 외력이 15N 작용했을 때 움직이기 시작하였으므로 최대 정지 마찰력은 15N이다. 16N의 힘을 가하면 물체가 움직이므로 운동 마찰력이 작용한다.
물체가 운동할 때, 16 − 운동 마찰력 = 알짜힘 = 2 × 2 = 4N
∴ 운동 마찰력 = 12(N)
최대 정지 마찰력 $15 = \mu_s \times N = \mu_s \times 20$, $\mu_s = \dfrac{3}{4}$

운동 마찰력 $12 = \mu_k \times N = \mu_k \times 20$, $\mu_k = \dfrac{3}{5}$

$\mu_s - \mu_k = 0.75 - 0.6 = 0.15$이다.

08. 답 12
해설 물체가 정지해 있으므로 정지 마찰력이 작용한다. 정지 마찰력은 외력($= mg\sin\theta$)과 크기가 같다.

정지 마찰력 $= mg\sin\theta \times \dfrac{3}{5} = 20 \times \dfrac{3}{5} = 12$(N)

09. 답 16
해설 물체가 멈추었기 때문에 용수철의 탄성력과 물체의 무게가 같다. 물체의 무게를 m이라고 하면,

$mg = k \times 0.04$, $k = \dfrac{mg}{0.04}$

무게가 $1.5m$인 물체를 매달았을 때 늘어난 길이를 x라고 하면

$1.5mg = k \times x = \dfrac{mg}{0.04} \times x$, $x = 1.5 \times 0.04 = 0.06$m = 6cm

그러므로 용수철의 길이는 16cm이다.

10. 답 10
해설 물체가 정지해 있으므로 힘의 평형 상태. 오른쪽 방향을 +로 정하면 무한이의 힘은 −60N, 상상이는 50N이므로, 합력은 −10N이다. 따라서 정지 마찰의 크기는 10N이다.

11. 답 ④
해설 ㄱ. 깃털과 쇠구슬의 질량이 다르기 때문에 깃털과 쇠구슬에 작용하는 중력의 크기는 다르다.
ㄴ. 가속도의 크기는 중력 가속도로 일정하다.
ㄷ. 공기 저항에 의해서 깃털이 쇠구슬보다 늦게 떨어지게 된다. 진공에서는 공기 저항이 없기 때문에 깃털과 쇠구슬이 같이 떨어진다.

12. 답 16
해설 지구의 반지름을 R이라고 하고, 질량을 m이라고 하면

행성의 중력 가속도 $= G \dfrac{4m}{\left(\dfrac{R}{2}\right)^2} = 16G \dfrac{m}{R^2}$

행성의 중력 가속도는 지구의 중력 가속도의 16배이다.

13. 답 ⑤
해설 ㄱ. 태양의 질량을 M이라고 한다면,

지구가 태양에게 작용하는 힘 $= G \dfrac{M \times 6.0 \times 10^{24}}{1^2}$

토성이 태양에게 작용하는 힘 $= G \dfrac{M \times 6.0 \times 10^{26}}{10^2}$

$= G \dfrac{M \times 6.0 \times 10^{24}}{1^2}$ ∴ 두 힘의 크기는 같다.

ㄴ. 화성이 지구에 작용하는 힘 $= G \dfrac{6.4 \times 10^{23} \times 6.0 \times 10^{24}}{0.5^2}$

화성이 토성에 작용하는 힘 $= G \dfrac{6.4 \times 10^{23} \times 6.0 \times 10^{26}}{8.5^2}$

$G \dfrac{6.4 \times 10^{23} \times 6.0 \times 10^{24}}{1^2}$을 t 라는 값으로 치환하면,

화성이 지구에게 작용하는 힘 $= 4t$

화성이 토성에게 작용하는 힘 $= \dfrac{100}{(8.5)^2} t ≒ 1.38t$

∴ 화성이 지구에게 작용하는 힘이 더 크다.
ㄷ. 위성은 행성과의 인력이 태양과의 인력보다 커야 한다. 만유 인력은 질량이 클수록 크다. 따라서, 질량이 큰 토성이 화성보다 위성을 가지기 쉽다.

14. 답 ④
해설 ㄱ. 물체가 정지하고 있다. 따라서 물체에 작용하는 알짜힘은 0이다.
ㄴ. 정지 마찰력은 외력과 크기가 같다. 외력이 10N이므로 정지 마찰력도 10N이다.
ㄷ. 운동 마찰 계수를 알 수 없기 때문에 운동 마찰력은 알 수 없다. 따라서, 운동할 때 가속도도 알 수 없다.

15. 답 ①
해설 물체에 외력이 10N 작용했을 때 움직이기 시작하였으므로 최대 정지 마찰력은 10N이다.
10N의 힘을 가했을 때에는 운동 마찰력이 작용한다.
10 − 운동 마찰력 = 알짜힘(F), $F = ma = 4 \times 1 = 4$(N),
∴운동 마찰력 = 6(N)
수평면 위에서 물체의 무게와 수직 항력이 같다.
ㄱ. 운동 마찰력 $6 = \mu_k \times N = \mu_k \times 40$, $\mu_k = \dfrac{3}{20} = 0.15$

ㄴ. 물체의 밑면적과 마찰력은 관계 없다.
ㄷ. 최대 정지 마찰력은 10N이다.

16. 답 ①
해설 ㄱ. 작용 반작용에 의해 무한이가 수레에게 30N을 가하므로 무한이도 30N의 힘을 받는다. 무한이가 정지해 있으므로 정지 마찰력이 작용한다. 정지 마찰력은 외력과 크기가 같다. 따라서, 무한이에게 작용하는 마찰력은 30N이다.
ㄴ. 상상이도 정지해 있으므로 상상이에게 작용하는 마찰력은 40N이다.
ㄷ. 무한이와 상상이가 수레에 작용한 힘들의 합력은 오른쪽으로 10N이다. 따라서, 수레에 작용한 마찰력은 왼쪽 방향이다. 상상이는 왼쪽으로 40N의 힘을 받기 때문에 상상이에 작용하는 마찰력은 오른쪽으로 40N이다. 따라서 두 마찰력의 방향은 서로 반대이다.

17. 답 5
해설 질량이 2배가 되었으므로 용수철에 가해지는 힘(= 무게)가 2배가 되었다. 그리고 고무줄을 반으로 자르면 길이가 절반이 되므로 늘어나는 길이도 절반이 된다(탄성계수가 2배로 되는 것과 같음). 또 두겹으로 하면 용수철의 병렬 연결일 때와 같이 탄성계수가 2배가 되어 같은 힘에 대해서 늘어난 길이는 절반이 된다. 따라서 고무줄을 반으로 접어서 두 겹으로 하면 같은 힘에 대하여 늘어난 길이(x)는 $\dfrac{1}{4}$ 이 된다.

그런데 힘 F가 2배가 되었으므로 x는 $\dfrac{1}{2}$배이다.

18. 답 ⑤

해설 10cm 늘어난 상태에서 평형이므로 탄성력 = 중력
mg(중력) $= 1 \times 10 = 10$(N)

ㄱ. $F = kx$에 의해, $10 = k \times 0.1$, $k = 100$N/m

ㄴ. 용수철에 5kg인 추를 달면 용수철에 작용하는 중력이 5배가
된다. $F = kx$에 의해 늘어난 길이도 5배이므로 50cm 늘어난다.

ㄷ. $10 \times 10 = 100$N이 용수철의 탄성 한계이다. 따라서, 110N의
힘을 가하면 용수철은 탄성이 사라지고 소성이 나타난다.

19. 답 ④

해설 ④ 가속도(그래프 (나)의 기울기)는 O점을 지나며 반대로
된다.

① 속도가 가장 큰 부분은 그래프에서 보이듯이 O점이다.

② O점에서 기울기가 0이므로 외력은 작용하지 않은 것으로 보아
중력의 크기는 0이다.

③ 속도의 기울기를 보고 중력 가속도를 구할 수 있다. O점에서
기울기가 0이므로 중력 가속도도 0이다.

⑤ 그래프에서 B점일 때 속도가 0인 것으로 보아 물체는 B점에서
다시 A점으로 향할 것이다.

20. 답 ⑤

해설 우주선이 발사대에 있을 경우의 중력 가속도 $= g_1$
우주선이 200km 상공에 있을 경우의 중력 가속도 $= g_2$

우주선이 발사대에 있을 경우 중력 $mg_1 = \dfrac{GMm}{6400^2}$

200km 상공에 있을 경우 중력 $mg_2 = \dfrac{GMm}{6600^2}$

mg_1과 mg_2는 거의 차이 나지 않는다. 200km 상공에 우주선이 있
을 경우 우주선에 작용하는 중력은 지표면의 중력과 비슷하며 중
력의 차이가 나긴 하지만 그 범위가 10% 이내이다.

21. 답 ⑤

해설

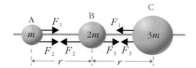

F_1 : 물체 A, C 작용 반작용 $= G \dfrac{m \times 3m}{(2r)^2} = G \dfrac{m^2}{r^2} \times \dfrac{3}{4}$

F_2 : 물체 A, B 작용 반작용 $= G \dfrac{m \times 2m}{r^2} = G \dfrac{m^2}{r^2} \times 2$

F_3 : 물체 B, C 작용 반작용 $= G \dfrac{2m \times 3m}{r^2} = G \dfrac{m^2}{r^2} \times 6$

$F_A = F_1 + F_2 = G \dfrac{m^2}{r^2} \times \dfrac{11}{4}$(오른쪽)

$F_B = F_3 - F_2 = G \dfrac{m^2}{r^2} \times 4$(오른쪽)

$F_C = F_1 + F_3 = G \dfrac{m^2}{r^2} \times \dfrac{27}{4}$(오른쪽)

$\therefore F_A : F_B : F_C = \dfrac{11}{4} : 4 : \dfrac{27}{4} = 11 : 16 : 27$ (크기의 비)

22. 답 98

해설 물체에 작용하는 힘은 다음과 같다.

물체는 벽을 F만큼 누르게 되
고 작용과 반작용에 의해 수직
항력을 F만큼 받는다. 정지해
있으려면 중력($= mg$)과 마찰력
(f)의 크기가 같아야 한다.

마찰력 $= \mu_s \times N = 0.1 \times F = 0.1F$
$mg = 1 \times 9.8 = f = 0.1F \rightarrow F = 98$N

23. 답 ④

해설
가속도 $a = \dfrac{(mg\sin\theta - \mu_k mg\cos\theta)}{m} = g\sin\theta - \mu_k g\cos\theta$

ㄱ. 두 경우 각각 가속도가 같다.

ㄴ.운동 마찰력의 크기는 $\mu_k mg\cos\theta$이므로 질량이 큰 B의 운동 마
찰력의 크기가 더 크다.

ㄷ. 두 물체의 가속도가 같기 때문에 빗면을 내려오는 시간도 같다.

24. 답 28

해설 용수철 A에는 $(3 + 5) = 8$kg에 해당하는 무게($=$ 중력)가
작용하고, 용수철 B에는 3kg의 추에 해당하는 무게가 작용한다.

A는 1kgf(10N)의 힘이 작용하면 2cm가 늘어나므로 8kgf에 의해
16cm가 늘어난다.

B는 1kgf(10N)의 힘이 작용하면 4cm가 늘어나므로 3kgf에 의해
12cm가 늘어난다.

따라서 용수철이 늘어난 전체 길이는 28cm이다.

25. 답 ③

해설 그림 (가)와 (나)의 나무 도막과 얼음에 작용하는 힘은 다음
과 같다.

(가)   (나)

ㄱ. 부력 $=$ 탄성력 $+$ 무게이므로 탄성력 $=$ 부력 $-$ 무게인데,
달에서는 부력이 $\dfrac{1}{6}$이 되고, 물체의 무게도 $\dfrac{1}{6}$이 되므로
탄성력이 줄어들기 때문에 늘어난 길이도 $\dfrac{1}{6}$로 줄어든다.

ㄴ. (나)는 얼음의 무게 $=$ 얼음이 밀어낸 물의 무게인데, 부력과 중
력이 모두 중력 가속도에 비례한다. 따라서, 수위는 일정하다.

ㄷ. 얼음이 밀어낸 물의 무게는 얼음의 무게와 같다. 얼음이 녹으
면서 물이 되고 이 물의 무게가 얼음이 밀어낸 물의 무게가 되므로
컵의 수위는 일정하게 유지된다.

26. 답 ⑤

해설 질량이 m인 물체를 수평면과 각 θ를 이루는 방향으로 F의
힘으로 끌 때, 수직 항력 $N = mg - F\sin\theta$이다. 마찰력 $f = \mu N$
$= \mu(mg - F\sin\theta)$이고, 수평 방향으로 작용하는 힘은 $F\cos\theta$이
다. 이때 수평 방향의 힘이 마찰력보다 큰 경우 물체는 이동한다.

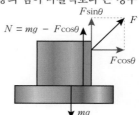

$F\cos\theta > \mu(mg - F\sin\theta) = \mu mg - \mu F\sin\theta,$

$$F(\cos\theta + \mu\sin\theta) > \mu mg, \quad F > \frac{\mu mg}{\cos\theta + \mu\sin\theta}$$

제시된 값을 대입하면

$$\frac{\mu mg}{\cos\theta + \mu\sin\theta} = \frac{0.1 \times 2 \times 10}{0.8 + 0.1 \times 0.6} = \frac{2}{0.86} = \frac{100}{43}$$

27. 답 ⑤

해설 수직 항력 = 중력 = $1 \times 10 = 10$N
외력이 4N일 때 움직이기 시작하므로 최대 정지 마찰력은 4N
가속도가 4m/s^2일 때, 알짜힘 $F = 1 \times 4 = 4$(N) 이때 외력은 6N
이므로 운동 마찰력은 $6 - 4 = 2$(N)

ㄱ. 운동 마찰력 $2 = \mu_k \times 10$N, $\mu_k = 0.2$
ㄴ. 외력이 6N일 때 물체는 운동하므로 일정한 운동 마찰력 2N이
작용하며, 외력이 3N일 때 물체는 정지해 있으므로 정지 마찰력이
3N이다. 따라서 외력이 3N일 때 마찰력이 더 크다.
ㄷ. 그래프에서 1kg의 물체를 움직일 때
최대 정지 마찰력 $4 = \mu_s \times 10$, μ_s(정지 마찰 계수) $= 0.4$이다.
$\therefore$ 2kg(무게 20N)인 물체의 최대 정지 마찰력은 $\mu_s \times 20 = 8$(N)

28. 답 ③

해설 공에 작용하는 힘을 나타내면 다음과 같다.($\theta = 30°$)

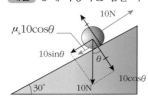

ㄱ. 빗면 위 방향의 힘 = 빗면 아
래 방향의 힘
$10 = 10\sin\theta + \mu_s 10\cos\theta$
(최대 정지 마찰력 $= \mu_s 10\cos\theta$)
$10 = 5 + \mu_s \times 5\sqrt{3}$, $\mu_s = \frac{1}{\sqrt{3}}$

ㄴ. 물체가 움직였으므로 운동 마찰력이 작용하며, 운동 마찰력은
최대 정지 마찰력보다 작고, 10N의 힘을 계속 가하므로 물체는 빗
면 위 방향으로 등가속도 운동을 한다.
ㄷ. 빗면 아래로 내려가려는 힘은 5N이고 당기는 힘이 4N이므로
물체가 정지하기 위해서 마찰력이 빗면 위방향으로 1N이 작용해
야 한다. 즉, 마찰력의 방향과 무한이가 당기는 힘의 방향이 같다.

29. 답 120

해설 수레 위에서 물체 A의 최대 정지 마찰력 : $50 \times 0.4 = 20$N
수레 위에서 물체 A에 작용하는 관성력의 크기가 20N 이상일 때
물체가 미끄러진다. 관성력의 크기 $= ma = 20$N 이고, 물체의 질
량이 5kg이므로 물체의 관성 가속도 a 가 4m/s^2 보다 클 때 물체
는 미끄러진다. 이때 수레의 가속도는 물체의 가속도와 반대 방향
이고 크기는 같다.
따라서 수레의 가속도가 4m/s^2 이상이 될 때 물체는 미끄러지기
시작한다. $F = ma$에 의해 수레의 가속도는 4m/s^2이고, 물체와 수
레를 합친 질량이 30kg이므로 $F = 30 \times 4 = 120$(N)

30. 답 ④

해설 물체와 각 줄에 작용하는 힘은 다음과 같다.

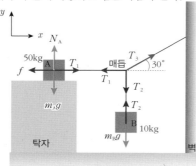

물체 A에 작용하는 힘 :
x축 방향 $T_1 = f$ $\cdots$ ㉠　　y축 방향 $N_A = m_A g$ $\cdots$ ㉡
물체 B에 작용하는 힘 :
y축 방향 $T_2 = m_B g$ $\cdots$ ㉢
매듭에 작용하는 힘 :
x축 방향 $T_1 = T_3\cos30°\cdots$ ㉣　　y축 방향 $T_2 = T_3\sin30°\cdots$ ㉤

ㄱ. 매듭과 벽을 연결하는 줄의 장력 T_3는 ㉢과 ㉤에 의해 다음과
같다.

$$m_B g = T_3\sin30° \rightarrow T_3 = \frac{m_B g}{\sin30°} = \frac{10 \times 10}{1/2} = 200\text{(N)}$$

ㄴ. 물체와 탁자 사이의 마찰력 f는 ㉠과 ㉣에 의해 다음과 같다.

$$f = T_3\cos30° = 200 \times \cos30° = 100\sqrt{3} \text{ (N)}$$

ㄷ. 평형 상태를 유지하기 위해서는 물체와 탁자 사이의 마찰력 f
가 최대 정지 마찰력일 때, 물체 B의 질량은 최대값이 된다. m_B가
최대일 때

$$m_{B\cdot max}g = T_3\sin30° \rightarrow T_3 = \frac{m_{B\cdot max}g}{\sin30°}$$

$$\therefore f_{max} = \mu_S N_A = \mu_S m_A g = T_3\cos30° = \frac{m_{B\cdot max}g}{\tan30°}$$

$$\therefore \mu_S m_A g = \frac{m_{B\cdot max}g}{\tan30°},$$

$$\rightarrow m_{B\cdot max} = \mu_S m_A \tan30° = 0.6 \times 50 \times \frac{1}{\sqrt{3}} = 10\sqrt{3} \text{ (kg)}$$

31. 답 ⑤

해설 용수철의 탄성력이 두 물체에 같은 크기로 작용한다. 용수
철의 탄성력 $F = 50 \times 0.1 = 5$N
A의 최대 정지 마찰력 $\mu_S m_A g = 0.3 \times 20 = 6$N
B의 최대 정지 마찰력 $\mu_S m_B g = 0.3 \times 15 = 4.5$N

ㄱ. 탄성력이 최대 정지 마찰력보다 큰 경우 물체가 움직인다. 따
라서 A는 정지해 있고, B는 운동하게 된다.
ㄴ. 움직이는 물체에는 운동 마찰력이 작용한다. 물체 B는 운동하
므로 운동 마찰력은 $0.2 \times 15 = 3$N
ㄷ. 8cm 늘렸을 때의 탄성력 $= 50 \times 0.08 = 4$N 이고, 이 힘은 두
물체의 최대 정지 마찰력보다 작기 때문에 두 물체는 모두 움직이
지 않아 용수철의 길이가 줄어들지 않는다.

32. 답 2.8

해설

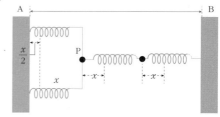

용수철 3개가 늘어나지 않았을 때 그림처럼 연결되는 경우 총
6cm 이다. 전체를 늘려서 10cm로 만들었으므로 총 늘어난 길이
는 4cm이다. 병렬 연결된 곳은 절반이 늘어난다.

전체 늘어난 길이는 $x + x + \frac{x}{2} = 4$cm

$$\therefore \frac{5x}{2} = 4\text{cm}, \quad x = 1.6\text{cm}$$

$\therefore$ P점은 A면에서 원래 길이 $+ \frac{x}{2} = 2.8$cm 만큼 떨어지게 된다.

4강. 운동 방정식의 활용

개념 확인
78~81쪽

1. 2	**2.** 2	**3.** 4	**4.** 2

1. 답 2
해설 운동 마찰력 = $0.1 \times 10 = 1$N이다. 따라서 나무 토막에 작용한 알짜힘은 $3 - 1 = 2$(N), $F = ma$에 의해
$$a = \frac{F}{m} = \frac{2}{1} = 2(\text{m/s}^2)$$

2. 답 2
해설 $F = ma$에 의해 $6 = (1 + 2) \times a$, $a = 2(\text{m/s}^2)$
A 물체가 B 물체를 끄는 힘의 크기를 F 라고 하면
B 물체에 대한 운동 방정식 : $6 - F = 2 \times 2$, $F = 2$N

3. 답 4
해설 물체 A의 운동 방정식 $T = m_A a$
　　　물체 B의 운동 방정식 $m_B g - T = m_B a$
　　　$\therefore 20 = (2 + 3) \times a$, $a = 4(\text{m/s}^2)$

4. 답 2
해설 물체 A의 운동 방정식 $T - 20 = 2a$,
　　　물체 B의 운동 방정식 $30 - T = 3a$
$\therefore 30 - (20 + 2a) = 3a$, $a = 2(\text{m/s}^2)$

확인+
78~81쪽

1. 3	**2.** 1	**3.** 20	**4.** 1

1. 답 3
해설 수평 방향으로의 힘(F)은 $2\sqrt{3} \times \cos 30° = 2\sqrt{3} \times \frac{\sqrt{3}}{2}$
$= 3$(N), 따라서 $F = ma$에 의해 $a = \frac{F}{m} = \frac{3}{1} = 3(\text{m/s}^2)$

2. 답 1
해설 $F = ma$에 의해 $4 = (2 + 2) \times a$, $a = 1$m/s^{2}이다.

3. 답 20
해설 물체 A에 작용하는 장력과 마찰력의 크기가 같으면 물체는 정지해 있으며, 이때 장력은 물체 B의 무게와 같다.
$\therefore T = 20$N

4. 답 1
해설 B의 질량을 m이라고 하면,
물체 A의 운동 방정식 $30 - T = 3 \times 5 = 15$
물체 B의 운동 방정식 $T - mg = ma$, $(a = 5)$
$\rightarrow T = 15 = 10m + 5m = 15m$ $\therefore m = 1$kg

개념 다지기
82~83쪽

01. ③	**02.** 1	**03.** 8	**04.** 2, 2
05. ④	**06.** ④	**07.** ③	**08.** ①

01. 답 ③
해설 물체의 질량이 m이라면, 처음 20N으로 끌었을 때 마찰력이 반대 방향으로 5N 작용하고 있으므로 가속도 $a = \frac{15}{m}$
이다. 가속도를 2배로 하면 $a' = \frac{30}{m}$으로 물체에 작용하는 알짜힘이 $ma' = 30$N이 되어야 한다. 운동 마찰력은 반대 방향으로 5N으로 유지 되므로 35N으로 당겨야 한다. 따라서 처음에 20N의 힘으로 당겼으므로 15N의 힘이 더 필요하다.

02. 답 1
해설 수평 방향으로 작용하는 힘은 $6 \times \cos 60° = 6 \times \frac{1}{2} = 3$(N)
$F = ma$에 의해 $3 = 3 \times a$, $a = 1$(m/s^2)

03. 답 8
해설 끈이 물체에 작용하는 힘을 장력 T로 놓고 각각의 물체에 작용하는 힘은 $F_{3kg} = 20 - T = 3a$,　$F_{2kg} = T = 2a$,
두 물체의 가속도는 같으므로
　　　$20 = (2 + 3)a$, $a = 4(\text{m/s}^2)$　$\therefore T = 2a = 8$N

04. 답 $F_1 : 2$, $F_2 : 2$
해설 두 물체의 가속도는 같다. 각각의 물체에 작용하는 힘은,
$F_{3kg} = 8 - F_1 = 3a$,　$F_{1kg} = F_2 = a$
$F_1 = F_2$이므로 $8 - a = 3a$, $a = 2(\text{m/s}^2)$, 따라서 F_1, F_2 모두 2N
이다. (작용 반작용 관계)

05. 답 ④
해설
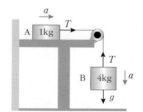
물체 A의 운동 방정식 $T = m_A a = a$
물체 B의 운동 방정식 $m_B g - T = m_B a$
$\rightarrow 4 \times 10 - a = 4a$
$\therefore 40 = 5a$, $a = 8(\text{m/s}^2)$

06. 답 ④
해설
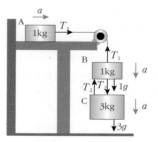
물체 A의 운동 방정식 : $T_1 = m_A a = a$
물체 B의 운동 방정식 : $T_2 + m_B g - T_1 = m_B a$
$\rightarrow T_2 + 10 - a = a$, $T_2 = 2a - 10$
물체 C의 운동 방정식 $m_C g - T_2 = m_C a$

$\rightarrow 30 - (2a - 10) = 3a$, $\therefore a = 8\text{m/s}^2 \rightarrow T_1 = 8\text{N}$

07. 답 ③

해설

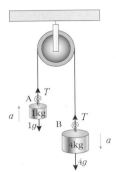

물체 A의 운동 방정식 : $T - m_A g = m_A a \rightarrow T - 10 = a$
물체 B의 운동 방정식 : $m_B g - T = m_B a$
$\rightarrow 40 - (a + 10) = 4a$, $30 = 5a$ $\therefore a = 6\text{m/s}^2$

08. 답 ①

해설

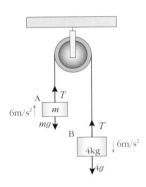

물체 A의 운동 방정식 : $T - m_A g = m_A a \rightarrow T - 10m = 6m$
물체 B의 운동 방정식 : $m_B g - T = m_B a \rightarrow 40 - T = 6 \times 4$
$\therefore T = 16\text{N} \rightarrow m = 1\text{kg}$

유형 익히기 & 하브루타		84~87쪽
[유형 4-1] ②	01. 4	02. ①
[유형 4-2] ⑤	03. ③	04. ②
[유형 4-3] (1) 0.5 (2) 15	05. ①	06. ④
[유형 4-4] (1) b, 4 (2) 12	07. 16	08. ⑤

[유형 4-1] 답 ②

해설

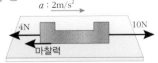

(가)에서는 물체에 작용하는 외력은 6N이다. 이때 물체가 2m/s^2으로 운동하므로 물체에 작용하는 알짜힘은 4N이다. 따라서 운동 마찰력은 2N이다.

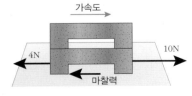

(나)에서 작용하는 외력은 6N으로 같고, 수직 항력이 2배이므로,

마찰력도 2배로 나타난다. 따라서 운동 방정식에 의해 $10 - (4 + 4) = 4 \times a$, $a = 0.5\text{m/s}^2$이다.

01. 답 4

해설 물체에 작용한 마찰력을 f 로 하였을 때,
$6 - f = 2 \times 1$ $\therefore f = 4\text{N}$

02. 답 ①

해설

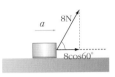

물체는 수평 방향으로 $8\cos60°$의 힘을 받는다.

$\cos60° = \dfrac{1}{2}$ 이므로, 물체가 수평 방향으로 받는 힘은 $8 \times \dfrac{1}{2}$

$= 4\text{N}$ $\therefore F = ma \rightarrow 4 = 2 \times a$, $a = 2(\text{m/s}^2)$

[유형 4-2] 답 ⑤

해설

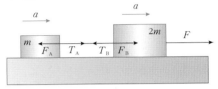

F_A : A가 실을 당기는 힘 T_A : 실이 A에 작용하는 힘(= 장력)
F_B : B가 실을 당기는 힘 T_B : 실이 B에 작용하는 힘(= 장력)
$T_A = ma$, $F - T_B = 2ma$, $T_A = T_B$

$F - ma = 2ma \rightarrow a = \dfrac{F}{3m}$

ㄱ. 물체 A에 작용하는 알짜힘은 $F = ma \rightarrow m \times \dfrac{F}{3m} = \dfrac{F}{3}$

이다. ㄴ. 물체 A와 B의 가속도는 같고, 물체 A, B의 가속도는

$a = \dfrac{F}{3m}$이다. ㄷ. 실의 장력 $T = ma = \dfrac{F}{3}$

03. 답 ③

해설 세 물체가 끈으로 연결되어 같이 움직인다. 즉, 세 물체의 가속도 a는 같다.
$F = ma$에 의해, $6 = (2 + 4 + m) \times 0.5$, $m = 6\text{kg}$

04. 답 ②

해설 물체에 작용한 알짜힘 : $(6 - $ 운동 마찰력$(\mu N = \mu mg))$
알짜힘 $= 6 - \mu(2m + m + 3m) \times 10 = 6 - 0.1 \times 6m \times 10 = 6 - 6m$이다.

$F = ma \rightarrow (6 - 6m) = 6m \times 1.5$ $\therefore m = \dfrac{2}{5}(\text{kg})$

[유형 4-3] 답 (1) 0.5 (2) 15

해설

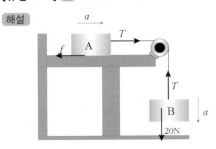

물체 A의 운동 방정식 : $T - f = m_A a = 2 \times 2.5 = 5\text{N}$

물체 B의 운동 방정식 : $20 - T = m_Ba$
→ $20 - T = 5$ ∴ $T = 15$N
$f = 10 = \mu mg = \mu \times 20, \mu = 0.5$

05. 답 ①
해설

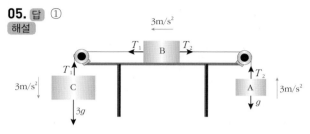

물체 A의 운동 방정식 : $T_2 - 10 = m_Aa = 1 \times 3 = 3$
∴ $T_2 = 13$
물체 C의 운동 방정식 : $30 - T_1 = m_Ca = 3 \times 3 = 9$
∴ $T_1 = 21$
물체 B의 운동 방정식 : $(21 - 13) - f = m_Ba = 2 \times 3 = 6$
∴ $f = 2$
→ $f = 2$N $= \mu mg = \mu \times 20, \mu = 0.1$

06. 답 ④
해설

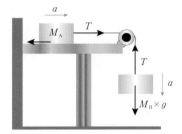

물체 A의 운동 방정식 : $T = M_Aa$
물체 B의 운동 방정식 : $M_Bg - T = M_Ba$
∴ $a = \dfrac{M_B}{M_A + M_B}g$, $T = \dfrac{M_AM_B}{M_A + M_B}g$

ㄱ. B의 질량을 두 배로 하면 가속도는 $\dfrac{2M_B \times g}{M_A + 2M_B}$ 이 되
므로 2배가 되지 않는다.
ㄴ. 가속도 $a = \dfrac{2M_B \times g}{2M_A + 2M_B} = \dfrac{M_B}{M_A + M_B}g$ 이므로 가속
도는 변함없이 유지된다.
ㄷ. A와 B의 질량이 각각 두 배가 되었을 경우
장력 $T' = \dfrac{4M_AM_B}{2M_A + 2M_B}g = \dfrac{2M_AM_B}{M_A + M_B}g = 2T$ 이다.

[유형 4-4] 답 (1) b, 4 (2) 12
해설 실의 장력을 T, A의 가속도를 a_1, B의 가속도를 a_2라고 한

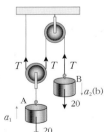

다. 이때 a_2의 크기는 a_1의 2배가 되
고 $(a_2 = 2a_1)$, 방향은 반대이다.
(1) 정지 상태에서 출발하고, T는 20N
보다 작으므로 운동 방향은 b이다.
물체 B : $20 - T = 2a_2 = 4a_1$
물체 A : $2T - 20 = 2a_1$
∴ $T = 12$N, $a_1 = 2$m/s² 이므로,
$a_2 = 2a_1 = 4$m/s²

07. 답 16

해설 실의 장력은 T, 가속도는 a

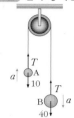

물체 A의 운동 방정식 : $T - 10 = a$
물체 B의 운동 방정식 : $40 - T = 4a$
→ $40 - (a + 10) = 4a$
∴ $a = 6$m/s²

08. 답 ⑤
해설 실의 장력은 T, 가속도는 a

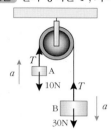

ㄱ, ㄴ.
물체 A : $T - 10 = a$
물체 B : $30 - T = 3a$
→ $30 - (a + 10) = 3a$
∴ $a = 5$m/s², $T = 15$N
ㄷ. 속도의 변화량 = 가속도 × 시간
$= 5 \times 3 = 15$(m/s)

창의력 & 토론마당 88~91쪽

01
(1) 5m/s² (2) 10N
(3) 4.7m/s² (4) $\sqrt{3} = 1.7$

해설 마찰력을 무시할 때, 물체 A는 경사면을 따라 움직이
고, 물체 B는 연직 방향으로 움직일 때, 각 물체에 작용하는
힘은 다음과 같다.

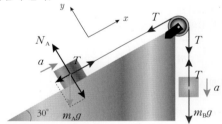

(1) 물체 A의 운동 방정식;
x 방향 : $T - m_Ag\sin30° = m_Aa$ ···㉠
y 방향 : $N_A - m_Ag\cos30° = 0$
물체 B의 운동 방정식; $m_Bg - T = m_Ba$ ···㉡
㉠ + ㉡ $(m_B - m_A\sin30°)g = (m_A + m_B)a$
∴ $a = \dfrac{m_B - m_A\sin30°}{m_A + m_B}g = \dfrac{2 - 1(1/2)}{1 + 2} \times 10 = 5$(m/s²)
(2) ㉡에서 $T = m_B(g - a) = 2(10 - 5) = 10$(N)
(3) 마찰력 ≠ 0 일 때, 힘은 다음과 같이 표시된다.

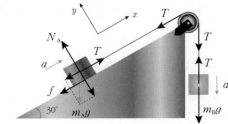

물체 A의 운동 방정식;
x 방향 : $T - m_Ag\sin30° - f = m_Aa$ ···㉢

y 방향 : $N_A - m_Ag\cos30° = 0$

$N_A = m_Ag\cos30° = 1 \times 10 \times \dfrac{\sqrt{3}}{2} = 5\sqrt{3}$

최대 정지 마찰력 $f_{s \cdot max} = \mu_s N_A = 0.2 \times 5\sqrt{3} = \sqrt{3}$ (N)

운동 마찰력 $f_k = \mu_k N_A = 0.1 \times 5\sqrt{3} = \dfrac{\sqrt{3}}{2}$ (N)

물체 B의 운동 방정식; $m_Bg - T = m_Ba$ $\cdots$ ㉣

㉢ + ㉣ $(m_B - m_A\sin30°)g - f = (m_A + m_B)a$

만약 물체가 정지해 있다고 한다면, $a = 0$이고,

$f = (m_B - m_A\sin30°)g = (2 - \sin30°) \times 10 = 15$(N)이 된다.

이는 최대 정지 마찰력보다 큰 값이므로 불가능하다.

따라서 물체는 운동 중이며, 운동 마찰력이 작용한다.

$\therefore a = \dfrac{(m_B - m_A\sin30°)g - f_k}{m_A + m_B} = \dfrac{15 - (\sqrt{3}/2)}{1 + 2}$

$\qquad = 4.7(\text{m/s}^2)$

(4) 두 물체가 계속 정지하기 위해서 다음 조건을 만족한다.

$f \le f_{s \cdot max} \ \rightarrow \ (m_B - m_A\sin30°)g \le \mu_s N_A$

$\mu_s \ge \dfrac{(m_B - m_A\sin30°)g}{N_A} = \dfrac{15}{5\sqrt{3}} = \sqrt{3} \fallingdotseq 1.7$

02

(1) $\dfrac{F}{3}$ (2) A : $\dfrac{2F}{3}$, B : $\dfrac{F}{3}$

해설

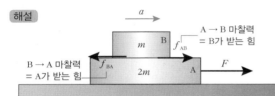

물체 A의 운동 방정식 : $F - f_{BA} = 2ma$

물체 B의 운동 방정식 : $f_{AB} = ma$

$\therefore a = \dfrac{F}{3m}$, $f_{AB} = f_{BA} = \dfrac{F}{3}$(크기)

물체 A에 작용하는 알짜힘 : $F - f_{BA} = F - \dfrac{F}{3} = \dfrac{2}{3}F$

물체 B에 작용하는 알짜힘 : $f_{AB} = \dfrac{F}{3}$

03

가속도 크기 $= 8\text{m/s}^2$(힘 A와 반대 방향)

해설 손을 뗀 순간 추에 다음과 같은 힘이 작용한다.

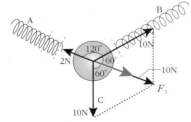

용수철 A의 탄성력 $= 200 \times 0.01 = 2$N

용수철 B의 탄성력 $= 200 \times 0.05 = 10$N

힘 C : 물체의 중력

B와 C의 합력은 탄성력 A의 반대 방향으로 10N이다.

그러므로 탄성력 A의 작용선 상에서 운동 방정식;

$10 - 2 = 1 \times a$ $\quad \therefore a = 8\text{m/s}^2$(힘 A와 반대 방향)

04

30N

해설 두 물체 사이에 작용하는 힘은 다음과 같다.

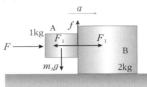

물체 A를 밀면, 물체 A와 B의 경계면에서 서로 미는 힘이 발생한다. 그 힘을 F_1이라고 하자.

물체 A와 B 사이에 작용하는 마찰력 f 는 수직 항력과 마찰 계수의 곱에 비례하고, 방향은 연직 윗 방향이 된다. 이때 수직 항력은 마찰면과 수직 방향인 힘 F_1과 같다.

$\therefore f = \mu F_1$

이때 물체 A가 떨어지지 않고 물체 B와 함께 오른쪽으로 운동하고 있으므로 마찰력과 중력은 평형이다.

$f = \mu F_1 = m_A g \ \rightarrow \ 0.5F_1 = 1 \times 10, \ F_1 = 20$(N)

물체 A : $F - F_1 = m_A a \ \rightarrow \ F - 20 = a$

물체 B : $F_1 = m_B a \ \rightarrow \ 20 = 2a, \quad a = 10(\text{m/s}^2)$

$\therefore F = 30$(N)

05

(1) 16N   (2) 20N

해설 그림 (가)의 경우 작용하고 있는 힘은 다음과 같다.

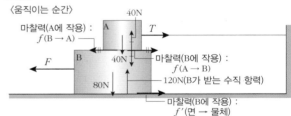

물체 A : $f = 0.1 \times 40 = T$ (평형)

물체 B : $F = f + f'$ (평형)

$\qquad f = 4\text{N}, f' = 120 \times 0.1 = 12\text{N}$

$\therefore F = 16$N (움직이는 순간)

(2) 그림 (나)의 경우 힘들은 다음과 같다.

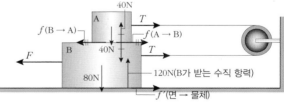

물체 A의 운동 방정식 : $f = 0.1 \times 40 = T$

물체 B의 운동 방정식 : $F = f + f' + T$

$\qquad f = 4\text{N}, \ f' = 12\text{N} \quad \therefore F = 4 + 12 + 4 = 20\text{N}$

06

100N

해설 물체의 무게 200N, 원숭이가 가하는 힘을 F, 줄의 장력 T라고 하면, $T \ge 200$일 때 물체가 올라간다.

$T = 100$N(원숭이의 무게) $+ F$이므로,

$(100 + F) - 200 \ge 0 \ \rightarrow \ F - 100 \ge 0 \quad \therefore F \ge 100$

원숭이는 최소 100N의 힘을 줄에 가해야 상자를 지면으로부터 끌어 올릴 수 있다.

스스로 실력 높이기 92~99쪽

01. 오른쪽, 3	**02.** $\dfrac{1}{2}$	**03.** 2	**04.** 3	**05.** 2
06. $\dfrac{9}{2}$	**07.** 10	**08.** 2.5	**09.** ①	**10.** ④	**11.** 2
12. 9	**13.** 2	**14.** ④	**15.** 2, 3	**16.** 2	**17.** ①
18. ③	**19.** ③	**20.** ③	**21.** ②	**22.** 6	**23.** ②
24. ②	**25.** 40, 10		**26.** 0.1	**27.** ⑤	**28.** ④
29. 8	**30.** ②	**31.** ②	**32.** 48, 32		

01. 답 오른쪽, 3

해설 알짜힘은 오른쪽으로 9N이다. 물체의 질량이 3kg이므로
$9 = 3 \times a$, $a = 3\text{m/s}^2$

02. 답 $\dfrac{1}{2}$

해설 수평 방향의 힘은 $2 \times \cos45° = 2 \times \dfrac{\sqrt{2}}{2} = \sqrt{2}$ N

질량이 $2\sqrt{2}$ kg이므로, $\sqrt{2} = 2\sqrt{2} \times a$, $a = \dfrac{1}{2}$ m/s²

03. 답 2

해설 물체 A의 운동 방정식 : $T = 2a$
물체 B의 운동 방정식 : $6 - T = a$
$\therefore a = 2\text{m/s}^2$

04. 답 3

해설 물체 A의 운동 방정식 : $T = 3a$
물체 B의 운동 방정식 : $4 - T = a$
$\therefore a = 1\text{m/s}^2$, $T = 3\text{N}$

05. 답 2

해설

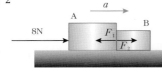

물체 A의 운동 방정식 : $8\text{N} - F_1 = 3a$
물체 B의 운동 방정식 : $F_2 = a$
$F_1 = F_2$ 이므로, $8 - a = 3a$ $\therefore a = 2\text{m/s}^2$

06. 답 $\dfrac{9}{2}$

해설 물체 A가 물체 B에 가하는 힘을 F_2 라 하면,

물체 A : $9 - F_1 = 3a$ 물체 B : $F_2 = 3a$ ($F_1 = F_2$)

$a = \dfrac{3}{2}$ m/s² $\therefore$ A가 B에 가하는 힘 $F_2 = \dfrac{3}{2} \times 3 = \dfrac{9}{2}$N

07. 답 10

해설

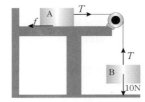

물체 A의 운동 방정식 : $T - f = 0$
물체 B의 운동 방정식 : $10 - T = 0$
$\rightarrow 10\text{N} - f = 0$ $\therefore f = 10\text{N}$

08. 답 2.5

해설

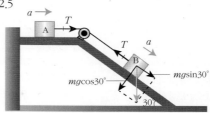

$mg\sin\theta$가 빗면 아래 방향으로 물체에 작용하는 힘이다.
물체 A의 운동 방정식 : $T = 2a$
물체 B의 운동 방정식 : $mg\sin\theta - T = 2a$
$\rightarrow 20\sin30° - 2a = 2a$ $\therefore a = 2.5\text{m/s}^2$

09. 답 ①

해설 물체 A의 운동 방정식 :
$T - 20 = 2a$
물체 B의 운동 방정식 : $30 - T = 3a$
$\therefore a = 2\text{m/s}^2$

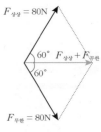

10. 답 ④

해설 $30 - T = 3 \times 2$, $T = 24\text{N}$

11. 답 2

해설 $F = ma$로부터 $F = m_A \times 3$, $m_A = \dfrac{F}{3}$, $m_B = \dfrac{F}{6}$

$\rightarrow F = (m_A + m_B) a = \left(\dfrac{F}{3} + \dfrac{F}{6}\right) a = \dfrac{F}{2} a$, $\therefore a = 2\text{m/s}^2$

12. 답 9

해설 무한이와 상상이가 작용하는 힘의 합력은 오른쪽 그림과 같다.
$80\cos60° + 80\cos60° = 80\text{N}$
$\rightarrow 40 a = 80$, $a = 2\text{m/s}^2$이다.
$s = \dfrac{1}{2} at^2$(처음 속도 = 0)에서
$s = \dfrac{1}{2} \times 2 \times 3^2 = 9\text{m}$

13. 답 2

해설

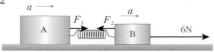

물체 A의 운동 방정식 : $F_1 = a$
물체 B의 운동 방정식 : $6 - F_2 = 2a$
$F_1 = F_2$ 이므로, $6 - a = 2a$, $\therefore a = 2\text{m/s}^2$, $F_1 = 2$(N)
$2\text{N} = 100 \times x$, $x = 0.02\text{m} = 2\text{cm}$

14. 답 ④

해설 같은 극 사이에는 척력이 작용하여 용수철이 압축된다.
ㄱ. 탄성력의 크기는 $100 \times 0.04 = 4\text{N}$이다. B가 없어졌을 때 자석 A는 4N의 힘을 받게 된다. 따라서 자석 A : $4 = 1a$, $a = 4\text{m/s}^2$
ㄴ. 질량이 2배가 되었으므로 가속도가 반으로 줄어든다.
ㄷ. 자석 사이의 거리가 2배가 된 순간, 자기력은 $\dfrac{1}{4}$ 배가 된다.

따라서 자기력은 1N이 되고, 탄성력은 외력인 자기력과 크기가 같으므로 $1 = 1a$, $a = 1\text{m/s}^2$ 이다.

15. 답 2, 3

해설
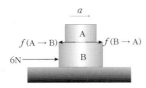

물체 A의 운동 방정식 : $F_1 = a = F_2$
물체 B의 운동 방정식 : $F_3 - F_2 = 2a \rightarrow F_3 = 3a = F_4$
물체 C의 운동 방정식 : $14 - F_4 = 4a$
$\therefore a = 2\text{m/s}^2$, $F_1 = F_2 = 2\text{N}$, $F_3 = F_4 = 6\text{N}$
$2\text{N} = 100x$, $x = 0.02\text{m}$, $6\text{N} = 200x'$, $x' = 0.03\text{m}$

16. 답 2

해설 한 덩어리가 되어 운동하는 경우 물체 A와 B의 가속도는 같다. 이때 두 물체에 작용하는 힘은 다음과 같다.

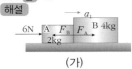

물체 A의 운동 방정식 : $f = 1 \times a$
물체 B의 운동 방정식 : $6\text{N} - f = 2a$
$\therefore a = 2\text{m/s}^2$, $f = 2\text{N}$

17. 답 ①

해설
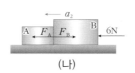

(가) 운동 방정식 : $F_A = 4a_1$, $6 - F_B = 2a_1$
$\therefore a_1 = 1\text{m/s}^2$, $F_A = F_B = 4\text{N}$
(나) 운동 방정식 : $F_A = 2a_2$, $6 - F_B = 4a_2$
$\therefore a_2 = 1\text{m/s}^2$, $F_A = F_B = 2\text{N}$

18. 답 ③

해설 $F_B(\text{B에 작용}) = 60 - T = 6 \times 2a$,
$F_A(\text{A에 작용}) = 2T - 30 = 3 \times a$
$\therefore T = 20\text{N}$, $a = \dfrac{10}{3}\text{m/s}^2$이다.

19. 답 ③

해설 ㄱ. 속도－시간 그래프에서 기울기는 가속도이다. 따라서 질량 2kg인 물체의 가속도 $a = 2\text{m/s}^2$ 이다. 그러므로 이 물체에 작용한 수평 방향의 알짜힘은 $F = ma = 2 \times 2 = 4\text{N}$. 이때 10N에 의해 수평 방향으로 나타난 힘은
$F'\cos\theta = 10 \times \dfrac{4}{5} = 8\text{N}$ 이므로 수평 방향의 알짜힘이 4N이기 위해
물체에 작용한 마찰력 f 는 4N이다.
$f = \mu_k N = \mu_k(mg - F'\sin\theta) = 0.4 \times (2g - 10 \times \dfrac{3}{5}) = 4$
$\therefore g = 8\text{m/s}^2$이다.
ㄴ. $g = \dfrac{GM}{R^2}$ 에서 지구의 중력 가속도가 10m/s²일 때, 행성 A의 중력 가속도는 지구의 약 $\dfrac{8}{10} = \dfrac{4}{5}$ 배 이다. 반지름 R이 같으므로 질

량 M이 $\dfrac{4}{5}$배이다.

ㄷ. $s = \dfrac{1}{2}gt^2$에서 $16 = \dfrac{1}{2} \times 8 \times t^2$, $t = 2\text{s}$

20. 답 ③

해설 탄성력(= 외력)의 크기는 5N이다.

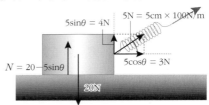

물체의 최대 정지 마찰력 $= 0.1 \times \{20 - 5\sin\theta(= 4)\} = 1.6\text{N}$
이므로 물체는 움직인다. 물체가 운동하고 있을 때 운동 마찰력이 작용하므로 물체에 작용하는 알짜힘;
$5\cos\theta - \mu N = 5\cos\theta - 0.05(20 - 4) = 3 - 0.8 = 2.2\text{ N}$
ㄱ. $F = ma$로부터 $2.2 = 2 \times a$, $a = 1.1\text{m/s}^2$
ㄴ. $s = \dfrac{1}{2}at^2$에서 $s = \dfrac{1}{2} \times 1.1 \times 4^2 = 8.8\text{m}$
ㄷ. 물체의 질량이 1.6kg 늘어나면 물체의 총 질량은 3.6kg이다. 이때 수직 항력은 $(36 - 4) = 32\text{N}$이다. 따라서 최대 정지 마찰력이 3.2N이고, 물체에 가한 외력보다 최대 정지 마찰력이 크므로 물체는 움직이지 않는다.

21. 답 ②

해설 $s = \dfrac{1}{2}at^2$에서 $9 = \dfrac{1}{2} \times a \times 3^2$, $a = 2\text{m/s}^2$
따라서 물체에 작용한 알짜힘(외력+마찰력) $F = 2 \times 2 = 4\text{N}$ 이다. 물체에 가한 외력이 8N이므로 운동 마찰력은 4N이다.
$\therefore 4 = \mu \times 20$, $\mu = 0.2$

22. 답 6

해설 고리 각각의 질량을 m이라고 하면,
$F - T_1 - mg = ma$ ···㉠
$T_1 - T_2 - mg = ma$ ···㉡
$T_2 - T_3 - mg = ma$ ···㉢
$T_3 - T_4 - mg = ma$ ···㉣
$T_4 - mg = ma$ ···㉤
$\rightarrow F = 5m(g + a)$ (㉠+㉡+㉢+㉣+㉤)
$T_1 = 4m(g + a)$ (㉡+㉢+㉣+㉤)
$T_2 = 3m(g + a)$ (㉢+㉣+㉤)
$T_3 = 2m(g + a)$ (㉣+㉤)
$T_4 = m(g + a)$ (㉤)
여기에서 $m = 0.1$, $a = 2$, $g = 10$ 이다.
$\therefore F = 5 \times 0.1 \times 12 = 6\text{N}$

23. 답 ②

해설 물체의 질량을 m이라고 했을 때 다음 두 경우의 운동 방정식을 통해 가속도 a를 비교한다.
(1) 물체 한 개만 빗면에 있을 때 : $mg\sin\theta = 2ma$
(2) 물체가 미끄러져 물체 두 개가 모두 빗면에 있을 때 : $2mg\sin\theta = 2ma$
두 개가 모두 빗면에 있게 되면 물체 1개가 수평면에 잇을 때보다 가속도가 2배가 된다. 때문에 $v-t$ 그래프에서 그래프의 중간부터 기울기가 갑자기 증가한 모양을 한 그래프인 ②를 골라야 한다.

24. 답 ②

해설 사람이 T의 힘으로 끈을 잡아당기면 반작용으로 끈으로부터 T의 힘을 받고 바구니에는 윗 방향으로 줄 1개당 T의 힘이 작용하므로 위로 총 $3T$의 힘이 작용하고 있다.

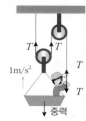

(사람+바구니)의 중력은 1000N이고,
가속도는 1m/s²이다. 운동 방정식 ;
$3T - 1000 = ma = 100$
$\therefore T = F = \dfrac{1100}{3}$(N)
(장력 = 잡아당기는 힘)

25. 답 40, 10

해설 물체 A, B, C가 같은 가속도 a로 운동하므로, 물체 A, B, C에 작용하는 힘은 그림과 같이 나타난다.

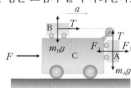

물체 A; ($m_A = 1$kg)
연직 방향: $T = m_A g = 10$(N)··· ㉠   수평 방향: $F_1 = m_A a$ ··· ㉡
물체 B; ($m_B = 4$kg)
연직 방향 : $N_B - m_B g = 0$, $N_B = m_B g$ ··· ㉢
수평 방향 : $T = m_B a$ ··· ㉣
㉠과 ㉣에 의해 $m_A g = m_B a$ → $10 = 4a$, $a = 2.5$(m/s²)
물체 C; ($m_C = 15$kg)
$F - F_1 = 15a$, $F = 15a + F_1 = 16a$ $\therefore F = 40$(N)

26. 답 0.1

해설 각 줄과 물체에 작용하는 힘은 다음과 같다.

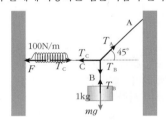

줄 A, B, C가 만나는 점에서 힘의 평형 조건 :
수평 방향 : $T_C = T_A \cos\theta$ ··· ㉠
연직 방향 : $T_A \sin\theta - T_B = 0$, $T_A = \dfrac{T_B}{\sin\theta}$ ··· ㉡
물체에 작용하는 힘 : $T_B = mg$ ··· ㉢
용수철에 작용하는 힘 : $T_C - F = 0$
용수철 상수 $k = 100$N/m, 늘어난 길이를 x라고 하면,
$T_C = 100x$ ··· ㉣
㉡, ㉢ 식에 의해 $T_A = \dfrac{mg}{\sin\theta}$ 이므로, ㉠식은 다음과 같다.

$T_C = \dfrac{mg}{\sin\theta}\cos\theta = \dfrac{mg}{\tan\theta} = 10$ (tan45° = 1, $mg = 10$)
$= 100x$, $\therefore x = 0.1$(m)

27. 답 ⑤

해설 질량 $m = 1$kg인 물체가 빗면 위에서 올라갈 때 물체에 작용하는 힘은 다음과 같다.

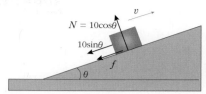

P점에서 물체의 속도 $v_0 = 16$m/s이고, 2초 후 방향이 바뀌었으므로 2초일 때 속도 = 0 이다. 따라서 최고점까지의 시간은 2초이고, 물체의 가속도 $a = -8$m/s²이다.
ㄱ. 물체가 빗면을 따라 위로 운동을 하는 경우 :
운동 마찰력 f는 운동 방향과 반대 방향으로 작용한다. (빗면 위 방향을 +)($f = \mu_k \cdot mg\cos\theta$)
$-mg\sin\theta - f = ma$ → $-10\sin\theta - \mu_k \cdot 10\cos\theta = -8$
$\sin\theta = \dfrac{3}{5}$이므로, $\cos\theta = \dfrac{4}{5}$이다. $\therefore \mu_k = \dfrac{2}{8} = 0.25$
ㄴ. 2초 동안 이동한 거리 s는 다음과 같다.
$s = v_0 t + \dfrac{1}{2}at^2 = 16 \times 2 + \dfrac{1}{2} \times (-8) \times 2^2 = 16$
$\therefore$ 높이 $h = s\sin\theta = 16 \times \dfrac{3}{5} = \dfrac{48}{5} = 9.6$ m
ㄷ. 운동 방향이 바뀌는 지점과 P점은 16m 떨어져 있고, 운동마찰력 $f = \mu_k N = \mu_k \cdot 10\cos\theta = 0.25 \cdot 10 \dfrac{4}{5} = 2$(N)
내려올 때 운동 마찰력은 반대 방향으로 작용하므로
$mg\sin\theta - f = ma'$ → $6 - 2 = 1 \times a'$, $a' = 4$m/s²
16m를 내려오는 데 걸리는 시간을 t'라고 하면,
$\therefore 16 = \dfrac{1}{2} \times 4 \times t'^2$, $t' = 2\sqrt{2}$ (초)

28. 답 ④

해설 각 물체에 작용하는 힘은 다음과 같다.

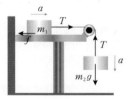

m_2의 운동 방정식 : $m_2 g - T = m_2 a$
m_1의 운동 방정식 : $T - f = m_1 a$, $f = \mu m_1 g$
$\therefore a = \dfrac{(m_2 - \mu m_1)g}{m_1 + m_2}$, $T = m_1 a + \mu m_1 g = m_1(a + \mu g)$
$= \dfrac{m_1(m_2 g - \mu m_1 g)}{m_1 + m_2} + \mu m_1 g = \dfrac{m_1 \cdot m_2}{m_1 + m_2}(1 + \mu)g$
$= \dfrac{m_2}{1 + m_2/m_1}(1 + \mu)g$ 이므로,
m_1이 매우 큰 경우 $T = (1 + \mu)m_2 g$(일정)가 되고,
$m_1 = 0$이면 $T = 0$이다. 유사한 것은 ④이다.

29. 답 8

해설

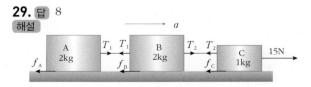

출발 시 물체 A의 운동 방정식 : $T_1 - f_A = 2a$
$f_A = f_B = \mu_k N_A = 0.1 \times 20 = 2$(N), $f_C = \mu_k N_C = 0.1 \times 10 = 1$(N)

$$\therefore T_1 = 2a + 2$$

물체 B의 운동 방정식 : $T_2 - T_1 - f_B = 2a$
$T_2 - (2a + 2) - 2 = 2a, \quad \therefore T_2 = 4a + 4$
물체 C의 운동 방정식 : $F - T_2 - f_C = a$
$15 - (4a + 4) - 1 = a \quad \therefore a = 2\text{m/s}^2$
4초 후 A의 속도는 $v = at = 2 \times 4 = 8\text{m/s}$
실이 끊어지면 물체 A에 작용하는 힘은 운동 마찰력 밖에 없다. 운동 마찰력은 2N이므로, 실이 끊어진 후 가속도는 $-2 = 2a$, $a = -1\text{m/s}^2$이다. 나중 속도 v 가 0일 때까지 걸린 시간을 t 라 하면, $0 = 8 + (-1) \times t$, $t = 8(s)$

30. 답 ②
[해설] 두 물통이 움직이기 시작하는 순간까지 빠져나간 물의 총량을 m'이라고 가정했을 때, 아래쪽 물통의 무게는 $m'g$ 이 되고, 책상 위의 물통의 무게는 $(m - m')g$ 이 된다. 책상 위의 물통에 작용하는 장력과 마찰력이 같아지는 순간 물통이 움직이므로 물통의 운동 방정식은
아래쪽 물통 ; $m'g = T$
위쪽 물통 ; $T = \mu(m - m')g = 0.4(m - m')g$
$0.4(m - m')g = m'g$에서 $m' = \dfrac{2m}{7}$ 이다.

31. 답 ②
[해설]

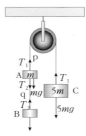

ㄱ. 정지(힘의 평형)할 때 그림에서 $T_1 = 5mg$ 이고, $T_2 = 4mg$.
ㄴ. q가 B를 당기는 힘은 T_2이며, $4mg$이다.
ㄷ. 위치를 바꾸어도 T_1 의 크기는 변하지 않는다.

32. 답 48, 32
[해설]

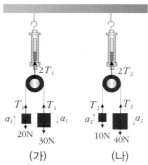

(가)   (나)

그림처럼 장력 T_1, T_2가 작용한다면
그림(가)의 용수철 저울은 $2T_1$의 눈금을 가리킬 것이고
그림(나)의 용수철 저울은 $2T_2$의 눈금을 가리킬 것이다.
운동 방정식을 세우면 (가) 가속도 a_1 (나) 가속도 a_2
(가) $30 - T_1 = 3a_1$, $T_1 - 20 = 2a_1$, $a_1 = 2\text{m/s}^2$, $T_1 = 24$N
(나) $40 - T_2 = 4a_2$, $T_2 - 10 = 1a_2$, $a_2 = 6\text{m/s}^2$, $T_2 = 16$N
따라서
(가) 용수철 저울 : 48(N), (나) 용수철 저울 : 32(N)

5강. 운동량과 충격량

개념 확인			100~103쪽
1. 4	**2.** 4	**3.** 8	**4.** 4

1. 답 4
[해설] 물체의 운동량 $p = mv = 2 \times 2 = 4\text{kg} \cdot \text{m/s}$

2. 답 4
[해설] 정지해 있던 물체가 일정한 힘을 받아 나중 운동량이 p인 상태가 되었다면, 나중 운동량은 다음과 같다.
나중 운동량 = 힘 × 시간 = $2 \times 2 = 4\text{kg} \cdot \text{m/s}$

3. 답 8
[해설] 운동량 보존 법칙에 따라 충돌 전후의 운동량의 합은 같다.
운동량은 $p = mv$ 이므로
$4 \times 2 = m \times 1$, $m = 8\text{kg}$

4. 답 4
[해설] 왼쪽 파편의 속도를 v라고 하면 운동량 보존 법칙에 의해
$6 \times 1 = 3 \times 6 + 3 \times v$ $\therefore v = -4\text{m/s}$(속력=4m/s)

확인+			100~103쪽
1. -4	**2.** ①	**3.** 0	**4.** 0

1. 답 -4
[해설] 충격량 = 운동량의 변화량 = $1 \times (-1) - 1 \times 3$
$= -4\text{N} \cdot \text{s}$

2. 답 ①
[해설] ① 비오는 날에는 도로와의 마찰력이 작아져서 차가 많이 미끄러지게 된다. 충돌과는 관련이 없다.
②, ③ , ④는 충돌 시간이 늘어나면 충격력이 작아지는 원리를 이용한 것이다.

3. 답 0
[해설] 운동량 보존 법칙에 따라 충돌 전후의 운동량의 합은 같다. 운동량 $p = mv$ 이므로
$2 \times 4 + 2 \times 1 = 2 \times v + 2 \times 5$, $v = 0$, 물체 A는 정지한다.

4. 답 0
[해설] 반발 계수 $= \dfrac{0}{3 - 0} = 0$으로, 두 물체는 완전 비탄성 충돌을 하였다.

개념 다지기			104~105쪽
01. (1) X (2) O (3) O		**02.** 12	**03.** 6
04. 0.18	**05.** 6	**06.** ① **07.** ①	**08.** ⑤

01. 답 (1) X (2) O (3) O
해설 (1) 운동량의 방향과 속도의 방향은 같다.

02. 답 12
해설 야구공의 질량은 300g, 야구공의 속력은 40m/s이므로 $p = 0.3 \times 40 = 12(\text{kg} \cdot \text{m/s})$

03. 답 6
해설 충격량은 운동량의 변화량과 같다. 골프공의 질량은 0.12kg이고 충돌 전에는 정지해있었고 충돌 후의 속도는 50m/s 이므로 골프공의 운동량의 변화량은 다음과 같다.
$$\Delta p = 0.12 \times 50 - 0 = 6(\text{N} \cdot \text{s})$$

04. 답 0.18
해설 충격량은 운동량의 변화량과 같다. 물체의 질량은 0.3kg이고 충돌 전의 속도는 2m/s이고 충돌 후의 속도는 5m/s이므로 골프공의 운동량의 변화량은 다음과 같다.
$$\Delta p = 0.3 \times 5 - 0.3 \times 2 = 0.9(\text{N} \cdot \text{s})$$
$$\text{충격력 } F = \frac{\text{충격량}}{\text{시간}} = \frac{0.9}{5} = 0.18\text{N}$$

05. 답 6
해설 충돌 전 운동량의 합 $= 10 \times 2 + 4 \times 3 = 32$
충돌 후 운동량의 합 $= 2 \times 7 + 3 \times v = 14 + 3v$
운동량 보존 법칙에 의해 충돌 전후의 운동량의 합은 같다. 따라서 $32 = 14 + 3v$, $v = 6(\text{m/s})$

06. 답 ①
해설 자유 낙하를 시작하고 2초 후 공의 속도는 $v = at$에 의해 $v = 2 \times 10 = 20\text{m/s}$이다. 따라서 자유 낙하 후 2초가 된 순간 운동량의 크기는 다음과 같다.
$$p = 0.5 \times 20 - 0 = 10\text{kg} \cdot \text{m/s}$$

07. 답 ①
해설 운동량 보존 법칙에 의해 충돌 전후의 운동량의 합은 같다. 운동량 보존 법칙에 따라 한 덩어리가 된 물체의 속도를 v_f라고 한다면 $m \times v = (m + 2m) \times v_\text{f}$, $v_\text{f} = \frac{1}{3}v$

08. 답 ⑤
해설 반발 계수 $= -\dfrac{-1 - 2.5}{4 - 0} = \dfrac{7}{8}$

유형 익히기 & 하브루타 106~109쪽

[유형 5-1] ④		01. ①	02. ①
[유형 5-2] ①		03. ②	04. ④
[유형 5-3] (1) 6 (2) 300		05. ④	06. ①
[유형 5-4] (1) $\frac{v}{3}$ (2) $\frac{2}{3}mv$	07. ④	08. ④

[유형 5-1] 답 ④
해설
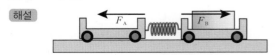
F_A(수레 A가 받는 힘)과 F_B(수레 B가 받는 힘)의 크기는 작용 반

작용의 관계이므로 같다. 또한, 충돌 시간(용수철로부터 힘을 받는 시간)도 동일하므로 A와 B가 받는 충격량의 크기도 서로 같다.
ㄴ. 수레 A는 수레 B에 비해 같은 시간 동안 이동한 거리가 2배이므로, 수레 A의 속력이 수레 B의 2배이다.
ㄱ. 수레 A와 B의 운동량의 크기는 같고 수레 A의 속력이 수레 B의 2배이므로, (수레 B + 물체)의 질량은 수레 A의 질량의 2배이다. 수레 B의 질량이 m이므로, 물체의 무게는 m이다.
ㄷ. 두 수레가 받은 충격력의 크기와 걸린 시간이 같으므로, 두 수레의 나중 운동량의 크기는 같다.

01. 답 ①
해설 그래프를 분석해 보면 A는 충돌 시간이 작고 유리컵에 가해진 힘(충격력)의 최대값이 크며, B는 충돌 시간이 길고 유리컵에 가해진 힘의 최대값이 작다. A, B의 경우 유리컵은 모두 정지하므로 충격량은 서로 같다.
① 충격력이 B보다 A가 크므로 A의 경우가 유리컵이 깨지기 쉽다.
② 충격량이 같으므로 운동량의 변화량도 같다.
③ 질량이 같은 유리컵이 같은 높이에서 떨어져 바닥에서 정지했으므로 바닥으로부터 받은 충격량은 같다. 힘—시간 그래프의 면적은 충격량을 뜻하므로 그래프의 면적은 같다.
④ y축의 힘은 충격력을 의미하므로 최대값이 큰 A가 B보다 충격력이 더 크다.
⑤ x축 시간을 보면 B경우에 힘이 작용한 시간이 길다.

02. 답 ①
해설 연직 위로 던져서 속력이 0이 되는 순간까지의 시간을 t 라
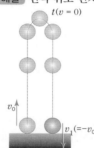
할 때 $0 = v_0 - gt$, $v_0 = gt$
최고 높이에서 연직 아래로 자유 낙하하여 제자리로 돌아올 때 시간은 똑같이 t 가 걸리므로 속력 $v_1 = 0 - gt$, $v_1 = -gt$
$\therefore v_1 = -v_0$
처음 운동량은 mv_0이고, 나중 운동량은 $m(-v_0)$이므로 충격량은 $m(-v_0) - mv_0 = -2mv_0$이다. (여기서 $-$는 연직 아래 방향을 의미한다.)

[유형 5-2] 답 ①
해설 같은 높이에서 같은 사람이 뛰어내리기 때문에 사람의 충돌 직전 운동량은 두 경우 같고, 바닥과 충돌 후 사람은 정지하게 되므로 충돌 직후 운동량은 두 경우 모두 0이다. 따라서, 운동량의 변화량(=충격량)은 두 경우 모두 같다. 이때 무릎을 굽히면 무릎이 펴지는 시간인 충돌 시간이 증가한다.
ㄱ. 무릎을 굽히지 않은 경우의 충돌 시간(힘을 받는 시간)이 더 작기 때문에 충격력이 더 크다.
ㄴ. 충격량은 운동량의 변화량이므로 두 경우 모두 같다.
ㄷ. 같은 사람이 같은 높이에서 뛰어내리기 때문에 충돌 직전 속도가 같고, 운동량도 같다.

03. 답 ②
해설

$p_0 = 300 \quad \xrightarrow{F} \quad p = 900 \quad \xrightarrow{F}$
$I = 600$

운동량의 변화량은 충격량이다. 60kg의 물체가 속력이 5m/s에서 15m/s가 되었으므로
운동량의 변화량(충격량) $= (60 \times 15) - (60 \times 5) = 600(\text{N·s})$
이때 $t = 5$초이므로 $600 = F \cdot t = F \times 5$, $F = 120(\text{N})$: 충격력

04. 답 ④

해설 에어백은 충돌 시간이 길어지면서 충격력이 작아지므로 자동차에 탄 운전자를 보호할 수 있다.

ㄱ. 홈런을 치기 위해 방망이를 크게 휘두르는 것은 방망이의 속도를 크게 하여 공에 큰 충격량을 주어, 운동량을 크게 하기 위해서이다. 운동량이 커진 공의 속력은 빠르다.

ㄴ. 자동차 경주장의 보호벽이 딱딱할 때보다 타이어로 만들어질 경우 차와 벽이 부딪치기까지의 충돌 시간이 늘어나면서 충격력이 줄어들기 때문에 자동차 운전자를 보호할 수 있다.

ㄷ. 번지 점프에 사용하는 줄이 탄성이 좋으면 줄이 많이 늘어나는 경우 중력을 받아 낙하하는 시간이 늘어나기 때문에 충격력이 작아져서 안전해진다.

[유형 5-3] 답 (1) 6   (2) 300

해설 (1) 충돌 후 무한이는 정지하였으므로, 무한이의 운동량은 모두 상상이에게 전달된다. 따라서 충돌 전 무한이의 운동량과 충돌 후 상상이의 운동량은 같다. 충돌 후 상상이의 속력이 v라면, 무한이의 운동량 $= 60 \times 5 = 300 = 50 \times v$, $v = 6(\text{m/s})$

(2) 무한이의 운동량의 변화량 = 무한이가 받은 충격량이다. 무한이는 충돌 후 정지하였기 때문에 나중 운동량의 크기는 0, 처음 운동량의 크기는 $300 \text{kg} \cdot \text{m/s}$

따라서 무한이의 운동량의 변화량 $= 0 - 300$
$= -300 \text{kg} \cdot \text{m/s}$, 크기는 $300 \text{N} \cdot \text{s}$

05. 답 ④

해설 충돌 전 오른쪽으로 세개, 왼쪽으로 두개의 충돌구가 움직였으므로 운동량이 보존되려면 충돌 후에도 오른쪽으로 세개 왼쪽으로 두개가 움직인다.

06. 답 ①

해설 힘－시간 그래프에서 그래프 아래 면적은 충격량이다.

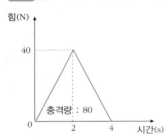

충격량 $= \dfrac{1}{2} \times 4 \times 40 = 80$, 충격량은 운동량 변화량과 같다. 물체가 처음 정지해 있었기 때문에 물체의 처음 운동량은 0이다. 따라서, 4초 후의 운동량은 80이고, 물체의 나중 속도가 v라면, $80 = 4 \times v$, $v = 20\text{m/s}$

[유형 5-4] 답 (1) $\dfrac{v}{3}$ (2) $\dfrac{2}{3}mv$

해설 (1) 반발 계수가 0이기 때문에, 이 물체들은 완전 비탄성충돌을 한다. 이런 경우 충돌 후 A와 B는 한 덩어리가 되어 운동을 하므로 A, B의 속도는 같다. 따라서 충돌 후 속력을 v'이라고 한다면 운동량보존 법칙에 의해 다음과 같이 충돌 후 속도를 구할 수 있다.

$m \times v = (m + 2m) \times v'$, $v' = \dfrac{v}{3}$

(2) A가 받은 충격량은 운동량의 변화량과 같다.
A가 받은 충격량 = A의 나중 운동량 - 처음 운동량
$= m \times \dfrac{v}{3} - (m \times v) = -\dfrac{2}{3}mv$, 크기는 $\dfrac{2}{3}mv$

07. 답 ④

해설 폭발에 의해 두 조각으로 나뉘었으므로 두 조각의 운동량의 합은 처음과 같은 0이 되어야 하며, 두 조각의 운동 방향은 서

로 반대 방향이다. 물체 B의 속도를 v_B라 하면,
처음 운동량 = 폭발 후 A운동량 + 폭발 후 B운동량
$0 = 3 \times 24 + 2 \times v_B$, $v_B = -36\text{m/s}$이다. 이때 $-$는 방향을 의미하므로 속도의 크기(속력)는 36m/s이다.

08. 답 ④

해설 질량을 m이라고 하고, 운동량 보존 법칙을 적용해 본다.

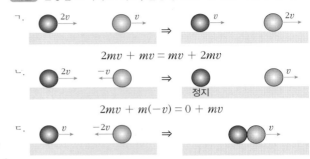

ㄱ, ㄴ의 경우는 운동량 보존 법칙이 성립하나 ㄷ의 경우는 성립하지 않으므로 이런 충돌은 불가능하다.

01　　　4.7

해설 충돌 전후의 운동량의 합은 같다(운동량 보존 법칙). 이때 연직 방향 성분과 수평 방향 성분도 각각 운동량 보존 법칙이 성립한다. (두 공의 질량 각각 m)

수평 방향 성분 : 공 B의 속도가 수평 방향과 이루는 각 : θ
(v_{A0}: 공A의 처음 속도, v_A, v_B : 공 A, B의 나중 속도)

$mv_{A0} + mv_{B0} = mv_A\cos60° + mv_B\cos\theta$　($v_{B0} = 0$)
$\rightarrow v_B\cos\theta = v_{A0} - v_A\cos60°$ $\cdots$ ㉠

연직 방향 성분 : $0 = mv_A\sin60° + mv_B\sin\theta$
$\rightarrow v_B\sin\theta = -v_A\sin60°$ $\cdots$ ㉡

㉠² + ㉡²
$\rightarrow v_B{}^2(\cos^2\theta + \sin^2\theta) = (v_{A0} - v_A\cos60°)^2 + (v_A\sin60°)^2$
$\cos^2\theta + \sin^2\theta = 1$ 이므로,
$v_B{}^2 = v_{A0}{}^2 + v_A{}^2 - v_{A0}v_A$ 가 된다.

$v_{A0} = 5\text{m/s}$, $v_A = 4.3\text{m/s}$ 를 각각에 대입하면, 공 B의 충돌 후 속력 v_B은 다음과 같다.

$v_B = \sqrt{5^2 + 4.3^2 - (5)(4.3)} \fallingdotseq 4.7(\text{m/s})$

02　　　1 (N·s)

해설 충격량(I) = 나중 운동량(p_f) - 처음 운동량(p_0)

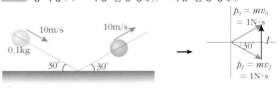

$\therefore I = p_0 - p_f = mv_f - mv_0 = 1(\text{N} \cdot \text{s})$

〈또 다른 풀이〉
지표면과 충돌 전, 후 공의 속도를 각각 v_0 . v_f 라고 하면 성분별로 나누어 다음과 같이 나타낼 수 있다.

$$v_0 = v_{0x} + v_{0y} = v_0\cos30° - v_0\sin30°$$
$$v_f = v_{fx} + v_{fy} = v_0\cos30° + v_0\sin30°$$

따라서 충격량의 크기는 다음과 같다.

$$I = Ft = m(v_f - v_0) = 2mv_0\sin30° = 1(N·s)$$

03

8 (m/s)

해설 처음에 힘을 가하였을 때 물체 A는 상자와 함께 움직이지 않고, 상자만 움직인다. $F = ma$ 에 의해
$25 = 4a, a = \dfrac{25}{4}$ m/s²이다. 상자의 폭은 9m이고, 물체의 길이가 1m이므로 상자가 $9 - 1 = 8$m 이동하면 상자의 P면과 물체 A가 충돌한다. 상자의 변위가 8m 되는 시간을 t 라고 하고 처음에 정지해 있었으므로

$$s = v_0 t + \frac{1}{2}at^2 \rightarrow 8 = \frac{1}{2} \times \frac{25}{4} \times t^2, t^2 = \frac{64}{25}, t = \frac{8}{5}(s)$$

충돌하는 순간의 상자의 속도를 알면, 운동량 보존 법칙을 이용하여 충돌 직후 상자의 속도를 알 수 있다. 충돌하기 직전의 속도는 $v^2 - v_0^2 = 2as$ 에 의해

$$v^2 = 2 \times \frac{25}{4} \times 8 = 100, v = 10(m/s)$$

운동량 보존 법칙에 의해 충돌 전후의 운동량의 합은 같다. 충돌 후 속도를 v'라고 하면

$$4 \times 10 = (4+1) \times v', v' = \frac{40}{4+1} = 8m/s$$

04

조각 A의 속도의 크기 : 3 (m/s)
조각 B의 속도의 크기 : 10 (m/s)

해설 조각 A, B, C의 운동량을 각각 p_A, p_B, p_C라고 하면, 각 운동량 사이의 각이 120° 이고, 운동량 보존 법칙에 의해 $p_A = p_B + p_C$ (평행사변형법)이므로,
$p_A = p_B = p_C = 1.2 \times 5 = 6kg \cdot m/s$이다.
∴ $p_A = 2 \times v_A = 6, v_A = 3m/s$
$p_B = 0.6 \times v_B = 6, v_B = 10m/s$

05

(1) 0.741m/s (2) 0.755m/s (3) 〈해설 참조〉

해설 (1)

지면에 대해 무한이가 밀려나는 속도를 V, 눈뭉치의 속도를 v 라고 하자.

V에 대한 v의 상대 속도 : $v - V = 10 \rightarrow v = 10 + V$
운동량 보존 : $50V + 4v = 0 \rightarrow 25V + 2v = 0$

$$\therefore 25V + 2(10 + V) = 0, V = -\frac{20}{27} \fallingdotseq -0.741(m/s)$$

(2) ① 눈뭉치 1개를 던졌을 때 무한이가 밀려나는 속도를 V_1, 2kg 눈뭉치의 속도를 v_1 라고 하자.
$v_1 - V_1 = 10 \rightarrow v_1 = 10 + V_1$
$52V_1 + 2v_1 = 0 \rightarrow 26V_1 + v_1 = 0$

$$\therefore 26V_1 + (10 + V_1) = 0, V_1 = -\frac{10}{27} (m/s)$$

② 두번째 눈뭉치를 던졌을 때 무한이가 최종적으로 밀려나는 속도를 V_2, 2kg 눈뭉치의 속도를 v_2 라고 하자.
$v_2 - V_2 = 10 \rightarrow v_2 = 10 + V_2$
$50V_2 + 2v_2 = 52V_1 \rightarrow 25V_2 + v_2 = 26(-\frac{10}{27})$

$$\therefore 25V_2 + (10 + V_2) = 26(-\frac{10}{27})$$

$$\rightarrow 26V_2 = 26(-\frac{10}{27}) - 10$$

$$\rightarrow 13V_2 = 13(-\frac{10}{27}) - 5$$

$$V_2 = -\frac{10}{27} - \frac{5}{13} = -\frac{130 + 135}{27 \times 13} = -\frac{265}{351}$$

$$\fallingdotseq -0.755(m/s)$$

(3) 눈뭉치를 한번 던질 때보다 눈뭉치를 나누어서 던지면 처음 눈뭉치를 던져 질량이 줄어든 상태에서 같은 운동량을 추가하는 경우이므로 더 큰 속도를 얻을 수 있다.

06

(1) B는 왼쪽으로 C의 속도로 운동, C는 정지
(2) 3번
(3) A는 왼쪽, B는 정지, C는 오른쪽

해설 (1) B와 C사이의 충돌은 탄성 충돌이므로 C의 속도를 v라고 하고 충돌 후 B의 속도를 v_B, 충돌 후 C의 속도를 v_C 라고 하면 반발 계수 $= \dfrac{v_B - v_C}{v - 0} = 1$
운동량 보존 법칙에 의해 $mv = mv_B + mv_C$
$v_B = v$, $v_C = 0$이다. 따라서 첫 충돌이 일어나면 B는 v의 속도로 왼쪽으로 움직이고, C는 정지한다.
(2) 충돌 과정은 다음과 같다.

A 정지	B 정지	← v C
A 정지	v→ B 정지	C	1차 충돌
$\frac{2}{5}v$← A	B	$\frac{3}{5}v$→ C 정지	2차 충돌
$\frac{2}{5}v$← A	B 정지	C $\frac{3}{5}v$→	3차 충돌

2차 충돌 후의 A, B의 속도를 각각 v_A, v_B라 하자. (왼쪽 방향

을 +라고 한다.)

반발 계수 $= \dfrac{v_A - v_B}{v - 0} = 1 \rightarrow v_A - v_B = v,$

$4v_A + v_B = v$ (운동량 보존)

$\therefore v_A = \dfrac{2}{5}v$, $v_B = -\dfrac{3}{5}v$

따라서, 충돌은 3번 일어난다.

(3) 최종적으로 A는 왼쪽으로 움직이고 B는 정지하며 C는 오른쪽으로 움직인다.

스스로 실력 높이기 114~121쪽

01. (1) O (2) X (3) X **02.** 8 **03.** 6 **04.** 2

05. 20 **06.** 10 **07.** 25 **08.** ④ **09.** ② **10.** ④

11. ④ **12.** ④ **13.** ③ **14.** ④ **15.** 2 **16.** ④

17. ① **18.** 10 **19.** 80 **20.** ④ **21.** ④

22. 2.098 **23.** ② **24.** ② **25.** 45 **26.** ⑤

27. ① **28.** $-\dfrac{1}{12}$ **29.** $-\dfrac{1}{6}$ **30.** ④

31. ⑤ **32.** ②

---

01. 답 (1) O (2) X (3) X
해설 (2) 야구공을 뒤로 빠지면서 잡아야 충돌 시간이 증가하여 충격력이 작아진다.
(3) 충돌 시간을 증가시켜 충격력을 작게 한다.

02. 답 8
해설 충격량은 충격력과 충돌 시간의 곱이다.
$$I = Ft = 40 \times 0.2 = 8 \text{N·s}$$

03. 답 6
해설 충격량은 운동량의 변화량과 같다. 물체의 처음 운동 방향을 +라고 정하면, 나중 운동량 $= 1 \times (-2) = (-2)$, 처음 운동량 $= 1 \times 4 = 4$, Δp(충격량) $= (-2) - 4 = (-6)(\text{N·s})$

04. 답 2
해설 $Ft = mv - mv_0$
$-4 \times 2 = 2v - (2 \times 2)$, $v = -2\text{m/s}$(왼쪽)

05. 답 20
해설 오른쪽 방향을 +로 정한다.
$F \cdot t = mv - mv_0$ 이므로,
$mv = F \cdot t + mv_0 = (3 \times 4) + (4 \times 2) = 20(\text{kg·m/s})$

06. 답 10
해설 처음 속도 30m/s, 나중 속도 -20m/s 이므로,
I(충격량)$= Ft = mv - mv_0 = (-20 \times 0.2) - (30 \times 0.2)$
$= -10(\text{N·s})$ (크기 : 10N·s)

07. 답 25
해설 충돌 후 물체 B의 속도를 v라고 하면 운동량은 보존되므로
$0.5 \times 20 = 0.5 \times 10 + 0.2 \times v$, $v = 25$m/s

08. 답 ④
해설 충돌 후 물체 A의 속도를 v라고 하면 운동량은 보존되므로
$1 \times 10 + 2 \times (-3) = 1 \times v + 2 \times 1.5$, $\therefore v = 1$m/s

09. 답 ②
해설 폭발 전, 후 운동량은 보존된다. 처음 운동량 $= 2 \times 6 = 12$
$\therefore 12 = 4 \times v + 2 \times 12$, $v = -3$m/s

10. 답 ④
해설 한덩어리가 되어 운동하는 완전 비탄성 충돌을 하였다. 충돌 후 찰흙 공의 속도를 v라고 하면 운동량은 보존되므로
$3 \times 6 + 1 \times 2 = 5 \times v$, $\therefore v = 4$m/s

11. 답 ④
해설 힘-시간 그래프의 아래쪽 면적은 충격량을 뜻하고, 물체는 정지해 있었으므로 0~4초 동안 충격량의 변화량이 4초인 순간 물체의 운동량이다. $4 \times 6 = 24$kg·m/s

12. 답 ④
해설 4 ~8초에 받은 충격량은 그래프에서 4 ~ 8초 동안 그래프 아래쪽의 면적이다.
충격량 $= \dfrac{1}{2} \times (6 + 10) \times 4 = 32$ N·s

13. 답 ③
해설 $\Delta p = I$이므로 정지한 물체일 경우 처음 운동량은 0이므로 0~8초 간 받은 충격량(넓이)이 운동량과 같다. $mv = Ft$
$\therefore v = \dfrac{Ft}{m} = \dfrac{(32 + 24)\text{N·s}}{2\text{kg}} = 28$m/s

14. 답 ④
해설 ㄱ. 버스는 뒤쪽으로, 승용차는 앞쪽으로 가속되므로 버스 운전자는 앞쪽으로, 승용차 운전자는 뒤쪽으로 쏠린다.
ㄴ. 버스는 승용차에 비해 질량이 크므로 충돌 후 속도 변화는 승용차가 더 크다. 따라서 승용차 운전자가 더 위험하다.
ㄷ. 버스와 승용차의 충격량은 서로 같다. 튕기는 경우와 밀려가는 경우를 비교해 보면 튕기는 경우가 속도 변화가 더 큰 경우이므로 튕기는 경우 운전자가 받는 충격이 더 크다.

15. 답 2 (m/s)
해설 용수철이 가장 많이 압축되는 순간은 두 물체의 속도가 같은 순간이다. 속도가 서로 다르다면 용수철이 압축되고 있거나 늘어나고 있는 순간이다.
(처음 A의 운동량 + 처음 B의 운동량) $= (2+3)v$
처음 B의 운동량 $= 0$, 처음 A의 운동량은 $2 \times 5 = 10$,
$10 = 5v$, $v = 2$ m/s

16. 답 ④
해설 ㄱ. 유리컵이 떨어진 높이가 같으므로 유리컵의 바닥에 충돌 직전 속도가 같고, 운동량의 크기도 두 경우 같다.
ㄴ. 충돌 후 유리컵은 두 경우 모두 정지하여 운동량이 0이 된다. 충돌하는 동안 운동량의 변화량(= 충격량)이 같다.
ㄷ. I(충격량) $= Ft$, 두 경우 충격량 I는 동일하지만 충돌 시간 t(정지할 때까지의 시간)이 짧을수록 받는 충격력 F의 크기는 커진다. 따라서 시멘트 바닥의 경우가 충격력의 크기가 더 크다.

17. 답 ①
해설 충돌 후 B의 속도를 v라고 하면
ㄱ. 운동량 보존 : $4m + 2m = 3m + mv$, $v = 3$m/s

ㄴ. 두 물체의 반발 계수 $= \dfrac{v_2' - v_1'}{v_1 - v_2} = \dfrac{3-3}{4-2} = 0$ 이므로, 완전 비탄성 충돌이다.

ㄷ. A의 운동량 보존이 아니라, A와 B의 운동량의 합이 보존된다.

18. 답 10 (g)

해설 과자가 컨베이어 벨트에 닿는 과정에서 과자의 속도는 0에서 0.1m/s로 변한다. 1분당 600개이므로 1초당 10개가 떨어지고, 과자 한 개의 질량을 m이라고 했을 때 10개의 질량은 $10m$이다. 처음 과자의 수평 방향 속도는 0이므로 정지해 있던 질량이 $10m$의 물체가 1초 후에 속도가 0.1m/s가 되었다고 할 수 있다. 컨베이어 벨트가 외부로부터 1초 동안 받는 충격량(Ft) $= 1 \times 0.01 = 0.01(\text{N·s})$

$0.01 =$ 과자의 나중 운동량 $- 0 = 10m \times 0.1$, $\therefore m = 0.01(\text{kg})$

19. 답 80 (N·s)

해설 물체가 받는 힘 F 는 중력 (= 20N)이고, 물체가 던져지고 물체가 땅에 다시 도달할 때까지의 시간 t 는 처음 던질 때의 속도의 y축 속도 성분으로 알아낸다.

연직 위 방향으로는 20m/s의 속력으로 던진 경우와 같으므로, 최고점까지 2초가 걸리고, 출발 후 다시 지면으로 도달할 때까지 걸리는 시간은 4초이다.

$$\therefore I = Ft = 20 \times 4 = 80(\text{N·s})$$

20. 답 ④

해설 A, B의 질량을 m이라고 하고, 속도는 v라고 하면 운동량은 보존되므로

$$mv\cos\theta + mv\cos\theta = 2m \times \dfrac{v}{2}$$

$$2v\cos\theta = v, \cos\theta = \dfrac{1}{2}, \text{ 따라서}, \theta = 60°, 2\theta = 120°$$

21. 답 ④

해설 ㄱ, ㄴ. 그림 (가)와 그림 (나)에서 수레 전체의 운동량은 일정하게 보존된다. 따라서 그림 (가)에서 수레의 운동량과 그림 (나)에서 모래주머니가 떨어진 뒤 운동량의 합은 서로 같다. 모래주머니와 수레의 질량이 서로 같으므로

수평 방향의 운동량 보존 $mv + 0 = 2mV$, $V = \dfrac{v}{2}$

ㄷ. 모래주머니가 수레에 접촉하는 순간부터 수레 위에 완전히 놓일 때까지 수레와 모래주머니 사이에는 마찰력이 작용한다. 수레가 받는 마찰력은 운동 방향과 반대 방향이므로 수레의 속력은 감소하여 결국 두 물체의 속력이 같아진다.

22. 답 2.098

해설 오른쪽 방향으로 +로 하고, 물체를 던진 후 (수레+사람)의 속도를 V, 물체의 속도를 v 라 하면, 수레에 대한 물체의 상대 속도가 -5이므로, $v - V = -5$ 운동량이 보존되므로 $(2 + 100) \times 2 = 100V + 2v$ $\rightarrow V = 2.098$ m/s, $v = -2.902$ m/s

23. 답 ②

해설 물줄기의 운동량의 변화량이 터빈 날개가 받는 충격량이 되고, 단위 시간당 m 만큼의 물이 터빈에 충격을 준다. 오른쪽을 (+)라고 하고 식을 세워보면

$\Delta mv = mv - (-mv) = Ft$ 이다. $t = 1$초이므로 터빈 날개에 작용하는 힘 $F = 2mv$ 이다.

24. 답 ②

해설 물체의 처음 속력을 v_i, 나중 속력을 v_f 라 하고, 상자의 처음 속력을 v_i', 나중 속력을 v_f'라고 하면, 처음 충돌 시 (탄성 충돌) $v_i - v_i' = -(v_f - v_f')$, $v_i' = 0$ 이므로, $v_i = -v_f + v_f'$ (운동량 보존) $mv_i = mv_f + mv_f'$, $v_i = v_f + v_f'$ 위 식으로 부터 $v_f = 0$, $v_f' = v_i$이다. 물체가 정지한 상자와 충돌한 순간 물체는 정지하고 상자가 v_i의 속도로 움직인다. 반대로 상자가 물체와 충돌하면 상자는 멈추고 물체가 v_i의 속도로 움직인다. 따라서 두 물체는 시간 간격을 두고 v_i의 속력으로 가다가 정지하는 것을 반복하게 된다. 물체의 시간에 따른 속력 그래프를 그리면 ②와 같다.

25. 답 45

해설 총알의 충돌하기 직전 운동량은 $0.2 \times 1000 = 200$, 총알이 물체를 관통한 직후 총알의 운동량은 $0.2 \times 400 = 80$이다. 물체가 받은 충격량은 총알의 운동량의 감소량인 120kg · m/s이다. 따라서 관통 직후 물체의 속도를 v라고 하면 $120 = 4 \times v, v = 30$m/s 이것이 물체의 처음 속도가 되며, 윗방향을 (+)로 하고 물체가 올라간 최대 높이를 H 라고 하면 (최고 높이에서 물체 속도 0) $2gH = v^2 - v_0^2, \quad 2(-10)H = 0 - 30^2, \quad H = 45(\text{m})$

26. 답 ⑤

해설 각 성분별로 운동량이 보존된다. 그림처럼 x, y 방향을 정하고, 충돌 전후 성분별 운동량을 먼저 계산하자. (충돌 전) x 성분 : $16\cos 30° = 8\sqrt{3}$, y 성분 : $16 \times \sin 30° = 8$ (충돌 후) x 성분 : $2 \times 2\sqrt{3} \times \cos 60° = 4\sqrt{3} \times \dfrac{1}{2} = 2\sqrt{3}$ y 성분 : $-2 \times 2\sqrt{3} \times \sin 60° = -4\sqrt{3} \times \dfrac{\sqrt{3}}{2} = -6$

(운동량)

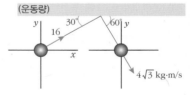

x축 방향 충격량은 $\Delta p_x = 2\sqrt{3}\cos 60° - 8\cos 30° = 2\sqrt{3} - 8\sqrt{3} = -6\sqrt{3}$

y축 방향 충격량은 $\Delta p_y = 2\sqrt{3}\cos 30° - 8\cos 60° = -6 - 8 = -14$

$\therefore$ 충격량$^2 = I^2 = (6\sqrt{3})^2 + 14^2 = 108 + 196 = 304$

27. 답 ①

해설 총알의 질량 m, 수레의 질량 M, 총알의 충돌 직전 속도 v, 충돌하여 총알이 수레의 모래주머니에 박힌 후 속도를 v'라고 할 때,

$$mv = (m + M)v', \quad v = \dfrac{(m + M)v'}{m}$$

ㄱ. 총알의 질량을 알아야 총알의 속도를 측정할 수 있다.

ㄴ. 모래주머니보다 충돌 시간이 짧은 고무판을 사용해도 운동량의 변화량은 같기 때문에 총알의 속도 측정값은 변하지 않는다.

ㄷ. 반발계수가 0.6이라면 비탄성충돌이고, 충돌 후 총알과 금속

은 함께 운동하지 않으므로 충돌 후 금속판의 속력을 알아야 한다. 따라서 이 조건 하에서는 총알의 속력을 측정할 수 없다.

28. 답 $-\dfrac{1}{12}$ (m/s)

해설 처음에 정지해 있었기 때문에 사람의 운동량과 막대의 운동량의 합은 0이다. 마루 바닥에 대한 막대의 속도를 v , 사람의 속도를 v' 이라고 했을 때, 사람이 막대에 대하여 0.1m/s의 속도로 움직였으므로

막대에 대한 사람의 상대 속도 ; $v' - v = 0.1$ ⋯ ㉠

운동량 보존 법칙 : $0 = 50 \times v' + 10 \times v$ ⋯ ㉡

㉠과 ㉡ 에서 $v = -\dfrac{1}{12}$ (m/s)

29. 답 $-\dfrac{1}{6}$ (m/s)

해설 마루 바닥에 대한 막대의 속도를 v , 사람의 속도를 v' 이라고 했을 때, 사람이 막대에 대하여 0.2m/s 의 속도로 바닥을 향하여 운동하였으므로, 막대에 대한 사람의 상대 속도

$v' - v = 0.2$

(운동량 보존) $0 = 50 \times v' + 10 \times v$, → $v = -\dfrac{1}{6}$ (m/s)

30. 답 ④

해설

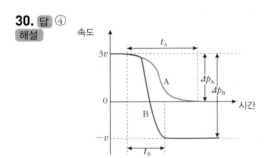

물체의 질량을 m 이라고 하면, 두 물체의 질량과 처음 속도가 같기 때문에, 두 물체 모두 처음 운동량은 $3mv$ 로 같다. 충돌 후 A의 속도가 0이므로 A의 운동량 $= 0$, 충돌 후 B의 속도가 $-v$ 이므로 B의 운동량 $= -mv$

A의 운동량의 변화(= 충격량) : $0 - 3mv = -3mv = F_A t_A$

B의 운동량의 변화(= 충격량) : $-mv - 3mv = -4mv = F_B t_B$

ㄱ. A가 벽에 작용하는 충격력과 벽이 A에게 작용하는 충격력은 작용 반작용 관계이므로 같고, 충돌 시간도 같기 때문에 A가 벽에 작용하는 충격량의 크기와 벽이 A에게 작용하는 충격량의 크기가 같다.

ㄴ. 충돌 전후 운동량의 변화량의 크기는 B가 더 크다.

ㄷ. (크기) $3mv = F_A t_A$, $4mv = F_B t_B$ 이고, 그림에서 $t_A > t_B$ 이므로, 충돌하는 동안 벽에 작용하는 평균 힘(충격력)의 크기는 $B(F_B)$가 더 크다.

31. 답 ⑤

해설

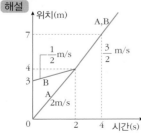

| 충돌 전 A의 속력 $= 2$m/s |
| 충돌 전 B의 속력 $= \dfrac{1}{2}$m/s |
| 충돌 후 속력 $= \dfrac{3}{2}$m/s |

B의 질량을 m 이라고 하면, A의 질량은 $2m$ 이다.

충돌 전 A의 운동량 $= 2m \times 2 = 4m$

충돌 전 B의 운동량 $= m \times \dfrac{1}{2} = 0.5m$

충돌 후 A, B의 운동량 $= 3m \times \dfrac{3}{2} = 4.5m$

ㄱ. 충돌 전 A의 운동량은 B의 8배이다.

ㄴ. 충돌하는 동안 속도 변화량은 A는 0.5m/s, B는 1m/s이다.

ㄷ. 충격력은 작용 반작용으로 크기가 같고 충돌 시간이 같으므로 두 물체가 받은 충격량(Ft)은 크기가 서로 같다.

32. 답 ②

해설 ㄱ. 그래프에서 동전 A와 B가 충돌한 후 A의 운동량은 (−)로, 속도도 반대 방향이다.

ㄴ. 충돌 후 B의 운동량 $p_B = 1$ 이고, C의 운동량 $p_C = 2$이다. B의 질량이 C의 질량의 2배이므로, $2mv_B = 1$, $mv_C = 2$ 가 된다. 따라서 $v_C = 4v_B$ 이다.

ㄷ. F(충격력) $= \dfrac{\Delta p}{\Delta t}$이다.

A와 B의 충돌에서 B의 운동량의 변화량 $F_1 \cdot t_{AB} = 3$

이때 $t_{AB} = 2t$ 이므로, F_1(평균힘) $= \dfrac{3}{2t}$

B와 C의 충돌에서 B의 운동량의 변화량 $F_2 \cdot t_{BC} = 2$

이때 $t_{BC} = t$ 이므로, F_2(평균힘) $= \dfrac{2}{t}$

즉, B가 A와 충돌하는 동안의 평균 힘이 C와 충돌하는 동안의 평균힘보다 작다.

6강. 일과 에너지

개념 확인 122~127쪽

1. 60 **2.** 9 **3.** 2.5 **4.** 15 **5.** 10 **6.** 0.5

1. 답 60
해설 물체가 받은 힘은 20N이고, 3m를 이동하였다.
$W = F \cdot s = 20 \times 3 = 60(\text{J})$

2. 답 9
해설 질량이 2kg인 물체가 3m/s의 속력으로 운동하고 있다.
$E_k = \frac{1}{2} mv^2 = \frac{1}{2} \times 2 \times 3^2 = 9(\text{J})$

3. 답 2.5
해설 퍼텐셜 에너지의 감소량 = 생성된 운동 에너지이다.
$E_p = mgh$ 이므로, 남아있는 퍼텐셜 에너지와 감소한 퍼텐셜 에너지가 같아질 때는 전체 높이의 $\frac{1}{2}$이 되는 2.5m일 때이다.

4. 답 15
해설 역학적 에너지는 일정하게 유지되므로 높이가 10m인 절벽 위에서의 역학적 에너지와 지면에서의 역학적 에너지가 같다.
절벽 위에서의 중력에 의한 퍼텐셜 에너지 + 운동 에너지
$= mgh + \frac{1}{2} mv_0^2$
지면에서의 중력에 의한 퍼텐셜 에너지 + 운동 에너지
$= 0 + \frac{1}{2} mv^2$
역학적 에너지 보존 : $mgh + \frac{1}{2} mv_0^2 = \frac{1}{2} mv^2$, $g = 10\text{m/s}^2$
$2gh + v_0^2 = v^2$, $200 + 25 = v^2$, $v = 15\text{m/s}$

5. 답 10
해설 단진자에서 최하점에서의 속력은 $v = \sqrt{2gh}$. 높이 차 h는 5m, 중력 가속도 10m/s^2, $v = \sqrt{2 \times 10 \times 5} = 10\text{m/s}$

6. 답 0.5
해설 중력($= mg$)과 용수철의 탄성력($= kx$)이 같을 때 물체가 연직면 상에서 정지한다.
$mg = kx$에 의해 $1 \times 10 = k \times 0.1$, $k = 100\text{N/m}$
∴ 탄성 퍼텐셜 에너지 $E_p = \frac{1}{2} kx^2 = \frac{1}{2} \times 100 \times (0.1)^2 = 0.5(\text{J})$

확인+ 122~127쪽

1. 40 **2.** 0.25 **3.** 9.8 **4.** $\frac{9}{20}$ **5.** 2 **6.** 1

1. 답 40
해설 기중기는 무게가 50N인 물체를 일정한 속도로 4m 들어올렸으므로, 중력과 같은 힘($= 50\text{N}$)을 작용하여 4m 들어올린 것이다. $W = Fs = 50 \times 4 = 200\text{J}$
200J의 일을 하는데 총 5초가 걸렸으므로 일률은

$P = \frac{W}{t} = \frac{200}{5} = 40(\text{W})$

2. 답 0.25
해설 탄성 계수가 50N/m인 용수철이 0.1m 늘어났으므로
$E_p = \frac{1}{2} kx^2$ 식에 의해 $E_p = \frac{1}{2} \times 50 \times (0.1)^2 = 0.25(\text{J})$

3. 답 9.8
해설 A점에서의 역학적 에너지 $= 1 \times 9.8 \times 19.6 + 0$
B점에서의 역학적 에너지 $= 1 \times 9.8 \times 14.7 + \frac{1}{2} \times 1 \times v^2$
A점의 역학적 에너지 = B점의 역학적 에너지
$1 \times 9.8 \times 19.6 = 1 \times 9.8 \times 14.7 + \frac{1}{2} \times 1 \times v^2$,
$v^2 = 2 \times 9.8 \times 4.9$, $v = 9.8(\text{m/s})$
또는 $mg \times 4.9$ 만큼 위치 에너지가 감소하고, 그만큼 운동 에너지가 증가한다. $mg \times 4.9 = \frac{1}{2} mv^2$, $v = 9.8(\text{m/s})$

4. 답 $\frac{9}{20}$
해설 처음 속도 6m/s 이므로 역학적 에너지 : $\frac{1}{2} mv^2 = 18m$
수평 방향의 속도는 최고점에서도 유지된다.
최고점에서의 속도 $6\cos30° = 3\sqrt{3}$ m/s, $E_K(\text{최고점}) = \frac{27}{2} m$
최고점에서 퍼텐셜 에너지(높이 H) : $E_p = mgH$
역학적 에너지 보존 : $18m = \frac{27}{2} m + mgH$, $H = \frac{9}{20}$ (m)

5. 답 2
해설 용수철을 잡아당겨 발생한 탄성 퍼텐셜 에너지는
$E_p = \frac{1}{2} kx^2 = \frac{1}{2} \times 100 \times (0.2)^2 = 2(\text{J})$
용수철을 놓으면 탄성 퍼텐셜 에너지가 운동 에너지로 전환되면서 용수철이 줄어든다. 즉, 탄성 퍼텐셜 에너지가 운동 에너지로 전환되며, 운동 에너지가 2J 일 때의 물체의 속력이 가장 빠르다. 물체의 질량이 1kg이므로
$2 = \frac{1}{2} mv^2 = \frac{1}{2} \times 1 \times v^2$, $v^2 = 4$, $v = 2(\text{m/s})$

6. 답 1
해설 용수철을 잡아당겨 늘어난 탄성 퍼텐셜 에너지는 E_p
$= \frac{1}{2} kx^2 = \frac{1}{2} \times 100 \times (0.1)^2 = 0.5(\text{J})$이다.

A지점은 평형 위치이므로 A지점을 진동 중심으로 탄성 퍼텐셜 에너지 + 물체의 운동에너지가 일정하게 유지된다. 용수철을 놓으면 탄성 퍼텐셜 에너지가 운동 에너지로 전환되면서 용수철이 줄어든다. 탄성 퍼텐셜 에너지가 0이 되는 평형 위치에서 탄성 퍼텐셜 에너지는 전부 운동 에너지로 전환된다. 물체의 질량이 1kg이므로
$0.5 = \frac{1}{2} mv^2 = \frac{1}{2} \times 1 \times v^2$, $v = 1(\text{m/s})$

01. (1) ○ (2) X (3) ○   02. ②   03. ②   04. ②

05. ③   06. ②   07. ④   08. $\dfrac{3}{8}kA^2$

01. 답 (1) ○ (2) X (3) ○
해설 (2) 대기 중에서는 공기의 마찰이 있기 때문에 마찰에 의한 열에너지가 발생하여 역학적 에너지가 보존되지 않는다.
(3) 일률은 한 일(W)을 일 한 시간(t)으로 나눈 값인 단위 시간 동안 한 일의 양으로 계산한다. 이 경우 한 일의 양이 많을수록, 일을 한 시간이 짧을수록 일률을 커진다.

02. 답 ②
해설 물체가 올라가는 것이므로 일을 해준 만큼 물체의 중력에 의한 퍼텐셜 에너지가 증가한다. 중력 가속도가 9.8m/s^2이므로
$392(=W) = mgh = 20 \times 9.8 \times h,\ h = 2(\text{m})$

03. 답 ②
해설 힘-이동 거리 그래프에서 아래 넓이는 일의 양이다.

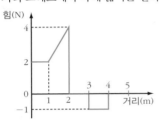

각 구간에서 일은 다음과 같다.
$0 \sim 1$초 : $2 \times 1 = 2(\text{J}),\quad 1 \sim 2$초 : $(2+4) \times \dfrac{1}{2} = 3(\text{J})$
$2 \sim 3$초 : 0 $3 \sim 4$초 : $1 \times (-1) = -1(\text{J})$
일의 합 : $0 \sim 4$초 총 4J의 일을 물체에 했다.
물체가 받은 일은 물체의 역학적 에너지로 전환되는데, 이 경우 수평면 상에서 운동하는 물체이므로 일은 운동 에너지로 전환된다. 물체의 질량이 2kg이므로 다음 식이 성립한다.
$4 = \dfrac{1}{2}mv^2 = \dfrac{1}{2} \times 2 \times v^2,\ v = 2(\text{m/s})$

04. 답 ②
해설 용수철에 한 일만큼 용수철의 탄성 퍼텐셜 에너지가 증가한다. 용수철이 0.2m 늘어나는데 6N의 힘이 필요하므로
$6 = k \times 0.2,\ k = 30(\text{N/m})$
∴ 탄성 퍼텐셜 에너지 $= \dfrac{1}{2}kx^2 = \dfrac{1}{2} \times 30 \times 0.6^2 = 5.4(\text{J})$

05. 답 ③
해설 물체의 질량 m 으로 할 때 처음 속도(= 지면에서의 속도)는 10m/s이고, 4m/s의 속도를 가질 때 물체의 높이를 h 라고 하면,
$\dfrac{1}{2} \times m \times 10^2 = m \times 10 \times h + \dfrac{1}{2} \times m \times 4^2,$
$10h = 42,\ h = 4.2(\text{m})$

06. 답 ②
해설 꼭대기에서 물체의 높이는 구의 반지름인 0.1m이다. 꼭대기에서 속력이 0이므로 물체는 퍼텐셜 에너지만 가지며, 밑바닥에서 물체는 운동 에너지만 가진다. 역학적 에너지 보존에 의해
$m \times 9.8 \times 0.1 = \dfrac{1}{2} \times m \times v^2,\ v = 1.4\text{m/s}$

07. 답 ④
해설 추의 질량이 0.5kg이고 단진자의 길이가 2m이다.
ㄱ. 단진자에서 최고점과 최하점의 높이 차를 h라고 하면
$h = l(1 - \cos\theta) = l(1 - \cos 60°) = 2 \times \dfrac{1}{2} = 1(\text{m})$
ㄴ. 최하점을 기준으로 할 때, 중력 가속도가 10m/s^2이므로 최고점에서 위치 에너지 $E_p = 0.5 \times 10 \times 1 = 5(\text{J})$
ㄷ. 최하점의 속력은 $v = \sqrt{2gh}$ 이다. $h = 1\text{m}$ 이므로
$v = \sqrt{2gh} = \sqrt{2 \times 10 \times 1} = 2\sqrt{5}\ (\text{m/s})$

08. 답 $\dfrac{3}{8}kA^2$
해설 용수철과 추의 역학적 에너지는 보존된다.
$\dfrac{1}{2}kx^2 + \dfrac{1}{2}mv^2 =$ 일정
A만큼 늘어났을 때 물체의 속력은 0이고, 운동 에너지도 0이다.
A만큼 늘어났을 때의 탄성 퍼텐셜 에너지 : $\dfrac{1}{2}kA^2$
$\dfrac{A}{2}$ 만큼 늘어났을 때의 퍼텐셜 에너지 : $\dfrac{1}{2}k(\dfrac{A}{2})^2 = \dfrac{1}{8}kA^2$
$A \rightarrow \dfrac{A}{2}$ 에서 용수철의 퍼텐셜 에너지 감소량이 평형 위치에서 $\dfrac{A}{2}$
인 지점의 추의 운동 에너지이다.
$E_k(\dfrac{A}{2}$ 늘어난 지점 ; 추$) = \dfrac{1}{2}kA^2 - \dfrac{1}{8}kA^2 = \dfrac{3}{8}kA^2$

[유형 6-1] (1) ④ (2) ④ (3) ②   01. ②   02. ②

[유형 6-2] (1) ③ (2) ②   03. ②   04. ①

[유형 6-3] ③   05. ⑤   06. ①

[유형 6-4] (1) ① (2) ①   07. ②   08. ③

[유형 6-1] 답 (1) ④ (2) ④ (3) ②

해설
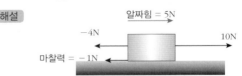

운동 방향인 오른쪽 방향을 (+)로 정한다. 물체에 작용하는 합력은 $10 + (-4) + (-1) = 5(\text{N})$이다.
(1) 10N의 힘으로 2m 이동 : $W = 10 \times 2 = 20(\text{J})$
(2) 마찰력 -1N, 2m 이동 : $W = (-1) \times 2 = -2(\text{J})$(에너지 감소)
(3) 합력은 5N이고, 2m 이동 : $W = 5 \times 2 = 10(\text{J})$

01. 답 ②
해설 작용한 힘이 한 일이 50J이고 이동 거리가 10m이므로 $W = Fs\cos\theta$ 에서

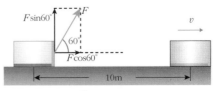

$50 = F\cos 60° \times 10 = F \times \dfrac{1}{2} \times 10 = 5F,\ F = 10\text{N}$

02. 답 ②

해설 전체 질량은 20kg × 10 = 200kg, 5m 들어올리므로 해주어야 하는 일의 양은 $mgh = 200 × 10 × 5 = 10000(J)$이다. 500W는 1초 당 500J의 일을 할 수 있다는 것이므로,

$$t = \frac{W}{P} = \frac{10000}{500} = 20(초)$$

[유형 6-2] 답 (1) ③ (2) ②

해설 (1) 수평면 상에서 운동하는 물체의 운동 에너지의 증가량은 물체가 받은 일의 양과 같다.
$\Delta E_k = W = Fs = 20 × 7.5 = 150(J)$
(2) 처음 속력이 5m/s이고 질량이 4kg 이므로 처음 운동 에너지는

$$E_{k0} = \frac{1}{2}mv^2 = \frac{1}{2} × 4 × 5^2 = 50(J)$$

(1)에서 구했듯이 증가한 운동 에너지는 150(J)이므로 물체의 나중 운동 에너지(E_k)는 50 + 150 = 200(J)이다.

$$E_k = \frac{1}{2}mv^2 = \frac{1}{2} × 4 × v^2 = 200, \therefore v = 10(m/s)$$

03. 답 ②

해설 공은 지표면과 충돌하면서 에너지를 잃는다. 손실된 에너지는 초기 퍼텐셜 에너지와 나중 퍼텐셜 에너지의 차이와 같다.
ΔE(손실된 에너지) $= E_p$(처음) $- E_p$(나중)
$= 1 × 9.8 × 10 - 1 × 9.8 × 8 = 19.6(J)$

04. 답 ①

해설 용수철이 늘어나지 않은 상태에서 10cm 늘어날 때까지 용수철에 해준 일은 용수철의 10cm 늘어난 상태에서의 퍼텐셜 에너지가 된다. 0 ~ 10cm 까지 그래프 아래 넓이가 이에 해당하며 2.5J이다.

[유형 6-3] 답 ③

해설 $\cos\theta$가 $\frac{4}{5}$이므로 $\sin\theta$는 $\frac{3}{5}$이다.

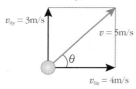

처음 속도를 그림처럼 분해하면 연직 방향 성분(v_{0y})은 $5\sin\theta = 3$m/s 수평 방향 성분(v_{0x})은 $5\cos\theta = 4$m/s가 된다. 물체에 작용하는 힘은 중력 밖에 없으므로 포물선 운동하는 물체의 속도의 연직 방향 성분이 변하고, 수평 방향 성분은 변하지 않는다. 연직 방향의 성분이 0이 되는 지점이 최고점의 높이이다. 따라서 최고점에서는 수평 방향의 속도만 가지므로 물체의 속도의 크기는 4m/s이다.

$\therefore$ 최고점에서의 운동 에너지(E_k) $= \frac{1}{2}mv_{0x}^2 = \frac{1}{2} × 1 × 4^2 = 8(J)$

05. 답 ⑤

해설 썰매와 사람의 질량의 합을 m이라고 할 때,

A에서의 역학적 에너지 $= m × 10 × 10 + \frac{1}{2} × m × 4^2$

B에서의 역학적 에너지 $= m × 10 × 5.8 + \frac{1}{2} × m × v^2$

A의 역학적 에너지 = B에서의 역학적 에너지이다.

$\therefore 100 + 8 = 58 + \frac{1}{2}v^2, \; v^2 = 100, \; v = 10(m/s)$

06. 답 ①

해설 건물 위에서의 물체의 역학적 에너지 $= \frac{1}{2} × 2 × 2^2 + 2 × 10 × 3 = 64$
지표면에서의 물체의 속도를 v라고 하면,

지표면에서 물체의 역학적 에너지 $= \frac{1}{2} × 2 × v^2$

역학적 에너지는 보존되므로 $64 = v^2, \; v = 8(m/s)$

[유형 6-4] 답 (1) ① (2) ①

해설 (1) 추가 정지하는 평형 위치에서 추에 작용하는 알짜힘은 0이므로 중력(mg) = 탄성력(kh)이다.
$0.5 × 10 = 50 × h, \; h = 0.1m$

$\therefore$ 탄성 퍼텐셜 에너지($\frac{1}{2}kx^2$) $= \frac{1}{2}kh^2 = \frac{1}{2} × 50 × 0.1^2 = 0.25(J)$

(2) 연직으로 매달린 추를 단진동시키면 평형 위치를 중심으로 중력이 작용하지 않는 것처럼 역학적 에너지가 보존된다. 평형 위치(h 만큼 늘어난 곳)를 용수철이 전혀 늘어나지 않은 상태로 보고, 0.1m 늘어났을 때 가지는 용수철의 퍼텐셜 에너지가 평형 위치에서의 추의 운동 에너지가 된다.

$$E_k = \frac{1}{2} × k × (0.1)^2 = 0.25(J)$$

07. 답 ②
해설

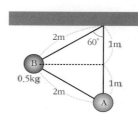

정삼각형이므로 최고점과 최하점의 높이 차가 1m이다.
무한이가 추에 한 일만큼 추는 퍼텐셜 에너지를 가지게 되고 추를 놓으면 그 퍼텐셜 에너지가 운동 에너지로 전환되기 시작한다. 퍼텐셜 에너지의 기준면을 최하점이라 하면,
ㄱ. 최고점의 퍼텐셜 에너지 $E_p = mgh = 0.5 × 10 × 1 = 5(J)$
ㄴ. 최하점의 퍼텐셜 에너지는 0이므로 감소한 퍼텐셜 에너지 5J 만큼 추의 운동 에너지로 전환된다. 따라서 최하점에서의 운동 에너지는 5J이다.

E_k(최하점) $= \frac{1}{2}mv^2 = \frac{1}{2} × 0.5 × v^2 = 5, \; v = 2\sqrt{5}$ m/s

ㄷ. A → B 과정에서 처음 정지한 추의 역학적 에너지 증가량이 5J 이므로 무한이가 해준 일도 5J이다.

08. 답 ③

해설 용수철에 매달린 물체의 운동은 평형 위치에서 중력의 영향이 없는 것처럼 해석한다.
평형 위치에서 용수철이 x 만큼 늘어났을 때 탄성 퍼텐셜 에너지는 $\frac{1}{2}kx^2$으로 늘어난 길이의 제곱에 비례한다. 평형 위치로부터 0.2m 늘어났을 때 탄성 퍼텐셜 에너지를 E라 하면, 0.1m 늘어났을 때 탄성 퍼텐셜 에너지는 $\frac{E}{4} = 0.25E$이다. 그때 물체가 가지는 운동 에너지는 탄성 위치 에너지의 감소한 만큼이다.

$\therefore$ 물체의 운동 에너지 $= E - \frac{E}{4} = \frac{3}{4}E = 0.75E$

01

> (1) $0.1v$　　(2) $\dfrac{9}{400}v^2$　　(3) $1m$　　(4) $20\sqrt{5}$ m/s

해설 (1) 총알이 박히면 나무 도막의 질량은 0.5kg이 된다. 그때의 속력을 이라고 v' 하면, 운동량 보존 법칙을 이용하여 $0.05v = (0.05 + 0.45)v'$, $v' = 0.1v$이다.

(2) 손실된 에너지는 운동 에너지의 변화량과 같다.

총알의 운동 에너지 : $\dfrac{1}{2} \times 0.05v^2 = \dfrac{5}{200}v^2 = \dfrac{1}{40}v^2$,

총알이 박힌 후(총알 + 나무도막)의 운동 에너지 :

$= \dfrac{1}{2} \times 0.5 \times (0.1v)^2 = \dfrac{1}{400}v^2$,

운동 에너지 차 $= \dfrac{1}{40}v^2 - \dfrac{1}{400}v^2 = \dfrac{9}{400}v^2$

(3) $2 - 2 \times \cos 60° = 1m$

(4) 총알 + 나무 도막의 최고점에서의 위치에너지는 $0.5g \times 1$ 이다. 이것은 총알이 박힌 후의 운동 에너지와 같다.

$\dfrac{1}{400}v^2 = 0.5g \times 1$, $g = 10$m/s^2

총알의 속력 $v = 20\sqrt{5}$ m/s

02

> (1) 처음 위치 : 50 J, 최고점 : 40 J
> (2) 마찰력의 크기 : 2N, 마찰력이 한 일 : -10 J
> (3) $2\sqrt{15}$ m/s

해설 (1) 처음 위치에서 역학적 에너지(E_0)는 높이가 0이므로 운동 에너지만 가진다.

역학적 에너지(E_0) $= 0 + \dfrac{1}{2} \times 1 \times 10^2 = 50$(J)

최고점에서 정지하므로 운동에너지는 0이다.

역학적 에너지(E_1) $= 1 \times 10 \times 5 \times \sin\theta(= \dfrac{4}{5}) = 40$(J)

(2) 마찰력이 물체에 해준 일은 물체의 역학적 에너지의 변화량이다. 따라서 마찰력이 한 일은

$E_1 - E_0 = 40 - 50 = -10$(J)

마찰력의 크기를 f 라고 하면

$W = fs \rightarrow 10 = f \times 5$, $f = 2$(N)

(3) 다시 출발점으로 돌아오면서 마찰력(크기 일정, 방향 반대)은 -10J의 일을 한다. 출발점으로 다시 돌아왔을 때의 역학적 에너지를 E_2라고 하면,

$E_2 = E_1 - 10 = 40 - 10 = 30$(J)

이때의 역학적 에너지는 모두 운동 에너지로 전환되므로 이 때의 속도를 v라고 하면

$30 = \dfrac{1}{2} \times 1 \times v^2$, $v^2 = 60$, $v = 2\sqrt{15}$ (m/s)

03

> (1) $v\sqrt{\dfrac{m}{2k}}$
> (2) A의 속력 : 0m/s　B의 속력 : v

해설 (1) 용수철이 가장 많이 압축되는 순간은 A가 용수철에 닿은 후 두 물체의 속도가 같아질 때이다. 같이 운동하는 두 물체의 속도를 V라고 하면 운동량 보존 법칙에 의해

$mv + 0 = 2mV \rightarrow V = \dfrac{1}{2}v$

· 처음 운동 에너지 : $\dfrac{1}{2}mv^2$

· 용수철이 가장 많이 압축되었을 때의 운동 에너지(두 물체의 속도가 $\dfrac{1}{2}v$로 같다.) : $\dfrac{1}{2}(2m)\left(\dfrac{1}{2}v\right)^2 = \dfrac{1}{4}mv^2$

· 처음부터 가장 많이 압축되었을 때까지 운동 에너지는

$\dfrac{1}{2}mv^2 - \dfrac{1}{4}mv^2 = \dfrac{1}{4}mv^2$ 만큼 감소하였고, 감소한 운동 에너지가 용수철의 탄성 위치 에너지로 전환된다. 최대로 압축된 용수철의 길이를 A라고 하면,

$\dfrac{1}{4}mv^2 = \dfrac{1}{2}kA^2$, $A = v\sqrt{\dfrac{m}{2k}}$ 이다.

(2) 두 물체가 같은 질량이고 용수철을 매개로 할 때에는 에너지가 소모되지 않는 탄성 충돌을 하므로 충돌 후에는 A, B의 속력이 서로 바뀐다. 때문에 A는 정지, B는 속도 v로 움직인다.

04

> (1) $\dfrac{mv^2}{L}$　　(2) $\sqrt{2}v$
> (3) $v_2 = \sqrt{6}v$, $T = \dfrac{L}{v}(2\sqrt{2} - \sqrt{6})$
> (4) $s = \dfrac{M}{M + m}L$

해설 (1)총알이 $\dfrac{1}{2}L$만큼 박혔으므로 마찰력이 작용한 길이도 $\dfrac{1}{2}L$이다. 총알의 운동 에너지가 마찰력이 한 일로 모두 전환되었으므로

$F \cdot \dfrac{1}{2}L = \dfrac{1}{2}mv^2$, F(마찰력) $= \dfrac{mv^2}{L}$

(2) 운동 마찰은 총알의 속도에 관계없이 같으므로 위의 마찰력은 일정하게 유지된다. 총알은 나무 도막 속에서 L 을 이동하면서 마찰력 $F = \dfrac{mv^2}{L}$ 를 일정하게 받는다.

속도 v_1의 총알이 나무 도막을 관통하기 위해서는 마찰력이 한 일보다 총알의 운동 에너지가 더 커야 하므로

$F \cdot L \leq \dfrac{1}{2}mv_1^2$, ($F = \dfrac{mv^2}{L}$ 으로 일정)

정리하면 $\sqrt{2}v \leq v_1$이므로 v_1은 최소 $\sqrt{2}v$ 이다.

(3) 총알이 나무 도막을 관통하면서 손실되는 에너지 = 마찰력이 한 일 $= FL = mv^2$

총알의 속력이 $2v_1$일 때 총알의 운동 에너지는

$\dfrac{1}{2}m(2v_1)^2 = 2mv_1^2 = 2m(\sqrt{2}v)^2 = 4mv^2$

마찰에 의해 손실되는 에너지 mv^2을 빼주면 총알은 운동 에너지가 $3mv^2$인 형태로 나무 도막을 빠져나온다. 그때의 속력 v_2를 구하면

$$\frac{1}{2}mv_2^2 = 3mv^2, \quad v_2 = \sqrt{6}\,v$$

마찰력을 알고 있으므로 총알의 가속도를 구할 수 있다.

$$F(\text{마찰력}) = \frac{mv^2}{L} = -ma, \quad a = -\frac{v^2}{L} \cdots\cdots ❶$$

그래프에서도 기울기로 가속도를 구하면

$$a = \frac{v_2 - 2v_1}{T} = \frac{\sqrt{6}\,v - 2\sqrt{2}\,v}{T} \cdots\cdots ❷$$

❶, ❷에서 $T = \dfrac{L}{v}(2\sqrt{2} - \sqrt{6})$이다.

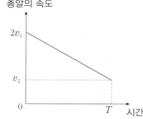

(4) ① 총알이 박힌 상태로 나무도막이 운동하므로, 운동량 보존 법칙에서

$$mv_1 = (M+m)v_3 = \sqrt{2}\,mv, \quad v_3 = \frac{\sqrt{2}\,mv}{M+m}$$

② 박히기 전의 운동 에너지(총알)와 박힌 후의 운동 에너지(총알+나무도막) 차가 마찰력으로 소비되는 에너지이다. 이동 거리를 s이고 마찰력을 F라고 한다면

$$Fs = \frac{1}{2}mv_1^2 - \frac{1}{2}(M+m)\left(\frac{\sqrt{2}\,mv}{M+m}\right)^2, \quad v_1 = \sqrt{2}\,v$$

$$= mv^2\left(1 - \frac{m}{M+m}\right) = mv^2\left(\frac{M}{M+m}\right)$$

$F = \dfrac{mv^2}{L}$ (마찰 : 일정)이므로

$$\frac{mv^2}{L} \cdot s = mv^2\left(\frac{M}{M+m}\right), \quad \therefore s = \frac{M}{M+m}L$$

스스로 실력 높이기　　138∼145쪽

01. ③	02. 8	03. 40	04. ⑤	05. ②	06. 100
07. 1.6	08. 1600		09. ④	10. 1	11. 300
12. 2	13. 204		14. B	15. 0.2	16. ②
17. ④	18. 1.6	19. ④	20. ③	21. ③	22. 1.8
23. ③	24. ④	25. ⑤	26. ③	27. ①	28. ④
29. 0.5	30. ⑤		31. ④	32. ②	

01. 답 ③
해설 과학적으로 일을 한다는 의미는 힘을 가하여 힘의 방향으로 물체가 이동하였을 때를 말한다.
①, ② 힘과 이동 방향이 수직을 이루므로 일이 0이다.
③ 힘의 방향으로 물체가 이동하였으므로 일을 한 것이다.

④ 이동 거리가 0이므로 일이 0이다.
⑤ 힘이 0이므로 일이 0이다.

02. 답 8
해설 알짜힘은 $5 - 3 = 2$ (N) $\quad \therefore W = F \cdot s = 2 \times 4 = 8$ (J)

03. 답 40
해설 물체에 작용하는 힘은 중력과 기중기가 작용하는 힘이고 등속이기 때문에 물체에 작용하는 알짜힘은 0이다. 따라서 기중기가 작용하는 힘은 물체의 중력과 크기가 같다.
기중기가 한 일 $W = 50 \times 4 = 200$J
들어올리는데 5초가 걸렸으므로 기중기의 일률은

$$P = \frac{200}{5} = 40(\text{W})$$

04. 답 ⑤
해설 길이는 cm로 표시되었기 때문에 m로 변환하여 계산하여야 한다. 100N의 물체를 매달면 용수철은 0.1m 늘어나므로 $F = kx$로 부터 $100 = k \times 0.1$, $k = 1000$ N/m이다.

$$\therefore E_p = \frac{1}{2}kx^2 = \frac{1}{2} \times 1000 \times 0.1^2 = 5(\text{J})$$

05. 답 ②
해설 $E_p = \dfrac{1}{2}kx^2 = \dfrac{1}{2} \times 1000 \times 0.2^2 = 20$ (J)

또는 물체에 작용한 일은 탄성 퍼텐셜 에너지로 전환되었기 때문에 그래프의 아래 면적으로도 구할 수 있다.

$$\frac{1}{2} \times 200 \times 0.2 = 20 \text{ (J)}$$

06. 답 100
해설 열기구에서 떨어질 때 물체 A의 중력에 의한 퍼텐셜 에너지 $E_p = 1 \times 10 \times 10 = 100$J이다. 자유 낙하하여 지표면에 도착하면 중력에 의한 퍼텐셜 에너지가 A의 운동 에너지로 모두 전환되기 때문에 운동 에너지의 크기는 100 J이다.

07. 답 1.6
해설 처음 물체의 속도(= 지면에서의 속도)는 6m/s이고, 2m/s의 속도일 때의 높이를 h 라고 하면, 역학적 에너지가 보존되므로

$$\frac{1}{2} \times m \times 6^2 = m \times 10 \times h + \frac{1}{2} \times m \times 2^2, \quad h = 1.6(\text{m})$$

08. 답 1600
해설 한 일의 양이 W 일때 걸린 시간이 t 이고, 물체가 등속 운동한다면 일률 P는 힘 F와 이동거리 s, 속도 v를 이용하여 다음과 같이 나타낼 수 있다.

$$P = \frac{W}{t} = \frac{F \cdot s}{t} = Fv = 800(\text{N}) \times 2(\text{m/s}) = 1600(\text{W})$$

09. 답 ④
해설 ㄱ. 낙하하는 순간 물체에는 중력에 의한 퍼텐셜 에너지만 존재한다. $E_p = mgh = 8 \times 10 \times 5 = 400$ (J)
ㄴ. 공기 저항이 없기 때문에 감소한 중력에 의한 퍼텐셜 에너지는 모두 운동 에너지로 전환된다. 따라서 감소한 위치 에너지를 구하면 그 위치에서의 운동 에너지를 구할 수 있다. 2.5m 낙하했으므로 감소한 $E_p = 8 \times 10 \times 2.5 = 200$ (J)
ㄷ. 지면에 도착한 순간 중력에 의한 퍼텐셜 에너지는 모두 운동 에너지로 전환된다.

$$\therefore\ 400 = \frac{1}{2} \times 8 \times v^2, \quad v = 10\,(\text{m/s})$$

10. 답 1
해설 용수철이 늘어나면서 받은 일은 용수철의 탄성 퍼텐셜 에너지로 전환된다. 이 탄성 퍼텐셜 에너지가 모두 운동 에너지로 전환될 때 속력이 가장 크다.

$$E_\text{p} = \frac{1}{2}kx^2 = \frac{1}{2} \times 200 \times 0.1^2 = 1(\text{J})$$

$$1 = \frac{1}{2}mv^2 = \frac{1}{2} \times 2 \times v^2, \quad v = 1(\text{m/s})$$

11. 답 300
해설

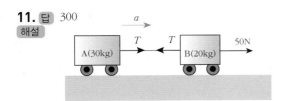

A와 B는 줄로 연결되어 있으므로 같은 가속도를 갖게 된다.
$50 = (30 + 20) \times a,\ a = 1\text{m/s}^2$
T (장력 ; 수레 A에 작용하는 힘)$= 30 \times 1 = 30(\text{N})$
수레 A에 해준 일 $W = Ts = 30 \times 10 = 300(\text{J})$

12. 답 2
해설 처음 가지고 있던 운동 에너지가 마찰력에 의하여 감소하여 0이 될 때까지의 거리를 구하는 문제이다. 물체의 질량이 m이라면 마찰력 $f = \mu mg = 0.1 \times m \times 10 = m$ 이고, 이동 거리를 s 라고 하고

$$\frac{1}{2} \times m \times 2^2 = f \times s = m \times s,\ s = 2(\text{m})$$

13. 답 204
해설 끈이 끊어지는 순간 물체는 위로 2m/s의 속도를 유지하므로 운동 에너지와 퍼텐셜 에너지를 모두 가지고 있다. 먼저 2m/s의 속력에 의한 운동 에너지, 5m 높이에서의 퍼텐셜 에너지의 합이 이 물체의 역학적 에너지가 된다. 그리고 이 물체가 땅에 떨어지는 순간 역학적 에너지는 모두 운동 에너지로 변환된다. 땅에 떨어지는 순간의 운동 에너지는 다음과 같다.

$$E_\text{k} = 4 \times 9.8 \times 5 + \frac{1}{2} \times 4 \times 2^2 = 204(\text{J})$$

14. 답 B
해설 A는 운동을 하다 속력이 느려졌다가 빨라지고, B는 운동을 하다 속력이 빨라졌다가 느려진다. 그래프로 나타내 보면 다음과 같다.

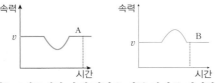

(속력－시간) 그래프에서 아래 면적은 이동 거리를 의미하는데 A, B의 이동 거리가 같으므로 B의 시간이 더 짧아야 한다. 즉, B가 더 빨리 도착지까지 도달한다.

15. 답 0.2
해설 운동 에너지가 용수철의 탄성 퍼텐셜 에너지로 모두 전환되었을 때 용수철이 최대로 압축된다.

$$E_k = \frac{1}{2}mv^2 = \frac{1}{2} \times 2 \times 10^2 = 100(\text{J})$$

탄성 퍼텐셜 에너지와 같아야 하므로 $\frac{1}{2}kx^2$에 대입하면

$$100 = \frac{1}{2} \times 5000 \times x^2, \quad x = 0.2(\text{m})$$

16. 답 ②
해설 ㄱ, ㄷ. 처음 속도와 높이가 동일하기 때문에 역학적 에너지가 동일하고 공기 저항이 무시된다면 높이가 같은 P점에서의 운동 에너지는 동일하다. 따라서 A, B의 속력은 서로 같다.
ㄴ. 질량과 관계 없이 B의 지면 도달 거리 s 는 속도의 수평 방향 성분과 체공 시간에 의해 결정되므로 변하지 않는다.

17. 답 ④
해설 ㄱ. B점은 mgh만큼의 퍼텐셜 에너지가 운동 에너지로 전환되었으므로 B점이 C보다 운동 에너지가 크다.
ㄴ. 물체에 작용하는 중력은 mg, 중력 방향으로의 이동 거리는 h이므로 중력이 물체에 한 일은 $F \cdot s = mgh$ 이다.
ㄷ. 마찰이 무시되어 역학적 에너지는 보존이 되며, A와 C가 같은 높이에 있으므로 운동 에너지와 속력이 각각 같다.

18. 답 1.6
해설 물체가 미끄러지기 시작하여 용수철에 닿아서 정지할 때까지 미끄러진 총 거리를 s 라고 할 때 물체의 퍼텐셜 에너지 감소량은 $mg \cdot s \times \sin 30° = mgs\dfrac{1}{2}$

이 값이 모두 탄성 퍼텐셜 에너지로 전환되었으므로

$$\frac{1}{2}kx^2 = \frac{1}{2} \times 100 \times 0.4^2 = 8 = \frac{mgs}{2} \quad \therefore\ s = 1.6\,(\text{m})$$

19. 답 ④
해설 마찰이 없을 때 A가 경사면을 따라 정지 상태에서 등가속도 운동을 하며 내려갔으므로 A의 질량 > B의 질량이다. A, B는 실에 묶여 있으므로 속력이나 가속도의 크기가 서로 같다. A, B의 운동 에너지와 퍼텐셜 에너지, 역학적 에너지를 각각 $(k_\text{A}, P_\text{A}, E_\text{A})$, $(k_\text{B}, P_\text{B}, E_\text{B})$로 한다.
ㄱ. A, B의 속력은 같지만 A가 B보다 질량이 크기 때문에 A의 운동량의 크기는 B의 운동량의 크기보다 크다.
ㄴ. 모든 마찰은 무시하므로, (A+B)의 역학적 에너지는 운동 전후에 같게 유지된다. A, B를 따로 보면 E_B 증가량은 E_A 감소량과 같다.
ㄷ. A의 질량이 B의 질량보다 크고, 속력은 서로 같으므로, 운동 후에 k_A(증가량)가 k_B(증가량)보다 더 크다. E_A 감소량과 E_B 증가량은 같으므로, P_A 감소량이 P_B 증가량보다 커야 한다.

20. 답 ③
해설

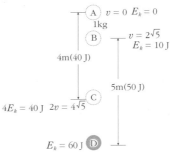

운동 에너지 E_k, 퍼텐셜 에너지 E_p 라고 하면, 그림과 같이 C점에서 운동 에너지 $E_k(\text{C}) = 40\,\text{J}\ (E_p\ 감소량)$이 되고,
B에서의 속력이 C의 $\dfrac{1}{2}$배이므로 B점의 운동에너지는 C점

의 $\frac{1}{4}$배이다. 따라서 B점 운동 에너지 E_k(B) $= 10J$ 이 된다.

ㄱ. B에 대한 A의 E_p는 10J이므로, $10 = 1 \times 10 \times h$, $h = 1m$
ㄴ. C와 D 사이 퍼텐셜 에너지 차는 20J 이므로, 중력이 한 일도 20J 이다.
ㄷ. E_k(D) $= \frac{1}{2} \times 1 \times v_D^2 = 60$, $v_D = 2\sqrt{30}$ m/s

21. 답 ③
해설 처음 움직이는 방향을 +로 정한다.

ㄱ. A에서 물체의 운동 에너지 E_k(A) $= \frac{1}{2} \times 1 \times 10^2 = 50$ J 이다. C에서 중력에 의한 퍼텐셜 에너지 E_p(C)는 운동 에너지 E_k(C)의 3배이고, 전체 역학적 에너지는 50 J이므로,
$50 = E_p$(C) $+ E_k$(C) $= 4E_k$(C) $= 4(\frac{1}{2} \times 1 \times v^2)$, $v = 5m/s$
ㄴ. 등가속도 운동이므로 어디서나 가속도는 같다.

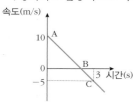

A→B→C 이동 시간이 3초이고 C에서의 속도는 -5m/s, A에서의 처음 속도는 10m/s 이므로
$-5 = 10 + a \times 3$, $a = -5m/s^2$
ㄷ. A와 C 사이에서
$2as = v^2 - v_0^2 \rightarrow 2 \times (-5) \times s = (-5)^2 - 10^2$, $s = 7.5m$

22. 답 1.8
해설 공의 처음 속도를 v_0, 충돌 직전 속도를 v라고 하면 역학적 에너지 보존에 의해 다음 식이 성립한다.
$$mgh + \frac{1}{2}mv_0^2 = \frac{1}{2}mv^2, \quad 80 + 64 = v^2, \quad v = 12m/s$$
반발 계수가 0.5이므로 충돌 후의 속도를 v'라고 하면
$$0.5 = \frac{v'}{12}, \quad v' = 6m/s$$
공이 지면과 충돌 후 올라가는 최대 높이는
$$mgh = \frac{1}{2}mv'^2 \quad \therefore h = 1.8m$$

23. 답 ③
해설 퍼텐셜 에너지 증가량(J) : $mgh = 5 \times 9.8 \times 2 = 98$(J)
운동 에너지 증가량(J) : $\frac{1}{2} \times 5 \times 4^2 = 40$ (J)

위로 이동하는 동안 역학적 에너지(운동 에너지+퍼텐셜 에너지)는 98+40 = 138(J) 증가하였다. 이것은 외력이 한 일이므로
$W = Fs \rightarrow 138 = 2 \times F$, $F = 69$(N)(평균 외력)

24. 답 ④
해설 ① 물체가 얻은 역학적 에너지는 138J이다.
② 중력의 반대 방향으로 이동했으므로 중력은 음의 일을 한다.
③ 역학적 에너지는 꾸준히 증가한다.
④, ⑤ 외부에서 해준 일은 물체의 역학적 에너지 증가량인 138J이다. 이중 중력에 대해 한 일 98J을 제외한 40J은 물체의 운동 에너지를 증가시킨다.

25. 답 ⑤
해설 ·0 ~ 1초 일때 정지해 있던 질량이 5kg인 물체에 10N의 힘이 일정하게 작용하였다.
$$F = ma \rightarrow a = \frac{F}{m} = \frac{10}{5} = 2m/s^2$$
1초 일 때 물체의 속도는 $v = v_0 + at = 0 + 2 \times 1 = 2$(m/s)
0 ~ 1초 동안 이동한 거리는 다음과 같다.

$$s = v_0 t + \frac{1}{2}at^2 = 0 + \frac{1}{2} \times 2 \times 1^2 = 1m$$
·1 ~ 2초 : 2(m/s)로 운동하는 물체에 5N의 힘이 일정하게 작용하였다.
$$F = ma, \text{ 가속도 } a = \frac{5}{5} = 1m/s^2$$
2초일 때의 속도 $v = v_0 + at = 2 + 1 \times 1 = 3$(m/s)
1 ~ 2초 동안 이동 거리를 구하면
$$s = v_0 t + \frac{1}{2}at^2 = 2 \times 1 + \frac{1}{2} \times 1 \times 1^2 = \frac{5}{2}m$$
힘-이동 거리 그래프는 다음과 같다.

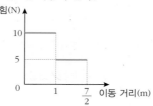

ㄱ. 정지해 있던 물체에 작용한 물체의 운동 에너지는 물체가 받은 일의 양과 같다. 0 ~ 1초 동안 물체가 받은 일은 10N의 힘을 받으며 1m를 이동하였으므로($W = Fs$)
$E_k = 10 \times 1 = 10$(J)
ㄴ. 출발 후 2초가 되는 순간 물체의 속도는 3m/s이다.
ㄷ. 출발 후 2초까지 물체를 끌어당기는 힘이 한 일은 힘-이동 거리 그래프의 면적에 해당한다.
W(0~2초)$= 1 \times 10 + 5 \times \frac{5}{2} = \frac{45}{2}(= 22.5)$(J)

26. 답 ③
해설 완전 비탄성 충돌을 하면, 충돌 후 두 물체가 한 덩어리가 되어 운동한다.
충돌 직후 두 물체의 운동 에너지 = 마찰에 의해 소모된 일
$$\frac{1}{2}mv^2 = \mu mgs, \quad v^2 = 2\mu gs$$
$$\therefore v = \sqrt{2\mu gs} = \sqrt{20} = 2\sqrt{5} \text{ (m/s)}$$

27. 답 ①
해설 ㄱ. 처음 책상 면에 밧줄의 절반이 올라가 있으므로 처음엔 마찰력 $= \mu mg = 0.1 \times 2 \times 10 = 2N$을 받지만, 줄을 잡아당김에 따라 책상 면 위의 밧줄의 질량이 늘어나므로 마찰력이 증가하여 밧줄이 책상 면에 모두 올라오는 순간 마찰력은 4N이 된다. 다음 왼쪽 그래프가 마찰력-거리 그래프이다. 그래프 아래 부분의 면적인 6 J 이 마찰력에 대해서 한 일이다.

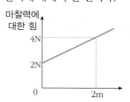 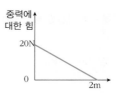

ㄴ. 책상면에 매달린 밧줄 부분을 끌어올리려면 중력에 대해 일을 해야 한다. 중력만큼 힘을 가해 주면 밧줄을 천천히 끌어올릴 수 있다. 그런데 책상 위로 밧줄이 올라오면서 매달린 부분이 점차 짧아지고 책상면 위로 모두 올라오면 매달린 부분은 없어지고, 중력은 0이 된다. 물체를 끌어올리기 위하여 처음에는 밧줄 무게의 절반인 20N이 필요하였으나 나중엔 0이 된다. 중력에 대한 일은 위 오른쪽 중력 그래프 아래 부분의 면적 = 20 (J)이 된다.
ㄷ. 밧줄을 끌어올리기 위해서 필요한 일은 (마찰력에 대해서 한 일 + 중력에 대해서 한 일) = 26 (J)

28. 답 ④

해설 궤도 이탈(아래로 떨어짐)이 안되려면 작은 원의 최고점에서 구심력이 중력보다 크거나 같아야 한다.

$$\frac{mv^2}{R} \geq mg, \quad v^2 \geq gR \text{ (작은 원의 최고점)} --- ㉠$$

또, P점의 높이 h에서의 퍼텐셜 에너지 = 작은 원의 최고점에서의 퍼텐셜 에너지 + 운동 에너지이므로

$$mgh = mg \times 2R + \frac{1}{2}mv^2 \rightarrow v^2 = 2gh - 4gR --- ㉡$$

㉠과 ㉡에서 $2gh - 4gR \geq gR, \quad h \geq \frac{5}{2}R$

29. 답 0.5

해설 완전 비탄성 충돌이기 때문에 충돌후 두 물체가 붙어서 운동한다. A의 퍼텐셜 에너지는 $1 \times g \times 2 = 2g$, 충돌하기 직전 A의 모든 퍼텐셜 에너지가 운동 에너지로 전환되므로 충돌 직전 A의 속도를 v라고 하면

$$2g = \frac{1}{2} \times 1 \times v^2, \quad v^2 = 4g, v = 2\sqrt{g}$$

충돌 전 후의 운동량의 합이 같으므로 충돌한 후 한 덩어리가 된 두 추의 속도를 V라고 하면

$$1 \times 2\sqrt{g} = 2 \times V, V = \sqrt{g}$$

충돌 직후 운동 에너지는

$$\frac{1}{2} \times 2 \times V^2 = \frac{1}{2} \times 2 \times \sqrt{g}^2 = g$$

충돌 직후 운동 에너지가 모두 퍼텐셜 에너지로 전환되므로, 최고점의 높이를 h라고 하면,

운동 에너지(한 덩어리가 된 물체) $= g = 2 \times g \times h, \quad h = \frac{1}{2}(m)$

30. 답 ⑤

해설 ㄱ. B점에서 물체의 속도가 수평 방향으로 v_B이므로 구심 가속도(연직 위 방향)가 존재한다.
$\frac{1}{2}mv_B^2 = mg \times 10$이므로,

B점에서 물체의 가속도(구심 가속도) : $\frac{v_B^2}{r} = \frac{g \times 20}{25} = 8(m/s^2)$

ㄴ. $\frac{1}{2}mv_C^2 = mg \times 5, \quad v_C^2 = 100, \quad v_C = 10(m/s)$

ㄷ. 구심력보다 구심력과 크기가 같고 방향이 반대인 원심력을 생각하는 것이 편하다. C점에서의 속력과 원심력은 역학적 에너지 보존으로 구할 수 있다.
A점과 C점에서의 퍼텐셜 에너지의 차가 C점의 운동 에너지가 되었을 것이므로

$$\frac{1}{2}mv_C^2 = mg \times 10 - mg \times 5 = mg \times 5$$

$$\rightarrow \frac{mv_C^2}{r} \text{(C점의 원심력의 크기)} = \frac{mg \times 10}{r} = 2(N)$$

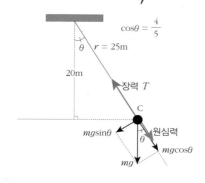

C점에서 실의 장력은 (원심력 + $mg\cos\theta$)와 평형을 이룬다.

$$\therefore \ T(\text{장력 크기}) = 2 + 0.5 \times 10 \times \frac{4}{5} = 6(N)$$

31. 답 ④

해설 마찰이 없는 A ~ E 구간에서는 A점에서의 퍼텐셜 에너지가 E점에서 운동 에너지로 모두 전환된다. E점에서의 속력을 v라고 하면
A점에서의 퍼텐셜 에너지 : $1 \times 10 \times 5 = 50(J)$

E점에서의 운동 에너지 : $\frac{1}{2} \times 1 \times v^2$

$$\therefore \frac{1}{2}v^2 = 50, \quad v = 10(m/s)$$

ㄱ. E점을 속도 10(m/s)로 지나 5초 후에 정지하므로
$v = v_0 + at, \quad 0 = 10 + a \times 5, \quad a = -2m/s^2$
$F(\text{마찰력}) = ma = 1 \times (-2) = -2(N)(\text{크기 2N})$

ㄴ. 마찰력을 받아 5초 만에 운동 에너지가 50J 감소하였다.

일률 $P = \frac{W}{t} = \frac{50}{5} = 10W$

ㄷ. (E~F 구간) $v^2 - v_0^2 = 2as, \quad -10^2 = 2 \times (-2) \times s, \quad s = 25(m)$

32. 답 ②

해설 ㄱ. A점에서의 퍼텐셜 에너지가 C점의 운동 에너지와 같고,
B점에서의 퍼텐셜 에너지는 A점의 퍼텐셜 에너지의 $\frac{1}{2}$ 이므로

C점에서의 운동 에너지가 B점 운동 에너지의 2배이다. 운동 에너지는 속력의 제곱에 비례하므로 운동 에너지가 2배이면 속력은 $\sqrt{2}$배이다.

ㄴ. E점에서의 탄성 퍼텐셜 에너지 : $\frac{1}{2}kL^2$

D점에서의 탄성 퍼텐셜 에너지 : $\frac{1}{2}k\left(\frac{L}{2}\right)^2 = \frac{1}{8}kL^2$

D점에서의 물체의 운동 에너지 : $\frac{1}{2}kL^2 - \frac{1}{8}kL^2 = \frac{3}{8}kL^2$

용수철이 최대로 줄어든 길이의 절반이 위치한 지점이 탄성 퍼텐셜 에너지와 물체의 운동 에너지가 같아지는 곳이 아니다.

ㄷ. 충돌 시 에너지 손실이 없기 때문에 A점에서의 역학적 에너지와 E점 역학적 에너지는 서로 같다. A점에서 물체가 가진 역학적 에너지는 모두 중력에 의한 퍼텐셜 에너지이고, B점에서 용수철의 역학적 에너지는 탄성에 의한 퍼텐셜 에너지만 존재한다.(두 점에서 모두 멈추었으므로 운동 에너지는 0이다.) 따라서 A점에서의 물체의 중력 퍼텐셜 에너지와 E점에서의 탄성 퍼텐셜 에너지는 서로 같다.

7강. 케플러 법칙과 만유인력

개념 확인
146~149쪽

1. 초점, 타원, 빨라, 느려, 공전 주기, **2.** $\dfrac{1}{9}$

3. ㉠ 2.5 ㉡ 원의 중심 **4.** 질량, 궤도 반지름, 5m

2. 답 $\dfrac{1}{9}$

해설 만유인력은 $F_1 = F_2 = G\dfrac{mM}{r^2}$ 이다.

두 물체 사이의 거리가 3배가 되면 만유인력은 $\dfrac{1}{9}$ 배가 된다.

확인+
146~149쪽

1. 8 **2.** ④ **3.** ㉠ 9 ㉡ 9 **4.** (1) 2 : 1 (2) 1 : 8

1. 답 8

해설 $\dfrac{a^3}{T^2} = k$(일정) 이므로, a 가 4배가 되면 T 는 8배가 된다.

2. 답 ④

해설 만유인력은 $F_1 = F_2 = G\dfrac{mM}{r^2}$ 이다. 따라서 행성의 질량이 작아지면 만유인력의 크기도 작아진다.

3. 답 ㉠ 9 ㉡ 9

해설 두 물체 사이의 만유인력의 크기는 운동하고 있거나 정지해있거나 두 물체 사이의 거리의 제곱에 반비례하고 두 물체의 질량의 곱에 비례한다.

F(만유인력) $= \dfrac{GMm}{r^2}$ P, Q점에 행성이 위치할 때 각각 태양과

의 거리만 다르다. $F_P : F_Q = \dfrac{1}{36} : \dfrac{1}{4} = 1 : 9$

행성 궤도의 한 지점에서 행성에 작용하는 만유인력의 크기는 구심력의 크기와 같다.

4. 답 (1) 2 : 1 (2) 1 : 8

해설 (1) $v_A : v_B = \sqrt{\dfrac{GM}{r}} : \sqrt{\dfrac{GM}{4r}} = 2 : 1$

(2) $T_A : T_B = 2\pi\sqrt{\dfrac{r^3}{GM}} : 2\pi\sqrt{\dfrac{(4r)^3}{GM}} = 1 : 8$

개념 다지기
150~151쪽

01. ③ **02.** 75 **03.** (1) X (2) X (3) O (4) X

04. ②, ⑤ **05.** ③ **06.** 1

07. (1) X (2) X (3) X (4) O **08.** 48

01. 답 ③

해설 ㄱ. 행성은 태양을 한 초점으로 하는 타원 궤도를 돈다.

ㄴ, ㄷ. 케플러 제2 법칙(면적 속도 일정 법칙)에 의해 태양으로부터 먼 곳에서 보다 가까운 곳에서 속력이 더 빠르다.

02. 답 75

해설 케플러 제2 법칙(면적 속도 일정 법칙)에 의해 행성의 공전 주기가 300일이므로 75일이 지나면 면적의 $\dfrac{1}{4}$ 을 지난다.

03. 답 (1) X (2) X (3) O (4) X

해설 (1) 케플러 법칙을 통해 뉴턴이 만유인력 법칙을 발견하였다.

(2) 만유인력은 두 물체가 서로 끌어당기는 힘이다.

(3) 거리의 제곱에 반비례하고 질량에 비례하므로, 두 물체의 거리가 가까울수록 크고 물체의 질량이 클수록 크다.

(4) 두 물체 사이의 거리는 같지만, 질량이 서로 다르므로 작용하는 만유인력의 크기는 각각 다르다.

04. 답 ②, ⑤

해설 ②, ③ 만유인력은 거리의 제곱에 반비례한다. 따라서 반지름이 더 긴 B의 만유인력이 A보다 작다.

① 중력은 만유인력의 다른 표현이다.

④ 질량은 같고, A의 무게가 B보다 크면 A의 중력 가속도가 더 큰 것이다.

⑤ 지구와 물체 사이에는 작용·반작용의 만유인력을 서로 작용한다.

05. 답 ③

해설 ㉠ 등속 원운동은 물체가 받는 힘(구심력)의 방향과 운동 방향이 수직인 운동이다.

㉡ 등속 원운동하는 물체의 속력은 일정하다.

㉢ 등속 원운동하는 물체의 운동 방향은 원의 접선 방향이다.

06. 답 1

해설 등속 원운동의 속력은 $v = 2\pi rf$ 이다. π 를 3으로 계산하면 $30\,\text{m/s} = 2 \times 3 \times 5 \times f$ 이 되고, 1초당 회전수 f 는 1 (Hz)이 된다.

07. 답 (1) X (2) X (3) X (4) O

해설 T(주기) $= 2\pi\sqrt{\dfrac{r^3}{GM}}$, $v = \sqrt{\dfrac{2GM}{R}}$

(1)(2) 인공위성의 속력은 인공위성의 질량과 무관하고, 궤도 반지름의 제곱근에 반비례한다.

(3) 인공위성의 주기의 제곱이 궤도 반지름의 세제곱에 비례한다.

(4) 인공위성의 주기는 지구 질량의 제곱근에 반비례한다.

08. 답 48

해설 T(주기) $= 2\pi\sqrt{\dfrac{r^3}{GM}}$

주기는 $2 \times 3 \times \sqrt{64} = 48$ (s) 이다.

[유형 7-1] =, <, <, <, <, =, >		
	01. ①	02. ③
[유형 7-2] (1) = (2) 1 N	03. ①	04. ①
[유형 7-3] ④	05. ①	06. ③
[유형 7-4] ㄱ, ㅁ	07. ①	08. ⑤

[유형 7-1] 답 =, <, <, <, <, =, >

해설 S_1과 S_2는 면적 속도 일정 법칙에 의해 같다. 속력은 태양과의 거리가 가까울수록 빠르다. 같은 질량이므로 가속도는 만유인력에 비례하고 만유인력은 태양과의 거리가 가까울수록 크다. 따라서 A의 만유인력이 B보다 작으므로 가속도도 작다. B의 속력이 더 빠르기 때문에 운동 에너지도 더 크다. 역학적 에너지 보존에 의해 같은 궤도 상의 A와 B의 역학적 에너지는 같다. 역학적 에너지는 같고 운동 에너지는 B가 더 크므로 퍼텐셜 에너지는 A가 더 크다.

01. 답 ①

해설 타원 궤도의 긴 반지름의 공식은 $r_1 + r_2 = 2a$.

긴 반지름(a) $= \dfrac{3\text{km} + 2\text{km}}{2} = 2.5\text{km}$

02. 답 ③

해설 조화 법칙에 의해 $\left(\dfrac{a^3}{T^2}\right)_A = \left(\dfrac{a^3}{T^2}\right)_B =$ (일정)

$\therefore \left(\dfrac{a_A}{a_B}\right)^3 = \left(\dfrac{a_A}{4a_A}\right)^3 = \dfrac{1}{64} = \left(\dfrac{T_A}{T_B}\right)^2 \rightarrow \dfrac{T_A}{T_B} = \dfrac{1}{8}$

[유형 7-2] 답 (1) = (2) 1 (N)

해설 (1) 두 힘은 (작용 · 반작용)으로 같다.

(2) 만유인력 $F = G\dfrac{mM}{r^2}$　($G = 1\text{N} \cdot \text{m}^2/\text{kg}^2$)

$F = (1\text{N} \cdot \text{m}^2/\text{kg}^2) \times \dfrac{1\text{kg} \times 4\text{kg}}{(2\text{m})^2} = \dfrac{4}{4} = 1(\text{N})$

03. 답 ①

해설 중력 가속도 $g = \dfrac{GM}{r^2}$. 행성의 질량과 반지름이

지구보다 각각 $\dfrac{1}{2}$배이므로 $g' = \left(\dfrac{1}{2}\right) / \left(\dfrac{1}{2}\right)^2 = 2g$

04. 답 ①

해설 만유인력 $F = G\dfrac{mM}{r^2}$. 질량이 4배이고 지구의 중심으로부터의 거리가 2배이므로

$F' = G\dfrac{m(4M)}{(2r)^2} = G\dfrac{mM}{r^2} = F$

[유형 7-3] 답 ④

해설 ① 주기와 속력은 반비례 한다. 따라서 속력이 빨라지면 주기는 줄어든다.
② 구심력의 크기는 속력의 제곱에 비례한다.
③ 원운동하는 물체의 속도는 일정하지 않다. 이는 속도의 방향이 계속 변하기 때문이다.
④ 물체가 받는 구심력의 방향은 중심 방향이다.
⑤ 구심력의 방향은 중심 방향이고 물체의 운동방향은 접선 방향이다. 따라서 수직을 이룬다.

05. 답 ①

해설 ㄱ. $v = 2\pi rf =$ 일정, 회전 진동수(f)는 회전 반지름(r)에 반비례한다. 따라서 A가 B보다 작다.
ㄴ. 운동 에너지는 질량에 비례한다. B의 질량이 A의 질량의 2배이므로 B의 운동 에너지가 2배 더 크다.
ㄷ. 구심력은 질량에 비례하고 반지름에 반비례한다. 따라서 B의 질량이 A보다 크고 반지름도 작기 때문에 B의 구심력이 더 크다.

06. 답 ③

해설 ㄱ. 주기의 제곱은 궤도 반지름의 세제곱에 비례한다. 따라서 A의 궤도 반지름이 더 길기 때문에 A의 주기가 더 길다.
ㄴ. A와 B에 작용하는 구심력은 같다고 했다. 하지만 A의 질량이 더 크므로 B의 구심가속도가 더 크다.
ㄷ. 만유인력이 구심력의 역할을 한다. 구심력이 같다고 했으므로 만유인력도 같다.

[유형 7-4] 답 ㄱ, ㅁ

해설 인공위성의 주기 $T = \dfrac{2\pi r}{v} = 2\pi\sqrt{\dfrac{r^3}{GM}}$

인공위성의 주기는 행성의 질량, 행성 중심에서 인공위성까지의 거리와 관련이 있다.

07. 답 ①

해설 인공위성의 주기 $T = \dfrac{2\pi r}{v} = 2\pi\sqrt{\dfrac{r^3}{GM}}$ 이므로, A의

주기는 $2\pi\sqrt{\dfrac{r^3}{GM}}$ 이고, B의 주기는 $2\pi\sqrt{\dfrac{8r^3}{G2M}}$ 이다.

따라서 B의 공전 주기는 A의 2배이다.

ㄴ. A, B에 작용하는 만유인력은 각각 $G\dfrac{mM}{r^2}$, $G\dfrac{mM}{2r^2}$

이므로, A에 작용하는 만유인력은 B의 2배이다.

ㄷ. 인공위성에 작용하는 구심력 크기는 만유인력 크기와 같으므로,

구심 가속도 크기는 $\dfrac{\text{만유인력}}{m}$이다. A, B의 질량은 같고 만유인력

크기는 A가 B의 2배이므로 구심 가속도도 A가 B의 2배이다.

08. 답 ⑤

해설 ㄱ. 인공위성의 가속도 크기는 $\dfrac{GM}{r^2}$ 이므로 M이 작아

지면 가속도 크기는 작아진다.

ㄴ. 인공위성의 속력은 $\sqrt{\dfrac{GM}{r}}$ 이므로 속력은 작아진다.

ㄷ. 주기는 $2\pi\sqrt{\dfrac{r^3}{GM}}$ 이므로 커진다.

창의력 & 토론마당　156~159쪽

01

17.4 AU

해설 혜성의 궤도 장반경을 a(AU)라고 하고 공전주기를 P(년)라고 하면 케플러 제3법칙에 의해서 $a^3 = P^2(k = 1)$이다.
공전 주기(P)는 27년 이므로 $a^3 = (27)^2 = (3^3)^2 = (3^2)^3$
$\therefore a = 9$AU
근일점에서 태양−혜성 간의 거리를 a_1, 원일점에서 태양−혜성 간의 거리를 a_2라 하면,
$a = \dfrac{a_1 + a_2}{2}$, $a_1 + a_2 = 18$,
$a_1 = 0.6$AU 이므로 $a_2 = 17.4$AU이다.

02

(1) 제 1 우주 속도 = 7.9km/s
(2) 제 2 우주 속도 = 11.2km/s
(3 탈출속도 = $\sqrt{2}$ 인공위성 속도
(4) 〈해설 참조〉

해설 (1) 인공위성은 구심력 $\dfrac{mv^2}{R}$을 받으며 이 힘의 역할을 만유인력 $F = \dfrac{GMm}{R^2}$ 이 하고 있으므로 질량 m의 인공위성이 속도 v로 지표면 가까이 돌 때 원 궤도 반경은 지구 반경 R과 같게 놓아도 큰 오차가 없다.
(구심력) $\dfrac{mv^2}{R} = \dfrac{GMm}{R^2}$ (만유인력)
$\therefore v$(인공위성 속도) $= \sqrt{\dfrac{GM}{R}}$ = 약 7.9km/s

(2) 지표면에서 출발할 때 물체의 역학적 에너지는
$$E = E_k + E_p = \dfrac{1}{2}mv^2 + (-\dfrac{GMm}{R})$$
무한대의 거리($r = \infty$)에서 $E_p = 0$이 되고, 정지했을 때 $E_k = 0$이 되어 역학적 에너지 = 0이 된다.
따라서 $\dfrac{1}{2}mv^2 + (-\dfrac{GMm}{R}) = 0$
$\therefore v$(탈출 속도) $= \sqrt{\dfrac{2GM}{R}}$ = 약 11.2km/s

(3) 탈출 속도는 인공위성 속도의 $\sqrt{2}$ 배가 된다.
(4) 인공위성의 속도가 증가함에 따라 원 → 타원 → 포물선 형태로 궤도 모양이 바뀐다.

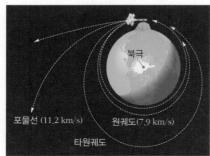

북극
포물선 (11.2 km/s)　원궤도(7.9 km/s)
타원궤도
〈인공 위성의 속도에 따른 궤도 유형〉

03

(1) $e = \dfrac{\sqrt{a^2 - b^2}}{a}$　　(2) 타원의 면적 = πab
(3) 근일점 거리 = $a(1 - e)$
(4) 원일점 거리 = $a(1 + e)$
(5) 단반경의 거리 = $a\sqrt{1 - e^2}$

해설 (1) 타원의 이심률 e ($0 \leq e \leq 1$) : 그림의 삼각형에서
$(ea)^2 + b^2 = x^2 = a^2$ (타원 : $r_1 + r_2 = 2a$)
행성이 원일점 Q에 있을 때 두 초점으로부터 거리의 합은 $(a + ea) + (a - ea) = 2a$, 행성이 두 초점에서 같은 거리의 점 P에 있을 때 초점까지 거리를 x 라고 하면 $2x = 2a$, $x = a$ 이다. 따라서
$e = \dfrac{ea}{a} = \dfrac{\sqrt{a^2 - b^2}}{a}$

(2) 타원의 면적 : 반지름 1인 타원의 면적은 $\pi \cdot 1^2$이고, 타원은 이 원을 가로로 a배, 세로로 b배 늘렸다고 하면 면적은 $\pi \times a \times b = \pi ab$
(3) 근일점 거리 : $a - ae = a(1 - e)$
(4) 원일점 거리 : $a + ae = a(1 + e)$
(5) 단반경의 거리 : $(ea)^2 + b^2 = a^2$,
$b^2 = a^2 - (ea)^2 = a^2(1 - e^2)$　$\therefore b = a\sqrt{1 - e^2}$

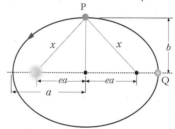

04

16 km/s, 10 m

해설 지구의 질량이 2배가 되면 중력 가속도
$g' = \dfrac{2GM}{R^2} = 20$m/s^2 이 되므로, 초당 자유 낙하 거리
$s = \dfrac{1}{2}gt^2 = \dfrac{1}{2} \times 20 \times 1 = 10$ m가 된다.

지구의 표면은 약 8km진행할 때마다 5m 씩 낙하하는 구형이므로 초당 낙하 거리가 10m가 되려면 초당 16 km를 진행해야 한다. 즉, 뉴턴의 대포를 16km/s 로 발사해야 지면에 떨어지지 않고 계속 지구 주위를 돈다.

05

3.56×10^7m

해설 인공위성의 공전 주기와 지구의 자전 주기가 같을 때 같은 곳에 계속 떠 있는 것처럼 보인다(정지 궤도 위성).
지구 자전 주기 $T = 365$일 $\times 24$시간 $\times 3600$초 $= 86400$(s) = 인공 위성의 공전 주기일 때
r (인공 위성의 궤도 반경) $= (\dfrac{GM}{4\pi^2}T^2)^{1/3} = 4.2 \times 10^7$(m)
지구의 반경은 6.4×10^6m 이므로 정지 궤도의 지표면으로부터 고도는 3.56×10^7m이다.

01. (1) X (2) X (3) O (4) X　　**02.** ⑤　　**03.** ③
04. ⑤　**05.** 4　**06.** ①　**07.** 2　**08.** ④　**09.** ⑤
10. ③　**11.** ①　**12.** ①　**13.** ④　**14.** ③　**15.** ⑤
16. ④　**17.** ②　**18.** ②　**19.** ⑤　**20.** ②　**21.** ⑤
22. ⑤　**23.** ④　**24.** ④　**25.** ③　**26.** ⑤　**27.** ⑤
28. ⑤　**29.** ②　**30.** ③　**31.** ①　**32.** $\dfrac{v^3}{2\pi G}\sqrt{\dfrac{3\pi}{\rho G}}$

01. 답 (1) X (2) X (3) O (4) X
해설 (1) 케플러 제1 법칙은 타원 궤도 법칙이다. 모든 행성은 태양 주위를 타원 궤도를 따라 운동한다.
(2) 행성이 태양 가까이에 있을 때를 근일점, 가장 멀리 있을 때를 원일점이라 한다.
(3) 행성의 속력은 가장 가까이에 있을 때(근일점) 가장 빠르고, 행성이 가장 멀리 있을 때(원일점) 가장 느리다.
(4) $T^2 \propto a^3$

02. 답 ⑤
해설 케플러 제3법칙인 조화 법칙에 의해 장반경의 세제곱은 주기의 제곱에 비례한다.($T^2 \propto a^3$)

03. 답 ③
해설 ㄱ. 속력은 태양에 가까울수록 빠르므로 1800년 시점의 B 지점(원일점)보다 빠르다.
ㄴ. 공전 주기가 30년이므로 B(원일점)에서 A(근일점)까지 가는데 15년이 걸린다. 따라서 A지점(근일점)을 통과하는 시기는 1815년이 된다.
ㄷ. 케플러 제1법칙에 의해 토성은 태양으로부터 만유인력을 받아 타원 궤도 운동을 한다.

04. 답 ⑤
해설 ㄱ. 케플러 제2법칙은 $m_A r_1 v_A = m_B r_2 v_B$(각 운동량 보존)이다.($m_A = m_B$)
ㄴ. 같은 궤도이므로 A와 B의 공전 주기는 같다.
ㄷ. A가 근일점이므로 B보다 속력이 빠르다.

05. 답 4
해설 행성 A의 공전주기는 행성 B의 8배이다.
조화 법칙에 의해 $(\dfrac{a^3}{T^2})_A = (\dfrac{a^3}{T^2})_B$ = (일정)이므로
$(\dfrac{a_A}{a_B})^3 = (\dfrac{T_A}{T_B})^2 = 64 \rightarrow \dfrac{a_A}{a_B} = 4$

06. 답 ①
해설 ㄱ. 달에 작용하는 알짜힘이 0이 아니므로 가속도도 0이 아니다.
ㄴ. 지구에 의한 만유인력은 사과와 달 모두 작용한다.
ㄷ. 만유인력은 물체 사이의 거리의 제곱에 반비례하므로 사과가 가까워질수록 만유인력의 크기는 커진다.

07. 답 2
해설 중력 가속도의 크기 $g = \dfrac{GM}{r^2}$ 이다.
질량(M)이 8배이고 반지름(r)이 2배인 행성에서는

$g_{행성} = \dfrac{G(8M)}{(2r)^2} = 2\dfrac{GM}{r^2} = 2g$

08. 답 ④
해설 ㄱ. 공전 궤도 반지름이 r 인 행성의 구심 가속도의 크기는 $\dfrac{GM}{r^2}$ 이다. 토성의 공전궤도 반지름이 더 크므로 구심 가속도의 크기는 지구가 더 크다.
ㄴ. 공전 주기의 제곱은 장반경의 세제곱이므로 장반경의 길이가 긴 토성의 공전 주기가 더 길다.
ㄷ. 지구가 받는 만유인력 크기는 $\dfrac{GMm}{r^2}$ 이고, 토성이 받는 만유인력 크기는 $\dfrac{GM(100m)}{(10r)^2}$ 이다. 따라서 토성에 작용하는 만유인력과 지구에 작용하는 만유인력의 크기는 같다.

09. 답 ⑤
해설 질량 m인 행성 주위를 도는 인공위성에 있어 $v^2 = \dfrac{GM}{r}$ 이다. (r : 궤도 반경, v : 속력)
(가) $4v^2 = \dfrac{G(4M)}{r}$, (나) $v^2 = \dfrac{G(4M)}{(4r)}$, (다) $4v^2 = \dfrac{G(8M)}{(2r)}$

10. 답 ③
해설 ㄱ. 인공위성의 구심력은 행성과 인공위성 사이에 작용하는 만유인력이다. 원심력은 인공위성이 느끼는 관성력이다.
ㄴ. 위성의 속력은 $v = \sqrt{\dfrac{GM}{r}}$ 이므로, 위성의 질량과 무관하다.
ㄷ. 위성의 궤도 반지름의 세제곱은 주기의 제곱에 비례하므로 ($T^2 \propto a^3$) 궤도 반경이 길수록 주기도 길어진다.

11. 답 ①
해설 ㄱ. 케플러 제2법칙에 의해 속력은 태양에 가까울수록 빠르고, 멀수록 느리다.
ㄴ. 케플러 제3법칙에 의해 긴반지름이 더 긴 A의 공전주기가 더 길다. A의 장반경이 B의 장반경의 2배이므로 $T_A^2 : T_B^2 = 2^3 : 1$이다. 따라서 $T_A = 2\sqrt{2}\ T_B$이다.
ㄷ. B의 궤도에서 $x = 2r$은 원일점이므로 속력은 가장 느리다.

12. 답 ①
해설 ㄱ. 케플러 제2법칙($r_1 v_A = r_2 v_B$)에 의해 원일점의 거리가 근일점의 3배이므로 속력은 근일점이 원일점의 3배이다.
ㄴ. 가속도의 크기는 $F = ma$에 의해 $\dfrac{만유인력}{위성의\ 질량}$ 이므로, 반지름의 제곱에 반비례한다. 따라서 근일점에서 더 크다.
ㄷ. 긴반지름이 $2r$이므로 행성의 공전 주기의 제곱은 $(2r)^3$에 비례한다. ($T^2 \propto a^3$, $a = 2r$)

13. 답 ④
해설 ① 위성의 질량에 관계없이 식이 성립하므로 위성의 질량은 알 수 없다.
② 케플러 제3법칙($T^2 \propto a^3$)에 의해 장반경을 알고 있으므로 주기를 알 수 있다.
③ 장반경을 a라 할 때, 타원 궤도의 장반경 공식은 $r_1 + r_2 = 2a$이므로 알 수 있다.
④ 케플러 제2법칙($r_1 v_A = r_2 v_B$)에 의해서 원일점의 속력을 알고 있으므로 근일점의 속력도 알 수 있다.

1ⓢ

⑤ 만유인력은 $\dfrac{GMm}{r^2}$ 이다. 인공위성의 질량(m)을 모르기 때문에 만유인력의 크기도 알 수 없다.

14. 답 ③
해설 ㄱ. 가속도의 크기 $a = \dfrac{GM}{r^2} = \dfrac{v^2}{r}$이므로 달과 사과의질량과는 상관이 없다. ∴ 달과 사과의 가속도의 크기는 같다.

ㄴ. 지구에 의한 중력(만유인력)은 $\dfrac{GMm}{r^2}$ 이므로 질량이 더 큰 달에 작용하는 중력이 사과에 작용하는 중력보다 크다.

ㄷ. 지구의 질량과 가속도의 크기는 비례 관계이므로 지구의 질량이 커지면 가속도의 크기도 커진다.

15. 답 ⑤
해설 ㄱ. 공전 주기가 $6T$이다. d에서 b까지 이동 시간은 $3T$이다. a에서 b까지 이동하는데 걸린 시간이 $2T$이므로 d에서 a(또는 c에서 d)까지 이동하는데 $1T$가 걸린다.
ㄴ. a, c와 행성 사이의 거리가 각각 같기 때문에 만유인력의 크기가 같다.
ㄷ. 면적 속도 일정 법칙에 의해 이동 시간의 비가 $2T : 1T$이므로 면적의 비는 2 : 1이다.

16. 답 ④
해설 ㄱ. $T^2 \propto a^3$,이므로 $T_A{}^2 : T_B{}^2 = 3^3 : 1$이다. 따라서 $T_A = 3\sqrt{3}\ T_B$이다.
ㄴ. A행성은 태양과 점점 가까워지므로 속력이 증가한다.
ㄷ. A행성의 속력이 증가하므로 운동 에너지도 증가한다.

17. 답 ②
해설 ㄱ. 케플러 제3법칙에 의해 주기의 제곱은 장반경의 세제곱에 비례한다. 따라서 장반경의 길이가 더 긴 행성 B의 공전 주기가 더 길다.
ㄴ. 근일점에서의 속력이 원일점에서의 속력보다 빠르다. b지점은 원일점이고, a지점은 근일점이므로 B행성의 속력은 근일점인 a지점에서 더 빠르다.
ㄷ. A의 반경은 r, B의 장반경은 $\dfrac{r + 7r}{2} = 4r$이고, A의 공전 주기(T_A)는 T이므로 $(\dfrac{a_A}{a_B})^3 = (\dfrac{T_A}{T_B})^2 = \dfrac{1}{64} \rightarrow \dfrac{T_A}{T_B} = \dfrac{1}{8}$
따라서 B행성의 공전주기는 $8T$가 되고, 색칠된 부분의 면적과 전체 면적의 비는 1 : 4 이므로, 색칠된 면적을 지나는 시간은 $2T$이다.

18. 답 ②
해설 (가) 근일점에서 속력이 가장 빠르다. 따라서 근일점인 점 a에서 가장 빠르다.
(나) A의 긴 반지름이 B의 궤도 반지름의 4배이므로 $(\dfrac{a^3}{T^2})_A = (\dfrac{a^3}{T^2})_B = (일정)$ 에 의해
$(\dfrac{a_A}{a_B})^3 = (\dfrac{T_A}{T_B})^2 = (\dfrac{4r}{r})^3 = 64 \rightarrow \dfrac{T_A}{T_B} = 8$
(다) 가속도의 크기는 행성의 질량과 관계없이 거리의 제곱에 반비례하므로 B가 A보다 4배 크다.

19. 답 ⑤
해설 · 태양계의 행성은 타원 궤도를 따라 운동하지만 거의 원에 가깝기 때문에 등속 원운동으로 볼 수 있다.
· 태양의 질량을 M, 행성의 질량을 m, 태양과의 거리 r, 행성의

속력 v라 할 때, 만유인력과 구심력이 같으므로
$\dfrac{GMm}{r^2} = \dfrac{mv^2}{r}$ 로부터 인공위성의 속력 $v = \sqrt{\dfrac{GM}{r}}$
· 주기 $T = \dfrac{2\pi r}{v}$ 이므로, $T^2 = \dfrac{4\pi^2 r^3}{GM}$

20. 답 ②
해설 구 안쪽에 있는 물체에 작용하는 만유인력은 모든 방향으로 작용하므로 알짜힘은 0이다. 구 바깥쪽에 있을 때는 거리가 짧을수록 크다. 따라서 b가 가장 크고 그 다음 c이며, a가 가장 작다.

21. 답 ③
해설 회전수가 늘어날수록 적도에 있는 물체가 느끼는 원심력은 증가한다. 원심력이 증가할수록 중심 방향의 만유인력 크기가 감소하므로 몸무게는 감소하게 된다.

22. 답 ⑤
해설 ㄱ, ㄴ. 태양과 행성 사이에 작용하는 만유인력은 작용·반작용 관계로 크기는 같고 방향은 반대이다.
ㄷ. 만유인력 크기는 $F_1 = F_2 = \dfrac{GMm}{r^2}$ 이다.
ㄹ. 태양도 행성으로부터 받는 힘에 의해 운동에 영향을 받게 된다.

23. 답 ④
해설 ㄱ. $r_1 + r_2 = 2a$, r_1(원일점 거리) = $2a - r_1$(근일점 거리) = 1800 km − 300 km = 1500 km
ㄴ. 장반경 거리에서 근일점 거리를 빼면 O점에서 태양까지의 거리가 된다. 따라서 900 km − 300 km = 600 km이다.
ㄷ. 케플러 제1법칙에 의해 초점(F)에서 행성까지의 거리와 태양에서 행성까지 거리의 합은 항상 일정하다.

24. 답 ④
해설 장반경 r, 질량 m인 우주선의 역학적 에너지
$E = -\dfrac{GMm}{2r}$ 이며, 이 값은 r 이 증가할수록 커진다.
운동하고 있던 우주선이 역추진을 하면 역학적 에너지가 줄어든다. 위 공식에 의해 역학적 에너지가 감소하려면 궤도 반지름이 줄어들어야 한다. 따라서 1번 점선 궤도를 따라 운동한다.
ㄴ. 궤도 반지름이 줄었으므로 주기도 줄어든다.
ㄷ. a점에서는 지구와 우주선 사이의 거리가 같으므로 만유인력의 크기는 같다.

25. 답 ③
해설 ㄱ. 위성 B 궤도의 원일점에서 $\dfrac{3GMm}{r^2} = \dfrac{GM(3m)}{9r^2}$
이므로 원일점 거리는 $3r$ 이다. 따라서 B 궤도의 긴 반지름은 $\dfrac{r + 3r}{2} = 2r$ 이다.
ㄴ. 케플러 제3법칙에 의해 $T_B{}^2 : T_A{}^2 = 2^3 : 1$이므로 $T_B = 2\sqrt{2}\ T_A$가 된다.
ㄷ. 두 위성 A, B는 C점에 있을 때 행성과의 거리가 각각 같으므로 가속도의 크기($\dfrac{GM}{r^2}$)가 서로 같다.

26. 답 ⑤
해설 ㄱ. 타원의 이심률은 항상 1보다 작다.
ㄴ. 장반경은 250 km이다. 따라서 원점에서 초점까지의 거리는 150 km이므로 두 초점 사이의 거리는 300 km이다.

정답 및 해설 **49**

ㄷ. 이심률와 장반경의 곱은 원점에서 초점 사이의 거리이므로 이심률은 0.6이 된다.

27. 답 ③
해설 ㄱ. 행성의 속력은 근일점에서 가장 빠르다. 현재 행성 A의 위치는 근일점이므로 현재의 위치에서 속력이 가장 빠르다.
ㄴ. 케플러 제3법칙에 의해 $(\dfrac{a^3}{T^2})_A = (\dfrac{a^3}{T^2})_B$ = (일정)이므로

$(\dfrac{a_A}{a_B})^3 = (\dfrac{T_A}{T_B})^2 = (2\sqrt{2})^2 = 8 \rightarrow \dfrac{a_A}{a_B} = 2$ 이므로 장반경의 비

A : B = 2 : 1 이다.
ㄷ. A의 장반경은 $\dfrac{3d}{2}$ = 1.5d 이다. 장반경의 비가 2 : 1이므로 B의 장반경은 1.5d의 절반인 0.75d 이다.

28. 답 ⑤
해설 ㄱ. 중력은 질량과 중력 가속도의 곱이다 중력 가속도가 $10m/s^2$이고 중력이 60N이므로 질량은 6kg 이다.
ㄴ. $E_k = \dfrac{1}{2}mv^2 = \dfrac{1}{2}(\dfrac{mv^2}{r})r = \dfrac{1}{2}(mg)r = \dfrac{1}{2}60 \cdot 3 = 90(J)$

$(\dfrac{mv^2}{r}$(구심력) $= mg$(중력)$)$

ㄷ. 중력은 궤도 반지름의 제곱에 반비례하므로 궤도 반지름이 증가하면 중력은 줄어든다.

29. 답 ②
해설 A. 지구 중심으로부터의 거리는 지구의 반지름과 인공 위성 고도의 합으로 6400km 이다.
B. 속력 $v = \sqrt{\dfrac{GM}{r}} = \dfrac{1}{80}$(km/s) = 0.0125(km/s) = 12.5(m/s)
C. 주기 $T = \dfrac{2\pi r}{v} = 160\pi r$ $(v = \dfrac{1}{80}$ $)$

30. 답 ③
해설 ㄱ. 방향이 계속 바뀌므로 속도는 일정하지 않다.
ㄴ. 인공위성은 가속도 운동하므로 알짜힘이 0이 아니다.
ㄷ. 인공위성의 속도는 접선 방향이고 가속도의 방향은 중심 방향이므로 서로 수직이다.
ㄹ. 인공위성의 가속도 방향은 지구 중심을 향한다.

31. 답 ①
해설 ㄱ. 원심력으로 인해 인공위성 내부는 무중력 상태이다.
ㄴ. 중력은 지구와 인공위성 사이에서 작용하므로 0이 아니다.
ㄷ. 구심력이 중력이므로 평형을 이룬다고 할 수 없다.

32. 답 $\dfrac{v^3}{2\pi G}\sqrt{\dfrac{3\pi}{\rho G}}$
해설 케플러 제3법칙으로부터
$T^2 = \dfrac{4\pi^2 r^3}{GM}$, $M = \rho V$(밀도 × 부피) $= \rho\dfrac{4\pi r^3}{3}$

$\therefore T^2 = \dfrac{4\pi^2 r^3}{G} \times \dfrac{3}{4\pi\rho r^3} = \dfrac{3\pi}{\rho G} \rightarrow T = \sqrt{\dfrac{3\pi}{\rho G}}$

한편, $T = \dfrac{2\pi r}{v}$ 이므로,

$(T =)\dfrac{2\pi r}{v} = \sqrt{\dfrac{3\pi}{\rho G}} \rightarrow r = \dfrac{v}{2\pi}\sqrt{\dfrac{3\pi}{\rho G}}$

$\therefore M = \rho\dfrac{4\pi}{3}r^3 = \dfrac{4\pi\rho}{3} \cdot \dfrac{v^3}{8\pi^3}\sqrt{\dfrac{3\pi}{\rho G}}\dfrac{3\pi}{\rho G} = \dfrac{v^3}{2\pi G}\sqrt{\dfrac{3\pi}{\rho G}}$

8강. Project 1

논/구술
168~169쪽

01 지구의 자전 속도와 공전 속도, 대기와의 마찰, 지구 자기장 등을 고려하여 탈출 속도를 구해야 한다.

해설 지구는 우리에게 느껴지지 않지만 표면 속력 약 500m/s의 속도로 자전한다. 만약 우주선을 발사하는 방향이 자전 방향과 반대라면 우주선의 발사 속도는 자전 속도만큼 느려질 것이다. 따라서 이때는 지구의 탈출속도에 자전 속도를 더해준 만큼 우주선을 출발시켜야 지구를 벗어날 수 있을 것이다. 또한, 지구는 태양의 인력에 의해 태양 주위를 약 30 km/s의 속도로 공전하고 있다. 우주선의 속도에 영향을 미칠 수 있는 속도이다. 지상에서 출발 시 대기와의 마찰도 고려 대상이다. 때문에 분리 로켓을 사용하여 점차적으로 속도를 올려 우주선을 발사시키고 있다. 지구 자기장도 우주선의 출발 속도나 방향에 영향을 미칠 수 있다. 지구에서 우주선을 발사할 때 태양이나 달의 인력, 또는 가까이 있는 다른 행성의 중력도 고려해야 한다. 태양, 달, 다른 행성의 중력도 우주선의 퍼텐셜 에너지로 계산되어, 우주선 궤도 모양을 결정할 때 변수로 작용한다.

02 지구에서 발사되어 점점 속도를 높이면, 지구를 중심으로 한 타원 궤도가 점점 커질 것이고, 그 궤도에 달이 포함되면 달 주변에서 속도를 낮춰 달을 중심으로 타원 궤도를 그리다가 속도를 낮춰 달에 착륙할 것이다.

해설 지구에서 출발한 우주 발사선의 운동 궤도의 예시는 다음과 같다.

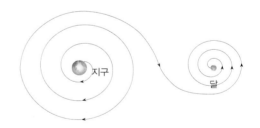

[탐구] 문제 해결력 기르기

1. $E = -\dfrac{GMm}{2r}$ **2.** $-2.2 \times 10^8 \, (\text{J})$

해설

1. 위성의 퍼텐셜 에너지는 다음과 같다.

$$U = -\frac{GMm}{r}$$

위성이 지구로부터 받는 만유인력은 구심력과 크기가 같다.

$$\frac{GMm}{r^2} = m\frac{v^2}{r}$$

따라서 위성의 운동 에너지는 다음과 같이 나타낼 수 있다.

$$K = \frac{1}{2}mv^2 = \frac{GMm}{2r}$$

$$\therefore E = K + U = \frac{GMm}{2r} - \frac{GMm}{r} = -\frac{GMm}{2r}$$

2. 볼링공의 궤도 반지름은 지구 반지름과 볼링공의 고도의 합과 같다.

$$r = 6370 + 350 = 6{,}720\,\text{km}$$

역학적 에너지 $E = -\dfrac{GMm}{2r}$ 식에 의해 다음과 같다.

$$E = -\frac{(7 \times 10^{-11}\,\text{N·m}^2/\text{kg}^2)(6 \times 10^{24}\,\text{kg})(7\,\text{kg})}{2 \times 6{,}720 \times 10^3\,\text{m}}$$

$$= -\frac{294 \times 10^{13}}{13{,}440 \times 10^3} \fallingdotseq -2.2 \times 10^8\,(\text{J})$$

01 우주 쓰레기는 작은 파편일지라도 매우 빠른 속도로 우주를 돌고 있기 때문에 운동 에너지가 매우 커서 큰 피해를 줄 수 있으며, 작은 쓰레기들일 경우 지구에서 위치 추적이 거의 불가능하여 더욱 위험하다.

해설 인공 위성은 초속 7 ~ 8km의 속도로 지구 주위를 돌고 있다. 지구의 중력을 못이겨 대기권으로 빨려들어가지 않으려면 이 정도 속도로 회전해야 하는 것이다. 이때 인공 위성이 폭발하는 경우 그 파편들은 충격량을 받아 인공 위성의 속도보다 더 빨라지게 된다. 따라서 대기가 없는 우주 공간에서 지구 궤도를 도는 물체들의 평균 속도는 초속 7~11km 이상이 된다. 만약 반대편에서 날라온 우주선에 이러한 파편들이 부딪힐 때의 충돌 속도는 더 빨라서 평균 초속 약 10km에 이르게 된다. 지름 약 1cm짜리 우주쓰레기가 초속 10km로 날아와 부딪칠 때의 충격은 482km/h 속력의 볼링공으로 얻어맞는 것과 비슷하며, 이는 대형 위성이라도 절반 이상이 부서질 수 있는 속도이다. 지상에서 추적이 불가능한 10cm 이하의 작은 파편의 경우 수류탄과 같은 폭발력을 갖기 때문에 약 5cm 두께의 금속벽을 관통할 수 있는 에너지를 가진다. 실제로 1996년 7월 프랑스의 인공위성 세리스(Cerise)가 1986년 발사된 아리안(Ariane)로켓의 파편 조각과 충돌하여 심각한 손상을 입은 것이 대표적이며 1983년 우주왕복선 챌린저호의 경우 궤도 비행 중 작은 페인트 조각이 유리창에 충돌하여 유리창이 움푹 패일 정도의 손상을 입은 적도 있다.

인위적으로 만들어진 이러한 우주 쓰레기의 숫자는 이제 우주에서 자연적으로 발생하는 운석의 수를 훨씬 능가하고 있고, 빠른 속도로 위성과 충돌한 위험성을 항상 갖고 있어서 문제가 되고 있다.

02 인공 위성을 통한 정보 전달이 매우 빠르고 정확하기 때문이며, 국가 경쟁력을 위한 정보를 얻기 위해 인공 위성이 큰 역할을 하기 때문이다.

해설 인공 위성을 통한 국제 전화와 이동 통신, 위성 중계 등의 통신의 경우 고음질 고화질의 통신이 가능하며, 대용량의 정보도 정확하고 빠르게 전송이 가능하다. 또한 보안성이 높고, 지구상에서 발생하는 자연 재해나 전쟁 등이 발생할 경우에도 피해를 입지 않고 방송이 가능한 장점이 있다.

또한 인공 위성은 해양 감시, 기상 예측, 지도 제작, 자원 탐사, 위치 추적 등을 가능하게 한다. 즉, 모든 정보를 얻을 수 있는 중요한 역할을 할 수 있는 것이다.

국제 사회에서 한 나라의 지위와 역할을 결정하는데 중요한 것은 국방력과 경제력이다. 이때 필요한 것이 정보력이다. 국가 정보력을 향상시키기 위해서는 위성을 통한 영상 정보 수집이 중요하다. 또한 인공 위성을 발사하는 우주 발사체를 만들 수 있는 능력은 대륙간 탄도탄을 만들 수 있는 능력을 의미하기도 하므로, 국방력의 척도가 될 수 있다.

Ⅱ 물질과 전자기장

9강. 전기장

개념 확인　　　　174~177쪽

1. 대전, 대전체　　**2.** 4 N/C　　**3.** ㉠, ㉡
4. 유전 분극, 유전체

2. 답 4 (N/C)
해설 +5C의 점전하에 작용하는 전기력의 크기가 20N일 때
전기장의 세기는 $\dfrac{20\text{N}}{5\text{C}}=4$ N/C 이다.

확인+　　　　174~177쪽

1. 대전체 A : +5 C, 대전체 B : +5 C
2. (1) O (2) X (3) O
3. 금속구 A : (+)전하, 금속구 B : (−) 전하
4. (1) X (2) X (3) O

1. 답 대전체 A : +5 C, 대전체 B : +5 C
해설 크기와 모양이 같은 두 대전체를 접촉시켰다가 분리를 하는 경우 두 대전체의 전하량의 합은 일정하며(전하량 보존 법칙), 접촉 과정에서 전하가 고르게 분포된다. 따라서 두 대전체의 전하량의 합은 (+6C) + (+4C) = +10C이므로, 각각의 대전체에 분포된 전하량은 +5C이 된다.

2. 답 (1) O (2) X (3) O
해설 (2) 전기력선의 방향은 (+)전하에서 나와서 (−)전하로 들어가는 방향이다.

3. 답 금속구 A : (+)전하, 금속구 B : (−) 전하
해설 대전체와 같은 종류의 전하는 먼 쪽으로 이동하기 때문에 전자들이 금속구 A에서 B로 이동하게 된다. 따라서 금속구 A는 (+) 전기로 대전이 되고, 금속구 B는 (−)로 대전이 된다. 이때 금속구를 뗀 후 대전체를 치웠기 때문에 A와 B는 각각의 대전된 상태로 남게 된다.

(−)대전체를
가까이 한 후
A B
금속구를 뗀 후
대전체를 치운다.
A B

4. 답 (1) X (2) X (3) O
해설 (1) 절연체는 전기와 열을 모두 잘 전달하지 못하는 물질이다.
(2) 절연체 내에서 일어나는 정전기 유도 현상을 유전 분극이라고 한다. 하지만 유전 분극이 발생할 때 전자가 이동하는 것이 아니라 대전체에 의해 원자 내의 전자들이 전기력을 받아 회전궤도가 찌그러져서 표면에만 부분적으로 대전이 되는 것이다.

개념 다지기　　　　178~179쪽

01. ①　**02.** $\dfrac{1}{4}$　**03.** ③　**04.** ④　**05.** ⑤
06. ③　**07.** (1) O (2) O (3) X (4) X　**08.** ④

01. 답 ①
해설 ㄴ. 전자를 잃은 물체는 (+)전하, 전자를 얻은 물체는 (−)전하를 띤다.
ㄷ. 전자의 이동으로 물체가 전기를 띠는 현상을 대전이라고 한다.

02. 답 $\dfrac{1}{4}$
해설 전기력은 대전된 두 입자의 전하량의 곱에 비례하고, 두 전하 사이의 거리의 제곱에 반비례한다. 전하량은 변하지 않고, 거리만 2배로 늘어났으므로 전기력은 $\dfrac{1}{2^2}=\dfrac{1}{4}$ 배로 줄어든다.

03. 답 ③
해설 ① 전기력선의 수는 전하량에 비례한다.
② 전기력선의 간격이 빽빽할수록 전기장의 세기는 커진다. 즉, 전기력선의 밀도와 전기장의 세기는 비례 관계이다.
④ (+)전하에서 나와서 (−)전하로 들어가는 방향이 전기력선의 방향이다.
⑤ 전기장 내에서 (+)전하가 받는 힘의 방향을 연속적으로 이은 선이 전기력선이다.

04. 답 ④
해설 전기력선은 (+)전하에서 나와서 (−)전하로 들어가는 방향으로 그려진다. 따라서 A는 (−)전하, B는 (+) 전하임을 알 수 있다. 또한 전기력선의 수는 전하량에 비례한다. B에서 나오는 전기력선의 수가 A의 두배가 되는 것으로 보아 B의 전하량이 A의 전하량의 두배가 되는 것을 알 수 있다.

05. 답 ⑤
해설 대전된 도체 표면의 전기장은 도체 표면에 수직한 방향으로 형성되며, 도체에 공급된 전하는 모두 도체 표면에 존재하며, 뾰족한 부분일수록 많이 분포한다. 도체 내부의 전기장의 세기는 0이다.

06. 답 ③
해설
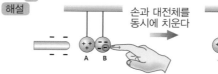
손과 대전체를
동시에 치운다

그림과 같이 대전체에 의해 전자들이 A에서 B로 이동하지만 이동한 전자가 접촉한 손가락으로 빠져나가므로 두 금속구는 모두 (+) 전기로 대전된다. 이때 A와 B 사이에는 척력이 작용한다.

07. 답 (1) O (2) O (3) X (4) X
해설 (3) 도체는 자유 전자가 풍부하게 존재하여 (−)전하를 잘 이동시킨다.
(4) 절연체는 대전체에 의해 전기력을 받으면 원자내에서 전자의 회전궤도가 찌그러져서 표면에만 부분적으로 대전이 된다.

08. 답 ④
해설 그림은 대전체에 의해 원자 내의 전자의 궤도가 찌그러져

서 전하의 분포가 재배열되어 나타나는 절연체에서의 정전기 유도 현상, 유전 분극을 나타낸다.
②, ③ 대전체에 의해 물체의 오른쪽은 (+)전기, 왼쪽은 (−)전기를 띤다. 따라서 대전체와 물체는 서로 다른 전기를 띠게 되므로 인력이 작용한다.

┌─────────────────────────────────────┐
유형 익히기 & 하브루타 180~183쪽

[유형 9-1] (1) 1, 왼쪽 (2) 7, 오른쪽
　　　　　　　01. 2C, 1C, 1C　02. ②
[유형 9-2] (1) A : (+)전하, B : (−)전하 (2) < (3) <
　　　　　　　03. ③　04. ④
[유형 9-3] ③　　　　05. ⑤　06. ③
[유형 9-4] ㄴ, ㄷ　　07. ③　08. ④
└─────────────────────────────────────┘

[유형 9-1] 답 (1) 1, 왼쪽 (2) 7, 오른쪽

해설 (1) 쿨롱 법칙 $F = k\dfrac{q_1q_2}{r^2}$ 에 의해 점 p에 +1C을 띠는 점전하를 놓았을 때 점전하 A에 의해 받는 힘은 F 이고

$$F = k\dfrac{(+1)(-1)}{1^2} = -k(\text{크기 } k)$$

점 p에 +2C을 띠는 점전하를 놓았을 때 B로 부터 받는 힘의 크기는 $k\dfrac{(+2)(+2)}{2^2} = F$ 이고, 서로 같은 종류의 전하이므로 척력이 작용하므로 점전하는 왼쪽으로 힘을 받는다.
(2) 점q에 놓인 +4C인 점전하가 받는 힘은 점전하 A로 부터 인력과 점전하 B로 부터 척력을 받는다. 두 힘은 각각

$$k\dfrac{(+4)(-1)}{2^2} = F \text{ (왼쪽)}, \quad k\dfrac{(+4)(+2)}{1^2} = 8F \text{ (오른쪽)}$$

따라서 +4C인 점전하는 7F 크기로 오른쪽 방향으로 힘을 받는다.

01. 답 금속구 A : 2C, 금속구 B : 1C, 금속구 C : 1C
해설 〈과정 1〉 전위가 0인 땅에 접지를 하면 금속구가 띤 전기량이 0이 된다.
〈과정 2〉 크기와 모양이 같은 두 대전체를 접촉시킨 후 떼었을 때 전하량이 배분되어 두 대전체의 총 전하량의 절반씩을 각각 나누어 가지게 된다. 금속구 A와 금속구 B의 전하량의 합은 8C + (−4C) = 4C이므로, 금속구 A와 B는 각각 2C의 전하량을 가지게 된다.
〈과정 3〉 금속구 B는 2C의 전하량을 띠고 있고, 금속구 C는 전기를 띠고 있지 않다. 따라서 두 금속구가 접촉하면 금속구 B와 C는 각각 1C의 전하량을 가지게 된다.

02. 답 ②
해설 전기력은 두 전하 사이의 거리의 제곱에 반비례하므로 거리가 0.5배가 되면 전기력은 4배가 된다.

[유형 9-2] 답 (1) A : (+)전하, B : (−)전하 (2) < (3) <

해설

---

(1) 전기력선은 (+)전하에서 나와서 (−)전하로 들어가는 방향으로 그린다.
(2) 전기력선의 수는 전하량에 비례한다. 따라서 A에서 나가는 전기력선은 6개, B로 들어가는 전기력선은 12개이다.
(3) 전기력선의 밀도가 클수록(빽빽할수록) 그 지점에서의 전기장의 세기가 크다. 점㉠에서의 전기력선의 밀도보다 점㉡에서 전기력선의 밀도가 더 크다.

03. 답 ③
해설 올바른 전하 분포는 다음과 같다. ③만 옳게 그린 것이다.

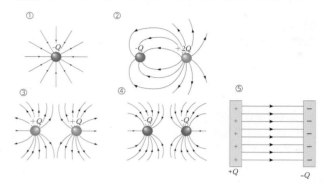

04. 답 ④
해설 ㄱ. 전기장 내에서 전하는 힘을 받는다. 힘을 받는 물체는 가속도 운동을 한다.
ㄴ. 어떤 지점에서 전기장의 크기와 방향은 그 지점에 +1C 의 전하를 놓았을 때 이 전하가 받은 힘의 크기와 방향과 일치한다.
ㄷ. 전기력선의 밀도와 전기장의 세기는 비례 관계이다.

[유형 9-3] 답 ③

해설 검전기가 (+)전기로 대전되면 금속박과 금속판이 같은 종류의 전기를 띠게 된다. 따라서 두 가닥의 금속박이 서로 미는 힘을 작용하여 벌어진 상태로 있게 된다. 이때 금속판에 같은 종류인 (+)로 대전된 대전체를 가져가면 금속박의 전자가 금속판으로 더 끌려오며, 금속판은 더 세게 (+)로 대전되어 금속박이 더 벌어진다.

대전체 A

만일 금속판과 다른 종류의 (-)전기로 대전된 대전체를 금속판에 가까이 가져가면 금속판의 전자가 척력을 받아 금속박으로 이동하며, 금속박의 (+)전하가 소멸되므로 금속박은 닫히게 된다.

대전체 B,C

이때 (-)대전체의 전하량이 금속판의 (+)전하량보다 매우 크면, 금속판의 남아있던 전자가 다시 금속박으로 이동하여 금속박은 (-)전기를 띠면서 벌어지게 된다. 이때 금속박은 처음 띠고 있던 전하와 반대 종류의 전하를 띠게 된다.

05. 답 ⑤

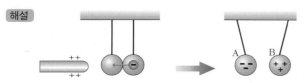

두 금속구를 접촉시킨 후 (+)대전체를 가까이 가져가면 B의 전자가 인력에 의해 A로 이동하게 된다. 따라서 금속구 A는 (−)전기로 대전되고, 금속구 B는 (+)전기로 대전된다. 두 금속구가 떨어진 상태에서 서로 다른 종류의 전하를 띠고 있기 때문에 A, B 사이에는 인력이 작용하게 된다.

06. 답 ③
해설 ㄱ. 지구는 지구 상의 모든 도체를 접지시킬 수 있는 커다란 도체이다.
ㄴ. 도체에 공급된 전하는 서로 간의 척력에 의해 모두 도체 표면에 존재하며, 도체 내부에는 전하가 분포하지 않고, 도체 내부의 전기장의 세기는 0이다.
ㄷ. 도체에 공급된 전하는 서로 간에 척력이 작용하므로 도체 표면에서 가장 멀리 떨어져 있게되는데, 그 결과 뾰족한 부분에 집중적으로 분포하게 된다.

[유형 9-4] 답 ㄴ, ㄷ
해설 (가) 물체 A는 외부 자기장에 의해 원자 내의 전하들의 회전 궤도가 찌그러지면서 재배열되어 표면에만 부분적으로 대전되는 절연체(=유전체)에서의 유전 분극 현상이다.
(나) 물체 B는 대전체에 의해 전자들이 이동하여 나타나는 도체에서의 정전기 유도 현상이다.
ㄱ. 물체 A는 절연체(=유전체), 물체 B는 도체이다.
ㄴ. 그림 (가), (나) 모두 외부 전기장에 의해 전기가 유도되는 현상이다.
ㄷ. 물체 B의 오른쪽에는 전자가 이동하여 (−)전기를 띠게 된다. 대전체는 (+)전기로 대전되어 있기 때문에 서로 다른 극인 이들 사이에서는 인력이 작용한다.
ㄹ. 물체 B의 내부에는 자유 전자가 분포하지 않고 표면에만 분포한다.

07. 답 ③
해설 종잇조각은 절연체이다. 절연체에 대전체를 가까이 가져가면 절연체를 이루는 원자 내의 전자의 회전 궤도가 전기력을 받아 찌그러지면서 양 끝에만 전기를 띠게 된다. 따라서 다음 그림과 같이 (−)대전체와 가까운 쪽은 (+)전기를 띠게 되고, 반대쪽은 (−)전기를 띠게 된다.

08. 답 ④
해설 ㄱ. 절연체 내에서 일어나는 정전기 유도 현상을 유전 분극이라고 한다.
ㄴ. 도체로 이루어진 구의 경우 한 곳에 전하를 공급하면 표면 전체로 전하가 퍼지지만, 절연체로 이루어진 구의 경우 한 곳에 전하가 공급되면 그 곳에 전하가 머물러 있게 된다.
ㄷ. 절연체에 가까이 가져간 후 대전체를 치우면 다시 대전체를 가까이 하기 전 상태로 돌아간다.

01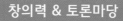
+, −, +
그림을 종이에 옮기기 위해서는 물감과 금속판 사이에 인력이 작용해야 한다. 금속판이 (+)로 대전되어 있기 때문에 물감은 반대 전하인 (−) 전하로 대전되어야 한다. 또한 종이에 금속판에 그린 그림을 찍기 위해서도 종이와 물감 사이에 인력이 작용해야 한다. 따라서 종이는 물감과 반대 전하인 (+)전하로 대전되어 있어야 한다.

해설 판화란 나무, 돌, 금속 등의 면에 그림을 세기거나 그려서 판을 완성한 다음 그 판에 잉크나 물감 등을 칠하여 원하는 곳에 찍어내는 화법을 말한다. 따라서 정전기를 이용한 판화를 완성하기 위해서는 금속판 위의 그림을 종이로 옮기는 작업이 중요하다. 또한 금속판 위에 그림을 그릴 때 정밀하게 그리기 위해서는 물감이 금속판 위에 제대로 밀착되어야 한다. 따라서 그림을 그릴 때 물감은 금속판과 반대 종류의 전하로 대전 되어 있어야 인력에 의해 금속판에 잘 달라붙을 수 있게 된다. 또한 그 물감을 찍어내는 종이도 물감과 반대 종류의 전하로 대전되어 인력이 작용할 때 그림이 종이로 잘 옮겨질 수 있게 된다.

02 (1)
(2)
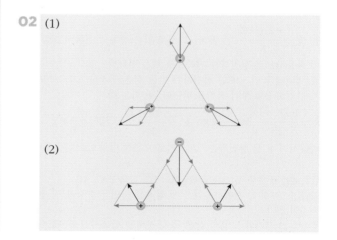

해설 정삼각형의 꼭지점에 있는 전하들은 전하량이 같고, 부호도 같다. 작용 반작용으로 각각의 점전하끼리는 척력이 작용한다.
(1)
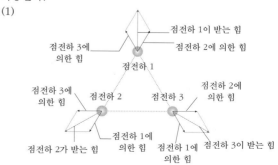

(2)

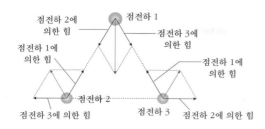

점전하 2에 의한 힘　점전하 1
점전하 3에 의한 힘
점전하 1에 의한 힘
점전하 1에 의한 힘
점전하 2
점전하 3에 의한 힘
점전하 3
점전하 2에 의한 힘

03

(1) ① 　　　　　　(2) $2kq^2$

해설　(1) 정사각형의 정가운데 점 P에 놓은 $-q$ 전하는 오른쪽 위의 $-2q$에 의해 ②방향으로 척력을 받고, 왼쪽 아래의 $-2q$에 의해서는 ④방향으로 인력을 받는다. 이때 ②와 ④방향으로 받는 힘은 각각 힘의 크기가 같고 방향이 반대이므로 서로 평형이다.

왼쪽 위에 있는 $+3q$ 전하로부터는 ①방향으로 인력을 받고, 오른쪽 아래에 있는 $+q$로부터는 ③방향으로 인력을 받는다. 이때 $+3q$ 전하로 부터 받는 힘의 크기가 크므로 점 P에 놓은 $-q$전하가 받는 힘의 방향은 ①방향이 된다.

(2) $-q$전하가 $+3q$전하로부터 받는 힘 $F_1 = \dfrac{k(3q)q}{1^2} = 3kq^2$

$+q$로 부터 받는 힘 $F_2 = \dfrac{kq \cdot q}{1^2} = kq^2$ (전하 사이 거리 1)

두 힘의 방향은 반대이므로 점전하 P가 받는 힘 F 의 크기는 다음과 같다.

$F = 3kq^2 - kq^2 = 2kq^2$

04

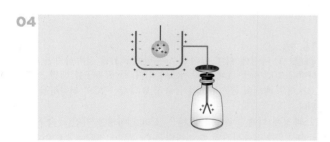

해설　금속통 내부의 (+)전하로 대전된 금속구에 의해 금속통 안쪽은 (−)전기가 유도되고, 금속통의 바깥쪽은 반대 전기인 (+)전기가 유도된다. 금속통 바깥과 연결되어 있는 검전기도 (+)로 대전되어 금속박이 벌어지게 된다.

05

$\dfrac{4}{9}$ C

해설　점 B의 전하량을 Q_B라 하고, 점 C에서의 전기장의 세기, 방향은 원점 O에서의 전기장의 세기, 방향과 같다고 하였으므로, 전기장을 계산하기 위해 점 C와 원점에 +1C의 전하가 있다고 가정한다. 방향을 고려하여 식을 세운다.

$\dfrac{+1}{(3r)^2} + \dfrac{Q_B}{r^2} = \dfrac{+1}{r^2} - \dfrac{Q_B}{r^2}$

$\rightarrow \dfrac{1}{r^2}(1 - Q_B) = \dfrac{1}{r^2}\left(\dfrac{1}{9} + Q_B\right)$　∴ $Q_B = \dfrac{4}{9}$ C

06

(1) ⓒ, ⓐ, ⓒ, ⓐ 　　　　(2) ⓒ

해설　(1) 그림 (가)에서 두 점전하를 접촉시켰다 떼어낸 후 그림 (나)와 같이 배열하였기 때문에 그림 (나)에서 두 점전하의 전하량은 같다. 이때 P점의 A와 B에 의한 전기장의 방향이 왼쪽 방향이라는 것은 P점에 단위 양전하(+1C)를 놓았을 때 왼쪽으로 힘을 받는다는 것이므로, 그림 (나)에서 점전하 A와 B는 모두 (−)전하로 대전되었다는 것을 알 수 있다. 그림(가)에서 전기력선의 모양으로 보아 A와 B는 서로 다른 종류의 전기를 띠고 있는데, 접촉하여 모두 (-)전기를 띠기 위해서는 전기력선이 더 많아 전하량이 큰 B가 (-)전기를 띠고, A는 (+)전기를 띤다. 따라서 그림(가)의 원점 O의 전기장의 방향은 오른쪽이다.

(2) 그림 (나)에서 두 전하는 모두 (-)전기를 띠므로 서로 척력이 작용한다.

스스로 실력 높이기 　　188~195쪽

01. (1) O (2) O (3) X		**02.** $9F$	
03. (−)전하, 왼쪽	**04.** - 5C	**05.** 56(N)	
06. <	**07.** 3 : 1	**08.** 인력	**09.** ③	**10.** ②
11. ④	**12.** $60k$	**13.** ⑤	**14.** ③	**15.** ③
16. ④	**17.** ②	**18.** ③	**19.** ④	**20.** ④
21. ④	**22.** ③	**23.** ④	**24.** ④	
25. (해설 참조)	**26.** ③	**27.** ④	**28.** ㄷ, ㄹ
29. ③	**30.** ④	**31.** ④	

32. (1) 전하 A : (+)전하, 금속판 표면 B : (−)전하
　　(2) 전기장 세기가 감소한다.

---

01. 답　(1) O (2) O (3) X
해설　(2) 전기장의 방향은 전기장 내에 있는 (+)전하가 받는 전기력의 방향과 같으므로 (−)전하가 받는 전기력의 방향과는 반대이다.

(3) 전기력은 대전된 두 입자의 전하량의 곱에 비례하고, 두 전하 사이의 거리의 제곱에 반비례한다.

02. 답　$9F$
해설　$F = k\dfrac{q_1 q_2}{r^2}$ 이므로 r 이 $\dfrac{1}{3}r$ 로 되면 두 전하 사이에 작용하는 힘은 $9F$ 가 된다.

03. 답　(−)전하, 왼쪽
해설　고정된 (+)전하 B에 의해 오른쪽 방향으로 인력이 작용하고 있으므로 전하 A는 전하 B와는 다른 종류의 전하인 (−)전하를 띠고 있음을 알 수 있다. A점의 전기장의 방향은 A점에 있는 (+)전하가 받는 전기력의 방향과 같으므로 왼쪽이다.

04. 답　−5C
해설　금속구 A, B는 각각 같은 재질과 크기이므로 전하의 배분이 일어나 각각 +1C의 전하량을 띠게 되었으므로 금속구 A와 B

의 전하량의 총합은 +2C임을 알 수 있다. 그러므로 금속구 B의 전하량은 +2C −7C = −5C

05. 답 56N
해설 전기장이 E이고, 전하량이 q인 전하가 받는 전기력 $F = qE$ 이다. 따라서 전기력의 크기는 $8 \times 7 = 56N$

06. 답 <
해설 전기력선의 밀도와 전기장의 크기는 비례관계이다. 그림 속 A지점보다 B지점의 전기력선의 밀도가 크므로 전기장의 크기도 B가 더 크다.

07. 답 3 : 1
해설 전기력선의 수는 전하량에 비례한다. A에서 전기력선이 나오는 것으로 보아 (+)전하임을 알 수 있고, B에서 전기력선이 들어오는 것으로 보아 (−)전하임을 알 수 있다. 이때 A에서 나가는 전기력선의 수가 18개, B로 들어오는 전기력선의 수가 6개이므로 A의 전하량 : B의 전하량 = 18 : 6 = 3 : 1이다.

08. 답 인력
해설 금속 막대에 (−)전기로 대전된 대전체를 가까이 가져가면 금속 막대의 오른쪽 부분은 (−)전기가 유도된다. 따라서 (+)로 대전된 고무 풍선과는 인력이 작용하여 고무 풍선이 금속 막대 쪽으로 끌려오게 된다.

09. 답 ③
해설 대전된 대전체를 도체에 가져가면 대전체에 가까운 쪽에는 대전체와 반대 종류의 전하가, 대전체와 먼 쪽에는 대전체와 같은 종류의 전하가 유도된다. 그림과 같이 대전체에 의해 자유 전자들이 도체의 A쪽으로 이동한 것으로 보아 대전체는 (−) 전하를 띤 것으로 알 수 있다. 따라서 도체 A쪽은 (−)전기, B쪽은 (+)전기를 띠게 된다.

10. 답 ②
해설 대전체와 금속구 A가 가까워지면 대전체가 띠고 있는 (−)전하에 의해 전자들이 금속구 B쪽으로 이동하게 되므로 금속구 B는 (−)전기, 금속구 A는 (+)전기를 띠게 된다. 이때 전자가 이동한 상태에서 금속구를 떼어낸 후 막대를 치웠기 때문에 A는 (+) 전하, B는 (−)전하가 그대로 유지된다.

11. 답 ④
해설 ①, ② (가)는 상대적으로 (+)전하가 많으므로 (+)전기로, (나)는 상대적으로 (−)전하가 많으므로 (−)전기로 대전되었다.
③ (+)전하는 원자핵으로 이동할 수 없다.
④ 전하량 보존 법칙에 의해 (가)가 (−)전하를 잃은 만큼 (+) 전하를 띠게 되고, (나)는 (−)전하를 얻은 만큼 (−)전하를 띠게 되기 때문에 대전된 전하량은 같다.
⑤ 그림은 서로 다른 두 물체를 마찰시킬 때 두 물체 사이에 전자의 이동으로 발생하는 마찰 전기를 나타낸 것이다.

12. 답 $60k$
해설 쿨롱 법칙 $F = k \dfrac{q_1 q_2}{r^2}$ 이고, 두 전하는 같은 크기의 힘을 주고 받는다. 이때 전기력의 크기는 $F = k \dfrac{5 \cdot 3}{0.5^2} = 60k$ 이다.

13. 답 ⑤
해설
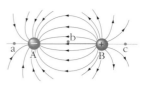
① 점전하 A, B와 떨어져 있는 거리가 각각 같고, 전기력선의 밀도가 같기 때문에 점 a와 점 c의 전기장의 크기는 서로 같다.
② A는 (−)전하, B는 (+)전하로 대전되어 있다.
③ 점 b 위치에 놓인 (+)전하에 작용하는 알짜힘의 크기는 전하가 운동하면서 변하므로 가속도가 변하는 운동을 한다.
④ 점 a 위치에 (+)전하를 놓으면 전기장의 방향인 오른쪽으로 전기력을 받는다.
⑤ 점 C 위치에 (−) 전하를 놓으면 그 위치에서의 전기장 방향의 반대인 왼쪽으로 전기력을 받는다.

14. 답 ③
해설 전기장의 방향은 전기장 내에 있는 (+)전하가 받는 전기력의 방향과 같은데, 그 점의 전기력선에서 그은 접선의 방향이다.

15. 답 ③
해설 ③ 전하 a가 받는 전기력 $F = qE$
따라서 전하 a의 가속도 크기 $a = \dfrac{F}{m} = \dfrac{qE}{m}$ 이다.
①, ② 전기장의 방향은 전기장 내의 (+)전하가 받는 힘의 방향과 같다. 중심 원천 전하가 (+)전하이기 때문에 전기장의 방향은 중심에서 바깥쪽을 향하는 방향이다. 따라서 전하 a는 전기장의 방향과 반대 방향으로 움직이고 있으며, 전하 a는 (−)전하를 띠고 있음을 알 수 있다.
④ 가속도는 질량에 반비례하기 때문에 질량이 커지면 속도의 변화가 작아진다.
⑤ 전하 a와 다른 종류의 전하인 (+)전하를 같은 위치에 놓으면 그 전하는 반대 방향으로 움직인다.

16. 답 ④
해설 ① 과정에 의해 금속구 A와 금속구 B를 접촉시키면 총 전하량은 10C + (−14C) = −4C 이 되며, 두 금속구를 떼면 전하가 고르게 분배되어 금속구 A와 금속구 B 각각 −2C의 전하량을 갖게 된다.
② 과정에 의해 ①과정을 거친 −2C의 전하량을 가진 금속구 B와 금속구 C를 접촉시키면 총 전하량은 (−2C) + 30C = 28C 이 되며, 두 금속구를 떼면 <u>금속구 B</u>와 금속구 C 각각 <u>14C</u> 의 전하량을 갖게 된다.
③ 과정에 의해 ②과정을 거친 14C의 금속구 C와 ①과정을 거친 −2C의 전하량을 가진 금속구 A를 접촉시키면 총 전하량은 14C + (−2C) = 12C 이 되며, 두 금속구를 떼면 <u>금속구 A와 금속구 C 는 각각 6C</u> 의 전하량을 갖게 된다. 따라서 금속구 A의 전하량은 6C, 금속구 B의 전하량은 14C, 금속구 C의 전하량은 6C 가 된다.

17. 답 ②
해설 (가) 금속박에 있던 (−)전기(전자)가 대전체와의 인력에 의해 금속판으로 이동하게 되어 금속박 사이에 작용하는 전기력도 약하게 되어 결국 오므라들게 된다.
(나) 금속판의 (−)전기를 띠고 있는 전자가 대전체의 (−)전기로부터 척력(미는 힘)을 받아 먼쪽인 금속박 쪽으로 내려가게 된다. 따라서 금속박은 (−)전기가 더 많아지게 되고 서로 미는 힘이 더 커지게 되어 더 많이 벌어지게 된다.

18. 답 ③

해설 ③ 금속 막대 A 근처에 (+)로 대전된 대전체를 가까이 하면 정전기 유도에 의해 막대 A쪽은 (-)전기, 금속 막대의 B 쪽은 (+)전기를 띠게 된다. 이때 (+)전하로 대전된 금속 막대에 의해 검전기의 금속판은 (-)전하로, 금속박은 (+)전하로 대전되어 벌어지게 된다. 이때 금속 막대 대신 절연체인 유리 막대를 놓게 되면 자유 전자의 이동은 없지만 유전 분극현상에 의해 금속박은 벌어진다.

19. 답 ④

해설 (가) (-)전하를 띠는 대전체에 의해 멀어진 A는 대전체와 같은 종류의 전하인 (-)전하를 띠고 있는 것을 알 수 있다. 인력이 작용하여 끌려간 B, C, D에는 다른 종류의 전하를 띠고 있거나, 아무런 전기를 띠고 있지 않다는 것을 알 수 있다. (아무런 전기를 띠고 있지 않은 물체에 대전체를 가까이 하면 정전기 유도 현상에 의해 대전체와 가까운 쪽에는 대전체와 반대 종류의 전기가 유도되므로 인력이 발생하기 때문이다.)
(나) A가 (-)로 대전되어 있기 때문에 두 가지 경우로 볼 수 있다.
① B는 (+) 전기이고, C, D는 전기를 띠고 있지 않다.
② B가 전기를 띠고 있지 않고, C, D는 전기를 띠고 있다.
(다) C와 D 사이에 움직임이 없는 것으로 보아 C와 D는 모두 대전되어 있지 않은 도체임을 알 수 있다.

20. 답 ④

해설 처음 금속구 A와 B의 전하량을 q, C의 전하량을 0이라 하면, 금속구 B와 C를 접촉시켰으므로 두 금속구는 같은 양의 전하를 나누어 갖게 된다. 따라서 각각의 전하량; 금속구 A = q, 금속구 B = 금속구 C = $\dfrac{q}{2}$

두 전하 사이에 작용하는 힘은 전하량의 곱에 비례하고, 거리의 제곱에 반비례한다. 각각 금속구 사이의 거리는 같으므로

$F_1 : F_2 = q \times \dfrac{q}{2} : \dfrac{q}{2} \times \dfrac{q}{2} = \dfrac{q^2}{2} : \dfrac{q^2}{4} = 2 : 1$

21. 답 ④

해설 두 전하 사이 p점에서 전기장 크기가 0이 되는 지점은 그 지점에 단위 양전하(+1C)를 놓고 그 전하가 받는 힘의 크기가 0인 곳이다. p점에 +1C의 전하를 놓고, 전하 A, B로부터 각각 받는 힘을 쿨롱의 힘을 $F = k\dfrac{q_1 q_2}{r^2}$ 으로 계산하자. 전하 A, B는 각각 (+)

전하이므로 p점의 +1C 전하에 작용하는 힘은 서로 반대 방향이다. 두 힘의 크기가 같다면 p점에서의 전기장은 0이 된다. p점이 전하 A로부터의 거리가 r 인 지점이라고 하면,

$\therefore k\dfrac{1 \times 9}{r^2} = k\dfrac{1 \times 1}{(0.8-r)^2} \rightarrow \dfrac{3}{r} = \dfrac{1}{0.8-r}$, r = 0.6(m)

22. 답 ③

해설 ㄱ, ㄴ. 중성 상태의 검전기에 (-)로 대전된 대전체를 가까이 하면 대전체의 전기력에 의해 전자가 금속박으로 이동하게 된다. 따라서 금속판은 (+)전기를 띠게 되고 금속박은 (-)전기를 띠어 벌어지게 된다.
ㄹ. 스위치를 열고 에보나이트 막대를 치우면 지면의 전자가 검전기로 돌아오지 못하므로, 검전기 전체는 (+)전기를 띠고, 금속박도 (+)전기를 띠어 벌어지게 된다.

23. 답 ④

해설 ㄱ. 종잇조각에 정전기가 유도(유전 분극)되어 (-)전기와 (+)전기를 띠는 부분이 생긴다.
ㄴ. 절연체에 발생한 유전 분극에 의해 전기를 띠는 부분들이 생기므로 인력과 척력에 대한 설명도 필요하다.

ㄷ. 절연체의 유전 분극 현상에도 대전체가 가까이 갈수록 종잇조각이 더 빨리 끌려오기 때문에 이러한 사실을 설명할 때 필요한 사실이다.
ㄹ. 유전 분극 현상과 자기장은 관련이 없는 내용이다.

24. 답 ④

해설 금속판이 절연체이면 유전 분극만 일어나기 때문에 도체에 발생하는 정전기 유도 현상에 비해 전기력이 약하다. 따라서 금속판이 절연체인 유리로 된 검전기의 금속박이 가장 적게 벌어진다. 금속판이 전기 전도도가 가장 큰 금으로 된 검전기의 금속박은 가장 벌어지기 쉽다.

25. 답

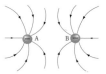

도체구 A : (-) 전하, 도체구 B : (-) 전하

해설 도체구 A에서 전기력선이 나와 도체구 B로 들어가는 것을 보아 도체구 A, B는 각각 (+), (-)전하를 띤 대전체임을 알 수 있다. 또, 도체구 A에서 나가는 전기력선의 수는 7개, 도체구 B로 들어오는 전기력선의 수는 21개인 것을 통해 도체구 B의 전하량이 도체구 A의 3배가 되는 것을 알 수 있다. 따라서 두 도체구를 접촉시켰다 떼어내게 되면 두 전하량의 합을 절반씩 고르게 나눠 갖게 되므로 두 도체구는 각각 (-)전하를 띠게 된다.

26. 답 ③

해설 물체가 받는 탄성력 : kd, 전기력 : EQ 이다. 전기장에 있는 물체가 받는 전기력과 용수철의 탄성력이 평형을 이루고 있기 때문에 전기력과 용수철의 크기는 같다.

$kd = EQ$, $d = \dfrac{QE}{k}$

27. 답 ④

해설 ㄱ. 거리 d 가 증가하면 A와 B 사이의 인력이 약해진다.
ㄴ. 구 A는 (+)로 대전되어 있는 도체이며, 전자가 존재한다. 구 A의 표면에 있는 전자들은 (+)전하인 B에 의해 B쪽 부분으로 쏠리게 된다. 따라서 도체구 A 표면 중 전하 B에 가까운 부분은 (+)전하의 분포가 희박해진다. 거리 d 가 작을수록 전하 B의 영향을 더 많이 받게 되므로 전자의 쏠림 현상이 더 심해진다. 이와 같이 A의 전하 분포는 거리 d 에 따라 계속 변하게 된다.
ㄷ. A와 B는 서로 같은 전하를 띠고 있으므로 척력이 작용한다.

28. 답 ㄷ, ㄹ

해설 쿨롱의 힘은 전하 사이에 작용하는 힘이며, 두 전하는 같은 크기의 힘 $F = k\dfrac{q_1 q_2}{r^2}$ 을 주고 받는다.

ㄱ, ㄴ. 그림 (가)와 같이 기울어진 정도가 다른 이유는 두 공의 무게 차이 때문이다. 전하량이 다르더라도 두 공 사이에 서로 주고 받는 힘의 크기는 같으므로 어느 공의 전하량이 더 큰지는 알 수 없고, 다만 서로 반대 종류의 전기를 띠므로 인력이 작용하고 있다는 것은 알 수 있다.
ㄷ. 공 A와 공 B는 서로 같은 힘으로 잡아당겨지고 있다. 하지만 A가 더 많이 끌려온 이유는 공 A의 질량이 공 B의 질량보다 가볍기 때문이다.
ㄹ. 그림 (나)에서 두 공은 같은 종류의 전하로 대전되어 있으므로 서로 미는 힘인 척력을 작용하고 있다.

29. 답 ③

해설 ㄱ. $\dfrac{1}{(\text{거리})^2}$ 이 같을 때, A와 B가 A와 C보다 더 전기력이 크므로, B의 전하량이 C의 전하량보다 크다.

ㄴ. A와 B, A와 C는 똑같이 미는 힘이 작용하므로 B와 C에 대전된 전하의 종류는 같다.

ㄷ. 거리가 2배가 되면, 전기력의 크기는 $\dfrac{1}{4}$ 배가 된다.

30. 답 ④

해설 정사각형의 각 네 꼭지점과 중심 O와의 거리는 모두 같다. 이 거리를 r 로 한다. 중심 O에서 전기장의 방향은 이 점에 +1C의 전하를 놓았다고 생각할 때 이 전하가 받는 전기력의 방향이다. 전하 A, B, C, D에 의한 전기장을 각각 E_A, E_B, E_C, E_D라고 하면

$$E_A = k\frac{6}{r^2}, \text{C방향}, \quad E_B = k\frac{2}{r^2}, \text{D방향}$$

$$E_C = k\frac{2}{r^2}, \text{A방향}, \quad E_D = k\frac{2}{r^2}, \text{D방향}$$

$$E_B + E_D = k\frac{4}{r^2} (\text{방향}: D) - \bigcirc, \quad E_A + E_C = k\frac{4}{r^2} (\text{방향}: C) - \bigcirc$$

중심 O에서의 전기장의 방향은 $\bigcirc + \bigcirc$ 으로 $-y$ 방향이다.

31. 답 ④

해설 ㄱ. 전기장의 방향은 전기장 내에 있는 (+)전하가 받는 전기력의 방향과 같다. 따라서 (가)에서는 왼쪽 방향, (나)에서는 오른쪽 방향이다.

ㄴ. 전기장은 $E = \dfrac{F}{q}$ 이다. A와 B에 작용하는 전기력 F는 같으므로 (가)에서 전기장은 $\dfrac{F}{-2Q}$, (나)에서 전기장은 $\dfrac{F}{+Q}$ 이다. 따라서 전하량이 작은 전하가 있는 (나)에서의 전기장이 더 크다.

ㄷ. (가)의 전기장이 더 작으므로 전하 B가 (가)에 있으면 (나)에 있을 때보다 전기력이 작아진다.

ㄹ. 두 전하는 서로 다른 종류의 전하를 띠고 있기 때문에 두 전하 사이에는 인력이 작용한다.

32. 답 (1) 전하 A : (+)전하, 금속판 표면 B : (−)전하
(2) 전기장의 세기가 감소한다.

해설 (1) (+)전하 주위에 금속판을 놓게 되면 (+)전하에 의해 금속판 표면에 (−)전하가 유도되게 되고 이에 따라 전기력선이 금속판 쪽으로 휘어져서 들어가게 된다.

(2) 금속판을 제거하면 구부러져서 금속판을 향하던 전기력선이 방사형으로 퍼져나가게 되므로 점 P에서 전기력선 밀도가 감소하므로 전기장의 크기가 감소한다.

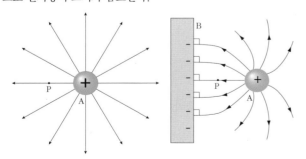

10강. 옴의 법칙

1. 답 0.5

해설 1A는 1초 동안 도선의 한 단면을 6.25×10^{18}개의 전류가 지나갈 때의 전류의 세기를 말한다. 1초 동안 6.25×10^{18}개의 절반의 전자가 통과하였으므로 전류의 세기는 0.5A가 된다.

2. 답 0.5

해설 구리선의 저항이 $R = \rho\dfrac{l}{S}$ 이므로, 길이가 3배, 굵기가 6배가 되면 저항은 $R' = \rho\dfrac{3l}{6S} = R\dfrac{1}{2}$ 가 된다.

3. 답 0.2

해설 옴의 법칙에 의해 식은 다음과 같다.

$$I(\text{전류}) = \frac{V(\text{전압})}{R(\text{저항})} = \frac{3V}{15\Omega} = 0.2A$$

2. 답 4

해설 도선을 균일하게 잡아당겼으므로 길이는 배, 굵기는 절반이 된다. 저항과 저항체의 길이는 비례 관계, 저항체의 굵기와는 반비례 관계이다. 따라서 길이가 2배, 굵기가 절반이 되면 저항은 4배로 늘어난다.

3. 답 b, a, 3

해설 전류는 시계 방향(b점에서 a점으로) 흐르므로 b점 보다 a점이 전위가 낮다. 따라서 b점에서 a점으로 전압 강하가 일어난다.

4. 답 $\dfrac{10}{3}$

해설 병렬 연결되어 있는 2Ω 과 4Ω 의 합성 저항을 먼저 구하면,

$$\frac{1}{R} = \frac{1}{2} + \frac{1}{4} = \frac{3}{4} \quad \therefore R = \frac{4}{3}$$

이 합성 저항과 또다른 2Ω 저항은 직렬 연결이 되있으므로 이들의 합성 저항은 두 저항의 합이 된다.

그러므로 전체 합성 저항은 $R + 2 = \dfrac{4}{3} + 2 = \dfrac{10}{3}(\Omega)$

01. ④　**02.** ⑤　**03.** ④　**04.** 1 : 2 : 4
05. ④　**06.** ②　**07.** ②　**08.** ③

01. 답 ④
해설 동일한 전류를 병렬 연결하였으므로 회로 전체에 흐르는 전류는 ㉠과 ㉢에 똑같이 나뉘어져 흐르게 된다. 따라서 ㉢지점의 전류계의 눈금도 2A를 가리키게 된다. 또한 전하량 보존법칙에 의해 ㉠과 ㉣ 지점의 전류계의 눈금은 4A를 가리키게 된다. 전하량은 전류의 세기와 전류가 흐른 시간의 곱으로 나타날 수 있다. 따라서 ㉠지점을 통과한 전하량은 60초 × 4A = 240C, ㉢지점을 통과한 전하량은 60초 × 2A = 120C 이다.

02. 답 ⑤
해설

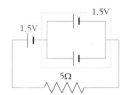

① 전자의 이동 방향이 A에서 B이므로 전류는 B에서 A로 흐르는 것을 알 수 있다. 따라서 A는 (−)극, B는 (+)극이다.
②, ④, ⑤ 길이 l인 도선의 단면을 통과한 전자의 수는 nSl, 총 전하량(Q)은 $nSle$로 나타낼 수 있다. 따라서 전류의 세기는

$$I = \frac{Q}{t} = \frac{nSle}{t} = nSev$$

03. 답 ④
해설 전기 저항 $R = \rho \dfrac{l}{S}$ 식에 의해 원통형 도선 A의 저항

$20\Omega = \rho \dfrac{10}{2}$ 이므로 도선을 이루는 물질의 비저항(ρ)은 4이다.

원통형 도선 B와 원통형 도선 C의 저항은 다음과 같다.

$$R_B = \rho \frac{30}{3} = 40\Omega \ , \ R_C = \rho \frac{20}{4} = 20\Omega$$

04. 답 1 : 2 : 4
해설 전류-전압 그래프에서 그래프 기울기의 역수는 저항이다.

니크롬선 A, B, C의 저항은 각각

$$R_A = \frac{2}{4} = \frac{1}{2}(\Omega), \ R_B = \frac{2}{2} = 1(\Omega), \ R_C = \frac{2}{1} = 2(\Omega)$$

니크롬선 A, B, C의 저항의 비는 1 : 2 : 4이다. 니크롬선의 저항은 길이에 비례하므로 니크롬선 A, B, C의 길이의 비도 1 : 2 : 4이다.

05. 답 ④
해설 옴의 법칙에 의해 $R = \dfrac{V}{I} = \dfrac{6}{0.5} = 12\Omega$

06. 답 ②
해설

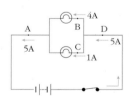

우선 병렬로 연결된 전지의 전체 전압은 1.5V이고, 이와 직렬 연결된 전지와의 전체 전압은 3V가 된다. 그러므로 옴의 법칙

에 의해 전류는 $I = \dfrac{V}{R} = \dfrac{3}{5} = 0.6A$ 가 된다.

07. 답 ②
해설 저항이 직렬로 연결되어 있으므로 두 저항의 합성 저항은 1Ω + 2Ω = 3Ω이 되며, 이때 전체 전압이 6V이므로 전체 회로 전류 = A점을 지나는 전류는

$$I = \frac{V}{R} = \frac{6}{3} = 2A$$ 이며, 직렬 연결된 저항 모두에 같은

세기의 전류가 흐른다. A-B 사이의 전압은 1Ω의 저항에 걸리는 전압이므로 옴의 법칙에 의해 $V = IR = 1 \times 2 = 2V$ 가 된다.

08. 답 ③
해설

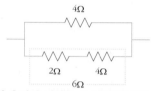

직렬 연결된 저항의 합성 저항은 두 저항의 합과 같다. 따라서 2Ω + 4Ω = 6Ω이 된다. 6Ω과 병렬 연결된 4Ω과의 합성 저항은 다음과 같다.

$$\frac{1}{R} = \frac{1}{6} + \frac{1}{4} = \frac{10}{24} \quad \therefore R = \frac{12}{5}$$

[유형 10-1] (1) A점 : 600, B점 : 480
　　　　(2) A점 : 1.25×10^{20}, B점 : 1.00×10^{20}
　　　　　　　01. ②　**02.** ③
[유형 10-2] ④
　　　　　　　03. ②　**04.** ④
[유형 10-3] (1) 6 : 1　(2) 6×10^{-5}
　　　　　　　05. ③　**06.** ④
[유형 10-4] (1) 1.2　(2) 3　(3) 3
　　　　　　　07. ⑤　**08.** ②

[유형 10-1] 답 (1) A점 : 600, B점 : 480　(2) A점 : 1.25×10^{20},
　　　　　　B점 : 1.00×10^{20}

해설

(1) 전하량 보존 법칙에 의해 도선에 흐르는 전하량은 일정하게 유지된다. D점에 흐르는 전류가 5A이고, C점에 흐르는 전류가 1A이기 때문에 B점에 흐르는 전류는 4A가 된다. 또한 A에서는 B와 C에서 나온 전류가 다시 합쳐지므로 5A의 전류가 흐르게 된다. 전하량은 전류의 세기 × 시간이다. 따라서 A점을 통과한 전하량 = 120초 × 5A = 600C, B점을 통과한 전하량 = 120초 × 4A = 480C
(2) A점을 4초 동안 통과하는 전자의 개수는 (5A × 4s)C × 6.25 × $10^{18} = 125 \times 10^{18} = 1.25 \times 10^{20}$ 개이다.

B점을 4초 동안 통과하는 전자의 개수는 $(4A \times 4s)C \times 6.25 \times 10^{18}$
$= 100 \times 10^{18} = 1.00 \times 10^{20}$ 이다.

01. 답 ②
해설 전류-시간 그래프에서 그래프가 아래 넓이가 전하량이다.

사다리꼴의 넓이 $= \dfrac{1}{2} \times$ (윗변 + 아랫변) $\times$ 높이

$\therefore$ 전하량 $= \dfrac{1}{2} \times (5 + 9) \times 5A = 35A$

02. 답 ③
해설 ㄷ. 전류는 전위차에 의해 전위가 높은 곳에서 낮은 곳으로 흐른다. 이때 전류가 저항을 통과하면 전위가 낮아지는데 이를 전압 강하라고 한다.

[유형 10-2] 답 ④
해설 그래프 (가)는 온도가 높아질수록 비저항이 작아지는 부도체이다.
그래프 (나)는 온도가 높아질수록 비저항이 작아지고, 비저항값이 작은 반도체(Ge)이다.
그래프 (다)는 온도가 높아질수록 비저항이 커지는 도체(Cu)이다.
그래프 (라)는 특정 온도에서 저항값이 0이 되는 초전도체이다.

03. 답 ②
해설 그림 (가) 도선의 경우 단면적이 a인 저항과 단면적이 b인 저항이 직렬 연결되어 있으므로 합성 저항은 두 저항을 직접 합하면 된다. 단면적이 a인 도선의 저항은

$R_a = \rho \dfrac{l}{a}$, 단면적이 b인 도선의 저항은 $R_b = \rho \dfrac{l}{b}$

그림 (가)의 합성 저항 $R_{(가)} = R_a + R_b = \rho \dfrac{l}{a} + \rho \dfrac{l}{b}$

그림 (나) 도선도 같은 재질이므로 비저항이 같다.

그림 (나)의 저항 $R_{(나)} = \rho \dfrac{2l}{S}$ 가 된다.

이때 두 경우 저항이 같으므로

$\rho \dfrac{2l}{S} = \rho \dfrac{l}{a} + \rho \dfrac{l}{b} \rightarrow \dfrac{2}{S} = \dfrac{1}{a} + \dfrac{1}{b}$ $\therefore S = \dfrac{2ab}{a + b}$

04. 답 ④
해설 단면적이 S, 길이가 l, 비저항이 ρ 인 저항체의 저항 R은

$R = \rho \dfrac{l}{S}$

ㄱ. $R_\neg = 4\rho \dfrac{l}{S} = 4R$ ㄴ. $R_\llcorner = \rho \dfrac{2l}{\dfrac{S}{2}} = 4\left(\rho \dfrac{l}{S}\right) = 4R$

ㄷ. $R_\sqsubset = \rho \dfrac{4l}{S} = 4R$

ㄹ. 저항을 병렬 연결하면 합성 저항의 역수는 각 저항의 역수의 합과 같다. 따라서 합성 저항은

$\dfrac{1}{R_\sqsupset} = \dfrac{1}{R} + \dfrac{1}{R} + \dfrac{1}{R} + \dfrac{1}{R} = \dfrac{4}{R}$ $\therefore R_\sqsupset = \dfrac{R}{4}$

[유형 10-3] 답 (1) 6 : 1 (2) 6×10^{-5}
해설 (1) 전압-전류 그래프에서 기울기는 저항이 된다.
저항체 A, B의 저항 $R_A = \dfrac{3V}{1A} = 3\Omega$, $R_B = \dfrac{1V}{2A} = 0.5\Omega$

$R_A : R_B = 3 : 0.5 = 6 : 1$

(2) 저항체의 길이가 l, 단면적이 S인 저항체의 저항 R은

$\rho \dfrac{l}{S} \rightarrow$ 비저항 $\rho = R \dfrac{S}{l}$ 가 된다.

저항체 A의 단면적이 $2mm^2 = 2 \times 10^{-6}m^2$ 이고, 길이가 0.1m 이므로 비저항은 다음과 같다.

$\rho = 3 \times \dfrac{2 \times 10^{-6}}{0.1} = 6 \times 10^{-5}(\Omega \cdot m)$

05. 답 ③
해설 ①, ② 전압-전류 그래프에서 기울기는 저항이 된다.
저항체 A, B 각각의 저항은

$R_A = \dfrac{30V}{2A} = 15\Omega$, $R_B = \dfrac{15V}{3A} = 5\Omega$

③ 길이가 길수록 저항이 더 커지므로 A와 B의 단면적이 같을 때는 A의 길이가 더 길다.
④ 단면적이 넓을수록 저항이 작아지므로 A와 B가 길이가 같을 때는 B가 단면적이 더 넓다.
⑤ 같은 전압을 걸었을 때 저항이 작을수록 더 많은 전류가 흐른다. 따라서 A가 B보다 더 적은 전류가 흐른다.

06. 답 ④
해설 전기 회로에서 저항이 일정할 때 흐르는 전류와 전압은 기울기가 일정한 비례 관계이다. 이때 기울기는 저항의 역수가 된다.

[유형 10-4] 답 (1) 1.2 (2) 3 (3) 3
해설

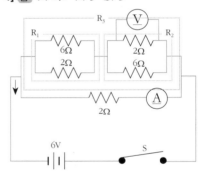

(1) R_1의 합성 저항을 먼저 구하면, 두 저항이 병렬 연결이므로 다음과 같다.

$R_1 = \dfrac{R_1 \times R_2}{R_1 + R_2} = \dfrac{6 \times 2}{6 + 2} = 1.5 = R_2$,

R_1과 R_2의 합성 저항은 직렬 연결이므로 두 저항 값을 직접 더하면 된다. 따라서 R_3는 $1.5 + 1.5 = 3\Omega$이 된다.
마지막으로 이 회로의 전체 합성 저항 R은 R_3와 2Ω 저항의 병렬 연결에 대한 합성 저항이 되므로 다음과 같다.

$R = \dfrac{3 \times 2}{3 + 2} = 1.2 \ \Omega$

(2) 병렬 연결한 저항의 각 저항에 걸리는 전압은 전체 전압의 전압과 같다. 따라서 맨 아래 쪽 전류계가 연결된 2Ω 저항에는 6V의 전압이 걸리게 된다. 따라서 옴의 법칙에 의해

전류 $I = \dfrac{V}{R} = \dfrac{6}{2} = 3A$

(3)

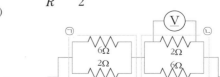

위쪽과 같은 회로에 6V의 전압이 걸린다. 이때 ㉠과 ㉡은 직렬 연결된 형태이고, 합성 저항값이 각각 같으므로 ㉠과 ㉡에 각각 전압이 절반으로 나뉘어져 걸리게 된다. 그러므로 전압계에는 3V의 전압이 측정된다.

07. 답 ⑤
해설 병렬 연결된 3Ω과 6Ω의 합성 저항을 R' 이라고 하면 다음과 같다.

$$R' = \frac{R_1 \times R_2}{R_1 + R_2} = \frac{3 \times 6}{3 + 6} = 2\Omega$$

그러므로 회로 전체의 합성 저항은 R'과 2Ω의 합인 4Ω이 된다. 이때 회로 전체에 흐르는 전류의 세기가 2A이므로 옴의 법칙에 의하여 전체 전압 $V = IR = 2A \times 4\Omega = 8V$이다.

08. 답 ②
해설

(1)

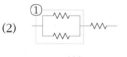
(2) ①

(3) ②

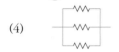
(4)

세개의 저항 R을 이용하여 회로를 만들 수 있는 경우는 왼쪽 그림과 같은 4가지 경우이다. 해당 회로에서 전체 저항을 R_T라고 할 때, 각 경우의 합성 저항은 다음과 같다.

(1) 저항이 직렬 연결되어 있을 경우 합성 저항은 각 저항 값을 더하면 된다. 따라서 $R_T = R + R + R = 3R$이다.

(2) ① $\frac{1}{R_①} = \frac{1}{R} + \frac{1}{R} = \frac{2}{R}$ ∴ $R_① = \frac{R}{2}$

∴ $R_T = R + \frac{R}{2} = \frac{3}{2}R$

(3) ② $R_② = R + R = 2R$

∴ $\frac{1}{R_T} = \frac{1}{2R} + \frac{1}{R} = \frac{3}{2R}$ ∴ $R_T = \frac{2}{3}R$

(4) $\frac{1}{R_T} = \frac{1}{R} + \frac{1}{R} + \frac{1}{R} = \frac{3}{R}$ ∴ $R_T = \frac{1}{3}R$

창의력 & 토론마당
206~209쪽

01
(1) 7.1Ω   (2) 8Ω

해설 (1) 스위치를 닫으면 회로는 다음과 같이 된다.

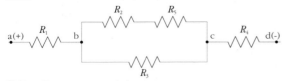

① $R_2 + R_5 = 2 + 5 = 7(\Omega)$
② ①과 R_3의 합성 저항은

$\frac{1}{R_3} + \frac{1}{7} = \frac{1}{3} + \frac{1}{7} = \frac{10}{21}$ ∴ $R_② = \frac{21}{10}(\Omega)$

③ ②와 R_1, R_4의 합성 저항인 이 회로의 합성 저항은

$R_1 + \frac{21}{10} + R_4 = 1 + \frac{21}{10} + 4 = \frac{71}{10} = 7.1(\Omega)$

(2) 스위치를 열면 회로는 다음과 같다.

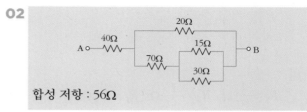

따라서 합성 저항은 다음과 같다
$R = R_1 + R_3 + R_4 = 1 + 3 + 4 = 8(\Omega)$

02

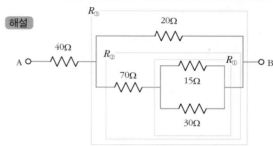

합성 저항 : 56Ω

해설

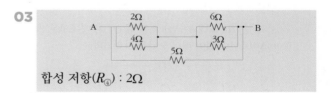

① $\frac{1}{R_①} = \frac{1}{15} + \frac{1}{30} = \frac{3}{30}$ ∴ $R_① = \frac{30}{3} = 10(\Omega)$

② $70 + 10 = 80(\Omega)$

③ $\frac{1}{R_③} = \frac{1}{20} + \frac{1}{80} = \frac{5}{80}$ ∴ $R_③ = \frac{80}{5} = 16(\Omega)$

④ $40 + 16 = 56(\Omega)$

03

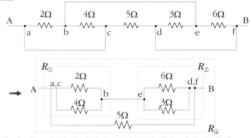

합성 저항($R_④$) : 2Ω

해설 접점을 고려하여 회로를 변형하면 된다.

이때 이 회로의 전체 저항을 구하는 과정은 다음과 같다.

① $\frac{1}{R_①} = \frac{1}{2} + \frac{1}{4} = \frac{3}{4}$ ∴ $R_① = \frac{4}{3}(\Omega)$

② $\frac{1}{R_②} = \frac{1}{3} + \frac{1}{6} = \frac{3}{6}$ ∴ $R_② = \frac{6}{3} = 2(\Omega)$

③ $\frac{4}{3} + 2 = \frac{10}{3}(\Omega)$, ④ $\frac{1}{R_④} = \frac{3}{10} + \frac{1}{5} = \frac{5}{10}$ ∴ $R_④ = 2\Omega$

04

$$\frac{a}{c} : \frac{c}{a} = a^2 : c^2$$

해설 저항을 다음과 같이 세 가지 경우로 고려한다.
(1) 단면적 ab, 길이 c   (2) 단면적 ac, 길이 b   (3) 단면적 bc, 길이 a, 저항 크기 순으로 나열하면 (3) > (2) > (1) 가 된다. 그러므로 (3)의 저항 : (1)의 저항

$$= \rho \frac{a}{bc} : \rho \frac{c}{ab} = \frac{a}{c} : \frac{c}{a} = a^2 : c^2$$

05

$$R_1 = \frac{1}{60}\ \Omega,\ R_2 = \frac{1}{30}\ \Omega,\ R_3 = \frac{9}{20}\ \Omega$$

해설 ∙ (S - a)연결 : 최대 15A가 흐를 때 (가)를 통과하는 전류는 100mA(0.1A)가 되어 최대 눈금을 가리킨다.

$$\therefore 0.1(2 + R_2 + R_3) = 14.9\ R_1 -------- ①$$

∙ (S - b)연결 : 최대 5A가 흐를 때 (가)를 통과하는 전류는 100mA(0.1A)이 되어 최대 눈금을 가리킨다.

$$\therefore 0.1(2 + R_3) = 4.9\ (R_1 + R_2) ------- ②$$

∙ (S - c)연결 : 최대 0.5A가 흐를 때 (가)를 통과하는 전류는 100mA(0.1A)이 되어 최대 눈금을 가리킨다.

$$\therefore 0.1 \times 2 = 0.4\ (R_1 + R_2 + R_3) ------- ③$$

위 ①,②,③ 에서 $R_1 = \frac{1}{60}\ \Omega,\ R_2 = \frac{1}{30}\ \Omega,\ R_3 = \frac{9}{20}\ \Omega$

---

01. (1) ○ (2) ○ (3) X (4) ○ (5) X			
02. 1200, 7.5×10^{21}		**03.** *Sevn*	**04.** ③
05. ⑤	**06.** (나) > (다) > (가)	**07.** ㉢,㉡,㉠,㉤	
08. (나), (다)	**09.** ②	**10.** ④	**11.** 3 : 1 **12.** 1
13. ⑤	**14.** ④ **15.** ② **16.** ④	17. ④	18. ③
19. ②	**20.** ②,④	**21.** ② **22.** 8	**23.** ⑤
24. ③	**25.** ③ **26.** ④	**27.** 14 : 8 : 11	**28.** 0.4
29. 10 **30.** 2	**31.** 〈해설 참조〉	**32.** 5	

01. 답 (1) ○ (2) ○ (3) X (4) ○ (5) X
해설 (1) 전류는 전지의 (+)극에서 (−)극으로 흐르고 전자는 그 반대로 이동한다. (3) 저항은 단면적에 반비례한다. 따라서 단면적이 클수록 저항은 작아진다. (4) 도체는 비저항이 작아 전류가 잘 흐르는 물질이고, 부도체는 비저항이 커서 전류가 잘 흐르지 않는 물질이다. (5) 전류는 저항을 통과하면 전위가 낮아진다. 이를 전압 강하라고 한다.

02. 답 1200C, 7.5×10^{21}
해설 전하량(Q)은 전류(I) × 통과한 시간을 통해 알 수 있다. 따라서 5A × 4분 × 60 = 1,200C 이다.
전자의 수는 전자 1개의 전하량이 1.6×10^{-19}C이므로,

$$전자의\ 수 = \frac{Q}{e} = \frac{1,200}{1.6 \times 10^{-19}} = 7.5 \times 10^{21}\ 이다.$$

03. 답 *Sevn*
해설 길이 *l* 인 도선을 통과하는 전자의 이동 속도는 $v = \frac{l}{t}$ 라고 나타낼 수 있다. 따라서 전류의 세기는 다음과 같다.

$$I = \frac{Q}{t} = \frac{Seln}{t} = Sevn$$

04. 답 ③
해설 전지를 직렬 연결하면 전지의 갯수에 비례하여 전체 전압이 증가한다. 전지를 병렬 연결하면 전체 전압은 전지 1개의 전압과 같다. 따라서 건전지 1개의 전압이 1V라고 가정할 경우, (가)의 전체 전압은 3V, (나)의 전체 전압은 3V, (다)의 전체 전압은 1V, (라)의 전체 전압은 2V가 된다.

05. 답 ⑤
해설 단면적이 $\frac{1}{3}$ 이 되면 길이는 3배가 된다. 저항은 저항체의 단면적에 반비례하고, 길이에 비례하므로 $3 \times 3 = 9$배로 늘어나게 된다. 따라서 전기 저항은 $5\Omega \times 9 = 45\Omega$

06. 답 (나) > (다) > (가)
해설 길이가 *l*, 단면적이 *S*인 저항체의 저항은 $R = \rho \dfrac{l}{S}$ 이다. (가) 도선은 세 도선 중 길이가 가장 짧고, 단면적은 가장 크기 때문에 저항이 가장 작다. (나)와 (다) 도선의 저항을 다음과 같이 비교할 수 있다.

$$R_{(나)} \propto \frac{5}{(0.5)^2 \pi} = \frac{20}{\pi},\ R_{(다)} \propto \frac{6}{(0.75)^2 \pi} = \frac{10.6}{\pi}$$

$\therefore$ (나)의 저항이 (다)보다 크다.

08. 답 (나), (다)

해설 옴의 법칙은 전기 회로에서 전류, 전압, 저항 사이의 관계에 관한 법칙으로 전류는 전압에 비례하고, 저항에 반비례한다.

09. 답 ②

해설 ㄱ. A의 경우 전류와 전압의 관계가 비례 관계가 아니기 때문에 옴의 법칙을 만족하지 않는다.

ㄴ. 전류-전압 그래프에서 기울기는 저항의 역수가 된다. 따라서 B의 저항은 1Ω이다.

ㄷ. 4V에서 접선의 기울기가 B가 더 크기 때문에 A의 저항이 B보다 더 크다.

10. 답 ④

해설 병렬 연결된 4Ω과 12Ω의 합성 저항은 다음과 같다.

$$\frac{1}{R_①}=\frac{1}{4}+\frac{1}{12}=\frac{4}{12} \qquad \therefore R_①=\frac{12}{4}=3Ω$$

따라서 이 전기 회로의 총 합성 저항은 3Ω + 3Ω = 6Ω이 된다. 이때 4Ω과 12Ω에는 모두 6V의 전압이 걸리므로 4Ω에

흐르는 전류는 $I=\frac{V}{R}=\frac{6}{4}=1.5$A 이다.

11. 답 3 : 1

해설 길이가 l, 단면적이 S인 저항체의 저항은 $R=\rho\frac{l}{S}$

이다. 같은 재질로 되어 있으며, 길이는 동일하기 때문에 두 도선의 저항비는 단면적의 비와 반비례가 된다. 그림 (가)의 경우 단면적은 $0.5^2\pi$이고, 그림 (나)의 경우 단면적은 $\pi(1-0.5^2)=0.75\pi$가 되므로, 두 도선의 저항의 비는 3 : 1이다.

12. 답 1

해설 길이가 l, 단면적이 S인 저항체의 저항 $R=\rho\frac{l}{S}$

저항 A는 $R=\rho\frac{2l}{2S}$, 저항 B는 $R=\rho\frac{3l}{S}$ 이므로 저항 B는 저항 A의 3배가 된다. 두 저항은 병렬로 연결되어 있으므로 두 저항에 걸리는 전압은 동일하다. 전압이 일정할 때 저항과 전류는 반비례 관계이다. 따라서 저항 A에 흐르는 전류가 3A일 때, 저항 B에 흐르는 전류는 1A가 된다.

13. 답 ⑤

해설 그림 (가)에서 전체 저항 $R_1=R+r+r=R+2r$

그림 (나)에서 전체 저항 $R_2=R+\frac{1}{2}r$

옴의 법칙에 의해 그림 (가),(나)에 흐르는 전류는 각각

$$I_1=\frac{2E}{R+2r} \qquad I_2=\frac{E}{R+\frac{1}{2}r} 가 되고, 주어진 조건에서$$

$I_1=\frac{2}{3}I_2$ 이므로, 각각에 대입한다.

$$\frac{2E}{R+2r}=\frac{2}{3}(\frac{E}{R+\frac{1}{2}r}) \to r=4R$$

14. 답 ④

해설 스위치를 닫았을 때와 열었을 때의 회로는 다음 그림과 같다.

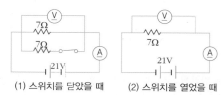

(1) 스위치를 닫았을 때   (2) 스위치를 열었을 때

(1) 전압을 병렬 연결한 경우에는 각 저항에 걸리는 전압과 전체 전압은 같다. 따라서 전압계가 나타내는 값은 21V가 된다.

(2) 저항이 1개만 연결되어 있으므로 전압계가 나타내는 전압값은 걸어준 전압과 같은 크기를 나타낸다.

15. 답 ②

해설 (1) 두 저항이 병렬 연결되어 있으므로 합성 저항은 다음과 같다.

$$\frac{1}{R_A}=\frac{1}{7}+\frac{1}{7}=\frac{2}{7} \qquad \therefore R_A=\frac{7}{2}=3.5Ω$$

따라서 전체 전압이 10V이므로 옴의 법칙에 의해 전류(I_A)는

$$I_A=\frac{V}{R}=\frac{21}{3.5}=6A$$

(2) 스위치를 열었을 때는 저항 1개만이 회로에 연결된다. 그러므로 합성 저항은 7Ω이고, 전체 전압은 21V가 된다.

따라서 전류(I_B)는 $I_B=\frac{V}{R}=\frac{21}{7}=3A$

16. 답 ④

해설 스위치를 열었을 때의 합성 저항 R_a는 2Ω, 3Ω, 6Ω의 합성 저항이다.

3Ω, 6Ω의 부분 합성 저항을 먼저 구하면,

$$\frac{1}{R_①}=\frac{1}{3}+\frac{1}{6}=\frac{3}{6} \qquad \therefore R_①=\frac{6}{3}=2Ω$$

따라서 합성저항 $R_a=R_①+2Ω=4Ω$

스위치를 닫았을 때의 합성 저항 R_b는 6Ω과 R_a의 합성 저항이다.

$$\frac{1}{R_b}=\frac{1}{4}+\frac{1}{6}=\frac{5}{12} \qquad \therefore R_b=\frac{12}{5}=2.4Ω$$

저항비 $R_a : R_b = 4 : 2.4 = 5 : 3$이다. 이때 전류는 저항에 반비례하므

로 전류의 비는 $\frac{1}{4}:\frac{1}{2.4}=3:5$

17. 답 ④

해설

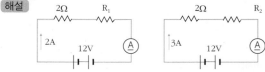

(1) 스위치 S_1만 닫았을 경우   (2) 스위치 S_2만 닫았을 경우

(1)의 경우 옴의 법칙에 의해 저항 R_1을 구하면
12 = 2(2 + R_1), R_1 = 4(Ω), (2)의 경우에도 (1)의 과정과 마찬가지 식으로 저항 R_2를 구하면, 12 = 3(2 + R_2), R_2 = 2(Ω)
스위치를 모두 닫으면 저항 R_1과 R_2가 병렬 연결되므로 R_1과 R_2의 합성 저항(R')을 먼저 구하면,

$$\frac{1}{R'}=\frac{1}{4}+\frac{1}{2}=\frac{3}{4} \qquad \therefore R'=\frac{4}{3}Ω$$

R'은 2Ω과 직렬 연결되어 있으므로 전체 합성 저항(R)은

$$\therefore R=\frac{4}{3}+2=\frac{10}{3}Ω , 전체 전압이 12V이므로 전류는$$

$$I = \frac{V}{R} = \frac{12}{\frac{10}{3}} = \frac{36}{10} = \frac{18}{5} \text{A이다.}$$

18. 답 ③

해설 병렬 연결된 24Ω, 12Ω의 부분 합성 저항을 먼저 구하면,

$$\frac{1}{R_①} = \frac{1}{24} + \frac{1}{12} = \frac{1}{8} \qquad \therefore R_① = 8\Omega$$

이 회로는 70Ω, 8Ω, 22Ω이 직렬 연결된 회로와 같고, 직렬 연결에서 저항의 비는 저항에 걸리는 전압의 비와 같다. 전체 전압이 300V이므로 각 부분에 걸리는 전압비는 70 : 8 : 22 = 210 : 24 : 66 이다. 24Ω의 저항에는 24V의 전압이 걸리므로 흐르는 전류는

$$I = \frac{V}{R} = \frac{24}{24} = 1\text{A}$$

19. 답 ②

해설 길이가 L, 단면적이 S인 저항체의 저항을 $R = \rho \dfrac{L}{S}$

이라고 할 때, 도선이 겹쳐진 부분의 저항은 길이가 0.2L, 단면적이 S인 도선 두개를 붙여 놓은 것과 같으므로 저항 $R_{0.2L}$은 다음과 같다.

$$R_{0.2L} = \rho \frac{0.2L}{2S} = 0.1R$$

겹쳐진 부분이 아닌 0.3L 부분의 저항은 길이가 0.3L, 면적이 S인 도선의 저항과 같으므로 다음과 같다.

$$R_{0.3L} = \rho \frac{0.3L}{S} = 0.3R$$

저항 3개가 직렬 연결된 도선의 전체 저항은 0.3R + 0.1R + 0.3R = 0.7R 이다.

20. 답 ②, ④

해설 그림과 같은 전지의 기전력 E = IR + Ir 이다.
①, ⑤ ab사이의 전압과 cd사이의 전압은 같으며, 기전력 E 보다 작다.
② R이 증가하면 회로 전체의 저항값이 증가하므로 전류 I 는 감소한다.
③ 기전력 E 는 일정하게 유지시키는 값이다.
④ 전류가 증가하면 내부 저항에 걸리는 전압이 증가한다. 따라서 단자 전압인 cd 사이의 전압은 감소한다.

21. 답 ②

해설

(1) 스위치를 모두 열었을 경우   (2) 스위치를 모두 닫았을 경우

(1) 스위치를 모두 열었을 경우에는 3Ω, 6Ω, 9Ω 저항이 직렬 연결된다. 합성 저항은 3 + 6 + 9 = 18Ω이다.
저항의 직렬 연결 시 각 저항에 흐르는 전류는 같으므로

전류계에 흐르는 전류는 1A($I = \dfrac{18}{18} = 1$A)

(2) 스위치를 모두 닫았을 경우에도 전류계에 흐르는 전류는 같으므로 6Ω에도 1A의 전류가 흐르고, 6Ω에 걸리는 전압은 6V가 되고, 병렬 연결된 저항 R에도 6V의 전압이 걸리게 된다. 전체 전압이 18 V이므로 3Ω의 저항에는 18 − 6 = 12V의 전압이 걸린다.

$\therefore$ 3Ω에 흐르는 전류는 4A($I = \dfrac{12}{3} = 4$A)

저항 R에는 4 − 1 = 3A의 전류가 흐르게 되므로,

$$\therefore R = \frac{6}{3} = 2\Omega \text{ 이다.}$$

스위치S_2만 닫으면 저항 3Ω, 6Ω이 직렬 연결된 상태이며, 9Ω은 전류가 흐르지 않으므로 무시된다. ∴ 합성 저항은 9Ω이 되고, 걸려있는 전압이 18V이므로 전류계에 흐르는 전류는 2A가 된다.

22. 답 8

해설 다음 그림에서 표시한 ①, ②, ③ 부분은 직렬 연결이므로 합성 저항의 비와 걸리는 각 저항에 걸리는 전압의 비는 같다. 각 부분의 합성 저항을 구하면 다음과 같다.

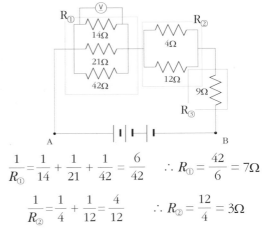

$$\frac{1}{R_①} = \frac{1}{14} + \frac{1}{21} + \frac{1}{42} = \frac{6}{42} \qquad \therefore R_① = \frac{42}{6} = 7\Omega$$

$$\frac{1}{R_②} = \frac{1}{4} + \frac{1}{12} = \frac{4}{12} \qquad \therefore R_② = \frac{12}{4} = 3\Omega$$

그러므로 총 합성 저항은 7 + 3 + 9 = 19(Ω)
전압계에 측정된 전압이 56V이고, ①, ②, ③ 부분의 전압비는
56 : V_2 : V_3 = 7 : 3 : 9 → V_2 = 24V, V_3 = 72V
총 전압은 56 + 24 + 72 = 152(V)

A~B 사이의 전류(회로 전류) $I = \dfrac{V}{R} = \dfrac{152}{19} = 8$A

23. 답 ⑤

해설 전류-전압 그래프에서 기울기의 역수는 저항이 된다.

$R_a = \dfrac{15}{1} = 15\Omega$, $R_b = \dfrac{15}{3} = 5\Omega$, $\therefore R_a : R_b = 3 : 1$

24. 답 ③

해설 반시계 방향을 (+)로 할 때 전체 전압 강하 V = 6 + (−3) + 3 = 6V,
전체 저항은 저항이 직렬 연결되어 있으므로 12Ω이 된다.

따라서 전류는 $I = \dfrac{V}{R} = \dfrac{6}{12} = 0.5$A
(반시계 방향)

25. 답 ③

해설 비저항 ρ, 길이 l, 단면적 A일 때 전기 저항 R 은

$R = \rho \dfrac{l}{A}$ 이다. 따라서 비저항 $\rho = \dfrac{RA}{l}$가 된다.

그래프에 의해 $\rho_A = \dfrac{R_0 A}{4L}$, $\rho_B = \dfrac{(3R_0 - R_0)A}{5L - 4L} = \dfrac{2R_0 A}{L}$

$\therefore \rho_A : \rho_B = \dfrac{R_0}{4L} : \dfrac{2R_0}{L} = 1 : 8$

26. 답 ④

해설 임의의 두 단자를 연결하여 얻을 수 있는 연결 방법은 다음 6가지가 있다.

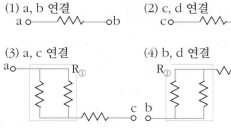

(1) a, b 연결   (2) c, d 연결

(3) a, c 연결   (4) b, d 연결

(5) a, d 연결   (6) b, c 연결

(1)과 (2)의 경우 저항이 1개가 연결되어 있으므로 저항은 <u>3Ω</u>
(3)과 (4)의 경우 병렬 연결된 두 저항의 합성 저항($R_①$)과 직렬 연결된 저항과의 합성 저항을 구하면 전체 합성 저항이 된다.

$$\frac{1}{R_①} = \frac{1}{3} + \frac{1}{3} = \frac{2}{3} \qquad \therefore R_① = \frac{3}{2} = 1.5Ω$$

그러므로 (3)과 (4)의 합성 저항은 $1.5 + 3 = \underline{4.5Ω}$
(5)의 경우 두 저항의 병렬 연결과 같으므로 합성 저항은

$$\frac{1}{R} = \frac{1}{3} + \frac{1}{3} = \frac{2}{3} \qquad \therefore R = \frac{3}{2} = \underline{1.5Ω}$$

(6)의 경우에는 병렬 연결된 두 저항과 나머지 두 저항은 각각 직렬 연결되어 있는 것과 같다. 그러므로 합성 저항은

$$R = 3 + 1.5 + 3 = \underline{7.5Ω}$$

27. 답 $14 : 8 : 11$
해설

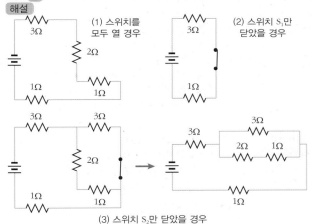

(1) 스위치를 모두 열 경우
(2) 스위치 S_1만 닫았을 경우
(3) 스위치 S_2만 닫았을 경우

(1) 스위치를 모두 열었을 경우의 합성 저항 R
4개의 저항(3Ω, 2Ω, 1Ω, 1Ω)이 직렬 연결된다.
$\therefore R = 3 + 2 + 1 + 1 = 7(Ω)$
(2) 스위치 S_1만 닫았을 경우의 합성 저항 R_1
2개의 저항(3Ω과 1Ω)이 직렬 연결된다. $\therefore R_1 = 3 + 1 = 4(Ω)$
(3) 스위치 S_2만 닫았을 경우의 합성 저항 R_2
이 경우는 위의 그림과 같은 회로로 변형시켜 합성 저항을 구할 수 있다. 병렬 연결된 회로의 부분 합성 저항을 우선 구하면, $\frac{1}{R'} = \frac{1}{2+1} + \frac{1}{3} = \frac{2}{3} \quad \therefore R' = \frac{3}{2}$

나머지 저항끼리는 직렬 연결되므로 $R_2 = 3 + \frac{3}{2} + 1 = \frac{11}{2}(Ω)$

$\therefore R : R_1 : R_2 = 7 : 4 : \frac{11}{2} = 14 : 8 : 11$

28. 답 0.4
해설 접점을 고려하여 저항을 다음과 같이 배치할 수 있다.

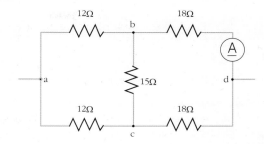

b와 c 점은 전위가 서로같으므로 전위차가 존재하지 않아 15Ω에는 전류가 흐르지 않는다. 따라서 b와 c점은 서로 떨어진 점으로 취급한다. 따라서 전체 저항을 R_T라고 할 때,

$$\frac{1}{R_T} = \frac{1}{12 + 18} + \frac{1}{12 + 18} = \frac{1}{30} + \frac{1}{30}$$

$$\therefore R_T = \frac{30}{2} = 15(Ω)$$

옴의 법칙에 의해 이 회로에 흐르는 전체 전류는

$$I = \frac{V}{R} = \frac{12}{15} = 0.8A$$ 이때 15Ω으로는 전류가 흐르지 않고 대칭이므로 a점에서 전류가 위아래로절반씩 나뉘어 흐르게 되므로 전류계에는 0.4A의 전류가 흐르게 된다.

29. 답 10 (V)
해설 전지의 기전력은 전류가 0일 때의 전압이다.

30. 답 2 (Ω)
해설 전지의 기전력 $E = IR + Ir$ 이다. 이를 r 에 관한 식으로 정리하면 다음과 같다.

$$E = I(R + r) = V + Ir \rightarrow r = \frac{E - V}{I - 0}$$

이는 그래프의 (-)기울기와 같다.

$$\therefore r = \frac{10 - 6}{2 - 0} = 2Ω(내부저항)$$

31. 답 〈해설 참조〉
해설 기울기가 점점 커지므로 전압이 증가함에 따라 저항의 비저항 값이 증가하여 저항이 일정하게 유지되지 않고 커지게 된다는 것을 뜻한다. 이것은 전류가 증가할수록 전자가 많이 이동하게 되고, 고정되어 있는 원자와 전자와의 충돌로 인해 열이 발생하고 전자의 진행이 방해받아 저항이 커진다라고 해석할 수 있다.

32. 답 5 (V)
해설 스위치를 닫은 상태에서 전류계에 0.8A의 전류가 흐르면 저항A, B에는 각각 0.4A의 전류가 흐르게 된다. 스위치를 열어둔 상태에서는 저항 A에만 전류가 흐르고, 전류가 0.4A일 때 저항 A에 걸리는 전압은 그래프(나)에서 알 수 있듯이 5V이다.

이때 저항 A의 저항값 $R_A = \frac{V}{I} = \frac{5}{0.4} = \frac{25}{2}$ (Ω)

저항 B도 A와 저항값이 같은 저항이므로 전체 저항을 R이라고 하면,

$$\frac{1}{R} = \frac{2}{25} + \frac{2}{25} = \frac{4}{25} \quad \therefore R = \frac{25}{4}$$ (Ω)

전류는 0.8A이므로

전체 전압 $V = \frac{25}{4} \times 0.8 = 5$ (V)

11강 자기장과 자기력선

1. ㉠, ㉠, ㉠   **2.** (1) ㉠ (2) ㉠
3. (1) O (2) X (3) O   **4.** (1) O (2) O (3) X

---

2. 답 (1) ㉠ (2) ㉠
해설 오른손 엄지손가락을 전류가 흐르는 방향으로 향하게 하고, 나머지 네 손가락으로 도선을 감아줬을 때 네 손가락이 향하는 방향이 자기장의 방향이다.

3. 답 (1) O (2) X (3) O
해설 (2) 원형 도선 중심 부분과 바깥 부분의 자기장은 반대 방향으로 형성된다.

4. 답 (1) O (2) O (3) X
(1) 솔레노이드 내부에서 자기장의 세기는 전류의 세기에 비례하고 단위 길이당 감긴 코일의 수에 비례한다.
(3) 솔레노이드에 흐르는 전류의 방향으로 오른손의 네 손가락을 감아줬을 때 엄지손가락이 가리키는 방향이 자기장의 방향이고, 자석의 N극에 해당한다.

1. 7(T)   **2.** 6 : 3 : 2   **3.** ㉠   **4.** ㉠

---

1. 답 7 (T)
해설 자기력선속이 $1Wb \times 21 = 21Wb$, 면적이 $3m^2$이므로
$$B = \frac{\Phi}{S} = \frac{21Wb}{3m^2} = 7 \text{ (T)}$$

2. 답 6 : 3 : 2
해설 $B \propto \dfrac{I}{r}$ 이므로 $B_a : B_b : B_c = \dfrac{I}{r} : \dfrac{I}{2r} : \dfrac{I}{3r} = 6 : 3 : 2$

3. 답 ㉠
해설 전류의 방향으로 오른손의 네 손가락을 감아줄 때 엄지손가락이 가리키는 방향이 원형 전류 중심에서의 자기장 방향이다. 시계 반대방향을 향해 오른손의 네 손가락을 감아쥐면 엄지손가락은 종이면에서 수직으로 나오는 방향을 향하게 된다.

4. 답 ㉠
해설 오른손의 네 손가락을 전류의 방향에 따라 감아줬을 때 엄지손가락이 가리키는 방향이 자기장의 방향으로 N극이 된다. 솔레노이드 A의 왼쪽은 N극, 오른쪽은 S극이고, 솔레노이드 B의 왼쪽은 S극, 오른쪽은 N극이 된다. 따라서 두 솔레노이드 사이에는 서로 같은 극을 마주하고 있으므로 척력이 작용한다.

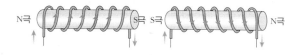

---

01. ③   **02.** (1) O (2) O (3) O (4) X   **03.** 0.24
04. ⑤   **05.** 0.8   **06.** ④   **07.** ⑤   **08.** ②

---

01. 답 ③
해설 자성을 가진 물체 주위에 생기는 자기장은 자석 밖에서는 N극에서 S극 방향, 자석 내부에서는 S극에서 N극 방향으로 형성된다.

02. 답 (1) O (2) O (3) O (4) X
해설 (4) 나침반 N극이 가리키는 방향을 연결하여 이은 선이 자기력선이다. 전기력선은 전기장 내의 (+)전하가 받는 힘의 방향을 연속적으로 이은 선이다.

03. 답 0.24
해설 B(자속 밀도) $= \dfrac{\Phi \text{(자속)}}{S \text{(단면적)}}$
자속(Φ) $= B$(자속 밀도) $\times S$ (단면적)
$\therefore \Phi = 2 \times \pi R^2 = 2 \times 3 \times 0.2^2 = 0.24$ (Wb)

04. 답 ⑤
해설
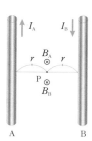

③, ④ 도선 A, B에 의한 P점에서의 자기장의 방향은 각각 지면에 수직으로 들어가는 방향이다.
⑤ 두 도선에 의한 자기장의 방향이 같을 경우 두 도선에 의한 자기장의 세기는 각 도선에 의한 자기장의 합과 같다.

05. 답 0.8
해설 원형 도선의 중심에서 자기장 크기는 다음과 같다.
$$B = \pi k \frac{I}{r} = (2\pi \times 10^{-7} N/A^2) \frac{I}{r}$$
$$\therefore I = \frac{Br}{k'} = \frac{(8\pi \times 10^{-7}T) \times 0.2m}{2\pi \times 10^{-7} N/A^2} = 0.8 \text{ (A)}$$

06. 답 ④
해설

전류 방향   자기장 방향

①, ② A점에서 자기장의 방향은 시계 방향, B점에서는 반시계 방향으로 형성되므로 N극은 북쪽을 향한다.
③ B지점에서 자기장은 반시계 방향으로 형성되므로 N극은 북쪽을 향한다.
⑤ 원형 도선의 중심에서 자기장이 가장 크다.

07. 답 ⑤
해설
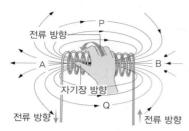

①, ⑤ 솔레노이드에 의한 자기장의 방향은 오른손 네 손가락을 전류가 흐르는 방향으로 감아쥘 때 엄지손가락이 가리키는 방향이다. 따라서 A는 N극, B는 S극이다.
② 솔레노이드 내부에는 중심축에 평행한 모양의 균일한 자기장이 생긴다.
③, ⑤ P점과 Q점에 나침반을 두면 N극은 자기장의 방향을 향하므로 둘 모두 오른쪽을 향한다.

08. 답 ②
해설 ㄱ. 솔레노이드에 의한 자기장의 방향을 찾는 방법은 직선도선에 의한 자기장의 방향을 찾는 방법과 반대이다. 직선 도선의 경우 오른손의 엄지손가락을 전류의 방향으로 할 때, 나머지 네 손가락이 감기는 방향이 자기장의 방향이지만, 솔레노이드 내부의 자기장의 방향은 오른손의 네 손가락을 전류의 방향으로 감아쥘 때 엄지손가락이 향하는 방향이다.
ㄷ. 원형 도선의 중심에서 자기장이 가장 크며, 원형 도선의 바깥쪽으로 갈수록 자기장 크기는 감소한다.

유형 익히기 & 하브루타   224~227쪽

[유형 11-1] ③   01. ③   02. ②
[유형 11-2] ②   03. ②   04. ⑤
[유형 11-3] (1) P점 : ㉠, Q점 : ㉠
            (2) P점 : $k'\dfrac{I}{r}$, Q점 : $k'\dfrac{I}{2r}$
                     05. ④   06. ③
[유형 11-4] ③   07. ⑤   08. ②

[유형 11-1] 답 ③

해설
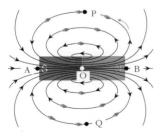

ㄱ. 자기력선은 N극에서 나와 S극으로 들어간다. 따라서 A가 S극, B가 N극임을 알 수 있다.
ㄴ. 자기력선의 밀도와 자기장 세기는 서로 비례 관계이다. 따라서 자기력선의 밀도가 더 빽빽한 O점에서의 자기장 크기가 P점에서의 자기장 크기보다 크다.

ㄷ. 나침반 자침의 N극은 자기력선의 방향을 가리키므로 P점과 Q점 모두 왼쪽을 가리키게 된다.
ㄹ. 자석 밖에서 자기력선을 그리는 방향은 N극 → S극, 자석 내부에서 자기력선을 그리는 방향은 S극 → N극이다. 따라서 O점과 P점에서 자기력선의 방향은 서로 반대이다.

01. 답 ③
해설 자기장에 수직인 단위 면적을 통과하는 자속(Φ)을 자기장 크기라 한다. 자기장 크기 $B = \dfrac{\Phi}{S}$ 이다.

따라서 자기장 크기 $B = \dfrac{40\text{Wb}}{5\text{m}^2} = 8\text{T}$ 인 자기장이 형성되어 있다.
이때 단면적 S와 자기장 B 가 θ 만큼 기울어져 있을 경우 자속은 $\Phi = BS\cos60°$ 이므로, 기울어진 금속판을 지나는 자속은

$$\Phi' = 8\text{T} \times 5\text{m}^2 \times \cos60° = 40 \times \frac{1}{2} = 20\text{Wb}$$

02. 답 ②
해설 ㄱ. 자기장은 자석뿐만 아니라 전류가 흐르는 도선 주위에도 만들어진다.
ㄴ. 자석 주위에서 자기장은 자석 양 끝부분인 자극에서 가장 세고, 자기장에서 멀어질수록 약해진다.
ㄹ. 자기력선속은 단면적 S 가 자기장 B 가 θ 만큼 기울어졌을 때는 $\Phi = BS\cos\theta$ 공식에 의해 구할 수 있다.

[유형 11-2] 답 ②
해설 직선 전류에 의한 자기장은 오른손 법칙(앙페르 법칙)에 의해 알 수 있다. 오른손 엄지손가락을 전류가 흐르는 방향인 지면에서 수직으로 들어가는 방향으로 향하게 되면 나머지 네 손가락은 시계 방향을 향하게 된다. 문제에서는 전류가 지면으로 들어가는 방향이므로, 자기장은 시계 방향으로 형성이 된다. 자기장의 방향은 나침반 N극이 향하는 방향이므로 다음 그림과 같이 자침이 정렬된다.

03. 답 ②
해설 P점에서 직선 전류에 의한 자기장 크기

$$B_P = k\frac{I}{r} \text{ (거리 } r, \text{ 전류 } I \text{)} = B$$

전류가 2배 , 거리가 $4r$ 인 Q 점에서 자기장 크기

$$B_Q = k\frac{2I}{4r} = \frac{1}{2}B$$

04. 답 ⑤
해설 ㄱ, ㄷ. 오른손 법칙에 의해 오른손으로 엄지 손가락이 아래로 향하도록 도선을 감싸 쥐면, 나머지 손가락의 방향이 자기장 방향인데, P점에서 지면에 수직으로 들어가는 방향, Q점에서 지면에서 수직으로 나오는 방향으로 형성된다.

ㄴ. P점과 Q점에서 자기장 크기는 동일한 전류가 흐르는 직선 도선에 같은 거리만큼 떨어져 있으므로 서로 같다.

ㄹ. A에 의한 자기장의 세기는 $B_A = k\dfrac{I}{r}$, B에 의한 자기장의 세기는 $B_B = k\dfrac{I}{2b}$ 이다. 이때 두 자기장의 방향은 지면에 수직으로 들어가는 방향으로 같기 때문에 P점에서 자기장의 세기는 두 도선에 의한 자기장의 합과 같다. 따라서 P점에서 자기장은 커진다.

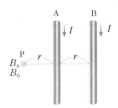

[유형 11-3] 답 (1) P점 : ㄱ, Q점 : ㄱ

$$(2) \text{ P점} : k'\dfrac{I}{r}, \text{ Q점} : k'\dfrac{I}{2r}$$

해설 (1) 원형 전류에서 자기장의 방향은 오른손 엄지손가락을 전류의 방향으로 향하고, 나머지 네 손가락으로 원형 도선을 감아줄 때 네 손가락이 가리키는 방향이다.

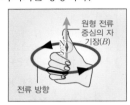

그림 (가)에서 전류가 반시계 방향으로 흐르고 있으므로 P점에서 자기장의 방향은 지면에서 수직으로 나오는 방향이다. 그림 (나)의 점 Q에서 두 원형 도선에 의한 자기장의 방향이 서로 반대이므로 합성 자기장의 방향은 자기장 크기가 큰 쪽 방향이 된다. 바깥쪽 원형 도선의 자기장이 더 크기 때문에 점 Q에서 자기장의 방향은 지면에서 수직으로 나오는 방향으로 형성된다.
(2) 원형 전류의 중심에서의 자기장 크기 B는 전류의 세기가 I, 원형 도선의 반지름이 r 일 때 $k'\dfrac{I}{r}$이다.

따라서 그림 (가)에서 P점에서 자기장 크기는 $k'\dfrac{I}{r}$ 이다.

그림 (나)의 Q점에서의 자기장 크기는 두 도선에 흐르는 전류에 의해 발생하는 자기장의 방향이 반대이므로 두 자기장 크기의 차이다.

따라서 Q점에서의 자기장 크기는 $-k'\dfrac{I}{r} + k'\dfrac{3I}{2r} = k'\dfrac{I}{2r}$ 이다.

05. 답 ④
해설 반지름이 a, 2a, 3a 인 원형 도선의 중심에서의 자기장 크기는
각각 $+k'\dfrac{I}{a}, -k'\dfrac{I}{2a}, k'\dfrac{I}{3a}$ 이다.
따라서 원점 O에서 자기장의 세기는 세 가지 경우의 자기장의 세기의 합이 된다.
$$\therefore B = k'\dfrac{I}{a} - k'\dfrac{I}{2a} + k'\dfrac{I}{3a} = k'\dfrac{5I}{6a}$$

06. 답 ③
해설 ㄱ. 원형 전류의 중심에서 나침반 자침 N극이 북쪽을 향하므로 자기장의 방향은 북쪽이다.

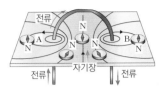

ㄴ, ㄷ. A점과 B점에서 자기장의 방향은 모두 남쪽이므로 나침반 자침 N극은 둘 다 남쪽을 향한다.
ㄹ. 그림처럼 앞에서 볼 때 시계 방향으로 전류가 흐르고 있다.

[유형 11-4] 답 ③

해설

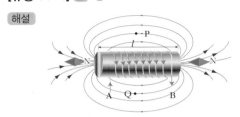

①, ③ 나침반 N극은 자기력선의 방향을 가리키므로 전자석의 왼쪽은 자기력선이 들어가는 S극, 오른쪽은 자기력선이 나오는 N극이다. 또한 솔레노이드에서 자기장의 방향은 오른손의 네 손가락을 전류가 흐르는 방향으로 감아쥐었을 때 엄지손가락이 향하는 방향이 솔레노이드 내부에 생기는 자기장의 방향이다. 즉, 엄지손가락이 가리키는 방향이 자석의 N극에 해당한다. 그러므로 전류는 A에서 B로 흐른다.
② P점과 Q점에서 나침반 N극은 모두 왼쪽을 향하게 된다.
④, ⑤ 솔레노이드 내부에서 자기장의 세기는 총 감은수에 비례하고, 길이에 반비례한다.

07. 답 ⑤
해설 ㄱ. 솔레노이드 내부에 만들어진 자기장은 균일하므로 자기장의 세기는 솔레노이드 내부 어디서나 동일하다.

08. 답 ②
해설 ㄱ. P점과 Q점에서의 자기력선은 모두 N극을 향하는 방향으로 형성되기 때문에 자기장의 방향은 같다.
ㄴ. 솔레노이드에서 자기장의 방향은 오른손의 네 손가락을 전류가 흐르는 방향으로 감아쥐었을 때 엄지손가락이 향하는 방향이 된다. 따라서 솔레노이드 내부 자기장은 B쪽(오른쪽)에서 A쪽(왼쪽)으로 형성되고, 솔레노이드 내부에서 나침반 자침 N극은 왼쪽을 향하게 된다.
ㄹ. 그림과 같은 방향으로 전류가 흐르는 솔레노이드 내부에 철심을 넣어도 넣지 않았을 때와 같이 A쪽이 N극이 된다.

01

나침반의 N극이 서쪽으로 돌아가게 된다.
자침이 돌아가는 방향을 반대로 하기 위해서는 도선에 흐르는 전류의 방향을 반대로 하거나, 직선 도선을 나침반의 N극 쪽으로 접근시키면 된다.

해설

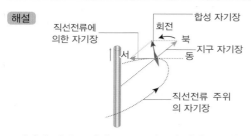

그림처럼 직선 도선에 흐르는 전류에 의한 자기장의 방향은 오른손 법칙에 의해 도선을 중심으로 반시계 방향으로 형성이 된다. 따라서 북쪽을 가리키고 있던 자침의 N극은 서쪽으로 회전하게 된다.(반시계 방향)
자침이 돌아가는 방향을 반대로 하기 위해서는 자기장의 방향이 반대로 형성되면 된다. 따라서 전류의 방향을 위에서 아래쪽으로 흐르게 되면 도선을 중심으로 시계 방향으로 자기장이 형성된다. 이때 도선을 그림과 같이 나침반의 S극으로 가져가면 나침반 N극은 동쪽으로 돌아갈 것이다. 또는 전류의 방향은 동일하게 흐르는 상태에서 나침반 N극 쪽으로 도선을 접근시키면 나침반 N극은 동쪽으로 회전하게 된다.

02

(1) ㉠ (−)극 ㉡ (+)극
(2) ㉠ 솔레노이드의 전기 ㉡ 용수철 탄성 ㉢ ⓑ

해설

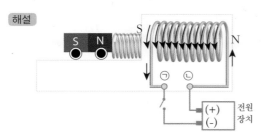

(1) 자석 수레가 용수철에 충돌할 때 용수철이 압축되는 길이가 더 커지기 위해서는 막대 자석과 솔레노이드 사이에 인력이 작용해야 하므로 그림처럼 솔레노이드의 왼쪽에 S극, 오른쪽에 N극이 형성되어야 한다. 전류는 (+)극에서 (−)극으로 흐르므로 ㉠에는 (-)극, ㉡에는 (+)극이 연결되어야 한다.
(2) 스위치를 닫으면 자석 수레와 솔레노이드 사이에 인력이 작용하고 자기에너지가 발생한다.
사이에 용수철이 없는 상태에서 자석 수레가 솔레노이드의 인력을 받아 끌려가는 경우 솔레노이드에 가까워질수록 자석과 솔레노이드 사이의 자기 에너지(자기 에너지는 (-)값)는 줄어든다. 이 경우 자석 수레의 운동 에너지는 증가하게 되고, 속력이 점점 증가한다.
하지만 사이에 용수철이 존재하면 용수철이 압축되면서 자석 수레의 운동 에너지와 자기 에너지는 용수철의 탄성 에너지로 전환되므로 용수철의 운동 에너지가 0 이 되어 자석 수레가 멈출 수 있는 것이다. 이때 탄성 에너지와 자기 에너지는

퍼텐셜 에너지이다.
따라서 용수철이 압축되는 과정에서
자석 수레의 운동에너지 = 용수철의 탄성 에너지 + 자기 에너지이다.
한편, 용수철이 압축될 때 자석 수레의 속도는 감소하므로 자석 수레는 운동 방향과 반대 방향의 힘을 받으며, 힘과 가속도의 방향은 같으므로 자석 수레의 속도의 방향(운동 방향)과 가속도의 방향은 반대이다.

03

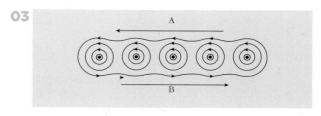

해설 촘촘히 겹쳐져 있는 것으로 보아 이는 솔레노이드의 단면이라고 볼 수 있다. 따라서 솔레노이드에 흐르는 전류에 의해 형성되는 솔레노이드 내부 자기장의 방향은 오른손의 네 손가락을 전류가 흐르는 방향으로 감아쥐었을 때 엄지손가락이 가리키는 방향이 된다. 전류가 지면에서 수직으로 나오는 방향이므로 A에서는 왼쪽 방향으로, B에서는 오른쪽 방향으로 자기장이 형성된다.

04

(나) = (다) < (라) = (가)
(가)의 중심 O에서 자기장의 방향은 아래쪽 방향
(라)의 중심 O에서 자기장의 방향은 오른쪽 방향

해설 직선 전류가 여러 개 있으면 각 직선 전류에 의한 자기장이 합성된다.
(가)

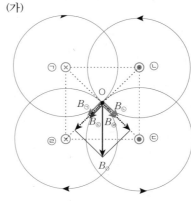

그림처럼 크기가 같은 $B_㉠$, $B_㉢$이 각각 같은 방향, $B_㉡$, $B_㉣$이 각각 같은 방향이므로 O에서의 합성 자기장 B_O는 아래 방향이다.

(나)

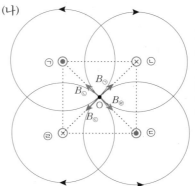

크기가 같은 $B_㉠$, $B_㉢$이 각각 반대 방향, $B_㉡$, $B_㉣$이 각각 반대 방향이므로 모두 상쇄되어서 O에서의 합성 자기장 B_O는 0이다.

(다)

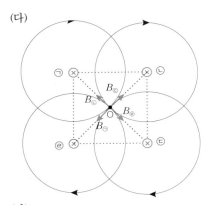

크기가 같은 $B_{\bigcirc}$, $B_{\bigcirc}$이 각각 반대 방향, $B_{\bigcirc}$, $B_{\bigcirc}$이 각각 반대 방향 이므로 모두 상쇄되어 서 O에서의 합성 자기 장 B_O는 0이다.

(라)

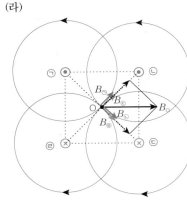

그림처럼 크기가 같은 $B_{\bigcirc}$, $B_{\bigcirc}$이 각각 같은 방향, $B_{\bigcirc}$, $B_{\bigcirc}$이 각각 같은 방향이므로 O에서의 합성 자기장 B_O는 오른쪽 방향이고 크기는 (가)의 경우와 같다.

따라서 크기를 비교하면 (나) = (다) < (라) = (가) 이다.

05 (1) ㉠ : 지면에서 수직으로 들어가는 방향
ㄴ : 지면에서 수직으로 들어가는 방향
ㄷ : 지면에서 수직으로 나오는 방향
ㄹ : 지면에서 수직으로 나오는 방향

(2) ㉠ : $\dfrac{3}{2}B$, ㄴ : $\dfrac{1}{2}B$, ㄷ : $\dfrac{3}{2}B$, ㄹ : $\dfrac{1}{2}B$

해설 (1) 오른손 법칙에 의해 각 사분면에서 도선 A와 B에 의해 형성되는 자기장의 방향은 다음과 같다.

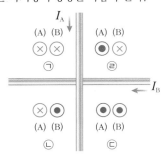

지면에서 수직으로 나오는 방향을 (+)로 할 때,
㉠ : I_A에 의한 자기장의 방향은 (−)이고, I_B에 의한 자기장의 방향도 (−) 방향이다. 그러므로 ㉠에서 자기장의 방향은 지면에서 수직으로 들어가는 방향이다.
ㄴ : I_A에 의한 자기장의 방향은 (−)이고, I_B에 의한 자기장의 방향은 (+) 방향이다. 하지만 전류의 세기는 I_A가 I_B보다 더 크므로 자기장의 방향은 I_A에 의한 자기장의 방향과 같다. 따라서 ㄴ에서 자기장의 방향은 지면에서 수직으로 들어가는 방향이다.

ㄷ : I_A에 의한 자기장의 방향은 (+)이고, I_B에 의한 자기장의 방향도 (+)이다. 따라서 ㄷ에서 자기장의 방향은 지면에서 수직으로 나오는 방향이다.
ㄹ : I_A에 의한 자기장의 방향은 (+)이고, I_B에 의한 자기장의 세기는 (−)이다. 하지만 전류의 세기는 I_A가 I_B보다 더 크므로 자기장의 방향은 I_A에 의한 자기장의 방향과 같다. 따라서 ㄹ에서 자기장의 방향은 지면에서 수직으로 나오는 방향이다.

(2) 전류의 세기가 I인 도선으로부터의 거리가 r인 지점에서 자기장이 세기 $B = k\,\dfrac{I}{r}$이다. 이때 도선 A의 전류의 세기를 I라고 하고, 도선으로 부터의 거리를 r이라고 할 때 자기장의 세기를 B라고 하자.

㉠, ㄷ : 도선 A와 B에 의한 합성 자기장은 두 도선에 의한 자기장의 세기의 합이다. 그러므로
$$k\,\frac{I}{r} + k\,\frac{0.5\,I}{r} = B + \frac{1}{2}\,B = \frac{3}{2}\,B \text{ 이다.}$$

ㄴ, ㄹ : 도선 A와 B에 의한 합성 자기장은 두 도선에 의한 자기장의 세기의 차이다. 그러므로
$$k\,\frac{I}{r} - k\,\frac{0.5\,I}{r} = B - \frac{1}{2}\,B = \frac{1}{2}\,B \text{ 이다.}$$

스스로 실력 높이기
232~239쪽

01. ③	02. 4 (m)	03. ㉠ 자속 ㄴ 자속 밀도
04. ④	05. ③	06. 5	07. ㄷ, ㄹ, ㄷ
08. ㄱ, ㄱ, ㄴ	09. 6	10. 360k	11. ①
12. 0.4	13. ④	14. ④	15. ④	16. ⑤
17. ⑤	18. ③	19. ④	20. ②	21. ③
22. 5 : 1	23. ②	24. ㄴ, ㄷ	25. 5k	26. ②
27. ②	28. ②	29. 5 : 3 : 3	
30. 3B, (+)		31. ④	32. ②

02. 답 4 (m)
해설 자기장 크기 $B = \dfrac{\Phi}{S}$ 이다. 단면적 $S = \dfrac{\Phi}{B} = \dfrac{112\text{Wb}}{7\text{T}}$
$= 16\text{m}^2$. ∴ 정사각형 한 면의 길이는 4m이다.

04. 답 ④
해설 오른손 법칙에 의해 ㉠에서 자기장은 지면에서 수직으로 나오는 방향으로 형성된다.

05. 답 ③
해설 직선 도선에 흐르는 전류에 의한 자기장의 방향은 다음 그림과 같이 도선을 중심으로 시계 방향으로 형성된다.

06. 답 5

해설 두 도선에 의해 O지점에 형성되는 자기장의 방향은 같다. 따라서 중심 O에서 합성 자기장은 두 자기장의 크기의 합이다.

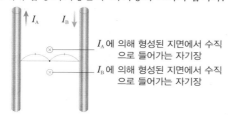

I_A에 의해 형성된 지면에서 수직으로 들어가는 자기장

I_B에 의해 형성된 지면에서 수직으로 들어가는 자기장

07. 답 ㄷ, ㄹ, ㄷ

해설 원형 전류에 의한 자기장의 방향은 오른손 엄지손가락을 전류의 방향으로 하고, 나머지 네 손가락으로 원형 도선을 감아쥘 때 네 손가락이 가리키는 방향이다.

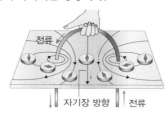

08. 답 ㄱ, ㄱ, ㄴ

해설 솔레노이드에서 자기장의 방향은 오른손의 네 손가락을 전류가 흐르는 방향으로 감아쥐었을 때 엄지손가락이 향하는 방향이 된다. 따라서 자기장은 왼쪽으로 들어와서 오른쪽으로 나가는 방향으로 형성된다. 따라서 다음 그림과 같이 형성된다.

09. 답 6

해설 전류의 세기가 I, 반지름이 r인 원형 도선에 흐르는 전류에 의한 자기장이 세기는 B(원형 전류 중심) $= k' \dfrac{I}{r}$ $= \pi k \dfrac{I}{r}$ 이다. 반지름이 0.2r, 전류의 세기가 1.2I인 원형 도선의 중심에서 자기장의 세기는 $\pi k \dfrac{1.2I}{0.2r} = 6B$ 가 된다.

10. 답 360k

해설 자기장의 세기 B(솔레노이드 내부) $= k'' nI = 2\pi k n I$ 이다.

$B = 2\pi k n I = 2\pi k \dfrac{100}{0.5} \times 0.3 = 2 \times 3 \times 200 \times 0.3 = 360k$ T

11. 답 ①

해설 ㄱ, ㄴ. 자기력선은 나침반 N극이 가리키는 방향을 연결하여 이은 선이다. 그림 속 나침반의 N극은 A를 향하는 것으로 보아 A는 S극, B는 N극임을 알 수 있다. A쪽은 S극이므로 자기력선이

A쪽을 향해 들어간다.

ㄷ. C점에 나침반을 두면 자침 N극은 왼쪽을 향한다.

ㄹ. 자기력선은 폐곡선(닫힌 곡선)을 이룬다.

12. 답 0.4 (m)

해설 P점에서 자기장의 세기는 도선 A에 의한 자기장과 도선 B에 의한 자기장의 합성으로 구할 수 있다. 지면에서 수직으로 나오는 방향을 (+)라고 할 때,

도선 A에 의한 자기장은 $B_A = -k \dfrac{7}{1+r}$

도선 B에 의한 자기장은 $B_B = +k \dfrac{2}{r}$ 이다.

$B_A + B_B$

$= -k\dfrac{7}{1+r} + k\dfrac{2}{r} = k\left(\dfrac{2}{r} - \dfrac{7}{1+r}\right) = k\left(\dfrac{2-5r}{r(1+r)}\right)$

$= 0, \therefore 2 - 5r = 0, \ r = 0.4(\text{m})$

13. 답 ④

해설 지면에서 수직으로 들어가는 방향을 (+)로 하자.

㉠에서 자기장의 세기는 $= k\dfrac{5A}{r} + k\dfrac{3A}{3r} = k\dfrac{6A}{r}$,

㉡에서 자기장의 세기는 $= -k\dfrac{5A}{r} + k\dfrac{3A}{r} = -k\dfrac{2A}{r}$,

㉢에서 자기장의 세기는 $= -k\dfrac{3A}{r} - k\dfrac{5A}{3r} = -k\dfrac{14A}{3r}$

따라서 자기장의 세기는 ㉠에서 가장 세고, ㉡에서 가장 약하다.

14. 답 ④

해설 앙페르 법칙을 적용하면 두 도선 사이 중간 지점에 북쪽으로 향하는 자기장이 형성되려면 두 도선에 흐르는 전류의 방향이 반대이어야 한다.(두 도선에 흐르는 전류의 방향이 같을 경우 자기장이 상쇄되어 두 도선 중간 지점에서 자기장은 0이 된다.) 따라서 다음 그림과 같이 전류가 흐른다.

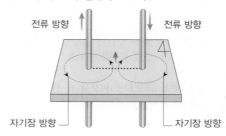

15. 답 ④

해설 O점에서 직선 도선에 의한 자기장의 세기는

$B = k\dfrac{2}{0.2} = 10k$, (지면으로 들어가는 방향)

O점에서 원형 도선에 의한 자기장의 세기는

$B' = k'\dfrac{3A}{0.1\text{m}} = 30k' = 30\pi k = 90k$, (지면으로 들어가는 방향)

두 자기장의 방향이 같으므로 O점에 두 도선에 의해 형성된 자기장의 세기는 $10k + 90k = 100k$ 이고, 지면으로 들어가는 방향이다.

16. 답 ⑤

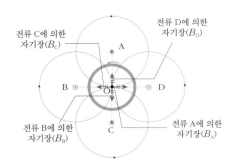

전류 C에 의한 자기장(B_C)
전류 D에 의한 자기장(B_D)
A
B ⊗
⊙ D
전류 B에 의한 자기장(B_B)
C
전류 A에 의한 자기장(B_A)

해설 앙페르 법칙에 의해 중심 O에는 A 도선에 의해 D쪽 방향의 자기장이, B 도선에 의해서는 C쪽 방향의 자기장이, C에 의해서는 B쪽 방향의 자기장이, D에 의해서는 A쪽 방향의 자기장이 생긴다. 이때 A와 C, B와 D에 의해 생기는 자기장은 도선과의 거리와 전류의 세기가 동일하기 때문에 서로 상쇄된다. 따라서 중심 O에 생기는 자기장의 방향은 원형 도선에 의해 생기는 자기장만 남게 되므로 지면에서 수직으로 나오는 방향이 된다.

17. 답 ⑤
해설 전자석 내부의 자기장의 세기는 전류와 코일의 단위 길이당 감긴 수의 곱에 비례한다. (전류의 세기) × (코일의 감긴 수)가 큰 순서대로 쓰면 (다)-(가)-(나)이다.

18. 답 ③
해설 전류가 흐르는 방향으로 코일을 오른손의 네 손가락을 감아 쥐었을 때 엄지손가락이 가리키는 방향이 자석의 N극에 해당된다. 각 전자석의 극은 다음과 같다.

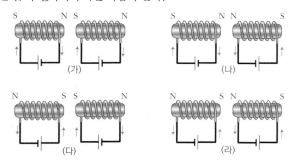

(가)   (나)

(다)   (라)

서로 다른 극이 마주 보고 있는 (가)와 (라)에서 전자석 사이에 인력이 작용한다.

19. 답 ④
해설 A점에서의 자기장은 두 도선에 의한 자기장의 합성으로 구할 수 있다. 지면에서 수직으로 들어가는 방향을 (+)라 할 때, (가)의 A점에서 두 직선 도선에 의한 자기장의 방향은 지면에 들어가는 방향으로 같으므로

A점에서 자기장 $B_A = k\dfrac{2I}{a} + k\dfrac{I}{a} = +k\dfrac{3I}{a}$

(나)의 B점에서 자기장 $B_B = k\dfrac{2I}{2a} = +k\dfrac{I}{a}$

$\therefore B_A : B_B = 3 : 1$

20. 답 ②
해설 지면에 수직으로 들어가는 방향을 ⊗, 지면에서 수직으로 나오는 방향을 ⊙로 표시하자. 각 구간에는 도선 A, B, C 에 의한 합성 자기장이 형성된다. 도선 A와 B, B와 C 사이의 거리를 각각 $2a$ 라고 하고 ⊗을 (+)로 한다.

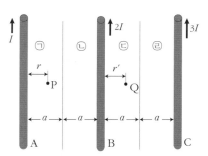

(도선 A~B 사이) 도선 A 와 B 사이에서 도선 A로부터 r 만큼 떨어진 임의의 한 점 P 에 만들어진 도선 A, B, C 에 의한 자기장의 방향은 각각 ⊗, ⊙, ⊙ 이다. 도선 A, B, C에 의해 각각 P 점에 만들어지는 자기장의 합성을 0으로 놓는다.

$B_P = k\dfrac{I}{r} - k\dfrac{2I}{2a-r} - k\dfrac{3I}{4a-r} = 0$

$kI\left(\dfrac{(2a-r)(4a-r)-2r(4a-r)-3r(2a-r)}{r(2a-r)(4a-r)}\right) = 0$

$\therefore (2a-r)(4a-r)-2r(4a-r)-3r(2a-r) = 3r^2 - 10ar + 4a^2 = 0$

$r = \dfrac{5\pm\sqrt{13}}{3}a = 2.87a$, 또는 $0.46a$

$r = 2.87a$ 는 A~B 영역을 벗어나므로 $r = 0.46a$ 이며, 이때 P점은 ㉠ 영역에 속한다.

(도선 B~C 사이) 도선 B와 C 사이에서 도선 B로부터 r' 만큼 떨어진 임의의 한 점 Q 에 만들어진 도선 A, B, C 에 의한 자기장의 방향은 각각 ⊗, ⊗, ⊙ 이다. 도선 A, B, C에 의해 각각 Q점에 만들어지는 자기장의 합성을 0으로 놓는다.

$B_Q = k\dfrac{I}{2a+r'} + k\dfrac{2I}{r'} - k\dfrac{3I}{2a-r'} = 0$

$kI\left(\dfrac{r'(2a-r')+2(2a-r')(2a+r')-3r'(2a+r')}{r'(2a-r')(2a+r')}\right) = 0$

$\therefore r'(2a-r')+2(2a-r')(2a+r')-3r'(2a+r')$

$= 3r'^2 + 2ar' - 4a^2 = 0 \rightarrow r' = \dfrac{-1\pm\sqrt{13}}{3}a$

$r' = 0.87a$ 또는 $-1.54a$ 인데, $r' = -1.54a$ 는 B~C 영역을 벗어나므로 $r' = 0.87a$ 이며, 이때 Q점은 ㉢ 영역에 속한다.
따라서 A~B 사이에서는 ㉠ 영역, B~C 사이에서는 ㉢ 영역에 자기장의 세기가 0 인 지점이 존재한다.

21. 답 ③
해설

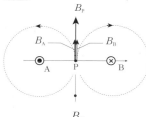

도선 A에 의해 도선 A를 중심으로 반시계 방향의 자기장이 생기고(B_A), 도선 B에 의해 도선 B를 중심으로 시계 방향의 자기장이 생긴다(B_B). 두 자기장의 합인 B_P 는 +y 방향이다.

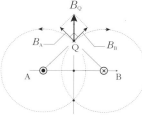

그림처럼 B_A와 B_B의 합성으로 B_Q를 구할 수 있으며 B_P보다 크기가 작으며, +y 방향이다.

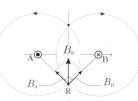

그림처럼 B_A와 B_B의 합성으로 B_R를 구할 수 있으며 크기는 B_P 보다 작지만 B_Q 와 같다.
방향은 +y 방향이다.

22. 답 5 : 1

해설

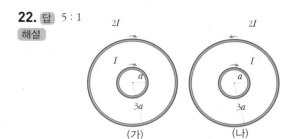

그림 (가)와 같이 전류가 흐를 때 두 도선에 의해 원형 전류의 중심에서의 자기장의 방향은 각각 지면으로 수직하게 들어가는 방향(⊗)이다. (⊗)을 (+)라고 하면 중심 O에서 자기장의 세기(B_A)는

$$B_A = k' \frac{I}{a} + k' \frac{2I}{3a} = k' \frac{5I}{3a}$$

그림 (나)와 같이 두 도선에 흐르는 전류의 방향이 반대일 경우 중심 O에서 바깥 전류에 의한 자기장의 방향은 반대가 되어 지면에 수직하게 나오는방향(⊙)이 된다. 따라서 중심 O에서의 자기장의 세기(B_B)는

$$B_B = k' \frac{I}{a} - k' \frac{2I}{3a} = k' \frac{I}{3a}$$

따라서 $B_A : B_B = 5 : 1$ 이다.

23. 답 ②

해설 (가)의 점 P에서 자기장의 세기 $B_P = k' \frac{I}{2a}$ 이고, 방향은 지면에서 수직으로 나오는 방향이다. 이때의 방향을 (+)라고 하자. 그림 (나)의 Q점에서 자기장의 세기는 반지름이 a인 원형 도선과 반지름이 2a인 원형 도선에 의한 자기장의 합성이 된다. 따라서 점 Q에서 자기장의 세기

$$B_Q = k' \frac{I}{2a} - k' \frac{I}{a} = -k' \frac{I}{2a}$$

방향이 (−)이므로 점 Q에서 자기장의 방향은 종이 면에서 수직으로 들어가는 방향이 된다.

24. 답 ㄴ, ㄷ

해설

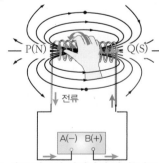

그림처럼 솔레노이드 내부의 자기장의 방향(내부의 자침의 N극이 가리키는 방향)을 엄지손가락의 방향으로 하여 코일을 감싸쥐는 방향이 전류가 흐르는 방향이다. 이때 엄지손가락의 방향이 솔레노이드의 N극의 방향이기도 하다.

ㄱ. 그림처럼 전류가 흐르므로 (A)는 (−)극, (B)는 (+)극 이다.

ㄴ. P는 전자석의 N극, Q는 S극이 된다.

ㄷ. 전자석의 길이는 일정하게 유지하고 코일의 감은 수를 늘리면 전자석 내부 및 외부의 자기장의 세기가 증가한다.

ㄹ. 전류의 방향을 반대로 해주면 자기장의 방향도 반대가 되므로 내부 나침반 N극의 방향도 반대로 된다.

ㅁ. 전자석의 Q는 자석의 S극에 해당하므로 같은 극끼리는 척력이 작용한다.

25. 답 $5k$

해설 자속 밀도란 자기장 크기(B)이다. P점에 형성되는 자기장은 도선 A에 의해 지면으로 들어가는 방향으로 형성되는 자기장과 도선 B에 의해 지면에서 나오는 방향으로 형성되는 자기장의 합성 자기장이 된다.

도선 A에 의한 자기장의 세기 $B_A = k \frac{5}{1} = 5k$

도선 B에 의한 자기장의 세기 $B_B = k \frac{20}{2} = 10k$

∴ P점에서 자기장의 세기 $B = 10k - 5k = 5k$

26. 답 ②

해설

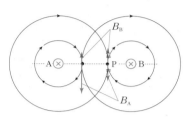

P점의 자기장이 0 이 되려면 그림과 같이 도선 A, B에 의해서 각각 P점에 형성되는 자기장(B_A, B_B)의 방향이 서로 반대이고 크기는 같아야 한다. 그림과 같이 B_A는 아래 방향으로, B_B는 윗 방향으로 형성된다. P점은 도선 B와 더 가까우므로 도선 B에 흐르는 전류는 지면에 수직으로 들어가는 방향(⊗)이고, A보다 작다.

ㄱ. 그림과 같이 p점과 도선 A 사이에서는 B_A 가 B_B 보다 더 크므로 아래 방향의 자기장이 형성되고 이 방향은 도선 A를 중심으로 시계 방향이다.

ㄴ. 도선 A에 흐르는 전류가 더 커야 상대적으로 더 멀리 있는 점 P에서 자기장의 세기가 0 이 될 수 있다.

ㄷ. 도선 A와 도선 B에 각각 흐르는 전류의 방향이 서로 같아야 P점에서 반대 방향의 자기장이 형성될 수 있다.

ㄹ. 도선 B에는 지면에 수직으로 들어가는 방향(⊗)의 전류가 흐르므로 도선 B를 중심으로 시계 방향의 자기장이 생긴다.

27. 답 ②

해설 도선 A, B와 거리가 같은 나침반의 위치에서는 도선 A에서 발생한 자기장(B_A)과 도선 B에서 발생한 자기장(B_B)의 합성된 방향으로 자기장(B)이 만들어지고 그 방향으로 나침반 N극이 향하게 된다. 즉, 다음 그림과 같이 각각 자기장이 형성되어야 한다.

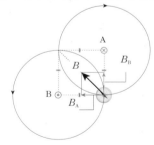

따라서 도선 A, B에는 각각 ⊗, ⊙ 방향의 전류가 흐르고 있다.

28. 답 ②

해설

해설

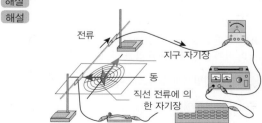

그림처럼 전류는 전류계의 (+)극으로 흘러들어가므로 직선 도선에서 북쪽으로 흐르고 있다. 직선 도선에 전류가 흐르지 않을 때는 지구 자기장의 영향만 받아 나침반은 북쪽을 향하나 직선 도선에 전류가 흐르면 서쪽으로 발생하는 자기장에 의해 합성 자기장이 북서 방향으로 발생하므로 나침반이 서쪽으로 회전해 북서 방향을 향하게 된다.

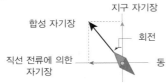

ㄱ. 스위치를 닫으면 전류가 흘러 나침반이 직선 도선에 의한 서쪽 방향의 자기장의 영향을 받아서 북서 방향을 가리키게 되므로 서쪽으로 움직인다.

ㄴ, ㄷ. 전압만 높이거나 가변 저항을 감소시키면 직선 도선에 흐르는 전류가 강해지므로 직선도선에 의한 자기장이 커져서 합성 자기장은 서쪽으로 더 치우치므로 나침반은 시계 반대 방향으로 돌아간다.

ㄹ. 전원 단자를 바꾸어 전류의 흐르는 방향을 반대로 하면 자기장의 방향도 반대로 바뀌어서 직선 도선에 의한 자기장의 방향은 동쪽으로 발생하고 지구 자기장은 변함 없으므로 합성 자기장이 북동쪽이 되어 나침반은 북동쪽을 가리키게 된다. 180° 회전하지는 않는다.

ㅁ. 도선과 나침반의 거리가 가까워지면 직선 도선에 의한 자기장의 세기가 더욱 세지므로 합성 자기장이 서쪽으로 더 치우치게 되고 나침반이 서쪽으로 돌아가는 각도가 커진다.

29. 답 $5:3:3$

해설 지면에서 수직으로 나오는 자기장의 방향($\odot$)을 (+)로 한다. A, B, C 지점에서의 자기장은 그림과 같다.

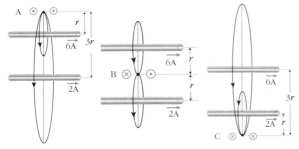

$B_A = k\dfrac{6}{r} + k\dfrac{2}{3r} = k\dfrac{20}{3r}$ 　 $B_B = -k\dfrac{6}{r} + k\dfrac{2}{r} = -k\dfrac{4}{r}$

$B_C = -k\dfrac{6}{3r} - k\dfrac{2}{r} = -k\dfrac{4}{r}$

$\therefore B_A : B_B : B_C = k\dfrac{20}{3r} : k\dfrac{4}{r} : k\dfrac{4}{r} = 5:3:3$

30. 답 $3B$, (+)

해설 반원형 도선에 흐르는 전류에 의한 자기장의 세기는 원형 도선에 흐르는 전류에 의한 자기장의 $\dfrac{1}{2}$ 이다.

반지름이 r 인 반원형 도선에 흐르는 전류의 세기가 I 일 때 도선의 중심에서의 자기장의 세기를 B 라고 하였으므로

$B = \dfrac{1}{2} \times k'\dfrac{I}{r}$ (지면에서 수직으로 나오는 방향)

그림에서 주어진 중심 O에서 자기장은 반지름이 r 인 반원형

도선에 흐르는 전류에 의한 자기장과 반지름이 $\dfrac{r}{2}$ 인 반원형

도선에 흐르는 전류에 의한 자기장의 합성이다.

반지름이 $\dfrac{r}{2}$ 인 반원형 도선에 흐르는 전류에 의한 자기장은 $2B$

이고, 방향은 종이면에서 수직으로 나오는 방향이다.

따라서 중심 O에서 자기장은 $B + 2B = 3B$ 이며, 방향은 종이면에서 수직으로 나오는 방향이다.

31. 답 ④

해설

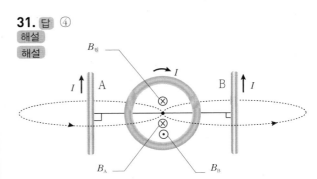

중심 O에서 자기장의 세기는 도선 A에 의한 자기장(B_A), 도선 B에 의한 자기장(B_B), 원형 전류에 의한 자기장($B_원$)이 모두 존재하므로 세기를 구하기 위해서는 세 자기장을 합성해야 한다.

ㄱ. 중심 O에서 지면에 수직으로 들어가는 방향($\otimes$)을 (+)로 하면 두 직선 전류에 의한 자기장은 각각

$B_A = k\dfrac{I}{2r}$, $B_B = -k\dfrac{I}{2r}$ 이다. 두 자기장은 서로 상쇄되므로

중심 O에서 자기장은 원형 도선에 의한 자기장만 남는다. 그러므로 자기장의 방향은 지면에 수직으로 들어가는 방향($\otimes$)이다.

ㄴ. 지면에 들어가는 방향($\otimes$)을 (+)로 하자. 이때 도선 B에 흐르는 전류의 세기가 $2I$ 가 되면 두 직선 도선에 흐르는 전류에 의한

자기장을 합하면 $B_A + B_A = k\dfrac{I}{2r} - k\dfrac{2I}{2r} = -k\dfrac{I}{2r}$ 이다.

원형 전류에 의한 자기장의 세기 $B_원 = k'\dfrac{I}{r} = \pi k\dfrac{I}{r}$ 이다.

중심 O에서의 합성 자기장의 세기는 $-k\dfrac{I}{2r} + \pi k\dfrac{I}{r} > 0$ 이므로

지면에 수직으로 들어가는 방향($\otimes$)이다. 방향은 변하지 않는다.

ㄷ. 중심 O에서 자기장은 원형 도선에 흐르는 전류에 의해서만 영향을 받기 때문에 전류의 세기를 2배로 하면 자기장의 세기도 2배가 된다.

ㄹ. 지면에 수직으로 들어가는 방향($\otimes$)을 (+)로 하자. 도선 A에 흐르는 전류의 방향을 반대로 하면 중심 O에서 두 직선 전류에 의한 자기장은 모두 (-) 방향이 되므로, 원형 전류에 의한 자기장까지 모두 합한 중심 O에서 자기장은

$-k\dfrac{I}{2r} - k\dfrac{I}{2r} + \pi k\dfrac{I}{r} > 0$ 이므로 지면에 수직으로 들어가는

방향($\otimes$)이다. 방향은 변하지 않는다.

32. 답 ②

해설 A와 B를 흐르는 전류는 서로 같고 C에 흐르는 전류는 A, B를 각각 흐르는 전류의 2배이다. 자속 밀도(B)는 전류의 세기에 비례하므로 A, B, C 자속 밀도의 비는 $1:1:2$ 가 된다.

12강. 전자기 유도 Ⅰ

1. 자화   **2.** 유도 기전력
3. 전자기 유도, 자속(자기력선속), ㉠   **4.** ㉠, ㉡, ㉠

1. 강자성, 상자성, 반자성   **2.** A, B
3. 2,000   **4.** ㉡

2. 답 A, B

해설

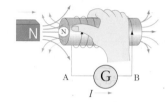

막대 자석의 N극을 코일 쪽으로 가까이 가져갈 경우는 다음 그림과 같다. 도선 중심의 자속이 증가하기 때문에 자속의 증가를 방해하기 위해 도선이 오른쪽에서 왼쪽 방향으로 자기력선을 형성하게 된다. 이때 자석의 방향에서 봤을 때 반시계 방향으로 전류가 흐르게 된다. 따라서 전류는 A → Ⓖ → B 방향으로 흐른다.

3. 답 2,000(V)

해설 패러데이 법칙을 이용하여 유도 기전력의 크기를 구할 수 있다.

$$\varepsilon = -N\frac{\Delta\Phi}{\Delta t} = -1,000\frac{2\text{Wb}}{0.1\text{S}} = -2,000 \text{ (V)}$$

이때 (−)는 방향을 의미하므로 크기는 2,000 V 이다.

4. 답 ㉡

해설 자기장 속에 도선이 들어가면서 지면으로 들어가는 방향으로 자속이 증가하게 된다. 따라서 렌츠의 법칙에 의해 반대 방향인 나오는 방향의 자속이 유도되어 반시계 방향의 유도 전류가 흐른다.

1. ③   **2.** ⑤   **3.** ④   **4.** ①, ④
5. 1 : 4   **6.** ④   **7.** ④   **8.** 3

01. 답 ③

해설 물질마다 자성이 다르게 나타나는 이유는 물질마다 원자 내 전자들의 궤도 운동과 스핀이 다르기 때문이다.
④, ⑤ 원자 내 스핀 방향과 전자의 운동 방향은 모두 전류의 방향과 반대이다.

02. 답 ⑤

해설 자기장을 가했을 때 원자 자석들이 외부 자기장의 반대 방향으로 자화되었다가, 외부 자기장을 제거하였을 때 자석의 효과

가 바로 사라지는 것으로 보아 이 물체는 반자성체임을 알 수 있다. 반자성체는 대부분의 물질들(금, 물, 유리, 구리, 나무 등)과 많은 기체들(수소, 이산화 탄소, 질소 등), 플라스틱 등이 있다.

03. 답 ④

해설

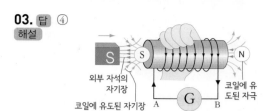

S극을 코일에 가까이 가져가게 되면, 자석의 운동을 방해하기 위해서 코일의 왼쪽에는 S극, 오른쪽에는 N극이 유도된다. 엄지손가락이 코일의 N극을 향하도록 오른손으로 감아쥐면 감아쥐는 방향으로 유도 전류가 발생한다.

04. 답 ①, ④

해설 유도 전류의 세기를 세게 해주기 위해서는 자석을 코일에 더 빠르게 접근시키거나, 코일의 감은 수를 늘려주거나, 자기력이 더 센 자석을 이용하면 유도 기전력이 더 커져서 유도 전류의 세기도 더 커진다.

05. 답 1 : 4

해설 유도 기전력의 크기는 코일의 감은 수와 단위 시간당 자속의 변화율에 비례한다. 따라서 감은수와 자속의 변화율을 각각 2배로 하였으므로 유도 기전력의 크기는 4배가 된다. 또는 다음과 같이 패러데이 법칙을 이용하여 유도 기전력의 크기를 구하여 비교한다.

$$V_1 = -N\frac{\Delta\Phi}{\Delta t} = -200\frac{3\text{Wb}}{1\text{S}} = -600\text{V}$$

이때 (−)는 방향을 의미하므로 크기는 600V가 된다.
감은 수를 2배, 자속의 변화율을 0.5초당 3Wb로 하였을 때의 유도 기전력의 크기는

$$V_2 = -N\frac{\Delta\Phi}{\Delta t} = -400\frac{3\text{Wb}}{0.5\text{S}} = -2,400\text{V}$$

마찬가지로 (−)는 방향을 의미하므로 크기는 2,400V가 된다. 따라서 $V_1 : V_2 = 600 : 2400 = 1 : 4$ 가 된다.

06. 답 ④

해설 유도 기전력과 유도 전류는 비례한다. 코일의 단면적(S)과 감긴 수(N)은 일정하므로
유도 기전력 $\varepsilon = N\frac{\Delta\Phi}{\Delta t} = N\frac{\Delta(BS)}{\Delta t} = NS\frac{\Delta B}{\Delta t}$

유도기전력 ε 는 자기장의 시간당 변화량($\frac{\Delta B}{\Delta t}$)에 비례한다.

그래프의 기울기가 $\frac{\Delta B}{\Delta t}$ 이므로 부호 관계없이 그래프의 기울기가 가장 큰 D 구간에 흐르는 유도 전류가 가장 크고, C 구간에는 유도 전류가 0 이다. 여기서 기울기가 (+)인 A, B 구간과 (−)인 D구간의 유도 전류의 방향은 반대이다.

07. 답 ④

해설 플레밍 오른손 법칙으로 유도 전류의 방향을 알 수 있다. 오른손 엄지, 검지, 중지 손가락을 각각 수직되게 편 뒤에 오른손 엄지 손가락을 도선의 이동 방향에 맞추고, 검지 손가락을 자기장의 방향으로 맞추면 중지 손가락이 가리키는 방향이 유도 전류의 방향이 된다. 또한 미시적으로 자기장 속에서 도선과 함께 이동하는 전자가 받는 힘이 위 방향이므로 전자는 도선의 위쪽으로 이동하므로, 유도 전류는 아래 방향으로 흐른다.

08. 답 3

해설

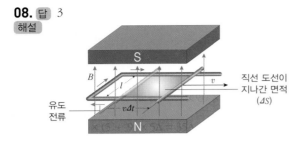

균일한 자기장(B) 속을 일정한 속도(v)로 움직이고 있는 도체 막대에서의 유도 기전력은 다음과 같다.

$$\varepsilon = -\frac{B\varDelta S}{\varDelta t} = \frac{Bl \cdot v\varDelta t}{\varDelta t} = -Bl \cdot v$$

그러므로 자기장 세기가 6T인 균일한 자기장 속에 수직으로 놓인 ㄷ자형 도선 위에서 도체 막대를 5m/s의 속도로 잡아당길 때, 도체 막대에서 발생하는 유도 기전력의 크기 $\varepsilon = -(6\text{T}) \times (0.1\text{m}) \times (5\text{m/s}) = -3\text{V}$ 이때 (−)는 방향을 의미하므로 크기는 3V가 된다.

유형 익히기 & 하브루타

246~249쪽

[유형 12-1] ⑤	01. ④	02. ⑤
[유형 12-2] (1) ③ (2) ④	03. ⑤	04. ①
[유형 12-3] ③	05. ②	06. ③
[유형 12-4] ②	07. ②	08. ③

[유형 12-1] 답 ⑤

해설 (가)는 반자성체로 외부 자기장을 가하였을 때 원자 자석들이 외부 자기장의 반대 방향으로 자화되므로 자석을 가까이 하면 자석을 밀어내는 척력이 작용하게 된다.

(나)는 강자성체로 외부 자기장을 가하였을 때 원자 자석들이 외부 자기장의 방향으로 정렬되고, 외부 자기장을 제거하였을 때에도 자석의 효과를 유지한다.

(다)는 상자성체로 외부 자기장을 가하였을 때 원자 자석들이 외부 자기장의 방향으로 약하게 자화되고, 외부 자기장을 제거하였을 때에 자석의 효과가 바로 사라진다. 상자성체 물질은 알루미늄, 종이, 백금, 우라늄, 마그네슘 등이 있다.

01. 답 ④

해설

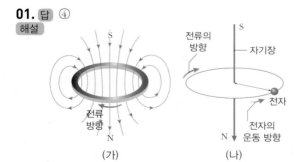

(가) (나)

원형 전류 방향

원형 전류 중심의
자기장 방향(N극 방향)

(가)에서 오른손으로 전류가 흐르는 방향으로 네 손가락을 감아쥐었을 때 엄지손가락이 가리키는 방향이 중심에서의 자기장의 방향이 된다. 따라서 그림 (가)의 원형 고리 중심에서 자기장의 방향은

위에서 아래 방향이 되어 위쪽에는 S극이 형성되고, 아래쪽에는 N극이 형성된다. 그림 (나)에서 전자는 원자핵 주위를 궤도 운동하며, 중심에 자기장을 만든다. 전자가 운동하는 궤도의 모양은 작은 고리 모양의 원형 전류라고 볼 수 있다. 전류는 전자의 이동 방향과 반대이므로 중심의 원자핵 위치에서 자기장의 방향은 위쪽에서 아래쪽이 되고, 위쪽은 S극, 아래쪽은 N극이 형성된다.

02. 답 ⑤

해설 ㄱ, ㄷ 금과 유리는 반자성체이다. 반자성체는 자석에 접근시키면 원자 자석들이 외부 자기장의 반대 방향으로 자화되어 자석을 밀어낸다. 자기장 내에 있을 때 자기장의 방향으로 약하게 자화되는 것은 상자성체이다.

ㄴ. 철은 강자성체로 외부 자기장을 가한 후 자기장을 제거하여도 자석의 효과를 유지한다.

ㄹ. 물질의 자성은 원자 내에서 원자핵 주위를 도는 전자의 궤도 운동과 스핀 운동에 의해 자기장이 형성되기 때문에 각각의 원자를 작은 자석으로 생각할 수 있다.

[유형 12-2] 답 (1) ③ (2) ④

해설

코일 내부의 유도 자기장
방향(N극 방향)

유도 전류
방향

(가) 원형 도선 내부에 아래 방향으로 자속이 증가하면, 자속의 증가를 방해하는 방향인 위 방향으로 자기장이 유도된다. 따라서 원형 도선에는 시계 반대 방향으로 유도 전류가 흐르고 원형 도선의 위 부분은 N극, 아래 부분은 S극을 띠게 된다. 또는 자석의 운동을 방해하는 방향으로 자기장이 유도되므로, 자석과 가까운 쪽에 N극이 유도된다.

(나) 원형 도선 내부에 아래 방향으로 자속이 감소하면, 자속의 감소를 방해하는 방향인 아래 방향으로 자기장이 유도된다. 따라서 원형 도선에는 위에서 봤을 때 시계 방향으로 유도 전류가 흐르고 원형 도선의 위 부분은 S극, 아래 부분은 N극을 띠게 된다. 또는 자석이 멀어져가므로 운동을 방해하기 위해 자석과 가까운 쪽에 S극이 유도되어 자석을 잡아당긴다.

(다)(라) 자석의 운동을 방해하는 쪽으로 자석의 극이 유도되고, 그에 따른 유도 전류가 발생한다.

(2) 인력은 서로 다른 극일때 작용하는 힘이므로 (나)와 (라)의 경우에 자석과 원형 도선 사이에서 인력이 작용함을 알 수 있다.

03. 답 ⑤

해설

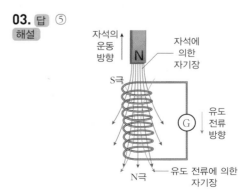

자석이 코일에서 멀어지게 되면, 코일 중심에서 아래 방향으로 자석에 의한 자속이 감소하게 된다.(ㄷ) 따라서 자속의 감소를 막기 위해 도선 스스로 아래 방향으로 자기장을 유도시키므로, 코일에는 A → Ⓖ → B 방향(자기력선을 형성하는 방향으로 오른손 엄지손가락을 향했을 때 나머지 네손가락이 감아쥐는 방향이 전류의 방향이 된다.)으로 전류가 흐르게 된다. (ㄱ) 이때 코일의 위쪽은 S극, 아래쪽은 N극을 띠게 되어 자석과 코일 사이에는 인력이 작용한다.(ㄴ)

ㄹ. 자석을 정지시키면 자속의 변화량이 없기 때문에 유도 기전력이 발생하지 않아 유도 전류가 흐르지 않는다. 따라서 검류계의 바늘이 0을 가리킨다.

04. 답 ①

해설 유도 전류가 흐르기 위해서는 원형 도선의 단면을 통과하는 자속의 변화가 있어야 한다. ① 원형 도선을 x축을 중심으로 회전을 시키는 경우 원형 도선 안쪽을 통과하는 자속의 변화가 생기므로 유도 전류가 흐르게 된다.
② 원형 도선이 y축을 중심으로 회전하면 원형 도선의 단면을 통과하는 자속의 변화는 없기 때문에 유도 전류를 발생하지 않는다.
③, ④, ⑤ 균일한 자기장 속에서 평행 이동을 하는 경우에는 자속의 변화가 생기지 않는다.

[유형 12-3] 답 ③

해설 자기장의 세기-시간 그래프에서 기울기는 단위 시간당 자기 장의 세기의 변화율($\frac{\Delta B}{\Delta t}$)을 의미한다. 따라서 면적이 일정할 경우 자기장의 세기-시간 그래프의 기울기와 유도 기전력은 비례한다.

$$\varepsilon = -N \frac{\Delta \Phi}{\Delta t} = -N \frac{S \Delta B}{\Delta t} \rightarrow \therefore \varepsilon \propto \frac{\Delta B}{\Delta t}$$

③ C와 E구간은 그래프의 기울기가 (−)이다. 이는 자기장의 세기가 감소하고 있으므로, 사각형 도선에는 자기장과 같은 방향의 자기장이 유도되어 유도 전류가 흐른다는 것을 뜻한다. 따라서 두 구간에서 유도 전류의 방향도 같다.
①, ②, ④ A구간의 기울기가 가장 크므로 유도 전류의 세기가 가장 크다. 유도 전류의 세기가 센 순서대로 나열하면 A구간, C구간, D구간이 된다. B와 D구간은 자속이 변하지 않으므로 유도 전류가 흐르지 않는다. ⑤ A구간은 자기장의 세기가 증가하고 있으므로 E구간에서는 자기장의 세기가 감소하고 있으므로 두 구간에서 유도 전류의 방향은 반대이다.

05. 답 ②

해설

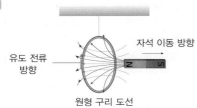

자석의 N극을 구리 도선에서 멀어지게 하면, 구리 도선의 오른쪽에 S극이 유도되어 자석의 이동을 방해한다. 따라서 구리 도선의 오른쪽에 N극이 유도되며, 자석쪽에서 봤을 때 시계 방향으로 전류가 유도된다.
이때 유도 기전력의 세기는 다음과 같다.

$$\varepsilon = -N \frac{\Delta \Phi}{\Delta t} = -N \frac{\text{자속의 변화량}}{\text{시간 변화량}}$$

따라서 원형 구리 도선에 발생하는 유도 기전력은

$$\varepsilon = -1 \frac{(30 - 5) \text{Wb}}{0.5\text{s}} = -50\text{V}$$ 이고, 크기는 50V이다.

$$\therefore I = \frac{V}{R} = \frac{50}{0.1} = 500\text{A}$$

06. 답 ③

해설 유도 기전력의 세기는 다음과 같다.

$$\varepsilon = -N \frac{\Delta \Phi}{\Delta t} = -N \frac{\text{자속의 변화량}}{\text{시간 변화량}}$$

$$\Delta \Phi = S \Delta B = (\pi \times r^2)(7 - 0.2) = 3 \times (0.5)^2 \times (6.8) = 5.1(\text{Wb})$$

$\Delta t = 3$초, N(감은 수) $= 1$이므로,

$$\varepsilon = -1 \frac{5.1}{3} = -1.7\text{V}$$ 이다. 크기는 1.7V이다.

[유형 12-4] 답 ②

해설

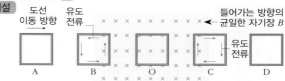

ㄱ. 도선이 균일한 자기장 속에 있을 경우 사각 도선의 면을 지나는 자속의 변화가 없기 때문에 유도 전류가 흐르지 않는다.
ㄴ, ㄹ 균일한 자기장 속에서 움직이는 도선의 경우 유도 기전력은 $V = Blv$이므로 세로 길이가 길어지면 유도 기전력이 커져서 유도 전류가 더 커지고, 이동 속도가 빨라져도 유도 전류가 더 커진다.
ㄷ. B위치로 들어갈 때 유도 전류의 방향은 반시계 방향, C위치로 나갈 때 유도 전류의 방향은 시계 방향으로 서로 반대이다.

07. 답 ②

해설 균일한 자기장 속에서 움직이는 도선의 경우 유도 기전력의 크기 $|V| = Blv$ 이다. 이때 B는 자기장의 세기, l 은 자기장을 자르고 지나가는 도선의 길이 즉, 도선의 세로 길이, v 는 도선의 속도이다. 따라서 자기장 영역에 들어갈 때와 나올 때 사각 도선의 세로 길이에 비례하여 유도 기전력의 크기도 증가한다. 따라서 $V_A : V_B = 1 : 2$ 이다.

08. 답 ③

해설 균일한 자기장 속에서 움직이는 도선의 경우 유도 기전력은 $V = Blv$이다. 따라서 직선 도선에 생기는 유도 기전력은 3T × 0.4m × 5m/s = 6V이다. 유도 기전력이 6V일 때 유도 전류가 통과하는 회로의 저항이 2Ω이면,

유도 전류 $I = \frac{V}{R} = \frac{6}{2} = 3$ (A)

01

(1) 금속판 내부로 자성을 띠는 탑승 의자가 지나가게 되면 금속판 내부를 통과하는 자속이 변화게 된다. 이때 렌즈 법칙에 의해 자속의 변화를 방해하는 방향으로 자기력을 형성하게 되어 탑승 의자의 운동이 방해받게 되고 정지하게 되는 것이다.

(2) 강한 자석 내부로 금속으로 된 열차가 들어오게 되면, 금속에는 자기장의 변화에 반대되는 방향으로 유도 기전력이 발생하게 된다. 이와 같이 자석 내부로 들어올 때(척력)와 나갈 때(인력)가 반복되면서 속력이 감소하게 되는 것이다.

해설 자이로드롭의 제동 장치는 자동차의 제동 장치와 같이 마찰력을 이용한 제동 장치가 아니다. 마찰력을 이용한 제동 장치의 경우 오래 사용할수록 마모되거나 파손되어 안전하게 정지하지 못하게 될 수도 있으며, 전자석만을 이용하는 경우에도 갑자기 정전 상태가 되었을 때 정지하지 못하게 되어 사고가 날 수 있기 때문이다. 그래서 자이로드롭을 멈추기 위해 사용한 장치가 자기 브레이크(와전류 브레이크)이다. 전류가 흐를 수 있는 금속 사이에 자석이 이동하면서 자기장이 변하게 되면 금속에 유도 전류가 발생하면서 자석의 움직임을 방해하는 힘이 생기게 된다. 이때 자석의 운동을 방해하는 유도 전류의 모양이 맴도는 모양으로 생긴다고 하여 이 전류를 맴돌이 전류 혹은 와전류라고 한다.

02

원형 도선을 통과하는 자속의 변화가 없기 때문에 원형 도선에는 아무런 변화가 없다.

해설 도선에 전류가 유도되기 위해서는 코일(혹은 도선)과 자기장의 상대적인 운동에 의해 자속의 변화가 발생해야 한다. 문제 그림의 원형 도선의 운동에 따라 원형 도선을 통과하는 자속의 변화가 일어나지 않으므로 유도기전력에 의한 유도 전류가 발생하지 않는다.

03

A에서 B로 이동할 때 : 유도 전류는 ① 방향으로 흐른다.
B점을 통과하는 순간 : 유도 전류는 흐르지 않는다.
B에서 C로 이동할 때 : 유도 전류는 ② 방향으로 흐른다.

해설 자석이 A에서 B로 이동할 때 원형 도선에 S극이 가까워지므로 원형 도선 바로 위에는 자석의 운동을 방해하기 위해 S극이 유도된다. 원형 도선의 바로 아래에는 N극이 유도되므로 유도 전류는 ① 방향으로 흐른다. B점을 통과하는 순간에는 위 방향으로의 자속이 증가하다가 감소하는 순간이 되어 자속의 변화가 없으므로 유도 전류가 흐르지 않는다. 자석이 B에서 C로 이동할 때는 S극이 멀어져가므로 운동을 방해하기 위해 원형 도선 바로 위에는 N극이 유도되고, 유도 전류는 ② 방향으로 흐른다.

04

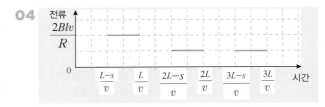

해설 사각 도선이 균일한 자기장 내부에서 움직이는 경우에는 내부를 통과하는 자속의 변화가 없으므로 유도 전류가 발생하지 않는다. 그러나 자기장 영역으로 들어갈 때나 나올 때, 사각 도선의 내부에서 자기장 영역의 변화가 있을 때 내부의 자속이 변하므로 유도 전류가 발생한다. 한편, 도선이 자기력선을 수직으로 끊고 지나갈 때 유도 기전력 크기 $|V| = Blv$ 이고 사각 도선의 저항은 일정하므로 유도전류 I 는 $|V|$ 에 비례한다.

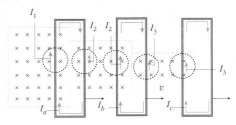

그림은 유도 전류가 발생하는 위치이다. 각 위치에서 도선에 흐르는 유도 전류를 I_a, I_b, I_c라고 할 때, 각 원에서 플레밍의 오른손 법칙에 의한 유도 전류의 방향은 $I_1 \sim I_3$로 나타나고, 크기는 자기장 속 도선의 길이에 비례하므로 $I_1 : I_2 : I_3$ = 4 : 2 : 1 이다. 이때 I_1과 I_2의 방향은 반대이므로 I_a 는 I_1과 I_2의 차 이다. 같은 방식으로 I_b는 I_2 와 I_3의 차 이고, I_c 는 I_3와 같다. 따라서 $I_a : I_b : I_c$ = 2 : 1 : 1 이며, 각각의 방향은 시계 방향이다.

05

(1) (가)에서 자기장 영역으로 들어갈 때는 시계 반대 방향으로 유도 전류가 흐르고, 자기장 영역에서 나올 때는 그 반대인 시계 방향으로 전류가 흐른다. 반면에 (나)와 같이 자기장 영역 안에서 진동을 할 때에는 유도 전류가 발생하지 않는다.

(2) 사각형 코일이 자기장 영역으로 들어왔다 나갔다 하면서 진동 운동을 계속 하는 경우 전자기 유도 현상에 의해 운동을 방해하는 힘이 작용하여 진동이 점차 작아지다가 결국엔 멈추게 된다.

해설 (가)의 경우 사각형 도선이 자기장 속으로 들어갈 때는 도선을 통과하는 자속은 지면으로 수직하게 들어가는 방향으로 증가하므로, 지면에서 수직으로 나오는 방향으로 사각 도선 내부에 유도 자기장이 발생한다. 따라서 사각 도선에 시계 반대 방향으로 전류가 유도된다. 반대로 사각형 도선이 자기장 밖으로 나갈 때는 지면으로 수직하게 들어가는 방향의 자속이 감소하므로, 수직하게 들어가는 방향으로 유도 자기장이 발생한다. 따라서 사각 도선에 시계 방향으로 전류가 유도된다. (나)의 경우 균일한 자기장 속에서 움직이므로 사각 도선을 통과하는 자속의 변화는 없기 때문에 유도 전류가 발생하지 않는다.

스스로 실력 높이기   254~261쪽

01. (1) X (2) O (3) O	**02.** (1) X (2) X (3) X
03. ③	**04.** 척력, 인력	**05.** ③
06. (나), (다), (가)	**07.** 60	**08.** 0.8, 0.4
09. ㉠	**10.** ①, ④	**11.** ⑤	**12.** ⑤
13. ③	**14.** ④	**15.** ①	**16.** ②	**17.** ③
18. ③	**19.** ④	**20.** ⑤	**21.** ③	**22.** ②
23. ①	**24.** ②	**25.** 반자성체, 이유: 〈해설 참조〉
26. ⑤	**27.** 〈해설 참조〉	**28.** ④	**29.** ④
30. ①	**31.** ①	**32.** $\dfrac{Ba^2}{Rt}$

01. 답 (1) X (2) O (3) O
해설 (1) 물질은 외부 자기장에 의해 자화되는 정도에 따라 강자성, 상자성, 반자성으로 구분된다.
(3) 물체 내부에 자화의 방향이 서로 다르게 나뉘어진 영역을 자기 구역이라고 한다. 물체에 자기장을 걸어주면 자기 구역이 넓어진다.

02. 답 (1) X (2) X (3) X
해설 (1) 강자성체는 외부 자기장을 가해준 후 자기장을 제거해도 자석의 효과를 오래 유지할 수 있다. 하지만 영원히 유지할 수는 없다.
(2) 유리, 물, 나무 등과 같은 대부분의 물질들은 반자성체이다.
(3) 반자성체에 자기장을 가하면 원자 자석들이 외부 자기장의 반대 방향으로 자화가 되기 때문에 자석이 멀어지게 된다.

03. 답 ③
해설 ㄱ. 그림 속 물체에 외부 자기장을 제거해도 원자 자석들의 배열이 자기장의 방향으로 정렬되므로 강자성체이다.
ㄴ. 철은 강자성체이지만, 알루미늄, 백금은 상자성체이다.

04. 답 척력, 인력
해설 코일은 자석의 운동을 방해하는 방향으로 유도 기전력을 발생시킨다.

05. 답 ③
해설 유도 전류의 방향은 코일을 통과하는 자속의 변화를 방해하는 방향으로 흐른다. 따라서 다음 그림과 같은 방향으로 전류가 흐르게 된다.

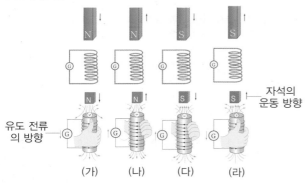

검류계에 흐르는 전류의 방향이 같은 것은 (가), (라) 또는 (나), (다)이다.

06. 답 (나), (다), (가)
해설 유도 전류는 자석이 코일에 빠르게 접근할수록, 코일의 감은 수가 많을수록 커진다. 따라서 감은수가 동일한 (나)와 (다)에 유도된 전류는 (가)보다 크고, (나)가 (다)보다 자석의 이동 속도가 빠르기 때문에 (나)에 유도된 전류가 (다)에 유도된 전류보다 크다. 유도 전류가 큰 순서대로 나타내면 (나), (다), (가)순이다.

07. 답 60
해설 코일면의 법선과 자기장이 이루는 각이 θ일 때, 자속 $\Phi = BS\cos\theta$가 되므로

$$\rightarrow \varepsilon \text{ (유도 기전력)} = -N\frac{\Delta\Phi}{\Delta t} = -N\frac{\Delta(BS\cos\theta)}{\Delta t}$$

따라서 $N=1$, $\Delta(BS\cos\theta) = \Delta B(S\cos\theta)$
$= 50T \times (\pi \fallingdotseq 3) \times (0.4)^2 \times \cos60° = 24 \times \dfrac{1}{2} = 12$, $\Delta t = 0.2s$ 이므로,

$$\rightarrow \varepsilon \text{ (유도 기전력)} = -1\frac{12}{0.2} = 60(V)$$

08. 답 0.8, 0.4
해설 유도 기전력의 세기는 다음과 같다.

$$\varepsilon = -N\frac{\Delta\Phi}{\Delta t} = -N\frac{\text{자속의 변화량}}{\text{시간 변화량}}$$

자기장의 세기가 일정하므로, $\Delta\Phi = B\Delta S = $ 면적의 변화량 $\times$ 자기장의 세기이고, 감은 수는 1이다.
1초 후 사각형 ABCD의 면적 변화량은 1m($\because$1m/s $\times$ 1초) $\times$ 0.2m = 0.2m 이므로 $\Delta\Phi = $ 0.2m $\times$ 4T = 0.8Wb 가 되며, $\Delta t = $ 1초이므로 유도 기전력의 세기는 0.8V가 된다. 저항은 2Ω이므로 전류는

$$I = \frac{V}{R} = \frac{0.8}{2} = 0.4A$$

09. 답 ㉠
해설 막대가 오른쪽으로 이동하게 되면 사각형 도선 내부에서 지면에 수직하게 들어가는 방향의 자속이 증가한다. 따라서 지면에서 수직하게 나오는 방향으로 자기장이 유도 된다.

10. 답 ①, ④
해설 자기장이 균일하지 않은 +x 방향으로 이동하는 경우에는 자속의 변화가 나타나므로 모두 유도 전류가 흐른다. ±y 방향으로 이동하는 경우에는 자기장이 균일하기 때문에 어떤 운동을 하더라도 자속의 변화가 없으므로 유도 전류가 흐르지 않는다.

11. 답 ⑤
해설 ㄱ. (가) 전자는 지구와 같이 자전축을 중심으로 스스로 회전하는 운동인 스핀 운동을 한다. 이때 자전하는 전자의 모습을 원형 전류에 비유할 수 있다. 전자의 스핀 방향과 전류의 방향은 반대가 되므로, 오른손 법칙에 의해 아래쪽(㉡)에 N극, 위쪽(㉠)에 S극이 형성된다.
ㄴ. (나) 전자의 이동 방향과 전류의 방향은 반대이므로 위쪽에는 오른손 법칙에 의해 S극이 형성된다.
ㄷ. 전자의 스핀 운동과 전자의 궤도 운동에 의해 자기장이 형성되기 때문에 하나의 원자를 작은 자석으로 생각할 수 있으며, 자성에 반응하게 된다.

12. 답 ⑤
해설 전자기 유도는 코일과 자석이 상대적으로 운동하는 경우나 자속의 변화가 있을 때에만 일어나는 현상이다.
⑤ 자석과 코일이 같은 속도로 이동하기 때문에 자속의 변화가 발생하지 않아서 유도 전류가 흐르지 않는다.

13. 답 ③

해설

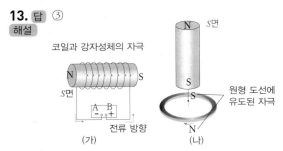

코일과 강자성체의 자극

S면

원형 도선에
유도된 자극

전류 방향
(가)   (나)

그림 (나)에서 자화된 강자성체 막대를 원형 도선을 향해 접근했을 때 전류가 시계 방향을 흘렸다면 원형 도선에는 위쪽에 S극이 유도된 상태이다. 강자성체의 운동을 방해하도록 코일에 자극이 유도된 경우이므로 막대의 아래쪽은 S극이다. 따라서 S 면은 N극이 된다. 그림 (가)에서 S 면이 N극을 띠게 하기 위해서는 솔레노이드와 강자성체 내부에 형성된 자기장의 방향이 오른쪽에서 왼쪽이다. 전류는 (+)극에서 (-)극으로 흐르므로 A단자에 (−)극, B단자에 (+)극을 연결해야 한다.

14. 답 ④

해설

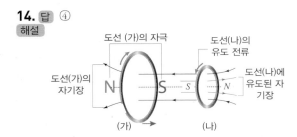

도선 (가)의 자극

도선 (가)의
자기장

도선(나)의
유도 전류

도선(나)에
유도된 자
기장

(가)   (나)

그림처럼 도선 (가)의 오른쪽에는 S극, 왼쪽에는 N극이 형성된다. 이 도선이 도선 (나)를 향해 이동하게 되면, 도선 (나)를 통과하는 왼쪽 방향의 자속이 자속이 증가하게 된다. 자속의 증가를 방해하기 위해 도선 (나)의 내부에는 오른쪽 방향의 자기장이 유도되고 원형 도선 (나)에는 도선 (가)와 반대 방향(오른쪽에서 봤을 때 반시계 방향)으로 유도 전류가 흐르게 된다. 따라서 도선 (나)의 오른쪽에 N극, 왼쪽에 S극이 유도되어 두 도선 사이에는 반발력인 척력이 작용한다.

15. 답 ①

해설 도선 B에 흐르는 전류의 세기가 증가하면 사각 도선 내부에 지면에서 나오는 방향의 자속이 증가하게 된다. 따라서 렌츠 법칙에 의해 자속의 증가를 방해하는 방향인 지면으로 들어가는 방향의 자기력선을 형성하기 위해 사각 도선에는 시계 방향의 전류가 유도된다.

16. 답 ②

해설 자기장-시간 그래프에서 기울기는 단위 시간당 자기장의 변화율이다. 유도 전류는 자기장의 변화율에 비례한다. 따라서 각 시간 구간의 기울기의 비가 유도 전류의 비가 된다.

$\therefore I_2 : I_4 = 1 : 2$

17. 답 ③

해설 코일이 자기장 속으로 들어갈 때 지면으로 들어가는 방향의 자속이 증가한다.

이때 자속의 증가를 방해하는 방향인 지면에서 나오는 방향의 자속이 형성되어야 하므로 사각형 코일에는 반시계 방향으로 유도 전류가 흐르게 된다. 이때 시간에 따라 자속 변화율이 일정하게 증가하기 때문에 일정한 세기의 전류가 흐르게 되고, 시계 방향의 전류의 방향이 (+)이므로 유도 전류의 방향은 (−)이다.

18. 답 ③

해설 균일한 자기장 속에서 움직이는 도선의 경우 유도 기전력의 세기는 |V| = Blv이다. 이때 B는 자기장의 세기, l은 통과하는 도선의 길이, v는 도선의 통과 속도이다.

도선의 세로 길이의 비 $l_A : l_B : l_C = 2 : 4 : 1$이고, 통과 속도의 비 $v_A : v_B : v_C = 2 : 1 : 2$ 이므로

유도 기전력의 비 $V_A : V_B : V_C = 4 : 4 : 2 = 2 : 2 : 1$

19. 답 ④

해설

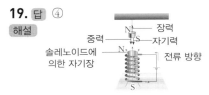

장력
중력   자기력
솔레노이드에
의한 자기장   전류 방향

ㄱ. 전류가 흐르는 방향으로 오른손 네 손가락을 감아쥐었을 때 엄지 손가락이 가리키는 위쪽 방향이 자기장의 방향이 된다. 따라서 솔레노이드의 위쪽은 N극이 형성된다.

ㄴ. 상자성체에 외부 자기장이 가해지면 같은 방향으로 자기장이 형성되므로 상자성체의 위쪽은 N극, 아래쪽은 S극이 형성되어 솔레노이드와 상자성체 사이에는 인력이 작용한다.

ㄷ. 반자성체는 외부 자기장이 가해지면 반대 방향으로 자기장이 형성되므로 현재 상태와 반대의 극이 형성되어 솔레노이드와 반자성체 사이에는 척력이 작용한다.

ㄹ. 실이 매달려 정지해 있기 때문에 실이 상자성체에 작용하는 힘인 장력은 상자성체 작용하는 중력(무게)과 자기력의 합과 같다. 즉, 실이 상자성체에 작용하는 힘의 크기는 무게보다 크다.

20. 답 ⑤

해설

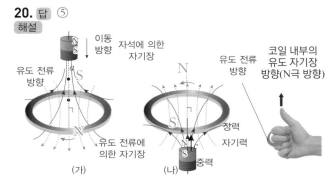

이동
방향   자석에 의한
자기장
유도 전류
방향

유도 전류
방향   코일 내부의
유도 자기장
방향(N극 방향)

유도 전류에
의한 자기장   장력
자기력

(가)   (나)   중력

ㄱ. 그림 (가)처럼 자석이 a점을 지나 원형 도선에 접근하면 원형 도선의 내부에는 위 방향으로 자속이 증가하게 된다. 자속의 증가를 방해하기 위해 아래 방향으로의 자기장이 유도 원형 도선에서 시계 방향으로 유도 전류가 흐르게 되어 아래 방향의 자기장이 유도된다. 반면에 자석이 c점을 지나 원형 도선에서 멀어질 때는 원형 도선의 내부에 위 방향으로 자속이 감소하게 된다. 따라서 자속의 감소를 방해하기 위해 위쪽 방향으로의 자기력선이 형성되도록 원형 도선에서 시계 반대 방향으로 유도 전류가 흐르게 된다. 즉, a점을 지날 때와 c점을 지날 때 유도되는 전류의 방향은 반대이다.

ㄴ. 자석 가까이에 자기력선이 집중되므로 같은 속도라도 자석이 원형 도선과 가까울수록 시간당 자속의 변화가 더 커서 유도 기전력이 더 크다. 따라서 유도 전류도 더 크다. b 점에서 유도 전류는 가장 크다.

ㄷ. 그림 (나)처럼 c점을 지날 때 원형 도선 아래에는 S극이 유도되기 때문에 자석과 원형 도선 사이에는 인력이 작용한다. 이것은 자석의 멀어지는 운동을 방해하는 힘이기도 하다. 자석은 일정한 속도로 운동하고 있기 때문에 자석에 작용한 알짜힘은 0 이다. 따라서 실이 자석을 당기는 힘(장력)과 자기력의 합이 물체의 무게(중력)와 평형을 이루므로 장력은 중력보다 작다.

21. 답 ③

해설 정사각형 도선이 자기장 영역에 들어가기 전까지는 유도전류가 흐르지 않는다. 1초에 l 씩 이동하고 있기 때문에 1초~2초 사이에 자기장 영역으로 들어가게 된다. 이때 사각형 도선 내부에 지면으로 들어가는 방향의 자속이 증가하므로 지면에서 나오는 방향의 자속을 만드는 유도 전류가 도선에 들어가는 동안 반시계 방향(−)의 유도 전류가 흐르며 시간에 따른 자속의 변화율이 일정하기 때문에 일정한 세기의 유도 전류가 흐르게 된다. 2초에서 5초사이에는 자속의 변화가 없으므로 유도 전류는 흐르지 않는다. 5초~6초 사이에는 사각형 도선이 자기장 영역을 벗어나게 된다. 이때는 1초~2초 사이에 사각형 도선이 자기장 영역으로 들어올 때와 방향만 반대인 시계 방향(+)의 유도 전류가 일정하게 흐르게 된다.
〈다른 방법〉 유도 전류의 방향 알기
플레밍의 오른손 법칙을 사용하면 자기장 내에서 움직이는 도선에 유도되는 전류의 방향을 알 수 있다.

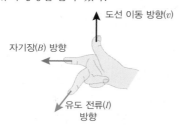

사각형 도선의 한 쪽만 자기장 속에서 운동할 경우 그림과 같이 자기장과 도선 이동 방향을 맞추면 유도 전류의 방향이 결정된다. 사각형 도선이 모두 자기장 안에 있는 경우엔 자기력선을 끊고 지나가는 양쪽 세로 도선에서 발생하는 반대 방향의 유도 전류가 같아서 서로 상쇄되므로 유도 전류는 발생하지 않는다.

22. 답 ②

해설 도체 막대를 일정한 속도로 당기게 되면 도체 막대와 ㄷ자 도선이 이루는 면적이 일정하게 증가하므로 이 면적을 통과하는 자속도 일정하게 증가하게 된다.

시간에 따른 자속의 증가율 $\dfrac{\Delta\phi}{\Delta t}$: 일정

도체 막대 양단의 유도기전력 크기 $|\varepsilon| = N\dfrac{\Delta\phi}{\Delta t}$: 일정

이에 해당하는 그래프는 ② 이다.

23. 답 ①

해설 도체 막대의 속도가 일정하게 증가할 때, 도체 막대의 양단에 걸리는 전압(유도 기전력)도 일정하게 증가하게 된다.(∵ $\varepsilon = -Blv$) 전압과 전류는 비례 관계이므로, 유도 전류의 세기는 시간에 따라 일정하게 증가하게 된다.

24. 답 ②

해설 유도 전류는 코일을 통과하는 자속의 변화를 방해하는 방향으로 흐른다. 전류가 A에서 B방향으로 흘렀다는 것은 사각 도선에 시계 방향으로 유도 전류가 흘렀다는 것이다. 이때 유도 전류를 형성한 유도 자기장의 방향은 사각형 도선 내부에서 지면에 수직으로 들어가는 방향이 된다. 사각형 도선 내부에 지면에 수직으로 들어가는 방향으로 자속이 유도되기 위해서는 지면에 수직으로 들어가는 현재 자속이 감소해야 한다. 따라서 사각 도선이 자기장의 세기가 작은 남쪽 영역으로 움직여야 한다.
ㄱ, ㄴ. 동쪽과 서쪽으로 사각 도선이 움직이는 경우에는 사각형 도선 내부의 자속이 불변이므로 유도 전류가 흐르지 않는다.

25. 답 반자성체, 이유 : 〈해설 참조〉

해설 초전도체는 강한 반자성체이다. 반자성체는 외부 자기장이 작용할 때 원자 자석들이 외부 자기장의 반대 방향으로 자화되어

자석을 밀어내는 성질이 있다. 초전도체는 특정 온도(임계 온도) 이하에서 전기 저항이 0이 되는 초전도 현상을 나타내는 물질이다. 초전도체를 자석 위에 올려 놓으면 그 위에 뜨게 할 수 있는 데 자석을 밀어내는 힘이 발생하므로 이런 현상이 가능하다. 이렇게 자석을 뜨게 할 수 있는 효과를 '마이스너 효과(초전도체 속에 자기력선이 뚫고 들어가지 못하는 현상)'라고 한다.

26. 답 ⑤

해설

강자성체 상자성체
a S극 N극 b S극 N극 c
스위치
(−) (+) I

전류가 흐르는 방향으로 오른손 네 손가락을 감아줬을 때 엄지 손가락이 가리키는 왼쪽 방향이 자기장의 방향이 된다. 따라서 강자성체와 상자성체에는 모두 같은 방향의 전류가 흐르기 때문에 모두 오른쪽은 N극, 왼쪽은 S극이 형성된다.
ㄱ. 강자성체와 상자성체는 서로 다른 극이 마주보고 있기 때문에 둘 사이에는 인력이 작용한다.
ㄷ. 반자성체는 외부 자기장에 의해 반대 방향으로 자화되기 때문에 상자성체가 띠는 극과 반대의 극을 띠게 된다. 따라서 C점에 자석의 N극을 두면 자석은 끌려온다.
ㄹ. 스위치를 열면 강자성체는 자성을 유지하고, 상자성체는 자석의 효과가 바로 사라지게 된다. 따라서 N극을 왼쪽 방향으로 향하게 한 자석은 강자성체의 영향만을 받아 오른쪽으로 밀려나게 된다.

27. 답 〈해설 참조〉

해설 태블릿 컴퓨터 표면에 흐르는 전류에 의해 자기장이 형성되어 있다.
→ 전자펜을 이 자기장 속에서 움직이면 전자펜 안에 있는 코일에 유도 전류가 발생하고 고유 주파수의 무선 신호를 발생시킨다.
→ 태블릿 컴퓨터의 센서 보드 코일에 전자펜의 무선 신호가 감지되면 전자기 유도 현상으로 전류를 발생시켜 컴퓨터 신호로 바꾼다.

28. 답 ④

해설 ㄱ, ㄴ. 자석의 N극이 코일 중심으로 가까워지면 코일 내부에서 아래 방향으로 자속이 증가하게 된다. 자속의 증가를 방해하기 위해 코일이 위쪽 방향으로 유도 자기력선을 발생시킨다. 따라서 코일에서 시계 반대 방향(a → 검류계 → b)으로 유도 전류가 흐르게 된다.
ㄷ. 역학적 에너지 보존에 의해 h 만큼 자석이 떨어지면 mgh 만큼의 운동 에너지가 발생하게 된다. 하지만 코일에 유도 전류가 발생하여 자석의 운동을 방해하기 때문에 운동 에너지는 mgh 보다 작은 값을 갖게 된다.
ㄹ. 유도 전류에 의해 코일의 위쪽에는 N극이 유도되므로 자석과 코일 사이에는 척력이 작용한다.

29. 답 ④

해설

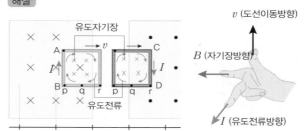

자기장 영역 안에 사각 도선이 모두 위치해 있을 때 유도 전류는 흐르지 않는다. 사각형 도선의 p점이 l 을 지날 때 사각형 도선의 오른쪽 부분이 자기장 영역을 빠져나오기 시작하므로 도선 내부에 자속이 들어가는 방향으로 약해지므로 이를 보충하기 위해 들어가는 방향으로 유도 자기장이 형성되고, 유도 전류의 방향은 위에서 볼 때 시계 방향(-)인 r → q → p 방향이 된다. 그리고 그림 (나)에서 P 점이 $2l$ 을 지나면서 사각형 도선이 자기장 영역 B에 들어가기 시작하고, (그림 나)에서 속력이 절반으로 줄기 때문에 유도 전류의 세기도 반으로 줄어들게 된다. 사각형 도선 내부에는 나오는 방향으로의 자속이 증가하게 된다. 따라서 사각형 도선 내부에는 자속의 증가를 방해하는 방향인 들어가는 방향으로 유도 자기장이 형성되도록 시계 방향(-)인 r → q → p 방향의 유도 전류가 흐른다. 따라서 사각형 도선에는 p점이 $2l$ ~ $4l$ 사이에 있을 때 (-) 방향의 유도 전류가 흐르되, $3l$ ~ $4l$ 에서는 크기가 절반인 전류가 흐른다. 이에 해당하는 그래프는 ④ 이다.

또는, 자기장 영역 내에서 자기력선을 끊고 지나가는 도선 AB, CD에 유도되는 전류(I)의 방향은 위 오른쪽 그림에서와 같이 맞춰서 구할 수 있다.

30. 답 ①

해설

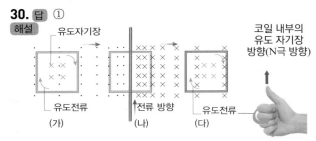

유도자기장 / 전류 방향 / 유도전류 / (가) (나) (다)
코일 내부의 유도 자기장 방향(N극 방향)

평면상에서 직선 도선의 오른쪽에는 지면으로 들어가는 방향의 자기장이, 왼쪽에는 지면에서 나오는 방향의 자기장이 형성되어 있다. 직선 도선으로 가까이 갈수록 자기장이 커지며, 자기장의 증가율도 커진다.

($B = k \dfrac{I}{r}$ 에서 $\dfrac{dB}{dr} = -k \dfrac{I}{r^2}$ 이며, r에 대한 B 의 변화율의 크기 $\left| \dfrac{dB}{dr} \right| = k \dfrac{I}{r^2}$ 는 r 이 작을수록 크다.)

ㄱ. (가)와 같이 사각형 도선이 직선 도선에 가까워지면 사각형 도선을 통과하는 지면에서 나오는 방향의 자속이 증가하게 된다. 따라서 도선 내부에는 지면에 수직으로 들어가는 방향의 자기력선이 유도되므로 사각 도선에는 시계 방향의 전류가 흐르게 된다.

ㄴ. 사각형 도선에 가까울수록 자기장 세기의 증가율이 커지므로 일정한 속도로 다가오는 사각 도선의 유도 전류의 세기가 증가한다.

ㄷ. (가)와 (다)에서 발생하는 유도 전류의 방향은 같으므로 (나)에서 유도 전류의 방향이 바뀌지 않는다.

ㄹ. (다)와 같이 사각형 도선이 점점 멀어질수록 내부를 통과하는 지면으로 들어가는 방향의 자속이 감소하게 된다. 이를 방해하기 위해 사각 도선 내부에는 지면에 수직하게 들어가는 방향으로 유도 자기장이 발생하므로 사각 도선에는 시계 방향의 전류가 흐르게 된다. 이는 (가)의 유도 전류의 방향과 같다.

31. 답 ①

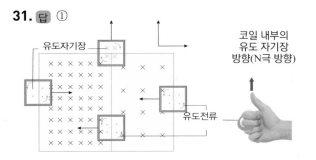

유도자기장 / 유도전류
코일 내부의 유도 자기장 방향(N극 방향)

해설 유도 전류는 코일을 통과하는 자속의 변화를 방해하는 방향으로 흐른다. 금속 고리 A는 금속 고리를 수직으로 통과하는 자속이 감소하므로 자속이 증가하는 방향으로 자기력선을 형성해야 한다. 따라서 시계 방향으로 유도 전류가 흐른다. 금속 고리 B, C, D는 모두 금속 고리 내부를 통과하는 자속이 증가하므로 자속이 감소하는 방향으로 자기력선을 형성해야 한다. 따라서 A와 반대 방향인 반시계 방향으로 유도 전류가 흐른다.

32. 답 $\dfrac{Ba^2}{Rt}$

해설 정사각형 도선일 때 도선의 면적을 통과하는 자속 밀도(B)는 일정하기 때문에 처음 자속은 자기장의 세기 × 정사각형의 면적 $= B \times a^2$이 된다. t 초 후에 도선의 단면적인 0이 되므로, 도선을 통과하는 자속은 0이다. t 초 동안 유도 기전력

$\varepsilon = -N \dfrac{\varDelta \varPhi}{\varDelta t}$ 이므로

$\varepsilon = \dfrac{0 - Ba^2}{t} = \dfrac{Ba^2}{t} \quad \therefore I = \dfrac{\varepsilon}{R} = \dfrac{Ba^2}{Rt}$

13강. 전자기 유도 II

<table>
<tr><td>개념 확인</td><td>262~265쪽</td></tr>
</table>

1. $\dfrac{1}{2}$ **2.** 0   **3.** ⓒ

4. ⊙ 자속(자기력선속), ⓒ 유도 기전력, ⓒ 상호 유도

1. 답 $\dfrac{1}{2}$

해설 자기장과 전류의 방향이 θ의 각을 이룰 때의 자기력은 자기장과 전류의 방향이 수직일 때의 자기력과 $\sin\theta$의 곱으로 나타낼 수 있다. 따라서 $\sin 30° = \dfrac{1}{2}$이므로 자기력은 $\dfrac{1}{2}F$ 가 된다.

2. 답 0

해설 자기장의 방향과 대전 입자의 운동 방향이 평행할 때 입자가 받는 힘은 0이다.

3. 답 ⓒ

해설 스위치를 닫으면 전류는 시계 방향으로 흐르게 되므로 시계 방향으로 흐르는 전류가 증가하게 된다. 따라서 이를 방해하는 방향인 반시계 방향으로 유도 기전력이 발생한다.

<table>
<tr><td>확인+</td><td>262~265쪽</td></tr>
</table>

1. 인력   **2.** 로런츠, 구심력   **3.** 0.1   **4.** 0.5

1. 답 인력

해설 나란하게 놓인 두 평행한 도선에 흐르는 전류의 방향이 같을 때 두 도선 사이에는 인력이 작용한다.

3. 답 0.1

해설 $\varepsilon = -L\dfrac{\varDelta I}{\varDelta t}$ 식을 이용하면 다음과 같다.

$$5.0\text{H} \times \dfrac{(70-30)\text{mA}}{2\text{s}} = 5.0\text{H} \times \dfrac{0.04\text{A}}{2\text{s}} = 0.1 \text{ (V)}$$

4. 답 0.5

해설 1차 코일(코일 A)에 의해 2차 코일(코일 B)에 발생한 유도 기전력은 다음과 같다.

$$\varepsilon_2 = -M\dfrac{\varDelta I_1}{\varDelta t}, \ \ 30 = M\dfrac{6}{0.1} = 60M, \ M = 0.5 \text{ (H)}$$

개념 다지기   266~267쪽

01. ⑤	**02.** ⑤	**03.** ④	**04.** ①
05. ①	**06.** ③	**07.** ④	**08.** ⑤

01. 답 ⑤

해설 자기장 속에서 전류가 흐르는 도선이 받는 힘 $F = BIl\sin\theta$ 이다.

02. 답 ⑤

해설 전류가 흐르는 두 도선(I_1, I_2)사이에 작용하는 힘 F 는 두 도선에 흐르는 전류의 세기의 곱(I_1I_2)과 도선의 길이(l)에 비례하고, 두 도선 사이의 거리(r)에 반비례한다. 이때 두 도선이 받는 자기력의 크기는 같고, 방향은 반대이다. $F = k\dfrac{I_1I_2}{r}l$

03. 답 ④

해설 균일한 자기장 B 속에서 전류 I 가 흐르는 길이가 l 인 도선이 받는 자기력 F 는 $F = BIl$ 이다.
$1.0 \times 10^{-2}\text{N} = B \times 0.1\text{A} \times 0.1\text{m}$ ∴ $B = 1.0\text{T}$

04. 답 ①

해설 자기장 B 에 수직한 방향으로 속도 v 로 운동하는 전하량 q 인 입자가 받는 힘 F 는 $F = qvB$ 이다.
$(5 \times 10^{-3})\text{C} \times 3\text{m/s} \times 2.0\text{T} = 30 \times 10^{-3} = 3.0 \times 10^{-2}$

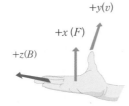

05. 답 ①

해설 질량 m, 전하량 q, 속도 v, 자기장 B 일때, 반지름 r 은 $r = \dfrac{mv}{qB}$, 주기 T 는 $T = \dfrac{2\pi m}{qB}$ 이다. 즉, 반지름과 주기는 자기장의 세기와 반비례 관계이다. 따라서 자기장의 세기가 2배로 증가하면 원운동의 반지름과 주기는 0.5배가 된다.

06. 답 ③

해설 스위치를 닫는 순간 코일에 흐르는 전류는 감소하게 되고 이 코일에 흐르는 전류에 의한 자기장도 감소하게 된다. 따라서 자기장의 감소를 방해하기 위한 방향인 전지의 기전력과 같은 방향으로 유도 기전력이 발생한다. 따라서 유도 기전력과 유도 전류의 방향은 시계 방향이 된다.

0.1초 동안 50mA→0 이므로 $\varepsilon = -L\dfrac{\varDelta I}{\varDelta t} = 2.0\text{H} \times \dfrac{0.05\text{A}}{0.1\text{s}} = 1\text{(V)}$

07. 답 ④

해설 코일의 감긴 방향이 같고 1차 코일 내부에 발생한 자기장은 2차 코일 내부에도 통과하여 2차 코일에 유도 기전력이 발생한다. 만일 1차 코일의 전류가 증가하면 1,2 차 코일에 내부의 자기장도 증가하여 2차 코일 내부에서는 증가를 방해하는 방향인 1차 코일과 반대 방향의 유도 자기장과 유도 전류가 발생한다.

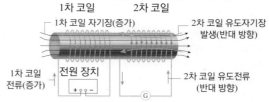

만일 1차 코일의 전류가 감소하면 2차 코일 내부의 자기장도 감소하므로 감소를 방해하는 방향으로, 1차 코일과 반대 방향의 유도 자기장과 유도 전류가 발생한다.

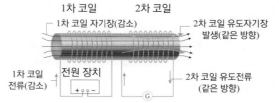

이것이 두 코일 사이의 상호 유도의 과정이다.

08. 답 ⑤

해설 1H는 1s(초)동안 1A의 전류가 변할 때 1V의 유도 기전력이 유도되는 코일의 인덕턴스를 말한다.
$$1\text{H} = 1\text{V} \cdot \text{s/A} = 1\text{Wb/A} = 1\text{T} \cdot \text{m}^2\text{/A}$$

유형 익히기 & 하브루타   268~271쪽

[유형 13-1] (1) ㉡ (2) ㉠   **01.** ③   **02.** ②

[유형 13-2] (1) ㄱ (2) 0.05, 7.5×10^{-4}

03. ④   **04.** ②

[유형 13-3] ⑤   **05.** ②   **06.** ①

[유형 13-4] ③   **07.** ③   **08.** ②

[유형 13-1] 답 (1) ㉡ (2) ㉠

해설 (1) 전류는 전원의 (+)극에서 (-)극으로 흐르고, 자기장의 방향은 N극에서 S극 쪽이므로, 말굽자석 사이의 알루미늄 막대의 전류(I)와 자기장의 방향(B)은 그림과 같이 형성되므로 오른손 법칙이나 플레밍의 왼손 법칙을 적용하면 힘(F)은 오른쪽 방향이다.

(2) 알루미늄 막대가 더 빠르게 운동하기 위해서는 작용하는 힘 (F)을 크게 해야 한다. 자기장(B)과 전류(I)가 수직하므로 $F =$

BIl 이며, 다른 조건은 동일하므로 알루미늄 막대를 흐르는 전류(I)를 세게 흐르게 하면 힘 F가 커진다. 그러기 위해서는 가변 저항을 작게 해주면 된다. 가변 저항에서 전류는 집게와 A 사이를 흐르고, 집게와 B 사이에는 전류가 흐르지 않으므로 저항의 길이를 줄여 저항을 작게 하기 위해서는 집게를 A쪽으로 옮겨야 한다.

01. 답 ③

해설 ㄱ, ㄷ. 도선 AB 부분과 CD부분은 자기장의 방향과 전류의 방향이 평행하므로 힘을 받지 않는다.

ㄴ, ㄹ. AD, BC 부분은 자기장(B)의 방향과 전류(I)의 방향이 수직이므로 자기력을 받는다. 오른손 법칙이나 플레밍 왼손법칙을 적용하면 AD 부분은 지면에 수직으로 들어가는 방향, BC 부분은 지면에서 수직으로 나오는 방향으로 자기력(F)을 받는다. 결과적으로 사각 도선은 위에서 봤을 때 시계 방향으로 회전한다.

02. 답 ②

해설 도선 A, B 에 각각 작용하는 힘 $F_A = F_B = k \dfrac{I_A I_B}{r} l_A$

이때 전류 I_A 가 $2I_A$, 전류 I_B 가 $2I_B$ 가 되고 동시에 두 도선 사이의 거리 r 도 $2r$ 이 되었으므로 도선 A, B 에 각각 작용하는 힘은

$$F'_A = F'_B = k \frac{2I_A 2I_B}{2r} l_A = 2F_A = 2F_B$$

으로 변한다. 도선 A, B에 각각 작용하는 힘은 서로 작용 반작용의 관계이므로 힘의 크기는 서로 같고, 방향은 서로 반대이다.

[유형 13-2] 답 (1) ㄱ (2) 0.05 m, 7.5×10⁻⁴ s

해설 (1) 질량 m, 전하량 q 인 입자가 자기장 B 에 수직한 방향으로 속도 v 로 입사할 때, 로런츠 힘이 구심력이 되어 대전 입자는 반지름을 r 인 등속 원운동을 하게 된다. 이때 반지름은

$r = \dfrac{mv}{qB}$ 가 되고, 주기는 $T = \dfrac{2\pi r}{v} = \dfrac{2\pi m}{qB}$ 이다.

대전 입자의 원운동 주기는 입자의 질량에 비례하고, 전하량, 자기장의 세기, 속도에는 반비례한다.

(2) $r = \dfrac{mv}{qB} = \dfrac{0.0002\text{kg} \times 400\text{m/s}}{2\text{C} \times 0.8\text{T}} = 0.05 \text{ (m)}$

$T = \dfrac{2\pi m}{qB} = \dfrac{2 \times 3 \times 0.0002\text{kg}}{2\text{C} \times 0.8\text{T}} = 0.00075 \text{ (s)} = 7.5 \times 10^{-4} \text{ (s)}$

03. 답 ④

해설 원운동 반지름 $r = \dfrac{mv}{qB}$ 이므로 $v = \dfrac{qBr}{m}$ 이다.

두 입자의 전하량(q), 자기장의 세기(B), 질량(m)이 모두 동일하므로 속력의 비는 반지름의 비와 같다. 따라서 $v_A : v_B = 2 : 1$ 이다.

04. 답 ②

해설

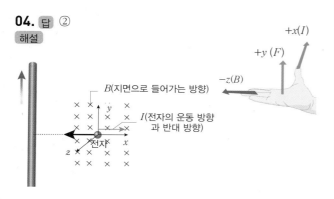

위쪽으로 전류가 흐르는 도선의 오른쪽 지면 상에는 지면으로 들어가는 방향의 자기장이 형성된다. 전자는 (-)전기를 띠므로 반대 방향이 전류의 방향이다. 전자에 작용하는 힘의 방향은 $+y$ 방향이다.

[유형 13-3] 답 ⑤

해설

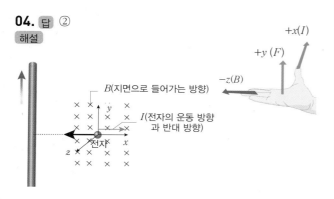

· 0초 : 스위치를 닫는 순간

· 0 ~ t_1 구간 : 스위치를 닫게 되면 전류가 바로 $\dfrac{V}{R}$ 가 되지 않고, 점차 증가하여 $\dfrac{V}{R}$ 가 된다. 이는 전지의 기전력과 반대 방향의 자체 유도 기전력이 코일에 발생하여 전류가 흐르는 것을 방해하기 때문이다.

· t_1 ~ t_2 구간 : 코일에 흐르는 전류의 세기가 일정하며, 이에 따라 코일을 통과하는 자기장의 세기도 일정하다.

· t_2 초 : 스위치를 여는 순간

· t_2 ~ t_3 구간 : 코일에 흐르는 전류가 바로 끊어지지 않고, 짧은 시간동안 감소하면서 0 이 된다. 이는 전지의 기전력과 같은 방향의 유도 기전력이 발생하여 전류가 감소하는 것을 방해하기 때문이다.

① 0초 일 때 스위치를 닫고, t_2일 때 스위치를 열었다.

② t_2 ~ t_3 구간의 자체 유도 기전력에 의한 전류의 방향은 전류의 감소를 방해하는 방향이기 때문에 원래 전류가 흐르는 방향인 b 방향과 같다.

③ 자체 유도 기전력 크기 $= L \dfrac{\varDelta I}{\varDelta t}$ 이다. 즉, 유도 기전력은 전류의 시간에 따른 변화율에 비례한다. 전류의 시간에 따른 변화율은 전류-시간 그래프에서 기울기 이므로 그림 (나)의 0 ~ t_1에서 기울기가 시간에 따라 점차 감소하므로 유도 기전력의 크기도 점차 감소한다는 것을 알 수 있다.

④ t_1 ~ t_2 구간에서는 자체 유도 기전력이 사라지고 코일에 흐르는 전류의 세기가 일정하며, 이에 따라 코일을 통과하는 자기장의 세기도 일정하다.

⑤ 0 ~ t_1 까지는 회로 전류의 세기를 감소시키는 방향으로, t_2 ~ t_3 까지는 회로 전류의 세기를 증가시키는 방향으로 코일에 자체 유도 기전력이 발생하므로 방향은 서로 반대이다.

05. 답 ②

해설 자체 유도 기전력의 방향은 전류가 증가하거나 감소하는 것을 방해하는 방향으로 형성된다. 그림과 같이 유도 기전력이 오른쪽 방향으로 형성되기 위해서는 왼쪽으로 증가하는 전류가 흐르거나 오른쪽 방향으로 감소하는 전류가 흐르는 경우이다.

06. 답 ①

해설 길이가 길어질수록 저항이 커지므로 전선의 위치가 P 에서 Q로 갈수록 저항값은 커지게 되고, 회로 전류는 점점 작아지게 된다. 코일의 자체 유도 기전력은 전류의 감소를 방해하는 방향으로 발생하므로 전지의 기전력과 같은 방향인 a 방향으로 형성된다. 전류가 3초 동안 600mA $= 0.6$A 작아졌으므로, 자체 유도 기전력 (크기)

$|V| = \left| L \dfrac{\varDelta I}{\varDelta t} \right| = 4.0 \text{ (H)} \times \dfrac{0.6(\text{A})}{3(\text{s})} = 0.8 \text{ (V)}$

[유형 13-4] 답 ③

해설 2차 코일의 상호 유도 기전력(V_2)은 1차 코일 전류(I_1)의 시간에 따른 변화율에 비례하고, 2차 코일 회로의 전체 저항이 R 이라면 $V_2 = I_2R$ 이다. 이때 (-) 부호를 주목해야 할 필요가 있다. 변화를 '방해'하는 방향이라는 것이다.
아래 그래프는 1차 코일 전류(I_1)의 시간에 따른 변화율의 (-)값을 그린 것이다. ③이 답이다.

$$V_2 = -M \frac{\Delta I_1}{\Delta t}$$

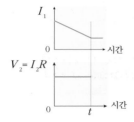

07. 답 ③

해설

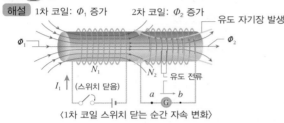

〈1차 코일 스위치 닫는 순간 자속 변화〉

①, ②, ③ 1차 코일의 스위치를 닫는 순간 1차 코일을 흐르는 전류 I_1 이 증가하게 되고(자체 유도), 1, 2 코일 내부에서 오른쪽 방향으로 통과하는 자속이 증가하게 된다. → 2차 코일을 통과하는 자속이 증가하면서 이러한 증가를 방해하는 방향으로 유도 기전력(유도 자기장)이 발생한다. 따라서 2차 코일의 유도 전류는 $a \to Ⓖ \to b$ 방향으로 흐르게 된다.
④ 1차 코일에 의해 2차 코일에 발생한 유도 기전력 V_2은

$$V_2 = -N_2 \frac{\Delta \Phi_2}{\Delta t} = -M \frac{\Delta I_1}{\Delta t} \quad [\text{단위}:\text{V}]$$

이다. 이때 N_2는 2차 코일의 감은수이기 때문에 2차 코일에 발생한 유도 기전력의 크기와 2차 코일의 감은수는 비례 관계임을 알수 있다. 따라서 감은수를 늘리면 유도 기전력도 커진다.
⑤ 스위치를 닫았다가 여는 순간 1차 코일에 흐르는 전류가 감소하므로 자속도 감소하게 되며, 2차 코일을 통과하는 자속도 감소하게 된다. 이때 자속의 감소를 방해하는 방향으로 유도 기전력(유도 자기장)이 2차 코일의 내부에서 오른쪽으로 발생하므로 1차 코일에 흐르는 감소하고 있는 전류의 방향과 2차 코일에 유도된 전류의 방향은 같다.

08. 답 ③

해설

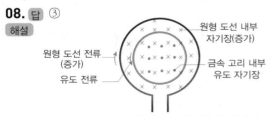

ㄱ. 원형 도선에 전류가 일정하게 흐르면 자속의 변화가 없기 때문에 금속 고리에 전류가 유도되지 않는다.
ㄴ. 원형 도선에 전류가 흐르면 원형 도선 내부에는 지면으로 들어가는 방향의 자속이 발생한다.
ㄷ, ㄹ. 원형 도선에 흐르는 전류가 증가하면 전류의 증가를 방해하는 방향으로 상호 유도 기전력이 발생하여 금속 고리에는 원형 도선의 전류와 반대 방향으로 유도 전류가 흐르게 된다.

01
(1) $-z$ 방향, $\sqrt{3}$ (V)
(2)

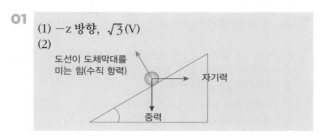

해설 (1) ㄷ자 도선 위를 내려오는 도체 막대에 발생하는 유도 기전력의 세기는 자기장의 세기(B) × 도선의 폭(l) × 도선의 속도(v)이다. 이때 속도의 방향은 자기장 방향에 수직 성분이어야 하므로 다음 그림과 같다.

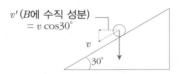

따라서 도선에 유도된 기전력의 크기는 다음과 같다.

$$\varepsilon = Blv = Blv\cos 30° = 2 \times 0.25 \times 4 \times \frac{\sqrt{3}}{2} = \sqrt{3} \text{ (V)}$$

유도 전류의 방향은 플레밍 오른손 법칙에 의해 도선의 이동 방향을 오른손 엄지 손가락을 가리키고, 자기장의 방향($+y$)으로 검지 손가락을 향하게 했을 때 가운데 손가락이 가리키는 $-z$ 방향이 된다.

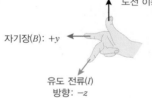

(2) 운동하는 도체 막대에 발생하는 유도 전류의 방향이 $-z$ 방향이므로 자기장 속에서 도체 막대는 $+x$ 방향의 자기력을 받아서 수직항력, 중력과 평형을 이룬다.

02
(1) $B = \dfrac{2mg}{qv}$

$qv_{수직}B = qv\cos 60° B = mg, \therefore B = \dfrac{2mg}{qv}$

(2) 자기장의 방향이 지면으로 나오는 방향일 때 물체에 작용하는 자기력은 중력과 같은 방향이 되기 때문에 지면으로 떨어지게 된다.

(3) 물체는 자기장 영역 안에서 등속도 운동을 한다.

해설 (1)

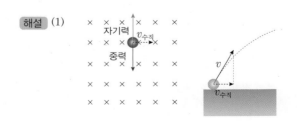

물체가 자기장 속에서 받는 힘은 중력과 자기력이다. 최고점에서 물체는 등속도 운동을 하기 때문에 물체에 작용하는 힘의 합력은 0이된다.

$$qv_{수직}B = qv\cos60°B = mg, \quad B = \frac{2mg}{qv}$$

(2) 자기력의 방향이 $-y$ 방향으로 바뀌므로 연직 아래 방향으로 자기력과 중력을 받아 가속도가 증가하여 더 가파른 곡선을 이루며 지면으로 떨어지게 된다.

(3) 물체에 작용하는 자기력은 중력과 같다.

$$qv_{수직}B = qv\cos60°B = mg$$

이때 질량이 2배, 전하량이 2배가 되면

$$2qv\cos60°B = 2mg \rightarrow qv\cos60°B = mg$$

질량과 전하량이 변하기 전과 같으므로, 물체는 등속 운동을 한다.

03

(1) 자기장의 방향은 지면에 수직으로 들어가는 방향으로 형성되어 있다.

(2) 전자의 속력은 점점 빨라진다. 전자가 자기장 속에 자기장과 수직으로 입사하여 원운동을 할 때 원의 반지름 $r = \frac{mv}{qB}$ 이다. 질량, 전하량, 자기장의 세기는 일정하므로, $r \propto v$ 이다.

해설 (1) 전자는 반지름이 점점 증가하는 원운동이므로, 회전 방향이 시계 방향이다. 전자가 받는 힘은 구심력으로 원의 중심 방향이다. 전자의 이동 방향은 전류의 방향과 반대이므로 플레밍의 왼손 법칙에 의해 자기장의 방향은 지면에 수직으로 들어가는 방향임을 알 수 있다.

(2) 질량 m, 전하량 q 인 입자가 자기장 B 에 수직한 방향으로 속도 v로 입사할 때, 로런츠 힘이 구심력이 되어 대전 입자는 반지름이 r 인 등속 원운동을 하게 된다. 이때 반지름 r 은 $r = \frac{mv}{qB}$ 가 된다.

04

유도 전류의 방향 : 시계 방향, 유도 전류의 세기 : $\frac{mg}{Bl}$

해설 (1) 자기장 영역의 경계에서 도선이 등속 운동을 하였으므로 도선에 작용한 힘은 평형을 이룬다. 따라서 도선에 유도 전류가 발생하여 이 전류가 흐르는 도선이 받는 전자기력과 중력이 평형을 이룬다는 것을 알 수 있다.

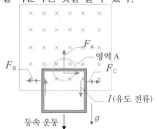

먼저 그림의 영역 A에서 플레밍의 오른손 법칙으로 유도 전류의 방향을 알아낸다→(시계 방향). 그 다음 이 유도 전류에 의해 자기장 영역 속에서 도선은 F_A, F_B, F_C 의 전자기력을

받게 되는데 방향은 각 도선 지점에서 플레밍의 왼손 법칙으로 알아낸다. 이때 F_B 와 F_C 는 합력이 0이다. 사각 도선이 연직 아래로 등속 운동을 하려면 힘의 평형이 일어나야 하므로 $F_A = BlI = mg$ 가 성립한다.

$$\therefore \ I = \frac{mg}{Bl} \ \text{이다.}$$

05

(1) $\frac{E}{B}$ (2) 전자의 운동 경로가 위로 휘어진다.

해설 전자는 (−) 전기를 띠고, 전기장 E 에 의한 전기력 F_1 을 위쪽 방향으로, 자기장 B 에 의한 자기력(로런츠 힘) F_2를 아래쪽 방향으로 받는다.

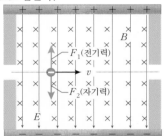

(1) 전자가 속도 v 로 등속 운동하려면 힘의 평형이 일어나야 하므로

$$F_1 = F_2 \ \text{이다. 이때} \ F_1 = qE, \ F_2 = qvB \ \text{이다.} \quad \therefore v = \frac{E}{B}$$

(2) 전자의 속력이 작아지면 전자가 받는 전기력(F_1)의 크기는 같지만, 로런츠 힘(F_2)이 작아지게 된다. 따라서 전자가 받는 알짜힘이 위쪽 방향을 향하므로 운동 경로가 위쪽으로 휜다.

06

전류를 작게 하고, 자기장 속에서 도선이 받는 힘을 크게 하기 위해서는 자기장의 세기를 증가시키거나, 파이프의 단면적을 넓혀준다.

해설 전류(I)의 방향과 자기장(B)의 방향이 서로 수직일 때, 길이가 l 인 도선이 받는 힘 $F = BIl$ 이다. 그림의 파이프 속의 전해질에 포함된 이온이 이동하여 전류를 발생시키는데 전해질(혈액)이 받는 힘의 방향과 이온의 이동 방향, 자기장의 방향이 서로 직각을 이루는 경우 효율이 좋아진다. 파이프 속에서 전해질이 이동하는 방향에 수직으로 이온이 이동해야 하므로 이온이 이동할 수 있는 경로는 최대한 파이프의 지름 정도이다. 힘 F를 변동시키지 않고 전류 I를 상대적으로 작게 하려면 자기장의 세기 B를 크게 해주거나, 파이프의 단면적을 넓혀서 이온의 운동 경로 l을 길게 해주는 방법 등이 있다.

스스로 실력 높이기 276~283쪽

01. (라), (가)　　**02.** 척력, $126k$　　**03.** ⑤

04. a. ⓒ, b. ㉠　　**05.** ⑤

06. D > A > C = B　　**07.** 2.4 (H)

08. B, A, A, B　　**09.** 21V

10. ㉠ 자체 유도, ㉡ 상호 유도

11. ②　**12.** ③　**13.** ⑤　**14.** ⑤　**15.** ⑤

16. ⑤　**17.** ③　**18.** 3　**19.** ③　**20.** ⑤

21. ⑤　**22.** ④　**23.** ④　**24.** ②　**25.** ③

26. ㉡, 3A　　**27.** $\dfrac{4}{3}$　　**28.** $\dfrac{mv}{5xq}$, $\dfrac{v^2}{5x}$

29. ②　**30.** $864k$　　**31.** ③　**32.** ④

01. 답 (라), (가)
해설 전류의 세기 I, 자기장의 세기 B, 도선의 길이 l, 자기장과 도선이 이루는 각 θ 일 때 자기장의 세기는 다음과 같다.
$$F = BIl\sin\theta$$
$\sin\theta$는 θ가 커질수록 커지므로, 다른 조건이 같을 때에는 θ가 90° 일 때 자기력이 가장 세고, 0°일 때가 가장 작다.

02. 답 척력, $126\,k$
해설 도선 B는 도선 A에 흐르는 전류 I_A가 만드는 자기장 B_A에 의해 자기력을 받는다. 따라서 도선 B가 받는 자기력은 다음과 같다.
$$F_B = B_A I_B l = k\frac{I_A}{r}I_B l = k\frac{I_A I_B}{r}l$$
따라서 두 도선 사이에 작용하는 힘 F 는
$$F = k\frac{9\,A \times 7\,A}{0.2\,m} \times 0.4\,m = 126k \text{ (N)이고,}$$
두 도선에 흐르는 전류의 방향이 반대이므로 두 도선 사이에 작용하는 힘은 척력이다.

03. 답 ⑤
해설

C지점에는 자석에 의한 자기장의 방향과 전류가 흐르는 직선 도선에 의한 자기장의 방향이 일치하여 자기력이 보강된다. 따라서 자기장의 세기가 가장 센 지점이다. 반면에 A지점은 자기장의 방향이 서로 반대가 되므로 자기장의 세기가 가장 약하다. B, D 지점은 두 자기장의 방향이 다르므로 합성해야 한다. 자기력은 자기장이 센 곳(자기력선의 밀도가 빽빽한 곳)에서 자기장이 약한 곳(자기력선의 밀도가 적은 곳)으로 밀어내는 힘이 작용한다. 따라서 C에서 A쪽으로 힘이 작용한다.

04. 답 a. ⓒ, b. ㉠
해설 자기장 속에서 전류가 흐르는 도선이 받는 힘은 오른손 법칙이나 플레밍의 왼손 법칙에 의해 알 수 있다. 전류의 방향이 반대로 되면 힘의 방향도 반대가 된다.

05. 답 ⑤
해설 자기장 B 에 수직한 방향으로 속도 v 로 운동하는 전하량 q 인 입자가 받는 힘 F 는 다음과 같다.
$$F = qvB\sin\theta$$
즉, 전하량의 크기, 전하의 속도, 자기장의 세기, 전하의 운동 방향과 자기장 방향 사이의 각도에 따라 로런츠 힘의 크기가 결정된다.

06. 답 D > A > C = B
해설 로런츠의 힘은 자기장과 대전 입자의 운동 방향이 수직일 때가 가장 크고, 자기장과 대전 입자가 이루는 각이 작아질수록 로런츠 힘의 크기도 작아진다. 자기장과 대전 입자가 나란하게 운동할 때는 0이 된다.

07. 답 2.4 (H)
해설 코일에 발생하는 자체 유도 기전력은 $|V| = L\dfrac{\Delta I}{\Delta t}$ 이다.
$$\therefore 0.4 = L\frac{0.1}{0.6} \quad \therefore L = 2.4\ \text{H}$$

08. 답 B, A, A, B
해설
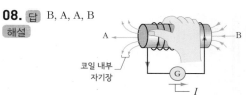
전류(I)가 증가하면 B에서 A쪽으로 코일 내부 자기장이 증가하게 되며, 이 자기장의 변화를 억제하기 위한 방향으로 코일에서는 유도 기전력이 발생하므로 코일의 A에서 B쪽으로 자체 유도 기전력이 발생한다.

09. 답 21 V
해설 1차 코일의 전류의 변화(ΔI_1)에 의해 2차 코일에 발생하는 상호 유도 기전력은 다음과 같다.
$$V_2 = -N_2\frac{\Delta\Phi_2}{\Delta t} = -M\frac{\Delta I_1}{\Delta t} \quad \text{[단위 : V]}$$
따라서 코일 B(2차 코일)에 발생하는 유도 기전력(크기)
$$|V_B| = (0.9H)\frac{7A}{0.3s} = 21\ \text{V}$$

10. 답 ㉠ 자체 유도 ㉡ 상호 유도
해설 코일은 자체적으로 전류의 변화를 억제시키므로 교류회로에서는 저항의 역할을 한다. 교류의 전압과 전류를 변환시키는 변압기는 코일의 상호유도의 원리를 이용한다.

11. 답 ②
해설 ㄱ. 전류의 세기 I, 자기장의 세기 B, 도선의 길이 l, 자기장과 도선이 이루는 각 θ 일 때 자기력의 세기는 다음과 같다.
$$F = BIl\sin\theta$$
$\sin\theta$는 θ가 커질수록 커지므로, 다른 조건이 같을 때에는 θ가 90° 일 때 자기력이 가장 세고, 0°일 때가 가장 작다.
ㄴ, ㄷ. 나란하게 놓인 두 평행한 도선에 작용하는 두 힘은 작용 반

작용의 관계이다. 즉, 힘의 크기는 같고, 방향은 반대인 힘이 서로 다른 도선에 작용하는 것이다. 이때 두 도선에 흐르는 전류의 방향이 반대일 때 두 도선은 서로 밀어낸다.

ㄹ. 플레밍의 왼손 법칙은 왼손의 엄지, 검지, 중지를 수직으로 폈을 때 엄지는 자기력(F) 방향, 검지는 자기장(B) 방향, 중지는 전류(I) 방향이다.

12. 답 ③

해설 자기장의 방향은 N극에서 S극을 향하는 방향이다.

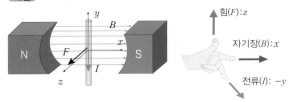

13. 답 ⑤

해설 자기장 속에서 전류가 흐르는 도선이 받는 힘의 방향은 오른손 법칙이나 플레밍의 왼손 법칙을 사용하여 알아낸다.

ㄱ. 도선 ab 부분은 왼쪽으로 힘을 받는다.
ㄴ. 도선 bc 부분은 아래쪽 방향으로 힘을 받는다.
ㄷ. 도선 ad 부분은 자기장 영역 밖에 있으므로 힘을 받지 않는다.
ㄹ. 도선 ab 부분과 도선 dc부분에 각각 작용하는 힘은 전류의 방향만 서로 반대이므로 힘의 크기는 같고, 방향은 서로 반대이다.

14. 답 ⑤

해설

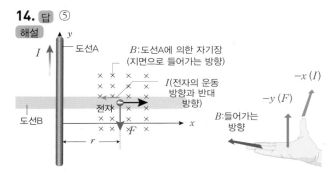

평면 상에서 전류 I 가 흐르는 직선 도선의 오른쪽에는 지면에 수직으로 들어가는 방향, 왼쪽에는 지면에서 수직으로 나오는 방향의 자기장이 형성된다. 전자는 (−) 전하이므로 전자의 운동 방향과 전류의 방향은 반대이다.

① 전자에 작용하는 힘의 방향은 $-y$ 방향이다.
②,③ 전자에 작용하는 힘은 운동 방향과 수직 방향이어서 속력의 변화가 없으므로 전자의 운동 에너지($=\dfrac{1}{2}mv^2$)는 변하지 않는다.

물체에 작용하는 힘과 운동 방향이 수직이면 물체의 속력은 변하지 않고 운동 방향만 변한다. 전자는 도선 B 내부에서 운동하므로 운동 방향이 변할 수 없고 그대로 등속 운동한다.
④ 도선 A에 의해 지면에 수직으로 들어가는 방향으로 형성된 전기장 영역 속에서 전자는 운동한다.
⑤ 로런츠 힘 $F = qvB$ 이고, 전하의 속도(v)와 전하량($q=e$)이 일정할 때 자기장의 세기(B)와 비례한다. 직선 도선 A에 의한 자기장 $B = k\dfrac{I}{r}$ 는 도선과 전자 사이의 거리(r)에 반비례하기 때문에 로런츠 힘 F도 도선과 전자 사이의 거리(r)가 커질수록 작아진다.

15. 답 ⑤

해설 질량 m, 전하량 q 인 입자가 속도 v 로 균일한 자기장 B 속으로 자기장 방향에 수직으로 입사하였을 때 이 입자에 작용하는 로런츠 힘이 구심력 역할을 하여 원운동을 한다. 따라서 입자에 작용하는 로런츠 힘이 진행 방향에 오른쪽 방향이면 시계 방향의 원

운동, 왼쪽 방향이면 반시계 방향의 원운동을 한다.

이때 원운동의 반지름 $r = \dfrac{mv}{qB}$ 이다. 따라서 질량이 2배가 되면 반지름은 2배가 되고, 전하가 (−)에서 (+)가 되면 로런츠 힘의 방향이 반대가 되므로 회전 방향이 반대가 된다.

16. 답 ⑤

해설

ㄱ. AB 부분은 위로 힘을 받는다.
ㄴ, ㄹ. CD 부분은 아래 방향으로 힘을 받는다. 따라서 정면에서 (정류자 쪽에서)볼 때 전동기는 시계 방향으로 회전한다.
ㄷ. 전류가 셀수록 자기력이 커지므로 회전 속도가 빨라진다.
도선 BC 부분도 전류의 방향과 자기장의 방향이 평행하지 않아 힘을 받으나 바깥 방향이므로 회전 효과에 영향을 미치지 않는다.

17. 답 ③

해설 $I = \dfrac{V}{R}$ 이므로 저항에 흐르는 전류와 전체 회로의 전압(기전력)의 그래프 모양은 같게 나타난다. 코일이 없다면 스위치를 닫았을 때 전류는 $\dfrac{V}{R}$ 로 일정하게 흐르다가 스위치를 열면 0이 될 것이다.
그런데 코일의 전류의 변화를 방해(억제)하는 자체 유도 기전력에 의해 전류의 그래프 모양은 변화하게 된다. 정답은 ③이다.

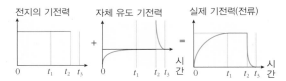

18. 답 3

해설 변압기의 1차 코일에 교류 전원을 장치하면 전압이 계속 변하므로 상호 유도 현상에 의해 2차 코일에 유도 기전력이 발생한다. 1차 코일과 2차 코일의 전압비는 감은 수의 비와 같다.

$$\dfrac{V_1}{N_1} = \dfrac{V_2}{N_2} \Rightarrow V_2 = \dfrac{N_2}{N_1} \times V_1$$

따라서 2차 코일에 유도된 기전력 $V_2 = \dfrac{24회}{600회} \times 150V = 6 V$

이고, 옴의 법칙에 의해 전류 $I_2 = \dfrac{V_2}{R} = \dfrac{6V}{2\Omega} = 3A$

19. 답 ③

해설 도선이 자기장 방향에 수직으로 속도 v 로 이동할 때 금속 도선에 발생하는 유도 기전력 $V = Blv$ 이고, 이때 유도되는 전류 $I = \dfrac{Blv}{R}$ 가 금속 도선을 통해 흐르게 된다. 이때 자기장 속에서 전류가 흐르는 도선은 자기력을 받게 되고, 이 자기력에 의해 운동을 방해받게 된다. 이때 자기력 $F = BIl = \dfrac{B^2l^2v}{R}$ 이므로 등속 운동하려면 금속 막대에 작용하는 알짜힘이 0 이 되어야 하므로 자기력과 반대 방향으로 같은 크기의 힘을 가해주어야 한다.

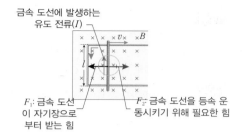

이때 유도 전류 I 의 방향은 위 그림의 원 안에서 플레밍의 오른손 법칙, F_1의 방향은 원 안에서 플레밍의 왼손 법칙을 사용하여 구한다.

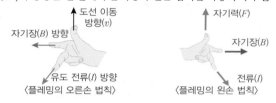

20. 답 ⑤

해설

ㄱ. 점 O에서는 두 도선에 의한 자기장의 방향이 동일하여 자기장이 서로 보강되어 자기장이 세진다.

ㄴ. 왼쪽 도선 주변의 자기력선이 시계 방향으로 형성되어 있는 것으로 보아 a에서 b로 전류가 흐르는 것을 알 수 있다.

ㄷ. 두 도선에 의한 자기력선의 밀도가 같은 것으로 보아 전류의 세기가 같음을 알 수 있다.

ㄹ. 두 도선에 흐르는 전류의 방향이 반대일 때 두 도선 사이에는 척력이 작용한다.(두 도선 사이의 자기력선의 밀도가 바깥쪽보다 더 크므로 힘은 안쪽에서 바깥쪽으로 작용한다.)

21. 답 ⑤

해설 질량 m, 전하량 q 인 입자가 속도 v 로 균일한 자기장 B 속으로 자기장 방향에 수직으로 입사하였을 때 이 입자에 작용하는 로런츠 힘이 구심력 역할을 하여 원운동을 한다. 따라서 입자에 작용하는 로런츠 힘이 진행 방향에 오른쪽 방향이면 시계 방향의 원운동, 왼쪽 방향이면 반시계 방향의 원운동을 한다.

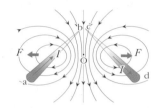

이때 원운동의 반지름 $r = \dfrac{mv}{qB}$ 이다.

ㄱ. 운동하는 입자가 (＋) 전하일 경우 전하의 운동 방향이 전류의 방향이라고 할 수 있으므로 자기장 영역 A에서 그림과 같이 운동하기 위해서는 힘(F)의 방향이 진행 방향의 오른쪽이 되는 경우이며, 자기장 방향은 지면에서 수직으로 나오는 방향이다.

ㄴ, ㄷ. 이 입자의 운동은 등속원운동, 등속 운동을 하므로 속력(v)이 항상 같은 운동을 한다. 영역 A, B 에서 각각 속력(v)과 전하량(q), 질량(m)이 같으므로 원 궤도의 반지름은 자기장의 세기에 반비례한다. 따라서 자기장의 세기는 $B_A > B_B$ 이다.

물체의 가속도 $a = \dfrac{F}{m} = \dfrac{qBv}{m}$ 이다. F 는 qBv 이며 각 영역에서의 로런츠 힘이며, 원운동에서의 구심력이다. A, B 두 영역에서 입자의 q, m, v 가 모두 같기 때문에 가속도는 자기장의 세기 B 에 비례

한다.

그러므로 $a_A > a_B$ 이다.

ㄹ. 같은 전하에 대해서 두 영역의 진행 방향에 대해서 로런츠 힘의 방향이 각각 반대로 작용하므로 자기장의 방향은 서로 반대이다.

22. 답 ④

해설 코일을 흐르는 전류가 변할 때(스위치를 닫는 순간과 스위치를 여는 순간 포함) 코일 내부의 자기장이 변화하는데, 이 변화를 억제시키는(방해하는) 방향으로 자체 유도 기전력이 발생한다. 이를 없애기 위해서는 솔레노이드를 이중으로 같은 수로 감고, 이 때 감는 방향을 서로 반대가 되도록 감으면 각각 발생하는 자체 유도 기전력이 크기는 같고, 방향은 반대로 형성되므로 상쇄시켜 전체적으로 자체 유도 현상이 나타나지 않는다.

23. 답 ④

해설 시간이 충분히 흐른 후 자체 유도 기전력은 없어지며, 회로에는 4 A 의 전류가 흐르게 된다. 따라서 전체 저항 R 은

$$I = \frac{V}{R} \Rightarrow R = \frac{V}{I} = \frac{12}{4} = 3\,(\Omega)\ \text{이다.}$$

코일의 자체 유도 기전력 $V = -L\dfrac{\Delta I}{\Delta t}$ 이다. 스위치를 닫는 순간 ($t = 0$) 회로 기전력이 12V 이지만 코일의 자체 유도 기전력(V)이 -12V 가 되어 회로 전체 기전력이 0 이고 $I = 0$ 이다.

$t = 0$ 일 때 그래프의 접선 기울기는 $\dfrac{\Delta I}{\Delta t}$ 이다.

따라서 $V = -L\dfrac{\Delta I}{\Delta t} \Rightarrow -12 = -L\dfrac{4}{1}\quad \therefore L = 3\,(\text{H})$

24. 답 ②

해설 교류 신호 발생기의 코일의 자속의 변화에 의해 교류 전압계의 자속의 변화가 발생한다. 상호 유도 현상이다.

ㄱ. 원형 코일 A에 직류 전류가 흐르면 전류의 변화가 없으므로 코일 B에 상호 유도 기전력이 발생하지 않는다.

ㄴ. 코일이 서로 가까울수록 코일 A의 자속의 변화가 코일 B의 자속의 변화에 영향을 더 많이 미치므로 상호 유도 기전력이 크게 발생하여 교류 전압계에 측정되는 전압이 커진다.

ㄷ. 신호 발생기의 전압(코일 A)을 V_1 감은 수 N_1, 교류 전압계의 전압을 V_1 감은 수 N_1 라고 할 때, V_1 이 일정 전압으로 주어졌을 경우, 서로 자속을 하므로

$$V_1 = -N_1\frac{\Delta \Phi_1}{\Delta t},\ V_2 = -N_2\frac{\Delta \Phi_2}{\Delta t}$$

서로 자속을 공유하여 $\dfrac{\Delta \Phi_1}{\Delta t} = \dfrac{\Delta \Phi_2}{\Delta t}$ 이므로,

$$\frac{V_1}{N_1} = \frac{V_2}{N_2} \Rightarrow V_2 = \frac{N_2}{N_1}V_1$$

따라서 코일 B의 감은수인 N_2 만 2배로 늘리면 전압계에 측정되는 전압도 2배가 된다.

ㄹ. V_1이 일정할 때 윗 식에 의해 코일 A의 감은수 N_1 만 2배로 늘리면 교류 전압계에 측정되는 전압은 절반으로 줄어든다.

25. 답 ③

해설 ㄱ. 도선 B는 아래에서 위쪽 방향으로 전류가 흐른다. 따라서 두 도선에 흐르는 전류의 방향은 반대가 되므로, 두 도선 사이에 작용하는 힘은 척력으로 도선 A는 왼쪽 방향으로, 도선 B는 오른쪽 방향으로 자기력을 받는다.

ㄴ, ㄷ. 두 도체 막대의 저항을 무시하면, 도체 막대 B가 포함된 회로의 가변 저항값이 3Ω, 6Ω 일 때 각각 회로의 전체 저항은

$R_{3\Omega} = \dfrac{15 \times 3}{15 + 3} + 3 = 5.5\Omega$, $R_{6\Omega} = \dfrac{15 \times 6}{15 + 6} + 3 \fallingdotseq 7.3\Omega$

두 경우 도체 막대 B에 흐르는 전류는 각각 $\dfrac{36}{5.5}$ A, $\dfrac{36}{7.3}$ A 이다.

두 직선 전류 사이에 작용하는 힘 $F = k\dfrac{I_A I_B}{r} l$ 을 참고하면 전류가 2배가 되지 않으므로 자기력의 세기도 2배가 되지 않는다. 가변 저항값을 증가시키면 도체 막대 B에 흐르는 전류는 감소한다.

ㄹ. 도선 A에 의해 두 도선의 중심에는 지면으로 나오는 방향의 자기장이 형성되고, 도선 B에 의해서도 지면으로 나오는 방향의 자기장이 형성되므로 같은 방향이므로 보강되어 자기장이 세진다.

26. 답 ㉡, 3 A

해설 금속 막대에 전류가 흐르므로 자기장으로부터 중력의 반대 방향으로 힘을 받아 금속 막대를 매단 도선의 장력이 0 이 되었다. 전지의 방향에 따라 금속 막대에 흐르는 전류는 왼쪽을 향한다. 자기력은 위쪽 방향을 향해야 하므로 자기장은 지면에서 수직으로 나오는 방향이 된다. 이때 금속 막대에 작용하는 자기력 $F_B = BIl$ 이고, 금속 막대에 작용하는 중력은 $F_g = mg$ 이므로

$BIl = mg \Rightarrow I = \dfrac{mg}{Bl} = \dfrac{0.3\text{kg} \times 10\text{m/s}^2}{5\text{T} \times 0.2\text{m}} = 3\,(\text{A})$

27. 답 $\dfrac{4}{3}$

해설 질량 m, 전하량 q 인 입자가 자기장 B 에 수직한 방향으로 속도 v로 입사할 때, 로런츠 힘이 구심력이 되어 대전 입자는 반지름을 r인 등속 원운동을 하게 된다. 이때 반지름과 주기는 각각

$r = \dfrac{mv}{qB}$, $T = \dfrac{2\pi r}{v} = \dfrac{2\pi m}{qB}$ 이다.

자기장 영역 A에서 OP의 거리, 즉 반지름을 r_A라고 하면,

$r_A = \dfrac{mv}{q2B} = \dfrac{1}{2}\dfrac{mv}{qB}$ 이고,

자기장 영역 B에서 (+)전하의 반지름을 r_B라고 하면,

$r_B = \dfrac{mv}{qB} = 2r_A$ 이다. 자기장 영역 A에서 P에서 Q까지 사분원을 운동하는데 걸리는 시간이 T_0 이라고 했고, $T_0 = \dfrac{1}{4}\dfrac{2\pi m}{q2B}$ 이다.

아래 그림처럼 Q에서 R까지는 자기장 영역 B에서 6분원이다.

자기장 영역 B에서의 주기 $T_B = \dfrac{2\pi m}{qB}$ 이다. Q에서 R까지는 60° 회전한 것이므로, 걸리는 시간은 $\dfrac{T_B}{6} = \dfrac{\pi m}{3qB} = \dfrac{4}{3}T_0$ 이다.

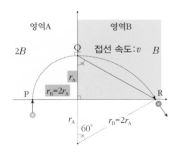

28. 답 $\dfrac{mv}{5xq}$, $\dfrac{v^2}{5x}$

해설 균일한 자기장 영역 속에서 등속 운동하는 대전 입자는 로런츠 힘을 받아 등속 원운동을 한다. 질량이 m, 전하량이 $+q$, 속력 v

로 운동하는 대전 입자에 작용하는 로런츠 힘은 $F = qvB$ 이므로 가속도(구심 가속도) $a = \dfrac{qvB}{m}$ 가 된다. 이때 이 대전 입자는 반지름 $r = \dfrac{mv}{qB}$ 인 원운동을 하게 된다. △OAC에서 OC는 반지름 r 이고, △OAC는 직각 삼각형이므로 피타고라스 정리에 의해 다음과 같이 나타낼 수 있다. ($r = $ OB $= $ OC $= $ (OA+x))

$(3x)^2 + \text{OA}^2 = (x + \text{OA})^2 \quad \therefore \text{OA} = 4x \Rightarrow r = 5x$

따라서 $B = \dfrac{mv}{qr} = \dfrac{mv}{5xq}$

$\therefore a = \dfrac{qvB}{m} = \dfrac{qv}{m} \times \dfrac{mv}{5xq} = \dfrac{v^2}{5x}$

29. 답 ②

해설 ㄱ, ㄴ. 자기장 영역 A에서 (+)전하는 등속 직선 운동을 하였다. (+)전하가 받는 알짜힘이 0인 것이다. (+) 전하가 운동하는 방향을 전류의 방향으로 하여 플레밍의 왼손법칙으로 자기력(로런츠 힘)의 방향을 구하면 $+y$ 방향이다. 따라서 자기장 영역 A에서 중력은 $-y$ 방향을 향하며, 자기력과 중력은 평형이다. 로런츠 힘 (자기력)의 크기는 qvB 이므로

$mg = qvB \Rightarrow v(\text{전하의 속력}) = \dfrac{mg}{qB}$ 이다.

자기장 영역 B에서는 균일한 전기장이 $+y$ 방향으로 형성되어 있으므로 (+)전하가 원운동을 하기 위해서는 전기력과 중력이 평형을 이루어야 자기장 안에서 로런츠 힘이 구심력이 되어 등속 원운동을 하게 된다. 이때 원운동의 속력은 자기장 영역 A에서와 같은 v 이다.

ㄷ. 자기장 영역 A에서 로런츠 힘과 중력이 평형이고, 자기장 영역 B에서는 중력과 전기력이 평형이다.

(자기장 영역 B) $mg = qE \Rightarrow E(\text{전기장 크기}) = \dfrac{mg}{q}$ 이다.

ㄹ. 자기장 영역 B에서 전하는 구심력을 받아 등속 원운동을 한다.

$F(\text{구심력}) = \dfrac{mv^2}{r} = ma$ 이므로, $a(\text{전하의 가속도}) = \dfrac{v^2}{r}$ 이다.

30. 답 $864k$

해설 총 감은 수가 N 회, 코일의 길이가 l 인 코일 내부 자기장은 $B = k''\dfrac{N}{l}I = 2\pi k\dfrac{N}{l}I$ 이다. 이때 전류 I 가 변할 때 코일 내부의 자속 변화량을 $\Delta\Phi$ 라고 하면,

$\Delta\Phi = \Delta(BS) = S\Delta B = S\,2\pi k\dfrac{N}{l}\Delta I$ 이다.(S : 단면적;일정)

전류 I 가 변할 때 코일의 유도 기전력

$V = -N\dfrac{\Delta\Phi}{\Delta t} = -L\dfrac{\Delta I}{\Delta t}$ 이고, $\dfrac{\Delta\Phi}{\Delta t} = 2\pi k\dfrac{N}{l}S\dfrac{\Delta I}{\Delta t}$ 이다.

$\therefore -N2\pi k\dfrac{N}{l}S\dfrac{\Delta I}{\Delta t} = -L\dfrac{\Delta I}{\Delta t}$, $\quad N2\pi k\dfrac{N}{l}S = L$

$L = 2\pi k\dfrac{N^2}{l}S = 2\pi k\dfrac{300^2}{0.25\text{m}} \times (4 \times 10^{-4}\text{m}^2) = 864k\,(\text{H})$

31. 답 ③

해설 $0 \sim t_1$ 구간에는 코일이 연결되어 있지 않은 저항에는 즉시 전류 $I_A = \dfrac{V}{R}$ 가 흐르게 되지만, 코일이 연결되어 있는 저항에는 코일의 자체 유도 현상에 의해 전류의 흐름이 억제되어(방해받아) 코일을 통과하는 전류가 서서히 증가하게 되며, t_1초가 되었을 때 자체 유도 기전력이 0 이 되고 저항에는 $I_B = \dfrac{V}{R}$ 의 전류가 회복되어 흐

르게 된다. 따라서 $0 \sim t_1$ 구간에서 전류의 세기는 $I_A > I_B$가 된다. $t_1 \sim t_2$ 구간에는 코일에 자체 유도가 일어나지 않아 일정한 전류가 흐르게 되므로 두 저항에 흐르는 전류의 세기는 같다. ($L = \dfrac{N\phi}{I}$ 에 직접 대입해 구할 수도 있다.)

32. 답 ④

해설 코일 B의 전류의 변화에 의해 코일 A에 유도 전류가 발생하는 상호 유도 현상에 관한 문제이다.

ㄱ. ① 구간에서 전압이 증가하고 있으므로, 원형 도선 B에는 도선 B에서 A방향으로 자속이 증가한다.

도선 B 전류(증가)
자기장(증가)

ㄴ. 1차 코일(원형 도선 B)의 전류(전압과 비례) 변화(ΔI_1)에 의해 2차 코일(원형 도선 A)에 발생한 유도 기전력 V_2는

$$V_2 = -M \frac{\Delta I_1}{\Delta t}$$

이다. 즉, 원형 도선 B의 시간에 따른 전류(전압에 비례)의 변화가 클수록 더 큰 유도 기전력이 발생한다. 따라서 그래프 상에서 기울기가 더 큰 ① 구간에서 원형 도선 A에 가장 큰 유도 기전력이 생긴다.

ㄷ. ② 구간에서 전압(전류)의 변화가 없기 때문에 원형 도선 A에 유도 전류는 흐르지 않지만, 원형 도선 B에 흐르는 전류는 일정하다.

ㄹ. ① 구간에서 전압(전류)이 증가하여 자속이 증가하고, ③ 구간에서 전압(전류)은 감소하여 자속이 감소하므로 원형 도선 A에 흐르는 유도 전류의 방향은 반대이다.

14강. 전기 에너지

개념 확인
284~289쪽

1. (1) 화학 에너지 → 전기 에너지
   (2) 역학적 에너지 → 전기 에너지

2. B 3. 245 4. 직렬 연결 = 2 : 3, 병렬 연결 = 3 : 2

5. <, > 6. 200

2. 답 B

해설

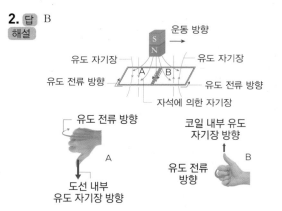

운동 방향

유도 자기장
유도 자기장
유도 전류 방향
유도 전류 방향
자석에 의한 자기장

유도 전류 방향
A
도선 내부 유도 자기장 방향

코일 내부 유도 자기장 방향
B
유도 전류 방향

자석이 이동하면서 사각 도선 A의 내부에서는 아래 방향의 자석 자기장이 감소하고, 사각 도선 B의 내부에서는 증가한다. 따라서 그림과 같은 유도 자기장이 발생하고, 유도 전류가 흐른다.

3. 답 245 (J)

해설 전기 에너지(E) $= I^2 Rt$
따라서 $E = (0.7A)^2 \times 50\Omega \times 10s = 245$ (J)

4. 답 직렬 연결 = 2 : 3, 병렬 연결 = 3 : 2

해설 저항을 직렬 연결하는 경우 각 저항에 흐르는 전류는 같고, 전압의 비가 저항의 비와 같은 2 : 3 이므로 소비 전력의 비는 2 : 3이다. 저항을 병렬 연결하는 경우 각 저항에 걸리는 전압은 같고, 전류의 비가 $\dfrac{1}{2} : \dfrac{1}{3} = 3 : 2$ 이므로 소비 전력의 비는 3 : 2 이다.

5. 답 <, >

해설 전구를 직렬 연결하면 전력은 저항에 비례하므로 저항이 큰 전구가 더 밝고, 전구를 병렬 연결하면 전력은 저항에 반비례하므로 저항이 작은 전구가 더 밝다.

6. 답 200 (W)

해설 송전 전압(V_0)을 n 배 높이면, 송전 전류(I_0)가 $\dfrac{1}{n}$ 배로 감소하기 때문에 손실 전력($P_{손실}$)은 $\dfrac{1}{n^2}$ 배로 감소한다.

따라서 손실 전력 $= 3,200W \times \dfrac{1}{4^2} = 200$ (W)

확인+
284~289쪽

1. (1) ㉠ (2) ㉡   2. A

3. 직렬 연결 = 2 : 3, 병렬 연결 = 3 : 2   4. 0.2

5. (1) ㉡ (2) ㉠   6. 2,200

2. 답 A

해설 사각 도선의 움직이는 도선에서 도선이 움직이는 방향을 오른손 엄지손가락에 맞추고, 자기장을 검지에 맞추면 유도 전류의 방향은 가운데 손가락 방향이다.

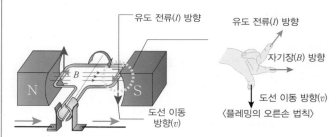

유도 전류(I) 방향
유도 전류(I) 방향
자기장(B) 방향
N S
도선 이동 방향(v)
도선 이동 방향(v)
〈플레밍의 오른손 법칙〉

3. 답 직렬 연결 = 2 : 3, 병렬 연결 = 3 : 2

해설 저항을 직렬 연결할 경우 각 저항에 걸리는 발열량은 저항값에 비례한다. 따라서 $Q_A : Q_B = 2 : 3$ 이다.
저항을 병렬 연결할 경우 각 저항에 걸리는 발열량은 저항값에 반비례한다. $Q_A : Q_B = \dfrac{1}{2} : \dfrac{1}{3} = 3 : 2$이다.

4. 답 0.2

해설 전력량(W) $= Pt$ 이고, 이때 t 의 단위는 h(시)이다.

10분은 $\dfrac{1}{6}$h 가 되므로

전력량(W) $= 1,200W \times \dfrac{1}{6}$h $= 200Wh = 0.2kWh$이다.

5. 답 (1) ㉡ (2) ㉠

해설 (1) 전구를 직렬 연결할수록 전체 저항이 커지기 때문에 회로에 흐르는 전체 전류의 세기는 작아진다. 따라서 각 전구의 소비 전력이 작아지기 때문에 연결하는 전구의 수가 많아질수록 각각의 전구의 밝기는 어두워진다.
(2) 전구를 병렬 연결하는 전구의 수가 늘어나도 각 전구에 걸리는 전압은 일정하다. 따라서 각 전구의 소비 전력이 일정하기 때문에 연결하는 전구의 수에 관계없이 전구의 밝기는 일정하다.

6. 답 2,200 (W)
해설 도선을 교체하지 않는 한 $P_{최대} = VI_{최대 허용 전류}$ 이다. 이 멀티 콘센트의 최대 허용 전류가 20A이므로 최대 사용 전력 = 110V × 20A = 2,200 (W)

개념 다지기   290~291쪽

01. (1) O (2) O (3) X   **02.** ⑤   **03.** ④   **04.** ①
05. ④   **06.** ②   **07.** (1) O (2) O (3) X   **08.** ④

01. 답 (1) O (2) O (3) X
해설 (3) 정류자는 직류 발전기에서 발전된 전류가 한 방향으로만 흐르도록 해준다. 정류자가 없는 교류 발전기의 전류는 흐르는 방향이 초당 수십회 바뀌는 교류가 된다.

02. 답 ⑤
해설 도체를 지나는 자속이 변할 때 도체 표면에 유도 기전력이 발생하여 소용 돌이 모양의 맴돌이 전류가 유도되어 흐른다.

03. 답 ④
해설 저항을 직렬 연결하였으므로 각 저항에 흐르는 전류는 동일하다. 회로의 전체 저항은 3Ω + 5Ω = 8Ω 이고,
옴의 법칙에 의해 회로에 흐르는 전류는 $I = \dfrac{V}{R} = \dfrac{8}{8} = 1A$
이다. 따라서 B를 통과하는 전류도 1A이다. 니크롬선 B에서 30초 동안 소비한 전기 에너지는 $E = I^2Rt = 1^2 \times 5 \times 30(s) = 150$ (J)

04. 답 ①
해설 저항 R 에 전류 I 가 t 초 동안 흐를 때 발생하는 발열량 Q 는 다음과 같다.
$$Q = \frac{E}{J} = \frac{1}{J} I^2Rt = \frac{1}{4.2} I^2Rt(\text{cal})$$
전열선에 발생한 열량은
$$Q = \frac{1}{4.2} I^2Rt = \frac{1}{4.2} \times (0.4)^2 \times 7 \times 3 = 0.8\text{cal}$$

05. 답 ④
해설 200V - 100W의 규격을 가진 전구의 저항은 다음과 같다.
$$저항 R = \frac{V_{정격}^2}{P_{정격}} = \frac{(200V)^2}{100W} = 400 \ (\Omega)$$
이때 전구를 100V의 전원에 연결하였으므로 소비전력은 다음과 같다.
$$P = \frac{(100V)^2}{400\Omega} = 25 \ (W)$$

06. 답 ②
해설 전구 A에 흐르는 전류를 I라고 한다면, 전구 B와 C에는 각각 $\dfrac{I}{2}$ 의 전류가 흐르게 된다. 전구의 밝기는 소비 전력에

비례한다. 소비 전력 $P = VI = I^2R$ 이므로 저항이 동일한 전구 A, B, C의 밝기는 전류의 세기가 셀수록 밝다.
따라서 동일한 전류가 흐르는 B와 C의 밝기는 같고, 더 센 전류가 흐르는 전구 A의 밝기가 가장 밝다.

07. 답 (1) O (2) O (3) X
해설 발전소에서 내보내는 송전 전력이 일정할 때 손실 전력을 줄이기 위해서는 송전 전압을 높이거나, 송전선의 저항을 줄이는 방법이 있다. 이때 송전선의 저항을 줄이는 방법으로는 비저항이 작은 물질을 송전선에 사용하거나, 송전 거리를 줄이거나, 송전선에 더 굵은 도선을 사용하는 방법이 있다.

08. 답 ④
해설 송전 전압(V_0)을 n 배 높이면, 송전 전류(I_0)가 $\dfrac{1}{n}$ 배로 감소하기 때문에 손실 전력($P_{손실} = I_0^2 r$)은 $\dfrac{1}{n^2}$ 배로 감소한다.

유형 익히기 & 하브루타   292~295쪽

[유형 14-1] ⑤	**01.** ④	**02.** ④
[유형 14-2] (1) 12.4 (2) ②	**03.** ②	**04.** ③
[유형 14-3] (1) D > A > B > C		
(2) A = 2,500, B = 900, C = 600,		
D = 3,750		
	05. ⑤	**06.** ④
[유형 14-4] ⑤	**07.** ③	**08.** ⑤

[유형 14-1] 답 ⑤
해설 ① 그림은 한쪽 방향으로만 전류가 흐르는 직류 발전기의 발전 원리를 나타낸 것이다.
② (가)에서 (나) 과정으로 갈 때 사각 도선 내부를 통과하는 자속은 증가한다.
③ (다)에서 (라)로 가는 과정에서 사각 도선 내부를 통과하는 자속은 변한다. 하지만 정류자에 의해 전류의 방향이 바뀌므로 유도 전류의 방향은 (가)에서나 (라)에서나 서로 같다.

01. 답 ④
해설 태양 전지 : 태양 빛 에너지 → 전기 에너지

02. 답 ④
해설 ㄷ. 유도 전류의 방향은 플레밍의 오른손 법칙을 이용하여 알 수 있다. 플레밍의 왼손 법칙은 도선에 작용하는 자기력의 방향을 알 수 있는 방법이다.

[유형 14-2] 답 (1) 12.4 (2) ②
해설 (1) 저항의 직렬 연결 시 전체 저항은 모든 저항의 합과 같다. 하지만 스티로폼 컵 B에서 저항은 병렬 연결되어 있으므로 스티로폼 컵 B의 저항은 다음과 같다.
$$\frac{1}{R_B} = \frac{1}{4} + \frac{1}{6} = \frac{5}{12} \rightarrow R_B = \frac{12}{5} = 2.4\Omega$$
$$\therefore R_{전체 저항} = 4 + 2.4 + 6 = 12.4\Omega$$
(2) 질량이 m, 비열이 c 인 물체의 온도 변화가 Δt 일 때, 이 물체가 흡수하거나 방출하는 열량(Q)은 $Q = cm\Delta t$ 이다.
스티로폼 컵 A, B, C에 들어있는 물의 질량과 비열, 처음 온도는

모두 같으므로 열량과 온도 변화는 비례한다. 또한 전류가 흐를 때 저항에서 발생하는 열량은 전기 에너지에 비례한다. 따라서 저항을 직렬 연결하면 발열량은 저항값에 비례한다. 그러므로 온도 변화와 저항값도 서로 비례한다.

$$\therefore Q_A : Q_B : Q_C = \Delta t_A : \Delta t_B : \Delta t_C = 4 : 2.4 : 6 = 40 : 24 : 60$$

03. 답 ②

해설 ㄱ. 줄은 실험을 통해 1cal의 열량이 4.2J의 에너지에 해당한다는 것을 밝혀냈다. 1J ≒ 0.24cal 이다.

ㄹ. 전류가 흐를 때 도선에서 발생하는 열량을 발열량이라고 한다. 전기 에너지는 전류가 공급하는 에너지로 전류가 흐를 때 저항에서 에너지가 소모되면서 열이나 빛 등 여러 가지 형태의 에너지가 발생한다. 발열량은 전기 에너지에 비례한다.

04. 답 ③

해설 저항을 병렬 연결하였을 경우 열량비는 다음과 같다.

$$\therefore Q_A : Q_B = \Delta t_A : \Delta t_B = \frac{1}{R_A} : \frac{1}{R_B} = 10 : 15 = \frac{1}{12} : \frac{1}{R_B}$$

$$\rightarrow R_B = 8\Omega$$

저항에서 10초 동안 소비한 전기 에너지 E

$$E = QJ$$

$$\therefore Q_B = cm\Delta t_B = 1cal/g℃ \times 100g \times 15℃ = 1,500cal$$

$$\rightarrow E_B = Q_B J = 1,500cal \times 4.2J/cal = 6,300J$$

[유형 14-3] 답 (1) D > A > B > C (2) A = 2,500,
B = 900, C = 600, D = 3,750

해설 $R_A = R_B < R_C = R_D$ 이다. 이때 저항을 직렬 연결하면 각 저항에 흐르는 전류의 양이 같고, 저항을 병렬 연결하면 각 저항에 걸리는 전압은 같고, 저항이 작을수록 전류가 많이 흐른다.
전류는 $I_A = I_D > I_B > I_C$, 전압은 $V_D > V_A > V_B = V_C$
전구의 밝기는 소비 전력 P에 비례하므로,
전구의 밝기는 D > A > B > C가 된다.
(2) 전력량(W) = $Pt = VIt = I^2Rt = \frac{V^2}{R}t$ (J,Wh)

전기 회로의 전체 저항은 $2 + \frac{2 \times 3}{2 + 3} + 3 = 6.2$ (Ω) 이므로

회로 전체 전류(I) = $\frac{V}{R} = \frac{310}{6.2} = 50$ (A)

전구 A, B, C, D의 전력량을 각각 W_A, W_B, W_C, W_D 라고 하면,
$W_A = I^2R_At = 50^2 \times 2 \times 0.5(h) = 2,500Wh$
$W_B = 30^2 \times 2 \times 0.5(h) = 900Wh, W_C = 20^2 \times 3 \times 0.5(h) = 600Wh$
$W_D = 50^2 \times 3 \times 0.5(h) = 3,750Wh$

05. 답 ⑤

해설 ㄱ. 일률과 전력은 같은 물리량으로 모두 W(와트)를 단위로 사용한다.

ㄴ. 전력량이란 전기 기구가 일정 시간 동안 소비하는 전기 에너지의 총량을 말한다. 따라서 가정에서 사용한 전기 에너지는 전력량으로 나타낸다.

ㄷ, ㄹ. 1Wh는 1W의 전력으로 1시간 동안 사용한 전기 에너지의 양이다. ∴ 1Wh = 1W × 1h = 1J/s × 3,600s = 3,600 J

06. 답 ④

해설 저항을 병렬 연결하는 경우 전압은 그대로 유지되므로 전력은 저항에 반비례한다. 따라서 저항이 작은 전구가 더 밝다. 전구 B가 전구 C보다 더 밝다. 전구 A와 전구 C의 경우 저항값이 같고, 동일한 전압이 걸리기 때문에 두 전구의 밝기는 같다. 전구의 밝기는 B > A = C 순이다.

[유형 14-4] 답 ⑤

해설 ㄱ. 송전을 할 때 송전선의 저항으로 인해 발생하는 열 등의 손실 전력이 발생한다.

ㄴ. 송전 전압을 V_0, 송전 전류를 I_0라고 할 때, $P_0 = I_0V_0 =$ 일정. V_0를 2배로 승압시키면, I_0가 $\frac{1}{2}$ 배로 감소하기 때문에 손실전력 $(P_{손실} = I_0^2 r)$은 $\frac{1}{4}$ 배로 감소한다.

ㄷ. 송전선에서 손실되는 전력을 줄이기 위해서는 송전선의 저항을 줄이는 방법이 있다. 저항은 도선의 길이에 비례하고, 도선의 단면적에 반비례한다. 따라서 송전선에 더 굵은 도선을 사용하거나, 송전 거리를 줄이면 손실 전력을 줄일 수 있다.

07. 답 ③

해설 에너지 손실이 없는 이상적인 변압기에서는 에너지 보존 법칙에 의해 1차 코일에 공급되는 전력($P_1 = I_1V_1$)과 2차 코일에 유도되는 전력($P_2 = I_2V_2$)이 같다.

따라서 $\frac{V_1}{V_2} = \frac{N_1}{N_2} = \frac{I_2}{I_1}$

$$\therefore I_1 = \frac{N_2}{N_1} \times I_2 = \frac{200}{100} \times 7 = 14A,$$

$$V_1 = \frac{I_2}{I_1} \times V_2 = \frac{7}{14} \times (7 \times 30) = 105V$$

08. 답 ⑤

해설 도선을 교체하지 않는 한 $P_{최대} = VI_{최대 허용 전류}$ 이다. 전류는 최대 허용 전류 이상이 될 수 없으므로 V 를 n 배 높이면, $P_{최대}$도 n 배가 되기 때문에 가정에서 더 큰 전력을 사용할 수 있도록 하기 위해 송전 전압을 높이는 것이다.

① 가정의 최대 허용 전류는 가정의 배선이나 전선의 굵기에 따라 정해진다.

② 송전 전압에 관계없이 가정의 최대 허용 전류는 일정하다. 송전 전류는 가정의 전류 또는 전압과 무관하다.

③ 송전선의 저항은 송전 전압에 관계없이 일정하다. 하지만 이것은 가정으로 들어가는 전압을 높이는 것과 관계없다.

④ 전압이 높아진다고 제품의 안전성이 변하는 것은 아니다. 제품의 안전성은 제품 생산 시의 공정에 달려있다. 정격 220V 가전 제품이 정격 110V 가전 제품보다 더 많은 전력을 쓸 수 있을 뿐이다.

⑤ 가정의 배선에 따라 최대 허용 전류가 정해져 있으므로, 배선을 교체하지 않고 더 큰 전력을 사용하기 위해서는 가정의 전압을 높이면 된다.

창의력 & 토론마당
296~299쪽

01

(1) 전자레인지를 멀티탭에 꽂게 되면 정격 용량인 13A의 전류보다 더 많은 전류가 흐르게 되어 멀티탭의 차단 장치가 작동하게 되므로 정상적으로 사용이 불가능하다. 하지만 가정으로 공급되는 정격 용량인 15A보다는 작은 전류가 흐르게 되므로 가정에 설치되어 있는 전체 차단기는 작동하지 않으므로 멀티탭을 바꿔 사용 가능하다.
(2) 56,145.47원

해설 (1) 냉장고에 흐르는 전류 $I_냉 = \dfrac{P_냉}{V} = \dfrac{380}{220}$

에어컨에 흐르는 전류 $I_에 = \dfrac{P_에}{V} = \dfrac{1300}{220}$

보온 밥솥에 흐르는 전류 $I_보 = \dfrac{P_보}{V} = \dfrac{500}{220}$

냉온수기에 흐르는 전류 $I_온 = \dfrac{P_온}{V} = \dfrac{500}{220}$

전자레인지에 흐르는 전류 $I_컴 = \dfrac{P_컴}{V} = \dfrac{300}{220}$

$\therefore$ 총 전류 $I = \dfrac{380 + 1300 + 500 + 500 + 300}{220}$

$= \dfrac{2980}{220} ≒ 13.54$ (A)

(1) 또 다른 방법의 풀이 :

냉장고 $R_냉 = \dfrac{V^2}{P_냉} = \dfrac{(220)^2}{380}$, 에어컨 $R_에 = \dfrac{V^2}{P_에} = \dfrac{(220)^2}{1300}$

보온 밥솥 $R_보 = \dfrac{V^2}{P_보} = \dfrac{(220)^2}{500}$, 냉온수기 $R_온 = \dfrac{V^2}{P_온} = \dfrac{(220)^2}{500}$

전자레인지 $R_컴 = \dfrac{V^2}{P_컴} = \dfrac{(220)^2}{300}$

전체 저항 $\dfrac{1}{R_T} = \dfrac{1}{R_냉} + \dfrac{1}{R_에} + \dfrac{1}{R_보} + \dfrac{1}{R_온} + \dfrac{1}{R_컴}$

$\rightarrow R_T = \dfrac{(220)^2}{2980}(\Omega)$

$\therefore I = \dfrac{V}{R_T} = \dfrac{2980}{(220)^2} \times 220 ≒ 13.54A$

(2)

	TV	컴퓨터	냉장고	세탁기	청소기	형광등
월 사용량	15.75 kWh	71.25 kWh	277.2 kWh	5.5 kWh	3 kWh	3.75 kWh

$\therefore$ 총 사용량 = 15.75 + 71.25 + 277.2 + 5.5 + 3 + 3.75 = 376.45kWh

이번달 청구 요금 = 기본 요금 + 전력량 요금이다.
전력량 요금은 다음 표와 같다.

전력량 요금	원
처음 100kWh 까지	$55.10 \times 100 = 5,510$
101 ~ 200kWh 까지	$113.80 \times 100 = 11,380$
201 ~ 300kWh 까지	$168.30 \times 100 = 16,830$
301 ~ 400kWh 까지	$248.60 \times 76.45 = 19,005.47$

총 전력량 요금(합계) = 52,725.47원
$\therefore$ 이번달 청구 요금 = 3,420 + 52,725.47 = 56,145.47원

02

(1) 변전소 (가) : ㄷ, 변전소 (나), (다) : ㄴ

(2) 발전소에서 소비지에 공급하는 송전 전력은 일정하기 때문에 전압을 높이면 전류는 감소하고, 전압을 낮추면 전류는 증가한다. 한편, 송전을 할 때 송전선의 저항 때문에 열로 인하여 손실되는 전력이 발생하므로 송전선의 길이에 따라 전력은 조금씩 줄어들게 된다.

해설 에너지 손실이 없는 이상적인 변압기에서는 에너지 보존 법칙에 의해 1차 코일에 공급되는 전력($P_1 = I_1V_1$)과 2차 코일에 유도되는 전력($P_2 = I_2V_2$)이 같다.

따라서 $\dfrac{V_1}{V_2} = \dfrac{N_1}{N_2} = \dfrac{I_2}{I_1}$ 이 된다.

변전소 (가)에서는 발전소에서 생산된 10kV의 전압을 60kV의 전압으로 승압해야 한다. 따라서 1차 코일의 감은 수보다 2차 코일의 감은수가 더 많아야 하므로, 〈보기〉의 변압기 중 ㄷ이 사용되어야 한다.

변전소 (나)에서는 60kV의 전압을 6.6kV로 낮춰야 한다. 따라서 1차 코일의 감은수가 2차 코일의 감은수보다 많아야 한다. 따라서 〈보기〉의 변압기 중 ㄴ이 사용되어야 한다.

변전소 (다)에서도 전압을 6.6kV에서 220V로 낮추는 곳이므로 〈보기〉의 변압기 중 ㄴ이 사용되어야 한다.

03

(1) 철 막대   (2) 은 막대

해설 발열량은 전기 에너지에 비례하며(발열량(Q) $\propto$ 전기 에너지(E)), 전기 에너지(E) $= VIt = I^2Rt = \dfrac{V^2}{R}t$ 이다.

(1) 저항체를 직렬 연결하는 경우 각 저항에 흐르는 전류가 동일하다. 전류가 일정할 때 저항이 클수록 전기 에너지가 커지므로 더 큰 열이 발생하게 된다. 전기 전도도가 가장 작은 금속이 저항이 가장 크므로 전기 전도도가 가장 작은 철 막대가 가장 많은 열을 발생시켜 가장 빨리 가열된다.

(2) 저항체를 병렬 연결하는 경우 각 저항에 걸리는 전압이 동일하다. 전압이 일정할 때 저항이 작을수록 전기 에너지가 커지므로 더 큰 열이 발생하게 된다. 따라서 4가지 금속 막대 중 저항이 가장 작은 은 막대에서 가장 많은 열을 발생시켜 가장 빨리 가열된다.

04

(1) 3.4Ω (2) 7,225W   (3) 8,500W

해설 문제에서 주어진 저항값과 전압을 이용하여 고장 이전 니크롬선의 소비 전력(P_0)을 구하면 다음과 같다.

$$P_0 = \dfrac{V^2}{R} = \dfrac{(170V)^2}{4\Omega} = 7,225W$$

도선 길이 l, 단면적 S, 비저항 ρ인 저항 $R = \rho\dfrac{l}{S}$

따라서 주어진 니크롬선의 비저항은

$4\Omega = \rho\dfrac{100cm}{0.1cm^2} \rightarrow \rho = \dfrac{4\Omega}{1000cm} = 0.0004\Omega \cdot cm$

수리 후

수리 후 니크롬선을 다음 그림과 같이 A, B, C 3구역으로 나누어 저항값을 구하면, 우선 B구역의 저항 R_B는

$$R_B = \rho\dfrac{10cm}{0.2cm^2} = 0.2\Omega$$

A구역의 저항 R_A와 C구역의 저항 R_C는 길이가 같은 동일한 도

선이므로 저항값은 같다.

$$R_A = \rho \frac{40cm}{0.1cm^2} = 1.6\Omega = R_C$$

∴ 니크롬선의 전체 저항 $R_T = 1.6\Omega + 1.6\Omega + 0.2\Omega = 3.4\Omega$

수리 이후 니크롬선의 소비 전력($P_{\bar{\tau}}$)은

$$P_{\bar{\tau}} = \frac{(170V)^2}{3.4\Omega} = 8,500W$$

05

전선과 몸이 닫힌 회로를 이루게 되어 닫힌 회로를 통과 하는 자속의 변화로 발생한 유도 전류에 의한 열에너지 의 발생으로 화상을 입게 된다.

해설 MRI 장비 내부에는 일정하게 변하는 자기장이 수직으로 걸려 있다.

닫힌 회로

이때 탐침에 연결된 전선이 그림과 같이 팔에 닿게 되면 팔과 전 선이 닫힌 회로의 역할을 하게 된다. 따라서 닫힌 회로를 통과하는 자속이 변하게 되면 패러데이 법칙에 의해 회로에 전류가 유도된 다. 전선의 피복과 피부가 모두 매우 큰 전기 저항을 갖는다고 하 여도 형성되는 유도 기전력이 매우 크기 때문에 충분한 전류가 흐 르게 되고, 전류가 흐를 때 에너지가 소모되면서 열이 발생하게 되 므로 전선이 닿은 부분이 화상을 입게 되는 것이다. 그래서 MRI관 리자들은 탐침이 부착되는 곳 외에는 모니터와 연결된 전선이 환 자에게 닿지 않도록 교육받고 있다.

06 11시간

해설 스위치를 열어놓는 상태에서는 저항값이 20Ω인 저항과 10Ω인 저항이 직렬 연결된다. 따라서 전체 저항은 30Ω이다. 전체 회로에서 총 소비한 전기 에너지

$E = Pt$, 회로 전체의 소비 전력은 $P = \dfrac{V^2}{R}$ 이므로

두 식에 의해 t 는

$t = \dfrac{E}{P} = \dfrac{ER}{V^2}$ 이다. 문제에서 전지의 전압은 완전히

방전이 될 때까지 일정하게 유지되므로, 전기 에너지도 일정하다. 따라서 방전되는데 걸리는 시간(t)은 저항값(R)에 비례하게 된다. 스위치를 닫았을 경우 회로의 전체 저항(R_T)은 $R_{\text{병}}$ + 10Ω 이다.

$$\frac{1}{R_{\text{병}}} = \frac{1}{30} + \frac{1}{20} = \frac{5}{60} \rightarrow R_{\text{병}} = \frac{60}{5} = 12\Omega$$

∴ $R_T = 22\Omega$

스위치를 닫았을 경우 전체 저항값이 스위치를 열었을 때의 $\dfrac{11}{15}$ 배로 줄었으므로, 방전되기까지 걸리는 시간도 $\dfrac{11}{15}$ 배로 줄어 11시간이 걸린다.

01. ③	**02.** A	**03.** 열전대
04. ㉠ 자속 ㉡ 기전력		**05.** 10, 46.08
06. ③	**07.** ③	**08.** ②	**09.** ③	**10.** ⑤
11. ⑤	**12.** ⑤	**13.** ⑤	**14.** ②	**15.** ④
16. ①	**17.** ①	**18.** ①	**19.** ③	
20. 64 : 1 : 4 : 9		**21.** ⑤	**22.** ③	**23.** ③
24. 12.5, 25, 600		**25.** 96	**26.** 24	**27.** ①
28. ④	**29.** ㉠ (라)의 열량계 B, ㉡ (가)의 열량계 A			
30. ④	**31.** ③	**32.** ③		

01. 답 ③

해설 기전력은 기전력원이 회로에 발생시키는 전압과 같은 의미 이다. 따라서 기전력은 회로에 전류를 흐르게 한다. W를 에너지, 일, q를 전하량, V를 기전력 또는 전압이라 할 때 $W = qV$ 이 성 립한다.

ㄱ. 기전력의 단위로는 V(볼트), J/C을 사용한다.

ㄴ. 기전력은 전류가 흐르는 양단의 전압을 일정하게 유지하여 전 류를 흐르게 할 수 있는 능력을 말한다. 단위 시간 당 발생한 에너 지는 전력(P)이다.

ㄷ. 기전력은 단위 전하당 한 일이거나 단위 전하 당 에너지이다.

02. 답 A

해설

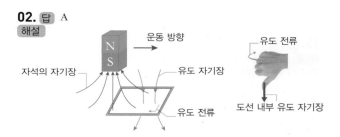

운동 방향

자석의 자기장

유도 자기장

유도 전류

도선 내부 유도 자기장

자석이 오른쪽을 이동하면서 코일 내부를 위로 통과하는 자속이 증가하므로 증가를 억제하기 위해 코일 내부에서는 아래 방향의 유도 자기장이 형성되고 이에 대응하여 유도 전류가 A 방향으로 흐른다.

05. 답 10, 46.08

해설 저항 R 의 양단에 전압 V 를 걸어주었을 때 전류 I 가 흐르 면, 저항에서 t 초 동안 소비하는 전기 에너지

$$E = VIt = I^2Rt = \frac{V^2}{R}t \rightarrow R = \frac{E}{I^2t}$$

따라서 전구의 저항 $R = \dfrac{192}{(0.8)^2 \times 30} = 10\Omega$

발생한 열량 $Q = \dfrac{E}{J} = 192J \times 0.24cal/J = 46.08cal$

06. 답 ③

해설 열량계 3개가 병렬 연결되어 있으며, 각각의 열량계에 전류 계가 연결되어 있는 것으로 보아 전류와 발열량의 관계를 알아보 기 위한 실험 장치이다. 이때 각 열량계가 병렬 연결되어 있어서 전압이 일정하므로, 전류와 발열량의 관계는 비례 관계가 된다.

07. 답 ③

해설 저항을 병렬 연결하는 경우 각 저항에 걸리는 전압은 같다.

옴의 법칙 $I = \dfrac{V}{R}$ 에 의해 전류의 비는 저항의 역수 비와 같다.

따라서 전류의 비는 다음과 같다.

$$I_A : I_B : I_C = \frac{1}{R_A} : \frac{1}{R_B} : \frac{1}{R_C} = \frac{1}{1} : \frac{1}{3} : \frac{1}{5} = 15 : 5 : 3$$

발열량 $Q = VIt$ 이므로, 발열량의 비도 전류의 비와 같다.

08. 답 ②

해설 전구의 저항 $R = \dfrac{V_{정격}^{\,2}}{P_{정격}} = \dfrac{(200V)^2}{100W} = 400\Omega$

전구의 소비 전력 $P = \dfrac{V^2}{R} = \dfrac{(50V)^2}{400\Omega} = 6.25W$

09. 답 ③

해설 전류를 증가시킬 수 없을 때, 전압을 두배로 해주면 $P = VI$ 공식으로 부터 사용 가능 전력도 2배로 증가한다.

10. 답 ⑤

해설 송전 전압 V_0을 n 배 높이면, 송전 전류 I_0가 $\dfrac{1}{n}$배로 감소하기 때문에 손실 전력 $P_{손실}$은 $\dfrac{1}{n^2}$ 배로 감소한다.

전압을 3배 높였기 때문에 손실 전력은 $\dfrac{1}{3^2} = \dfrac{1}{9}$ 배가 된다.

11. 답 ⑤

해설 (가)는 직류 발전기, (나)는 교류 발전기에서 시간에 따른 자속의 변화와 기전력의 변화를 나타낸 것이다.

12. 답 ⑤

해설 ㄱ. 그림 (가)는 직류 발전기, 그림 (나)는 교류 발전기의 구조를 나타낸 것이다.

ㄴ. 그림 (가)의 A가 정류자이다. 정류자는 직류 발전기에서 전류의 방향이 바뀌지 않고 일정하게 흐를 수 있도록 해준다. 그림 (나)의 B는 집진 고리이다.

ㄷ. 발전기는 역학적 에너지를 전기 에너지로 전환시키는 장치이다.

ㄹ. 발전소로부터 가정에 공급되는 전류는 교류이다.

13. 답 ⑤

해설 ① 그림 (가)의 저항은 R, 그림 (나)는 회로의 합성 저항이 $2R$이므로, 옴의 법칙 $I = \dfrac{V}{R}$ 에 의해 그림 (나)에 측정되는 전류는 그림 (가)에 흐르는 전류의 절반이 된다. 따라서 $I_A > I_B$ 이다.

② 그림 (나)에서는 직렬 연결된 저항 1개에 걸린 전압만을 측정하고 있다. 이때 저항값이 같은 저항을 직렬 연결하였으므로 각 저항에 걸리는 전압은 전체 전압의 절반씩이 된다. 따라서 $V_A > V_B$ 이다.

③④⑤ 스티로폼 컵의 물의 양이 같으므로 발열량과 온도 변화는 비례 관계이다. 이때 발열량은 전기 에너지에 비례한다. 스티로폼 컵 A에서의 전기 에너지가 VIt 라면, 스티로폼 컵 B에서의 전기 에너지는 $\dfrac{VI}{4}t$ 이므로 온도 변화는 스티로폼 컵 A가 스티로폼 컵 B보다 크다.

14. 답 ②

해설 온도 변화 $\propto$ 발열량 $\propto$ 전력(시간 동일)이다.

저항이 병렬 연결된 B 열량계의 합성 저항은 다음과 같다.

$\dfrac{1}{3} + \dfrac{1}{2} = \dfrac{5}{6} \to$ B 열량계의 합성 저항 $= \dfrac{6}{5}$ (Ω)

B 열량계와 C 열량계의 합성 저항은 다음과 같다.

$\dfrac{5}{6} + \dfrac{1}{6} = \dfrac{6}{6} = 1$ (Ω), 전체 회로의 합성 저항 : 5 (Ω)

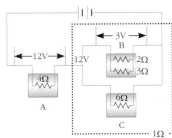

따라서 열량계 A에 걸리는 전압은 12V, 열량계 B와 C에 걸리는 전압은 각각 3V가 된다. 전력 $P = \dfrac{V^2}{R}$ 이므로

$$\therefore \Delta T_A : \Delta T_B : \Delta T_C = \frac{12^2}{4} : \frac{5}{6} \times 3^2 : \frac{3^2}{6} = 24 : 5 : 1$$

15. 답 ④

해설 전구 A(C)의 저항 $R_A = \dfrac{V_{정격}^{\,2}}{P_{정격}} = \dfrac{(100V)^2}{50W} = 200\Omega$

전구 B(D)의 저항 $R_B = \dfrac{V_{정격}^{\,2}}{P_{정격}} = \dfrac{(100V)^2}{100W} = 100\Omega$

그림 (가)의 직렬 연결에서는 전구는 저항값이 클수록 밝다. 따라서 전구 A가 전구 B보다 밝다. 그림 (나)에서는 전구를 병렬 연결하였으므로 전구의 밝기는 저항값이 작을수록 밝다. 따라서 전구 D가 전구 C보다 밝다. 각 전구의 소비 전력이 클수록 밝으므로

전구 A의 소비 전력 $P_A = I^2 R_A = (\frac{1}{3})^2 \times 200 = \dfrac{200}{9}$

전구 B의 소비 전력 $P_B = I^2 R_B = (\frac{1}{3})^2 \times 100 = \dfrac{100}{9}$

전구 C의 소비 전력 $P_C = \dfrac{V^2}{R} = \dfrac{(100V)^2}{200\Omega} = 50W$

전구 D의 소비 전력 $P_D = \dfrac{(100V)^2}{100\Omega} = 100W$

전구가 밝은 순서대로 나열하면 D, C, A, B이다.

16. 답 ①

해설

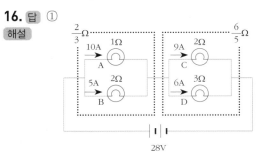

A전구와 B전구의 합성 저항은 다음과 같다.

$\dfrac{1}{1} + \dfrac{1}{2} = \dfrac{3}{2} \to$ A전구와 B전구의 합성 저항$(R_1) = \dfrac{2}{3}$

C전구와 D전구의 합성 저항은 다음과 같다.

$\dfrac{1}{2} + \dfrac{1}{3} = \dfrac{5}{6} \to$ C전구와 D전구의 합성 저항$(R_2) = \dfrac{6}{5}$

$\therefore$ 회로 전체의 합성 저항 $\dfrac{2}{3} + \dfrac{6}{5} = \dfrac{28}{15}\Omega$

따라서 옴의 법칙에 의해 회로에 흐르는 전류 $I = 15A$ 이다.
A전구와 B전구에 걸리는 전압을 V_1이라고 하면,

$V_1 = IR_1 = 15 \times \dfrac{2}{3} = 10V$이므로, 전구 A에 흐르는 전류는 10A, 전구

B에 흐르는 전류는 5A가 된다.

C전구와 D전구에 걸리는 전압을 V_2이라고 하면,

$V_2 = IR_2 = 15 \times \dfrac{6}{5} = 18V$이므로, 전구 C에 흐르는 전류는 9A, 전구 D

에 흐르는 전류는 6A가 된다.

∴ 전구 B가 소비한 전력량 $W_B = VIt = 10 \times 5 \times \dfrac{1}{4} = 12.5Wh$

전구 C가 소비한 전력량 $W_C = 18 \times 9 \times \dfrac{1}{4} = 40.5Wh$

17. 답 ①

해설 스탠드에 흐르는 전류 $I_\text{스} = \dfrac{P_\text{스}}{V} = \dfrac{30}{220}$

라디오에 흐르는 전류 $I_\text{라} = \dfrac{P_\text{라}}{V} = \dfrac{40}{220}$

TV에 흐르는 전류 $I_\text{TV} = \dfrac{P_\text{TV}}{V} = \dfrac{150}{220}$

컴퓨터에 흐르는 전류 $I_\text{컴} = \dfrac{P_\text{컴}}{V} = \dfrac{110}{220}$

∴ 총 전류 $I = \dfrac{30 + 40 + 150 + 110}{220} = \dfrac{330}{220} = 1.5A$

이 가정에서 하루 동안 사용한 총 전력량은 전력×시간(h)의 합이다.
$(30 \times 2) + (40 \times 4) + (150 \times 3) + (110 \times 12) = 1990Wh$
$= 1.99kWh$

18. 답 ①

해설 비저항이 작을수록 송전선의 저항이 줄어 손실전력이 감소하므로 비저항이 작은 금속일수록 좋다.

② 송전 전압을 2배로 높이면, 송전 전류가 $\dfrac{1}{2}$ 배로 감소하기때문

에 손실 전력은 $\dfrac{1}{4} = 0.25$배로 감소한다.

③ 송전선을 교체하지 않는 한 송전선의 저항은 일정하다.
④ 대규모 공장은 일반 가정보다 전력 소모가 크므로 되도록 더 높은 전압으로 송전하여 손실 전력을 줄여야 한다.
⑤ 도선을 교체하지 않는 한 $P_\text{최대} = VI_\text{최대 허용 전류}$ 이다. 전류는 최대 허용 전류 이상이 될 수 없으므로 V 를 n 배 높이면, $P_\text{최대}$도 n 배가 된다.

19. 답 ③

해설 ㄱ, ㄹ. 코일에 전류가 흐르게 되면 코일 주위에 일정한 방향의 자기장이 생긴다. 이 자기장 속에서 금속판이 움직이는 경우 운동을 억제시키는(방해하는) 유도 기전력이 금속판에 발생하며, 이에 의해 소용돌이 모양의 유도 전류인 맴돌이 전류가 금속판에 흐르게 된다. 이 과정에서 금속 자체의 저항에 의한 줄열이 금속판에 발생한다. 따라서 금속판은 곧 정지하게 되며, 온도가 조금 상승하게 된다.
ㄴ, ㄷ. 코일에 흐르는 전류의 방향을 모두 바꾸는 경우 금속판 주위의 자기장의 세기는 변함 없으므로 금속에 발생하는 유도 기전력의 크기에는 변함이 없으므로 멈추는 속도에 차이는 없다. 하지만 전류가 세지는 경우, 더 강한 유도 기전력이 발생하므로 더 빠르게 멈추게 된다. 옳은 것은 ㄷ, ㄹ 이다.

20. 답 $64 : 1 : 4 : 9$

해설 온도 변화 ∝ 발열량 ∝ 전력(시간 동일)이다.
병렬 연결된 회로의 합성 저항은 다음과 같다.

$\dfrac{1}{3R} + \dfrac{1}{R} = \dfrac{4}{3R}$ → 병렬 연결된 부분의 합성 저항 $= \dfrac{3}{4}R$

∴ 회로 전체의 합성 저항 $= \dfrac{11}{4}R$

따라서 A와 병렬 연결된 부분에 걸리는 전압의 비는 $8 : 3$이 된다.
A에 걸리는 전압을 8V라고 하면, B에 걸리는 전압은 1V, C에 걸리는 전압은 2V, D에 걸리는 전압은 3V가 된다. 이때 온도 변화는 비열에 반비례하므로, A와 C는 같은 조건에서 온도 변화가 B와 D의 2배이다.

∴ $T_A : T_B : T_C : T_D = \dfrac{(8V)^2}{2R} \times 2 : \dfrac{V^2}{R} : \dfrac{(2V)^2}{2R} \times 2 : \dfrac{(3V)^2}{R}$

$= 64 : 1 : 4 : 9$

21. 답 ⑤

해설 ㄱ. 스위치를 닫게 되면, 전구 C와 D에 걸리는 합성 저항이 감소하므로, 전체 합성 저항이 감소하게 된다. 따라서 회로에 흐르는 전체 전류는 증가한다.
ㄴ. 스위치를 열었을 때 회로는 다음과 같아진다.

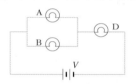

스위치를 닫게 되면, 전구 C와 D에 걸리는 합성 저항이 감소하고, 전체 전압은 일정하므로 전구 A와 B에 걸리는 전압은 증가하게 된다. 따라서 스위치를 열었을 때 전구 A에 걸리는 전압은 스위치를 닫았을 때보다 작다.

ㄷ. 전구의 소비 전력 $P = \dfrac{V^2}{R}$ 이다. 스위치를 닫으면 전구 B에 걸

리는 전압이 증가하므로, 전구 B의 소비전력도 증가하게 된다.

ㄹ. 소비 전력은 $P = I^2 R$ 이다. 스위치를 열었을 때, 전구 A와 D의 저항은 동일하지만, 전류는 전구 D를 흐르는 전류가 전류 A를 흐르는 전류의 2배이다. 따라서 전구 A가 소모하는 전력이 전구 D가 소모하는 전력보다 작다.

22. 답 ③

해설 전구 A의 전력(P)이 커지면 밝기가 증가한다.

$P = VI = I^2 R = \dfrac{V^2}{R}$ 이므로 각 경우에 따라 공식을 적절히 적용해야

한다.
ㄱ. 전구 A의 저항을 크게 하면 전체 전류와 같은 A를 흐르는 전류가 감소한다. $P = I^2 R$ 에서 저항의 증가에 대해 전류는 제곱의 형태로 감소하므로 전구 A의 전력이 감소하여 밝기가 어두워진다.
ㄴ, ㄷ. 전구 B, C의 저항을 각각 크게 하는 경우 전구 (B, C)의 합성 저항이 증가하고, 전체 전압은 동일하므로 전구 A에 걸리는 전압이 작아져 전구 A의 전력이 감소하고 밝기가 어두워진다.
ㄹ. 전구 A, B의 저항을 모두 작게 하면, 합성 저항이 작아지므로 전체 전류(A를 흐르는 전류)가 증가한다. 전구 A의 전력 $P = I^2 R$ 에서 저항의 감소에 대해 전류는 제곱의 형태로 증가하므로 전구 A의 전력이 증가하여 밝기가 증가한다.
ㅁ. 전구 B와 C의 저항을 모두 작게 하면 합성 저항이 작아지므로 전체 전류가 증가하게 되어 전구 A의 밝기가 증가한다.
답은 ㄹ, ㅁ 이다.

23. 답 ③

해설 ㄱ. 가전 제품들은 모두 병렬로 연결되어 있다. 따라서 동일한 전압이 걸리므로 하나의 연결 회로가 고장나도 다른 가전 제품에 영향을 주지 않는다. 스탠드, TV, 가습기, 선풍기에 흐르는 전류를 각각 $I_스, I_{TV}, I_가, I_선$ 라고 하면,

ㄴ. $I_스 = \dfrac{P_스}{V} = \dfrac{80}{220}$, $I_{TV} = \dfrac{P_{TV}}{V} = \dfrac{200}{220}$, $I_가 = \dfrac{P_가}{V} = \dfrac{150}{220}$

선풍기에 흐르는 전류 $I_선 = \dfrac{P_선}{V} = \dfrac{100}{220}$

$\therefore$ 총 전류 $I = \dfrac{80 + 200 + 150 + 100}{220} = \dfrac{530}{220} \fallingdotseq 2.4A$

따라서 이 가정의 퓨즈 용량은 총 전류값을 조금 넘은 약 3A정도여야 안전하게 사용 가능하다.

ㄷ. $P = \dfrac{V^2}{R} \rightarrow R = \dfrac{V^2}{P}$ 이며, 이때 전압은 일정하므로 각 가전 제품의 저항은 소비 전력에 반비례함을 알 수 있다. 따라서 소비 전력이 가장 작은 스탠드의 저항이 가장 크다.

ㄹ. 이 가정에서 하룻동안 사용한 총 전력량은
$(80 \times 2) + (200 \times 4) + (150 \times 8) + (100 \times 5) = 2660Wh$

24. 답 12.5, 25, 600

해설 변압기에서 에너지 손실이 없을 때
$$\dfrac{V_1}{V_2} = \dfrac{N_1}{N_2} = \dfrac{I_2}{I_1}$$
변압기 A의 1차 코일에 공급되는 전력
$P_{A1} = 50A \times 300V = 15,000W$

$\therefore I_{A2} = \dfrac{N_{A1}}{N_{A2}} \times I_{A1} = \dfrac{100}{400} \times 50 = 12.5\ (A)$

$V_{A2} = \dfrac{I_{A1}}{I_{A2}} \times V_{A1} = \dfrac{50}{12.5} \times 300 = 1200\ (V)$

즉, 1차 코일과 2차 코일의 감은 수의 비는 전압의 비와 같은 1 : 4이고, 전류의 비는 4 : 1이 된다.
$$\therefore I_{A2} = I_1 = 12.5\ (A)$$
변압기 B의 1차 코일의 감은 수 : 2차 코일의 감은 수
$= 100 : 50 = 2 : 1 = 1200V : V$, $\therefore V = 600\ (V)$
이때 전류의 비는 1 : 2 = 12.5 : I_2, $\therefore I_2 = 25\ (A)$

25. 답 96

해설 가변 저항값이 3Ω일 때 회로의 전체 전류가 2A이므로, 가변 저항에 걸리는 전압은 3Ω × 2A = 6V가 된다. 회로에 걸리는 전체 전압은 12V이므로, 전구에 걸리는 전압은 6V임을 알 수 있다. 또한 가변 저항과 전구가 직렬 연결되어 있으므로 저항과 전구에 흐르는 전류가 같다. 따라서 전구의 저항은 $R = \dfrac{V}{I} = \dfrac{6}{2} = 3Ω$

이때 저항을 12Ω으로 바꾸게 되면, 전체 회로의 합성 저항은 12Ω + 3Ω = 15Ω 이므로, 전체 전류는 $I = \dfrac{V}{R} = \dfrac{12}{15} = 0.8A$

$\therefore$ 전구에서 50초 동안 소비하는 전기 에너지
$E = VIt = I^2Rt = (0.8A)^2 \times (3Ω) \times (50s) = 96J$

26. 답 24

해설 각 저항의 저항값을 R 이라고 할 때,
A 부분의 합성 저항 $R_A = \dfrac{R}{2}$

B 부분의 합성 저항 $\dfrac{1}{R_B} = \dfrac{1}{3R} + \dfrac{1}{R} = \dfrac{4}{3R} \rightarrow R_B = \dfrac{3}{4}R$

A와 B는 직렬 연결되어 있으므로 저항의 비는 전압의 비와 같다.

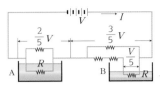

따라서 A전체와 B전체에 걸리는 전압의 비는 $V_A : V_B = 2 : 3$이다.
$\therefore$ A 부분에 잠겨 있는 저항에 걸리는 전압과 B 부분에 잠겨 있는 저항에 걸리는 전압의 비는 2 : 1이다. 저항이 같을 때 열량의 비는 (전압)^{2}의 비와 같다.
$$\therefore Q_A : Q_B = 2^2 : 1^2 = 4 : 1$$
$Q = cm\varDelta t$ 이다. A의 물의 온도가 5분 후 T 가 되었다면, 온도 변화는 $T - 20$이다.
$\therefore Q_A = 1 \times 200 \times (T - 20)$, $Q_B = 1 \times 100 \times (22 - 20)$
$Q_A : Q_B = 4 : 1 \rightarrow Q_A = 4Q_B$이므로, $200(T - 20) = 4(200)$
$$\therefore T = 24℃$$

27. 답 ①

해설

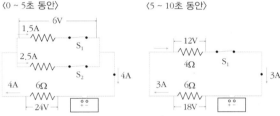

① 5 ~ 10초 동안
저항값이 6Ω인 저항과 R_1은 직렬 연결되어 있으므로, 두 저항에는 동일한 세기의 전류 3A가 흐른다. 따라서 옴의 법칙에 의해 저항값이 6Ω인 저항에 걸리는 전압은 18V이고, R_1에 걸리는 전압은 12V가 되므로, 저항값은 $R_1 = \dfrac{V_1}{I_1} = \dfrac{12}{3} = 4\ (Ω)$

② 0 ~ 5초 동안
저항값이 6Ω인 저항에 흐르는 전류가 4A이므로, 저항값이 6Ω인 저항에 걸리는 전압은 24V, 병렬 연결된 부분에 걸리는 전압은 6V가 된다. 이때 R_1에 흐르는 전류는
$I_1 = \dfrac{V_1}{R_1} = \dfrac{6}{4} = \dfrac{3}{2} = 1.5\ (A)$, R_2에 흐르는 전류 $I_2 = 2.5\ A$

저항 $R_2 = \dfrac{V_2}{I_2} = \dfrac{6}{2.5} = 2.4\ (Ω)$

ㄴ. 3초 일 때 저항 R_2에 흐르는 전류는 2.5A이다.

ㄷ. R_2에서 소비되는 전기 에너지는 $E = I^2Rt$를 이용하면,
R_2에는 0 ~ 5초인 5초 동안만 전류가 흐르므로
$E_2 = (2.5^2) \times (2.4) \times 5 = 75\ (J)$이다.

28. 답 ④

해설 (가) 열량계 A의 저항은 R, 열량계 B의 저항은 $2R$이 된다. 열량계가 직렬 연결되어 있으므로 발열량의 크기는 저항의 크기에 비례한다. 따라서 열량계 B의 온도가 열량계 A의 온도보다 높다.

(나) 열량계 A의 저항은 R, 열량계 B의 저항은 $0.5R$이 된다. 열량계가 직렬 연결되어 있으므로 열량계 A의 온도가 열량계 B의 온도보다 높다.

(다) 열량계 A의 저항은 R, 열량계 B의 저항은 $2R$이 된다. 열량계가 병렬 연결되어 있으므로 발열량의 크기는 저항의 크기에 반비례한다. 따라서 열량계 A의 온도가 열량계 B의 온도보다 높다.

(라) 열량계 A의 저항은 R, 열량계 B의 저항은 $0.5R$이 된다. 열량계가 병렬 연결되어 있으므로 열량계 B의 온도가 열량계 A의 온도보다 높다.

29. 답 ㉠ (라)의 열량계 B, ㉡ (가)의 열량계 A

해설 (가) 전압 V를 걸어 주었을 때, 전체 전류 $I = \dfrac{V}{3R}$ 이다.

열량계 A의 소비 전력 $P_A = I^2 R_A = (\dfrac{V}{3R})^2 \times R = \dfrac{1}{9}\dfrac{V^2}{R}$

열량계 B의 소비 전력 $P_B = I^2 R_B = (\dfrac{V}{3R})^2 \times 2R = \dfrac{2}{9}\dfrac{V^2}{R}$

(나) 전압 V를 걸어주었을 때, 전체 전류 $I = \dfrac{2V}{3R}$ 이다.

열량계 A의 소비 전력 $P_A = I^2 R_A = (\dfrac{2V}{3R})^2 \times R = \dfrac{4}{9}\dfrac{V^2}{R}$

열량계 B의 소비 전력 $P_B = I^2 R_B = (\dfrac{2V}{3R})^2 \times 0.5R = \dfrac{2}{9}\dfrac{V^2}{R}$

(다) 전압 V를 걸어주었을 때, 각 열량계에 걸리는 전압이 같으므로,

열량계 A의 소비 전력 $P_A = \dfrac{V^2}{R_A} = \dfrac{V^2}{R}$

열량계 B의 소비 전력 $P_B = \dfrac{V^2}{R_B} = \dfrac{1}{2}\dfrac{V^2}{R}$

(라) 전압 V를 걸어주었을 때, 각 열량계에 걸리는 전압이 같으므로,

열량계 A의 소비 전력 $P_A = \dfrac{V^2}{R_A} = \dfrac{V^2}{R}$

열량계 B의 소비 전력 $P_B = \dfrac{V^2}{R_B} = \dfrac{1}{0.5}\dfrac{V^2}{R} = 2\dfrac{V^2}{R}$

30. 답 ④

해설 그림과 같이 각 전구에 기호를 붙인 후 4가지의 경우를 각각 확인해 본다. 저항이 없는 도선에 병렬 연결된 전구에는 전류가 흐르지 않음을 주의하자.

S_1만 열었을 때 · S_2만 열었을 때

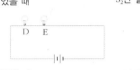

S_3만 열었을 때 · S_4만 열었을 때

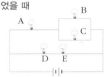

전구의 저항값을 R 이라고 할 때, 각 스위치만을 연 경우 합성 저항은 다음과 같다.

$S_1 : 2R$ $\quad$ $S_2 : \dfrac{1}{R_{합}} = \dfrac{1}{2R} + \dfrac{1}{R} = \dfrac{3}{2R}, R_{합} = \dfrac{2}{3}R$

$S_3 : \dfrac{1}{R_{합}} = \dfrac{2}{3R} + \dfrac{1}{2R}, R_{합} = \dfrac{6}{7}R$ $\quad$ $S_4 : R$

4가지 경우 모두 전체 전압은 같으므로, 저항이 작을수록 전력이 크다. 그러므로 가장 많은 전력을 소비하는 경우(A)는 저항이 가장 작은 S_2만을 열었을 경우이고, 가장 적은 전력을 소비하는 경우(B)는 저항이 가장 큰 S_1만을 열었을 경우이다.

31. 답 ③

해설 전구의 소비 전력 $P = \dfrac{V^2}{R}$ 이다. 전구가 병렬 연결되어 있으므로, 각 전구에 걸리는 전압 V는 같다.

전구 A의 소비 전력 $P_A = \dfrac{V^2}{R_A}$

→A의 저항 $R_A = \dfrac{V^2}{P_A} = \dfrac{V^2}{30}$, B의 저항 $R_B = \dfrac{V^2}{P_B} = \dfrac{V^2}{60}$

C의 저항 $R_C = \dfrac{V^2}{P_C} = \dfrac{V^2}{90}$

C의 저항 R_C 를 R이라고 하면, $R_A = 3R, R_B = \dfrac{3}{2}R$ 가 된다.

ㄱ. 전구를 모두 직렬 연결하는 경우 전구의 밝기는 저항이 클수록 밝으므로 밝은 순서는 A > B > C 이다.

ㄴ. A와 B 병렬, C 직렬 연결

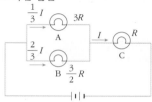

각 전구의 밝기는 다음과 같다.

$P_A = I_A{}^2 R_A = (\dfrac{1}{3}I)^2 \times 3R = \dfrac{1}{3}I^2 R$

$P_B = I_B{}^2 R_B = (\dfrac{2}{3}I)^2 \times \dfrac{3}{2}R = \dfrac{2}{3}I^2 R$

$P_C = I_C{}^2 R_C = I^2 \times R = I^2 R$

∴ 전구가 밝은 순서대로 나열하면 C > B > A이다.

ㄷ. A와 C 병렬, B 직렬 연결

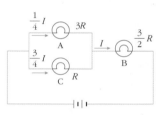

각 전구의 밝기는 다음과 같다.

$P_A = I_A{}^2 R_A = (\dfrac{1}{4}I)^2 \times 3R = \dfrac{3}{16}I^2 R$

$P_B = I_B{}^2 R_B = I^2 \times \dfrac{3}{2}R = \dfrac{3}{2}I^2 R$

$P_C = I_C{}^2 R_C = (\dfrac{3}{4}I)^2 \times R = \dfrac{9}{16}I^2 R$

∴ 전구가 밝은 순서대로 나열하면 B > C > A이다.(답)

ㄹ. B와 C 병렬, A 직렬 연결

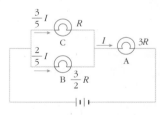

각 전구의 밝기는 다음과 같다.

$P_A = I_A{}^2 R_A = I^2 \times 3R = I^2 R$

$P_B = I_B{}^2 R_B = (\dfrac{2}{5}I)^2 \times \dfrac{3}{2}R = \dfrac{6}{25}I^2 R$

$P_C = I_C{}^2 R_C = (\dfrac{3}{5}I)^2 \times R = \dfrac{9}{25}I^2 R$

∴ 전구가 밝은 순서대로 나열하면 A > C > B이다.

32. 답 ③

해설 송전 전압을 V_0, 송전 전류를 I_0라고 할 때, P_0(송전 전력) $= I_0 V_0 =$ 일정.

따라서 $P_{손실} = I_0^2 R = (\frac{P_0}{V_0})^2 R$, $R = (\frac{V_0}{P_0})^2 P_{손실}$

$\therefore$ 지역 A의 송전선의 저항 $R_A = (\frac{V_0}{P_0})^2 P$

지역 B의 송전선의 저항 $R_B = (\frac{3V_0}{P_0})^2 P = (\frac{3V_0}{P_0})^2 P$

$$\therefore R_A : R_B = 2 : 9$$

15강. Project 2

해설 [서술 예시]

Q1 질량 m, 전하량 q 인 대전 입자를 일정한 속도 v 로 균일한 자기장 B 에 수직하게 입사시키면 대전 입자에 작용하는 자기력 $F(=qvB)$은 항상 운동 방향에 수직한 방향으로 일정한 크기로 작용하기 때문에 이 힘이 구심력의 역할을 하여 등속 원운동을 하게 된다. 이때 원운동의 반지름 r 과 주기 T는 다음과 같다.

$$F = \frac{mv^2}{r} = qvB \rightarrow r = \frac{mv}{qB} \quad T = \frac{2\pi r}{v} = \frac{2\pi m}{qB}$$

주기 T 는 반지름 r 이나, 입자의 속도의 크기 v 와 상관 없이 일정하게 나타난다.

Q2

$r = \frac{mv}{qB} \rightarrow v = \frac{rqB}{m}$ 이다.

따라서 중성자의 속력(v)은

$v = \frac{rqB}{m} = \frac{(0.53\text{m})(1.60 \times 10^{-19}\text{C})(1.57\text{T})}{3.34 \times 10^{-27}} = 3.99 \times 10^7 \text{(m/s)}$

$\therefore E_K$(중성자의 운동 에너지)

$= \frac{1}{2}mv^2 = \frac{1}{2} \times (3.34 \times 10^{-27}) \times (3.99 \times 10^7)^2 = 2.7 \times 10^{-12}$(J)

[탐구-1] 자석 가속기 만들기

탐구 과정 능력

해설 **1.**

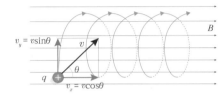

탄성 충돌의 경우 질량이 같은 두 구슬의 충돌에서 한 구슬이 멈춰있는 다른 구슬을 향해 운동하다가 충돌하면 운동량 보존에 의해 굴러오는 쇠구슬은 멈추고, 멈춰있는 쇠구슬은 같은 속도로 같은 방향으로 운동한다.

(가) 네오디뮴 자석 A 쪽으로 쇠구슬이 운동한다. 자석의 인력을 받아 쇠구슬의 속력 v 는 증가한다.

(나) 쇠구슬이 자석과 충돌하며 자석에 붙는다. 반대편에 있던 두 개의 쇠구슬 중 앞의 것만이 앞 쇠구슬이 자석에 충돌하는 속도로 떨어져 나간다. 이때 구슬이 겹쳐있으므로 자석 A의 인력을 앞 쇠구슬보다 작게 받는다. 떨어져 나간 쇠구슬의 속력(v_1)이 자석 B의 인력을 받아 증가한다.

(다) (나) 과정이 계속되며 쇠구슬의 속력(v_2)은 매우 크게 증가한다.

2. ① 굴러오는 쇠구슬의 질량을 크게 한다.

② 더 높은 곳에서 출발하게 하여 더 빠른 속력으로 자석에 부딪치게 한다.

③ 자석의 세기를 세게 한다.

④ 굴러오는 쇠구슬을 자석과 더 멀리 떨어진 곳에서 출발시킨다.

⑤ 자석과 오른쪽에 붙어 있는 다른 쇠구슬을 빈틈이 없이 연결시키고, 구슬을 수를 늘린다.

[탐구-2] 문제 해결력 기르기

1.

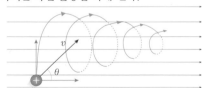

위 그림처럼 입자의 속도를 자기장 B 에 수직한 방향(v_y)과 평행한 방향 (v_x) 으로 나누면, v_y는 로런츠 힘을 발생시켜 입자를 자기장에 수직으로 원운동시키는 힘이 되며, v_x 는 자기장의 방향으로 등속 운동하도록 한다. 결국 이 전하를 띤 입자는 위 그림처럼 일정 주기의 나선 운동을 하게 된다.

2. 균일한 자기장 B 속에 속도 v 로 입사한 전하량 q, 질량이 m 인 대전 입자의 원운동의 반지름 r 은 $\frac{mv}{qB}$ 이다.

즉, 다른 조건이 같다면 원운동의 반지름은 자기장의 세기에 반비례한다. 따라서 자기장 B 이 점점 커지면 아래 그림처럼 반지름 r 이 점점 작아지는 나선 운동을 하게 된다.

Q1 〈예시 답안〉

'거대 과학' 연구에 정부의 모든 관심과 예산을 투자하게 된다면 개인의 과학적 연구나 기초 과학이 경시될 우려가 있을 것이다. 하지만 사회나 인류의 생존을 위해 많은 사람들이 협력하고 막대한 예산을 들여서 연구, 개발을 해야 해결할 수 있는 문제들도 분명히 존재한다. 따라서 어느 한 쪽의 분야에 투자하기 보다는 각 연구를 관리하는 조직을 구성하여 고르게 연구비를 투자할 수 있는 환경을 만들어서 안정된 환경에서 좋은 성과를 낼 수 있도록 과학자들에 힘을 실어 주어야 한다고 생각한다.

세페이드 시리즈

창의력과학의 결정판, 단계별 과학 영재 대비서

1F	중등 기초	물리(상,하) 화학(상,하)	
		중학교 과학을 처음 접하는 사람 / 과학을 차근차근 배우고 싶은 사람 / 창의력을 키우고 싶은 사람	
2F	중등 완성	물리(상,하) 화학(상,하) 생명과학(상,하) 지구과학(상,하)	
		중학교 과학을 완성하고 싶은 사람 / 중등 수준 창의력을 숙달하고 싶은 사람	
3F	고등 I	물리(상,하) 물리 영재편(상, 하) 화학(상,하) 생명과학(상,하) 지구과학(상,하)	
		고등학교 과학 I을 완성하고 싶은 사람 / 고등 수준 창의력을 키우고 싶은 사람	
4F	고등 II	물리(상,하) 화학(상,하) 생명과학(영재학교편,심화편) 지구과학 (영재학교편,심화편)	
		고등학교 과학 II을 완성하고 싶은 사람 / 고등 수준 창의력을 숙달하고 싶은 사람	
5F	영재과학고 대비 파이널	물리 · 화학 생명 · 지구과학	
		고급 문제, 심화 문제, 융합 문제를 통한 각 시험과 대회를 대비하고자 하는 사람	

세페이드 모의고사	세페이드 고등 통합과학	세페이드 고등학교 물리학 I (상,하)
내신 + 심화 + 기출, 시험대비 최종점검 / 창의적 문제 해결력 강화	고1 내신 기본서	고등학교 물리 I (2권) 내신 + 심화

* 무한상상의 〈세페이드 과학 시리즈〉는 국내 최초로 중고등과정의 과학의 전부와 과학 창의력 문제의 전부를
1F [중등기초] - 2F [중등완성] - 3F [영재학교 I] - 4F [영재학교 II] - 실전 문제 풀이 의 5단계로 구성하였습니다.
창의력과학 세페이드시리즈와 함께 이제 편안하게 과학 공부를 즐길 수 있습니다. cafe.naver.com/creativeini

무한상상

창의력과학

세페이드

시리즈

창의력과학

세페이드

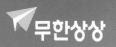

무한상상 교재 활용법

무한상상은 상상이 현실이 되는 차별화된 창의교육을 만들어갑니다.

	아이앤아이 시리즈					
	특목고, 영재교육원 대비서					
	아이앤아이 영재들의 수학여행	아이앤아이 꾸러미	아이앤아이 꾸러미 120제	아이앤아이 꾸러미 48제	아이앤아이 꾸러미 과학대회	창의력과학 아이앤아이 I&I
	수학 (단계별 영재교육)	수학, 과학	수학, 과학	수학, 과학	과학	과학
6세~초1	수, 연산, 도형, 측정, 규칙, 문제해결력, 워크북 (7권)					
초 1~3	수와 연산, 도형 측정, 규칙, 자료와 가능성, 문제해결력, 워크북 (7권)					
초 3~5	수와 연산, 도형, 측정, 규칙, 자료와 가능성, 문제해결력 (6권)		수학, 과학 (2권)	수학, 과학 (2권)		
초 4~6	수와 연산, 도형, 측정, 규칙, 자료와 가능성, 문제해결력 (6권)				과학토론 대회, 과학산출물 대회, 발명품 대회 등 대회 출전 노하우	
초 6	수와 연산, 도형, 측정, 규칙, 자료와 가능성, 문제해결력 (6권)					
중등			수학, 과학 (2권)	수학, 과학 (2권)		물리(상,하), 화학(상,하), 생명과학(상,하), 지구과학(상,하) (8권)
고등					과학토론 대회, 과학산출물 대회, 발명품 대회 등 대회 출전 노하우	